变形镁合金塑性加工及组织性能的理论基础

江海涛　张韵　著

*Theoretical Basis of Plastic Processing,
Microstructure and Performance of
Deformed Magnesium Alloys*

U0228609

化学工业出版社

·北京·

内容简介

随着材料轻量化的发展趋势，具有轻质等优点的镁合金材料成为航空、航天、汽车、3C 电子等领域未来发展可选择的重要材料。通过塑性变形等方式优化微观组织特征的变形镁合金具有优异的强塑性，能够满足更多工程结构件的性能需求，具有较大的发展前景。

本书在变形镁合金的塑性加工及组织性能的理论基础上，介绍了合金化、塑性变形机理，板材加工方式，综合性能及其影响因素。同时，着重研究了镁合金的再结晶行为、高性能镁合金板材的轧制工艺技术、镁合金的变形特性与塑性变形机理、断裂韧性及成形性、腐蚀行为，对高性能镁合金的开发与应用提供了理论指导。

本书是金属材料类专业技术书籍，可供高校科研工作者、材料加工相关专业研究生，以及企业工程技术人员参考。

图书在版编目（CIP）数据

变形镁合金塑性加工及组织性能的理论基础 / 江海涛，张韵著. —北京：化学工业出版社，2023.1
ISBN 978-7-122-42430-3

Ⅰ.①变… Ⅱ.①江… ②张… Ⅲ.①镁合金-金属压力加工②镁合金-组织性能（材料） Ⅳ.①TG146.22

中国版本图书馆 CIP 数据核字（2022）第 200016 号

责任编辑：张海丽 　　　　　　　　　装帧设计：刘丽华
责任校对：边　涛

出版发行：化学工业出版社（北京市东城区青年湖南街 13 号　邮政编码 100011）
印　　装：大厂聚鑫印刷有限责任公司
787mm×1092mm　1/16　印张 28　彩插 18　字数 665 千字　2023 年 3 月北京第 1 版第 1 次印刷

购书咨询：010-64518888　　　　　　售后服务：010-64518899
网　　址：http://www.cip.com.cn
凡购买本书，如有缺损质量问题，本社销售中心负责调换。

定　　价：198.00 元

镁及镁合金材料具有轻质、高比强度/比刚度、阻尼减振、电磁屏蔽性能优良等优点，是极具潜力的轻量化材料之一，并成为航天、航空、汽车、3C电子等领域未来发展可选择的重要材料。我国是世界上镁资源最为丰富的国家，约占全球镁资源总量的70%以上。在当前全球能源危机及气候变化的环境背景下，合理利用镁资源优势，加快高性能镁合金研制，推进镁合金产业化，提升镁合金应用体量，对推动我国"碳达峰""碳中和"等国家战略进程可以起到不可替代的作用。

目前，镁及镁合金材料通常分为铸造镁合金及变形镁合金两大类。其中，变形镁合金通过塑性加工变形方式优化了镁合金材料的微观组织特征，从而提升了材料的强塑性，使之能够满足更多工程结构件的性能需求，具有较大的发展前景。近年来，国内外研究者致力于提高变形镁合金的强度、塑性、成形性及耐蚀性等性能，并开展了大量的研究工作。其中，以上海交通大学丁文江院士团队及重庆大学潘复生院士团队为代表的科研工作者对变形镁合金的开发和应用做出了重要贡献。

同时，需要认识到，相比于钢铁材料及铝合金材料，镁合金材料仍然存在绝对强度低、室温塑性较差、易腐蚀、塑性变形存在各向异性、高性能板材制备加工困难等限制。国内外学者通过合金化、工艺优化等方式来改善镁合金的综合性能，并取得了一定成果。因此，有必要开展变形镁合金塑性加工及组织性能的理论基础研究，以进一步丰富镁合金的微观组织演变及塑性变形机理等基础理论。此外，还需要对镁合金的变形特征、断裂韧性、成形性能、腐蚀性能等关键服役与应用性能进行深入研究。

本书共分为6章。第1章系统介绍了变形镁合金的合金化、塑性变形机理、板材加工方式、综合性能及其影响因素等理论基础；第2章介绍了镁合金的再结晶行为，并详细分析了镁合金材料的静态再结晶及动态再结晶行为，为控制镁合金的基面织构特征及热加工过程的组织演变提供可靠的基础支撑；第3章介绍了高性能镁合金板材的轧制工艺技术，并提供了末道次升温轧制工艺、异步轧制工艺以及基于合金优化和双辊轧制的高性能镁合金板材制备实例；第4章介绍了镁合金的变形特性与塑性变形机理，分析了镁合金的拉压不对称性、各向异性及取向行为，并详尽讨论了变形过程中的微观组织演变及塑性变形机理，从而指导镁合金的组织性能优化及服役应用；第 5 章介绍了镁合金的断裂韧性及成形性，分析了镁合金断裂过程的裂纹扩展及断裂机理，以及室温成形机理，为镁合金断裂韧性、成形性能的提高及控制提供理论依据；第 6 章介绍了镁合金的腐蚀行为，分析了微合金化及加工状态对腐蚀行为的作用机理，并开展了镁合金腐蚀的取向行为及强度衰减研究，有助于揭示镁合金腐蚀的本质。

本书由江海涛研究员组织并负责全书统稿。参加编写工作的有：江海涛研究员（第 1、2、5、6 章）、张韵博士（第 1、2、3、4 章）。参加本书实验和文字编辑工作的还有王玉娇博士、康强博士、蔡正旭博士、孟强博士、徐哲硕士、王盼盼硕士、王哲硕士、田世伟博士、杨永刚博士、柳超敏硕士、于博文博士生、陈飞达博士生、张业飞博士生、王天祥博士生。本书在编写过程中还参考并引用了国内外相关学者的研究成果，在此向这些作者表达诚挚感谢。

由于水平有限，加之时间仓促，本书难免存在不足之处，敬请读者批评指正。

作者

2022 年 9 月

目录
CONTENTS

第 3 章 高性能镁合金板材的轧制工艺技术

第 4 章 镁合金的变形特性与塑性变形机理

第 5 章 镁合金的断裂韧性及成形性

第 6 章　镁合金的腐蚀行为

第 1 章

变形镁合金理论基础

1.1 镁的晶体结构与合金化

1.1.1 镁的晶体结构及性能特点

镁（Magnesium），元素符号为 Mg，在元素周期表中位于第三周期第Ⅱ族，原子半径约为 0.160nm，电子结构呈 $1s^22s^22p^63s^2$，其他一些基本参数归纳于表 1-1[1]。常温常压时，金属纯镁为银白色固体，晶体结构为典型的密排六方结构（hexagonal close-packed，hcp），晶格常数 a=0.3202nm、c=0.5199nm，轴比 c/a=1.624，接近于由紧密堆积球体得到的理论值（1.632）[2]。这种晶体结构成为镁合金塑性加工及组织性能的关键影响因素。

表 1-1 镁的基本参数

性能	量值	单位	性能	量值	单位
原子序数	12	—	原子量	24.3050	—
原子体积	13.99	cm^3/mol	原子价	2	—
密度（20℃）	1.738	g/cm^3	弹性模量（25℃）	45	GPa
泊松比（25℃）	0.33	—	结晶收缩率	3.97～4.2	%
熔点	650	℃	熔化潜热	360～377	kJ/kg
沸点	1107±3	℃	汽化潜热	5150～5400	kJ/kg
燃烧热	24900～25200	kJ/kg	液体表面张力（681℃）	0.563	N/m

纯镁及镁合金因其物理、化学及力学等性质，在汽车轻量化等众多领域成为最具潜力并得到广泛应用金属材料，主要特点如下：

① 资源丰富。镁元素是地壳中储量第八丰富的元素，含量约为 2.35%，海水中镁元素占比约为 0.14%。我国是镁合金资源大国，镁矿储量占世界已知储量的 70%以上，目前已探明可开采的白云石镁矿超过 200 亿吨，青海盐湖氯化镁储量达到 40 亿吨。

② 密度小，比强度、比刚度优良。纯镁是工程结构材料中最轻的金属材料，其密度约为铝的 64%，钢铁的 22%。另外，镁合金的比强度高于铝合金和钢铁，比刚度则与铝合金

及钢铁材料相近，具有一定的承载能力。因此，镁合金若应用于结构件可以实现轻量化功效，从而降低能源损耗、减少污染排放。

③ 优异的铸造性能、尺寸稳定性及机械加工性能。镁合金的铸造性能优异，废品率低，可降低生产成本。另外，镁合金易加工，切削阻力仅为铝合金的 50%、铸铁的 30%，可有效减少切削工具的损耗。此外，镁合金具有优异的尺寸稳定性，有利于铸件铸造及加工尺寸精度的提高。

④ 抗电磁干扰、阻尼性能、导热性能好。镁合金无磁性，可用于电磁屏蔽。另外，单位体积的比热容约为铝的 75%，比阻尼容量约为铝的 10~25 倍，能大幅降低噪声及振动，从而减少外部环境对精密电子设备或光学组件的干扰，延长零部件的使用期限。

⑤ 化学活性高。纯镁具有高化学活性，在空气中易发生氧化、燃烧等行为，且生成的氧化膜疏松，对基体保护性差。此外，纯镁的电极电位低，与异种金属混合会发生电解腐蚀及微电偶腐蚀。

⑥ 生物相容性好且具可降解性。镁作为人体必需的宏量元素，本身具有良好的生物相容性。此外，镁及其合金的弹性模量与人骨相似，在体液中可以逐渐降解。

1.1.2　镁合金的合金化

镁合金经过长时间的发展，逐渐形成了丰富多元、可满足不同性能需求的成分体系。合金化对镁合金力学性能、腐蚀性能及阻尼性能等具有明显的影响，而不同合金元素的作用又存在着显著差异。如 Al 元素可增强镁合金的硬度、强度及铸造性能；RE 元素可改善镁合金的焊接性能并实现熔体净化；Zr 元素可提升镁合金的阻尼容量；Li 元素可以进一步降低镁合金密度而获得超轻合金。目前，镁合金常见的合金体系包括 Mg-Al-Zn、Mg-Al-Mn、Mg-Zn-Zr、Mg-Zn-Ca、Mg-RE 及 Mg-Li 等，AZ31、AZ80、ZK60、WE43 等牌号的镁合金已经得到了广泛应用[3]。Zn、Al 及 RE 元素目前是镁合金中比较热门的合金化元素。

（1）Zn

Zn 是镁合金中常见的合金化元素，可以提高镁合金的力学性能，并具有中等的塑性强化作用[4-5]。此外，还可以消除 Fe、Ni 等杂质元素对镁合金腐蚀性能的不利影响[6]。Mg-Zn 系合金是高强变形镁合金的典型代表，其高强性能来源于 Zn 元素在镁合金基体中的特性。首先，Zn 元素在镁合金中具有高的固溶度，340℃时达到 6.2%，从而对镁合金产生固溶强化效果[7]。其次，Mg-Zn 系镁合金在变形或时效过程中，Zn 元素可以形成共格及半共格的析出相，起到第二相析出强化作用[8]。除了强化效果以外，Zn 元素以固溶形式存在于镁合金时还可以提升镁合金的延展性，并对基体的各向异性影响较小[9]。为使塑性提升的效果达到最大值，以固溶形式存在的 Zn 含量一般不超过 1%（原子分数）。

Jang 等[9]通过分子动力学计算了 Zn 元素对镁合金变形机制和再结晶行为的影响，研究表明 Zn 元素有助于激活<c+a>滑移。在室温条件下，Zn 元素在细小晶粒的镁合金中，其对基面滑移和柱面滑移的临界分切应力（Critical Resolved Shear Stress，CRSS）产生强化作用，而对锥面<c+a>滑移的 CRSS 强化作用相对较弱。此外，当固溶 Zn 元素含量较小时，对孪晶和再结晶行为的影响较小。合金元素含量的变化也会引起合金自身性质的改变。Akhtar 等[10-11]研究表明，纯镁中 Zn 含量增多会引起基面滑移强化，却使柱面滑移弱化。Stanford

等[4]同样认为 Zn 含量增加会使基面滑移的 CRSS 增大；但是，柱面滑移的 CRSS 值变化则与晶粒尺寸相关。当晶粒尺寸小于 50μm 时，柱面滑移的 CRSS 随 Zn 含量增高而增加；当晶粒尺寸大于 50μm 时，柱面滑移的 CRSS 随 Zn 含量增高反而减小。此外，他们认为拉伸孪晶的 CRSS 似乎与 Zn 含量无关。

Zn 元素还会降低镁合金的固相线温度，促进低熔点第二相生成，从而使 Mg-Zn 二元合金的结晶温度范围变宽，导致其具有晶粒粗大、热裂倾向高、显微组织疏松严重等缺点。

（2）Al

鉴于低廉的价格、较低的密度以及能够提高镁合金的耐腐蚀性能、铸造性能和室温力学性能，Al 元素成为镁合金中常见的合金元素[12]。镁合金中的 Al 元素除了以固溶形式存在外，还可以与 Mg 元素形成 β-Mg$_{17}$Al$_{12}$ 化合物。固溶态 Al 元素含量增加可以增强镁合金表面保护膜的稳定性，从而改善镁合金的耐蚀性能。当镁合金具有高体积分数的 β-Mg$_{17}$Al$_{12}$ 相时，可以抑制镁合金基体的溶解，同样会提升耐蚀性能。但是，若 β-Mg$_{17}$Al$_{12}$ 相在镁合金基体上无法形成网状结构时，反而会作为阴极，加速镁合金微电偶腐蚀[13]。

对于镁合金的塑性，Al 元素和 Zn 元素作用类似，都是中等强化元素[9]。Al 元素也具有较强的固溶强化作用，并且 β-Mg$_{17}$Al$_{12}$ 相在晶界或晶内存在时可以起到钉扎晶界并阻碍晶界转动的作用，从而使镁合金的屈服强度提高。然而，若身为脆性化合物的 β-Mg$_{17}$Al$_{12}$ 相在晶界上连续分布，则会致使合金变形能力降低，从而诱使脆性断裂过早发生[13]。此外，Al 元素还可以通过影响镁合金的层错能，进而影响镁合金的变形行为。一般认为，Al 元素具有降低层错能的作用，从而有利于激活更多的滑移系[14]。而 Al 元素的固溶量也会影响镁合金的变形机制，固溶 Al 含量增加，基面<a>滑移和拉伸孪生的 CRSS 会相应提高，但是其强化效果弱于固溶 Zn 元素[15]。

（3）RE

稀土元素（Rare Earth，RE），通常指位于元素周期表第三副族的镧系元素，元素序号 57～71。此外，由于电子结构和化学性质的相似性，21 号元素钪（Sc）以及 39 号元素钇（Y）也被认为属于稀土元素。根据稀土元素物理和化学性质的差异、稀土矿物的形成特点以及分离工艺的区别，稀土元素又分为两大类：轻稀土元素（La、Ce、Pr、Nd、Pm、Sm、Eu、Sc）和重稀土元素（Gd、Tb、Dy、Ho、Er、Tm、Yb、Lu、Y）[16]。

RE 元素以固溶或第二相形式存在于镁合金基体中。表 1-2 为几种常见 RE 元素在镁基体中的最大固溶度以及生成的化合物相[17]。由表可知，几种 RE 元素在镁中均具有较高固溶度，但轻稀土元素在镁合金中的固溶度一般低于重稀土元素。此外，Mg 和 RE 生成的二元化合物具有较好的热稳定性，在高温条件下也不会分解。当这些金属间化合物以细小尺寸弥散分布于晶界或晶内时，可以钉扎位错和晶界，阻碍其移动，从而强化镁合金。

表 1-2　稀土元素在镁中的最大固溶度和生成的化合物相

稀土元素（RE）	原子序数	共晶温度/K	最大固溶度		与 Mg 生成的化合物相
			质量分数/%	原子分数/%	
Y	39	838	12.4	3.35	Mg$_{24}$Y$_5$
La	57	886	0.79	0.14	Mg$_{12}$La
Ce	58	863	1.6	0.28	Mg$_{12}$Ce
Nd	60	821	3.6	0.63	Mg$_{12}$Nd
Gd	64	821	23.5	4.53	Mg$_5$Gd

基于 RE 元素特殊的物理及化学性质，其在镁合金中的具体作用可以归纳为以下几个方面：

① 强化力学性能。

RE 元素对镁合金具有显著的强化效果，主要途径包括细晶强化、固溶强化、时效沉淀强化以及弥散强化等。当 RE 元素固溶于镁合金基体时，RE 元素和 Mg 元素原子半径及弹性模量的明显差异会促使 RE 元素在镁基体中产生偏聚，从而减小基体内的尺寸错配度[18]；同时也会使基体内产生点阵畸变，并在此应力场作用下阻碍位错运动，强化镁合金基体[19]。Nie 等[20]利用高角环形暗场像-扫描透射电子显微镜（HAADF-STEM）观察到 Gd 溶质原子在 $\{10\bar{1}2\}$ 拉伸孪晶晶界处偏聚，从而达到强化效果。

由于 RE 元素在镁合金中的固溶度随着温度降低会出现明显下降，转变为亚稳定的过饱和固溶体。长时间时效处理会形成细小且弥散的沉淀析出相，并通过与位错之间的交互作用提高镁合金的强度。对于 Mg-RE 系合金，时效沉淀强化效果显著，并且伴随着时效过程呈现出不同的析出序列，形成多种沉淀相，如表 1-3 所示[21]。Ren 等[22]制备了不同 Y 含量的 T5 态 AZ80 镁合金，不连续分布的 β 相激活能随 Y 元素含量增加而增大，使时效过程中不连续析出相的抑制效果增强。同时，AZ80-0.2Y 合金呈现出明显的沉淀析出强化现象，其屈服强度在 443K 时效过程中由 146.5MPa 逐渐增长至 211.7MPa。

表 1-3 Mg-RE 系合金沉淀析出序列[21]

合金元素	沉淀序列
Ce, Nd, Pr	$Mg_s \rightarrow GP$ 区 $\rightarrow \beta''(Mg_3RE, DO_{19}) \rightarrow \beta'(CBCO, Mg_7RE)$
Nd	$Mg_{ssss} \rightarrow GP$ 区 $\rightarrow \beta'(CBCO, Mg_7RE)$
Gd	$Mg_{ssss} \rightarrow \beta''(Mg_3RE, DO_{19}) \rightarrow \beta'(CBCO, Mg_7RE)$
Y, Tb, Dy, Ho, Er, Tm, Lu	$Mg_{ssss} \rightarrow \beta'(CBCO, Mg_7RE)$
Y, Tb, Dy, Ho, Er, Tm, Lu	$Mg_{ssss} \rightarrow (Mg_3RE\text{-}DO_{19}$ 原子团簇$) \rightarrow \beta'(CBCO, Mg_7RE)$

在凝固过程中，RE 元素会在固/液界面上发生富集而产生成分过冷，促进非均匀形核，并阻碍 α-Mg 晶粒长大，从而细化镁合金晶粒尺寸[23]。由 Hall-Petch 关系可知晶粒尺寸减小，合金的屈服强度增大。另外，晶粒尺寸细化，还会改善合金的塑性。由于晶体结构的对称性低，可激活的滑移系较少，晶粒细化的强化效果更加显著。例如，挤压态 Mg-Y-Zr 镁合金中，添加 0.5%Nd 元素后，晶粒尺寸由 75.4μm 减小至 68.2μm，而屈服强度由 153MPa 增加至 185MPa，呈现明显的细晶强化作用[24]。

② 弱化织构，提高成形性能。

低含量的 RE 元素在变形及再结晶过程中可以优化镁合金的织构组分，弱化基面织构，从而提高镁合金板材的成形性能。这种织构弱化现象一般与镁合金堆垛层错能的变化、溶质拖曳及钉扎作用以及第二相的生成有关[25]。

堆垛层错能降低，层错变宽，不全位错难以发生束集而形成全位错。因此，基面堆垛层错能减小会降低基面发生交滑移的可能性，锥面产生交滑移的可能性反而增高[26]。Zhang 等[27]利用第一性原理研究了各种合金元素对广义层错能和镁合金变形机制的影响，结果表明 Al、Ca 及 RE 元素明显降低 I_1 层错能，还会增加锥面<c+a>位错形核点以改善塑性，并

阻碍 $\{10\bar{1}2\}$ 孪晶以提高强度。Sandlöbes 及 Yoo[28-29]均认为锥面<c+a>位错结构形成与 I_1 层错有关，非基面滑移系的启动有利于弱化织构。RE 和 Mg 原子尺寸差异较大，会促使 RE 元素在 Mg-RE 合金的晶界或其他缺陷处偏聚，从而减小基体的尺寸错配能。RE 元素的偏聚，加之 RE 元素在镁中的低扩散系数，使得 RE 元素可以减缓位错及晶界的移动能力，即 RE 元素起溶质拖曳作用[30]。虽然基面滑移系和非基面滑移系的激活能因溶质拖曳作用而增大，但溶质拖曳是一个动态行为，当基面滑移启动，其移动与增殖均受到 RE 溶质原子的阻碍，反而使非基面滑移系激活的可能性增加，表明 RE 元素通过溶质原子与位错或晶界的交互作用而影响镁合金的织构演变过程。此外，RE 元素在镁合金基体中形成的析出相也可以起到类似的钉扎作用。

③ 改变再结晶行为。

对于传统的 Mg-Al-Zn 镁合金，热变形条件下动态再结晶并不会引起织构特征出现明显变化[31]。Yi 等[32]认为这种动态再结晶过程的织构演变行为源于大多数新形成的动态再结晶晶粒与母晶有相似的取向，而且即使一些弱织构取向的晶粒生成，随后的变形过程又会使这些晶粒重新转变为形变织构组分。添加 RE 元素会促进压缩孪晶及二次孪晶在变形组织中出现，从而在动态再结晶过程中引起一定程度的织构弱化[33]。静态再结晶行为对弱化织构则起明显作用，不同的形核位置、变形储存能及晶界的移动能力均会影响静态再结晶行为。剪切带、孪晶、晶界以及多晶粒之间的连接处均被认为是镁合金中静态再结晶晶粒的优先形核位置[34]。RE 原子则会偏聚在晶界、位错等位置促进静态回复，从而引起晶粒取向更宽泛的再结晶晶粒形成[35]。

④ 净化熔体，增强高温、蠕变、阻燃、耐蚀等性能。

RE 元素的化学活性较强，可以与 H、O、S、Cl、Fe 等多种夹杂元素产生相互作用，去除夹杂物，达到净化熔体的效果。作为 Mg-Al-Zn 系镁合金的常见第二相，β-$Mg_{17}Al_{12}$ 相的热稳定性差。当服役温度超过 120℃时，几种 Mg-Al-Zn 系镁合金就会出现软化现象，高温力学性能下降。借助于 RE 元素和 Al 元素之间更大电负性差的特性，如 Mg、Al 及 Gd 元素的电负性分别为 1.31、1.61 和 1.20，此时，Al 会优先与 Gd 形成 Al-Gd 化合物[36]。凝固过程中 Al-RE 相会先于 β 相生成，抑制了 β 相对高温性能的不利影响，从而提高镁合金的耐热性能[37]。此外，在晶界或晶粒内分布的含 RE 元素的第二相可以抑制高温时的晶界迁移或晶粒内位错移动，进而提高合金的蠕变抗力[38]。而 RE 元素在镁合金中不仅可以增强基体表面氧化膜的致密度，还能够使熔体表面也形成致密的复合氧化物膜，从而阻隔与大气的接触，降低合金的氧化倾向，提升合金的起燃温度及耐蚀性能[39]。RE 元素还可以降低镁合金中处于较高电位的第二相比例，从而减弱合金的微电偶腐蚀[40]。

RE 元素对改善镁合金的综合性能有着明显的作用，然而由于其价格昂贵，寻找一种作用相似、价格低廉的合金元素替代或部分替代 RE 元素成为镁合金成分体系的研究方向。其中，碱土元素钙受到了越来越多的关注。近年来，诸多研究发现 Ca 元素具有和 RE 元素相似的作用，也可以提升镁合金的综合性能，尤其是在细化晶粒、力学性能的强韧化以及提高成形性能等方面。Yuasa 等[41]从第一性原理出发研究了 Mg-Zn-Ca、Mg-Ca、Mg-Zn 合金基面以及锥面滑移系统的层错能和模量等，发现适量的 Ca 元素可以弱化基面织构，使成形性能得到提高。Kim 等[42]研究发现 Ca 元素使 AZX311 板材在低温时比 AZ31 板材具有更优异的延展性及成形性，且呈现更弱的基面织构，其织构分布沿板材横向（transverse direction，TD）的漫射程度也更高。并认为基面织构弱化增强了厚度应变方向的基面滑移活性，从而提高了 AZX311 板材的成形性能。Kim 等[43]研究了 0.8%含量的 Ca 元素对 Mg-11Li-3Al-1Sn-0.5Mn 镁合金微观组织及力学性能的影响，发现 Ca 元素虽然没有改变合金的相组成，但是挤压变形后微观组织形貌出现差异。未添加 Ca 元素的合金中第二相均匀分布，而含 Ca 合金第二相则沿挤压方向排列分布。同时，Kim 认为 Ca 对晶粒细化、晶界滑移及微裂纹扩展的作用造成合金微观组织演变和塑性变形能力的增强，经 Ca 元素添加后，合金的断裂延伸率由 35.1%提高至 88.6%。

1.1.3　镁合金的成分设计

目前，镁合金的应用主要受到绝对强度低、室温塑性有限以及耐蚀性能差的限制。如何通过合适的成分设计进而优化镁合金的性能，成为镁合金发展的重要方向之一。重庆大学潘复生院士团队自 2002 年以来，针对合金元素对镁合金强度及塑性的机理开展了大量研究，包括 Zn、Al、Mn、Y、Ca、Ce、Li、Sn、Gd 等多种合金元素[44]。潘复生院士团队重点突出了元素固溶后基面与非基面滑移阻力的变化对镁合金塑性的影响，并发现某些特定元素原子固溶在镁基体中具有降低基面与非基面滑移阻力差异的独特作用，有利于非基面滑移的启动，进而提高镁合金的塑性。基于大量研究成果，潘复生院士提出了"固溶强化增塑"的合金设计思想。

图 1-1 为固溶强化增塑理论的合金设计思路[45]。由图可知，合金元素固溶在镁基体中，会增大或减小镁合金基面或非基面的滑移阻力。当滑移阻力出现变化后，添加合金元素就会使镁合金固溶体的基面滑移与非基面滑移阻力差值出现变化。当合金元素使滑移阻力差值呈现出如图 1-1（b）、（e）、（h）的变化时，因合金元素固溶减小了基面与非基面滑移阻力的差值，有利于启动非基面滑移，镁合金均匀塑性变形能力得到提高。但是，图 1-1（e）中基面滑移阻力的减小不利于合金强度的提升，虽然改善了塑性，但会造成强度损失。基于此设计思路，潘复生院士团队利用第一性原理计算了多种固溶元素对镁合金层错能和滑移阻力的影响，并在实践中证实了固溶强化增塑理论的可行性，进而近年来陆续开发了 Mg-Gd-Zr 系超高塑性镁合金、Mg-Mn 系中等强度高塑性镁合金、Mg-Sn 系中高强度高塑性镁合金及 Mg-Gd-Y-Zn-Mn 系高强度高塑性镁合金体系，实现了镁合金强塑性的协同优化[45]。

目前，镁合金成分体系的发展已不再局限于一两种合金元素的添加，而是通过多种合金元素的复合添加，以期获得综合性能优异的镁合金材料。Bian 等[46]开发了多元低合金化 Mg-Al-Ca-Mn(-Zn)合金，化学成分分别为 Mg-1.1Al-0.3Ca-0.2Mn（AXM100）及 Mg-1.1Al-0.3Ca-0.2Mn-0.3Zn（AXMZ1000）。图 1-2 为两种合金在时效过程中的硬度变化，以及在 T4 和 T6 状态下的拉伸力学曲线和成形性能。AXMZ1000 镁合金在 T4 状态下室温屈服强度为 144MPa，抗拉强度为 242MPa，延伸率达到 32%，呈现出了良好的强韧性。该合金的基面织构强度弱，室温时 Erichsen 杯突试验得到的 IE（Index Erichsen）值高达 7.7mm；并且具有一定的时效强化能力，200℃时效处理 1h，屈服强度增长至 204MPa。

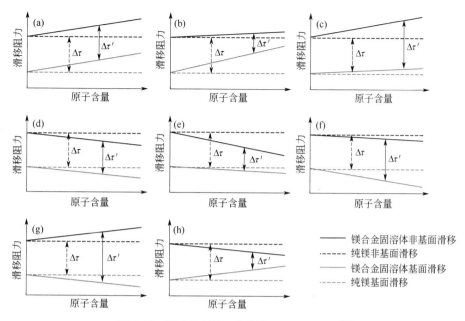

图 1-1　镁合金固溶强化增塑理论设计思路[45]

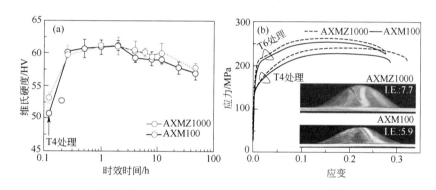

图 1-2　AXM100 及 AXMZ1000 合金性能[46]

（a）时效硬度变化；（b）力学拉伸曲线

　　镁合金中，多种合金元素的复合添加并非单调的作用叠加，反而由于相互影响而呈现出更优异的作用，如镁合金中常见的 Mg-Al-Zn 合金系，当少量的 Al 元素和 Zn 元素共同添加后，其合金的比强度高于钢铁材料，与铝合金相当[47]。合金元素复合添加直接的影响主要体现在三方面：第二相的生成、固溶度的变化以及合金元素间的偏聚行为。

　　合金元素复合添加而生成的第二相，如 Al-Mn 第二相粒子，在镁合金中具有多重作用。凝固过程中，可以充当异质形核的位置，从而细化晶粒。再结晶过程中，也可以作为优先形核位置，从而影响再结晶行为。变形过程中，还可以钉扎晶界或位错，从而阻碍晶界以及位错的移动，对镁合金的变形行为起到抑制作用。最终，在多方面的共同作用下影响镁合金的综合性能。

　　合金元素在镁合金中存在最大固溶度，而多种合金元素复合添加后会影响其他合金元素的固溶。Zn 元素添加到 Mg-Al 系合金中可以减小 Al 固溶度，从而提高 β-$Mg_{17}Al_{12}$ 相的体积分数，增强时效强化效果[48]。而 RE 元素和 Ca 元素复合添加时，也会相应地减少彼此的固溶度，从而获得更好的强化效果，进一步提升力学性能。Du 等[49]在 Mg-6Zn 合金中复合添加了 0.7%Ca 及 0.22%Ce 元素，挤压态屈服强度由 168MPa 增强至 285MPa。

当合金元素以固溶形式存在时，由于原子尺寸及错配度的区别，合金元素间具有复合偏聚的倾向，从而减小弹性应变能。例如，Al、Zn、Ca、Mn 四种合金元素复合添加入 Mg 基体时，Al、Zn、Ca、Mn 和 Mg 原子直径分别为 0.143nm、0.133nm、0.197nm、0.124nm 和 0.160nm。Al、Zn、Mn 三种原子替换 Mg 原子时会分别造成 0.106nm、0.169nm、0.225nm 的负尺寸错配度，而 Ca 原子替换 Mg 原子会导致 0.231nm 的正尺寸错配度。因此，原子尺寸较小的 Al、Zn、Mn 原子会偏聚在镁基体滑移面上的多余半原子面，而原子尺寸较大的 Ca 原子则会处于滑移面的缺失半原子面，从而降低由于位错和固溶原子交互引起的整体弹性应变[50]。Mg-Zn-Ca 三元合金中，当激活的位错移动至晶界时，大尺寸 Ca 原子偏聚在晶界的膨胀位置，小尺寸 Zn 原子则会偏聚在收缩位置，减小晶界处位错的弹性应变，使位错和晶界之间的交互作用更强[51]。

1.2 镁合金的塑性加工与变形机理

1.2.1 滑移

滑移是镁合金中重要的塑性变形机制，即在剪切应力作用下，晶体内部分晶格相对于另一部分在晶面上沿一定的晶向发生平移，此晶面和晶向是滑移面和滑移方向，合称为滑移系。晶体结构中最密排面的面间距较大，面与面之间较易滑动；且最密排晶向上原子间距较小，原子沿最密排方向移动所需剪切应力较低，因此，滑移最容易在最密排面及最密排方向上发生。绝大多数镁合金的晶体结构为 hcp 结构，在晶体单胞内，(0001)基面为最密排面，<11$\bar{2}$0>-a 晶向为最密排方向。(0001)<11$\bar{2}$0>滑移系，即<a>型基面滑移系是镁合金中最易激活的位错滑移机制。当变形的几何条件变化时，晶面内包含有 a 晶向的{10$\bar{1}$0}柱面及{10$\bar{1}$1}锥面等非密排原子面也可以激活滑移，为<a>型柱面滑移和<a>型锥面滑移。但是，三种<a>型滑移的滑移方向均为<11$\bar{2}$0>，可以协调基面应变，无法协调晶体 c 轴方向的应变。因此，镁合金中还存在另一种滑移系：<$c+a$>型非基面滑移系。滑移方向为<11$\bar{2}$3>，可以在{10$\bar{1}$1}、{11$\bar{2}$1}、{10$\bar{1}$2}及{11$\bar{2}$2}等锥面上激活，也被称为<$c+a$>型锥面滑移。<$c+a$>型滑移不仅能提供晶体 c 轴方向的应变，还可以协调基面的形变，因此对镁合金的协调变形极其重要。表 1-4 为 hcp 结构镁合金中可能的滑移系及独立滑移系数量，对应的晶体几何取向见图 1-3。

表 1-4 镁及镁合金的滑移系

类型		滑移类型	滑移面	滑移方向	独立滑移系数
基面滑移		<a>滑移	(0001)	<11$\bar{2}$0>	2
非基面滑移	柱面滑移	<a>滑移	{10$\bar{1}$0}	<11$\bar{2}$0>	2
	锥面滑移	<a>滑移	{10$\bar{1}$1}	<11$\bar{2}$0>	4
	锥面滑移	<$c+a$>滑移	{11$\bar{2}$1}	<11$\bar{2}$3>	5
	锥面滑移	<$c+a$>滑移	{11$\bar{2}$2}	<11$\bar{2}$3>	5

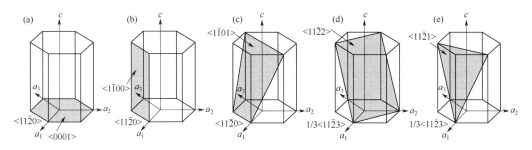

图 1-3　镁合金主要滑移系示意图

（a）(0001)<11$\bar{2}$0>基面滑移；（b）{10$\bar{1}$0}<11$\bar{2}$0>柱面滑移；

（c）{10$\bar{1}$1}<11$\bar{2}$0>锥面滑移；（d）{11$\bar{2}$2}<11$\bar{2}$3>锥面滑移；（e）{11$\bar{2}$1}<11$\bar{2}$3>锥面滑移

室温条件下，镁合金各滑移系的 CRSS 差异明显，通常呈现 CRSS $_{基面滑移}$<CRSS $_{柱面滑移}$<CRSS $_{锥面<a>滑移}$≤CRSS $_{锥面<c+a>滑移}$的相对关系。因此，基面滑移在室温时最易激活，而非基面滑移只能在较大应力或应力集中时方能启动。任意形变都可以利用 ε_{xx}、ε_{yy}、ε_{zz}、ε_{xy}、ε_{yz} 及 ε_{zx}6 个独立的应变分量表示，由于塑性变形满足体积不变条件，形变只需要 5 个独立的应变分量调节。多晶体塑性变形时为了实现晶粒内各位置均匀变形，需要各晶粒之间进行协调变形，多晶体需要至少 5 个独立的滑移系。由表 1-4 可知，镁合金中基面滑移和柱面滑移只有 2 个可能的独立滑移系，而高 CRSS 使得锥面滑移难以启动。因此，镁合金室温时很难提供均匀变形，导致室温塑性较差。

1.2.2　孪生

由于室温时镁合金缺少足够的独立滑移系，孪生作为另一种变形机制就起到重要作用。孪生是切应力作用下晶体内部出现的一种均匀切变行为，只改变晶体取向而不改变晶体结构。此外，孪生具有方向性，只能沿特定方向发生。取向改变后的晶体称为孪晶，孪晶与母体之间成镜面对称并具有特定的取向差关系。滑移会导致晶体取向连续改变，而孪生则使晶体取向发生突变。因此，滑移主导塑性变形时会产生大量小角度晶界，而孪生主导时则不会产生大量小角度晶界。通常以晶界两侧的晶体取向差判断一个大角度晶界是否属于孪晶界，表 1-5 为镁合金中常见的孪晶类型及其位向关系。根据应变条件的不同，孪生可分为拉伸孪生和压缩孪生。晶体 c 轴方向存在拉伸应变组分而产生的孪生为拉伸孪生，其孪生面通常为{10$\bar{1}$2}晶面，孪生方向为<10$\bar{1}$1>晶向；c 轴方向存在压缩应变组分而发生的孪生则为压缩孪生，常见的压缩孪生面为{10$\bar{1}$1}和{10$\bar{1}$3}晶面，相应的孪生方向依次为<10$\bar{1}$2>和<30$\bar{3}$2>晶向。拉伸孪晶呈透镜状，尺寸一般较短较粗，孪晶界不规则。拉伸孪晶随应变增加会迅速长大及合并，甚至可以将母晶全部转化为孪晶。压缩孪晶一般呈细长状，孪晶界平直。但应变增加时，压缩孪晶数量增多，长大行为不明显[52-53]。根据孪生发生的次数，孪生又可以分为一次孪生和二次孪生。其中，一次孪生为镁合金中最基本的孪生模式。一次孪生出现后，在一次孪晶的内部再次发生孪生便称为二次孪生。镁合金中常见的二次孪晶一般是先生成{10$\bar{1}$1}或{10$\bar{1}$3}压缩孪晶，随后再生成{10$\bar{1}$2}拉伸孪晶。图 1-4 为镁合金中常见的{10$\bar{1}$2}拉伸孪生、{10$\bar{1}$1}压缩孪生以及{10$\bar{1}$1}-{10$\bar{1}$2}二次孪生的晶格转变示意图。

表 1-5　镁合金主要孪晶类型及其位向关系

类型	孪生面	取向差/轴
拉伸孪晶	$\{10\bar{1}2\}$	$86°/<1\bar{2}10>$
压缩孪晶	$\{10\bar{1}1\}$	$56°/<1\bar{2}10>$
	$\{10\bar{1}3\}$	$64°/<1\bar{2}10>$
二次孪晶	$\{10\bar{1}1\}$-$\{10\bar{1}2\}$	$38°/<1\bar{2}10>$

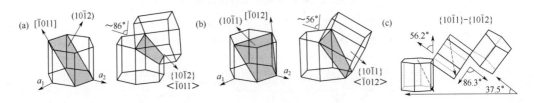

图 1-4　镁合金中常见孪生晶格转变示意图

（a）$\{10\bar{1}2\}$拉伸孪生；（b）$\{10\bar{1}1\}$压缩孪生；（c）$\{10\bar{1}1\}$-$\{10\bar{1}2\}$二次孪生

由图 1-4（a）可知，当晶体 c 轴受垂直压应力作用，$\{10\bar{1}2\}$拉伸孪晶会使晶体旋转 86.3°，孪晶的 c 轴与压缩应力方向近似于平行。加之拉伸孪晶易扩展使整个晶体取向转变为孪晶的取向。因此，$\{10\bar{1}2\}$拉伸孪晶可以迅速改变晶体取向。镁合金中，$\{10\bar{1}2\}$拉伸孪晶的 CRSS 值是所有孪生系中最低的，在各种变形机制中仅高于基面滑移，因此，拉伸孪晶很容易产生，而$\{10\bar{1}1\}$压缩孪晶的产生需要更高的形变应力[54-55]。

镁合金的塑性变形过程中，孪生行为可以改变原始晶体取向，使处于滑移硬取向的晶粒转变为软取向；还可以改变晶体的织构组分，起到织构强化作用，从而提升材料的力学性能。此外，孪晶界还可以发挥类似于晶界的作用，阻碍位错运动，有利于增强加工硬化；也可以协调和释放应力集中，成为提高材料塑性的补充机制[56]。

1.2.3　晶界滑移

滑移与孪生均属于镁合金中晶粒内的塑性变形机制。在多晶体镁合金中，晶界在塑性变形过程中也起到重要作用。晶界杂乱的结构使位错攀移，原子扩散易在晶界附近进行，并可以吸收移动至晶界处的位错。晶界滑移指晶界附近一定厚度区域内沿最大剪切应力方向发生的剪切变形，是协调晶粒间不均匀变形的结果。相邻晶粒间的晶界滑移主要分为两种方式：一种是晶界滑动；另一种是晶粒转动。晶界滑移机制激活时，变形样品表面形貌呈现出凹凸不平的台阶。在大应变条件下，晶粒仍呈等轴状，不会被拉长，晶界取向差分布也无明显变化。晶界滑移主要受变形温度和晶粒尺寸的影响。室温时，晶界强度一般高于晶内强度，高温时晶界强度又低于晶内强度，使得晶界具有一定的黏滞性特征，并且高温蠕变时晶界滑移成为主导变形机制。而室温时，滑移一般由原子扩散控制，并且此时原子的活动能力有限，一般认为晶界滑移难以发生。但 Gifkins 等[57]认为室温时晶粒细化到一定程度后晶界滑移也能发生。Koike 等[58]以 $10^{-3}s^{-1}$ 应变速率对晶粒尺寸为 8μm 的 AZ31 镁合金进行室温拉伸时观察到了晶界滑移。细小晶粒使得镁合金在塑性变形过程中可以滑动的晶界表面积较大，此时晶界滑移可以协调晶粒变形，对增进镁合金的塑性变形能力起到重要的补充作用。Zeng 等[59]指出 80℃挤压制备的纯镁室温变形时的主导变形机制为晶界滑移，促使纯镁在室温时获得优异的成形性能，$10^{-3}s^{-1}$ 应变速率条件下室温压缩 80%应变量时仍未发生断裂。

1.2.4 再结晶

再结晶行为是热加工过程中镁合金微观组织演变的重要形式。由于镁合金滑移系较少，位错易塞积，位错密度可以很快达到激活再结晶的要求。同时，镁合金的堆垛层错能较低，扩展位错难以聚集而产生滑移或攀移，因而抑制了动态回复。此外，镁合金的晶界扩展速率较高，亚晶界附近的堆积位错能够被亚晶界吸收而加速动态再结晶（Dynamic Recrystallization，DRX）过程。因此，镁合金易发生 DRX。根据变形温度、应变速率及施加应力的差异，镁合金中存在四种不同的 DRX 机制，分别为连续动态再结晶（Continuous DRX，CDRX）、不连续动态再结晶（Discontinuous DRX，DDRX）、孪生动态再结晶（Twin DRX，TDRX）以及低温动态再结晶（Low Temperature DRX，LTDRX）。DDRX 主要通过晶界处的位错重排，以弓出形核作为典型特征。随着应变的增大，弓出部分被小角度晶界（Low-Angle Grain Boundary，LAGB）从原始晶粒中切割，LAGB 不断发生转变而形成大角度晶界（High-Angle Grain Boundary，HAGB），最后形成新的再结晶晶粒。CDRX 可以看成是动态回复过程的延伸，微观组织中 LAGB 的旋转与迁移均匀地发生。TDRX 及 LTDRX 则源于其形核机制以及出现温度。图 1-5 为镁合金中常见的动态再结晶机制与变形温度及应变速率的相对关系[60]。一般情况下，随着变形温度的上升，主导 DRX 机制会发生 TDRX 依次向 CDRX 及 DDRX 的转变[61]。

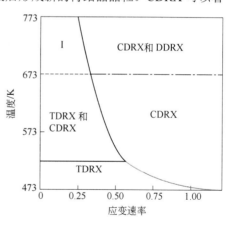

图 1-5　镁合金的动态再结晶机制[60]

目前，常见的镁合金静态再结晶（Static Recrystallization，SRX）形核机制主要有五种，分别为经典起伏形核理论、亚晶长大或亚晶合并模型、晶界形核或应变诱导晶界迁移、位错塞积区形核机制以及孪生形核模型[62]。晶界、剪切带、形变孪晶以及第二相粒子成为镁合金再结晶形核的有效位置[63]。由于形变储存能的差异，拉伸孪晶与压缩孪晶对再结晶行为的作用有显著的差别。拉伸孪晶界面扩展能力较强，易于迁移，取向相对稳定，伴随的形变较为均匀，很难出现应变能的积累，因而对应的再结晶驱动力较小。此外，拉伸孪晶带越宽，形变储存能释放越多，内部形核越不易。压缩孪晶恰好相反，其界面难以迁移而导致应力集中现象。另外，压缩孪晶取向不稳定，形成后很可能继续发生基面滑移或拉伸孪晶，进而快速改变取向，在其周围激发同类孪晶产生孪晶带群，加速晶内亚晶的取向变化。并且压缩孪晶处的变形极不均匀，因此再结晶驱动力较大，容易发生再结晶形核。根据第二相粒子尺寸、间距及体积分数，第二相粒子可以促进或抑制再结晶行为。Zener 钉扎机制表明，细小弥散的第二相粒子可以钉扎亚晶，阻止晶粒长大，提高晶粒间取向差，从而推迟再结晶。相反，大尺寸第二相粒子（直径大于 1mm）可以起到促进形核作用，有利于退火或热变形过程中的再结晶行为。相比于单独存在的第二相粒子，第二相粒子以团聚形式存在会引起更强的促进形核效果[64]。

1.2.5　镁合金的变形特性

与再结晶机制相似，镁合金的塑性变形机理也受到很多因素影响，包括变形温度、应变速率和晶粒尺寸等；同时，镁合金各种变形机制间又存在竞争与协调关系，不同变形机制间的相对活性差异导致不同的变形行为，进而影响微观组织演变及综合性能。

（1）形变温度对变形机制的影响

温度对镁合金滑移及孪生的活性具有明显的影响。图 1-6 为不同温度下单晶 Mg 各变形机制 CRSS 值的变化趋势，结果表明基面<a>滑移以及{10$\overline{1}$2}拉伸孪生的 CRSS 值对温度不敏感，而柱面滑移、锥面滑移以及压缩孪生的 CRSS 值随温度升高呈现明显的下降趋势[65]。多晶体镁合金中，温度对基面滑移 CRSS 的影响同样较小，部分研究者因而将基面滑移视为非热激活行为[66]；非基面滑移 CRSS 则随温度升高而降低。在 AZ31 镁合金 300℃单轴压缩过程中，杨续跃等[67]发现垂直于压缩方向扭折带的出现与柱面滑移和锥面滑移激活相关。此外，同时开动的基面滑移和非基面滑移增加了镁合金的滑移系数量，从而提高了塑性。

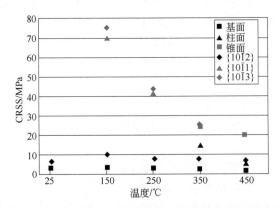

图 1-6　单晶 Mg 滑移及孪生 CRSS 值随温度变化趋势[65]

孪生机制在形变温度较低时对塑性变形的作用更大，并随着温度升高而不断减弱。Ghaderi 等[68]研究了 25～200℃温度范围内 AZ31 镁合金的拉伸孪生行为，结果发现拉伸孪晶总量随温度升高变化较小，但拉伸孪晶的形核数量逐渐减少，孪生生长逐渐增强。Jiang 等[69]发现在 25～150℃温度范围内，AM30 镁合金压缩孪晶和二次孪晶随变形温度升高而明显减少。

（2）应变速率对变形机制的影响

应变速率也是影响镁合金塑性变形的一个重要因素。Dudamell 等[70]研究了 AZ31 镁合金在 $10^3 s^{-1}$ 和 $10^{-3} s^{-1}$ 应变速率下的孪生行为，发现高应变速率会明显增强{10$\overline{1}$2}拉伸孪晶的活性。Jiang 等[69]研究了 10^{-3}～$10^{-1} s^{-1}$ 应变速率范围内 AM30 镁合金的变形行为，发现压缩孪晶及二次孪晶与应变速率呈正相关。Bajargan 等[71]研究了 AZ31 镁合金的单轴压缩行为（变形温度为 150～400℃，应变速率为 10^{-3}～$10^{2}s^{-1}$）。变形初期，孪晶主导塑性变形；随着应变量增加，变形机制出现变化，交滑移明显增加，随后又转变为扩散控制。Ardeljan 等[72]构建了适用于挤压态 AZ31 镁合金大塑性变形的 Taylor 多尺度塑性模型，分析了 10^{-4}～$3000s^{-1}$ 应变速率、77～423K 温度范围的 AZ31 镁合金的单轴压缩、拉伸及扭转变形时的力学行为和微观组织演变，结果表明不同试验条件下流变应力的差异源于滑移和孪生相对贡献的变化。Zhu 等[73]分析了高应变速率条件下 ZK60 镁合金 300℃压缩变形过程的微观组织演变，结果表明高应变速率诱导高密度孪晶生成，不仅包括粗大晶粒内的 $\{10\bar{1}1\}$-$\{10\bar{1}2\}$ 二次孪晶，还有细小动态再结晶晶粒内的 $\{10\bar{1}2\}$ 孪晶。当应变速率达到 $15s^{-1}$ 时，微观组织转变为均匀细小组织，晶粒尺寸明显细化，基面织构也显著弱化。这种现象被认为是由于高应变速率促使高密度孪晶的生成，甚至在超细晶粒中也有纳米尺度孪晶生成，进而提供了动态再结晶晶粒形核位置（图 1-7）。

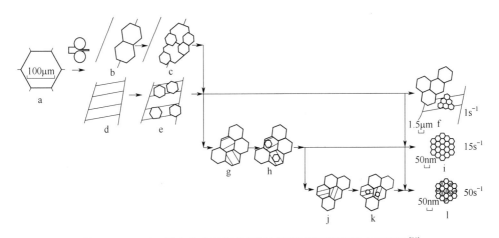

图 1-7　ZK60 镁合金 300℃热压缩过程的微观组织演变示意图[73]

（3）晶粒尺寸对变形机制的影响

晶粒细化通常被认为对镁合金的滑移机制具有改善作用，并源于以下三个方面：缩短位错移动行程，使变形更加分散均匀；促进晶界滑移，增强协调变形能力；激活非基面滑移[74]。Keshavarz 等[75]通过迹线法研究了晶粒尺寸为 7μm 的细晶 AZ31 镁合金室温变形机制，由于细小晶粒间的强烈相互作用，引起应力集中并生成大量柱面<a>位错。此外，基面滑移和非基面滑移的 CRSS 随晶粒细化均升高，但基面滑移的 CRSS 变化更为明显，使非基面滑移和基面滑移的 CRSS 比值下降，非基面滑移激活的难度相对降低。但是，晶粒尺寸对滑移机制的影响仍存在争议。Cepeda-Jiménez 等[76]研究了晶粒尺寸对纯镁位错活性的影响，结果表明，晶粒尺寸减小，CRSS 非基面滑移/CRSS 基面滑移比值增大，其源于非基面晶界更高的强化效应。

孪晶对于晶粒尺寸变化非常敏感，晶粒细化一般会降低孪晶活性[77]。Wang 等[78]研究了不同晶粒尺寸 Mg-3Al-3Sn 合金的压缩孪生行为，发现压缩孪晶随晶粒尺寸增大而显著增加。当平均晶粒尺寸大于 22μm 时，孪生成为塑性变形的主导变形机制。Barnett 等[79-80]研究了具有不同晶粒尺寸的 AZ31 镁合金的拉伸孪生行为，结果发现大尺寸晶粒中形成拉伸孪晶所需应力更小。沿挤压方向进行压缩时，粗晶组织中孪晶分布相对弥散；细晶组织中孪晶则呈带状分布，并且这些孪晶带可以增加屈服平台的长度。晶粒尺寸对滑移和孪生相对活性的影响也会改变塑性变形的主导变形机制。Cepeda-Jiménez 等[81]研究了 50℃、$0.001s^{-1}$ 条件下多晶体纯镁的变形行为，发现晶粒尺寸由 19μm 细化至 5μm 时，主导塑性变形机制发生了由孪生到滑移的转变，这是由于晶粒细化改变了晶粒间基面滑移的连续性和协调性，促使变形首先开始于有利于基面滑移的晶粒中，并通过在不同晶粒间的滑移扩展生成变形带以进行形变。

（4）变形机制的相互协调性

变形温度、应变速率和晶粒尺寸对滑移和孪生的活性具有明显的影响，并通过各变形机制相对活性的变化呈现出不同塑性变形机制间的竞争行为。然而，多晶体镁合金塑性变形还需遵循应变协调准则。多晶体镁合金中，滑移和孪生的迁移和扩展使晶界处产生了应力集中，此时需要相邻晶粒进行协调。由于镁合金缺少足够的独立滑移系，导致塑性变形可能需要其他变形机制的补充。

拉伸孪生在多晶体镁合金的拉伸或压缩变形初期可以作为主导机制，并会造成明显的软化行为，使应力-应变曲线呈现出"下凹"平台；随着应变量的增加，拉伸孪生又会引起应变硬化[82]。Jiang 等[83]观察孪生主导塑性变形时，变形初期晶粒内出现一两条的初生 $\{10\bar{1}2\}$ 孪晶，随后孪晶仅发生宽化，应变硬化仍处于较低水平。随着变形进行，初生孪晶内再次出现了 $\{10\bar{1}2\}$ 孪晶，并与初生孪晶发生交割，导致应变硬化率显著增大，从而使应力-应变曲线呈现 S 形。Kadiri 等[84]在 AM30 镁合金的压缩变形中也观察到相似的应变硬化行为，并认为单个孪晶存在时，孪晶生长应力低于形核应力，此时孪晶生长较快，并通过孪晶宽化以协调应变。当晶粒内存在有 Schmid 因子（Schmid Factor，SF）高且相近的两个孪晶变体时，孪晶交割导致孪晶生长应力增加，使孪晶长大速率下降，转变为有利于孪晶形核。由于孪晶密集形核并且形核应力高于生长应力，孪晶-孪晶的相互作用显著提高了应变硬化率。

为了协调局部应变而出现的滑移-滑移、滑移-孪晶和孪晶-孪晶交互现象在镁合金中已经被广泛研究。Shi 等[85]发现 AZ31 镁合金板材沿轧向（Rolling Direction，RD）压缩变形时有低 SF 孪晶形核，这种孪晶的变体选择与相邻晶粒内滑移造成的应变协调有关。Xin 等[86]发现轧制态 AZ31 镁合金在搅拌摩擦加工后晶界处存在孪晶相连从而形成孪晶链，并通过应变协调因子表明成对孪晶具有较高的应变兼容性，证明了局部应变协调机制影响孪晶形核。Beryerlein 等[87]沿纯镁板横向进行压缩时发现孪晶对具有固定的取向关系，孪晶变体间的取向差角为所有孪晶变体中最小的取向差角，表明孪晶对形成时孪晶形核受到相邻孪晶的影响。Jain 等[88]研究了 AZ80 镁合金 77K 时的压缩变形行为，结果发现 0.08 应变量时二次孪晶主要在一次拉伸孪晶交互交割处形成；此外，二次孪晶也会在一次孪晶界及孪晶内部形成，但这两处形核位置的二次孪晶 SF 均为负值。在拉伸孪晶交割处的二次孪晶形核，一般认为是一次孪晶相互作用的结果；而一次孪晶界及孪晶内部的孪晶形核被认为是由于协调局部应变而生成。由此可见，多晶体镁合金中的孪生行为并不完全遵循 Schmid 准则，也会受到局部应变协调的影响。Koike 等[89]认为镁合金板材沿轧向拉伸时形成的异常 $\{10\bar{1}2\}$ 拉伸孪晶就是为协调晶界处基面位错塞积而引起的应变不相容，其机理如图 1-8 所示。一种是基面滑移在晶界塞积，产生应力集中，并在相邻晶粒内诱导孪晶生成；另一种是晶粒相对于周围晶粒具有基面滑移的软取向，基面滑移在晶界塞积后增加了与周围晶粒间的应变不相容程度，从而促使晶粒本身激活孪生以协调应变。

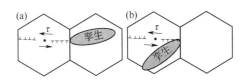

图1-8　应变协调晶界位错塞积的孪生行为[89]

（a）晶界位错塞积引起应力集中并在相邻晶粒诱发孪生；
（b）晶界位错塞积引起应力集中并诱发自身孪生以协调与周围晶粒的应变

（5）镁合金塑性变形的取向行为

由于镁合金的晶体结构呈现低对称性，并且各种变形机制（基面滑移、非基面滑移、孪生）的 CRSS 在室温时存在较大差异，导致镁合金的塑性变形具有明显的各向异性。塑性变形过程中，当晶粒取向发生改变时，各变形机制的 SF 随之改变，使变形机制之间的相对活性也发生变化，从而影响塑性变形行为。镁合金的宏观变形是由无数个单独晶粒的变形行为和晶粒间相互作用的综合体现，晶粒间的相互作用又与取向差相关，也意味着晶粒取向对镁合金宏观变形产生影响。

传统镁合金板材具有基面织构特征，大多数晶粒的 c 轴与板材的法向（Normal Direction，ND）平行。因此，当外力加载方向与板材法向具有不同角度时，各种变形机制的 SF 均随之变化，影响宏观应变的协调能力，因此变形行为和力学性能就呈现不同特征。Wang 等[90]研究了与 AZ31B 轧板法向呈现不同角度试样的室温拉伸变形行为，图1-9为对应的应力-应变曲线。0°试样流变曲线呈低屈服-低加工硬化平台特征，随着应变的增加加工硬化率增大，流变曲线呈上凹型，而90°试样流变曲线则呈

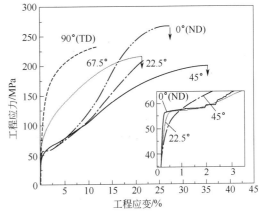

图1-9　不同加载方向下 AZ31B 板材的应力-应变曲线[90]

抛物线型。流变应力曲线的差异源于塑性变形过程中主导变形机制不同，0°试样和90°试样分别以拉伸孪晶和滑移为主导。随着拉伸方向与法向夹角的增大，拉伸孪晶、基面滑移以及柱面滑移先后成为塑性屈服的主导变形机制。Ahmad 等[91]分析 AZ31 板材在 $10^{-4} \sim 3500 \mathrm{s}^{-1}$ 应变速率范围的室温压缩变形行为时，发现沿轧向压缩时孪生为主导变形机制；而与轧向呈45°以及法向压缩时主导变形机制转变为滑移。

Kabirian 等[92]利用黏塑性自洽模型研究了不同初始织构特征的挤压态 AZ31 镁合金在单轴及多轴载荷下的变形行为，结果表明压缩时屈服强度随初始织构差异而变化；各变形机制对晶粒内塑性变形的相对贡献依赖于加载方向。滑移或孪生与晶界相互作用会产生局部应力集中，相邻晶粒内会激活相应的变形机制进行协调。为协调塑性变形，不同变形机制起到不同程度的作用进而使应变硬化行为出现了明显的各向异性。Chapuis 等[93]研究了不同初始织构特征的 AZ31 镁合金的拉伸变形行为，并分析了 0～1%以及

9%～10%变形阶段中变形机制的相对作用；图 1-10 的结果表明随着试验样品基面与拉伸方向夹角的增大，孪生机制对应变作用逐渐减小，而基面滑移始终具有重要作用。Koike 等[94]进行 AZ61 合金的室温拉伸变形时发现随着拉伸方向与基面夹角减小，柱面滑移会逐渐取代基面滑移成为主导变形机制。Agnew 等[95]认为锥面<c+a>滑移只有在晶粒取向对基面滑移、拉伸孪晶和柱面滑移均不利时才会激活，如在平行于晶粒 c 轴进行压缩变形的情形。

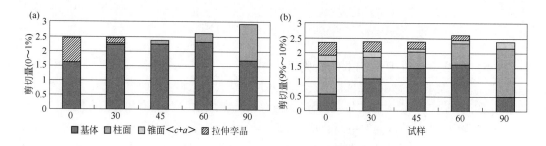

图 1-10　不同应变量时 AZ31 中各变形机制的相对作用[93]

（a）0～1%应变量；（b）9%～10%应变量

晶界取向差源于两个相邻晶粒间的取向差异，在本质上也和镁合金晶粒的取向性有关，而晶界取向差对变形行为也会产生不可忽视的作用。Khosravani 等[53]研究了 AZ31 镁合金中{10$\overline{1}$2}拉伸孪晶的形核及扩展行为，结果表明在高取向差晶界处位错可诱导相邻晶粒内形成孪晶以协调变形，在低取向差晶界处孪晶可诱导相邻晶粒内形成孪晶以协调变形，且这种孪生遵循 Schmid 准则。Yu 等[96]研究了基面织构分布对 AZ31 镁合金晶界强化系数的影响，结果表明主导变形机制的改变会呈现不同的晶界强化效果，而且晶界取向差分布也会影响晶界强化系数。同时，Yu 等也创造性地应用了 Schmid 因子差值（ΔSF）和几何适配性因子定量揭示了相邻晶粒取向差对晶界强化系数的影响。

同样，微纳米尺度的镁合金塑性变形也具有取向行为。Guo 等[97]利用原子力显微镜（Atomic Force Microscope，AFM）对[11$\overline{2}$0]和[10$\overline{1}$0]取向的 AZ31 镁合金单个晶粒进行了纳米压入，并耦合电子背散射衍射（Electron Back-Scatter Diffraction，EBSD）技术分析了晶粒取向对变形行为的影响；结果表明基面滑移引起了屈服现象，载荷-位移曲线的跃迁行为与{10$\overline{1}$2}拉伸孪晶有关。Sánchez-Martín 等[98]通过纳米压入耦合 EBSD 技术研究了晶体取向和压入深度对纳米力学性能及拉伸孪生行为的影响，发现拉伸孪生的激活除了随压入深度增加而显著增强外，还具有明显的取向依赖性。Bočon 等[99]通过纳米压入及 EBSD 技术对 AZ31 镁合金和纯镁的纳米力学各向异性进行了研究，结果表明随着晶粒 c 轴与压入载荷方向夹角的增大，AZ31 镁合金纳米硬度先减小后稍稍增大，而纯镁则呈现持续减小的现象，并认为这种取向依赖性是由于滑移和拉伸孪生激活能力的各向异性造成的。Sánchez-Martín 等[100]建立了以晶粒取向为变量的 MN11 镁合金非基面滑移系与基面滑移系之间 CRSS 比值的关系，结果表明当晶粒 c 轴与压入载荷方向夹角处于 0°～45° 范围内，锥面滑移系与基面滑移系的 CRSS 比值成为纳米硬度的主要影响因素；当夹角处于 45°～90°时，主要影响因素变为柱面滑移系与基面滑移系的 CRSS 的比值。

1.3　变形镁合金的板材加工方式

传统的铸造镁合金中易存在疏松、缩孔及组织偏析等缺陷，以及粗大的铸态晶粒也降低了其强度及成形性能。与铸件相比，以轧制、挤压等方式制备的变形镁合金材料可以消除上述铸造缺陷，并具有更高的力学性能和成形性能。近年来，众多研究人员改良了常规镁合金板材制备方法，开发了双辊铸轧、异步轧制及衬板轧制等多种先进镁合金板材轧制工艺。

1.3.1　镁合金板材的常规轧制

图 1-11 为镁合金板材的常规制备工艺流程图。镁合金轧制用的坯料可以是铸坯、挤压坯或锻坯。锭坯在轧制前需进行铣面，以去除表面缺陷。锭坯在轧制前还需要进行长时间的均匀化退火处理，以减小或消除成分偏析、提高锭坯的塑性成形能力。由于镁合金的冷加工性能较差，镁合金板材的轧制阶段常选用多道次热轧辅以中间退火的方式。镁合金板材的热轧多采用二辊轧机，当大批量生产时则常用 4 辊或 6 辊轧制。为降低轧制力并改善板材性能，轧制时通常还会使用润滑剂。板材轧制完成后，还会根据性能需求进行不同的热处理工艺。

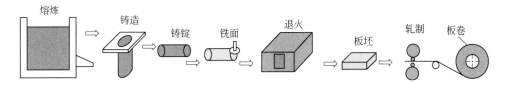

图 1-11　镁合金板材的常规轧制工艺流程

轧制温度、压下制度、轧制速度等轧制工艺参数对镁合金板材的组织性能都会产生影响。轧制温度主要影响镁合金的塑性变形机制。低温轧制时，非基面滑移难以开动，此时主要靠基面滑移和孪生来协调变形，显微组织中会出现大量孪晶。轧制温度升高有利于增强非基面滑移和晶界滑移，还能够通过促进动态回复和动态再结晶来消除组织缺陷和细化晶粒，板材的力学性能也有明显改善，如高 Al 含量的 Mg-Al-Ca 系镁合金板材通过高温轧制及退火工艺获得了良好的成形能力。Bian 等[101]将末道次轧制温度由 450℃升高至 510℃，从而大幅提升了 Mg-6Al-1Zn-1Ca 镁合金的室温成形能力，其板材 Erichsen 杯突值（IE 值）由 4.1mm 增长到 7.9mm，并且轧向拉伸力学性能优异，屈服强度、抗拉强度及断裂延伸率分别为 166MPa、283MPa 及 25.8%（图 1-12）。

随着道次压下量增加，镁合金容易发生再结晶，并且新生晶粒尺寸更均匀。单道次压下量过小时，仅有处于有利取向的晶粒参与变形，这种变形的不协调性导致部分晶粒在后续加热或热处理过程中未发生再结晶，而是吞并周围的再结晶晶粒长大。压下量增大，合金变形程度增大，晶粒内位错密度快速增加，点阵畸变加剧，致使新晶粒形核数量增多，

并在一定条件下，动态再结晶过程可重复进行，从而使晶粒明显细化。但是镁合金变形能
力有限，轧制过程中如果压下量过大，很容易出现边裂或表面裂纹，因此，合金允许的最
大单道次压下量是保证轧件不发生开裂的极限变形量。

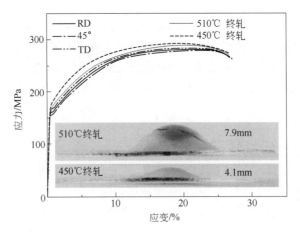

图 1-12　Mg-6Al-1Zn-1Ca 合金板材的力学性能及成形性能变化[101]

　　工业化生产中，轧制速度升高可以提高生产效率，塑性却呈现一定程度的降低。但是，
近年来，一些研究结果表明高速轧制反而可以改善板材的可轧制性。Zhu 等[102]分析 ZK60
镁合金的轧制变形时发现，低应变速率及高应变速率轧制时无表面裂纹，中等应变速率时
表面反而有裂纹生成，并认为其与轧制过程中孪晶、动态再结晶及断裂的相对关系有关。
Guo 等[103]对 AZ31 镁合金板材进行 55%压下量的单道次轧制，当轧制速度由 3.5m/min 变
化至 12.1m/min 时，如图 1-13 的板材宏观样貌所示，边部裂纹（简称"边裂"）随轧制速
度升高而得到改善，板材的断裂延伸率也得到优化（图 1-14）。

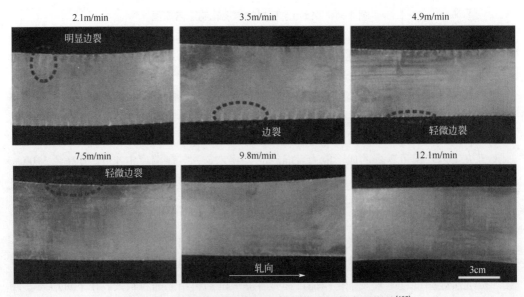

图 1-13　不同轧制速度的 AZ31 镁合金板材宏观样貌[103]

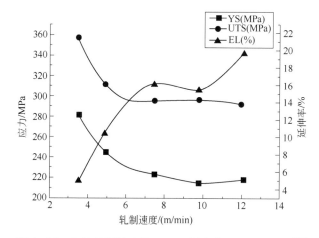

图 1-14　不同轧制速度的 AZ31 镁合金板材力学性能[103]

1.3.2　双辊铸轧

作为金属近净成形技术之一，并兼具高生产效率优势的铸轧工艺（Twin-Roll Casting，TRC），可用于生产难变形材料，是极具潜力的镁合金板材制备技术。图 1-15 为铸轧工艺流程图，该工艺将连续铸造和轧制相结合，使金属熔液在凝固的同时承受铸轧辊施加的轧制压力，将合金由熔液状态直接加工变形为半成品的板坯或板带。在通有冷却水的旋转铸轧辊作用下，铸轧过程中金属熔液可以在 2～3s 内完成液相到固相的转变，冷却速度可达到 10^2～10^3K/s，冷却速度高出常规水冷半连续铸锭工艺 2 个数量级，属于亚快速凝固过程[104]。在高冷速和轧制压力作用下，铸轧工艺制备的板坯具有凝固组织细密、宏观偏析程度减小、析出相弥散细小等特征。此外，微观组织内还存在高位错密度及其他晶格缺陷[105]。

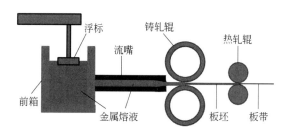

图 1-15　镁合金铸轧工艺流程图

随着轧制设备及技术的发展，镁合金铸轧工艺的研发及工业生产逐渐得到广泛应用，全球各厂商及研究机构均开展了大量关于镁合金铸轧工艺的研究[106]。目前，基于铸轧工艺结合后续轧制及热处理工艺，众多镁合金薄板材得到成功制备，并呈现优异的综合性能，如 Mg-Al 系及 Mg-Zn 系等合金[107-109]。Cho[109]对比常规铸造和铸轧工艺制备的 ZK60 镁合金板材的深冲性能时发现，铸轧板材具有更细小的第二相粒子；低温时呈现出更优异的延伸率、强度和深冲性能。Park 等[110]通过铸轧工艺、350℃热轧及 350℃退火处理制备得到了 Mg-4Zn-0.3Y-0.3Ca 合金板材，其屈服强度、抗拉强度及断裂延伸率分别为 176MPa、217MPa 及 26%，室温 IE 值达到了 7.6mm。

1.3.3　异步轧制

镁合金板材常规轧制过程中，上、下工作辊辊面速率相同，在镁合金板面上形成对称应力，使板材晶粒 c 轴几乎都垂直于轧面，导致镁板具有强烈的基面织构，严重限制了其减薄及二次塑性加工能力[111]。20 世纪 40 年代，德国及苏联学者研究了两个工作辊圆周速度不等时轧材在变形区的独特变形现象，并认为这种轧制方法可以降低轧制压力，提高板材加工效率，进而发展为一种以非对称流变为特征的异步轧制过程[112]。与常规轧制工艺相比，异步轧制工艺具有显著降低轧制压力、降低轧制扭矩、降低轧制能耗、减少轧制道次、增强轧薄能力、改善产品厚度精度和板形、提高轧制效率等优点，特别是对于轧制变形抗力高、加工硬化严重的薄带材。由于异步轧制过程中轧件两侧工作辊辊面的线速度不同，轧件在通过辊缝时会受到一对方向相反的摩擦力作用，内部出现一个以剪切应变为主的搓轧区域。在搓轧区上、下表面，外摩擦力方向相反，减少了外摩擦力形成的水平压力对变形的阻碍作用，从而显著降低了轧制变形的总压力。此外，搓轧区上、下表面金属流动速度不同，在变形区内引起剪切变形，进而导致板材表面质量、微观组织、晶体取向和力学性能的变化。

Hwang 等[113]研究了不同速比条件下异步轧制轧制力的变化特点。图 1-16 的结果表明，同等压下条件下，异速比越高则轧制力越低；压下率越大，异步轧制降低轧制力的效果就越明显。张才国等[114]研究了同步轧制与异步轧制 B₃F 钢的轧制压力，结果表明，相同压下量时，异步轧制所需压力普遍低于同步轧制所需压力，同步轧制需 90000N，而异步轧制则仅需 25000～44000N，仅为同步轧制的 1/4～1/2。

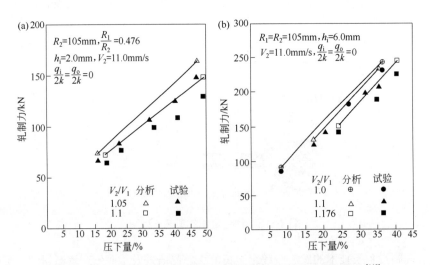

图 1-16　不同速比条件下异步轧制与同步轧制的轧制力变化[113]
（a）异步轧制；（b）同步轧制

Kim 等[115]对比了异步轧制、累积叠轧（ARB）及等径角挤压（ECAP）等工艺对 AZ91镁合金组织和力学性能的影响，结果如图 1-17 所示，异步轧制能够有效地细化晶粒，并显著提高 AZ91 镁合金的强度及塑性。张文玉等[116]分析了异步轧制对 AZ31 镁合金板材组织和性能的影响，结果表明，相同的工艺条件下，异步轧制板材的变形量大于常规轧制的变形量，动态再结晶更完全，有利于晶粒的细化与均匀化。

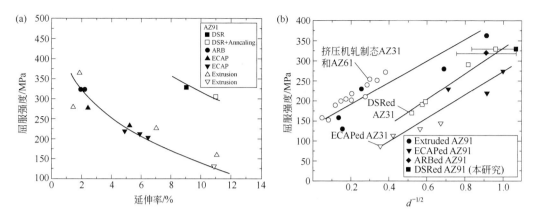

图 1-17　不同制备工艺的 AZ91 镁合金板材力学性能对比

（a）屈服强度和延伸率；（b）屈服强度与 $d^{-1/2}$ 的关系[115]

异步轧制还可以改变镁合金板材中的(0002)基面织构取向，提高镁合金的塑性变形能力[116]。图 1-18 为异步轧制 AZ31 镁合金的(0002)极图，其基面织构呈现明显的弱化现象[117]。Huang[118]的研究也表明，由于异步轧制的剪切变形作用，板材的(0001)晶面 c 轴向轧向偏转，(0002)基面取向减弱。

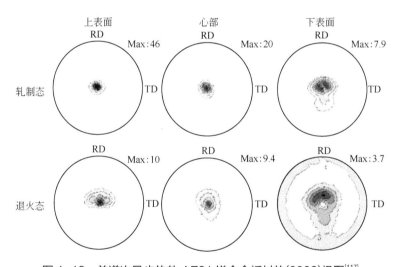

图 1-18　单道次异步热轧 AZ31 镁合金板材的(0002)极图[117]

曲家惠等[119]采用异步轧制在室温条件下以单道次 20%的变形量轧制了 AZ31 镁合金薄板，未出现裂纹且表面平整光滑，而采用常规轧制方式只能实现 15%以下的变形量；他认为异步轧制搓轧区中的剪切变形作用是 AZ31 镁合金板在室温条件下承受较大的塑性变形而不开裂的主要原因。

1.3.4　衬板轧制

常规轧制镁合金板材易开裂，难以实现单道次大压下量轧制。衬板轧制工艺（Hard-Plate

Rolling，HPR）通过在镁合金板材与轧辊之间辅以硬质合金衬板，与镁合金板材同时送入轧辊进行轧制，原理示意如图 1-19 所示。该工艺使板材的散热明显减少，将板材表面的剪应力转变为压应力。衬板轧制工艺不仅大幅减少轧制过程边裂的产生，还可同时实现单道次大压下量轧制。

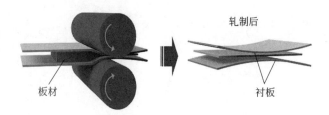

图 1-19　衬板轧制工艺示意图[120]

吉林大学王慧远教授团队[120]首先应用衬板轧制工艺实现了 AZ91 镁合金板材单道次 85%压下量（厚度 5mm→0.75mm）的轧制变形，再经过一道次平轧获得 0.71mm 厚的镁合金薄板材，并实现了镁合金板材的强塑性同时提升。这种强塑性的同时提升被归因于形成了独特的双峰晶粒结构，即具有强织构的粗大微米晶粒和具有弱织构的细晶/超细晶所组成的晶粒组织（图 1-20）。衬板轧制过程中亚微米级 $Mg_{17}Al_{12}$ 相析出有助于形成多峰晶粒尺寸及多种织构分布特征[121]。因此，衬板轧制 AZ91 镁合金板材的强度源于细晶强化及第二相强化，塑性提升归因于不同取向的细小晶粒有利于激活基面及非基面滑移，大幅提升均匀变形能力（均匀延伸率为 23%）。Rong 等[122]也通过衬板轧制工艺制备了 AZ75 镁合金板材，其抗拉强度为 357MPa，延伸率为 19%。

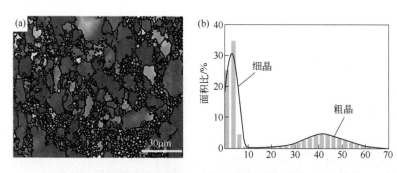

图 1-20　衬板轧制 AZ91 板材的微观组织及晶粒尺寸分布[120]

（a）微观组织；（b）晶粒尺寸分布

与衬板轧制原理相类似，包套轧制通过对镁合金板材表面包套一层其他材料，同样可以避免镁合金板材过度散热，并使板材承受压应力，原理示意如图 1-21（a）所示。Wu 等[123]将 Mg-2Zn-0.5Ce 合金板材包套于铝板中进行轧制，结果表明，Al 包套不仅可以作为绝热源，也可以阻碍边裂及表面氧化。由于包套铝板的有效保温作用，精确控制了合金成形温度范围，轧制后板材组织明显细化，晶粒大小及分布均匀。此外，重庆大学潘复生院士团队还开发了在线加热轧制工艺，原理如图 1-21（b）所示，主要由张力装置、加热电源、热电偶、支撑辊和工作辊组成。在线加热轧制工艺实现了板坯加热和轧制的良好协作，并通过工作辊内部的导热油确保工作辊的温度恒定，大幅减少了常规轧制工艺中出炉到轧制阶段的板材散热[124]。

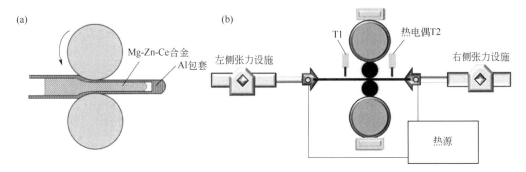

图 1-21　镁合金板材包套轧制及在线加热轧制示意图[123-124]

（a）包套轧制；（b）在线加热轧制

1.4　变形镁合金的力学性能及影响因素

镁合金的性能由其微观组织决定，而变形镁合金的微观组织特征在热-力耦合条件下会出现显著的变化。通过微观组织调控，镁合金的综合性能得以优化。大量研究表明镁合金的力学性能，包括有强度、塑性、韧性、成形性能、拉压不对称性及应变硬化行为等，均受到微观组织特征的影响。在各种微观组织特征中，晶粒、第二相、织构及组织均匀性是控制镁合金力学性能的关键因素。

1.4.1　晶粒

晶粒对力学性能的影响，主要通过晶粒尺寸影响各种变形机制的相对活性，此外还可以通过晶界提供强化作用。晶粒尺寸对变形机制的影响已经在 1.2.5 节中进行了论述，在此不再赘述。

当晶粒尺寸处于一定范围内，镁合金的屈服强度遵循 Hall-Petch 规律，即

$$\sigma_y = \sigma_0 + kd^{-1/2} \tag{1-1}$$

式中，σ_y 为屈服强度；σ_0 为摩擦应力，反映晶内对变形的阻力；k 为晶界强化系数，反映晶界对变形的影响；d 为晶粒尺寸。

显然，在一定范围内，镁合金的屈服强度随晶粒尺寸细化而强化。另外，Hall-Petch 规律也受到变形机制的影响，当主导塑性变形机制由滑移转变为孪生时，摩擦应力 σ_0 明显降低，而晶界强化系数 k 值升高[125]。晶粒尺寸的变化改变了 Hall-Petch 规律，Razavi 等[126]分析了晶粒尺寸对 AZ31 镁合金柱面滑移的影响规律，图 1-22 的结果表明，当晶粒尺寸大于 2μm 时，σ_0 及 k 分别为 124MPa 和 205MPa$^{1/2}$；当晶粒尺寸低于 2μm 时，σ_0 及 k 分别为 208MPa 和 90MPa$^{1/2}$。当晶粒尺寸进一步细化到一定程度时，位错的形成与传播变得困难，Hall-Petch 规律不再适用。Somekawa 等[127]研究了细晶纯镁的 Hall-Petch 规律，结果发现，

当晶粒尺寸小于 0.5μm 时，晶界滑移成为主导变形机制，从而引起 Hall-Petch 机理失效。Cepeda-Jiménez 等[76]发现当晶粒尺寸小于 100nm 时，位错的形成与传播变得困难，导致纳米结构呈超高屈服及低塑性。并且在小晶粒尺寸时，反 Hall-Petch 效应的呈现源于晶粒转动、晶界滑移及晶界介导塑性。

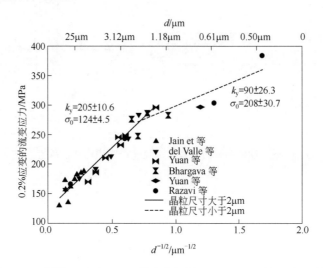

图 1-22　晶粒尺寸对 AZ31 镁合金板材 Hall-Petch 关系的影响[126]

镁合金的晶体结构及变形机制特点导致镁合金存在拉压不对称性，细化晶粒被认为是降低拉压不对称性的有效手段。陶俊[128]建立了 AZ31 镁合金 $\sigma_{cys}/\sigma_{tys}$ 与晶粒尺寸 d 的关系（σ_{cys} 为压缩屈服强度，σ_{tys} 为拉伸屈服强度），即 $\sigma_{cys}/\sigma_{tys}=1.02-10.12\ln d$。Yin 等[129]的研究表明，当晶粒尺寸细化到 0.8μm 时，AZ31 镁合金的拉压不对称性几乎消失，并且与织构类型无关。Kang 等[130]对比了延伸率（EU）、加工硬化系数（n）及成形性能（LDH）的晶粒尺寸相关性，发现均匀延伸率、加工硬化系数及成形性能均随着晶粒细化而降低，如图 1-23 所示。当晶粒尺寸由 55μm 细化至 2μm 时，AZ31 镁合金的加工硬化率逐渐下降，而加工硬化率的降低被认为与孪晶活性下降、晶界滑移增强以及动态回复增强相关[76]。

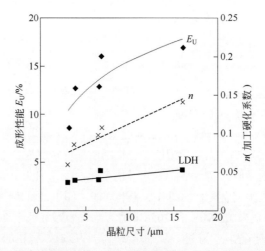

图 1-23　AZ31 镁合金的延伸率、加工硬化系数及成形性能的晶粒尺寸相关性[130]

Somekawa 等[131]研究了晶粒尺寸对挤压态纯镁断裂韧性的影响；晶粒尺寸由 55μm 细化至 1.0μm 时，断裂韧性 K_{IC} 由 12.7MPa·m$^{1/2}$ 逐渐增加至 17.8MPa·m$^{1/2}$，纯镁断裂韧性的提升源于晶粒细化带来的裂纹尖端塑性区尺寸增大。Xia 等[132]研究了晶粒尺寸对 AZ31 镁合金断裂韧性的影响，随着晶粒细化，AZ31 镁合金的断裂韧性明显提高，断裂机制由准解理断裂转变为韧性断裂。

1.4.2　第二相

第二相对镁合金力学性能的影响主要受到第二相粒子类型、尺寸、形状及分布的影响。镁合金成分体系的开发使得镁合金呈现多种多样的第二相类型，如 Al 元素在镁合金的添加可以形成 $Mg_{17}Al_{12}$ 相，而 $Mg_{17}Al_{12}$ 相为 bcc（body-centered cubic）结构，与 hcp 结构的镁合金基体不匹配。另外，$Mg_{17}Al_{12}$ 本身较软，会导致 Mg/$Mg_{17}Al_{12}$ 界面以及 $Mg_{17}Al_{12}$ 粒子本身的脆性[133]。而 Mg-M-RE 系（M: Zn、Cu、Ni、Al；RE: Y、Gd、Dy、Ho、Er、Tm、Tb）镁合金中会形成一种长周期堆垛有序结构（Long Period Stacking Ordered structure, LPSO）。LPSO 相由于具有高模量、高硬度及良好的塑性变形能力，且与镁基体完全共格，被认为具有强化及增韧作用[134]。第二相粒子的尺寸、形状及分布对力学性能的影响通常是一个综合作用的结果，如超细晶内弥散分布的纳米级粒子被认为是同时提升镁合金强度及塑性的有效手段[120]。Zeng 等[135]认为镁合金的理想析出特征是高密度细小纳米级析出均匀分布于亚微米级晶粒中。粗大的第二相粒子（大于 10μm）会降低镁合金的强度及塑性[136]。变形过程中，微米级第二相粒子处的应力集中要高于纳米级第二相粒子处[137]。弥散分布的纳米析出相可以被位错切过，从而缓解应力集中[138]。但是，纳米级析出粒子的密集分布同样也会损害镁合金的塑性[139]。第二相的析出位置对镁合金的力学性能也具有明显的影响。AZ 系镁合金的 $Mg_{17}Al_{12}$ 相为基面析出；稀土镁合金中析出相的惯习面为柱面；Mg-Zn 系合金的析出相包括有基面盘状及沿 c 轴的棒状析出[140]。当具有相同体积分数的析出相时，柱面析出对基面滑移 CRSS 的增强效果要强于基面析出的作用[141]。Fan 等[142]应用分子动力学模拟结合析出硬化模型分析了板状、球状、杆状的第二相粒子对纯镁基体中孪生及基面滑移的强化效果，结果如图 1-24 所示，球状析出具有最强的孪生强化效果，基面板状析出及柱面板状析出的孪生强化效果中等，柱面板状析出对基面滑移及孪生均具有较强的强化作用。第二相粒子的尺寸与分布对镁合金的强度具有显著的影响，强度增量可表达如下[143]：

$$\Delta\tau_p = \frac{Gb}{2\pi\sqrt{1-\gamma}\left(\frac{0.779}{\sqrt{f}}-0.785\right)d_p} \times \ln\frac{0.785d_p}{b} \tag{1-2}$$

式中，$\Delta\tau_p$ 为第二相析出强化带来的切应力增量；G 为镁合金基体的剪切模量；γ 为泊松比；b 为柏氏矢量；f 为第二相粒子的体积比；d_p 为第二相粒子的平均直径。

Davies 等[144]分析了多种类型析出相对 Mg-Sn-Zn(-Al-Na-Ca)合金屈服强度的影响，结果表明基面的椭球形析出相可以减小屈服强度的拉压不对称性，沿 c 轴析出的杆状第二相则会加剧拉压不对称性，但杆状析出对屈服强度各向异性的降低效果更加显著。Li 等[145]对比了轧制态、挤压态及锻造态 GW83 合金的断裂韧性，基于图 1-25 所示的裂纹扩展路径及微观组织特征发现带状第二相有利于形成韧窝及二次裂纹，并可以使主裂纹发生偏转，从而增强了挤压态及锻造态合金的断裂韧性。Somekawa 等[146]研究了挤压态 Mg-2.6Zn-0.4Y

（原子分数）合金的断裂韧性，由于形成了细小弥散的准晶相，位错滑移被钉扎，裂纹扩展被阻碍，断裂韧性得到大幅提高。

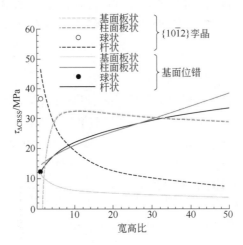

图 1-24　板状、球状、杆状第二相对纯镁基面滑移及孪生的强化作用[142]

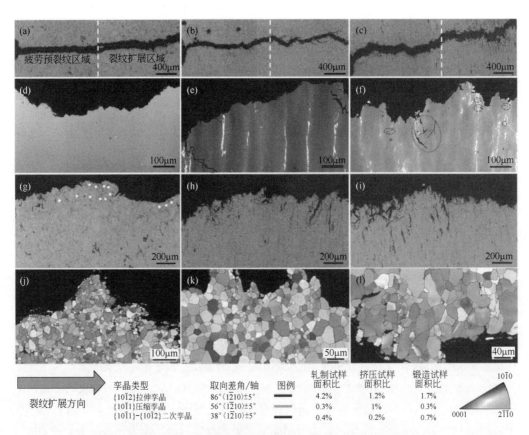

图 1-25　GW83 合金断裂韧性试验的裂纹扩展及微观组织特征[145]

（a）～（c）GW83 合金的裂纹形貌；（d）～（f）扫描电镜形貌；（g）～（i）光镜形貌；（j）～（l）晶粒取向形貌；
（a）（d）（g）（j）轧制态 GW83；（b）（e）（h）（k）挤压态 GW83；（c）（f）（i）（l）锻造态 GW83

1.4.3 织构

织构是多晶镁合金材料晶粒取向的集中体现，由于镁合金的晶体结构特征以及各种变形机制 CRSS 间的差异，镁合金的塑性变形行为对织构特征具有明显的依赖性，即各变形机制的活性呈现出取向行为，已在 1.2.5 节中进行了叙述，在此不再赘述。织构特征同样会影响镁合金板材的力学性能，通常呈现出力学性能的各向异性，其源于基面滑移与非基面滑移室温时的 CRSS 值相差较大；且孪晶具有极性，依赖晶粒 c 轴与外加应力的相对取向；而无论是热加工还是冷加工，常规镁合金材料的织构均很明显。正是由于主导变形机制的差异，导致屈服应力及应变硬化相应地存在明显差别。强基面织构特征表明基面滑移的激活由于低取向因子进而需要更高的剪切应力。基面织构弱化是使大量镁合金晶粒的取向利于变形，从而呈现出高的加工硬化系数[147]。Kurukuri 等[148]制备了基面织构沿 TD 方向分布的 ZEK100 合金，基面织构沿 RD 和 TD 方向分布的截然不同使得拉伸力学性能存在差异（图 1-26）；RD 拉伸时屈服强度对应变速率敏感性强，但应变速率对加工硬化速率的作用相对较弱；TD 拉伸时屈服强度对应变速率敏感性弱，但加工硬化速率明显增加。

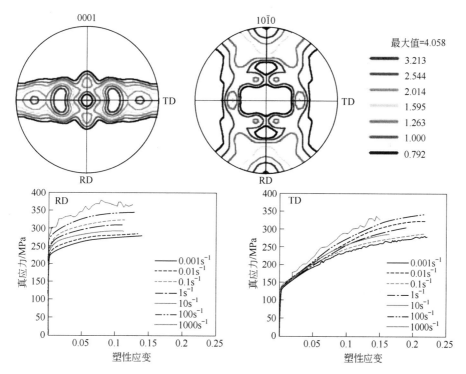

图 1-26　ZEK100 合金织构特征及室温拉伸应力-应变曲线[148]

常规镁合金板材的强基面织构会引起严重的塑性变形各向异性，进而限制了板材厚度方向的变形能力，极大限制了镁合金的二次加工能力。基面织构对成形性能的影响要强于晶粒尺寸，减小基面织构强度或改善织构分布可以提高镁合金板材的成形性能。基面织构弱化减小了基面滑移和柱面滑移启动的所需应力，进而增强了塑性[73]。虽然这种弱化的基面织构分布有利于提升单轴塑性，但是此时沿板材 ND 方向的非对称分布织构对镁合金板材板面的各向异性不利，并不利于板材多向成形，具有最低变形能力的方向在多向变形中会率先失效[149]。Suh 等[150]认为对镁合金成形性能最有利的织构特征是宽泛且对称的织构分布，第二有利的织构特征则是织构沿一个方向漫射扩展，沿另一个方向呈现偏转特征。低含量的 Mg-Zn-Sc 合金呈现出相似的织构特征及优异的室温成形性能（图 1-27），Mg-1.5Zn-0.2Sc 合金板材的室温 IE 值高达 8.6mm[151]。Mg-Zn-Y[152]及 Mg-Al-Zn-Ca-Mn[46]合金均具有类似的基面织构弱化特征及优异的室温成形性能。

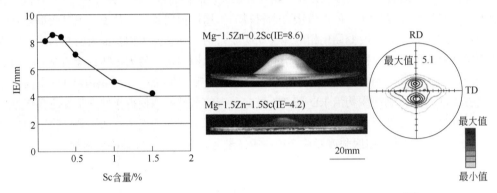

图 1-27　低含量 Mg-Zn-Sc 合金的室温成形性能及织构特征[151]

织构特征对镁合金的断裂韧性及其裂纹扩展同样具有较大影响。Culbertson 等[153]研究了载荷方向对轧态 AZ31B 镁合金疲劳裂纹扩展的影响，发现沿轧向与法向对板材横向预制裂纹的冲击拉伸结果差异明显，且在早期裂纹扩展阶段的作用强于后期的稳定阶段。Somekawa[154]研究了具有纤维织构特征的 AZ31 镁合金的断裂韧性，发现预制裂纹垂直于基面的试样断裂韧性（22.0MPa·m$^{1/2}$）明显高于预制裂纹平行于基面的试样（15.9MPa·m$^{1/2}$），并认为基面滑移及 {10$\bar{1}$2} 拉伸孪晶是导致裂纹形核及扩展存在明显差异的主要机制。

1.4.4　组织均匀性

随着镁合金研究的进展，对镁合金微观组织特征的影响及优化开展了大量的研究工作，组织均匀性对镁合金力学性能的影响也得到了重视。以细小晶粒与粗大晶粒同时存在的双峰组织逐渐进入研究者视野，并被证明可以提升镁合金材料的强塑性。图 1-28（a）为典型的双峰组织镁合金，双峰组织中晶粒尺寸不均匀，大量细小等轴晶（≤10μm）在粗晶（50～100μm）的大角度晶界处形成。除晶粒尺寸差异外，双峰组织中粗晶和细晶通常表现出不同的织构特征，如图 1-28（b）和（c）中细晶呈现出相对较弱的基面织构特征[155]。另一种常见的镁合金双峰组织表现为图 1-28（d）所示的大量细晶分布在变形拉长的粗晶周围[156]。

已有研究表明，镁合金中出现具晶粒尺寸差异的双峰组织是变形过程中 DRX 程度不同[157]。目前报道的不完全 DRX 原因主要有：其一，低温变形时，可形成晶粒尺寸极细的 DRX 晶粒，但由于没有足够的热能提供驱动力，DRX 行为被抑制，导致变形晶粒无法发生完全 DRX，因此，合金呈现出大量细小 DRX 晶粒沿粗大未 DRX 晶粒晶界分布的状态[158-159]；其二，当铸锭初始晶粒尺寸很大时，由于缺少足够的晶界提供 DRX 形核位点，也会导致再结晶受到抑制[160-161]；其三，当塑性变形程度较低，如轧制压下率和挤压比较低时，由于缺少足够的应变，DRX 也不完全[158,162]。当变形温度足够高（>200℃），变形程度也足够大时，通常可以得到均匀的完全再结晶组织。但也存在例外，如由于局部动态析出的形成，变形镁合金中可能存在不均匀的 DRX 组织[163]。对 AZ91 镁合金来说，在350℃以挤压比为 25 进行挤压，挤压棒材具有完全 DRX 组织，但由于挤压过程中局部析出的 $Mg_{17}Al_{12}$ 相对晶界的钉扎效应，导致这些区域的平均晶粒尺寸明显小于不含或仅含少量析出相的区域[164]。目前，镁合金的双峰组织通常由热挤压、衬板轧制、ECAP、热轧等剧烈塑性变形方式获得，并可以应用不完全退火等热处理方式进一步调控晶粒尺寸分布的不均匀程度[165]。

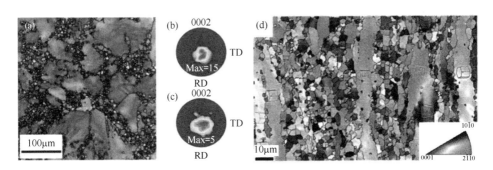

图 1-28　镁合金的典型双峰组织[155-156]

（a）AZT81 合金板材的 IPF 图；（b）AZT81 合金的（0001）极图；（c）AZT81 合金细晶的（0001）极图；
（d）双峰组织 Mg-Gd-Y-Zn-Zr 合金

　　双峰组织对镁合金力学性能具有重要影响。通常，细晶内的位错密度随着应变的增加快速饱和，粗晶具有更多的空间容纳新产生的位错，并有利于非基面滑移[166-167]。Li 等[168]研究了均匀组织与双峰组织的挤压态 AZ31 镁合金的压缩变形行为，双峰组织的峰值强度、应变硬化率及断裂延伸率均优于均匀组织，二者的屈服强度相当。李少杰等[165]基于相场法、非局部塑性理论及有限元等模拟手段发现具有双峰组织的 GW83K 合金强度随平均晶粒尺寸的变化符合 Hall-Petch 关系，粗晶含量和分布显著影响合金的塑性。He 等[169]研究发现双峰组织的晶粒尺寸分布对 Mg-8Gd-3Y-0.5Zr 合金的拉伸强度影响较小，但随着粗晶体积比由 0.65% 上升至 36.4%，延伸率呈现出先升高后降低的变化。通过调控双峰组织的不均匀程度，镁合金双峰组织可以有效提升镁合金的室温塑性。

　　双峰组织对于镁合金的断裂行为同样具有显著的影响。Li 等[168]研究了具有双峰组织和均匀组织的挤压 AZ31 镁合金的断裂行为，结果表明，双峰组织的粗大晶粒可以通过偏转及分叉裂纹尖端、裂纹桥接以及生成二次裂纹而有效阻碍裂纹扩展。同时，细晶可以协调塑性应变及多数晶粒的变形。裂纹扩展方式如图 1-29 所示，双峰组织的裂纹呈现锯齿状扩展路径，而均匀组织的裂纹呈直线扩展。镁合金的组织均匀性同样会改变其应力腐蚀开裂机制。Wang 等[170]对比了挤压态 ZK60 合金的应力腐蚀开裂机制，结果如图 1-30 所示，细晶组织为晶间断裂，粗晶组织为穿晶断裂，而双峰组织则为晶间和穿晶断裂的混合形式。

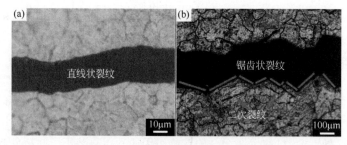

图 1-29　挤压态 AZ31 镁合金均匀组织及双峰组织的裂纹扩展[168]

（a）均匀组织；（b）双峰组织

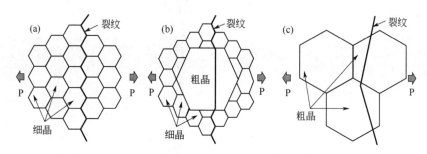

图 1-30　不同晶粒尺寸条件下 ZK60 合金的应力腐蚀开裂机制[170]

（a）细晶组织；（b）双峰组织；（c）粗晶组织

1.5　变形镁合金的耐蚀性能及影响因素

1.5.1　镁合金的腐蚀特性

镁相对较差的耐蚀性能主要归因于以下两点：①镁相对较低的标准电极电位[171]。相对于标准氢电极，镁的标准电极电位仅为-2.37V(vs.NHE)，远低于铁的-0.037V(vs.NHE)及铝的-1.67V(vs.NHE)[171]。因此，镁与其他金属接触时，容易形成电偶对，镁作为阳极优先溶解。即使没有氧存在的情况下，镁极负的电化学电位会通过阴极水解反应导致腐蚀发生。②镁表面生成的氧化膜保护性作用极差[172]。镁表面上形成的氧化物或氢氧化物层在大多数含水环境或潮湿环境中都是可溶的，且镁的自然腐蚀产物疏松多孔，保护能力差，导致镁的腐蚀反应可持续进行。在不含水的环境中，镁在室温下与空气反应生成氧化镁：

$$Mg(s)+\frac{1}{2}O_2 \longrightarrow MgO(s) \qquad (1-3)$$

MgO 为 a=0.42nm 的立方晶体结构，是具有大缝隙的绝缘体。实际上，镁形成的其他腐蚀产物，如水镁石和镁羟基碳酸盐等，也是绝缘体。MgO/Mg 的 P-B 比（Pilling-Bedworth Ratio, PBR）为 0.81，通常，PBR 比在 1～2 的金属表面氧化膜较致密，对金属具有较好的保护作用；超出此范围时，由于过大的张应力或压应力，膜层容易破裂，造成疏松多孔，对金属的保护作用有限[173]。显然，镁的氧化物对其防止腐蚀侵害的保护作用极低。

镁的腐蚀是一个电化学过程，是镁与电解质溶液的相互作用生成氧化镁的过程。该过程通过电子在电极界面处的转移而发生，镁原子氧化成镁离子，同时伴随着电子的释放。镁阳极氧化半反应为

$$Mg \longrightarrow Mg^{2+}+2e^- \tag{1-4}$$

氧化或阳极半反应必须伴随还原或阴极反应，分子、原子或离子获得电子达到反应平衡。对酸性电解质溶液来说，H^+得到电子生成H_2，或H_2O得到电子生成H_2和OH^-；对中性或碱性电解质溶液来说，O_2得到电子生成H_2O或OH^-。反应式如下：

$$2H^++2e^- \longrightarrow H_2 \qquad E^0=0 \text{ V(vs.NHE)} \tag{1-5}$$

$$2H_2O+2e^- \longrightarrow H_2+2OH^- \qquad E^0=-0.83 \text{ V(vs.NHE)} \tag{1-6}$$

$$O_2+4H^++4e^- \longrightarrow 2H_2O \qquad E^0=1.23 \text{ V(vs.NHE)} \tag{1-7}$$

$$O_2+2H_2O+4e^- \longrightarrow 4OH^- \qquad E^0=0.40 \text{ V(vs.NHE)} \tag{1-8}$$

$$Mg+2H_2O \longrightarrow Mg(OH)_2+H_2 \qquad E^0=-2.37 \text{ V(vs.NHE)} \tag{1-9}$$

反应式（1-5）和式（1-6）为酸性溶液中阴极反应，反应式（1-7）和式（1-8）为碱性溶液中阴极反应，反应式（1-9）为整个腐蚀过程的电化学反应过程。析氢反应是镁腐蚀的主要阴极反应，在开路条件下自发发生。对其他金属来说，如果施加外加电流使金属极化，则阳极极化后的自腐蚀速率会小于没有阳极极化时的腐蚀速率，这种现象称为"差数效应"[171]。但镁在阳极极化过程中伴随着阴极析氢随极化电流密度的增大而增大的现象，造成阳极极化后的自腐蚀速率大于没有阳极极化时，这种现象称为"负差数效应"[171]。镁及镁合金的负差数效应是其电化学腐蚀的一大关键特征，近年来多种理论，如单价镁离子理论、高活性膜层理论、杂质/合金原子富集效应、镁原子分散溶解效应、远端电流模型被用来解释镁腐蚀的负差数效应[174]。镁的溶解机理是一个复杂的过程，阳极区域溶解、腐蚀产物的形成和电极表面存在的惰性杂质（无论是嵌入腐蚀膜中还是以电化学方式再沉积）等不同参数都起到一定作用；且阳极电位下，析氢速率主要由发生净阳极反应的区域决定[172]。

1.5.2　镁合金耐腐蚀性能的影响因素

镁及镁合金在水溶液中的腐蚀受合金自身因素及服役环境的影响。若不考虑材料服役环境，腐蚀行为主要由合金纯度及杂质元素、添加的合金元素种类及其含量、晶粒尺寸、金属间化合物、晶体取向及氧化膜（自然氧化膜及腐蚀产物膜）等因素决定。

（1）合金纯度及杂质元素

高纯镁指其杂质含量在容许极限以下。Atrens等[175]的研究表明，3.5% NaCl溶液中，高纯镁（HP Mg）的腐蚀速率约为每年0.38mm，远低于相应的低纯镁（LP Mg），且任何合金元素添加后的镁合金腐蚀速率均高于高纯镁，如图1-31所示。镁合金的腐蚀速率受杂质元素Fe含量控制，Fe含量越高，腐蚀速率越高（图1-32）[176]。因此，降低镁及镁合金中杂质元素含量是提高其耐蚀性的有效方法。

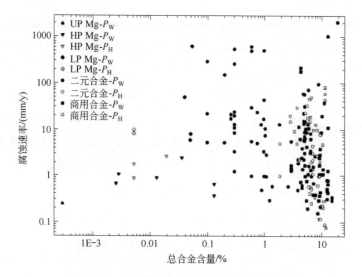

图 1-31 不同纯度镁及镁合金的腐蚀速率[175]

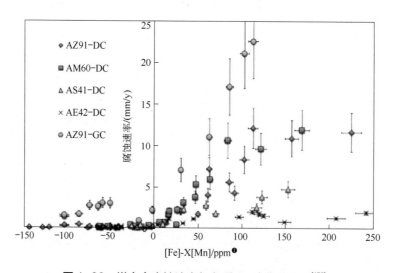

图 1-32 镁合金腐蚀速率与杂质 Fe 含量的关系[176]

（2）合金元素

① Al。添加固溶极限含量以下的 Al 元素可降低镁合金的阳极动力学，提高镁合金的自腐蚀电位以及镁合金的耐蚀性能，在含 Cl⁻的环境中，与商业纯镁相比，Mg-Al 合金的自腐蚀电位正移了约 100mV(vs.SCE)[177]。

② Zn。在 Mg-Zn 二元合金中，Zn 常形成 Mg_xZn_y 相。当 Zn 含量超过 1%时，这种第二相可以作为局部阴极加速阴极反应，增大腐蚀速率。研究表明，当 Zn 含量从 1%增大到3%时，腐蚀速率显著上升[178]。

③ Mn。有关研究表明，5%以下含量的 Mn 元素添加入 Mg-Mn 合金中对耐蚀性能无害[179]。而 Mg-Al 及 Mg-Al-Zn 系合金中的 Mn 元素会形成 Al-Mn 相，并且 Mn 的添加常通

---

❶ ppm，浓度单位，表示溶质质量占全部溶液质量的百万分比。

过在 Al-Mn 金属间化合物中引入难熔金属杂质而降低镁合金的腐蚀速率，典型代表为将 Fe 杂质引入 Al-Mn 相而形成 Al-Mn-Fe 相。但仅当合金中 Fe/Mn 比小于 0.032 时，Mn 才具有降低 Fe 杂质对腐蚀危害的作用，而且 Mn 含量不宜过高，较低 Al/Mn 比则会增大阴极活性，导致合金耐蚀性降低[180]。

④ Ca。Mg-Ca 合金中，Ca 含量低于 0.35% 时对腐蚀性能无害；当 Ca 含量接近或高于其固溶极限 1.35% 时，含 Ca 镁合金的腐蚀速率显著升高。Hanawalt 等[181]研究发现，当 Ca 含量从 0.5% 增大到 5% 时，Mg-Ca 合金的腐蚀速率由每天 1mg/cm 增大到每天 6mg/cm。Manivannan 等[182]研究了 Mg-6Al-1Zn-xCa（x=0.5%/1.0%/1.5%/2.0%）镁合金在中性盐雾环境中的腐蚀速率，结果表明，Ca 含量在 1.5% 以下时，腐蚀速率随 Ca 含量的增大而降低，Ca 含量超过 1.5% 后，腐蚀速率转而增大。

⑤ Gd。Gd 在镁中的固溶度为 23.5%，在很宽的成分范围内都可形成 Mg-Gd 二元固溶体。Gd 添加到 Mg-Al 合金中可消耗 Al 形成 Al_2Gd 相或 Al-Mn-Gd 相，减少 β-$Mg_{17}Al_{12}$ 的形成[40]。Gd 添加到 Mg-Zn 系合金中可形成 LPSO 相。Zhang 等[183]研究了 Mg-1Zn-2Y-xGd（x=0/0.5%/1%/1.5%）合金的耐蚀性，结果表明，腐蚀速率随 LPSO 相体积分数的增加而降低，且含 0.5%Gd 的合金表现出最好的耐蚀性。当片层状 LPSO 相片层间距远大于 Cl^- 直径时，如 Mg-7Gd-2Y-1Zn-0.5Zr（质量分数）镁合金的 LPSO 相就无法阻挡 Cl^- 对基体的侵蚀[184]。

⑥ Fe、Cu、Ni。Fe 在镁中的固溶度极低，约为 0.001%，目前可接受的 Fe 元素容许极限为 150ppm。一旦超过容许极限，Fe 对腐蚀的影响将显著增大[172]。Cu 在镁合金中被认为是不溶的，并作为极强的阴极相，加速镁合金的腐蚀。Hanawalt 等[181]认为 Cu 的容许极限为 0.1%，但 Al 和 Mn 的添加会使 Cu 的容许极限陡降为 0.01%。Ni 同样对镁的耐蚀性有不利影响，Ni 的容许极限一般为 0.0005%[185]。

（3）晶粒尺寸和第二相的影响

镁合金晶粒尺寸降低将增大晶界密度，从而影响合金的溶解和钝化。Birbilis[186]和 Hoog 等[187]关于商业纯镁和高纯镁的研究均表明，腐蚀速率与晶粒尺寸的平方根成反比，如图 1-33 所示。

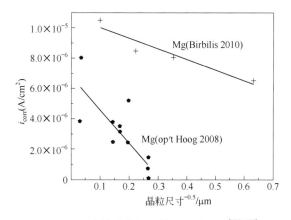

图 1-33　腐蚀速率与晶粒尺寸的关系[186-187]

Lu 等[188]在不同热处理条件下获得了不同晶粒尺寸及第二相含量的 Mg-3Zn-0.3Ca 合金，腐蚀试验结果表明，晶粒尺寸与第二相协同作用，主导了镁合金的腐蚀。如图 1-34 所示，随着保温时间的增加，晶粒尺寸不断增大，第二相尺寸及数量不断减小，具有最小晶粒尺寸的试样具有最大体积分数的第二相，具有最小第二相体积分数的试样具有最大的晶粒尺寸，二者腐蚀速率均很高，前者由第二相主导腐蚀过程，后者由大尺寸晶粒主导腐蚀过程。此外，第二相对腐蚀的影响与其种类、数量及分布有关。研究表明，呈网状连续分布的 β-Mg$_{17}$Al$_{12}$ 相可作为腐蚀障碍，抑制腐蚀的扩展，提高合金的耐蚀性；而块状、独立分布的 β-Mg$_{17}$Al$_{12}$ 相作为强阴极，以微电偶腐蚀的形式加速镁基体溶解，增大腐蚀速率[189]。

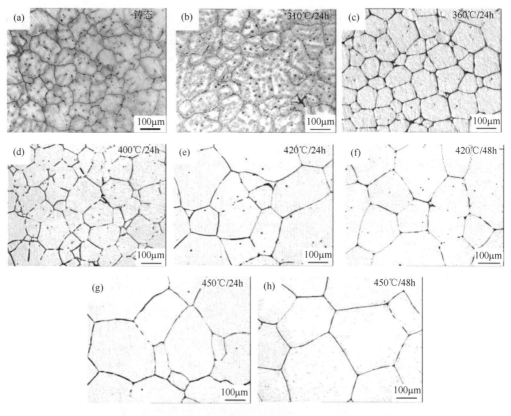

图 1-34　不同热处理条件下的晶粒尺寸及第二相[188]

（a）铸态；（b）310℃、24h；（c）360℃、24h；（d）400℃、24h；
（e）420℃、24h；（f）420℃、48h；（g）450℃、24h；（h）450℃、48h

宋影伟等[190]研究了 Mg-5Zn 合金中纳米尺寸的 Mg$_x$Zn$_y$ 第二相对腐蚀的影响，发现 T6 处理后 Zn 以第二相的方式在晶界及晶粒内部析出，T4 处理后合金中的第二相则全部溶解在基体中。随着 T6 处理时间的增加，耐蚀性不断降低，在晶界及晶粒内部析出的第二相均作为阴极相加速微电偶腐蚀，第二相体积分数越大，耐蚀性越差；T4 态样品则表现出更好的耐蚀性能。值得注意的是，Mg-5Zn 合金长时间时效后析出的连续分布第二相与 Mg-Al 系合金中 β-Mg$_{17}$Al$_{12}$ 相不同，由于其尺寸非常细小，仅几百纳米，而无法像连续网状分布

的 β 相一样作为腐蚀壁垒，阻碍腐蚀的进行。

（4）晶体取向

镁为密排六方晶体结构，不同晶面的原子数量、排列及配位均不同，因此不同晶面的原子结合能及表面能也不同，导致理论上不同晶面的氧化、溶解及腐蚀性能均不同。(0001)基面、$(10\bar{1}0)$ 及 $(11\bar{2}0)$ 柱面的原子密度分别为 1.13×10^{19} atoms/m²❶、5.99×10^{18} atoms/m² 及 6.94×10^{18} atoms/m²[191]，经计算，表面能分别为 1.808 eV/nm²、1.868 eV/nm² 和 2.156 eV/nm²（即 1.54×10^4 J/mol、3.04×10^4 J/mol 和 2.99×10^4 J/mol）[192]。金属的电化学溶解速率可表示为

$$I_\mathrm{a}=nFk\exp\left(\frac{Q+\alpha nFE}{RT}\right) \tag{1-10}$$

式中，n 为反应电子数；k 为反应常数；F 为法拉第常数；R 为气体常数；T 为热力学温度；E 为电位；α 为表面能代替激活能时的转换系数；Q 为金属离子逃离晶格溶解到溶液中的激活能。假设不同晶面具有相同的 n 和 k，在给定 E，$25\,℃$时，（hkil）面阳极溶解速率和（0001）面的比值为

$$\frac{I_\mathrm{a}^{(hkil)}}{I_\mathrm{a}^{(0001)}}=\exp\left\{\frac{\alpha\left[Q^{(hkil)}-Q^{(0001)}\right]}{RT}\right\} \tag{1-11}$$

若 $\alpha=1/2$，理论计算得

$$\frac{I_\mathrm{a}^{(10\bar{1}0)}}{I_\mathrm{a}^{(0001)}}=\exp\left\{\frac{\frac{1}{2}[30400-15400]}{8.31\times298}\right\}\approx20 \tag{1-12}$$

$$\frac{I_\mathrm{a}^{(11\bar{2}0)}}{I_\mathrm{a}^{(0001)}}=\exp\left\{\frac{\frac{1}{2}[29900-15400]}{8.31\times298}\right\}\approx18 \tag{1-13}$$

即理论计算的 $(10\bar{1}0)$ 和 $(11\bar{2}0)$ 晶面的溶解速率是(0001)晶面的 18～20 倍[193]。Shin 等[194]对图 1-35（a）所示的不同取向镁单晶进行了腐蚀性能测试，动电位极化结果表明，随着与基面旋转角从 0°增大到 40°再到 90°，点蚀电位由−1.57V(vs.SCE) 先降低到−1.64V(vs.SCE) 再增大到−1.6V(vs.SCE)［图 1-35（b）（c）］；在 0°或 90°的低指数晶面上，较容易形成 MgO 和 Mg(OH)$_2$ 膜，阻碍氯离子进一步渗入基体加剧腐蚀。

Liu 等[191]通过在取向三角形中描述腐蚀深度和晶面取向的关系，研究了纯镁腐蚀的取向依赖性；图 1-36 将晶粒的相对腐蚀深度绘制在取向三角形中，腐蚀较深的晶粒到腐蚀较浅的晶粒绘制一个箭头，这种方法定性地表述了两个不同取向晶粒的相对耐蚀性。结果表明，靠近(0001)取向的晶粒耐蚀性最佳，其次是 $(11\bar{2}0)$ 取向和 $(10\bar{1}0)$ 取向。不同取向镁单晶耐腐蚀性能不同，因此，具有不同取向晶粒的多晶镁合金中，不同取向晶粒之间便存在发生微电偶腐蚀的倾向。

---

❶ atmos/m² 为每平方米含有的（特定）原子个数。

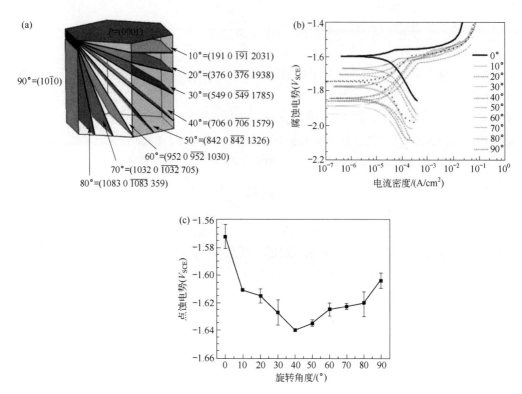

图 1-35　不同取向的镁单晶（a）在 3.5% NaCl 中的动电位极化曲线（b）与点蚀电位（c）[194]

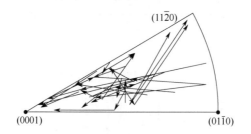

图 1-36　腐蚀深度取向依赖图（箭头表示不同取向晶粒腐蚀程度从深到浅）[191]

　　Pawar 等[195]基于 EBSD 技术研究了晶体取向对铸轧 AZ31 镁合金薄板腐蚀行为的影响。图 1-37 为浸没 1h 后腐蚀表面的背散射电子图及 α-Mg 的晶体取向。图 1-37（a）将 α-Mg 晶粒分为两类，即包含非基面晶体取向的 A 组晶粒 A1～A8 和包含基面晶体取向的 B 组晶粒 B1～B8。每个镁晶粒的腐蚀深度用 3D 布鲁克轮廓仪测量并绘制于图 1-37（b）中，与 B 组相比，A 组的晶粒平均腐蚀深度更大（B 组约 26μm，A 组约 52μm），即非基面取向晶粒的腐蚀程度约为基面取向晶粒的 2 倍。

　　由于镁及镁合金在挤压、轧制、锻造等塑性变形中很容易形成晶体学织构，不同测试表面的晶粒取向不同，导致腐蚀程度出现差异。辛仁龙等[196]研究了织构对 AZ31 镁合金在 3.5% NaCl 溶液中腐蚀行为的影响，相对于板材法向分别由 0°、30°、60°、90° 夹角截取样品，得到图 1-38 所示的具有不同基面强度的表面。将(0001)晶面、$(10\overline{1}0)$ 晶面和 $(11\overline{2}0)$ 晶面的织构强度列于表 1-6，可发现基面织构强度随夹角增大而不断降低，柱面织构强度随夹角强度增大而逐渐增大。图 1-38 的析氢结果表明，AZ31 板材的腐蚀速率随基面织构强度降低而增大，随柱面织构强度增大而增大。

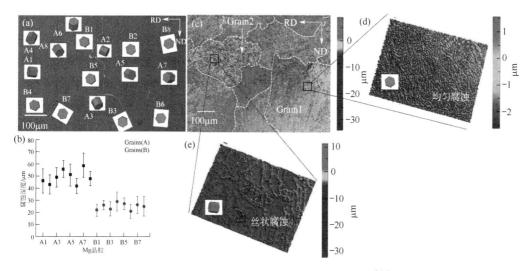

图 1-37　铸轧 AZ31 镁合金薄板的腐蚀形貌[195]

（a）浸没 1h 后腐蚀特征；（b）平均腐蚀深度随晶体取向的变化；（c）腐蚀表面的轮廓；
（d）晶粒 1 放大后的轮廓；（e）晶粒 2 放大后的轮廓

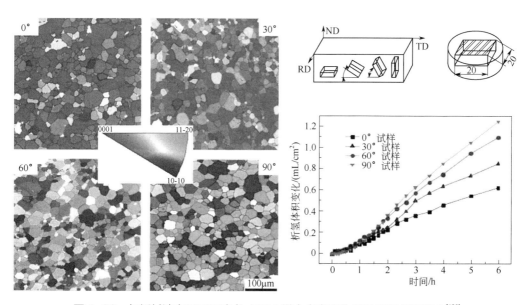

图 1-38　与板材法向呈不同夹角 AZ31 镁合金表面的 IPF 图及析氢演变[196]

表 1-6　AZ31 镁合金与方向不同夹角样品的织构强度[196]

与板材法向不同夹角表面	晶面		
	(0001)	(10$\bar{1}$0)	(11$\bar{2}$0)
0°	32	0	2
30°	20	1	1
60°	1	9	8
90°	0	23	20

对挤压态 AZ31 镁合金取平行于挤压轴的纵截面（LS）和垂直于挤压轴的横截面（TS）分别进行腐蚀行为研究，结果表明，TS 面上大多数晶粒为 $\{10\bar{1}0\}$ 和 $\{11\bar{2}0\}$ 柱面取向，LS 面主要含 $\{0002\}$ 基面，也含有部分 $\{10\bar{1}0\}$ 和 $\{11\bar{2}0\}$ 柱面。图 1-39 的电化学测试结果表明，TS 面的耐蚀性要强于 LS 面，TS 样品的阻抗弧远大于 LS 样品的阻抗弧[197]；并认为腐蚀结果源于基面和柱面的微电偶效应，腐蚀可轻易在柱面发生。当表面仅含柱面或者基面取向时，可在很大程度上避免由于晶体取向差导致的电偶腐蚀。因此，由基面和柱面取向组成的 LS 面的耐蚀性要低于仅由柱面组成的 TS 面。

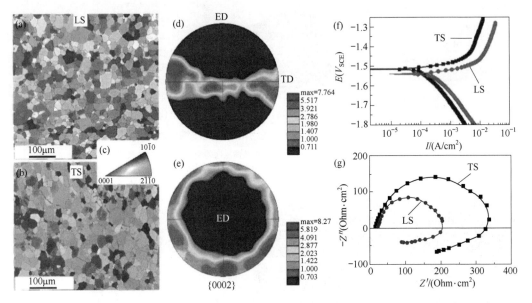

图 1-39　AZ31 挤压棒材的 IPF 图、{0002}极图、极化曲线及电化学阻抗谱[197]

（5）自然氧化膜

自然环境条件下，纯镁在干燥空气中发生氧化生成 MgO，MgO 的 PBR 为 0.81，对合金不能起到很好的保护作用[173]。在镁合金中加入其他亲氧性元素，在空气中可以形成不同种类的氧化膜，如 Mg-Li-Ca 合金在空气中可生成保护性的 Li_2CO_3，腐蚀速率低于 Mg-Ca 合金[198]。Song 等[199]利用 AFM 及 XPS 技术研究了 Mg-2Zn 和 Mg-5Zn 合金在自然环境条件下的氧化膜，发现两种合金的氧化膜均由 Mg_2CO_3、MgO 和 ZnO 构成，但 Mg-5Zn 的氧化膜更厚，缺陷也更多。与 Mg-2Zn 合金相比，Mg-5Zn 上的氧化膜在开路电位（OCP）下的保护性较差；但在合适的阳极电位范围内，Zn 元素的加入可在合金表面缓慢氧化生成致密的 ZnO 膜，此时 Mg-5Zn 合金比 Mg-2Zn 生成的氧化膜保护性更强。Yang 等[200]的研究表明，随着 Sn 的含量从 0 增大到 5%，单相 Mg-Sn 合金表面膜的局部击穿电位不断增大，由于 Sn 的化学活性远低于 Mg，Mg-Sn 合金表面膜主要由外层 $Mg(OH)_2$、内层 MgO 以及中间层少量的金属 Sn 和 SnO 组成。Sn 的加入降低了氧化膜的缺陷密度，有助于防止氯离子的吸附并提高薄膜的耐腐蚀性，从而也提高了其耐击穿性。Mg-Y 合金的高温（550～625℃）氧化行为表明，随着 Y 含量的增加（0.5%→5.5%），Mg-Y 合金的耐氧化性能不断增强，氧化膜从松散的 MgO 膜转变为致密的 Y_2O_3 膜（图 1-40）。Y_2O_3 膜可阻止氧气扩散，防止合金进一步氧化，最终形成外层为 MgO、内层为 Y_2O_3 的双层氧化膜。析氢结果表明，致密的富 Y_2O_3 膜提高了合金的耐蚀性能，但 Y 含量过高（5.5%）反而会降低富 Y_2O_3 膜的保护性[201]。

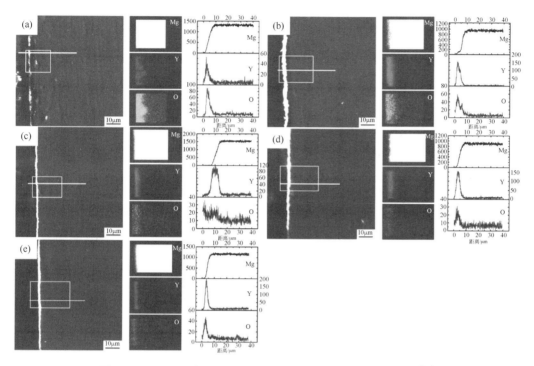

图 1-40　Mg-Y 合金氧化膜的 SEM 截面及相应的 EDS 分析[201]

（a）Mg-0.5Y；（b）Mg-1.0Y；（c）Mg-1.7Y；（d）Mg-3.7Y；（e）Mg-5.5Y

（6）腐蚀产物膜

镁及镁合金的氧化膜一旦与水接触，很容易转变为氢氧化物等腐蚀产物膜，腐蚀产物膜的致密度显著影响合金的耐蚀性能。Maltseva 等[202]利用原位拉曼光谱研究了 $Mg(OH)_2$ 膜在水溶液中腐蚀初始阶段的演变过程，结果表明，在腐蚀的第一分钟就形成了 $Mg(OH)_2$ 结晶，镁及镁合金的氧化物及氢氧化物膜在水溶液腐蚀的早期阶段作为腐蚀屏障对镁材料有一定的保护作用，特别是在强碱性溶液中，可以形成稳定的保护性表面膜。在含 NaCl 的水溶液中腐蚀后，检测到了 $MgCl_2 \cdot 6H_2O$、$Mg_3(OH)_5Cl \cdot 4H_2O$ 和 $5(Mg(OH)_2) \cdot MgCl_2$，内层氧化层检测到了 Cl^- 的存在[180]。Wang 等[203]研究了 AZ31 镁合金在 Hank 溶液中腐蚀产物膜对合金降解行为的影响。图 1-41 为样品浸没在 Hank 溶液中不同时间的表面膜形貌，可以发现，浸没 8h 的样品表面有大量裂纹，随着浸没时间的增加，样品表面裂纹不断增加，且腐蚀产物膜的厚度也不断增大。EDS 能谱表明，腐蚀产物膜主要由 $Mg(OH)_2$、$MgHPO_4$、$CaHPO_4$、$Ca_3(PO_4)_2$ 和 $Ca_{10}(PO_4)_6(OH)_2$ 组成。由图 1-42 的腐蚀截面可知，浸没时间少于 8h 时，样品表面形成的腐蚀产物膜表现出致密的特征，与基体界面紧密地结合在一起；浸没时间超过 24h 后，腐蚀产物层变厚，与基体界面出现了剥离；浸没时间到了 48h，界面剥离更加严重，导致合金耐蚀性能降低。

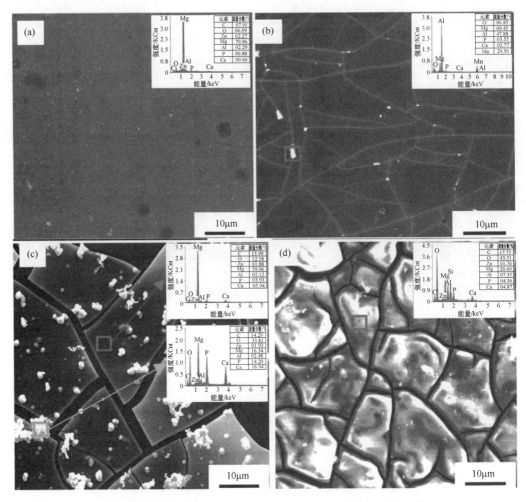

图 1-41　AZ31 镁合金在 Hank 溶液中浸没不同时间的腐蚀表面分析[203]

（a）2h；（b）8h；（c）24h；（d）48h

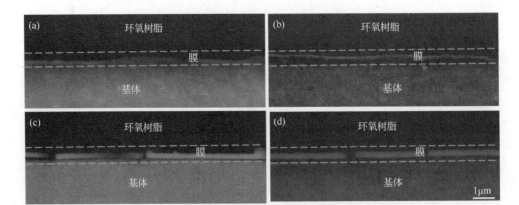

图 1-42　AZ31 镁合金在 Hank 溶液中浸没不同时间的腐蚀截面分析[203]

（a）2h；（b）8h；（c）24h；（d）48h

参考文献

[1] Matucha K H. Materials Science and Technology, Structure and Properties of Nonferrous Alloys[M]. Weinheim: Wiley-VCH, 1996.

[2] 丁文江. 镁合金科学与技术[M]. 北京: 科学出版社, 2007.

[3] You S, Huang Y, Kainer K U, et al. Recent research and developments on wrought magnesium alloys[J]. Journal of Magnesium and Alloys, 2017, 5: 239-253.

[4] Stanford N, Barnett M R. Solute strengthening of prismatic slip, basal slip and $\{10\overline{1}2\}$ twinning in Mg and Mg-Zn binary alloys[J]. International Journal of Plasticity, 2013, 47: 165-181.

[5] Blake A H, Caceres C H. Solid solution effects on the tensile behaviour of concentrated Mg-Zn alloys[M]. Berlin: Springer, 2016.

[6] 吴国华, 陈玉狮, 丁文江. 镁合金在航空航天领域研究应用现状与展望[J]. 载人航天, 2016, 22(3): 281-292.

[7] Nayeb-Hashemi A A, Clark J B. Phase diagrams of binary magnesium alloys[M]. Ohio: ASM international, 1985.

[8] Gao X, Nie J F. Characterization of strengthening precipitate phases in a Mg-Zn alloy[J]. Scripta Materialia, 2007, 56: 645-648.

[9] Jang H S, Lee B J. Effects of Zn and <c+a> slip and grain boundary segregation of Mg alloys[J]. Scripta Materialia, 2019, 160: 39-43.

[10] Akhtar A, Teghtsoonian E. Solid solution strengthening of magnesium single crystals-I alloying behaviour in basal slip[J]. Acta Metallurgica, 1969, 17(11): 1339-1349.

[11] Akhtar A, Teghtsoonian E. Solid solution strengthening of magnesium single crystals-ii the effect of solute on the ease of prismatic slip[J]. Acta Metallurgica, 1969, 17(11): 1351-1356.

[12] 张玉, 黄晓锋, 郭峰, 等. 热处理工艺对 Mg-6Zn-3Al 镁合金显微组织和力学性能的影响[J]. 中国有色金属学报, 2018, 28(6): 1092-1100.

[13] 李宜达, 梁敏洁, 廖海洪, 等. 高性能镁合金及其在汽车行业应用的研究进展[J]. 热加工工艺, 2013, 42(10): 12-16.

[14] Yin B, Wu Z, Curtin W A. First-principles calculations of stacking fault energies in Mg-Y, Mg-Al and Mg-Zn alloys and implications for ⟨c+a⟩ activity[J]. Acta Materialia, 2017, 136: 249-261.

[15] Raeisinia B, Agnew S R, Akhtar A. Incorporation of solid solution alloying effects into polycrystal modeling of Mg Alloys[J]. Metallurgical and Materials Transactions A, 2011, 42(5): 1418-1430.

[16] 刘光华. 稀土材料与应用技术[M]. 北京: 化学工业出版社, 2005.

[17] 陈振华. 耐热镁合金[M]. 北京: 化学工业出版社, 2007.

[18] Huber L, Rottler J, Militzer M. Atomistic simulations of the interaction of alloying elements with grain boundaries in Mg[J]. Acta Materialia, 2014, 80: 194-204.

[19] Varvenne C, Leyson G P M, Ghazisaeidi M, et al. Solute strengthening in random alloys[J]. Acta Materialia, 2017, 124: 660-683.

[20] Nie J F, Zhu Y M, Liu J Z, et al. Period segregation of solute atoms in fully coherent twin boundaries[J]. Science, 2013, 340: 957-960.

[21] Issa A, Saal J E, Wolverton C. Formation of high-strength β' precipitates in Mg-RE alloys: The role of the Mg/β'' interfacial instability[J]. Acta Materialia, 2015, 83: 75-83.

[22] Ren L B, Quan G F, Zhou M Y, et al. Effect of Y addition on the aging hardening behavior and precipitation evolution of extruded Mg-Al-Zn alloys[J]. Materials Science and Engineering: A, 2017, 690: 195-207.

[23] Ali Y, Qiu D, Jiang B, et al. Current research progress in grain refinement of cast magnesium alloys: A review article[J]. Journal of Alloys and Compounds, 2015, 619: 639-651.

[24] Xu X Y, Chen X H, Du W W, et al. Effect of microstructure and mechanical properties of as-extruded Mg-Y-Zr-Nd

alloy[J]. Journal of Materials Science & Technology, 2017, 33: 926-934.

[25] Jung I H, Sanjari M, Kim J, et al. Role of RE in the deformation and recrystallization of Mg alloy and a new alloy design concept for Mg-RE alloys[J]. Scripta Materialia, 2015, 102: 1-6.

[26] Sandlöbes S, Pei Z, Friák M, et al. Ductility improvement of Mg alloys by solid solution: Ab initio modeling, synthesis and mechanical properties[J]. Acta Materialia, 2014, 70: 92-104.

[27] Zhang J, Dou Y C, Dong H B. Intrinsic ductility of Mg-based binary alloys: A first-principles study[J]. Scripta Materialia, 2014, 89: 13-16.

[28] Sandlöbes S, Pei Z, Zaefferer S, et al. The relation between ductility and stacking fault energies in Mg and Mg-Y alloys[J]. Acta Materialia, 2012, 60(6): 3011-3021.

[29] Yoo M H, Morris J R, Ho K M, et al. Non-basal deformation modes of HCP metals and alloys: Role of dislocation source and mobility[J]. Metallurgical and Materials Transactions A, 2002, 33(3): 813-822.

[30] Das S K, Kang Y B, Ha T K, et al. Thermodynamic modeling and diffusion kinetic experiments of binary Mg-Gd and Mg-Y systems[J]. Acta Materialia, 2014, 71: 164-175.

[31] Al-Samman T, Gottstein G. Dynamic recrystallization during high temperature deformation of magnesium[J]. Materials Science and Engineering: A, 2008, 490(1): 411-420.

[32] Yi S B, Davies C H J, Brokmeier H G, et al. Deformation and texture evolution in AZ31 magnesium alloy during uniaxial loading[J]. Acta Materialia, 2006, 54(2): 549-562.

[33] Hantzsche K, Bohlen J, Wendt J, et al. Effect of rare earth additions on microstructure and texture development of magnesium alloy sheets[J]. Scripta Materialia, 2010, 63(7): 725-730.

[34] Sanjari M, Farzadfar A, Kabir A S H, et al. Promotion of texture weakening in magnesium by alloying and thermomechanical processing: (I) alloying[J]. Journal of Materials Science, 2014, 49(3): 1408-1425.

[35] Farzadfar S A, Martin E, Sanjari M, et al. Texture weakening and static recrystallization in rolled Mg-2.9 Y and Mg-2.9 Zn solid solution alloys[J]. Journal of Materials Science, 2012, 47(14): 5488-5500.

[36] 李栋, 陈雨来, 胡水平, 等. 添加 Gd 对变形镁合金 AZ31 组织和力学性能的影响[J]. 材料研究学报, 2014, 28(8): 579-586.

[37] Zhang W Q, Xiao W L, Wang F, et al. Development of heat resistant Mg-Zn-Al-based magnesium alloys by addition of La and Ca: Microstructure and tensile properties[J]. Journal of Alloys and Compounds, 2016, 684: 8-14.

[38] Chen J, Zhang Q, Li Q A. Effect of Y and Ca addition on creep behaviors of AZ61 magnesium alloys[J]. Journal of Alloys and Compounds, 2016, 686: 375-383.

[39] Czerwinski F. Controlling the ignition and flammability of magnesium for aerospace applications[J]. Corrosion Science, 2014, 86: 1-16.

[40] Arrabal R, Pardo A, et al. Influence of Gd on the corrosion behavior of AM50 and AZ91D magnesium alloys[J]. Corrosion, 2012, 68: 398-410.

[41] Yuasa M, Hayashi M, Mabuchi M, et al. Improved plastic anisotropy of Mg-Zn-Ca alloys exhibiting high-stretch formability: A first-principles study[J]. Acta Materialia, 2014, 65: 207-214.

[42] Kim S J, Lee Y S, Kim D. Analysis of formability of Ca-added magnesium alloy sheets at low temperature[J]. Materials Characterization, 2016, 113: 152-159.

[43] Kim J T, Park G H, Kim Y S, et al. Effect of Ca addition on the plastic deformation behavior of extruded Mg-11Li-3Al-1Sn-0.4Mn alloy[J]. Journal of Alloys and Compounds, 2016, 687: 821-826.

[44] 刘婷婷, 潘复生. 镁合金 "固溶强化增塑" 理论的发展和应用[J]. 中国有色金属学报, 2019, 29(9): 2050-2063.

[45] 潘复生, 蒋斌, 王敬丰, 等. 高塑性镁合金材料[M]. 重庆: 重庆大学出版社, 2022.

[46] Bian M Z, Sasaki T T, Suh B C, et al. A heat-treatable Mg-Al-Ca-Mn-Zn sheet alloy with good room temperature formability[J]. Scripta Materialia, 2017, 138: 151-155.

[47] Barrett C D, Imandoust A, Kadiri H E. The effect of rare earth element segregation on grain boundary energy and mobility in magnesium and ensuing texture weakening[J]. Scripta Materialia, 2018, 146: 46-50.

[48] Celotto S, Bastow T J. Study of precipitation in aged binary Mg-Al and ternary Mg-Al-Zn alloys using 27Al NMR

spectroscopy[J]. Acta Materialia, 2001, 49: 41-51.

[49] Du Y, Zheng M, Qiao X, et al. Improving microstructure and mechanical properties in Mg-6 mass% Zn alloys by combined addition of Ca and Ce[J]. Materials Science and Engineering: A, 2016, 656: 67-74.

[50] Nie J F, Oh-Ishi K, Gao X, et al. Solute segregation and precipitation in a creep-resistant Mg-Gd-Zn alloy[J]. Acta Materialia, 2008, 56(20): 6061-6076.

[51] Zeng Z R, Zhu Y M, Xu S W, et al. Texture evolution during static recrystallization of cold-rolled magnesium alloys[J]. Acta Materialia, 2016, 105: 479-494.

[52] Li X, Yang P, Wang L N, et al. Orientational analysis of static recrystallization at compression twins in a magnesium alloy AZ31[J]. Materials Science and Engineering: A, 2009, 517: 160-169.

[53] Khosravani A, Fullwood D T, Adams B L, et al. Nucleation and propagation of $\{10\bar{1}2\}$ twins in AZ31 magnesium alloy[J]. Acta Materialia, 2015, 100: 202-214.

[54] Lou X Y, Li M, Boger R K, et al. Hardening evolution of AZ31B Mg sheet[J]. International Journal of Plasticity, 2007, 23(1): 44-86.

[55] Clausen B, Tomé C N, Brown D W, et al. Reorientation and stress relaxation due to twinning: Modeling and experimental characterization for Mg[J]. Acta Materialia, 2008, 56(11): 2456-2468.

[56] Xin Y C, Zhou H, Wu G, et al. A twin size effect on thermally activated twin boundary migration in a Mg-3Al-1Zn alloy[J]. Materials Science and Engineering: A, 2015, 639: 534-539.

[57] Gifkins R C, Langdon T G. On question of low-temperature sliding at grain boundaries[J]. Journal of the Institute of Metals, 1965, 93: 347-352.

[58] Koike J, Ohyama R, Kobayashi T, et al. Grain-boundary sliding in AZ31 magnesium alloys at room temperature to 523K[J]. Materials Transactions, 2003, 44(4): 445-451.

[59] Zeng Z R, Nie J F, Xu S W, et al. Super-formable pure magnesium at room temperature[J]. Nature Communications, 2017, 8: 972.

[60] Imandoust A, Barrett C D, Al-Samman T, et al. A review on the effect of rare-earth elements on texture evolution during processing of magnesium alloys[J]. Journal of Materials Science, 2017, 52: 1-29.

[61] Song J, She J, Chen D, et al. Latest research advances on magnesium and magnesium alloys worldwide[J]. Journal of Magnesium and Alloys, 2020, 8: 1-41.

[62] 刘楚明, 刘子娟, 朱秀荣, 等. 镁及合金动态再结晶研究进展[J]. 中国有色金属学报, 2006, 16(1): 1-12.

[63] Guan D, Rainforth W M, Ma L, et al. Twin recrystallization mechanisms and exceptional contribution to texture evolution during annealing in a magnesium alloy[J]. Acta Materialia, 2017, 126: 132-144.

[64] Yu H, Kim Y M, You B S, et al. Effects of cerium addition on the microstructure, mechanical properties and hot workability of ZK60 alloy[J]. Materials Science and Engineering: A, 2013, 559: 798-807.

[65] Chapuis A, Driver J H. Temperature dependency of slip and twinning in plane strain compressed magnesium single crystals[J]. Acta Materialia, 2011, 59(5): 1986-1994.

[66] Liu Y, Wei Y. A polycrystal based numerical investigation on the temperature dependence of slip resistance and texture evolution in magnesium alloy AZ31B[J]. International Journal of Plasticity, 2014, 55: 80-93.

[67] 杨续跃, 姜育培. 镁合金热变形下变形带的形貌和晶体学特征[J]. 金属学报, 2010, 46(4): 451-457.

[68] Ghaderi A, Siska F, Barnett M R. Influence of temperature and plastic relaxation on tensile twinning in a magnesium alloy[J]. Scripta Materialia, 2013, 69(7): 521-524.

[69] Jiang L, Jonas J J, Luo A A, et al. Twinning-induced softening in polycrystalline AM30 Mg alloy at moderate temperatures[J]. Scripta Materialia, 2006, 54(5): 771-775.

[70] Dudamell N V, Ulacia I, Gálvez F, et al. Twinning and grain subdivision during dynamic deformation of a Mg AZ31 sheet alloy at room temperature[J]. Acta Materialia, 2011, 59(18): 6949-6962.

[71] Bajargan G, Singh G, Sivakumar D, et al. Effect of temperature and strain rate on the deformation behavior and microstructure of a homogenized AZ31 magnesium alloy[J]. Materials Science and Engineering: A, 2013, 579: 26-34.

[72] Ardeljan M, Beyerlein I J, McWilliams B A, et al. Strain rate and temperature sensitive multi-level crystal plasticity

model for large plastic deformation behavior: Application to AZ31 magnesium alloy[J]. International Journal of Plasticity, 2016, 83: 90-109.

[73] Zhu S Q, Yan H G, Liao X Z, et al. Mechanisms for enhanced plasticity in magnesium alloys[J]. Acta Materialia, 2015, 82: 344-355.

[74] Kim W J, Kim M J, Wang J Y. Superplastic behavior of a fine-grained ZK60 magnesium alloy processed by high-ratio differential speed rolling[J]. Materials Science and Engineering: A, 2009, 527(1): 322-327.

[75] Keshavarz Z, Barnett M R. EBSD analysis of deformation modes in Mg-3Al-1Zn[J]. Scripta Materialia, 2006, 55(10): 915-918.

[76] Cepeda-Jiménez C M, Molina-Aldareguia J M, Pérez-Prado M T. Effect of grain size on slip activity in pure magnesium polycrystals[J]. Acta Materialia, 2015, 84: 443-456.

[77] Ghaderi A, Barnett M R. Sensitivity of deformation twinning to grain size in titanium and magnesium[J]. Acta Materialia, 2011, 59(20): 7824-7839.

[78] Wang H Y, Xue E S, Xiao W, et al. Influence of grain size on deformation mechanisms in rolled Mg-3Al-3Sn alloy at room temperature[J]. Materials Science and Engineering: A, 2011, 528(29): 8790-8794.

[79] Barnett M R. A rationale for the strong dependence of mechanical twinning on grain size[J]. Scripta Materialia, 2008, 59(7): 696-698.

[80] Barnett M R, Nave M D, Ghaderi A. Yield point elongation due to twinning in a magnesium alloy[J]. Acta Materialia, 2012, 60(4): 1433-1443.

[81] Cepeda-Jiménez C M, Molina-Aldareguia J M, Pérez-Prado M T. Origin of the twinning to slip transition with grain size refinement, with decreasing strain rate and with increasing temperature in magnesium[J]. Acta Materialia, 2015, 88: 232-244.

[82] Jiang L, Jonas J J, Mishra R K, et al. Twinning and texture development in two Mg alloys subjected to loading along three different strain paths[J]. Acta Materialia, 2007, 55(11): 3899-3910.

[83] Jiang L, Jonas J J, Luo A A, et al. Influence of $\{10\bar{1}2\}$ extension twinning on the flow behavior of AZ31 Mg alloy[J]. Materials Science and Engineering: A, 445: 302-309.

[84] Kadiri H, Kapil J, Oppedal A L, et al. The effect of twin–twin interactions on the nucleation and propagation of twinning in magnesium[J]. Acta Materialia, 2013, 61(10): 3549-3563.

[85] Shi Z Z, Zhang Y, Wagner F, et al. On the selection of extension twin variants with low Schmid factors in a deformed Mg alloy[J]. Acta Materialia, 2015, 83: 17-28.

[86] Xin R, Liu D, Xu Z, et al. Changes in texture and microstructure of friction stir welded Mg alloy during post-rolling and their effects on mechanical properties[J]. Materials Science and Engineering: A, 2013, 582: 178-187.

[87] Beyerlein I J, Capolungo L, Marshall P E, et al. Statistical analyses of deformation twinning in magnesium[J]. Philosophical Magazine, 2010, 90(16): 2161-2190.

[88] Jain J, Zou J, Sinclair C W, et al. Double tensile twinning in a Mg-8Al-0.5Zn alloy[J]. Journal of Microscopy, 2011, 242(1): 26-36.

[89] Koike J, Sato Y, Ando D. Origin of the anomalous $\{10\bar{1}2\}$ twinning during tensile deformation of Mg alloy sheet[J]. Materials Transactions, 2008, 49(12): 2792-2800.

[90] Wang Y, Choo H. Influence of texture on Hall-Petch relationships in an Mg alloy[J]. Acta Materialia, 2014, 81: 83-97.

[91] Ahmad I R, Shu D W. Compressive and constitutive analysis of AZ31B magnesium alloy over a wide range of strain rates[J]. Materials Science and Engineering: A, 2014, 592: 40-49.

[92] Kabirian F, Khan A S, Gnaupel-Herlod T. Visco-plastic modeling of mechanical responses and texture evolution in extruded AZ31 magnesium alloy for various loading conditions[J]. International Journal of Plasticity, 2015, 68: 1-20.

[93] Chapuis A, Liu P, Liu Q. An experimental and numerical study of texture change and twinning-induced hardening during tensile deformation of an AZ31 magnesium alloy rolled plate[J]. Materials Science and Engineering: A, 2013, 561: 167-173.

[94] Koike J, Ohyama R. Geometrical criterion for the activation of prismatic slip in AZ61 Mg alloy sheets deformed at room temperature[J]. Acta Materialia, 2005, 53(7): 1963-1972.

[95] Agnew S R, Duygulu Ö. Plastic anisotropy and the role of non-basal slip in magnesium alloy AZ31B[J]. International Journal of Plasticity, 2005, 21(6): 1161-1193.

[96] Yu H, Li C, Xin Y, et al. The mechanism for the high dependence of the Hall-Petch slope for twinning/slip on texture in Mg alloys[J]. Acta Materialia, 2017, 128: 313-326.

[97] Guo T, Siska F, Barnett M R. Distinguishing between slip and twinning events during nanoindentation of magnesium alloy AZ31[J]. Scripta Materialia, 2016, 110: 10-13.

[98] Sánchez-Martín R, Pérez-Prado M T, Segurado J, et al. Effect of indentation size on the nucleation and propagation of tensile twinning in pure magnesium[J]. Acta Materialia, 2015, 93: 114-128.

[99] Bočan J, Maňák J, Jäger A. Nanomechanical analysis of AZ31 magnesium alloy and pure magnesium correlated with crystallographic orientation[J]. Materials Science and Engineering: A, 2015, 644: 121-128.

[100] Sánchez-Martín R, Pérez-Prado M T, Segurado J, et al. Measuring the critical resolved shear stresses in Mg alloys by instrumented nanoindentation[J]. Acta Materialia, 2014, 71: 283-292.

[101] Bian M Z, Huang X S, Chino Y. Substantial improvement in cold formability of concentrated Mg-Al-Zn-Ca alloy sheets by high temperature final rolling[J]. Acta Materialia, 2021, 220: 117328.

[102] Zhu S Q, Yan H G, Chen J H, et al. Effect of twinning and dynamic recrystallization on the high strain rate rolling process[J]. Scripta Materialia, 2010, 63: 985-988.

[103] Guo F, Zhang D F, Yang X S, et al. Influence of rolling speed on microstructure and mechanical properties of AZ31 Mg alloy rolled by large strain hot rolling[J]. Materials Science and Engineering: A, 2014, 607: 383-389.

[104] Park S S, Park W J, Kim C H, et al. The twin-roll casting of magnesium alloys[J]. JOM, 2009, 61: 14-18.

[105] Pawar S, Zhou X, Hashimoto T, et al. Investigation of the microstructure and the influence of iron on the formation of Al$_8$Mn$_5$ particles in twin roll cast AZ31 magnesium alloy[J]. Journal of Alloys and Compounds, 2015, 628: 195-198.

[106] Javaid A, Czerwinski F. Progress in twin roll casting of magnesium alloys: A review[J]. Journal of Magnesium and Alloys, 2021, 9: 362-391.

[107] Suh B C, Kim J H, Bae J H, et al. Effect of Sn addition on the microstructure and deformation behavior of Mg-3Al alloy[J]. Acta Materialia, 2017, 124: 268-279.

[108] Bian M Z, Sasaki T T, Nakata T, et al. Bake-hardenable Mg-Al-Zn-Mn-Ca sheet alloy processed by twin-roll casting[J]. Acta Materialia, 2018, 158: 278-288.

[109] Cho J H, Jeong S S, Kang S B. Deep drawing of ZK60 magnesium sheets fabricated using ingot and twin-roll casting methods[J]. Materials and Design, 2016, 110: 214-224.

[110] Park S J, Jung H C, Shin K S. Deformation behaviors of twin roll cast Mg-Zn-X-Ca alloys for enhanced room-temperature formability[J]. Materials Science and Engineering: A, 2017, 679: 329-339.

[111] 潘复生, 蒋斌. 镁合金塑性加工技术发展及应用[J]. 金属学报, 2021, 57(11): 1362-1379.

[112] 刘兴. AZ31 镁合金板材的异步/单辊轧制工艺研究[D]. 长沙: 湖南大学, 2007.

[113] Hwang Y M, Tzou G Y. Analytical and experimental study on asymmetrical sheet rolling[J]. International Journal of Mechanical Sciences, 1997, 39(3): 289-303.

[114] 张才国, 邹柳娟, 王桂兰. 同步轧制与异步轧制 B3F 钢的正电子寿命研究[J]. 华中理工大学学报, 1991, 19(6): 131-134.

[115] Kim W J, Park J D, Kim W Y. Effect of differential speed rolling on microstructure and mechanical properties of an AZ91 magnesium alloy[J]. Journal of Alloys and Compounds, 2008, 460(1-2): 289-293.

[116] 张文玉, 刘先兰, 陈振华. 异步轧制对 AZ31 镁合金板材组织和性能的影响[J]. 武汉理工大学学报, 2007, 29(11): 57-61.

[117] Kim S H, You B S, Yim C D, et al. Texture and microstructure changes in asymmetrically hot rolled AZ31 magnesium alloy sheets[J]. Materials Letters, 2005, 59(29-30): 3876-3880.

[118] Huang X S, Kazutaka S. Mechanical properties of Mg-Al-Zn alloy with a tilted basal texture obtained by differential speed rolling[J]. Materials Science and Engineering: A, 2008, 488(1-2): 214-220.

[119] 曲家惠, 张正贵, 王福, 等. AZ31 镁合金室温异步轧制的织构演变[J]. 材料研究学报, 2007, 21(4): 354-358.

[120] Wang H Y, Yu Z P, Zhang L, et al. Achieving high strength and high ductility in magnesium alloy using hard-plate rolling (HPR) process[J]. Scientific Reports, 2015, 5: 17100.

[121] Zhang H, Zha M, Tian T, et al. Prominent role of high-volume fraction $Mg_{17}Al_{12}$ dynamic precipitations on multimodal microstructure formation and strength-ductility synergy of Mg-Al-Zn alloys processed by hard-plate rolling (HPR)[J]. Materials Science and Engineering: A, 2021, 808: 140920.

[122] Rong J, Wang P Y, Zha M, et al. Development of a novel strength ductile Mg-7Al-5Zn alloy with high superplasticity processed by hard-plate rolling (HPR)[J]. Journal of Alloys and Compounds, 2018, 735: 246-254.

[123] Wu T, Jin L, Wu W X, et al. Improved ductility of Mg-Zn-Ce alloy by hot pack-rolling[J]. Materials Science and Engineering: A, 2013, 584: 97-102.

[124] Effect of pass reduction on distribution of shear bands and mechanical properties of AZ31B alloy sheets prepared by on-line heating rolling[J]. Journal of Materials Processing Technology, 2020, 280: 116611.

[125] Chen W Z, Wang X, Kyalo M N, et al. Yield strength behavior for rolled magnesium alloy sheets with texture variation[J]. Materials Science and Engineering: A, 2013, 580: 77-82.

[126] Razavi S M, Foley D C, Karaman I, et al. Effect of grain size on prismatic slip in Mg-3Al-1Zn alloy[J]. Scripta Materialia, 2012, 67: 439-442.

[127] Somekawa H, Mukai T. Hall-Petch breakdown in fine-grained pure magnesium at low strain rates[J]. Metallurgical and Materials Transactions A, 2015, 46: 894-902.

[128] 陶俊. 织构和晶粒尺寸对变形镁合金 AZ31 力学性能的影响[D]. 南京: 南京理工大学, 2007.

[129] Yin S M, Wang C H, Diao Y D, et al. Influence of grain size and texture on the yield asymmetry of Mg-3Al-1Zn alloy[J]. Journal of Materials Science & Technology, 2011, 27: 29-34.

[130] Kang D H, Kim D W, Kim S, et al. Relationship between stretch formability and work-hardening capacity of twin-roll cast Mg alloys at room temperature[J]. Scripta Materialia, 2009, 61: 768-771.

[131] Somekawa H, Mukai T. Effect of grain refinement on fracture toughness in extruded pure magnesium[J]. Scripta Materialia, 2005, 53: 1059-1064.

[132] Xia Y, Li Y L, Li L. Effect of grain refinement on fracture toughness and fracture mechanism in AZ31 magnesium alloy[J]. Procedia Materials Science, 2014 (3): 1780-1785.

[133] Lv Y Z, Wang Q D, Ding W J, et al. Fracture behavior of AZ91 magnesium alloy[J]. Materials Letters, 2000, 44(5): 265-268.

[134] 王策, 马爱斌, 刘欢, 等. LPSO 相增强镁稀土合金耐热性能研究进展[J]. 材料导报, 2019, 33(10): 3298-3305.

[135] Zeng Z R, Stanford N, Davies C H J, et al. Magnesium extrusion: A review of developments and prospects[J]. International Materials Reviews, 2019, 64: 27-62.

[136] Park S H, Jung J G, Yoon J, et al. Influence of Sn addition on the microstructure and mechanical properties of extruded Mg-8Al-2Zn alloy[J]. Materials Science and Engineering: A, 2015, 626: 128-135.

[137] Zhu Q, Shang X, Zhang H, et al. Influence of Al_2Y particles on mechanical properties of Mg-11Y-1Al alloy with different grain sizes[J]. Materials Science and Engineering: A, 2022, 831: 142-166.

[138] Singh A, Osawa Y, Somekawa H, et al. Effect of microstructure on strength and ductility of high strength quasicrystal phase dispersed Mg-Zn-Y alloys[J]. Materials Science and Engineering: A, 2014, 611: 242-251.

[139] Rosalie J M, Somekawa H, Singh A, et al. The effect of size and distribution of rod-shaped β′1 precipitates on the strength and ductility of a Mg-Zn alloy[J]. Materials Science and Engineering: A, 2012, 539: 230-237.

[140] 宋波, 辛仁龙, 孙立云, 等. 镁合金拉伸压缩不对称性的影响因素及控制方法[J]. 中国有色金属学报, 2014, 24(8): 1941-1952.

[141] Guo F, Yu H, Wu C, et al. The mechanism for the different effects of texture on yield strength and hardness of Mg alloys[J]. Scientific Reports, 2017, 7: 9647.

[142] Fan H, Zhu Y, El-Awady J A, et al. Precipitation hardening effects on extrusion twinning in magnesium alloys[J]. International Journal of Plasticity, 2018, 106: 186-202.

[143] Nie J F. Effects of precipitate shape and orientation on dispersion strengthening in magnesium alloys[J]. Scripta Materialia, 2003, 48(8): 1009-1015.

[144] Davies A E, Robson J D, Turski M. The effect of multiple precipitate types and texture on yield asymmetry in Mg-Sn-Zn(-Al-Na-Ca) alloys[J]. Acta Materialia, 2018,158: 1-12.

[145] Li J, Jin L, Dong J, et al. Effects of microstructure on fracture toughness of wrought Mg-8Gd-3Y-0.5Zr alloy[J]. Materials Characterization, 2019, 157: 109899.

[146] Somekawa H, Singh A, Mukai T. High fracture toughness of extruded Mg-Zn-Y alloy by the synergistic effect of grain refinement and dispersion of quasicrystalline phase[J]. Scripta Materialia, 2007, 56: 1091-1094.

[147] Kim W J, Park J D, Wang J Y, et al. Realization of low-temperature superplasticity in Mg-Al-Zn alloy sheets processed by differential speed rolling[J]. Scripta Materialia, 2007, 57(8): 755-758.

[148] Kurukuri S, Worswich M J, Bardelcik A, et al. Constitutive behavior of commercial grade ZEK100 magnesium alloy sheet over a wide range of strain rates[J]. Metallurgical and Materials Transactions A, 2014, 45: 3321-3337.

[149] He J, Mao Y, Fu Y, et al. Improving the room-temperature formability of Mg-3Al-1Zn alloy sheet by introducing an orthogonal four-peak texture[J]. Journal of Alloys and Compounds, 2019, 797: 443-455.

[150] Suh B C, Skim M S, Shin K S, et al. Current issues in magnesium sheet alloys: Where do we go from here?[J]. Scripta Materialia, 2014, 84-85: 1-6.

[151] Bian M Z, Huang X S, Mabuchi M, et al. Compositional optimization of Mg-Zn-Sc sheet alloys for enhanced room temperature stretch formability[J]. Journal of Alloys and Compounds, 2020, 818: 152891.

[152] Chino Y, Sassa K, Mabuchi M. Texture and stretch formability of a rolled Mg-Zn alloy containing dilute content of Y[J]. Materials Science and Engineering: A, 2009, 513-514: 394-400.

[153] Culbertson D, Jiang Y. An experimental study of the orientation effect on fatigue crack propagation in rolled AZ31B magnesium alloy[J]. Materials Science and Engineering: A, 2016, 676: 10-19.

[154] Somekawa H, Mukai T. Effect of texture on fracture toughness in extruded AZ31 magnesium alloy[J]. Scripta Materialia, 2005, 53: 541-545.

[155] Zhang H, Wang H Y, Wang J G, et al. The synergy effect of fine and coarse grains on enhanced ductility of bimodal-structured Mg alloys[J]. Journal of Alloys and Compounds, 2019, 780: 312-317.

[156] Xu C, Zheng M Y, Xu S W, et al. Ultra high-strength Mg-Gd-Y-Zn-Zr alloy sheets processed by large-strain hot rolling and ageing[J]. Materials Science and Engineering: A, 2012, 547: 93-98.

[157] 魏松波, 蔡庆伍, 唐荻, 等. 挤压 AZ31B 镁合金板材高温轧制变形行为研究[J]. 塑性工程学报, 2009, 1(16): 95-101.

[158] Park S H, You B S, Mishra R K, et al. Effects of extrusion parameters on the microstructure and mechanical properties of Mg-Zn-(Mn)-Ce/Gd alloys[J]. Materials Science and Engineering: A, 2014, 598: 396-406.

[159] Yu H, Park S H, You B S. Development of extraordinary high-strength Mg-8Al-0.5Zn alloy via a low temperature and slow speed extrusion[J]. Materials Science and Engineering: A, 2014, 610: 445-449.

[160] Park S H, Bae J H, Kim S H, et al. Effect of initial grain size on microstructure and mechanical properties of extruded Mg-9Al-0.6Zn alloy[J]. Metallurgical and Materials Transactions A, 2015, 46(12): 5482-5488.

[161] Barnett M R, Beer A G, Atwell D, et al. Influence of grain size on hot working stresses and microstructures in Mg-3Al-1Zn[J]. Scripta Materialia, 2004, 51(1): 19-24.

[162] Hirano M, Yamasaki M, Hagihara K, et al. Effect of extrusion parameters on mechanical properties of Mg97Zn1Y2 alloys at room and elevated temperatures[J]. Materials Transactions, 2010, 51(9): 1640-1647.

[163] Bae S W, Kim S H, Lee J U, et al. Improvement of mechanical properties and reduction of yield asymmetry of extruded Mg-Al-Zn alloy through Sn addition[J]. Journal of Alloys and Compounds, 2018, 766: 748-758.

[164] Kim S H, Lee J U, Kim Y J, et al. Improvement in extrudability and mechanical properties of AZ91 alloy through extrusion with artificial cooling[J]. Materials Science and Engineering: A, 2017, 703: 1-8.

[165] 李少杰, 金剑锋, 宋宇豪, 等. "工艺-组织-性能" 模拟研究 Mg-Gd-Y 合金混晶组织[J]. 金属学报, 2022, 58(1): 114-128.

[166] Park H K, Ameyama K, Yoo J, et al. Additional hardening in harmonic structured materials by strain partitioning and back stress[J]. Materials Research Letters, 2018, 6(5): 261-267.

[167] Wu X, Yang M, Yuan F, et al. Heterogeneous lamella structure unites ultrafine-grain strength with coarse-grain ductility[J]. Proceedings of the National Academy of Sciences, 2015, 112(47): 14501-14505.

[168] Li X, Zhang J, Hou D, et al. Compressive deformation and fracture behaviors of AZ31 magnesium alloys with equiaxed grains or bimodal grains[J]. Materials Science and Engineering: A, 2018, 729: 466-476.

[169] He J H, Jin L, Wang F H, et al. Mechanical properties of Mg-8Gd-3Y-0.5Zr alloy with bimodal grain size distributions[J]. Journal of Magnesium and Alloys, 2017, 5(4): 423-429.

[170] Wang B J, Xu D K, Sun J, et al. Effect of grain structure on the stress corrosion cracking (SCC) behavior of an as-extruded Mg-Zn-Zr alloy[J]. Corrosion Science, 2019, 157: 347-356.

[171] 曹楚南. 腐蚀电化学原理[M]. 北京: 化学工业出版社, 2008.

[172] Gusieva K, Davies C H J, Scully J R, et al. Corrosion of magnesium alloys: The role of alloying[J]. International Materials Reviews, 2014, 60(3): 169-194.

[173] Esmaily M, Svensson J E, Fajardo S, et al. Fundamentals and advances in magnesium alloy corrosion[J]. Progress in Materials Science, 2017, 89: 92-193.

[174] 刘玉项, 朱胜, 韩冰源. 金属镁电化学腐蚀阳极析氢行为研究进展[J]. 材料工程, 2020, 48(10): 17-27.

[175] Atrens A, Song G L, Cao F, et al. Advances in Mg corrosion and research suggestions[J]. Journal of Magnesium and Alloys, 2013, 1(3): 177-200.

[176] Liu M, Uggowitzer P J, Nagasekhar A V, et al. Calculated phase diagrams and the corrosion of die-cast Mg-Al alloys[J]. Corrosion Science, 2009, 51(3): 602-619.

[177] Song G L, Atrens A. Corrosion mechanisms of magnesium alloys[J]. Advanced Engineering Materials, 1999, 1(1): 11-33.

[178] Kirkland N T, Staiger M P, Nisbet D, et al. Performance-driven design of biocompatible Mg alloys[J]. The Journal of the Minerals, 2011, 63(6): 28-34.

[179] Parthiban G T, Palaniswamy N, Sivan V. Effect of manganese addition on anode characteristics of electrolytic magnesium[J]. Anti-Corrosion Methods and Materials, 2009, 56(2): 79-83.

[180] Makar G L, Kruger J. Corrosion of magnesium[J]. International Materials Reviews, 2013, 38(3): 138-153.

[181] Hanawalt J D, Member A, Nelson C E, et al. Corrosion studies of magnesium and its alloys[J]. Transactions of the American Institute of Mining and Metallurgical Engineers, 1942, 147: 273-299.

[182] Manivannan S, Dinesh P, Babu S P K, et al. Investigation and corrosion performance of cast Mg-6Al-1Zn+XCa alloy under salt spray test (ASTM-B117)[J]. Journal of Magnesium and Alloys, 2015, 3(1): 86-94.

[183] Zhang J Y, Xu M, Teng X Y, et al. Effect of Gd addition on microstructure and corrosion behaviors of Mg-Zn-Y alloy[J]. Journal of Magnesium and Alloys, 2016, 4(4): 319-325.

[184] Wang Y J, Zhang Y, Wang P P, et al. Effect of LPSO phases and aged-precipitations on corrosion behavior of as-forged Mg-6Gd-2Y-1Zn-0.3Zr alloy[J]. Journal of Materials Research and Technology, 2020, 9: 70-87.

[185] Cottis R A, Graham M J, Lindsay R, et al. Sherir's Corrosion[M]. Amsterdam: Elsevier, 2010.

[186] Birbilis N, Ralston K D, Virtanen S, et al. Grain character influences on corrosion of ECAPed pure magnesium[J]. Corrosion Engineering, Science and Technology, 2013, 45(3): 224-230.

[187] Hoog C, Birbilis N, Estrin Y. Corrosion of pure Mg as a function of grain size and processing route[J]. Advanced Engineering Materials, 2008, 10(6): 579-582.

[188] Lu Y, Bradshaw A R, Chiu Y L, et al. Effects of secondary phase and grain size on the corrosion of biodegradable Mg-Zn-Ca alloys[J]. Materials Science and Engineering: C, 2015, 48: 480-486.

[189] Zhao M C, Liu M, Song G L, et al. Influence of the β-phase morphology on the corrosion of the Mg alloy AZ91[J]. Corrosion Science, 2008, 50(7): 1939-1953.

[190] Song Y, Han E H, Shan D, et al. The role of second phases in the corrosion behavior of Mg-5Zn alloy[J]. Corrosion Science, 2012, 60: 238-245.

[191] Liu M, Qiu D, Zhao M C, et al. The effect of crystallographic orientation on the active corrosion of pure magnesium[J]. Scripta Materialia, 2008, 58(5): 421-424.

[192] Fu B Q, Liu W, Li Z L. Calculation of the surface energy of hcp-metals with the empirical electron theory[J]. Applied Surface Science, 2009, 255(23): 9348-9357.

[193] Song G L, Mishra R, Xu Z Q. Crystallographic orientation and electrochemical activity of AZ31 Mg alloy[J]. Electrochemistry Communications, 2010, 12(8): 1009-1012.

[194] Shin K S, Bian M Z, Nam N D. Effects of crystallographic orientation on corrosion behavior of magnesium single crystals[J]. JOM, 2012, 64(6): 664-670.

[195] Pawar S, Slater T J A, Burnett T L, et al. Crystallographic effects on the corrosion of twin roll cast AZ31 Mg alloy sheet[J]. Acta Materialia, 2017, 133: 90-99.

[196] Xin R L, Li B, Li L, et al. Influence of texture on corrosion rate of AZ31 Mg alloy in 3.5 wt.% NaCl[J]. Materials & Design, 2011, 32(8-9): 4548-4552.

[197] Wang B J, Xu D K, Dong J H, et al. Effect of the crystallographic orientation and twinning on the corrosion resistance of an as-extruded Mg-3Al-1Zn (wt.%) bar[J]. Scripta Materialia, 2014, 88: 5-8.

[198] Zeng R C, Sun L, Zheng Y F, et al. Corrosion and characterisation of dual phase Mg-Li-Ca alloy in Hank's solution: The influence of microstructural features[J]. Corrosion Science, 2014, 79: 69-82.

[199] Song Y, Han E H, Dong K, et al. Microstructure and protection characteristics of the naturally formed oxide films on Mg-xZn alloys[J]. Corrosion Science, 2013, 72: 133-143.

[200] Yang J, Yim C D, You B S. Effects of Sn in α-Mg matrix on properties of surface films of Mg-xSn (x = 0, 2, 5 wt%) alloys[J]. Materials and Corrosion, 2016, 67(5): 531-541.

[201] Yu X W, Jiang B, He J J, et al. Oxidation resistance of Mg-Y alloys at elevated temperatures and the protection performance of the oxide films[J]. Journal of Alloys and Compounds, 2018, 749: 1054-1062.

[202] Maltseva A, Shkirskiy V, Lefèvre G, et al. Effect of pH on Mg(OH)$_2$ film evolution on corroding Mg by in situ kinetic Raman mapping (KRM)[J]. Corrosion Science, 2019, 153: 272-282.

[203] Wang B J, Xu D K, Dong J H, et al. Effect of corrosion product films on the in vitro degradation behavior of Mg-3%Al-1%Zn (in wt%) alloy in Hank's solution[J]. Journal of Materials Science & Technology, 2018, 34(10): 1756-1764.

049

第2章

镁合金的再结晶行为

2.1　Mg-Zn-Gd 合金的静态再结晶

2.1.1　稀土第二相粒子在 Mg-Zn 合金再结晶过程的作用

　　图 2-1 为轧制态 Mg-1.5Zn-0.2Gd 合金板材于 350℃退火过程的微观组织。Mg-1.5Zn-0.2Gd 合金轧制态组织由拉长的、较为粗大的变形晶粒组成，且晶粒内部存在大量孪晶 [图 2-1 (a)]；退火 5min 后，合金发生了部分再结晶，基体中仍存在大量孪晶 [图 2-1 (b)]；退火 10min 时，基本完成再结晶，并且再结晶晶粒尺寸相对细小 [图 2-1 (c)]；退火时间延长至 60min 时，晶粒尺寸略有增加，但变化不大 [图 2-1 (d)]。

　　图 2-2 为轧制态 Mg-1.5Zn-0.2Gd 合金退火过程的取向分布图和菊池带衬度图，其微观组织形貌变化与图 2-1 相一致。退火 5min 后，在原始大角度晶界和孪晶界处可以明显观察到静态再结晶晶粒形核 [图 2-2 (b)]。

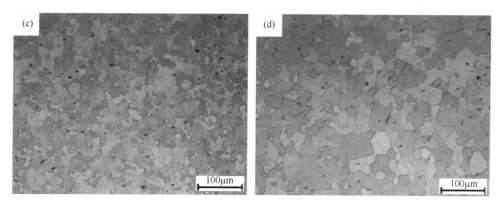

图 2-1　轧制态 Mg-1.5Zn-0.2Gd 合金 350℃退火处理的微观组织演变
（a）轧制态；（b）退火 5min；（c）退火 10min；（d）退火 60min

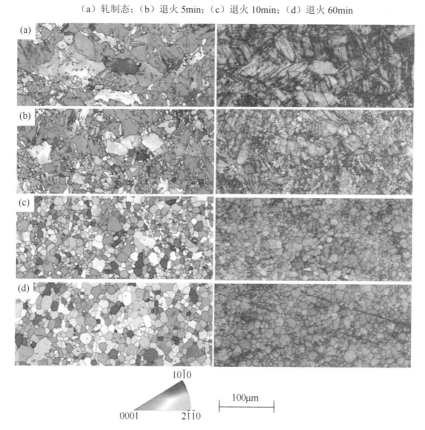

图 2-2　轧制态 Mg-1.5Zn-0.2Gd 合金 350℃退火过程的取向分布图和菊池带衬度图
（a）热轧态；（b）退火 5min；（c）退火 10min；（d）退火 60min

　　图 2-3 为 Mg-1.5Zn-0.2Gd 合金轧后 350℃退火过程的(0001)极图。经 450℃热轧后的
Mg-1.5Zn-0.2Gd 合金基面织构强度较弱,最大极密度为 3.4MRD（Multiple Random Density）,
部分晶粒呈 RD 方向偏转分布特征,但仍有部分晶粒处于基面取向［图 2-3（a）］。随着退
火的持续进行, (0001)极图的织构强度逐渐降低,退火 5min、10min 及 60min 时的最大极
密度分别为 2.8MRD、2.5MRD 及 2.3MRD。此外,退火处理促使基面织构呈现沿 TD 方向
分裂的分布趋势。如图 2-3（d）所示,当退火时间达到 60min 时,其基面织构沿 TD 方向

分裂角度达到 30°。基面织构的变化规律表明静态再结晶行为显著改变了 Mg-1.5Zn-0.2Gd 合金的织构特征，也说明静态再结晶过程对 Mg-Zn-RE 变形镁合金的织构优化具有重要作用，其是低含量稀土变形镁合金具有优异室温成形性能的关键因素之一。

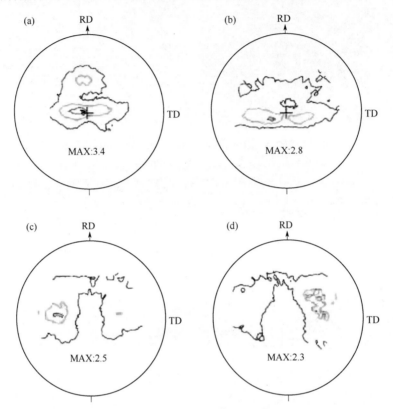

图 2-3　Mg-1.5Zn-0.2Gd 合金轧后 350℃退火过程的(0001)极图

（a）轧制态；（b）退火 5min；（c）退火 10min；（d）退火 60min

图 2-4 为 Mg-1.5Zn-0.2Gd 合金 450℃热压缩 70%后的微观组织。在高温及大变形程度条件下，Mg-1.5Zn-0.2Gd 合金微观组织中再结晶程度处于较低水平，在部分原始大角度晶界及孪晶界处形成了细小的再结晶晶粒［图 2-4（a）和（b）］。孪生动态再结晶晶粒在原始粗晶内的孪晶界处形核长大；连续动态再结晶晶粒在原始大角度晶界附近形核长大，并沿着晶界呈项链状分布[1]。图 2-4（c）和（d）为 Mg-1.5Zn-0.2Gd 合金热压缩后变形区域的取向成像图，其中浅色区域为未再结晶区域，深色区域为再结晶区域。结果表明，新生晶粒主要在原始大角度晶界处形核，并且新生晶粒的取向更倾向于随机分布，部分偏离了基面取向［图 2-4（e）］，表明动态再结晶新生晶粒具有弱化基面织构的作用。新生晶粒在随后的静态再结晶过程中发生长大，决定了合金基面织构的演变过程。

退火过程中 Mg-1.5Zn-0.2Gd 合金在大角度晶界及孪晶界面处发生了再结晶晶粒形核与长大，具有取向随机分布的特征，从而弱化了基面织构。然而，AZ31 镁合金等传统镁合金材料同样也会在大角度晶界及孪晶处形核长大，但是在随后的长大过程中却形成了典型的基面织构[2]。稀土元素在镁合金中以固溶或第二相粒子的形式存在。图 2-5 为 Mg-1.5Zn-0.2Gd 合金 450℃热压缩态的 SEM 照片，可以发现，含 Gd 第二相粒子弥散分布于基体中，且粒子尺寸均小于 10μm。Huang 等[3]的研究表明，高含量 RE 元素添加而生成数量较多的第二相粒子增强了 Mg-4Y-3RE 合金中粒子诱导再结晶晶粒形核机制的作用。但是，在图 2-5 中第二相粒子周围并未发现再结晶晶粒，这表明第二相粒子诱导形核（Particle Stimulated Nucleation，PSN）机制并不是低含量稀土镁合金主要的再结晶形核机制，这可能与低含量的 Gd 元素（0.2%）未能在 Mg-1.5Zn 合金中生成大量的第二相粒子有关。

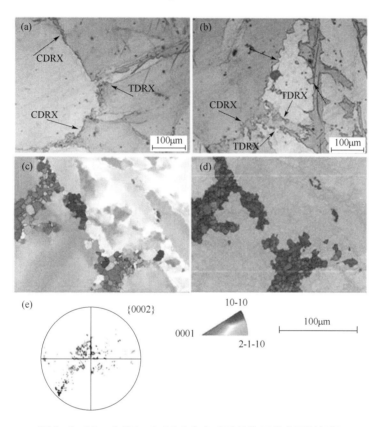

图 2-4　Mg-1.5Zn-0.2Gd 合金 450℃热压缩态显微组织

（a）（b）金相组织；（c）IPF 图；（d）菊池带衬度图；（e）图（c）中再结晶晶粒的(0002)极图

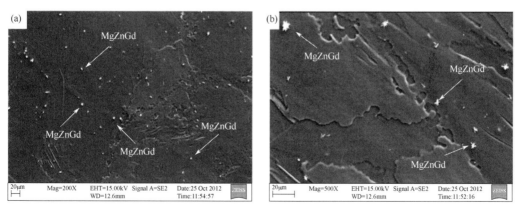

图 2-5　Mg-1.5Zn-0.2Gd 合金 450℃热压缩态 SEM 照片

（a）200 倍视场；（b）500 倍视场

退火过程中，新生成晶粒吞并形变基体促使镁合金再结晶过程不断进行。新生晶粒与基体的取向差在一定程度上可反映再结晶晶粒的长大趋势，从而影响镁合金的晶体取向变化。图 2-6 为热压缩态 Mg-1.5Zn-0.2Ca 合金新生再结晶晶粒与相邻形变基体的取向关系。图 2-6（a）中黑色箭头表征新生成晶粒的形核位置，对应的衬度图像 [图 2-6（b）] 证实并没有明显的第二相粒子存在，这也表明第二相粒子所涉及的粒子诱导形核机制并不是低含量稀土镁合金再结晶形核的必需机制。图 2-6（e）呈现了图 2-6（d）中新生晶粒与相邻变形晶粒的取向差，整体上呈现大角度晶界特征，且新生成晶粒取向与基体取向差异明显。

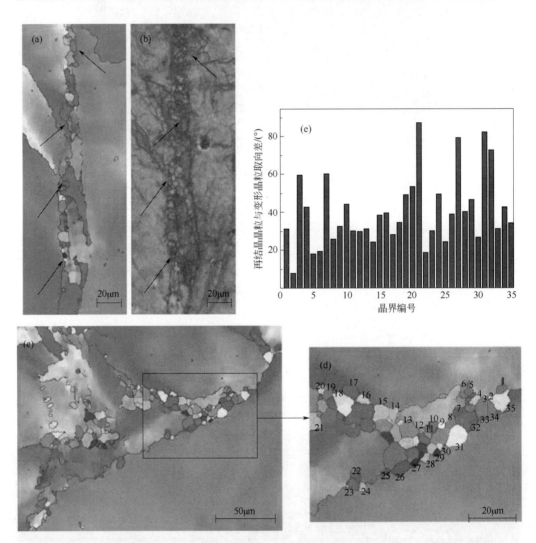

图 2-6　热压缩态 Mg-1.5Zn-0.2Gd 合金新生再结晶晶粒与基体取向关系（见书后彩页）

（a）（c）（d）IPF 图；（b）菊池带衬度图；（e）图（d）中新生晶粒与变形基体的取向差分布图

图 2-7 为 Mg-1.5Zn-0.2Gd 合金轧后 350℃退火过程的 TEM 微观组织。热轧态 Mg-1.5Zn-0.2Gd 合金中存在一定数量的细小第二相粒子，其中，部分第二相粒子以弥散分布的形式分散在晶界处 [图 2-7（a）和（b）]。这些弥散分布的细小第二相粒子在退火过程中可能会

影响晶界迁移。如图 2-7（c）和（d）所示，350℃退火 5min 时的微观组织表明晶界分布的第二相粒子对晶界移动起到了钉扎拖曳作用，即晶界处细小的第二相粒子阻碍了晶界迁移。随着退火时间的延长，Mg-1.5Zn-0.2Gd 合金的变形基体完全转变为再结晶晶粒，第二相粒子也出现少许粗化，并主要分布于晶内 [图 2-7（e）和（f）]。低稀土含量的 Mg-1.5Zn-0.2Gd 合金中细小弥散分布的第二相粒子改变了再结晶过程中晶界的迁移行为，这些第二相粒子可以有效钉扎具有优先长大倾向的基面取向晶粒的晶界迁移，从而有利于其他取向晶粒的形核与长大。因此，Mg-1.5Zn-0.2Gd 合金的基面织构得到了弱化。

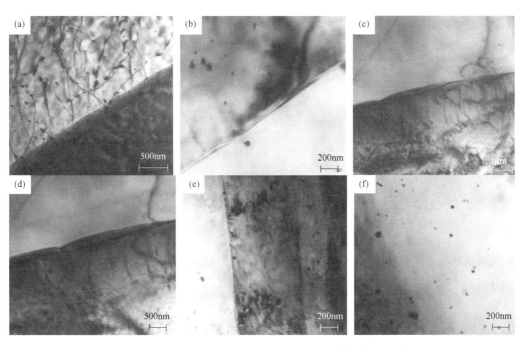

图 2-7　Mg-1.5Zn-0.2Gd 合金轧后 350℃退火过程的 TEM 微观组织

（a）（b）轧制态；（c）（d）退火 5min；（e）（f）退火 60min

2.1.2　稀土固溶原子在 Mg-Zn 合金再结晶过程的作用

除了生成第二相，镁合金的合金元素还会以固溶原子形式存在。由于镁合金中 RE 元素的固溶度随着温度的降低而显著下降，因此可通过轧制温度调整研究固溶原子对低稀土含量变形镁合金的再结晶影响规律。样品制备过程如下：以 Mg-1.5Zn-0.2Gd 合金为研究对象，将 10mm 厚板坯在 450℃均匀化处理 12h 后，多道次热轧压下至 2mm；再将 2mm 厚板材在不同轧制温度条件（450℃、350℃、250℃及 150℃）进行压下率为 25% 的轧制变形，最后于 350℃温度下退火处理 1h。

图 2-8 为 Mg-1.5Zn-0.2Gd 合金经不同温度轧制的退火态微观组织。不同工艺条件使微观组织特征呈现显著的差异，轧制温度为 450℃及 350℃的退火组织晶粒形状不规则，而轧制温度为 250℃及 150℃的退火组织晶粒呈等轴状，并且晶粒尺寸在较低轧制温度条件下也更为细小。研究[4]表明，微量稀土元素在晶界区域偏析可以降低自由能，从而显著影响晶

界迁移速率。并且稀土固溶原子会通过扩散机制在晶界迁移过程中继续偏聚在晶界附近，从而阻碍晶界移动。因此，不同轧制温度下 Mg-1.5Zn-0.2Gd 合金中 Gd 原子固溶度的变化可能成为导致微观组织特征差别的主要原因。由于高温变形时固溶 Gd 原子较多，固溶原子对晶界的阻碍作用显著，因而 450℃ 及 350℃ 热轧退火后的晶粒形状不规则。Gd 元素在镁合金中的固溶度随着温度下降而显著降低，因此在 250℃ 及 150℃ 温度下变形时，固溶 Gd 原子对晶界的阻碍作用大幅降低，退火后的晶粒形状呈等轴状。

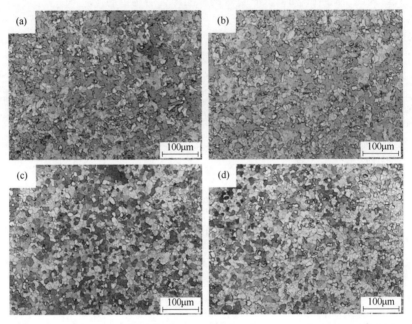

图 2-8　Mg-1.5Zn-0.2Gd 合金不同温度轧制及 350℃退火 1h 的微观组织

（a）450℃热轧；（b）350℃热轧；（c）250℃热轧；（d）150℃热轧

　　为了评价固溶 Gd 原子在镁合金中的作用，采用相同工艺制备了 Mg-1.5Zn 合金板材。图 2-9 为 Mg-1.5Zn 与 Mg-1.5Zn-0.2Gd 合金经过不同轧制温度及 350℃退火处理后的(0001)极图。图 2-9（e）和（f）为 450℃和 150℃温度下轧制的退火态 Mg-1.5Zn 合金板材(0001)极图。未添加 Gd 元素的 Mg-1.5Zn 合金的(0001)极图织构强度较高，最大极密度分别为 8.0MRD 和 7.2MRD，且存在明显的基面取向织构组分。相对于 Mg-1.5Zn 合金，Mg-1.5Zn-0.2Gd 合金的基面织构均得到显著弱化，其(0001)极图的最大极密度均不超过 3.0MRD，且基面织构呈现沿 TD 方向分裂倾转的特征。轧制温度仍会影响(0001)极图的织构特征，随着轧制温度的降低，基面取向组分逐渐增强，最大极密度略有增大。造成这种现象的原因在于：轧制温度的变化使镁合金的变形机制出现差异，从而会改变镁合金的织构特征；此外，Gd 元素固溶度的降低也会影响镁合金的织构特征。但是，固溶度的降低并未完全改变 Mg-Zn-Gd 合金的织构分布特征，也表明固溶度对织构演变的作用有限。

　　表 2-1 为 XRD 测得的 Mg-1.5Zn 及 Mg-1.5Zn-0.2Gd 合金的晶格常数，微量 Gd 元素的添加并未明显降低镁合金材料的 c/a 轴比。因此，通过降低 c/a 轴比而激活的非基面滑移程度有限，这也进一步说明 Mg-1.5Zn-0.2Gd 合金中 Gd 元素主要以第二相粒子的形式对镁合

金材料的性能发挥了作用。

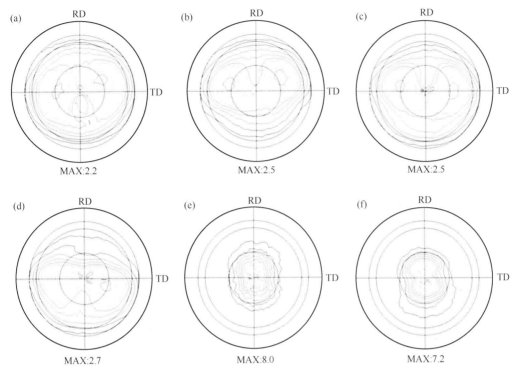

图 2-9　Mg-1.5Zn-0.2Gd 及 Mg-1.5Zn 合金板材不同轧制温度及 350℃退火 1h 的基面极图

Mg-1.5Zn-0.2Gd 合金板材：（a）450℃热轧；（b）350℃热轧；（c）250℃热轧；（d）150℃热轧

Mg-1.5Zn 合金板材：（e）450℃热轧；（f）150℃热轧

表 2-1　Mg-1.5Zn 合金和 Mg-1.5Zn-0.2Gd 合金的晶格常数

合金	a/nm	c/nm	c/a
Mg-1.5Zn	0.32064	0.52060	1.623628
Mg-1.5Zn-0.2Gd	0.32071	0.52044	1.622277

　　综上所述，将微量稀土元素添加入 Mg-Zn 合金中，生成的细小、弥散第二相粒子不仅可以有效抑制热轧过程中动态再结晶的发生，还可以在退火过程中钉扎基面取向晶粒的晶界迁移，从而抑制基面取向晶粒的长大行为，为其他取向晶粒的形核长大提供有利条件。

2.2　Ca/Gd 复合添加镁合金退火过程的微观组织演变

　　退火工艺可以通过启动回复及静态再结晶机制从而使变形态镁合金的织构特征发生改变，镁合金的基面织构在退火过程中呈现出保持、弱化乃至增强的演变[5-6]。相关研究表明，纯镁和 AZ31 镁合金基面取向晶粒长大倾向更明显，从而强化了基面织构；而 Mg-RE 合金中非基面取向晶粒长大有利于弱化基面织构[6-7]。微量 Gd 元素可以显著弱化镁合金的基面织构，但退火过程中第二相粒子的作用机制及静态再结晶的取向依赖性对镁合金基面织构弱化的作用还需进一步深入研究。

2.2.1　退火过程的软化行为

本部分内容以 Mg-2Zn(IC-Z2)及 Mg-2Zn-1Al-0.2Ca-0.2Gd-0.2Mn(ZA21)轧制板材作为研究对象，其中 ZA21 镁合金板材分别应用双辊铸轧工艺及传统铸造工艺制备板坯，以 TRC-ZA21 及 IC-ZA21 区分。5.5mm 厚板坯于 400℃多道次轧制成 1mm 厚板材，并切割成 8mm×6mm（轧向×横向），以铝箔封装，应用盐浴退火方式研究退火过程微观组织演变。

高温退火过程中，经轧制储存的大量畸变能会通过回复及再结晶方式释放，并促使变形组织向再结晶组织转变。同时，静态再结晶也会引起强度降低。静态再结晶动力学涉及再结晶晶粒的形核及长大过程，通常借助 JMAK（Johnson-Mehl-Avrami-Kolmogorov）模型进行分析，如下所示：

$$X_V = 1 - \exp(1 - \beta t^n) \tag{2-1}$$

式中，X_V 为再结晶百分数；β 为与材料和退火温度相关的系数；t 为再结晶退火时间；n 为 Avrami 指数。

静态再结晶过程中，再结晶体积分数随着退火过程的进行逐渐增加。但是基于微观组织特征分析再结晶体积分数过于烦琐，且分析计算过程容易存在人为误差。而通过显微硬度变化追溯再结晶过程，以软化百分数的形式分析 Avrami 指数适合由于回复/再结晶行为而引起的软化现象。目前，通过硬度软化研究退火再结晶行为已经得到了广泛应用，如 AZ31 镁合金及低碳钢等金属材料[8-9]。此方法将显微硬度通过式（2-2）转换为硬度软化百分数 X_H 的形式。

$$X_H = \frac{H_0 - H_i}{H_0 - H_r} \tag{2-2}$$

式中，X_H 为硬度软化百分数；H_0 为材料变形态硬度值；H_i 为等温退火过程中某时间点测定的硬度值；H_r 为完全再结晶后的硬度值。

图 2-10 为三种镁合金材料在退火过程中维氏硬度及硬度软化百分数的变化规律。在整个退火过程中，三种镁合金的硬度值均呈现持续降低的现象，但下降的相对速率及趋势略有差异。整体而言，经过 3600s 退火后，IC-Z2 镁合金的显微维氏硬度由 73.3HV 降低至 53.8HV；IC-ZA21 镁合金由 79.6HV 降低至 55.5HV；TRC-ZA21 镁合金由 86.4HV 降低至 64.3HV。三种镁合金的显微硬度分别减小了 26.6%、30.3%及 25.5%。此外，三种镁合金的硬度软化行为也呈现出不同的变化趋势。IC-Z2、IC-ZA21 和 TRC-ZA21 镁合金在退火 5s 时的硬度软化百分数分别为 20.1%、39.9%及 13.8%［图 2-10（b）］，表明 TRC-ZA21 镁合金在退火初始阶段再结晶程度较低。而在 10～30s 退火时间内，TRC-ZA21 镁合金硬度软化百分数大幅增加，由 24.7%激增至 72.6%。当退火时间达到 120s 后，TRC-ZA21 镁合金的显微硬度下降趋势明显减缓。三种镁合金的硬度降低趋势在随后的退火过程中呈现出近似线性规律。

JMAK 模型中的 Avrami 指数与晶粒形核机理以及晶体长大方式有关，将式（2-1）两边取自然对数变换可得

$$\ln\ln[1/(1-X_V)] = \ln k + n \ln t \tag{2-3}$$

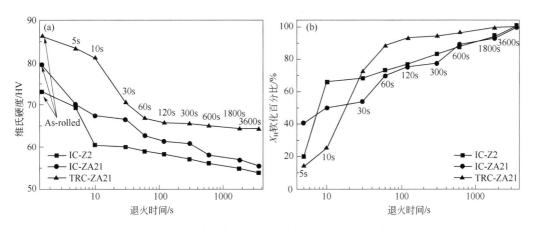

图 2-10 退火过程显微硬度及软化百分数变化

(a) 显微硬度；(b) 软化百分数

随后以软化百分数 $1/(1-X_H)$ 替代再结晶体积百分数 $1/(1-X_V)$，$\ln\ln[1/(1-X_H)]$ 与 $\ln t$ 的相对关系见于图 2-11。结果表明，三种镁合金退火过程的软化行为均呈现出两个阶段，可用两个不同的 Avrami 指数来表征。三种镁合金在退火过程中的每组 Avrami 指数 n_1 和 n_2 列于表 2-2 中，其中，n_2 值均明显低于 n_1 值。不过 IC-ZA21 镁合金的 n_1 值和 n_2 值差异不如其他两种镁合金明显，这与其退火初始阶段便具有高的软化百分数有关，退火 5s 时软化百分数就高达 39.9%，从而影响了其后续阶段的再结晶进程，但本质上 IC-ZA21 镁合金依然存在明显的两阶段硬度软化过程。这种两阶段的硬度软化过程在其他金属中也能被观察到，如冷轧大变形的 Ti、Cu 及低碳钢，其被认为与再结晶晶粒的不均匀形核有关[8]。此外，软化行为的变化也可能是由于静态回复机制引起。作为退火处理中微观组织的初始阶段，静态回复可以降低位错密度，但不会生成新的再结晶晶粒。位错密度的降低会减小镁合金基体的畸变程度，从而有利于材料出现软化现象。在静态回复主导退火处理的初期阶段时，两阶段的软化行为可以反映静态回复向静态再结晶的机制转变。

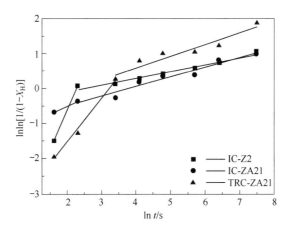

图 2-11 三种镁合金退火过程的 $\ln\ln[1/(1-X_H)]$-$\ln t$ 曲线

表 2-2　三种镁合金退火过程的 Avrami 指数

镁合金	n_1	n_2
IC-Z2	2.27	0.19
IC-ZA21	0.46	0.27
TRC-ZA21	1.23	0.34

Avrami 指数 n 值与成核机理紧密相关，大的 n 值意味着材料具有明显的异质形核特征，而三种镁合金退火过程中 n 值明显的变化也说明前期再结晶形核机制属于异质形核。晶界、剪切带、变形孪晶以及第二相粒子均是变形态镁合金中再结晶晶粒的优先形核位置[10-11]。图 2-12 为三种镁合金退火的初始微观组织，第二相粒子呈现不同的特征。TRC-ZA21 镁合

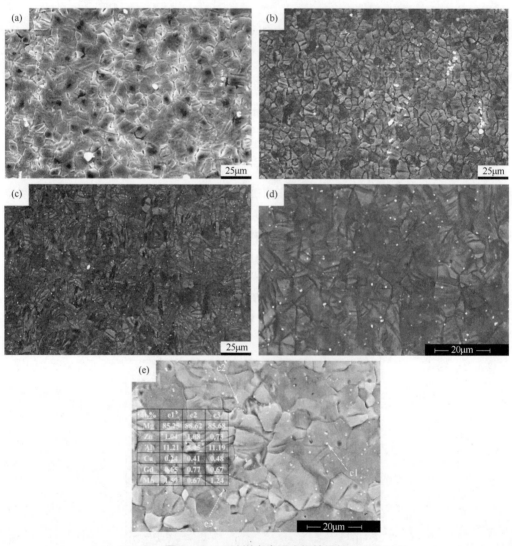

图 2-12　三种镁合金退火初始组织
（a）IC-Z2 镁合金；（b）IC-ZA21 镁合金；（c）TRC-ZA21 镁合金；
（d）TRC-ZA21 镁合金高倍视场；（e）TRC-ZA21 第二相粒子的 EDS 分析结果

金中存在大量细小的第二相粒子，粗大第二相粒子数量有限［图 2-12（d）］，主要由合金元素 Al 与 Mn 组成。由于 Ca 与 Gd 原子在镁合金中与 Al-Mn 化合物具高亲和力，因而第二相粒子中存在一定含量的 Ca 与 Gd 原子。IC-Z2 和 IC-ZA21 镁合金中均有明显的粗大第二相粒子存在，甚至 IC-ZA21 镁合金的粗大粒子呈现出聚集行为。

第二相粒子与静态再结晶之间的关系目前依然存在争议[12]。首先，第二相粒子可以通过减缓晶界及亚晶界的迁移而起到钉扎作用，从而抑制再结晶。根据 Zener 钉扎机理，细小粒子抑制再结晶的效果取决于分散粒子的平均钉扎力[13]：

$$P_z = \frac{3f_v\gamma}{2r} \tag{2-4}$$

式中，f_v 为局部范围内弥散粒子的体积分数；r 为粒子半径；γ 为晶界能。

其次，第二相粒子也可以促进晶界及亚晶界处形成高密度位错或者形成变形带，从而引起再结晶晶粒的形核率增大。单独的粗大粒子（$d>1\mu m$）可以通过 PSN 机制提供形核位置[14]。并且，粒子间彼此靠近也会促进再结晶行为，细小粒子团簇也可以诱导 PSN 机制启动[15]。图 2-12 中三种镁合金的第二相粒子均可以起异质形核作用，使得再结晶过程呈现两阶段特征。TRC-ZA21 镁合金的细小第二相粒子呈弥散分布，对静态再结晶起抑制作用，而 IC-Z2 和 IC-ZA21 镁合金中粗大的第二相粒子促进再结晶形核的发生，从而导致退火初期的软化行为更为明显。IC-ZA21 镁合金中第二相粒子的相互聚集有利于促进再结晶，最终使其在退火时间为 5s 时硬度软化百分数达到 39.9%，但细小第二相粒子的存在使得晶粒长大速度低于 IC-Z2 镁合金，当退火时间为 10s 时，IC-ZA21 镁合金的硬度软化百分数低于 IC-Z2 镁合金，表明第二相粒子形态分布特征（尺寸、分布、数量等）对镁合金的再结晶行为具有显著的影响。

2.2.2　退火过程的微观组织特征演变

退火过程持续不断发生静态再结晶，三种镁合金的微观组织形貌和晶粒取向也不断发生变化，这种微观组织特征的演变对金属材料的综合性能起到至关重要的作用。静态再结晶行为包括再结晶晶粒形核以及晶粒长大两个阶段。在再结晶初期，以晶粒形核为主；当再结晶进行一段时间后，晶粒长大逐渐成为主导。图 2-13 为三种镁合金不同退火时间时的微观组织形貌。整体上，三种镁合金在退火过程中的微观组织形貌演变呈现相似的特征。首先，退火初期，微观组织中仍保留有大量的原始变形晶粒；由于热轧过程中动态再结晶机制被激活，使得微观组织中也存在少量等轴晶。伴随着退火过程的进行，微观组织中变形晶粒逐渐减少。当退火过程持续 3600s 后，三种镁合金的微观组织均由等轴状的再结晶晶粒组成，表明轧制变形过程的应变储能得到释放。但是，三种镁合金的退火形貌演变又有所区别；当退火时间为 5s 时，如图 2-13（a）（e）（i）所示，IC-Z2 和 IC-ZA21 镁合金中等轴状晶粒比例明显高于 TRC-ZA21 镁合金。此时的 TRC-ZA21 镁合金中变形晶粒占绝对主导比例，而 IC-Z2 镁合金的变形晶粒内部还有明显的孪晶存在。当退火时间达到 10s 时，如图 2-13（b）（f）（j）所示，IC-Z2 镁合金中等轴状晶粒已经占据主导地位，而 IC-ZA21 和 TRC-ZA21 镁合金中的等轴状晶粒仅少量增加。当退火时间为 30s 时，IC-Z2 和 IC-ZA21

镁合金已经基本完成再结晶晶粒转变［图 2-13（c）（g）］；而 TRC-ZA21 镁合金中，虽然再结晶晶粒比例大幅增加，但是仍存在一些大尺寸的变形晶粒，如图 2-13（k）中虚线椭圆处所示。微观组织形貌的演变与硬度软化百分数变化趋势相一致，同样呈现出 TRC-ZA21 镁合金再结晶在退火前期被抑制的特征，以及退火 10s 时 IC-Z2 镁合金的再结晶程度高于 IC-ZA21 镁合金的现象。当退火时间为 3600s 时，三种镁合金微观组织均由等轴晶粒组成［图 2-13（d）（h）（l）］，并呈现出 IC-Z2 > IC-ZA21 > TRC-ZA21 的晶粒尺寸大小关系。

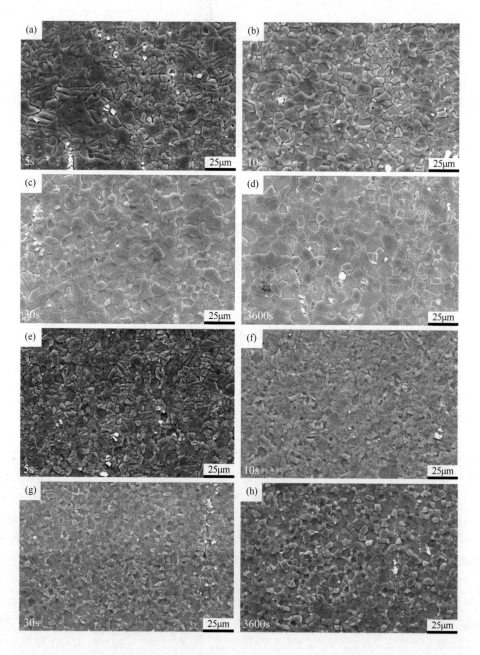

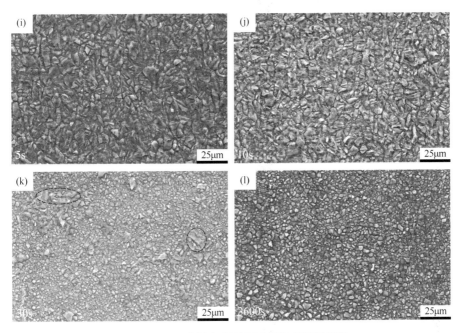

图 2-13　三种镁合金退火过程微观组织形貌

IC-Z2 镁合金：（a）5s；（b）10s；（c）30s；（d）3600s

IC-ZA21 镁合金：（e）5s；（f）10s；（g）30s；（h）3600s

TRC-ZA21 镁合金：（i）5s；（j）10s；（k）30s；（l）3600s

　　三种镁合金板材经过热轧变形后，板材内部储存了大量畸变能，作为再结晶驱动力促进了静态再结晶。图 2-14 为 IC-Z2、IC-ZA21 及 TRC-ZA21 三种合金退火时间为 5s 时的微观组织特征，包括 IPF 图（左上）、KAM 图（右上）、晶界结构图（左下）以及取向差角分布图（右下）。由于镁合金热轧变形后含有残余应力，造成局部范围内应力集中，使得微观组织的部分区域在 EBSD 标定过程中无法识别，呈现为黑色区域。IPF 图表明三种镁合金的大部分晶粒在退火初期均为基面取向。同时，部分晶粒内部可以观察到显著的颜色变化，表明在晶粒内部存在着高取向差，具体细节由 KAM 图所表征。晶界结构图则表明三种镁合金组织中均存在大量小角晶界以及少量的拉伸孪晶。IC-Z2、IC-ZA21 及 TRC-ZA21 镁合金的$\{10\bar{1}2\}$拉伸孪晶界比例分别为 1.9%、1.8%以及 3.8%。取向差角分布图可发现三种镁合金均有两个明显的峰存在，分别位于取向差角 5° 和 86° 附近。显然，小角度分布峰与微观组织中的大量小角晶界有关，而$\{10\bar{1}2\}$拉伸孪晶造成取向差角在 86° 附近出现另一个峰。但是，三种镁合金在 38°、56° 及 64° 取向差角附近均没有明显的峰值分布存在；并且晶界结构图中也未观察到大量的$\{10\bar{1}1\}$压缩孪晶、$\{10\bar{1}3\}$压缩孪晶和$\{10\bar{1}1\}$-$\{10\bar{1}2\}$二次孪晶。此时三种镁合金微观组织内的孪晶呈现低比例，各类常见孪晶在 IC-Z2、IC-ZA21 及 TRC-ZA21 镁合金中的比例仅为 2.3%、2.9%和 4.3%。首先，压缩孪晶和二次孪晶通常在大变形后出现，产生不均匀变形或局部变形区域，从而具有高变形储存能[16]。而拉伸孪晶界面不稳定可迁移，易扩展从而消耗内应力，不利于应力集中和位错积累[16-17]。其次，较之拉伸孪晶，压缩孪晶和二次孪晶是更有效的再结晶形核位置[18-19]。退火初期，压缩孪晶和二次孪晶可能由于再结晶行为而被消耗。因此，退火初期的微观组织中拉伸孪晶含量高于其他两种孪晶类型含量。另外，高变形储存能的压缩孪晶和二次孪晶可能在 EBSD 未标定区域存在，不仅使孪晶含量整体呈现低比例现象，也加大了孪晶含量中拉伸孪晶的相对比例。

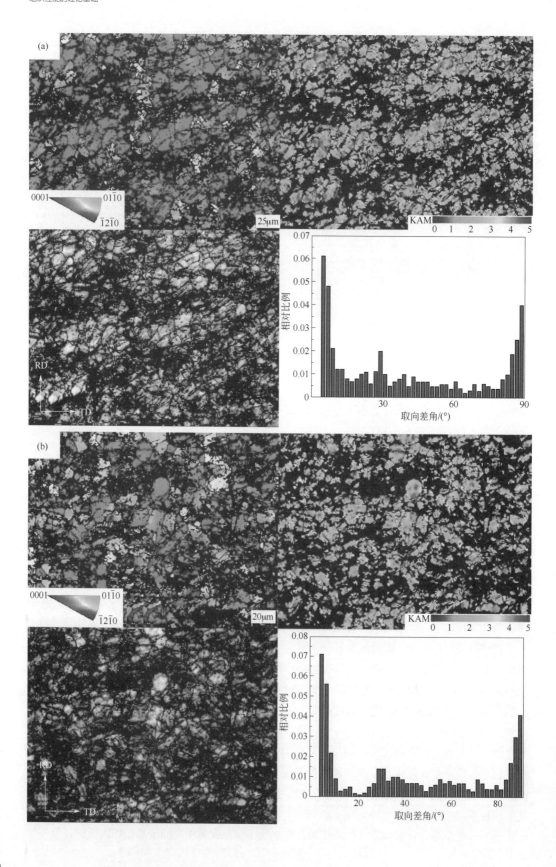

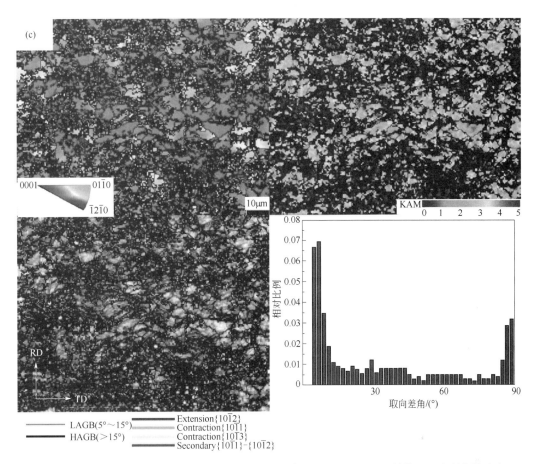

图 2-14　三种镁合金退火 5s 时 EBSD 微观组织（IPF、KAM、晶界结构、取向差角分布）
（见书后彩页）

（a）IC-Z2 镁合金；（b）IC-ZA21 镁合金；（c）TRC-ZA21 镁合金

　　从图 2-14 的 IPF 图中可以发现部分晶粒内部存在取向变化，并且这种高畸变能产生的晶粒内部取向差会造成微观组织具有高的 KAM 值。图 2-15 为三种镁合金微观组织的 IPF 局部放大图以及取向差变化曲线，包括三种镁合金退火初期的以及再结晶程度高的 TRC-ZA21 镁合金微观组织。由图 2-15（a）～（c）可见，退火初期，从三种镁合金的 IPF 图中均能观察到晶粒内部存在明显的颜色变化，即形成了取向差梯度。TRC-ZA21 镁合金在退火 10s 时，其 IPF 图中的 A-B 两点间取向差达到 24.3°［图 2-15（e）］。IC-ZA21 和 IC-Z2 镁合金在退火 5s 时也有类似的现象，从图 2-15（f）和（g）的取向差变化可知 C-D、E-F 两点间的取向差分别为 18.8° 和 11.8°。在再结晶初期微观组织中的大取向差梯度可归因于轧制变形引起的晶格转动[20]；另外，在同一晶粒内部变形及位错的累积也是不均匀的，堆积的位错可以通过重排或相融而生成小角晶界并形成亚晶或亚结构[21]。因此，再结晶初期三种镁合金整体上呈现较高 KAM 值的特征。然而，在退火 3600s 的 TRC-ZA21 镁合金微观组织中，高再结晶程度使 G-H 两点间的取向差未超过 1°。

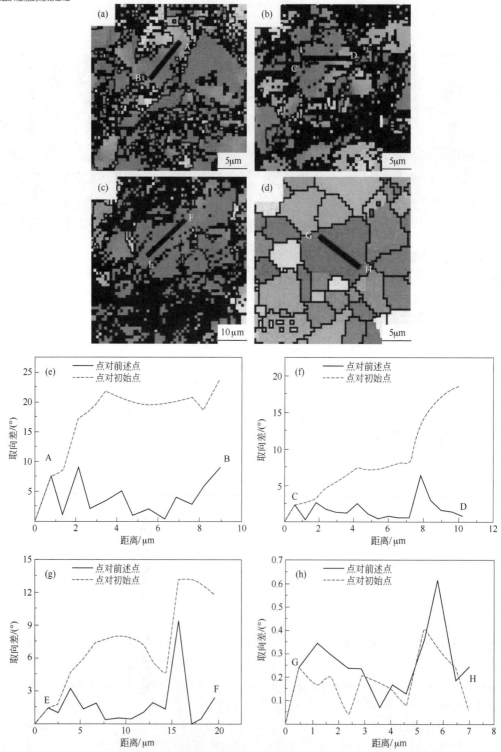

图 2-15 IPF 局部放大图及取向差变化（见书后彩页）

TRC-ZA21 镁合金退火 10s：（a）IPF 局部放大图；（e）取向差变化

IC-ZA21 镁合金退火 5s：（b）IPF 局部放大图；（f）取向差变化

IC-Z2 镁合金退火 5s：（c）IPF 局部放大图；（g）取向差变化

TRC-ZA21 镁合金退火 3600s：（d）IPF 局部放大图；（h）取向差变化

随着退火过程的进行，镁合金因回复及再结晶释放了内应力，畸变程度降低，三种镁合金微观组织 KAM 值随退火时间的变化曲线如图 2-16（a）所示。随着退火过程的持续，KAM 值整体呈现明显的下降趋势。三种镁合金的平均 KAM 值由退火初期的 1.7 左右降低至 0.25～0.35。在退火初期，TRC-ZA21 镁合金的平均 KAM 值明显高于另外两种镁合金。KAM 值是由几何必需位错（Geometrically Necessary Dislocation，GND）密度表征局部取向差程度[22]。在退火过程中，高 KAM 值说明微观组织具有高 GND 密度，即具有高的残余应力。

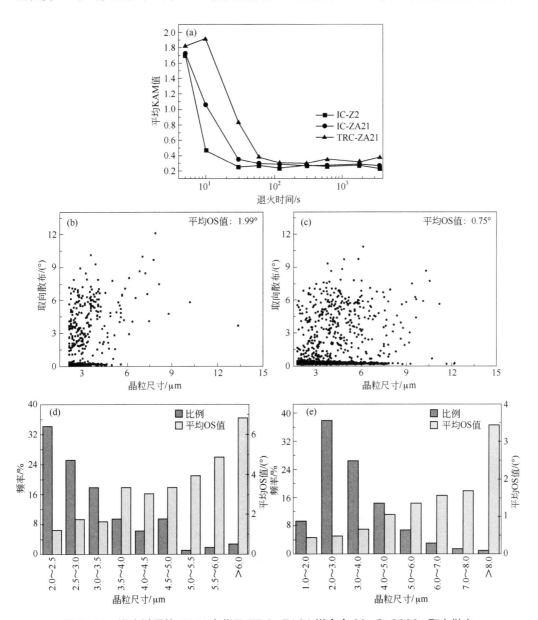

图 2-16 退火过程的 KAM 变化及 TRC-ZA21 镁合金 30s 和 3600s 取向散布

（a）三种镁合金 KAM 变化

TRC-ZA21 镁合金晶粒尺寸与取向散布：（b）退火时间 30s；（c）退火时间 3600s

TRC-ZA21 镁合金不同晶粒尺寸的取散分布：（d）退火时间 30s；（e）退火时间 3600s

067

晶粒取向散布（Grain Orientation Spread，GOS）是 EBSD 的一个应变分析工具，由晶粒内所有像素点的平均取向差得到[23]。由于畸变的存在，变形组织的 GOS 值较高，无畸变的再结晶组织具有低 GOS 值特征[24]。图 2-13（k）所示的 TRC-ZA21 镁合金在退火时间为30s 时微观组织中有明显的大尺寸晶粒，而其微观组织中所有晶粒的尺寸与取向散布的关系如图 2-16（b）所示。作为对比，TRC-ZA21 镁合金在退火时间为 3600s 的晶粒尺寸与取向散布关系示于图 2-16（c）。退火时间 30s 的 TRC-ZA21 镁合金平均取向散布值要明显高于退火时间 3600s 时，平均 GOS 值分别为 1.99° 和 0.75°，如图 2-16（d）及（e）所示。晶粒的取向散布随晶粒尺寸增大呈增加趋势，尤其是 GOS 值低于 0.5° 的晶粒大部分为小尺寸晶粒。TRC-ZA21 镁合金在 30s 和 3600s 退火时间的 GOS 值对比也表明退火可以有效地释放变形储能。但是，由于 TRC-ZA21 镁合金中再结晶行为受到了抑制，使得其释放变形储能的效率要低于 IC-Z2 和 IC-ZA21 镁合金，也就导致 TRC-ZA21 镁合金在退火初期 KAM值高于其他两种镁合金。

图 2-17（a）为三种镁合金在退火过程中宏观(0001)极图的最大极密度值变化，三种镁合金呈现不同的变化趋势。IC-Z2 镁合金的基面极图最大极密度值呈先下降后上升的趋势。轧制态 IC-Z2 镁合金基面织构的最大极密度为 6.68MRD，退火 60s 时达到最低值 4.03MRD，随后逐渐增强，退火 3600s 时上升至 6.51MRD。与轧制态相比，退火后 IC-Z2 镁合金基面织构的最大极密度并没有明显弱化。而 IC-ZA21 及 TRC-ZA21 镁合金基面织构的最大极密度则明显降低，如 IC-ZA21 及 TRC-ZA21 镁合金的轧制态基面极图最大极密度分别为3.56MRD 和 6.14MRD，经过 3600s 退火处理后，二者分别减小至 2.88MRD 和 2.60MRD。

图 2-17（a）的基面极图最大极密度变化趋势表明退火初期三种镁合金的基面织构强度均出现了明显的弱化现象，说明再结晶的晶粒形核阶段对镁合金基面织构的弱化以及织构组分的优化起到重要作用。在热轧后的退火过程中，三种镁合金基面织构强度变化呈现不同趋势，IC-Z2 镁合金基面织构再次增强，而 IC-ZA21 和 TRC-ZA21 镁合金的基面织构则呈现弱化趋势。

图 2-17（b）～（e）为 IC-Z2 镁合金退火时间分别为 5s、10s、60s 及 3600s 时的(0001)极图，最大极密度依次为 6.21MRD、6.17MRD、4.03MRD 及 6.51MRD。IC-Z2 镁合金基面织构在退火过程中始终保持沿 RD 方向偏转的特征，同时 RD 方向的漫射程度也强于 TD方向。图 2-17（d）中，当退火时间为 60s 时，IC-Z2 镁合金基面极图最大极密度降低至最

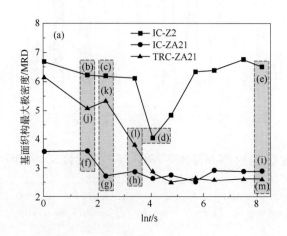

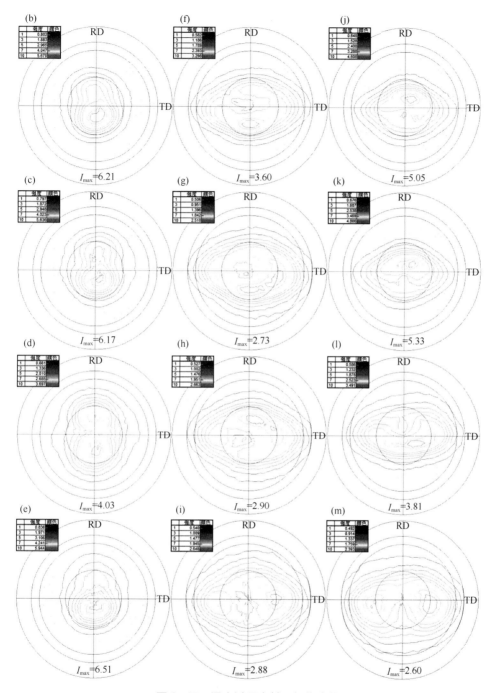

图 2-17 退火过程中基面织构变化

（a）退火过程中(0001)极图最大极密度变化

IC-Z2 镁合金(0001)极图：（b）5s；（c）10s；（d）60s；（e）3600s

IC-ZA21 镁合金(0001)极图：（f）5s；（g）10s；（h）30s；（i）3600s

TRC-ZA21 镁合金(0001)极图：（j）5s；（k）10s；（l）30s；（m）3600s

低值。分析图 2-18（a）中 IC-Z2 镁合金基面极图沿 ND 向 RD 偏转的织构强度可以发现，此时 IC-Z2 镁合金的基面织构在 RD 方向的偏转角为 15°～20°。而由图 2-18（b）中 IC-Z2

镁合金基面极图向 TD 偏转的织构强度发现，IC-Z2 镁合金在整个退火过程中在 TD 方向上仅有一个单峰存在，无明显偏转现象。

ZA21 镁合金在退火过程中呈现与 IC-Z2 镁合金不同的织构演变特征；并且 IC-ZA21 和 TRC-ZA21 镁合金之间也存在着差别。图 2-17（f）~（i）分别为 IC-ZA21 镁合金退火时间为 5s、10s、30s 及 3600s 时的宏观(0001)极图，最大极密度依次是 3.60MRD、2.73MRD、2.90MRD 及 2.88MRD。在轧制态以及退火初期，IC-ZA21 镁合金的基面织构均是向 RD 方向偏转，但沿 TD 方向的漫射程度更强。如图 2-17（f）所示，退火 5s 时，IC-ZA21 镁合金 TD 方向漫射程度明显高于 RD 方向。图 2-18（c）为 IC-ZA21 镁合金基面织构向 RD 偏转的织构强度变化，退火初期 IC-ZA21 镁合金向 RD 方向偏转的织构强度存在明显的双峰特征。伴随着退火进行，基面织构向 RD 方向偏转峰值处的织构强度也随之降低。另外，如图 2-18（d）所示，基面织构逐渐呈现出 TD 偏转特征，偏转角为 25°~30°。这表明在退火过程中，IC-ZA21 镁合金晶粒取向发生了明显的变化，晶粒的 c 轴由沿 RD 偏转转变为沿 TD 偏转。

图 2-17（j）~（m）为退火时间 5s、10s、30s 及 3600s 时的 TRC-ZA21 镁合金宏观(0001)极图，最大极密度依次是 5.05MRD、5.33MRD、3.81MRD 及 2.60MRD。和 IC-ZA21 镁合金相似，TRC-ZA21 镁合金在退火过程中也出现了晶粒取向变化。比较图 2-17（j）与（m）中的(0001)极图可以明显看出，退火过程中 TRC-ZA21 镁合金的基面织构 TD 偏转程度增强。如图 2-18（e）和（f）所示，TRC-ZA21 镁合金基面织构向 TD 方向偏转的织构强度表明 TRC-ZA21 镁合金基面织构 TD 方向的偏转角在退火过程中由 5°增加至 35°。此外，图 2-18（e）表明，TRC-ZA21 镁合金的基面织构在退火初期也存在着微弱程度的向 RD 偏转的织构组分，但却不同于 IC-ZA21 镁合金。首先，TRC-ZA21 镁合金轧制态时已经存在向 TD 偏转的织构组分；其次，TRC-ZA21 镁合金的晶粒取向转变速率比 IC-ZA21 镁合金慢。如图 2-18（f）所示，当退火时间为 30s 时，TRC-ZA21 镁合金 TD 偏转程度才呈现明显变化。两种 ZA21 镁合金织构特征转变的差异明显与退火初期的再结晶行为相关。第二相粒子特征的差异使得两种 ZA21 镁合金再结晶行为存在差别，造成退火初期阶段微观组织中再结晶晶粒数量的差距，从而引起不同晶粒取向转变现象。ZA21 镁合金的织构特征变化也表明经过合金化添加后的静态再结晶晶粒形核有助于弱化基面织构，并使晶粒获得更宽泛的取向分布。

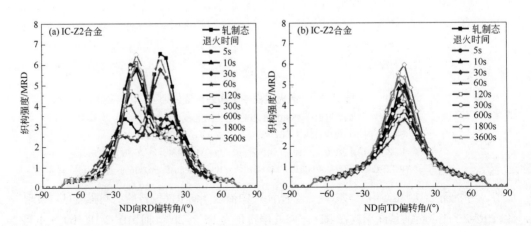

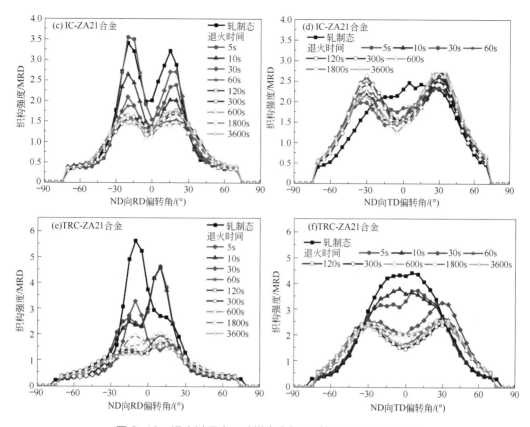

图 2-18　退火过程中三种镁合金(0001)极图织构强度变化

IC-Z2 镁合金：（a）ND 向 RD 偏转；（b）ND 向 TD 偏转

IC-ZA21 镁合金：（c）ND 向 RD 偏转；（d）ND 向 TD 偏转

TRC-ZA21 镁合金：（e）ND 向 RD 偏转；（f）ND 向 TD 偏转

　　三种镁合金的晶粒取向分布在退火过程中发生了变化，造成织构特征也相应地发生改变。镁合金的基面织构强度变化可以通过合金中理想基面取向的晶粒比例进行分析。基面取向晶粒一般认为其晶粒 c 轴与板材 ND 方向夹角小于 20°[25]。图 2-19 为三种镁合金在退火过程中晶粒 c 轴与板材 ND 方向夹角的分布变化，图中横坐标代表着晶粒 c 轴与 ND 方向的夹角，纵坐标表示不同夹角晶粒所占比例。退火过程中，三种镁合金基面取向晶粒的比例变化如图 2-20 所示。由图 2-19（a）可知，在退火初期，IC-Z2 镁合金晶粒以基面取向为主。当退火 5s 时，晶粒 c 轴与板材 ND 方向夹角处于 10°～20° 的晶粒比例最高，达到了 29.4%。此时，基面取向晶粒所占比例约为 45.0%（图 2-20）。在再结晶晶粒形核的作用下，基面取向晶粒比例出现了明显的下降现象，退火时间为 60s 时，基面取向晶粒比例降低至 17.1%。此时，处于 20°～30° 夹角范围的晶粒在组织中占据最高的比例。伴随着退火过程中的晶粒长大，20°～30° 夹角范围内的晶粒虽然在组织中仍然占据最高的比例，但是基面取向晶粒比例开始增加。当退火时间为 3600s 时，基面取向晶粒占比约为 27.3%。而 IC-Z2 镁合金在退火过程中，c 轴与 ND 方向夹角呈大角度的晶粒始终处于较小比例，当退火时间为 60s，夹角大于 50° 的晶粒比例为 18.8%；而角度大于 70° 的晶粒比例在退火过程中保持在 5.2% 以内。

对再结晶形核速率最高的 IC-ZA21 镁合金，在退火时间为 5s 时，其组织中基面取向晶粒仅有 20.0%。伴随着退火过程的持续，IC-ZA21 镁合金的基面取向晶粒比例整体呈现下降趋势，当退火 3600s 时，基面取向晶粒占比降低至 10.2%。如图 2-19（b）所示，与 IC-Z2 镁合金相比，c 轴与 ND 方向夹角呈大角度的晶粒比例增加，并且在退火过程中，夹角大于 50° 的晶粒占比由 5s 时的 17.7% 增长至 3600s 时的 31.6%。此外，在退火过程中，大量晶粒 c 轴与 ND 方向夹角处于 20°～50° 范围，并在此角度范围出现最高晶粒占比，而且最高晶粒占比的夹角随退火过程整体也呈现出增大的变化，如退火 5s 和 10s 时，夹角处于 20°～30° 范围内的晶粒占比最高，分别达到 27.0% 和 25.4%。随着退火时间的延长，则演变为夹角处于 30°～40° 范围的晶粒占比最高，如退火时间为 3600s 时，夹角为 30°～40° 的晶粒比例为 23.6%。

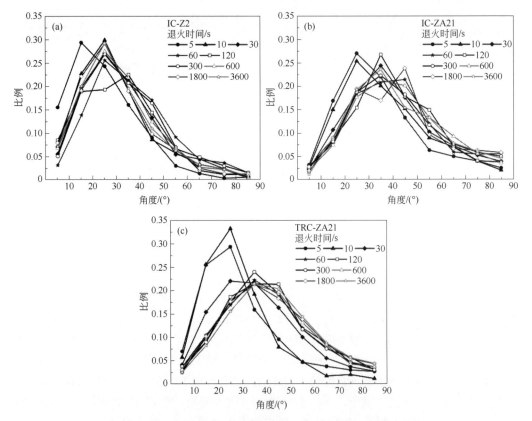

图 2-19 退火过程中镁合金晶粒 c 轴与板材 ND 夹角的分布

（a）IC-Z2 镁合金；（b）IC-ZA21 镁合金；（c）TRC-ZA21 镁合金

在退火初期，TRC-ZA21 镁合金的再结晶受到抑制，因此基面取向晶粒占比高于同期的 IC-ZA21 镁合金。当退火时间为 5s 和 10s 时，基面取向晶粒占比分别为 32.2% 和 31.0%。随着再结晶的进行，基面取向晶粒比例呈现持续下降趋势，如图 2-20 所示。当退火时间为 30s 时，基面取向晶粒比例降低至 19.2%。当退火时间为 3600s 时，基面取向晶粒占比约仅为 10.5%。图 2-19（c）所示的晶粒 c 轴与板材 ND 方向夹角分布表明，随着退火过程的进行，晶粒在各夹角范围内分布愈发均匀。如退火 10s 时，晶粒分布峰值处于 20°～30°夹角范围内，高达 33.1%；而当退火 3600s 时，晶粒分布峰值处于 30°～40°夹角范围内，占比降至 21.3%。另外，退火过程中 c 轴与 ND 方向呈大角度的晶粒比例整体呈现持续增长的现象，夹角大于 50°的晶粒比例由退火 5s 时的 13.5%增长至 3600s 时的 32.6%。

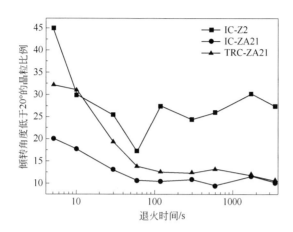

图 2-20　退火过程中基面取向晶粒比例变化

借助三维取向分布函数（Orientation Distribution Function，ODF）有助于更细致、精确地分析织构演变。取向分布函数的晶体学取向可由 Euler 角（φ_1，Φ，φ_2）或 Miller-Bravais 指数 {hkil}<uvtw>确定。Miller-Bravais 指数的 {hkil} 晶面平行于轧制表面，<uvtw>晶向则平行于轧制方向。考虑到镁合金密排六方晶体结构及样品的对称性，Euler 角可以限定在一个更小的区域内，即 $0° \leq \varphi_1 \leq 90°$、$0° \leq \Phi \leq 90°$、$0° \leq \varphi_2 \leq 60°$[6]。当确定一个角度常数时，Euler 角的三维空间便可分割成平行的二维截图。$\varphi_2=0°$ 及 $\varphi_2=30°$ 的截面可以显现镁合金的主要织构组分，因此，镁合金的 ODF 研究通常观察 $\varphi_2=0°$ 及 $\varphi_2=30°$ 的截面以分析织构变化。图 2-21 为 $\varphi_2=0°$ 及 $\varphi_2=30°$ 截面上镁合金的典型织构取向位置，对应的织构组分见表 2-3。当基面平行于轧制表面，$[1\bar{2}10]$ 晶向也平行于 RD 方向时，其基面织构组分便为(0001)$[1\bar{2}10]$；如果基面织构组分为(0001) $[10\bar{1}0]$，那么 $[10\bar{1}0]$ 晶向平行于 RD 方向。Euler 角中的 Φ 角表征着晶粒沿 ND 方向发生偏转的角度。

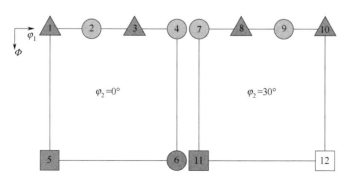

图 2-21　镁合金 $\varphi_2=0°$ 及 $\varphi_2=30°$ 截面上典型织构取向位置

表2-3 镁合金 $\varphi_2=0°$ 及 $\varphi_2=30°$ 截面上典型织构取向及其对应 Euler 角

序号	欧拉角 $(\varphi_1\ \Phi\ \varphi_2)$	(hkil)[uvtw]	序号	欧拉角 $(\varphi_1\ \Phi\ \varphi_2)$	(hkil)[uvtw]
1	$(0°,0°,0°)$	$(0001)[10\bar{1}0]$	7	$(0°,0°,30°)$	$(0001)[1\bar{2}10]$
2	$(30°,0°,0°)$	$(0001)[1\bar{2}10]$	8	$(30°,0°,30°)$	$(0001)[10\bar{1}0]$
3	$(60°,0°,0°)$	$(0001)[10\bar{1}0]$	9	$(60°,0°,30°)$	$(0001)[1\bar{2}10]$
4	$(90°,0°,0°)$	$(0001)[1\bar{2}10]$	10	$(90°,0°,30°)$	$(0001)[10\bar{1}0]$
5	$(0°,90°,0°)$	$(\bar{1}2\bar{1}0)[10\bar{1}0]$	11	$(0°,90°,30°)$	$(01\bar{1}0)[2\bar{1}\bar{1}0]$
6	$(90°,90°,0°)$	$(\bar{1}2\bar{1}0)[0001]$	12	$(90°,90°,30°)$	$(01\bar{1}0)[0001]$

图 2-22 为三种镁合金在退火过程中 $\varphi_2=0°$ 及 $\varphi_2=30°$ 截面的取向分布函数。由图 2-22 (a)所示的 IC-Z2 镁合金在退火过程中 ODF 图的变化,发现 IC-Z2 镁合金在 $\varphi_2=0°$ 及 $\varphi_2=30°$ 截面上的取向分布随着退火过程的进行,并没有出现明显的取向变化,仅有相对强弱的改变。由于 IC-Z2 镁合金在 Φ 角度上的分布基本处于 $30°$ 以内,因此在整个退火过程中维持着基面取向特征。如 IC-Z2 镁合金退火 5s 时,ODF 图表明主要织构组分为(0001) $[1\bar{2}10]$ 和 (0001) $[10\bar{1}0]$。此外,在 $\varphi_2=0°$ 及 $\varphi_2=30°$ 截面上,IC-Z2 镁合金在 φ_1 角度上的密度峰值均高于 $30°$,也说明 IC-Z2 镁合金的基面织构呈现向 RD 偏转的特征。对 IC-ZA21 镁合金,图 2-22 (b) 的 ODF 图在退火过程中出现了明显的变化。随退火时间增加,IC-ZA21 镁合金在 Φ 角度上的峰值密度角度明显增大,表明在 IC-ZA21 镁合金的微观组织中,基面织构向非基面织构的转变正在进行,即由织构组分(0001) $[1\bar{2}10]$ 及(0001) $[10\bar{1}0]$ 向 $(\bar{1}2\bar{1}0)$ $[10\bar{1}0]$ 及(01$\bar{1}$0) $[2\bar{1}\bar{1}0]$ 演变。最终,退火 3600s 时,IC-ZA21 镁合金微观组织中形成了强度较弱且分散程度高的织构分布特征,在 $\varphi_2=0°$ 及 $\varphi_2=30°$ 截面上峰值密度处的织构组分为(01$\bar{1}$3) $[5\bar{1}4\bar{1}]$ 和(11$\bar{2}$4) $[10\bar{1}0]$。图 2-22 (c) 的 TRC-ZA21 镁合金 ODF 图表明其在退火过程中织构特征也出现了变化。在退火初期,TRC-ZA21 镁合金中依然以基面织构为主。而当退火时间达到 30s 后,基面织构迅速弱化,出现了与 IC-ZA21 镁合金相类似的向非基面织构转变的现象。同时,TRC-ZA21 镁合金 ODF 图密度分布的分散程度也随之提高,意味着 TRC-ZA21 镁合金通过退火处理呈现出显著的基面织构弱化行为。当退火 3600s 时,TRC-ZA21 镁合金在 Φ 角度上的峰值密度角度移动至 $45°$ 附近,主要织构组分转变为($\bar{1}$2$\bar{1}$3) $[10\bar{1}0]$ 和(10$\bar{1}$2) $[\bar{1}2\bar{1}0]$。

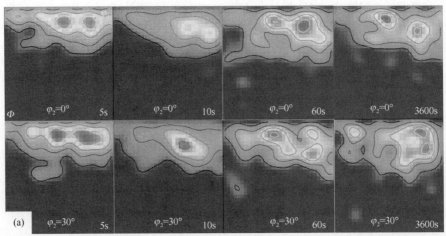

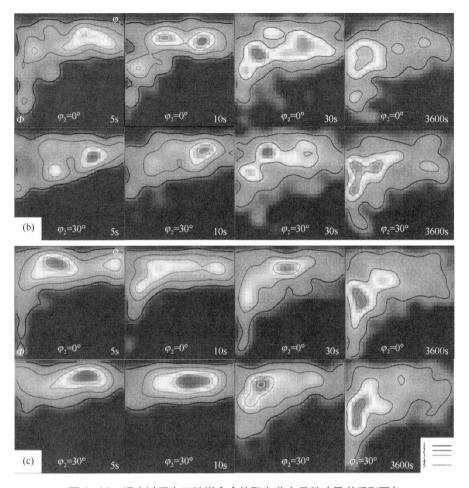

图 2-22　退火过程中三种镁合金的取向分布函数（见书后彩页）

（a）IC-Z2 镁合金；（b）IC-ZA21 镁合金；（c）TRC-ZA21 镁合金

　　镁合金的静态再结晶行为不仅包括再结晶晶粒形核，也包含再结晶晶粒的长大。结合三种镁合金微观组织演变（图 2-13）及基面织构特征变化（图 2-17），发现在退火初期，即再结晶形核主导时，基面织构发生了明显的弱化，受镁合金中第二相粒子的影响，织构弱化呈现出不同的速率差异；而当晶粒长大逐渐成为主导时，三种镁合金的基面织构变化呈现出不同的趋势，IC-Z2 镁合金的基面织构强度转向增强，而 IC-ZA21 和 TRC-ZA21 镁合金保持着弱化趋势。因此，再结晶织构不仅与再结晶晶粒形核的取向相关，并且受到后续晶粒择优生长的影响，如很多学者认为镁合金中"稀土织构"的形成与特殊取向晶粒长大有关[3,26-27]。图 2-23 为三种镁合金在退火过程中的平均晶粒尺寸变化，结果表明三种镁合金的晶粒长大趋势由于微观组织差异而有所差别。三种镁合金晶粒尺寸随退火时间增加均呈增大趋势，平均晶粒尺寸大小顺序为 IC-Z2>IC-ZA21>TRC-ZA21。如退火 3600s 时，IC-Z2、IC-ZA21 和 TRC-ZA21 镁合金的平均晶粒尺寸分别为 13.8μm、6.9μm 和 4.4μm。三种镁合金的晶粒长大速率在退火前期均高于退火后期。这种晶粒长大速率的差异与三种镁合金微观组织特征紧密相关，尤其是第二相粒子的影响。在镁合金中，根据第二相粒子的尺寸、间距以及体积分数可以将第二相粒子划分为促进或抑制再结晶作用。TRC-ZA21 和 IC-ZA21 镁合金中均有纳米级 Al-Mn 型第二相粒子存在，可以有效钉扎晶界，阻碍晶粒长大。IC-ZA21 镁合金中还存在大尺寸的 Al$_2$Ca 型第二相粒子，起到粒子诱导再结晶形核作用，从而促进了再结晶行为。TRC-ZA21 镁合金中 Al-Mn 型粒子的尺寸更加细小，使得 TRC-ZA21 镁合金具有最小的晶粒长大速率。IC-Z2 镁合金中仅有大尺寸粒子存在，对晶粒长大的阻碍作用小，因而 IC-Z2 镁合金的晶粒长大速率高于 IC-ZA21 镁合金。

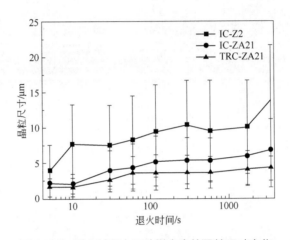

图 2-23　退火过程中三种镁合金的晶粒尺寸变化

　　为研究退火过程中三种镁合金不同取向晶粒的长大行为，按照晶粒 c 轴和板材 ND 方向的夹角大小将镁合金晶粒分为四个不同的织构组分[28]。夹角范围从小到大依次为 0°～20°、20°～45°、45°～70° 以及 70°～90°，并以 TCA、TCB、TCC 和 TCD（TC=Texture Component）指代。图 2-24 为四种织构组分晶粒在退火过程中平均晶粒尺寸的变化，结果表明不同取向的晶粒在晶粒长大行为上呈现出明显差异。在 30s 以内的再结晶初期，IC-Z2 镁合金中不同取向的平均晶粒尺寸差异较小；随着退火时间的增加，不同取向晶粒的平均晶粒尺寸差异逐渐增加，其中，TCA 和 TCB 取向晶粒在整个退火过程中晶粒尺寸较大，而 TCC 和 TCD 取向晶粒则呈现出相对较小的晶粒尺寸，表明 IC-Z2 镁合金中靠近基面取向的晶粒在退火过程中具有一定程度的晶粒长大优先性。IC-ZA21 镁合金在退火初期，不同取向晶粒的平均晶粒尺寸差异较小。而随着退火时间的增加，虽然 TCA 和 TCB 两种取向范围内的晶粒仍呈现较大的晶粒尺寸，但是与 TCC 和 TCD 之间的差距已明显减小。而在 TRC-ZA21 镁合金中，TCA 取向的晶粒成为整个退火过程中平均晶粒尺寸最小的织构组分，TCC 取向范围的晶粒呈现出最大的平均晶粒尺寸，而且四种晶粒取向的晶粒尺寸差异较小。这表明 TRC-ZA21 镁合金基面取向晶粒的长大速率已经低于非基面取向晶粒的长大速率，说明再结晶过程中晶粒长大的取向行为发生了变化。此外，对比形核阶段和晶粒长大阶段的不同取向晶粒的尺寸差异可以发现，晶粒在形核阶段的取向依赖性明显弱于晶粒长大阶段。

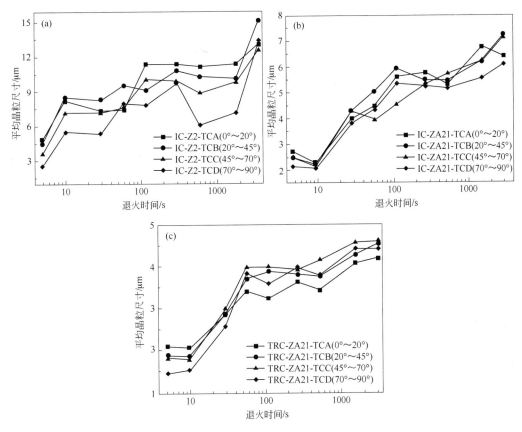

图 2-24　退火过程中不同取向晶粒平均晶粒尺寸变化

（a）IC-Z2 镁合金；（b）IC-ZA21 镁合金；（c）TRC-ZA21 镁合金

　　图 2-25 为四种织构组分晶粒在退火过程中相对比例的变化。三种镁合金在退火初期，TCA 取向晶粒在组织中均占据着较高比例，说明当再结晶形核激活时微观组织整体上仍呈现基面取向特征。TRC-ZA21 镁合金在退火初期的再结晶受到细小第二相粒子的抑制，所以在退火 5s 和 10s 时，TCA 取向晶粒比例下降幅度低于 IC-Z2 和 IC-ZA21 两种镁合金。在大量再结晶晶粒已经生成的 30s 退火时间时，TRC-ZA21 镁合金的 TCA 晶粒相对比例出现大幅降低，表明再结晶形核阶段对弱化基面织构的重要性。TCB 取向晶粒在三种镁合金中均是比例最高的晶粒取向。IC-Z2 镁合金的 TCC 取向晶粒在形核阶段比例上升，而在后期的晶粒长大阶段则呈现下降趋势；相反，IC-ZA21 和 TRC-ZA21 镁合金的 TCC 取向晶粒相对比例在整个退火过程中均呈现明显的增加趋势，尤其是 TRC-ZA21 镁合金更为明显。对于 TCD 取向晶粒，三种镁合金在整个退火过程中的变化趋势与 TCC 取向晶粒相类似，但变化幅度明显降低。因此，在晶粒长大阶段，IC-Z2 镁合金中 TCA 取向晶粒相对比例增高，而 IC-ZA21 和 TRC-ZA21 镁合金中均是 TCC 和 TCD 取向晶粒相对比例增高。首先，这表明 IC-Z2 镁合金中的基面取向晶粒具有一定程度的择优长大趋势，而 IC-ZA21 和 TRC-ZA21 镁合金中基面取向晶粒并没有发生择优长大，反而是 TCC 和 TCD 呈现出相对比例增高的现象。其次，不同取向的晶粒择优长大最终导致了在退火过程中三种镁合金基面织构特征的变化。

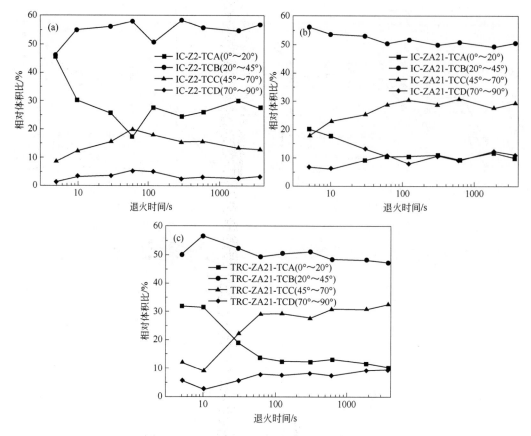

图2-25　退火过程中不同取向晶粒相对比例变化
（a）IC-Z2 镁合金；（b）IC-ZA21 镁合金；（c）TRC-ZA21 镁合金

2.2.3　第二相粒子对基面织构弱化及再结晶行为的作用机制

由于固溶原子对晶界迁移的拖曳作用，一些固溶态含 RE 或含 Ca 镁合金常呈现弱基面织构特征[29-30]。Stanford[30]研究报道称 Mg-RE 合金中 Gd 元素明显弱化基面织构，所需的最小含量阈值仅为 0.06%（原子分数），固溶拖曳作用在晶界或位错处的增强是织构组分变化的主要原因。经过合金元素添加后，可以观察到 IC-Z2 及 IC-ZA21 镁合金之间的织构特征存在明显的差异。毫无疑问，固溶形式的 Ca 及 Gd 原子对 IC-ZA21 镁合金的基面织构弱化起到积极作用。然而，在高凝固速度以及铸轧工艺产生的大量晶格缺陷的交互作用下，固溶度增加但固溶原子的偏析程度降低[31]。因此，固溶原子对基面织构的优化作用得到削弱。对于退火初期微观组织而言，三种镁合金最显著的差异在于不同的第二相粒子的特征。IC-Z2 镁合金中仅有大尺寸第二相粒子存在；IC-ZA21 镁合金中不仅存在大的第二相粒子，还具有一些细小纳米级粒子，部分还呈现聚集趋势［图 2-12（b）］；而 TRC-ZA21 镁合金中大尺寸第二相粒子明显少于其他两种镁合金，大量细小均匀分布的第二相粒子存在于基体中。由于第二相粒子的尺寸和分布差异，IC-Z2 镁合金中第二相粒子在再结晶过程中起到促进形核的 PSN 作用；IC-ZA21 镁合金的第二相粒子除了具有 PSN 机制外，部分均匀分布的细小粒子可以阻碍晶界的移动；而 TRC-ZA21 镁合金的第二相粒子以阻碍晶界移动为主。在此基础上，三种合金呈现出不同的再结晶行为，因而具有不同的基面织构特征演变和取向行为。

再结晶形核初始阶段，大尺寸第二相粒子更多的 IC-Z2 和 IC-ZA21 镁合金的再结晶软化程度明显高于 TRC-ZA21 镁合金，因此，两种合金的微观组织中再结晶晶粒的比例高于 TRC-ZA21 镁合金。但是，由图 2-17 所示的基面织构最大极密度变化可知，在形核的初始阶段，基面织构并没有发生明显变化，表明 PSN 机制并不是基面织构弱化的必需机制。随着退火时间的进行，具有众多细小第二相粒子的 TRC-ZA21 镁合金的再结晶形核数量激增。图 2-24 表明在再结晶形核阶段，不同取向的晶粒尺寸差距较小；图 2-25 也表明当再结晶形核阶段即将完成时，基面取向晶粒所占比例明显降低，说明基面织构在再结晶形核阶段出现弱化。图 2-25（c）所示的退火 10~30s 期间，TRC-ZA21 镁合金 TCA 织构组分晶粒比例急速下降，这显然与大量再结晶晶粒形核完成相关。第二相粒子作为镁合金再结晶晶粒的优先形核位置，在形核阶段促进随机分布的再结晶晶粒形成，有利于此阶段基面织构的弱化[10-11,32]。

晶粒长大阶段，IC-Z2 镁合金基面织构强度再次增强，并且呈现出更高的长大速率；而 IC-ZA21 和 TRC-ZA21 镁合金中基面织构仍然保持弱基面织构特征，且非基面取向晶粒的长大速率与基面取向晶粒相近，TRC-ZA21 镁合金中基面取向晶粒的长大速率甚至成为四种织构组分晶粒中最低的。细小的第二相粒子在再结晶过程中可以阻碍晶界的移动，起到钉扎效果。从热力学角度分析，晶界能降低，晶界的移动性便会下降，从动力学角度分析，在高能量晶界处产生的拖曳作用越强，钉扎效果越明显[26,28]。镁合金中再结晶基面织构的形成与基面取向晶粒择优生长相关，并且基面取向晶粒具有较高的晶界能[33]。具有数量更多的细小第二相粒子均匀分布的 TRC-ZA21 镁合金对于基面取向晶粒的钉扎效果更强，从而使得其他取向的晶粒也具有长大的机会，以此减弱了静态再结晶过程中的取向行为。因此，均匀分布的细小第二相粒子有利于弱化再结晶晶粒长大阶段基面织构。同时，PSN 机制引起的再结晶晶粒形核使得基面织构出现明显弱化。结合退火过程后期三种镁合金呈现出的不同织构演变行为，PSN 机制对基面织构的影响似乎被掩盖了。细小的第二相粒子促使基面织构保持分布弥散的特征，从而有利于镁合金板材成形性能的提高。总体上看，细小第二相粒子可以通过促使随机取向的晶粒形核以及钉扎基面取向晶粒长大达到弱化基面织构的作用，表明镁合金可以借助调控第二相粒子尺寸分布形态在弱化基面织构的基础上改善综合力学性能。

2.3 Mg-4Zn-xCa 合金的热压缩行为

镁合金由于具有密排六方晶体结构，可以启动的滑移系较少，在挤压、轧制、锻造等热加工过程中容易开裂。因此，了解镁合金材料的热加工变形和动态再结晶规律，准确预测流变行为，对制定热加工工艺并防止加工开裂具有重要意义。以下选用热加工变形能力较差的 Mg-4Zn-xCa 镁合金为研究对象。根据 Ca 元素含量变化，将 Mg-4Zn-(0/0.2/0.5/0.8)Ca 合金以 Z4、ZX40、ZX41 及 ZX42 指代。

2.3.1　Mg-4Zn-xCa 合金的微观组织特征

图 2-26 为 Mg-4Zn-xCa 合金的铸态组织，晶粒形状较为规则，基本上为等轴晶粒，且在晶粒内部和晶界处均有共晶相存在。随着 Ca 含量的增加，Mg-4Zn-xCa 合金中共晶相数量逐渐增多，且共晶相形貌和分布也发生了改变。Mg-4Zn 合金中的共晶相主要呈球状，绝大部分分布在晶粒内部。Mg-4Zn-0.2Ca、Mg-4Zn-0.5Ca、Mg-4Zn-0.8Ca 合金中的共晶相逐渐向晶界处聚集，尤其在 Mg-4Zn-0.5Ca、Mg-4Zn-0.8Ca 合金中，共晶相在晶界处呈连续分布。

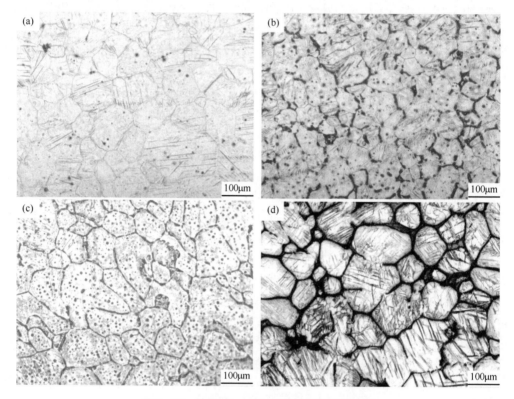

图 2-26　铸态 Mg-4Zn-xCa 合金微观组织
（a）Mg-4Zn；（b）Mg-4Zn-0.2Ca；（c）Mg-4Zn-0.5Ca；（d）Mg-4Zn-0.8Ca

图 2-27 为铸态 Mg-4Zn-xCa 合金在扫描电镜观察下的微观组织。随着 Ca 含量的增加，Mg-4Zn-xCa 合金的晶粒尺寸逐渐细化，铸态 Mg-4Zn、Mg-4Zn-0.2Ca、Mg-4Zn-0.5Ca、Mg-4Zn-0.8Ca 合金的晶粒尺寸分别为 400μm、250μm、200μm 及 185μm。这是由于材料凝固过程中形成的共晶相抑制了铸态晶粒的长大，从而导致了晶粒细化。此外，随着 Ca 含量的增加，Mg-4Zn-xCa 合金中共晶相数量不断增加，且逐渐向晶界处聚集，与图 2-26 金相结果一致。图 2-28 为铸态 Mg-4Zn-xCa 合金的 XRD 物相分析结果，Mg-4Zn 合金中主要的共晶相为 MgZn 和 Mg_4Zn_7，随着 Ca 含量的增加，Mg-4Zn-xCa 合金中逐渐出现共晶相 $Ca_2Mg_6Zn_3$。由于 Mg-4Zn-xCa 合金 Zn/Ca 原子比>1.23，微观组织中并无 Mg_2Ca 出现[34]。

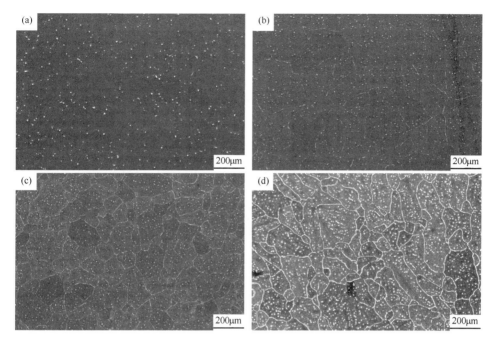

图 2-27 铸态 Mg-4Zn-xCa 合金扫描电镜微观组织

（a）Mg-4Zn；（b）Mg-4Zn-0.2Ca；（c）Mg-4Zn-0.5Ca；（d）Mg-4Zn-0.8Ca

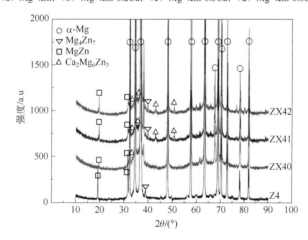

图 2-28 铸态 Mg-4Zn-xCa 合金 X 射线衍射物相分析

图 2-29 为 Mg-4Zn-xCa 合金晶界处和晶粒内部共晶相的 EDS 分析结果，图 2-29（a）显示了 Mg-4Zn 合金中晶界和晶粒内部共晶相的化学元素组成，可以看出两个位置的共晶相均主要含有 Mg、Zn 两种元素，且 Mg/Zn 原子比接近 7∶3。有关研究表明，Mg_7Zn_3 是 Mg-Zn 系合金在凝固过程中形成的亚稳定中间相，在适当条件下会分解成更稳定的 MgZn 相[35]。对于含 Ca 的 Mg-4Zn-xCa 合金，其晶粒内部与晶界处的共晶相主要由 Mg、Zn、Ca 元素组成。图 2-30 为 Mg-4Zn-xCa 合金的典型共晶相选区电子衍射物相分析结果，结果显示 Mg-4Zn 合金中的典型共晶相为 MgZn，与 XRD 物相分析结果一致；Mg-4Zn-0.2Ca、Mg-4Zn-0.5Ca、Mg-4Zn-0.8Ca 合金中主要共晶相为 $Ca_2Mg_6Zn_3$。以上物相分析结果表明，铸态 Mg-4Zn-xCa 合金中第二相主要有 MgZn、M_4Zn_7、$Ca_2Mg_6Zn_3$。

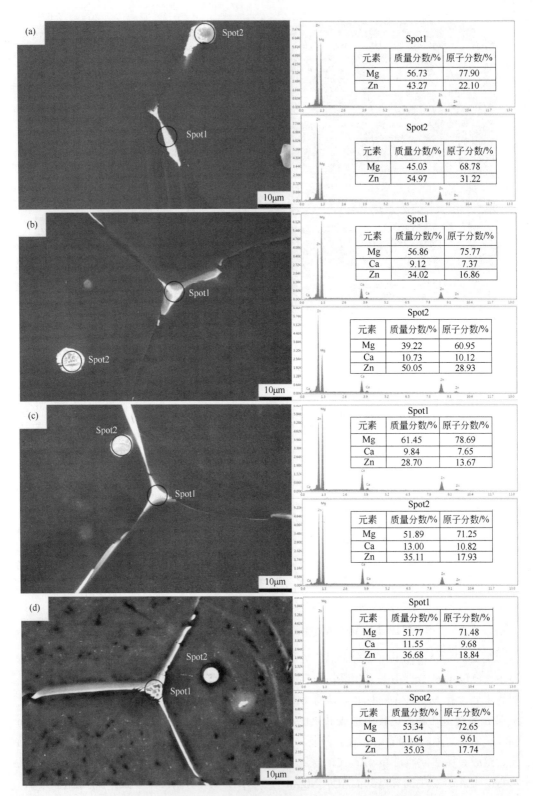

图 2-29 铸态 Mg-4Zn-xCa 合金共晶相能谱 EDS 分析结果

（a）Mg-4Zn；（b）Mg-4Zn-0.2Ca；（c）Mg-4Zn-0.5Ca；（d）Mg-4Zn-0.8Ca

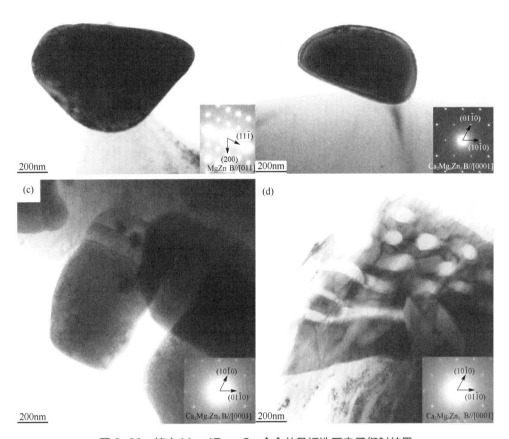

图 2-30　铸态 Mg-4Zn-xCa 合金共晶相选区电子衍射结果

（a）Mg-4Zn；（b）Mg-4Zn-0.2Ca；（c）Mg-4Zn-0.5Ca；（d）Mg-4Zn-0.8Ca

　　铸态 Mg-4Zn-xCa 合金在凝固过程中会形成微观偏析，而均匀化热处理不仅能够消除微观偏析，使合金成分均匀，还可以显著降低第二相体积分数，从而降低变形抗力，有利于热加工变形。为确定 Mg-4Zn-xCa 合金均匀化温度，在保证高扩散速率的同时组织不出现过烧现象，利用差示扫描量热仪（DSC）确定 Mg-4Zn-xCa 合金中主要第二相熔化温度，从而制定合理的均匀化热处理制度。图 2-31 为铸态 Mg-4Zn-xCa 合金 DSC 差热分析结果。对于铸态 Mg-4Zn 合金，结合 Mg-Zn 二元相图以及前述铸态物相分析结果可知，其主要第二相 MgZn 的熔点大约为 334℃；Mg-4Zn-0.2Ca 中也有 MgZn 和不太明显的 $Ca_2Mg_6Zn_3$ 吸热峰；Mg-4Zn-0.5Ca 及 Mg-4Zn-0.8Ca 合金的 DSC 曲线上出现了明显的 $Ca_2Mg_6Zn_3$ 吸热峰，熔点在 380℃左右。基于 DSC 分析、文献[36]和[37]研究结果，最终将 Mg-4Zn-xCa 合金的均匀化温度确定为 350℃。

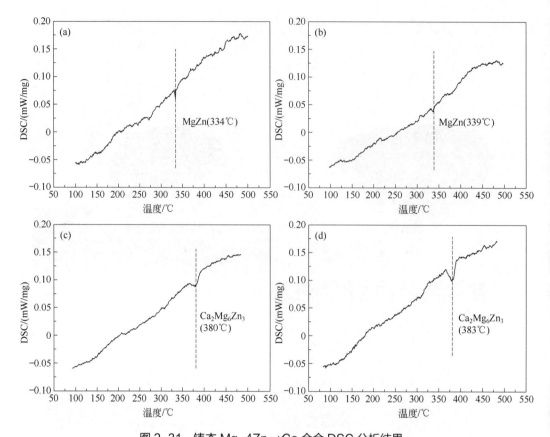

图 2-31　铸态 Mg-4Zn-xCa 合金 DSC 分析结果
（a）Mg-4Zn；（b）Mg-4Zn-0.2Ca；（c）Mg-4Zn-0.5Ca；（d）Mg-4Zn-0.8Ca

　　图 2-32 为 Mg-4Zn-xCa 合金在 350℃、不同时间均匀化热处理后的金相组织。图 2-32（a）～（d）为 Mg-4Zn 合金的微观组织，随着均匀化时间的延长，Mg-4Zn 合金的晶粒明显长大，晶粒内部的共晶相逐渐固溶于基体中。当均匀化时间达到 12h 时，Mg-4Zn 合金晶粒内部的共晶相已经完全溶解于基体中，当均匀化时间增加至 22h，晶粒粗化已经非常明显。图 2-32（e）～（h）为 Mg-4Zn-0.2Ca 合金的微观组织。随着均匀化时间的延长，Mg-4Zn-0.2Ca 合金的晶粒逐渐长大，共晶相也逐渐固溶到基体中，但由于其晶界剩余共晶相的存在，在均匀化过程中晶粒尺寸粗化相较于 Mg-4Zn 合金并不明显。同样，对于 Mg-4Zn-0.5Ca 和 Mg-4Zn-0.8Ca 两种合金，经过 350℃、22h 均匀化处理之后，晶粒尺寸均有所增大，部分共晶相固溶于基体中，但组织中仍然保留一些共晶相，且 Ca 含量越高，剩余的共晶相体积分数越高。Mg-4Zn-xCa 合金的均匀化过程实际上是共晶相向基体中逐渐扩散的过程，根据扩散动力学，温度越高、时间越长，越有利于非平衡相以及合金元素的扩散。但是均匀化热处理温度过高，容易造成合金的过烧；而且时间过长，铸态晶粒则会明显粗化、恶化性能且不利于后续的热变形。因此，为了使晶粒内部和晶界处的共晶相更多地固溶于镁基体中，同时不造成晶粒的明显粗化，将 Mg-4Zn-xCa 合金的均匀化条件定为 350℃、12h。图 2-33 为 Mg-4Zn-xCa 合金在 350℃均匀化处理 12h 的微观组织，对于 Mg-4Zn 合金，其共晶相大部分固溶于镁基体中，而在 Mg-4Zn-0.2Ca、Mg-4Zn-0.5Ca 和 Mg-4Zn-0.8Ca 合金中仍保留了一些共晶相。

图 2-32　铸态 Mg-4Zn-xCa 合金不同均匀化退火时间的微观组织

（a）～（d）Mg-4Zn (2/6/12/22h)；（e）～（h）Mg-4Zn-0.2Ca (2/6/12/22h)；

（i）～（l）Mg-4Zn-0.5Ca (2/6/12/22h)；（m）～（p）Mg-4Zn-0.8Ca (2/6/12/22h)

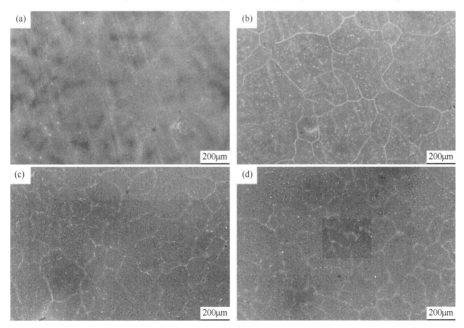

图 2-33　Mg-4Zn-xCa 均匀化(350℃、12h)扫描电镜微观组织

（a）Mg-4Zn；（b）Mg-4Zn-0.2Ca；（c）Mg-4Zn-0.5Ca；（d）Mg-4Zn-0.8Ca

2.3.2　Mg-4Zn-xCa 合金的热压缩变形及本构模型优化

Mg-4Zn-xCa 合金的热压缩实验在热模拟试验机（GLEEBLE 3500）上进行。热压缩工艺示意图如图 2-34 所示：首先，以 5℃/s 的升温速度加热到热变形温度（200℃、250℃、300℃、350℃）后保温 180s；然后，以不同的应变速率（0.002s^{-1}、0.01s^{-1}、0.1s^{-1}、1s^{-1}）进行真应变 ε=0.9 的热压缩实验；最后，压缩完成时用压缩空气对试样进行冷却。

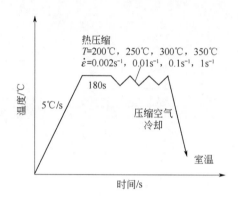

图 2-34　Mg-4Zn-xCa 合金热压缩工艺示意图

图 2-35 为 Mg-4Zn 合金真应力-真应变曲线。在相同变形温度下，Mg-4Zn 合金的流变应力随应变速率的升高而增大。一方面，由于应变速率升高导致参与运动与变形的位错数量增多，并以更高的增殖速率协调以保证变形的不断进行，因而产生更多的位错缠结使流变应力增大[38]；另一方面，应变速率的升高会导致塑性变形时间变短，从而动态再结晶无法充分进行，动态软化效果减弱，流变应力增大。在同一应变速率条件下，Mg-4Zn 合金的流变应力随变形温度的降低而增大，主要是由于温度的降低导致晶界的移动性变差，抑制了材料的动态再结晶，从而动态软化能力减弱，流变应力增加。

图 2-35 表明 Mg-4Zn 合金的真应力-真应变曲线均可以分为三个阶段：①加工硬化阶段。当 $\varepsilon<\varepsilon_p$ 时，随真应变增加真应力迅速增大至峰值 σ_p（对应 ε_p），此阶段由于位错密度的急剧增加，真应力迅速增加至峰值。②动态再结晶阶段。当 $\varepsilon>\varepsilon_p$ 时，随真应变继续增大，真应力由峰值 σ_p 逐渐下降，此阶段由于动态再结晶的软化效果大于加工硬化，真应力逐渐降低。③稳态变形阶段。当 ε 进一步增加，真应力开始缓慢下降或保持稳定，即 Mg-4Zn 合金的动态硬化和软化相抵消，进入稳态变形阶段。值得注意的是，当 Mg-4Zn 合金在 T=200℃、$\dot{\varepsilon}$=0.1s^{-1} 变形时，其真应力-真应变曲线没有发生明显的下降，原因在于动态再结晶受到抑制，导致软化效果不够明显；而当其在 T=200℃、$\dot{\varepsilon}$=1s^{-1} 条件下变形时，热压缩试样沿轴向发生 45° 剪切断裂，表现出较差的热加工变形能力。

Mg-4Zn-0.2Ca、Mg-4Zn-0.5Ca 及 Mg-4Zn-0.8Ca 合金的热变形均呈现与 Mg-4Zn 合金相似的现象。不过，Mg-4Zn-0.2Ca 及 Mg-4Zn-0.5Ca 合金的真应力-真应变曲线为典型的动态再结晶型曲线，Mg-4Zn-0.8Ca 合金的真应力-真应变曲线没有表现出明显的下降趋势，这与再结晶的激活程度相关。此外，Mg-4Zn-0.2Ca 合金在 T=350℃、$\dot{\varepsilon}$=1s^{-1} 变形时，以及 Mg-4Zn-0.8Ca 合金在 T=200℃、$\dot{\varepsilon}$=0.01/0.1/1s^{-1} 变形时，热压缩试样在达到真应变 0.9 之前

均发生了断裂，表现出较差的热加工变形能力。

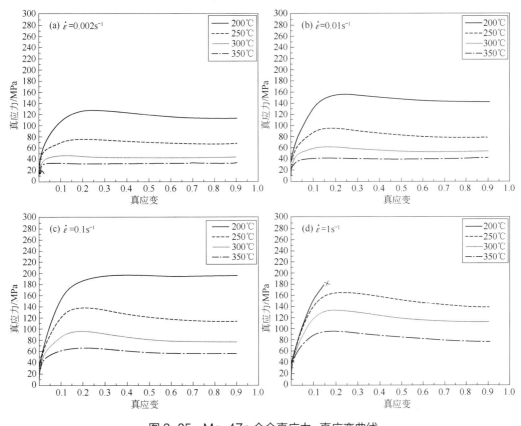

图 2-35　Mg-4Zn 合金真应力-真应变曲线

（a）$\dot{\varepsilon}=0.002s^{-1}$；（b）$\dot{\varepsilon}=0.01s^{-1}$；（c）$\dot{\varepsilon}=0.1s^{-1}$；（d）$\dot{\varepsilon}=1s^{-1}$

图 2-36（a）～（d）分别给出了 Mg-4Zn-xCa 合金在同一应变速率、不同变形温度下峰值应力的变化规律。对于同一种合金，应变速率相同时，其峰值应力随着温度的升高而降低。Ca 元素的添加对 Mg-4Zn-xCa 合金峰值应力的影响比较复杂。整体而言，Mg-4Zn-xCa 合金在低应变速率（0.002/0.01s⁻¹）和高应变速率（0.1/1s⁻¹）时的峰值应力随着温度的变化分别表现出明显不同的规律。低应变速率（0.002/0.01s⁻¹）下，当变形温度为 T=200℃或 250℃时，Mg-4Zn-xCa 合金的峰值应力随着 Ca 含量的增加先增加后降低，Ca 含量为 0.5%时，Mg-4Zn-xCa 合金的峰值应力达到最大值；当 T=300℃时，Mg-4Zn-xCa 合金的峰值应力随着 Ca 含量的增加，先增加后减小然后再增加，Ca 含量为 0.8%时，Mg-4Zn-xCa 合金的峰值应力达到最大值；当 T=350℃，Mg-4Zn-xCa 合金的峰值应力波动不大，Ca 元素含量为 0.8%时，Mg-4Zn-xCa 合金的峰值应力达到最大值。

在高应变速率（$\dot{\varepsilon}$=0.1/1s⁻¹）下，当 T=200℃时，随着 Ca 含量的增加，Mg-4Zn-xCa 合金峰值应力逐渐降低，Ca 含量为 0.8%时，其峰值应力最小；当 T=250℃时，Mg-4Zn-xCa 合金的峰值应力随着 Ca 含量的增加先增加后减小再增加，Ca 含量为 0.8%时，其峰值应力最大；当 T=300/350℃时，Mg-4Zn-xCa 合金的峰值应力基本上也随着 Ca 含量的增加，先增加后减小再增加，Ca 含量为 0.8%时，其峰值应力最大。虚折线为 Mg-4Zn-xCa 合金在不同应变速率和变形温度下峰值应力的平均值。当 $\dot{\varepsilon}=1s^{-1}$ 时，Mg-4Zn、Mg-4Zn-0.2Ca 合金分别在 200℃、350℃时达到峰值应力前发生断裂，因此无法得到其在该应变速率下的平均峰值应力。总体而言，与 Mg-4Zn 合金相比，Ca 元素的添加增加了 Mg-4Zn-xCa 合金的平均峰值应力，原因在于含 Ca 第二相析出钉扎位错，阻碍其运动，抑制了动态再结晶的发生[39-40]，从而在一定程度上提高了合金的峰值应力。

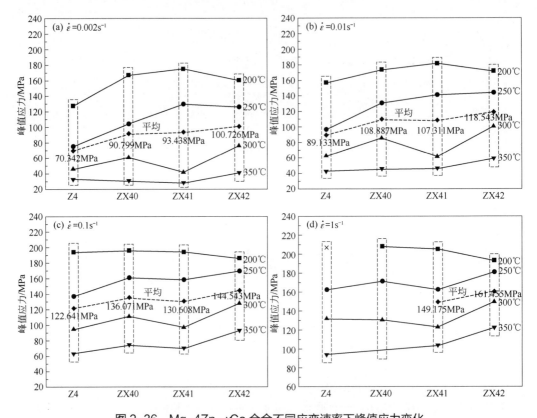

图 2-36　Mg-4Zn-xCa 合金不同应变速率下峰值应力变化

（a） $\dot{\varepsilon}=0.002s^{-1}$ ；（b） $\dot{\varepsilon}=0.01s^{-1}$ ；（c） $\dot{\varepsilon}=0.1s^{-1}$ ；（d） $\dot{\varepsilon}=1s^{-1}$

金属材料的变形过程受到流变应力 σ、变形量 ε、应变速率 $\dot{\varepsilon}$ 和变形温度 T 四个因素的综合影响。在计算和描述材料高温变形过程中应变速率、变形温度与稳态流变应力之间的相互关系时，一般采用经验公式。Sellars 和 Tegart 发现流变应力 σ 和其他三个因素满足 Arrhenius 型方程，可用双曲正弦的形式将两种关系统一表达，并提出了一种包含变形激活能 Q 和温度 T 的经过修正的 Arrhenius 关系[41]，用于描述热激活变形行为，即

低应力（$\alpha\sigma<0.8$）条件下：

$$\dot{\varepsilon}=A_1\sigma^{n_1}\exp(-Q_1/RT) \tag{2-5}$$

高应力（$\alpha\sigma>1.2$）条件下：

$$\dot{\varepsilon}=A_2\left[\exp(\beta\sigma)\right]\exp(-Q_2/RT) \tag{2-6}$$

所有应力条件下：

$$\dot\varepsilon = A[\sinh(\alpha\sigma)]^n \exp(-Q/RT) \qquad (2\text{-}7)$$

上述三式中，n、n_1 为应力指数；A、A_1、A_2、α、β 为与变形温度无关的材料常数，$\alpha=\beta/n_1$；R 为气体常数，8.3145J/（mol·K）；Q_1、Q_2、Q 为热变形激活能，kJ/mol；T 为热力学温度，K。

对上述三式两边取自然对数，得到

$$\ln\dot\varepsilon + Q_1/RT = \ln A_1 + n_1\ln\sigma \qquad (2\text{-}8)$$

$$\ln\dot\varepsilon + Q_2/RT = \ln A_2 + \beta\sigma \qquad (2\text{-}9)$$

$$\ln\dot\varepsilon + Q/RT = \ln A + n\ln[\sinh(\alpha\sigma)] \qquad (2\text{-}10)$$

对式（2-8）两边取偏微分得

$$\frac{1}{n_1} = \frac{\partial(\ln\sigma)}{\partial(\ln\dot\varepsilon)}\bigg|_T \qquad (2\text{-}11)$$

$$Q_1 = n_1 R \frac{\partial(\ln\sigma)}{\partial\left(1/T\right)}\bigg|_{\dot\varepsilon} \qquad (2\text{-}12)$$

对式（2-9）两边取偏微分得

$$\frac{1}{\beta} = \frac{\partial\sigma}{\partial(\ln\dot\varepsilon)}\bigg|_T \qquad (2\text{-}13)$$

$$Q_2 = \beta R \frac{\partial\sigma}{\partial\left(1/T\right)}\bigg|_{\dot\varepsilon} \qquad (2\text{-}14)$$

对式（2-10）两边求导得

$$\frac{1}{n} = \frac{\mathrm{d}\ln\left[\sinh(\alpha\sigma)\right]}{\mathrm{d}\ln\dot\varepsilon} \qquad (2\text{-}15)$$

$$Q = Rn \frac{\mathrm{d}\ln[\sinh(\alpha\sigma)]}{\mathrm{d}\left(1/T\right)} \qquad (2\text{-}16)$$

利用热压缩实验数据绘制出 $\ln\dot\varepsilon\text{-}\ln\sigma$ 和 $\ln\dot\varepsilon\text{-}\sigma$ 关系曲线，分别对两组曲线进行线性拟合并得到其斜率均值 n_1 和 β，即可求得 α。绘制 $\ln\dot\varepsilon\text{-}\ln\left[\sinh(\alpha\sigma)\right]$ 和 $1/T\text{-}\ln\left[\sinh(\alpha\sigma)\right]$ 散点图，并对各组散点进行线性回归拟合，可求得激活能 Q。

Zener 和 Hollomon 提出并实验证实了应变速率 $\dot\varepsilon$ 和温度 T 的关系可用参数 Z 表示，即 Zener-Hollomon(Z)参数[42]，也称为"温度补偿应变速率"。利用 Zener-Hollomon 参数综合描述材料的热变形条件，Z 参数表达式如下：

$$Z = \dot\varepsilon \exp\left(Q/RT\right) \qquad (2\text{-}17)$$

将式（2-17）代入式（2-7）得

$$Z = A\left[\sinh(\alpha\sigma)\right]^n \qquad (2\text{-}18)$$

对式（2-18）两边取对数得

$$\ln Z = \ln A + n\ln[\sinh(\alpha\sigma)] \qquad (2\text{-}19)$$

或

$$\ln Z = \ln\dot{\varepsilon} + Q/RT = \ln A + n\ln\left[\sinh(\alpha\sigma)\right] \qquad (2\text{-}20)$$

绘制 $\ln Z\text{-}\ln\left[\sinh(\alpha\sigma)\right]$ 散点图，并进行线性回归拟合，最终得到 n 和 A。

联立式（2-17）和式（2-18），可得

$$Z = \dot{\varepsilon}\exp(Q/RT) = A\left[\sinh(\alpha\sigma)\right]^{n} \qquad (2\text{-}21)$$

根据双曲正弦函数的性质可得

$$\text{arcsinh}(\alpha\sigma) = \ln\left\{(\alpha\sigma) + \left[(\alpha\sigma)^{n} + 1\right]^{1/2}\right\} \qquad (2\text{-}22)$$

$$\sinh(\alpha\sigma) = (Z/A)^{1/n} \qquad (2\text{-}23)$$

求解上述双曲正弦式子，可得到流变应力

$$\sigma = \frac{1}{\alpha}\ln\left\{\left(\frac{Z}{A}\right)^{1/n} + \left[\left(\frac{Z}{A}\right)^{2/n} + 1\right]^{1/2}\right\} \qquad (2\text{-}24)$$

因此，通过求解 A、α、Q 和 n 等材料常数后，可建立 σ 与 Z 之间的关系式（2-24），构建材料热变形的本构方程。

材料常数可表征材料在某一状态下的固有特性，而这一特性随着材料状态的改变而发生变化。热激活能是表征金属材料变形难易程度的一个物理量，热激活能越大，表明晶体中原子跳动的频率就越低，相应的原子扩散速度也就越小，在宏观层面表现为材料变形越困难。现以应变量 $\varepsilon=0.4$ 的 Mg-4Zn 合金为例对 Mg-4Zn-xCa 合金的材料常数进行求解。

根据表 2-4 中的数据，分别将同一温度、不同应变速率条件下对应的应力依次代入式（2-11）、式（2-13）及式（2-15），绘制出 $\ln\dot{\varepsilon}\text{-}\ln\sigma$、$\ln\dot{\varepsilon}\text{-}\sigma$ 和 $\ln\dot{\varepsilon}\text{-}\ln\left[\sinh(\alpha\sigma)\right]$ 的散点图，并对其进行线性回归，如图 2-37 所示。由图 2-37（a）可知，$\ln\sigma$ 与 $\ln\dot{\varepsilon}$ 能够较好地满足线性关系，通过拟合可以求出某一温度下 n_1 值；同理，由图 2-37（b）中 σ 与 $\ln\dot{\varepsilon}$ 的线性关系获得 β 值，进一步求得 α 值（$\alpha=\beta/n_1$），而 n 值由图 2-37（c）中 $\ln\left[\sinh(\alpha\sigma)\right]$ 与 $\ln\dot{\varepsilon}$ 的线性关系拟合得到。取四个温度下的平均值：$n_1=7.025$，$\beta=0.0776$（$\alpha=\beta/n_1=0.011$），$n=5.011$。再利用表 2-4 中相应条件下的流变应力绘制出 $1/T\text{-}\ln\left[\sinh(\alpha\sigma)\right]$ 散点图，并对其进行线性回归，如图 2-37（d）所示，拟合得到不同应变速率下直线的斜率，将该值与 $\ln\dot{\varepsilon}\text{-}\ln\left[\sinh(\alpha\sigma)\right]$ 的拟合直线斜率的平均值 n 代入式（2-16），可计算出 Mg-4Zn 合金的热变形激活能 $Q=135.591\text{kJ/mol}$。

表 2-4　Mg-4Zn 合金 $\varepsilon=0.4$ 时流变应力　　　　　　单位：MPa

温度/℃	应变速率/s⁻¹			
	0.002	**0.01**	**0.1**	**1**
200	122.26	151.88	194.75	—
250	71.58	88.52	124.27	156.24
300	42.12	55.77	83.95	122.48
350	31.70	40.50	59.99	87.34

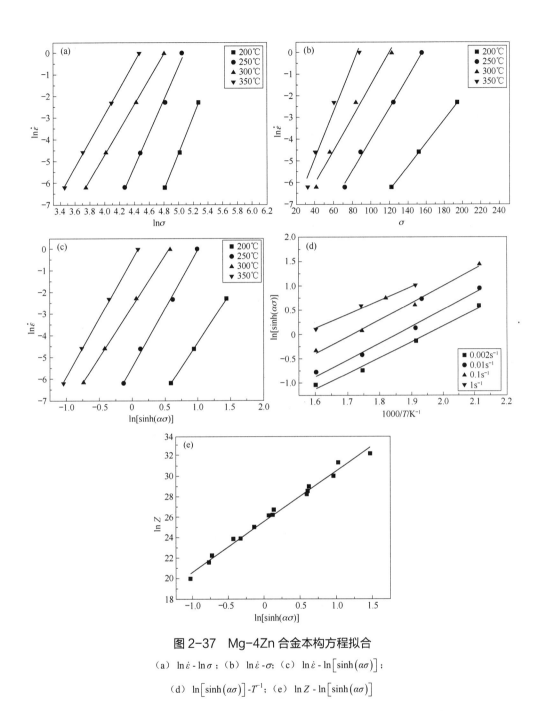

图 2-37　Mg-4Zn 合金本构方程拟合

（a）$\ln\dot{\varepsilon}$ - $\ln\sigma$；（b）$\ln\dot{\varepsilon}$ - σ；（c）$\ln\dot{\varepsilon}$ - $\ln\left[\sinh\left(\alpha\sigma\right)\right]$；

（d）$\ln\left[\sinh\left(\alpha\sigma\right)\right]$-$T^{-1}$；（e）$\ln Z$ - $\ln\left[\sinh\left(\alpha\sigma\right)\right]$

　　将所求得的热变形激活能 Q 代入式（2-19），可得到对应的 $\ln Z$ 值，根据求得的 α 值和对应的应变 σ 值计算得出 $\ln[\sinh(\alpha\sigma)]$ 值，然后绘制出 $\ln Z$-$\ln[\sinh(\alpha\sigma)]$ 散点图，如图 2-37（e）所示。最后，对这些散点进行线性拟合，由拟合直线的斜率和截距可分别得到：n=4.927、$\ln A$=25.610，直线拟合度 R^2=0.990。应用相同方法对 Mg-4Zn-(0.2/0.5/0.8)Ca 合金的材料常数进行求解，得到 $\ln Z$-$\ln[\sinh(\alpha\sigma)]$ 散点图的直线拟合度 R^2 分别为 0.955、0.819 和 0.835。

这表明，随着 Ca 含量的增加，合金的 lnZ-ln[sinh($\alpha\sigma$)]线性拟合度逐渐降低。

除了应变速率和变形温度对流变应力具有明显影响外，变形程度对流变应力也有一定的影响，特别是在动态再结晶发生的情况下，流变应力曲线一般是经历峰值而后达到稳态。因此，利用峰值应力或稳态应力所构建的模型不能够准确地表征整个热变形过程的流变规律。为了详尽地研究 Mg-4Zn-xCa 合金在热变形过程中的流变特征，特将应变作为一个重要的因素予以考虑。应变对流变行为的影响主要体现在对材料常数(α、n、Q、A)的影响上，故还求解了 ε=0.1～0.9 不同应变量下 Mg-4Zn-xCa 合金的材料常数，并以 Mg-4Zn 合金为例将不同应变量下的材料常数列于表 2-5 中。

表 2-5 Mg-4Zn 合金不同应变量下的材料常数

应变量	α/MPa^{-1}	Q/(kJ/mol)	n	ln$A$/s^{-1}
0.1	0.0114	128.688	5.174	24.238
0.2	0.0104	129.250	5.028	24.302
0.3	0.0106	132.929	4.935	25.088
0.4	0.0110	135.591	4.928	25.610
0.5	0.0115	138.447	4.973	26.138
0.6	0.0118	139.813	5.021	26.370
0.7	0.0121	141.752	5.0930	26.705
0.8	0.0123	145.571	5.200	27.411
0.9	0.0123	148.108	5.295	27.873

为了更准确地反映材料常数与应变之间的数量关系，材料常数可拟合为应变量的多项式函数。将不同应变量下 Mg-4Zn-xCa 合金材料常数分别进行多项式拟合，结果如图 2-38 所示。根据双曲正弦函数定义，流变应力可表征为 Z 参数的函数，因此，Mg-4Zn-xCa 合金预测流变应力的本构模型可用以下方程描述：

$$\begin{cases} \sigma = \dfrac{1}{\alpha}\ln\left\{(Z/A)^{1/n} + \left[(Z/A)^{2/n}+1\right]^{1/2}\right\} \\ Z = \dot{\varepsilon}\exp(Q/RT) \\ \alpha = \alpha_0 + \alpha_1\varepsilon + \alpha_2\varepsilon^2 + \alpha_3\varepsilon^3 + \cdots + \alpha_x\varepsilon^x \\ n = n_0 + n_1\varepsilon + n_2\varepsilon^2 + n_3\varepsilon^3 + \cdots + n_x\varepsilon^x \\ Q = Q_0 + Q_1\varepsilon + Q_2\varepsilon^2 + Q_3\varepsilon^3 + \cdots + Q_x\varepsilon^x \\ \ln A = A_0 + A_1\varepsilon + A_2\varepsilon^2 + A_3\varepsilon^3 + \cdots + A_x\varepsilon^x \end{cases} \tag{2-25}$$

式中，σ为流变应力；Z 为温度补偿应变速率；α、n、Q、A 为本构方程材料常数；$\alpha_0\sim$ α_x、$n_0\sim n_x$、$Q_0\sim Q_x$、$A_0\sim A_x$ 分别为多项式系数。

为了验证该模型的准确性，首先利用该模型计算热压缩实验条件（T=200～350℃，$\dot{\varepsilon}$=0.002～1s^{-1}）下的流变应力，计算数据点的应变区间为ε=0.1～0.9，间隔 0.01，然后与实验实测值进行对比。以 Mg-4Zn 合金为例，图 2-39 为 Mg-4Zn 合金本构方程实验验证结果，其中，实线为实际测量的真应力-真应变曲线，虚线为利用本构方程计算得到的 ε=0.1～0.9（应变量间隔为 0.01）条件下的流变应力。Mg-4Zn 合金本构模型计算值与实测值在大多数应变条件下均有较高的拟合度，但在 T=200℃、$\dot{\varepsilon}$=0.1s^{-1} 与 T=200℃、$\dot{\varepsilon}$=1s^{-1} 热压缩条件下，计算值与实测值有较大差距。在 $T=200℃$、$\dot{\varepsilon}=0.1\text{s}^{-1}$ 变形时，本构模型计算曲线呈现明显的软化阶段，而实测曲线并没有出现明显的软化趋势，这与 Mg-4Zn 合金在低温、高应变速率下热变形时动态再结晶受到抑制有关；当 $T=200℃$、$\dot{\varepsilon}=1\text{s}^{-1}$ 时，热压缩试样提前发生破裂，无法用该条件下应力应变数据求解本构模型的材料常数，因此，在该条件下流变应力计算值与实测值在 $\varepsilon=0.1$ 附近有较大差距。

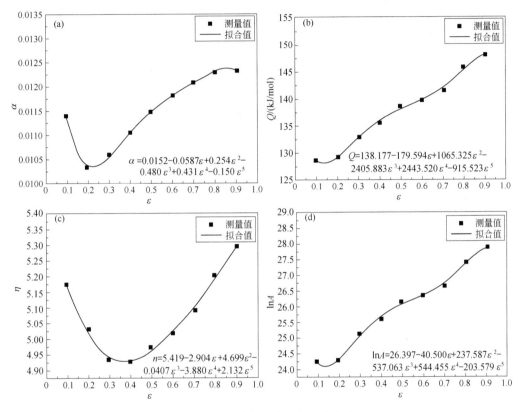

图 2-38　Mg-4Zn 合金材料常数与应变的多项式拟合

（a）α；（b）Q；（c）n；（d）$\ln A$

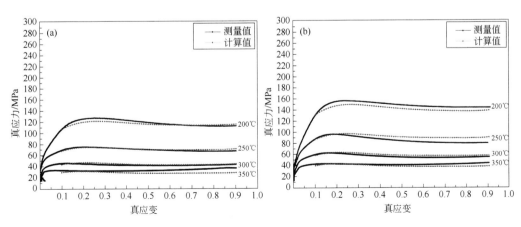

图 2-39

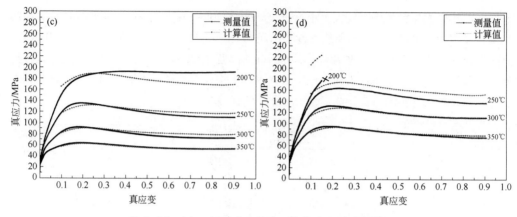

图 2-39　Mg-4Zn 合金热变形本构方程的实验验证

(a) $\dot{\varepsilon}$ =0.002s^{-1}；(b) $\dot{\varepsilon}$ =0.01s^{-1}；(c) $\dot{\varepsilon}$ =0.1s^{-1}；(d) $\dot{\varepsilon}$ =1s^{-1}

由图 2-40 可以看出，Mg-4Zn-0.2Ca 合金的本构方程在较低应变速率（$\dot{\varepsilon}$ =0.002/0.01s^{-1}）下，流变应力的实测值和本构方程的计算值有较高拟合度；而在低温（200℃）、高应变速率（0.1/1s^{-1}）下，流变应力的实测值和本构方程的计算值差距较大。总体而言，添加 Ca 元素的 Mg-4Zn-xCa 合金热变形本构方程的计算结果准确度有所降低。

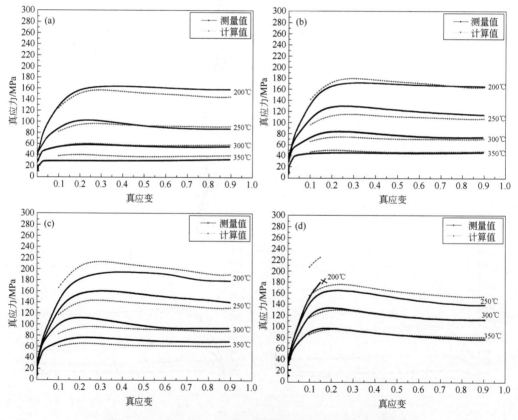

图 2-40　Mg-4Zn-0.2Ca 合金热变形本构方程的实验验证

(a) $\dot{\varepsilon}$ =0.002s^{-1}；(b) $\dot{\varepsilon}$ =0.01s^{-1}；(c) $\dot{\varepsilon}$ =0.1s^{-1}；(d) $\dot{\varepsilon}$ =1s^{-1}

为了量化表征模型可信度,引入了数理统计参数相关系数(R)与平均相对误差(AARE)对实验值和计算值进行对比,如下所示:

$$R = \frac{\sum_{i=1}^{N}\left(\sigma_c^i - \overline{\sigma_c}\right)\left(\sigma_p^i - \overline{\sigma_p}\right)}{\sqrt{\sum_{i=1}^{N}\left(\sigma_c^i - \overline{\sigma_c}\right)^2}\sqrt{\sum_{i=1}^{N}\left(\sigma_p^i - \overline{\sigma_p}\right)^2}} \tag{2-26}$$

$$AARE(\%) = \frac{1}{N}\sum_{i=1}^{N}\left|\frac{\sigma_c^i - \sigma_p^i}{\sigma_c^i}\right| \tag{2-27}$$

式中,σ_c^i 为实测流变应力值;σ_p^i 为计算流变应力值;$\overline{\sigma_c}$、$\overline{\sigma_p}$ 为 σ_c^i、σ_p^i 的平均值;N 为数据点数。

R 为流变应力的计算值与实测值之间线性相关性强度参数。平均相对误差是通过将计算值与实测值进行逐个比对并统计二者的相对误差,是一个无偏差的统计参数。将 R 与 AARE 两者相结合更能表征预测模型的可信度。Mg-4Zn 合金流变应力的实测值和本构方程计算值之间有较好的相关性,相关系数和平均相对误差值分别为 0.990 和 4.867%;然而随着 Ca 元素的添加,Mg-4Zn-xCa 合金的实测应力值与本构方程计算应力值的相关系数值减小,平均相对误差值增大。Mg-4Zn-0.2Ca、Mg-4Zn-0.5Ca 及 Mg-4Zn-0.8Ca 合金本构方程的相关系数分别为 0.978、0.910 及 0.938,而对应的平均相对误差值分别为 8.502%、20.179% 及 11.952%。由此可见,Ca 元素的添加降低了 Mg-4Zn 合金本构方程计算流变应力的准确度。因此,Mg-4Zn-(0.2/0.5/0.8)Ca 合金的本构方程需要进一步优化以提高其预测流变应力的准确度。

由式(2-24)可知,在某一变形条件下,利用本构方程计算得到的流变应力大小只与材料常数(α、Q、n、A)有关,即本构方程预测流变应力的准确度由材料常数(α、Q、n、A)决定。

通过拟合 ln$Z$-ln[sinh($\alpha\sigma$)]线性关系,求解 Mg-4Zn 合金本构方程的材料常数 n 与 A 时,具有较高的拟合度(R^2=0.990)[图 2-37(e)]。因而,Mg-4Zn 的本构方程能够更准确地描述其流变应力。对于 Mg-4Zn-0.2Ca 合金,ln$Z$-ln[sinh($\alpha\sigma$)]线性关系的拟合度(R^2=0.955)略有降低,而对于 Mg-4Zn-0.5Ca 和 Mg-4Zn-0.8Ca 合金,其拟合度仅为 0.819 和 0.835,因此,本构方程流变应力计算值与实测值差距较大。可见,ln$Z$-ln[sinh($\alpha\sigma$)]直线的拟合度越高,流变应力的实测值和计算值的相关系数 R 也越大,反之则越小。因此,如果能够提高 ln$Z$-ln[sinh($\alpha\sigma$)]直线的拟合度,得到更准确的材料常数 n 与 A,则本构方程预测流变应力的准确度便会提高。

为分析热变形条件(包括温度、应变速率)对 Mg-4Zn-xCa 合金散点分布的影响规律,将其在 ε=0.4 每个散点的热变形条件在 ln$Z$-ln[sinh($\alpha\sigma$)]散点图上标出,并将不同温度下热变形的散点分别线性拟合,如图 2-41 所示。由图可知,不同热变形温度对 Mg-4Zn 合金 ln$Z$-ln[sinh($\alpha\sigma$)]线性拟合得到的材料常数 n 值影响较小,而对于 Mg-4Zn-0.2Ca、Mg-4Zn-0.5Ca 和 Mg-4Zn-0.8Ca 合金,其拟合材料常数 n 值则明显受到热变形温度的影响,表明 Ca 元素的添加使得本构方程的材料常数 n 值随变形温度变化而改变。

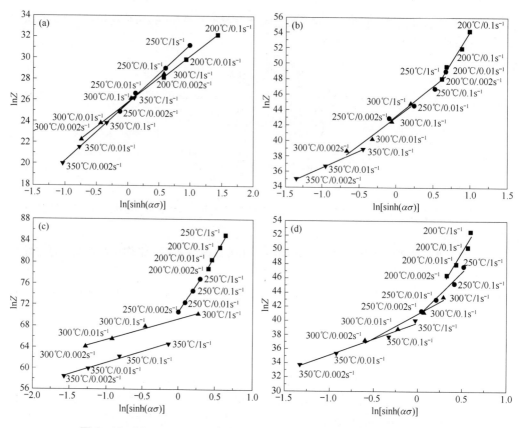

图 2-41　Mg-4Zn-xCa 合金的 lnZ-ln[sinh(ασ)]关系拟合（ε=0.4）

（a）Mg-4Zn；（b）Mg-4Zn-0.2Ca；（c）Mg-4Zn-0.5Ca；（d）Mg-4Zn-0.8Ca

已知 $Z=\dot{\varepsilon}\exp[Q/(RT)]$，设定纵坐标值 $\ln Z=\ln\dot{\varepsilon}+Q/(RT)$，横坐标值为 $\ln[\sinh(\alpha\sigma)]$，对于同一种材料，在相同应变下，α、Q 值相同，R 为热力学常数。因此，在相同温度下，lnZ-ln[sinh(ασ)]关系可以简化成 $\ln\dot{\varepsilon}$ - $\ln\sigma$ 关系，即 lnZ-ln[sinh(ασ)]拟合直线的斜率 n 与 $\ln\dot{\varepsilon}$ - $\ln\sigma$ 的斜率 k 正相关。已知应力 σ 与应变速率 $\dot{\varepsilon}$ 满足[43]

$$\sigma=K\dot{\varepsilon}^{m} \qquad (2-28)$$

式中，σ 为流变应力；$\dot{\varepsilon}$ 为应变速率；K 为材料常数；m 为应变速率敏感性指数，其值计算如下：

$$m=\frac{\partial\ln\sigma}{\partial\ln\dot{\varepsilon}} \qquad (2-29)$$

即应变速率敏感指数 m 为 $\ln\sigma$ - $\ln\dot{\varepsilon}$ 拟合直线的斜率[44]，因此 $m=1/k$，与 n 值负相关。

图 2-42 为 Mg-4Zn-xCa 合金不同变形温度的 $\ln\sigma$ - $\ln\dot{\varepsilon}$ 关系，图 2-43 给出了 Mg-4Zn-xCa 合金应变速率敏感指数 m 值随变形温度的变化情况。$T=200℃$时，Mg-4Zn 合金的 m 值明显高于 Mg-4Zn-(0.2/0.5/0.8)Ca 合金，这是由于 Ca 元素的添加提高了合金的再结晶温度，抑制了 Mg-4Zn-(0.2/0.5/0.8)Ca 合金的动态再结晶[39-40]，从而增加了合金热变形的不均匀程度，降低了合金的 m 值。当变形温度升高至 250℃时，Mg-4Zn-xCa 合金的 m 值均逐渐增

加，这是由于温度的升高增加了合金热变形的均匀性，从而提高了合金的 *m* 值，此外，Mg-4Zn 合金的 *m* 值仍然高于 Mg-4Zn-(0.2/0.5/0.8)Ca 合金。当变形温度升高至 300℃时，Mg-4Zn-*x*Ca 合金的 *m* 值均有所增加，但增加程度不同，其中 Mg-4Zn-0.5Ca 和 Mg-4Zn-0.8Ca 合金的 *m* 值增加更为明显，尤其是 Mg-4Zn-0.5Ca 合金在 *T*=300℃时的 *m* 值明显超过了其他合金。研究表明，镁合金的应变速率敏感指数 *m* 值的大小受到变形机制（滑移或孪生）的影响[45]。对于孪生主导的变形机制，其应变速率敏感指数较低，而对于以滑移主导的变形机制，其应变速率敏感指数较高，并且非基面滑移（柱面、锥面滑移）的应变速率敏感指数 *m* 值高于基面滑移[46]。因此，对于 Mg-4Zn-0.5Ca 和 Mg-4Zn-0.8Ca 合金，300℃时 *m* 值的明显增加是由主导变形机制的改变导致的。

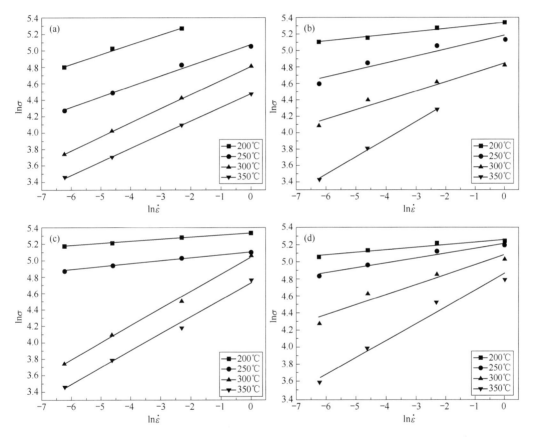

图 2-42　Mg-4Zn-*x*Ca 应变速率敏感指数 *m* 值（*ε*=0.4）

（a）Mg-4Zn；（b）Mg-4Zn-0.2Ca；（c）Mg-4Zn-0.5Ca；（d）Mg-4Zn-0.8Ca

图 2-44 为 Mg-4Zn-0.5Ca 合金在 *ε*=0.4、*T*=250/300℃、$\dot{\varepsilon}$=0.01s^{-1} 变形条件下位错的双束衍射观察结果。图 2-44（a）为 *T*=250℃时，Mg-4Zn-0.5Ca 合金在操作矢量 ***g***=[01$\bar{1}$0]条件下的位错组态。此时，微观组织中存在大量位错，如图中箭头所指，而在同一区域、不同操作矢量 ***g***=[0002]条件下观察，位错消失［图 2-44（b）］。根据位错可见原则 ***g*** · ***b***≠0 可知，图 2-44(a)中位错全部为平行于基面的<*a*>位错。图 2-44（c）为 *T*=300℃时，Mg-4Zn-0.5Ca 合金在操作矢量 ***g***=[01$\bar{1}$0]条件下的位错组态，微观组织中可以发现明显的位错线，如箭头

所指，其方向均与基面方向不平行，为非基面位错，而在操作矢量 g=[0002]下观察，一些位错依然可见 [图 2-44（d）]。根据位错可见原则 $g \cdot b \neq 0$ 可知，在图 2-44（c）和（d）中均可见的位错为锥面<$c+a$>位错，如图中箭头所指。以上结果表明，Mg-4Zn-0.5Ca 合金在 ε=0.4、T=250℃、$\dot{\varepsilon}$=0.01s^{-1} 条件下热变形时，组织中以基面<a>位错为主，而在 ε=0.4，T=300℃，$\dot{\varepsilon}$=0.01s^{-1} 变形时，组织中观察到了锥面<$c+a$>位错，正是由于锥面<$c+a$>滑移的激活，使得 Mg-4Zn-0.5Ca 合金的应变速率敏感指数 m 值在 300℃变形时明显增加，使得 lnZ-ln[sinh($\alpha\sigma$)]拟合直线的斜率 n 值明显减小。

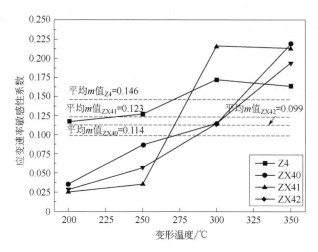

图 2-43　Mg-4Zn-xCa 应变速率敏感指数 m 值随温度的变化（ε=0.4）

图 2-45 为 Mg-4Zn-0.8Ca 合金在 ε=0.4、T=250/300℃、$\dot{\varepsilon}$=0.01s^{-1} 变形条件下位错组态双束衍射观察结果。根据位错可见原则 $g \cdot b \neq 0$，Mg-4Zn-0.8Ca 合金在 ε=0.4、T=250℃、$\dot{\varepsilon}$=0.01s^{-1} 条件下变形时，变形组织中主要是基面<a>位错，如图 2-45（a）中箭头所指；而在 ε=0.4、T=300℃、$\dot{\varepsilon}$=0.01s^{-1} 条件下变形时，组织中观察到了锥面<$c+a$>位错，如图 2-45（c）和（d）中箭头所示。因此，Mg-4Zn-0.8Ca 合金的应变速率敏感指数 m 值在 T=300℃时明显增加同样归因于锥面<$c+a$>滑移的激活。

当变形温度进一步升高至 350℃时，Mg-4Zn、Mg-4Zn-0.5Ca 合金的应变速率敏感指数 m 值均略有降低，意味着这两种合金主导的变形机制在 350℃时并未发生改变。而对于 Mg-4Zn-0.2Ca、Mg-4Zn-0.8Ca 合金，其应变速率敏感指数 m 值在 350℃时均有明显增加，尤其是 Mg-4Zn-0.2Ca 合金，其应变速率敏感指数 m 值甚至超过了其他三种合金，意味着 Mg-4Zn-0.2Ca 合金在 350℃热变形时的主导变形机制发生了改变。图 2-46 为 Mg-4Zn-0.2Ca 合金在 ε=0.4、T=300/350℃、$\dot{\varepsilon}$=0.01s^{-1} 变形条件下位错组态双束衍射观察结果。Mg-4Zn-0.2Ca 合金在 300℃变形时，如图 2-46（a）和（b）所示，在 g=[01$\bar{1}$0]操作矢量下，变形组织中有大量平行于基面的位错出现，而当操作矢量为 g=[0002]时，该区域中的位错全部消失，表明该温度条件下的位错均为基面<a>位错。图 2-46（c）和（d）为 Mg-4Zn-0.2Ca 合金在 350℃时位错组态，同样根据位错可见原则 $g \cdot b \neq 0$ 可知，该温度下变形组织中出现锥面<$c+a$>位错。以上分析表明，Mg-4Zn-0.2Ca 合金在 300℃变形时，主要变形机制为基面滑移；而当变形温度增加到 350℃时，锥面滑移启动，从而提高了其应变速率敏感指数 m 值，降低了 lnZ-ln[sinh($\alpha\sigma$)]拟合直线的斜率 n 值。

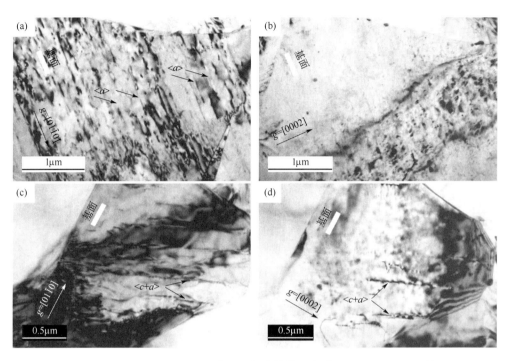

图 2-44　Mg-4Zn-0.5Ca 变形组织中位错组态（ε=0.4，$\dot{\varepsilon}$=0.01s^{-1}）

（a）（b）T=250℃；（c）（d）T=300℃

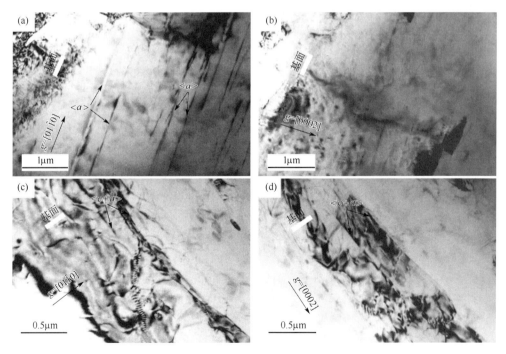

图 2-45　Mg-4Zn-0.8Ca 变形组织中位错组态（ε=0.4，$\dot{\varepsilon}$=0.01s^{-1}）

（a）（b）T=250℃；（c）（d）T=300℃

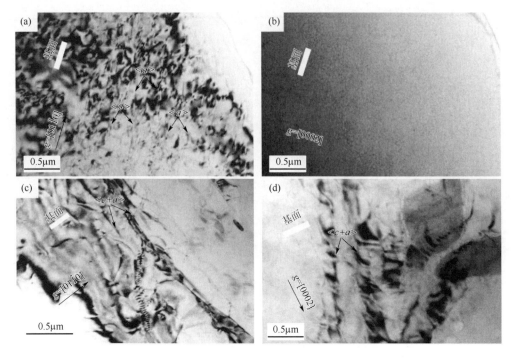

图 2-46 Mg-4Zn-0.2Ca 变形组织中位错组态（$\varepsilon=0.4$，$\dot{\varepsilon}=0.01s^{-1}$）

（a）（b）$T=300℃$；（c）（d）$T=350℃$

Mg-4Zn-(0.2/0.5/0.8)Ca 合金在 $\varepsilon=0.4$ 时变形组织中的位错类型结果分析表明，锥面 <$c+a$>滑移分别在 300℃和 350℃被激活，因此合金的应变速率敏感指数 m 值明显增加，且 lnZ-ln[sinh($\alpha\sigma$)]拟合直线的斜率 n 值明显降低。作为对比，图 2-47 给出了 Mg-4Zn 合金在 $\varepsilon=0.4$、$T=300/350℃$、$\dot{\varepsilon}=0.01s^{-1}$ 变形条件下双束衍射的位错组态。根据位错可见原则 $\boldsymbol{g}\cdot\boldsymbol{b}\neq0$ 可以判断，Mg-4Zn 合金在 300℃和 350℃变形条件下的组织中均只能观察到平行于基面的 <a>位错，如图 2-47（a）和（c）中箭头所指。尽管有关研究表明，提高变形温度有利于降低镁合金非基面滑移的 CRSS[47]，但在本研究温度范围内（$T=200\sim350℃$），镁合金的 CRSS 值仍然遵循 CRSS $_{基面滑移}$<CRSS $_{柱面滑移}$<CRSS $_{锥面滑移}$的规律[48]，从而使得锥面滑移相较于柱面滑移和基面滑移更难启动。因此，对于 Mg-4Zn 合金，在 $T=300℃$、350℃变形时，变形组织中只观察到了基面<a>位错，从而使得 Mg-4Zn 合金在 200~350℃变形时的应变速率敏感指数 m 值及其对应的 lnZ-ln[sinh($\alpha\sigma$)]拟合直线的斜率 n 变化不明显。然而，当 Mg-4Zn 合金中添加不同含量的 Ca 元素后，Mg-4Zn 合金中的锥面滑移逐渐被激活，且随着 Ca 含量的增加，Mg-4Zn-xCa 合金中的锥面<$c+a$>滑移启动的温度有逐渐降低的趋势，即锥面<$c+a$> 滑移更容易被激活，从而导致其应变速率敏感指数 m 值以及对应的 lnZ-ln[sinh($\alpha\sigma$)]拟合直线的斜率 n 发生明显变化。

有关文献研究表明[49-51]，镁合金锥面<$c+a$>滑移的激活受到轴比（c/a）、层错能（SFE）、晶粒尺寸等因素的影响。首先，通过添加 Ca 元素可以降低 Mg-4Zn 合金的轴比，促进锥面 <$c+a$>滑移。已有大量研究表明轴比值的降低能够增加密排六方结构的对称性，有助于激活镁合金的非基面滑移[49,52]。已知纯镁的轴比（c/a）为 1.6236，其中 $a=3.2092$Å、$c=5.2105$Å。

由 XRD 测得的均匀化态 Mg-4Zn-xCa 合金的晶格常数及轴比计算结果，如表 2-6 所示，可以发现 Ca 元素的添加降低了镁晶格的轴比值。其次，Ca 元素的添加有利于降低 Mg-Zn 合金的层错能[53-54]，从而有助于激活镁合金锥面<c+a>滑移[55-56]。此外，还有研究表明，晶粒尺寸的细化也有助于激活锥面<c+a>滑移[51]。如图 2-33 所示，Ca 元素的添加有效细化了均匀化态 Mg-4Zn 合金的晶粒尺寸，因此，这也是 Mg-4Zn-xCa 合金锥面<c+a>滑移比 Mg-4Zn 合金更容易激活的原因之一。

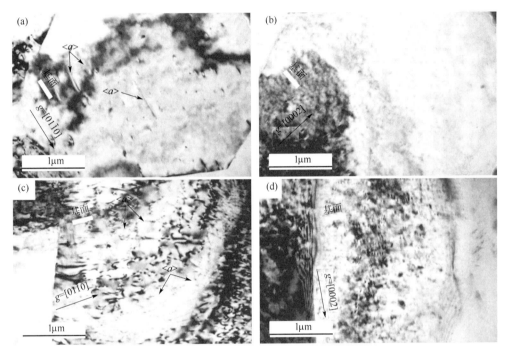

图 2-47 Mg-4Zn 合金变形组织中位错组态（ε=0.4，$\dot{\varepsilon}$=0.01s^{-1}）

（a）（b）T=300℃；（c）（d）T=350℃

总之，Ca 元素的添加一方面降低了均匀化态 Mg-4Zn 合金的轴比（c/a）和层错能，另一方面细化了均匀化态 Mg-4Zn 合金的晶粒尺寸，从而有助于 Mg-4Zn-xCa 合金的锥面<c+a>滑移的激活。

表 2-6 均匀化态 Mg-4Zn-xCa 合金轴比（c/a）计算结果

合金	质量分数/%			a /Å	c /Å	c/a
	Zn	**Ca**	**Mg**			
Z4	3.96	—	Bal.	3.2058	5.2104	1.6253
ZX40	4.01	0.18	Bal.	3.2096	5.2109	1.6235
ZX41	4.05	0.47	Bal.	3.2150	5.2113	1.6209
ZX42	3.95	0.48	Bal.	3.2191	5.2116	1.6190

综上所述，Mg-4Zn 合金在 200~350℃热变形时，变形机制以基面<a>滑移为主，应变速率敏感指数 m 值及材料常数 n 值变化不明显；Mg-4Zn-0.2Ca 合金在 200~300℃的热变

形机制以基面<a>滑移为主，在 350℃热变形时，其锥面<$c+a$>滑移被激活，导致应变速率敏感指数 m 值明显升高，材料常数 n 值明显降低；而对于 Mg-4Zn-0.5Ca、Mg-4Zn-0.8Ca 合金，其在 300℃以上热变形时，锥面<$c+a$>滑移被激活，导致应变速率敏感指数 m 值明显升高，材料常数 n 值明显降低。由此可见，对于 Mg-4Zn-(0.2/0.5/0.8)Ca 合金，由于变形温度升高而导致的锥面<$c+a$>滑移被激活是其材料常数 n 值发生明显变化的主要原因。因此，分别求解出 Mg-4Zn-(0.2/0.5/0.8)Ca 合金的锥面<$c+a$>滑移在热变形时被激活上下温度区间的材料常数 n 值，然后将其本构方程在对应温度区间进行分段表达，则其预测流变应力的准确度将会明显提高。基于该思路，对 Mg-4Zn-(0.2/0.5/0.8)Ca 合金本构方程进行优化。图 2-48 为 Mg-4Zn-(0.2/0.5/0.8)Ca 合金应变量为 0.4 时 $\ln Z$-$\ln[\sinh(\alpha\sigma)]$散点的温度分区以及相应温度区间材料常数 n 值的拟合求解结果，其中每个独立散点的热变形条件已在图中标出。

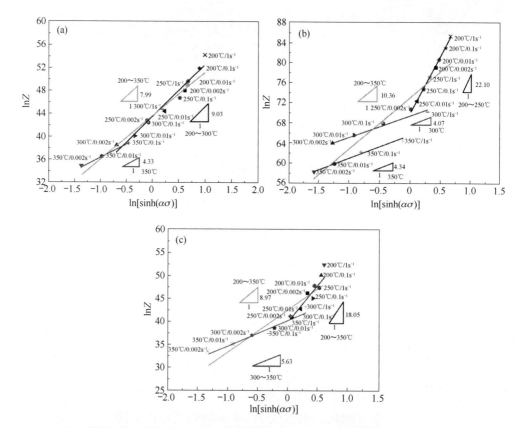

图 2-48　Mg-4Zn-xCa 合金分段 $\ln Z$-$\ln[\sinh(\alpha\sigma)]$关系（ε=0.4）
（a）Mg-4Zn-0.2Ca；（b）Mg-4Zn-0.5Ca；（c）Mg-4Zn-0.8Ca

图 2-48（a）显示了 Mg-4Zn-0.2Ca 合金 $\ln Z$-$\ln[\sinh(\alpha\sigma)]$散点的温度分区及其拟合结果，由于 Mg-4Zn-0.2Ca 合金在 350℃热变形时锥面<$c+a$>滑移被激活而导致其材料常数 n 值明显降低，因此将其 $\ln Z$-$\ln[\sinh(\alpha\sigma)]$散点分成 200~300℃和 350℃两个温度区间并分别拟合求解其材料常数 n 值。其中，图 2-48（a）中 200~300℃时散点的拟合直线斜率为 9.03，拟合度 R^2=0.955；350℃时散点的拟合直线斜率为 4.33，拟合度 R^2=0.998；200~350℃散点

的拟合直线斜率为 7.99，拟合度 R^2=0.954，小于 200～300℃和 350℃两个温度区间的拟合度。此外，在其他应变量（ε=0.1～0.9）下，Mg-4Zn-0.2Ca 合金在 200～300℃和 350℃两个温度区间散点的线性拟合度也均高于 200～350℃时散点的线性拟合度。因此，对于 Mg-4Zn-0.2Ca 合金，可以分别求出 ε=0.1～0.9 每个应变量下 T=200～300℃和 T=350℃两个温度区间的 n 值，进而将本构方程表达为两个温度区间的分段形式。

与 Mg-4Zn-0.2Ca 合金相似，图 2-48（b）为 Mg-4Zn-0.5Ca 合金 lnZ-ln[sinh($\alpha\sigma$)]散点的温度分区及其拟合结果，由于 Mg-4Zn-0.5Ca 合金锥面<$c+a$>滑移在 300℃热变形时被激活而导致材料常数 n 值明显降低，可以 300℃为界进行划分，同时考虑到合金在 300℃和 350℃有明显不同的 ln$A$ 值，因此将其 lnZ-ln[sinh($\alpha\sigma$)]散点分成 200～250℃、300℃和 350℃三个温度区间并分别拟合求解其材料常数 n 值。因此，对于 Mg-4Zn-0.5Ca 合金，可以分别求出 ε=0.1～0.9 每个应变量下 T=200～250℃、T=300℃以及 T=350℃三个温度区间的 n 和 A 值，将本构方程表达为三个温度区间的分段形式。对于 Mg-4Zn-0.8Ca 合金，也可以采用类似方法处理，如图 2-48（c）所示，其本构方程可以表达为 T=200～250℃、T=300～350℃这两个温度区间的分段形式。

根据以上对 Mg-4Zn-(0.2/0.5/0.8)Ca 合金的优化结果，表 2-7 分别列出了 Mg-4Zn-(0.2/0.5/0.8)Ca 合金分段形式的本构方程。为了验证分段本构方程预测流变应力的准确性，并与优化前本构方程的计算结果进行对比，将流变应力实测值（Measured）、优化前本构方程计算值（Calculated）以及优化后本构方程计算值（Optimized）作图，如图 2-49 所示。

表 2-7　Mg-4Zn-(0.2/0.5/0.8)Ca 合金优化后的分段本构方程

材料常数	温度区间/℃	ZX40	ZX41	ZX42
α	200～350	$0.015-0.077\varepsilon+0.32\varepsilon^2-0.61\varepsilon^3+0.54\varepsilon^4-0.18\varepsilon^5$	$0.012-0.058\varepsilon+0.24\varepsilon^2-0.45\varepsilon^3+0.41\varepsilon^4-0.14\varepsilon^5$	$0.010-0.026\varepsilon+0.061\varepsilon^2-0.039\varepsilon^3$
Q	200～350	$220.40-306.24\varepsilon+2016.83\varepsilon^2-5223.28\varepsilon^3+5954.83\varepsilon^4-2452.72\varepsilon^5$	$157.62+1758.23\varepsilon-6723.79\varepsilon^2+12261.69\varepsilon^3-10583.04\varepsilon^4+3491.86\varepsilon^5$	$287.03-253.03\varepsilon+120.81\varepsilon^2+0.80\varepsilon^3$
n	200～250	$15.11-58.27\varepsilon+247.30\varepsilon^2-538.57\varepsilon^3+563.36\varepsilon^4-220.75\varepsilon^5$	$19.61+82.58\varepsilon-418.43\varepsilon^2+840.26\varepsilon^3-779.27\varepsilon^4+280.45\varepsilon^5$	$21.04+26.75\varepsilon-128.79\varepsilon^2+92.34\varepsilon^3$
n	300		$5.72-16.72\varepsilon+61.91\varepsilon^2-106.70\varepsilon^3+87.72\varepsilon^4-27.71\varepsilon^5$	$8.54-23.28\varepsilon+65.92\varepsilon^2-76.83\varepsilon^3+31.22\varepsilon^4$
n	350	$8.27-55.31\varepsilon+250.36\varepsilon^2-497.65\varepsilon^3+456.01\varepsilon^4-157.22\varepsilon^5$	$6.56-29.79\varepsilon+123.77\varepsilon^2-225.70\varepsilon^3+196.44\varepsilon^4-66.39\varepsilon^5$	
$\ln A$	200～250	$42.38-29.79\varepsilon+265.66\varepsilon^2-785.50\varepsilon^3+976.89\varepsilon^4-426.66\varepsilon^5$	$27.64+429.99\varepsilon-1680.96\varepsilon^2+3142.09\varepsilon^3-2774.77\varepsilon^4+934.24\varepsilon^5$	$59.10-62.20\varepsilon+29.79\varepsilon^2+2.65\varepsilon^3$
$\ln A$	300		$30.93+382.97\varepsilon-1473.12\varepsilon^2+2707.94\varepsilon^3-2357.88\varepsilon^4+784.99\varepsilon^5$	$57.20-47.27\varepsilon+5.44\varepsilon^2+13.81\varepsilon^3$
$\ln A$	350	$44.56-101.14\varepsilon+602.41\varepsilon^2-1463.74\varepsilon^3+1585.29\varepsilon^4-627.91\varepsilon^5$	$31.07+332.31\varepsilon-1258.93\varepsilon^2+2297.23\varepsilon^3-1987.99\varepsilon^4+657.50\varepsilon^5$	

图 2-49 为 Mg-4Zn-0.2Ca 合金本构方程优化前后流变计算值与实测值对比图，其中实线为实测流变应力，图形标识为优化前本构方程计算流变应力，三角形标识为优化后本构

方程计算流变应力。由图可知，除了在 T=250℃、$\dot{\varepsilon}$=0.002s^{-1} 以及 T=300℃、$\dot{\varepsilon}$=1s^{-1} 以外，在其他变形条件下，优化后本构方程计算的流变应力与实测流变应力更为接近。针对 Mg-4Zn-0.5Ca 及 Mg-4Zn-0.8Ca 合金进行相同处理，其优化后本构方程计算的流变应力值同样在大多数变形条件下更接近实测值。

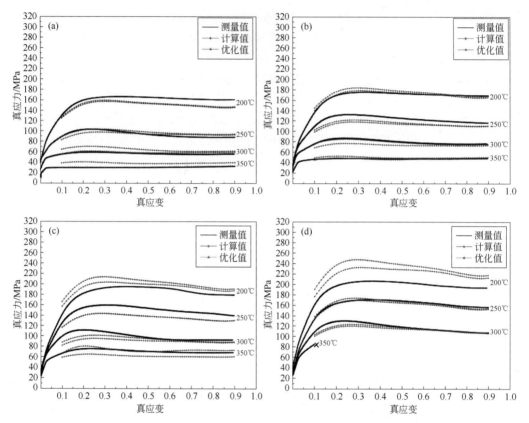

图 2-49　Mg-4Zn-0.2Ca 合金本构方程优化前后模拟验证

（a）0.002s^{-1}；（b）0.01s^{-1}；（c）0.1s^{-1}；（d）1s^{-1}

图 2-50 为 Mg-4Zn-xCa 合金在 ε=0.9、T=230℃、$\dot{\varepsilon}$=0.02/0.8s^{-1} 流变应力实测值与本构方程计算值结果的对比。图 2-50（a）为 Mg-4Zn 合金流变应力实测值与计算值结果，其中实线为流变应力实测值，圆形标识曲线为本构方程计算值，可以看出，两者重合度较高。对于 Mg-4Zn-0.2Ca 合金，如图 2-50（b）所示，实线为流变应力实测值，圆形标识曲线为优化前本构方程的计算值，三角形标识曲线为优化后本构方程的计算值，显然，优化后本构方程计算的流变应力更加接近实测值。图 2-50（c）为 Mg-4Zn-0.5Ca 合金流变应力实测值与本构方程计算值结果，可以看出，优化后的本构方程在 T=230℃、$\dot{\varepsilon}$=0.02/0.8s^{-1} 变形条件下，尤其是在高应变速率（$\dot{\varepsilon}$=0.8s^{-1}）下，对流变应力均具有更好的预测性。同样，对于 Mg-4Zn-0.8Ca 合金，优化后的本构方程也能够更准确地预测流变应力［图 2-50（d）］。

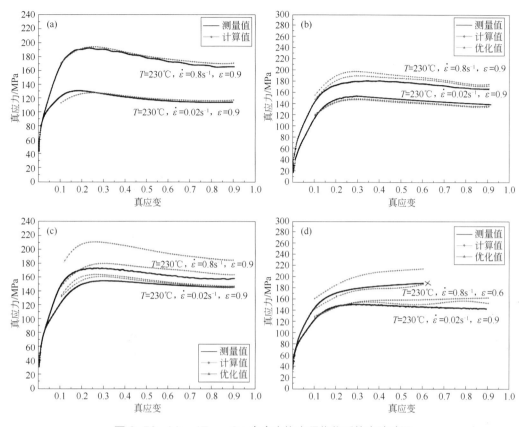

图 2-50　Mg-4Zn-xCa 合金本构方程优化后的实验验证

（a）Mg-4Zn；（b）Mg-4Zn-0.2Ca；（c）Mg-4Zn-0.5Ca；（d）Mg-4Zn-0.8Ca

2.4　Mg-4Zn-xCa 合金的动态再结晶

动态再结晶是镁合金在热加工变形过程中一种重要的组织演化机制，不仅可以细化铸态组织、消除缺陷，还可以增强镁合金的强韧性，提高零部件的服役性能。

2.4.1　Mg-4Zn-xCa 合金的动态再结晶临界条件

为了确定动态再结晶发生的临界条件，Poliak 和 Jonas[57]提出了基于热力学不可逆原理的动力学临界条件：动态再结晶发生的临界条件为 $\dfrac{\partial}{\partial\sigma}\left(-\dfrac{\partial\theta}{\partial\sigma}\right)=0$，即 θ-σ 曲线的拐点或者 $-\dfrac{\partial\theta}{\partial\sigma}$-$\sigma$ 曲线的最低点。其中，应变硬化率 $\theta=\dfrac{\mathrm{d}\sigma}{\mathrm{d}\varepsilon}$。

图 2-51 为 Mg-4Zn 合金不同变形条件下的 θ-σ 关系曲线，图中方块标记的是 θ-σ 曲线的拐点。图 2-52 为对 Mg-4Zn 合金 θ-σ 关系求导得到的 $-\partial\theta/\partial\sigma$-$\sigma$ 曲线，其最低点对应于 θ-σ 曲线的拐点。根据图 2-52 可得到动态再结晶临界应力 σ_c 以及再结晶临界

应变 ε_c。表 2-8 为 Mg-4Zn 合金的动态再结晶临界条件，在同一应变速率下，临界应变 ε_c 随着变形温度的升高而降低，这是由于温度越高，位错迁移的驱动力越强，动态再结晶越快发生；而在同一应变温度下，临界应变 ε_c 基本上均随着应变速率的增加而增大，这是由于应变速率越大，再结晶晶粒来不及形核及长大，动态再结晶也就越难以发生。

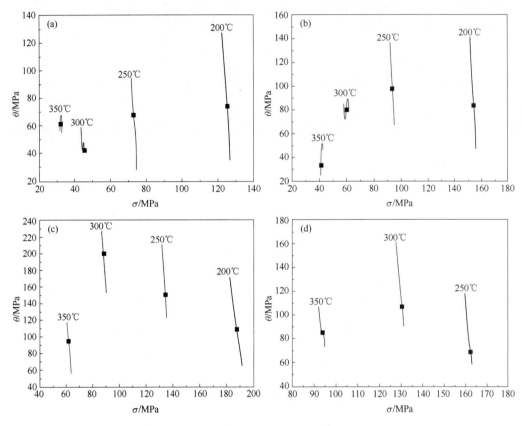

图 2-51　Mg-4Zn 不同变形条件下 $\theta-\sigma$ 关系曲线

（a）$0.002s^{-1}$；（b）$0.01s^{-1}$；（c）$0.1s^{-1}$；（d）$1s^{-1}$

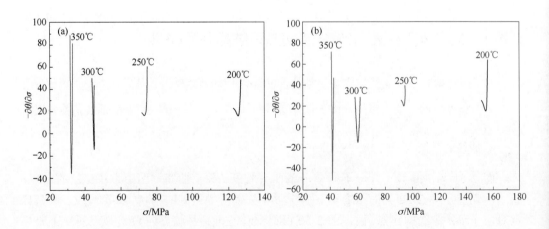

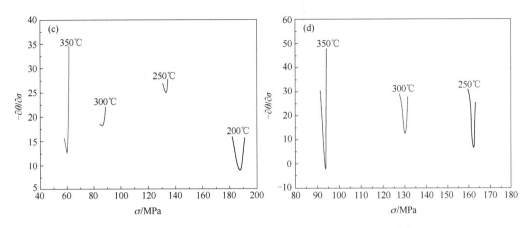

图 2-52　Mg-4Zn 不同变形条件下 $-\partial\theta/\partial\sigma - \sigma$ 关系曲线

（a）0.002s^{-1}；（b）0.01s^{-1}；（c）0.1s^{-1}；（d）1s^{-1}

表 2-8　Mg-4Zn 合金动态再结晶临界条件

应变速率/s^{-1}	变形温度/℃	σ_c	σ_p	σ_c/σ_p	ε_c	ε_p	$\varepsilon_c/\varepsilon_p$
0.002	200	126.345	127.263	0.993	0.209	0.234	0.894
	250	74.894	75.197	0.996	0.188	0.210	0.894
	300	45.768	46.332	0.988	0.109	0.125	0.870
	350	32.081	33.218	0.966	0.0540	0.0719	0.751
0.01	200	152.174	156.452	0.973	0.172	0.233	0.735
	250	93.761	95.943	0.977	0.139	0.189	0.734
	300	60.016	62.159	0.966	0.109	0.168	0.651
	350	42.132	42.664	0.988	0.106	0.141	0.750
0.1	200	187.222	195.251	0.959	0.218	0.410	0.532
	250	133.856	137.151	0.976	0.147	0.203	0.725
	300	88.076	93.734	0.940	0.114	0.190	0.602
	350	61.709	65.262	0.946	0.114	0.178	0.641
1	200	—	—	—	—	—	—
	250	162.310	163.234	0.994	0.192	0.231	0.833
	300	130.319	131.997	0.987	0.158	0.186	0.854
	350	92.377	95.170	0.971	0.131	0.175	0.747

　　为了定量分析变形温度及应变速率对 Mg-4Zn 合金动态再结晶临界应变的影响，引入 Sellars 模型表征临界应变模型[58]：

$$\varepsilon_c = aZ^b \qquad (2\text{-}30)$$

　　式中，a、b 均为常数；Z 为温度补偿应变速率因子，$Z=\dot{\varepsilon}\exp[Q/(RT)]$；$Q$ 为热变形激活能，根据式（2-16）计算得到实验条件下的变形激活能 $Q=165.205\text{kJ/mol}$。对式（2-30）两边求自然对数得

$$\ln\varepsilon_c = \ln a + b\ln Z \qquad (2\text{-}31)$$

　　求出不同变形温度和应变速率下的临界应变 ε_c 与温度补偿应变速率因子 Z，然后绘制 $\ln\varepsilon_c$-$\ln Z$ 散点图，进行线性回归，结果如图 2-53（a）所示，拟合直线的截距为 $\ln a$，斜率为 b，得到 Mg-4Zn 合金临界应变模型为 $\varepsilon_c=0.0146Z^{0.0845}$。对于镁合金来说，动态再结晶临界应变 ε_c 与峰值应变 ε_p 基本上呈线性关系[59]。因此，进一步对其进行线性回归，所得结果如图 2-53（b）所示，临界应变 ε_c 与峰值应变 ε_p 之间存在线性关系：$\varepsilon_p=1.357\varepsilon_c$。

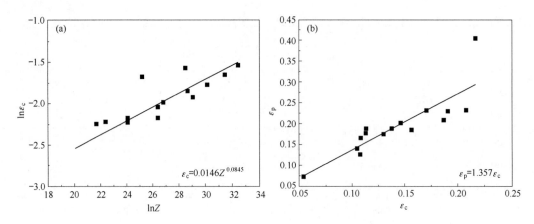

图 2-53　Mg-4Zn 合金动态再结晶临界应变的线性拟合

(a) ln ε_c-ln Z；(b) ε_p-ε_c

通过相同方法，可求得 Mg-4Zn-(0.2/0.5/0.8)Ca 合金的再结晶临界条件依次为：ε_p= 1.377ε_c，ε_p=1.204ε_c，ε_p=1.193ε_c。

图 2-54 为 Mg-4Zn-xCa 合金在不同温度和应变速率下动态再结晶临界应变 ε_c 的变化。随着 Ca 含量的增加，Mg-4Zn-xCa 合金的再结晶临界应变 ε_c 变化较为复杂。虚折线为 Mg-4Zn-xCa 合金在不同温度下再结晶临界应变 ε_c 的平均值，当 $\dot{\varepsilon}$ =0.002/0.01/0.1s^{-1} 时，Mg-4Zn-xCa 合金平均

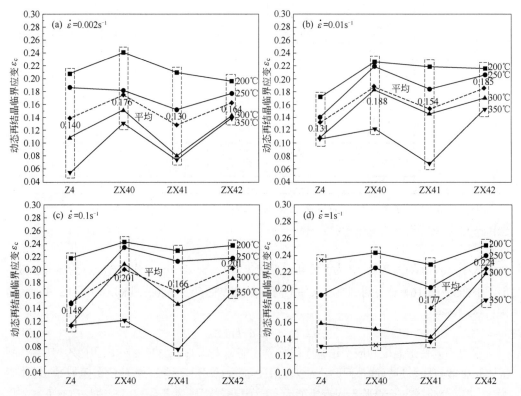

图 2-54　不同热变形条件 Mg-4Zn-xCa 合金动态再结晶临界应变

(a) 0.002s^{-1}；(b) 0.01s^{-1}；(c) 0.1s^{-1}；(d) 1s^{-1}

ε_c 值均先增加后减小再增加；而当 $\dot{\varepsilon}=1s^{-1}$ 时，由于应力-应变曲线提前断裂而无法求得 Mg-4Zn、Mg-4Zn-0.2Ca 合金分别在 $T=200/350℃$ 时的 ε_c 值，因此也无法获得其平均 ε_c 值。此外，Mg-4Zn-(0.2/0.5/0.8)Ca 合金平均 ε_c 值均高于 Mg-4Zn 合金的平均 ε_c 值，说明 Ca 元素增大了 Mg-4Zn 合金的再结晶临界应变，对 Mg-4Zn 合金的再结晶有一定的抑制作用。

图 2-55 为 Mg-4Zn-xCa 合金在不同温度和应变速率下动态再结晶临界应力 σ_c，虚折线为 σ_c 平均值的变化。当 $\dot{\varepsilon}=0.002/0.01s^{-1}$ 时，Mg-4Zn-xCa 合金 σ_c 平均值随着 Ca 含量的增加而逐渐增加；当 $\dot{\varepsilon}=0.1s^{-1}$ 时，Mg-4Zn-xCa 合金 σ_c 平均值随着 Ca 含量的增加先增加后减小再增加，且 Mg-4Zn-(0.2/0.5/0.8)Ca 合金 σ_c 平均值均高于 Mg-4Zn 合金，这是由于含 Ca 第二相钉扎位错，阻碍其运动，增加了位错运动的阻力，从而在一定程度上增加了合金的再结晶临界应力，该原因与 Mg-4Zn-xCa 合金峰值应力变化原因一致。

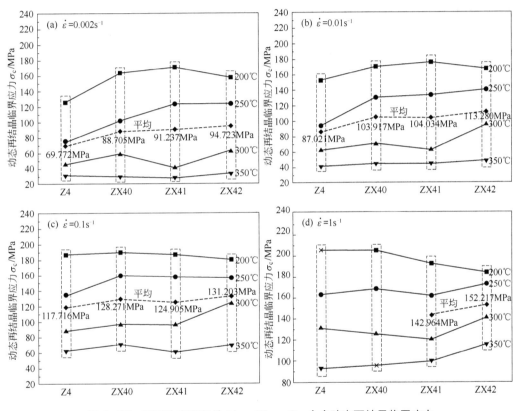

图 2-55 不同热变形条件 Mg-4Zn-xCa 合金动态再结晶临界应力

（a）$0.002s^{-1}$；（b）$0.01s^{-1}$；（c）$0.1s^{-1}$；（d）$1s^{-1}$

2.4.2 Mg-4Zn-xCa 合金动态再结晶过程的组织演变

图 2-56 为 Mg-4Zn 合金在不同热加工变形条件下的微观组织，观察面为试样平行于压缩方向（Compression Direction, CD）的纵截面。如图 2-56（a）所示，Mg-4Zn 合金在 250℃、$0.002s^{-1}$ 条件下变形后，微观组织以细小的再结晶晶粒为主，平均晶粒尺寸为 11.69μm。同时，微观组织中还存在一些相对粗大的再结晶晶粒和拉长的变形组织，说明在该变形条件

109

下动态再结晶并不均匀。随着应变速率进一步增大至 $0.1s^{-1}$，如图 2-56（b）所示，Mg-4Zn
合金的微观组织中保留了更多的未再结晶区域，变形组织中粗大、不规则的未再结晶区域
被细小的再结晶等轴晶粒包围，其平均动态再结晶晶粒尺寸为 8.5μm。部分再结晶晶粒以
项链状环绕在原始铸态组织周围。由于应变速率的增加，导致动态再结晶时间变短，部分
动态再结晶受到抑制，从而使组织中保留了更多的未再结晶区域。合金在 350℃、$0.002s^{-1}$
条件下变形后，如图 2-56（c）所示，组织中基本为完的动态再结晶晶粒，平均再结晶晶
粒尺寸为 20.27μm，明显大于合金在 250℃变形后的平均再结晶晶粒尺寸。这是由于变形温
度的升高增加了晶界的移动性，从而有利于动态再结晶晶粒的长大。随着应变速率增加至
$0.1s^{-1}$ 时，合金基本完成了动态再结晶，动态再结晶晶粒尺寸相较于 $\dot{\varepsilon}=0.002s^{-1}$ 时大幅度减
小，平均尺寸约为 14.04μm［图 2-56（d）］。

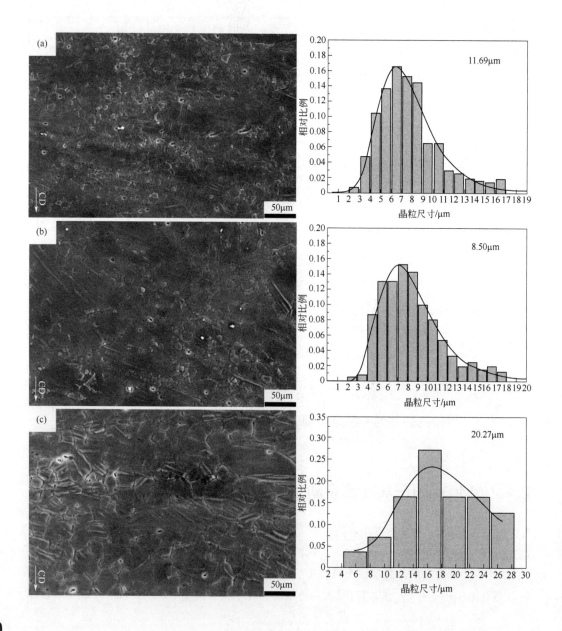

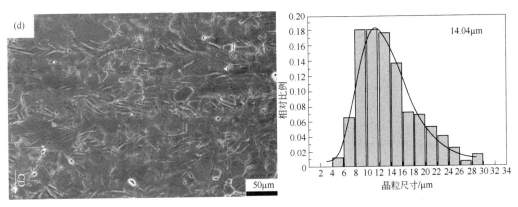

图 2-56　Mg-4Zn 合金热压缩变形组织及再结晶晶粒尺寸分布（ε=0.9）

（a）250℃、0.002s⁻¹；（b）250℃、0.1s⁻¹；（c）350℃、0.002s⁻¹；（d）350℃、0.1s⁻¹

图 2-57 为 Mg-4Zn-0.2Ca 合金在不同变形条件下的微观组织。由于添加了 0.2%Ca 元素，Mg-4Zn-0.2Ca 合金组织中出现了部分球状并沿原始铸态晶界分布的共晶相。如图 2-57（a）所示，Mg-4Zn-0.2Ca 合金在 250℃、0.002s⁻¹ 条件下变形时，微观组织呈现部分动态再结晶特征，保留了大量的未再结晶区域，其中细小的动态再结晶晶粒的平均尺寸为 3.97μm。当应变速率增加至 0.1s⁻¹ 时，如图 2-57（b）所示，未再结晶区域进一步增大，再结晶晶粒平

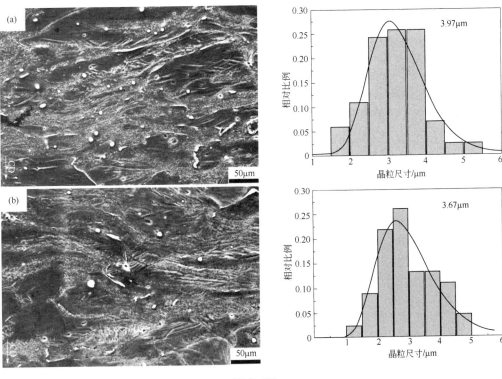

图 2-57

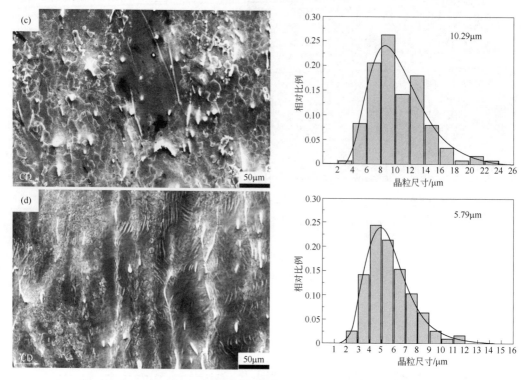

图 2-57　Mg-4Zn-0.2Ca 合金热压缩变形组织及再结晶晶粒尺寸分布（ε=0.9）
(a) 250℃、0.002s^{-1}；(b) 250℃、0.1s^{-1}；(c) 350℃、0.002s^{-1}；(d) 350℃、0.1s^{-1}

均尺寸约为 3.67μm。并且随着应变速率的增加，热变形组织中出现了较多的剪切带。Mg-4Zn-0.2Ca 合金在 350℃、0.002s^{-1} 条件下变形时，如图 2-57（c）所示，由于变形温度的升高，合金的动态再结晶晶粒尺寸增大，平均尺寸约为 10.29μm，同时再结晶分数也明显增加，动态再结晶主要发生在原始铸态组织的晶界处。当应变速率增加至 0.1s^{-1} 时，如图 2-57（d）所示，Mg-4Zn-0.2Ca 合金的晶粒尺寸明显细化，平均尺寸约为 5.79μm，同时未再结晶区域也明显扩大，并沿着金属流动方向呈条带状分布，原始晶界处的共晶相也沿着拉长的未再结晶变形组织分布。Mg-4Zn-0.5Ca 及 Mg-4Zn-0.8Ca 合金的热加工态微观组织呈现出相似的变化规律。

Mg-4Zn-xCa 合金压缩变形微观组织分析说明动态再结晶晶粒尺寸和动态再结晶体积分数均随变形温度的升高或应变速率的降低而增加。研究表明[1]，动态再结晶晶粒尺寸 d_{DRX} 受到 Z 因子的影响[$Z=\dot{\varepsilon}\exp(Q/RT)$]，Z 值越大，即应变速率越高、变形温度越低，动态再结晶晶粒尺寸则越小。Barnett[60]的研究进一步表明，动态再结晶晶粒尺寸 d_{DRX} 与 Z 参数的关系可以表达为

$$d_{DRX}=AZ^n \tag{2-32}$$

式（2-32）两边同时取自然对数得

$$\ln d_{DRX}=\ln A-n\ln Z \tag{2-33}$$

式中，A、n 均为常数。

图 2-58 为 Mg-4Zn-xCa 合金动态再结晶晶粒尺寸与 Z 参数之间的关系，可以看出，Mg-4Zn-xCa 合金 lnd_{DRX} 与 ln$Z$ 基本呈线性关系，相关常数示于图 2-58 中。此外，镁合金的动态再结晶体积分数与热变形 Z 参数的对数值也有一定的数量关系[60]。图 2-59 为 Mg-4Zn-xCa 合金的动态再结晶体积分数 f_{DRX} 与热变形 Z 参数之间的关系。对于 Mg-4Zn-xCa 合金，其动态再结晶体积分数 f_{DRX} 与 ln$Z$ 呈近似线性关系：$f_{DRX}=B+C$ln$Z$，相关常数示于图 2-59 中。

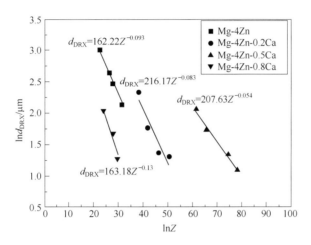

图 2-58　Mg-4Zn-xCa 合金再结晶晶粒尺寸 d_{DRX} 与 Z 参数的关系

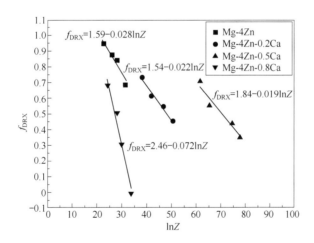

图 2-59　Mg-4Zn-xCa 合金再结晶体积分数 f_{DRX} 与 Z 参数的关系

在相同的热变形条件下，Ca 元素含量对 Mg-4Zn-xCa 合金微观组织存在显著影响。图 2-60 为 Mg-4Zn-xCa 合金分别在四种不同热压缩变形条件下动态再结晶晶粒平均尺寸变化图。可以看出，Ca 元素的添加明显细化了 Mg-4Zn 合金的再结晶晶粒尺寸。在四种不同的热变形条件下，Mg-4Zn-xCa 合金的动态再结晶晶粒均随着 Ca 含量的增加而逐渐细化，但细化程度却随着 Ca 含量的增加而逐渐减小。Ca 元素细化 Mg-4Zn 合金动态再结晶晶粒的主要原因与含 Ca 第二相有关。

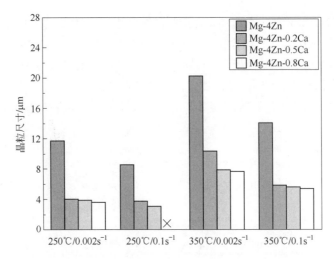

图 2-60 Mg-4Zn-xCa 合金的动态再结晶晶粒平均尺寸

图 2-61 为 Mg-4Zn-xCa 合金在 T=250℃、$\dot{\varepsilon}$=0.002s^{-1} 变形后的微观组织。随着 Ca 含量的增加，Mg-4Zn-xCa 合金的动态再结晶晶粒尺寸逐渐减小。Mg-4Zn-(0/0.2/0.5/0.8)Ca 合金的晶粒平均尺寸分别为 11.69μm、3.97μm、3.80μm 及 3.55μm。对 Mg-4Zn-xCa 合金在 T=250℃、$\dot{\varepsilon}$=0.002s^{-1} 变形后的第二相分布进行分析，如图 2-62 所示。图 2-62（a）表明 Mg-4Zn 合金热压缩变形微观组织中基本为等轴 α-Mg 晶粒，晶粒内部及晶界处第二相含量较少，但在添加 Ca 元素的合金中明显可见第二相 [图 2-62（b）～（d）]。Mg-4Zn-(0.2/0.5/0.8)Ca

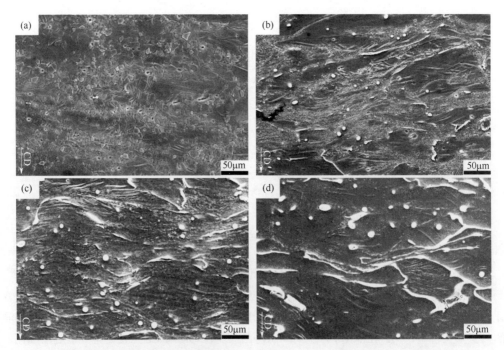

图 2-61 Mg-4Zn-xCa 合金在 T=250℃、$\dot{\varepsilon}$=0.002s^{-1} 条件下微观组织
（a）Mg-4Zn；（b）Mg-4Zn-0.2Ca；（c）Mg-4Zn-0.5Ca；（d）Mg-4Zn-0.8Ca

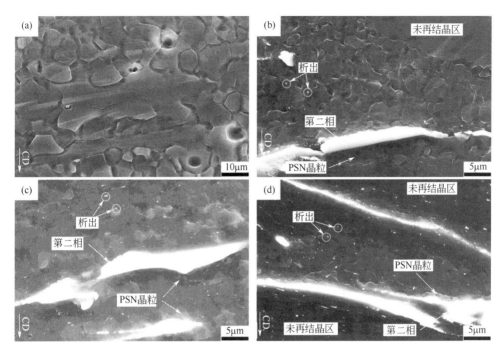

图 2-62　Mg-4Zn-xCa 合金在 T=250℃、$\dot{\varepsilon}$=0.002s^{-1}条件下第二相粒子区域微观组织
（a）Mg-4Zn；（b）Mg-4Zn-0.2Ca；（c）Mg-4Zn-0.5Ca；（d）Mg-4Zn-0.8Ca

合金中第二相可分为两类：原始铸态组织中保留的粗大共晶相和相对细小、弥散的析出相。经测量统计分析，Mg-4Zn-0.2Ca 合金中粗大共晶相平均尺寸约为 14.8μm，细小、弥散的析出相平均尺寸约为 0.25μm；Mg-4Zn-0.5Ca 合金中两者尺寸分别为 15.7μm 及 0.28μm；Mg-4Zn-0.8Ca 合金中分别为 18.7μm 及 0.30μm。从图中可以看出，在粗大的共晶相（d>1μm）周围分布着细小的再结晶晶粒，而细小、弥散的析出相（d=200～300nm）主要分布于再结晶晶粒内部以及晶界处。研究表明[61]，镁合金中粗大的第二相（d>1μm）可作为再结晶形核点，以 PSN 机制激发动态再结晶形核。而 Mg-4Zn-(0.2/0.5/0.8)Ca 合金中位于晶界处细小的第二相析出则能够有效阻碍动态再结晶晶粒长大[62-63]，从而有效细化 Mg-4Zn 合金动态再结晶晶粒。由于合金中第二相体积分数随 Ca 含量的增加而增加，将为 Mg-4Zn-xCa 合金的动态再结晶提供更多粗大的第二相形核点和位于晶界处细小、弥散的第二相析出，因此，随着 Ca 含量的增加，动态再结晶晶粒也会逐步细化。

图 2-63 为 Mg-4Zn-xCa 合金在不同热变形条件下的动态再结晶体积分数。可以发现，Mg-4Zn-xCa 合金的动态再结晶体积分数随着 Ca 含量的增加而逐渐降低，但在较高温度（350℃）下，Mg-4Zn-(0.2/0.5/0.8)Ca 合金动态再结晶分数差距变小，尤其在有利于动态再结晶的低应变速率（0.002s^{-1}）时非常接近，这是由于 Z 参数的降低促进了 Mg-4Zn-xCa 合金的动态再结晶。

如图 2-61 所示，Mg-4Zn-xCa 合金动态再结晶分数随着 Ca 含量的增加明显降低。Ca 元素导致 Mg-4Zn-xCa 合金动态再结晶分数降低的原因比较复杂。一方面，如图 2-62（b）～（d）所示，粗大的（d>1μm）含 Ca 第二相可以为动态再结晶提供大量的形核点，有助于促进动态再结晶的发生。Hradilová 等[64]也发现 Mg-3.6Zn-0.4Ca 合金在 240℃、0.001s^{-1}热压缩时微观组织中激活了动态再结晶的 PSN 机制，且与 Mg-3.6Zn 相比，PSN 机制提高了 Mg-3.6Zn-0.4Ca 合金动态再结晶体积分数。另一方面，固溶于基体中的 Ca 原子以及细小弥散的含 Ca 第二相析出钉扎位错，阻碍位错运动，从而抑制动态再结晶的发生，Du 等的研究也表明第二相析出及固溶原子会对镁合金的动态再结晶有很大的抑制作用[65]。这两个因素对于动态再结晶体积分数的影响处于相互竞争的关系[15]，而对于 Mg-4Zn-(0.2/0.5/0.8)Ca 合金来说，Ca 元素对于动态再结晶的阻碍作用更加明显。

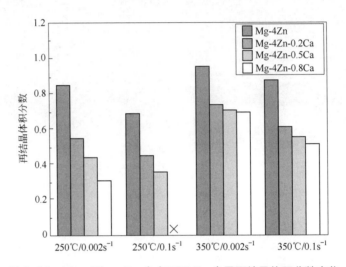

图 2-63　Mg-4Zn-xCa 合金不同 Ca 含量再结晶体积分数变化

2.4.3　Mg-4Zn-xCa 合金的动态再结晶形核机制

图 2-64（a）为 Mg-4Zn 合金在 250℃、0.002s^{-1} 时的热压缩变形微观组织。Mg-4Zn 合金此时基本上完成了动态再结晶过程，但仍存在拉长的未再结晶晶粒。将图 2-64（a）中拉长的未再结晶区域放大，分别如图 2-64（b）～（d）所示。图 2-64（b）为图 2-64（a）中区域 1 的高倍二次电子像，其拉长的未再结晶区域（原始组织）被细小的再结晶晶粒包围，晶界发生了明显的"弓出"，有进一步形成新晶粒的趋势，这属于非连续动态再结晶的"弓出"形核机制[32,66-67]。该机制下新晶粒主要通过原始晶粒的晶界局部迁移形核，扫过此区域的位错实现重排并形成小角度晶界，这些小角度晶界可通过不断吸收新的位错而转变成大角度晶界。图 2-64（c）和（d）分别为图 2-64（a）中区域 2 及 3 的高倍二次电子像，从图中同样发现未再结晶区域的晶界向细化的再结晶组织"弓出"以及细化的再结晶晶粒的晶界向未再结晶区域"弓出"，从而逐渐吞并未再结晶区域。

当热变形速率升高至 0.1s^{-1}，Mg-4Zn 合金微观组织中出现了更多的未再结晶区域，如图 2-65（a）所示。图 2-65（b）为图 2-65（a）中区域 1 的高倍二次电子像，发现有典型的"项链"组织存在，未再结晶组织的晶界向再结晶区域"弓出"，具有逐渐吸收位错成为新的动态再结晶晶粒的趋势，同时也观察到新的动态再结晶晶粒的晶界向未再结晶区域"弓出"。由图 2-65（a）中区域 2 的高倍二次电子像图 2-65（c）的"弓出"晶界特征也表明再结晶晶粒形核源于非连续动态再结晶的晶界"弓出"形核机制。而如图 2-65（d）所示，在未再结晶区域内部出现了呈带状分布的动态再结晶晶粒，这些晶粒是基于 Mg-4Zn 合金中剪切带形核长大的。镁合金在剧烈的变形过程中（轧制、热压缩等）容易发生应变局部化而形成剪切带[66,68-69]，在热变形过程中形成的剪切带内部存在大量位错和畸变能，在合适的条件下剪切带内部发生了动态再结晶形核及长大，最终形成了呈带状分布的动态再结晶晶粒。图 2-65（e）和（f）中未再结晶区域内部以剪切带形核机制形核长大并呈带状分布的动态再结晶晶粒为主，同时在图 2-65（f）中存在新的动态再结晶晶粒的晶界向未再结晶区域"弓出"，呈现非连续动态再结晶形核特征。与 Mg-4Zn 合金在 250℃、0.002s⁻¹ 热压缩变形微观组织相比，在 250℃、0.1s⁻¹ 热压缩变形时微观组织中出现了剪切带形核机制，合金中剪切带的出现与应变速率的增加有关。

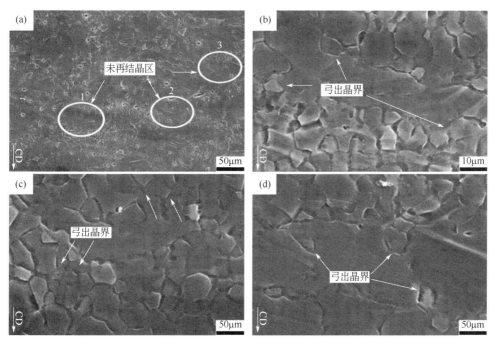

图 2-64　Mg-4Zn 合金热压缩变形组织（250℃、0.002s⁻¹）

（a）非连续动态再结晶（DDRX）；（b）（c）（d）晶界"弓出"形核机制

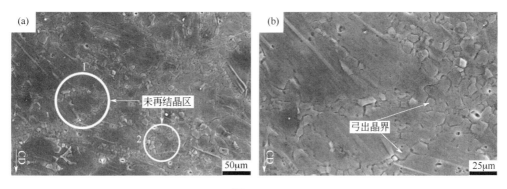

图 2-65

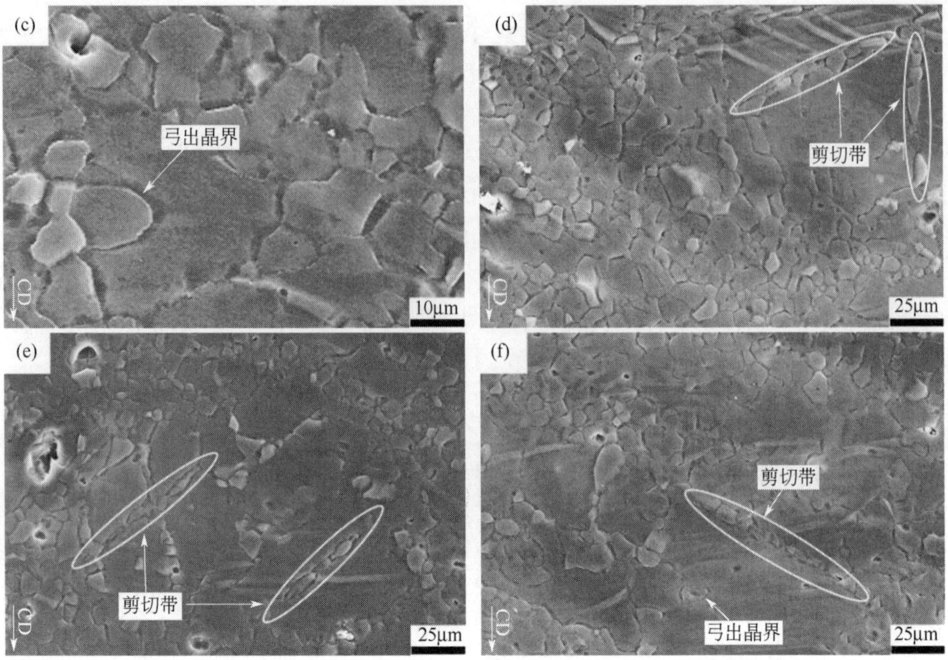

图 2-65　Mg-4Zn 合金热压缩变形组织（250℃、$0.1s^{-1}$）

（a）（b）（c）晶界“弓出”形核机制；（d）（e）（f）剪切带形核机制

图 2-66 为 Mg-4Zn-0.2Ca 合金在 250℃、$0.002s^{-1}$ 时的热压缩变形微观组织，由图 2-66（a）可知其微观组织存在大量未发生再结晶的原始铸态组织以及组织中呈球状并沿原始铸态晶界分布的第二相。图 2-66（b）～（d）为图 2-66（a）中局部区域的高倍二次电子像，可发现原始铸态组织中出现了明显的剪切带，剪切带作为 Mg-4Zn-0.2Ca 合金动态再结晶形核点，其内部形成了细小的动态再结晶晶粒。另外，图 2-66（d）剪切带中的动态再结晶晶粒明显长大，有进一步吞并原始铸态组织的趋势。与 Mg-4Zn 合金相比，Mg-4Zn-0.2Ca 合金生成了更多的剪切带。Mackenzie 等[70]的研究表明，稀土元素 Ce、Gd 会增加轧制态 Mg-Zn 合金中的剪切带数量，主要是由稀土元素抑制动态再结晶造成的，而 Mg-4Zn-*x*Ca 合金中 Ca 元素的添加也具有相同的作用。此外，图 2-66（d）中还可以看到项链状组织，且动态再结晶晶粒的晶界有向铸态组织“弓出”形核的趋势。图 2-66（e）和（f）为 Mg-4Zn-0.2Ca 合金中粗大第二相邻近区域的微观组织，如图中箭头所示，可以看到，在粗大（d>1μm）的第二相附近有大量细小的动态再结晶晶粒。这些动态再结晶晶粒一侧为粗大的第二相，另一侧为原始铸态组织，因此，可以判断这些晶粒是以 PSN 机制形核长大的。

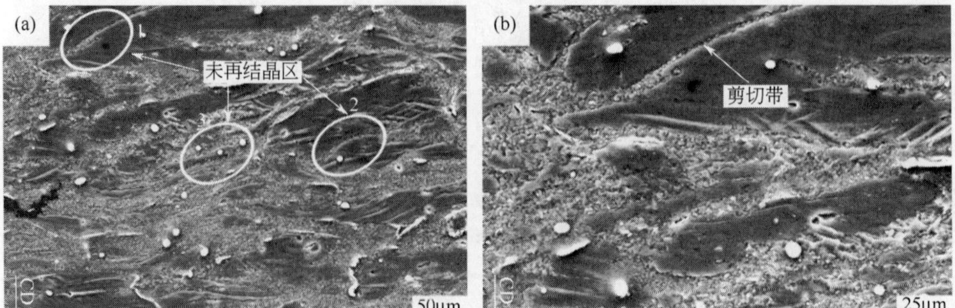

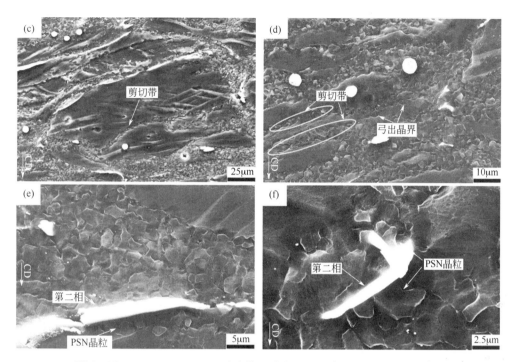

图 2-66　Mg-4Zn-0.2Ca 合金热压缩变形组织（250℃、0.002s^{-1}）

（a）（b）（c）剪切带形核机制；（d）剪切带及晶界"弓出"形核机制；（e）（f）第二相粒子促进形核（PSN）机制

　　图 2-67 为 Mg-4Zn-0.2Ca 合金在 250℃、0.1s^{-1} 时的热压缩变形微观组织。由图 2-67（a）可知，随着应变速率的升高，微观组织中剪切带数量增多。图 2-67（b）为 Mg-4Zn-0.2Ca 合金微观组织的高倍视场，其呈现出部分动态再结晶组织特征，在原始未再结晶组织中有剪切带存在，剪切带内部为细小的动态再结晶晶粒。图 2-67（c）和（d）为图 2-67（b）中局部区域的高倍二次电子像，分别发现动态再结晶晶粒的晶界"弓出"形核及 PSN 形核特征。

　　图 2-68 为 Mg-4Zn-0.5Ca 合金在 250℃、0.002s^{-1} 时的热压缩变形微观组织，由图 2-68（a）可知，随着 Ca 含量进一步增加，Mg-4Zn-0.5Ca 合金中的第二相尺寸和数量明显增加，动态再结晶体积分数和晶粒尺寸也明显减小。图 2-68（b）为图 2-68（a）中圆圈区域的高倍二次电子像，可以发现粗大的第二相及其周围由第二相粒子激发形核的动态再结晶晶粒，PSN 机制是该区域主要的动态再结晶形核机制。图 2-68（c）中圆圈区域为 Mg-4Zn-0.5Ca 合金的动态再结晶组织，其高倍视场如图 2-68（d）所示，存在呈带状分布的动态再结晶晶粒，且微观组织中有细小弥散的第二相析出，该区域的动态再结晶与 PSN 机制无直接关系。图 2-68（e）中主要为拉长的原始铸态组织，其中典型的动态再结晶区域在图中被标出。图 2-68（f）为图 2-68（e）中区域 1 的高倍二次电子像，可发现 PSN 机制形核的典型动态再结晶晶粒。图 2-68（g）和（h）为图 2-68（e）中区域 2 及区域 3 的高倍二次电子像，均可发现在原始的铸态组织内部出现呈带状分布的动态再结晶晶粒，这些晶粒是以剪切带形核并长大而得到。

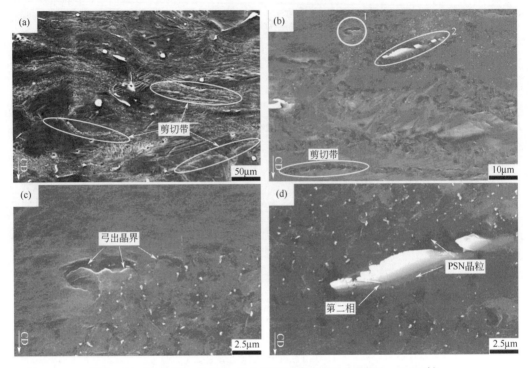

图 2-67　Mg-4Zn-0.2Ca 合金热压缩变形组织（250℃、0.1s⁻¹）

（a）（b）剪切带形核机制；（c）晶界"弓出"形核机制；（d）第二相粒子促进形核（PSN）机制

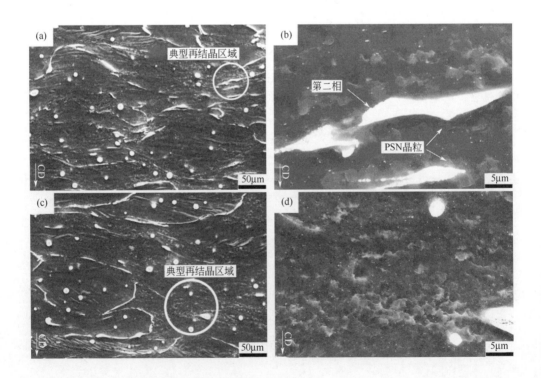

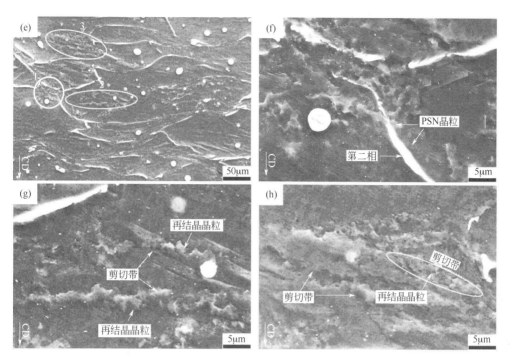

图 2-68　Mg-4Zn-0.5Ca 合金热压缩变形组织（250℃、0.002s⁻¹）

（a）（b）第二相粒子促进形核（PSN）机制；（c）（d）动态再结晶组织；
（e）拉长的原始铸态组织；（f）PSN 晶粒；（g）（h）剪切带形核机制

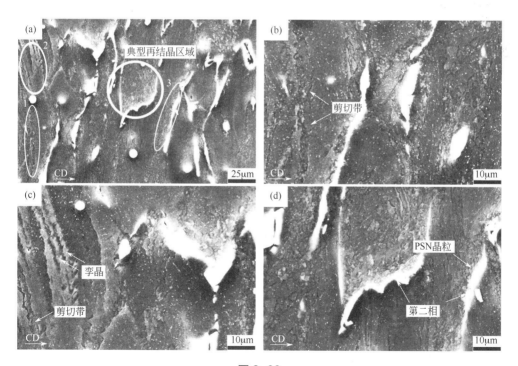

图 2-69

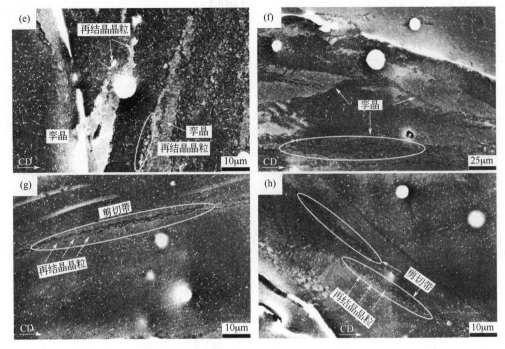

图 2-69　Mg-4Zn-0.5Ca 合金热压缩变形组织（250℃、0.1s⁻¹）

（a）（b）剪切带形核机制；（c）动态再结晶组织中的孪晶及剪切带；
（d）第二相粒子促进形核（PSN）机制；（e）孪晶诱导形核机制；
（f）动态再结晶组织中的孪晶；（g）（h）剪切带形核机制

　　图 2-69 为 Mg-4Zn-0.5Ca 合金在 250℃、0.1s⁻¹ 时的热压缩变形微观组织。图 2-69（b）为图 2-69（a）中区域 1 的高倍二次电子像，在原始铸态组织中出现了剪切带，剪切带成为动态再结晶新晶粒的形核位置[65,71]，在剪切带内部有动态再结晶晶粒形成。图 2-69（c）为图 2-69（a）中区域 2 的高倍二次电子像，未再结晶组织中出现了孪晶，其衬度与周围组织略有不同，孪晶的出现与应变速率的升高有关，同时在其微观组织中可以观察到剪切带的存在。图 2-69（d）为图 2-69（a）中区域 3 的高倍二次电子像，粗大的第二相沿原始铸态组织的晶界分布，近邻第二相有很多细小的动态再结晶晶粒，这些动态再结晶晶粒的形成与 PSN 机制有关。从图 2-69（e）可发现在未再结晶组织中靠近第二相的位置出现了孪晶，此外在孪晶的顶端可以看到细小的动态再结晶晶粒，这些晶粒是以孪晶为形核位置形核并长大的动态再结晶晶粒，这也是镁合金中重要的动态再结晶形核方式之一[10,16,72]。该孪晶附近还有与之基本平行的形变孪晶，其端部也可以看到以孪晶诱导形核方式形核长大的动态再结晶晶粒。此外，在其他位置也观察到未再结晶组织中的形变孪晶，如图 2-69（f）所示。图 2-69（g）和（h）为 Mg-4Zn-0.5Ca 合金其他位置的微观组织，仍可观察到剪切带以及在剪切带内部形核并长大的动态再结晶晶粒。与低应变速率下微观组织相比，随着应变速率的增加，Mg-4Zn-0.5Ca 合金中出现了更多剪切带和孪晶，它们均可作为动态再结晶形核点。

　　图 2-70 为 Mg-4Zn-0.8Ca 合金在 250℃、0.002s⁻¹ 时的热压缩变形微观组织，图 2-70（a）表明随着 Ca 含量的增加，Mg-4Zn-0.8Ca 合金动态再结晶体积分数进一步降低，第二相尺

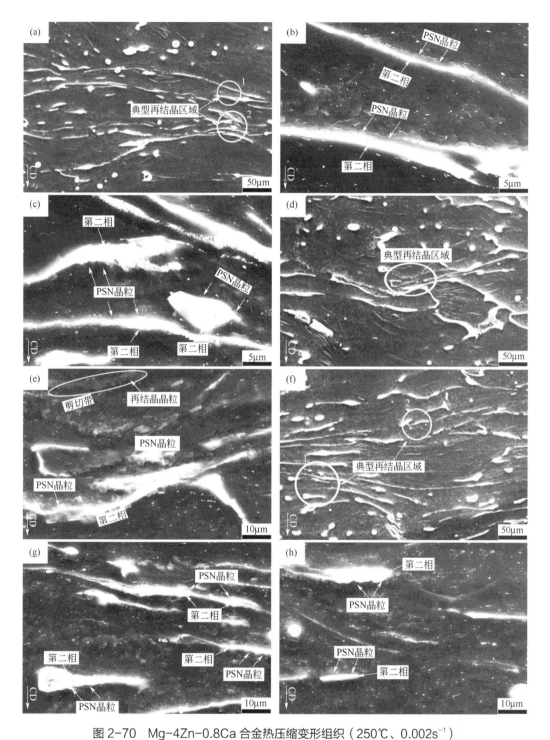

图 2-70 Mg-4Zn-0.8Ca 合金热压缩变形组织（250℃、0.002s⁻¹）

（a）（b）（c）第二相粒子促进形核（PSN）机制；（d）（e）第二相粒子促进形核（PSN）机制；
（f）（g）（h）第二相粒子促进形核（PSN）机制

寸和数量也明显增加，图 2-70（a）中区域 1 和 2 处为典型的动态再结晶区域，图 2-70（b）和（c）为其局部放大图，均发现第二相附近存在细小的动态再结晶晶粒，这些晶粒是受到第二相的激发而形核并长大。图 2-70（d）为 Mg-4Zn-0.8Ca 合金其他区域的微观组织，圆圈处为该区域典型的动态再结晶组织，其高倍视场［图 2-70（e）］表明该区域内原始铸态组织中保留的粗大第二相通过 PSN 机制促使周围分布细小的动态再结晶晶粒。此外，微观组织中还存在剪切带以及剪切带内部形核长大的动态再结晶晶粒。图 2-70（f）为 Mg-4Zn-0.8Ca 合金典型的热压缩变形微观组织，原始铸态组织中保留的第二相沿热压缩过程中金属流动方向分布，从局部放大图 2-70（g）和（h）中可发现以 PSN 机制形核长大的动态再结晶晶粒。

以上结果表明，随着 Ca 含量的增加，动态再结晶体积分数逐渐降低，Ca 元素明显抑制了动态再结晶的发生。此外，粗大含 Ca 第二相数量的增加也为动态再结晶提供了更多的形核点，使得 PSN 形核机制逐渐成为 Mg-4Zn-xCa 合金发生动态再结晶的主导形核机制。

2.5　Mg-4Zn-xCa 合金热加工变形能力及组织特征

2.5.1　Mg-4Zn-xCa 合金热加工图构建

图 2-71 为 Mg-4Zn-xCa 合金热压缩变形后的试样宏观形貌，可以发现热压缩后试样均存在不同程度的边裂。Mg-4Zn 合金在 T=200/250℃、$\dot{\varepsilon}$=0.1/1.0s^{-1} 热压缩时，其热压缩试样边部出现明显裂纹，尤其在 T=200℃、$\dot{\varepsilon}$=1.0s^{-1} 热压缩时试样沿着与热压缩方向呈 45° 的平面发生剪切断裂，表明 Mg-4Zn 合金在低温、高应变速率条件下热加工变形能力较差。随着 Ca 元素的添加，Mg-4Zn-xCa 合金有更多的热压缩试样发生边裂，其中，Mg-4Zn-0.2Ca 合金在 T=200/250/350℃、$\dot{\varepsilon}$=0.1/1.0s^{-1} 以及 T=200℃、$\dot{\varepsilon}$=0.01s^{-1} 时热压缩试样发生边裂，尤其在 350℃、1.0s^{-1} 时边裂严重；Mg-4Zn-0.5Ca 合金在 T=200/350℃、$\dot{\varepsilon}$=0.1/1.0s^{-1} 热压缩试样发生边裂；对于 Mg-4Zn-0.8Ca 合金，其在 T=200/250/350℃、$\dot{\varepsilon}$=0.1/1.0s^{-1} 和 T=200℃、$\dot{\varepsilon}$=0.01s^{-1} 时出现较为明显的边裂。由热压缩试样的边裂情况可以看出，Ca 元素的添加在一定程度上恶化了 Mg-4Zn 合金的热加工变形能力，使其对热变形温度和应变速率更加敏感。

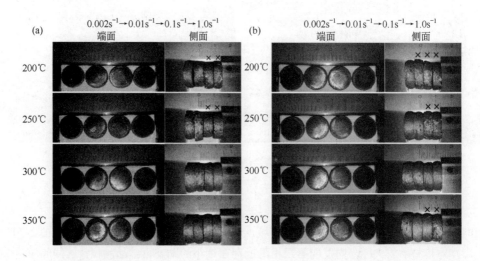

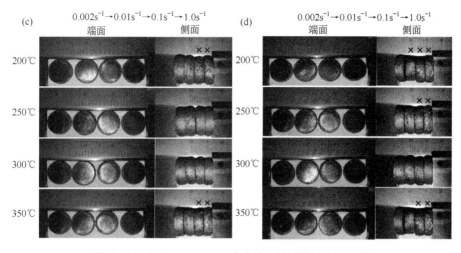

图 2-71　Mg-4Zn-xCa 合金热压缩试样的宏观形貌

（a）Mg-4Zn；（b）Mg-4Zn-0.2Ca；（c）Mg-4Zn-0.5Ca；（d）Mg-4Zn-0.8Ca

以 Mg-4Zn 合金为例，分别选取与热压缩真应变量 $\varepsilon=0.4$、$\varepsilon=0.9$ 对应的流变应力构建热加工图。首先采用三次多项式拟合得到 $\ln\sigma$-$\ln\dot{\varepsilon}$ 关系：

$$\ln\sigma = a + b\ln\dot{\varepsilon} + c(\ln\dot{\varepsilon})^2 + d(\ln\dot{\varepsilon})^3 \tag{2-34}$$

式中，a、b、c、d 为与温度相关的材料常数。

图 2-72 为 $\varepsilon=0.4$、$\varepsilon=0.9$ 时，利用三次多项式拟合得到的 $\ln\sigma$-$\ln\dot{\varepsilon}$ 的三次样条曲线。应变速率敏感性参数 m 即为图 2-72 中所示的三次样条曲线的斜率，对 $\ln\sigma$-$\ln\dot{\varepsilon}$ 的三次多项式求导，如下所示：

$$m = \frac{\partial(\ln\sigma)}{\partial(\ln\dot{\varepsilon})} = b + 2c\ln\dot{\varepsilon} + 3d(\ln\dot{\varepsilon})^2 \tag{2-35}$$

图 2-73 为 $\varepsilon=0.4$ 和 $\varepsilon=0.9$ 时应变速率敏感性参数 m 值的变化情况。当 $\varepsilon=0.4$ 时，应变速率敏感性参数 m 的峰值出现在 $T=300℃$、$\dot{\varepsilon}=0.03\mathrm{s}^{-1}$ 附近；随着 ε 增加至 0.9，应变速率敏感性参数 m 值随热变形条件的变化出现两个峰值，分别位于 $T=250℃$、$\dot{\varepsilon}=0.002\mathrm{s}^{-1}$ 和 $T=300℃$、$\dot{\varepsilon}=1\mathrm{s}^{-1}$ 附近。

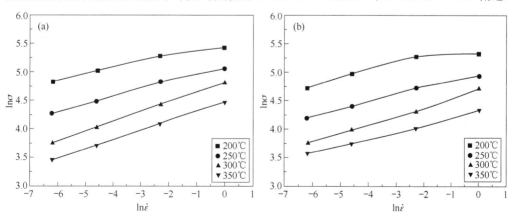

图 2-72　不同应变条件下 Mg-4Zn 合金 $\ln\sigma$-$\ln\dot{\varepsilon}$ 关系的三次样条曲线

（a）$\varepsilon=0.4$；（b）$\varepsilon=0.9$

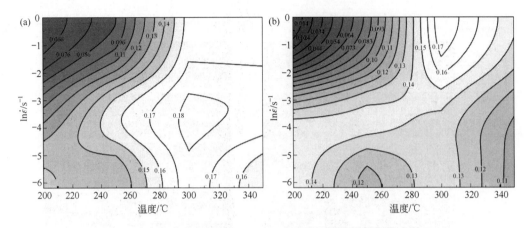

图 2-73　不同应变条件下 Mg-4Zn 合金的应变速率敏感性参数 m

（a）$\varepsilon = 0.4$；（b）$\varepsilon = 0.9$

功率耗散效率 η 可用应变速率敏感性指数 m 来描述：

$$\eta = \frac{\Delta J / \Delta P}{(\Delta J / \Delta P)_{\text{line}}} = \frac{m / (m+1)}{1/2} = \frac{2m}{m+1} \qquad (2\text{-}36)$$

将利用式（2-35）计算求得的 m 值代入式（2-36），便可得到 Mg-4Zn 合金在不同变形条件下的功率耗散效率（η），如图 2-74 所示。图中，不同的等高线上 η 取值不同，而不同的 η 值对应着不同的热加工变形能力区域。由图 2-74 可知，功率耗散效率 η 值随着变形温度的降低和应变速率的增加逐渐降低，反之则逐渐升高。此外，当 $\varepsilon=0.4$ 时，功率耗散效率 η 的峰值出现在中等变形温度和应变速率区域，而当 $\varepsilon=0.9$ 时，功率耗散效率 η 的峰值出现在中等变形温度和高应变速率区域。表 2-9 为 Mg-4Zn 合金在 $\varepsilon=0.9$ 时功率耗散区域划分情况，根据 η 值的变化范围及其对应的热加工工艺参数，可以将功率耗散图大致划分为三个区域。一般规律为：功率耗散效率 η 值越高，材料在该区域热加工变形能力越好。但对于一些加工失稳方式，如楔形裂纹（wedge crack）[73]的出现，也会导致高的功率耗散效率 η 值，因而需要与失稳图相结合进行判断。

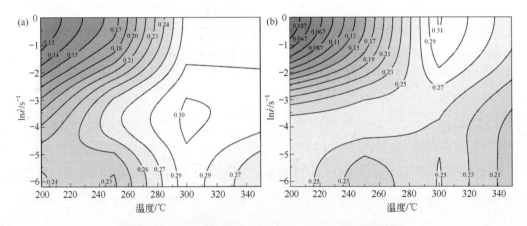

图 2-74　不同应变条件下 Mg-4Zn 合金的功率耗散图

（a）$\varepsilon = 0.4$；（b）$\varepsilon = 0.9$

表 2-9　真应变为 0.9 时 Mg-4Zn 合金的功率耗散区域划分

区域编号	功率耗散效率 η	变形参数	
		变形温度/℃	应变速率/s⁻¹
Ⅰ	0～0.25	200～280	0.03～1
Ⅱ	0.21～0.25	200～350	0.002～0.03
Ⅲ	0.25～0.31	280～350	0.03～1

将式（2-35）得到的 m 值代入式（2-37），即可求得失稳系数的表达式。

$$\xi(\dot{\varepsilon})=\frac{\partial\ln\left(\frac{m}{m+1}\right)}{\partial\ln\dot{\varepsilon}}+m=\frac{2c+6d\ln\dot{\varepsilon}}{m(m+1)\ln10}+m \tag{2-37}$$

失稳图用来描述失稳系数 $\xi(\dot{\varepsilon})$ 随着变形温度和应变速率的变化规律。利用失稳图判定安全区或失稳区的标准为：失稳系数 $\xi(\dot{\varepsilon})$ 大于零的区域为安全区，而失稳系数 $\xi(\dot{\varepsilon})$ 小于零的区域则为失稳区。图 2-75 为 Mg-4Zn 合金在 ε=0.4 和 ε=0.9 时的失稳图，图中阴影部分即失稳区。从图 2-75（a）可以看出，ε=0.4 和 ε=0.9 时的失稳区位置基本一致，均以低温、高应变速率变形区域为主。实验结果表明，Mg-4Zn 合金在 200/250℃、0.1/1.0s⁻¹ 条件下压缩变形时试样均发生了较为明显的边裂，该结果与失稳区变形参数一致，因此，在实际的热加工过程中应该尽量避开此区域。表 2-10 为 Mg-4Zn 合金失稳图中失稳区的划分情况。

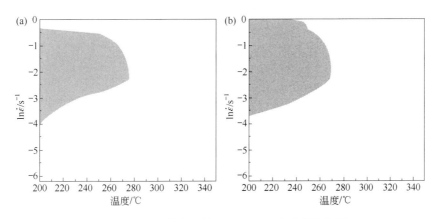

图 2-75　不同应变条件下 Mg-4Zn 合金的失稳图

（a）ε=0.4；（b）ε=0.9

表 2-10　Mg-4Zn 合金失稳图的失稳区域划分

应变量	区域编号	变形参数	
		变形温度/℃	应变速率/s⁻¹
0.4	Ⅰ	200～250	0.018～0.75
	Ⅱ	250～270	0.050～0.75
0.9	Ⅰ	200～250	0.025～1.0
	Ⅱ	250～270	0.050～0.75

　　基于动态材料模型的热加工图由功率耗散图与失稳图叠加而成，因此，将 Mg-4Zn 合金的功率耗散图和失稳图叠加便可获得其热加工图。图 2-76 为 Mg-4Zn 合金在 ε=0.4、ε=0.9 时的热加工图。其中，等高线图为功率耗散图，阴影部分为失稳区，阴影部分以外的区域则为安全区，其是制定热加工工艺参数所参考的范围。根据最大功率耗散效率 η 值的分布情况，将不同应变量条件下 Mg-4Zn 合金的安全区进行划分，如表 2-11 所示。一般来说，位于安全区内的 η 值越大，表明材料的可加工性能越好[73]。因此，位于安全区内 η 值较大的区域为热加工工艺参数选取所优先考虑的区域。

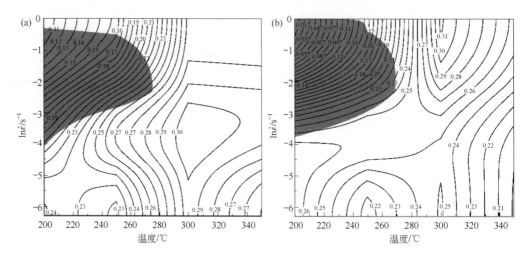

图 2-76　不同应变条件下 Mg-4Zn 合金的热加工图

（a）$\varepsilon = 0.4$；（b）$\varepsilon = 0.9$

表 2-11　Mg-4Zn 合金安全加工区域划分

应变量	区域编号	变形参数	
		变形温度/℃	应变速率/s^{-1}
0.4	Ⅰ	200～250	0.0020～0.018
	Ⅱ	250～350	0.0020～0.050
	Ⅲ	270～350	0.050～1.0
0.9	Ⅰ	200～250	0.0020～0.025
	Ⅱ	250～350	0.0020～0.050
	Ⅲ	270～350	0.050～1.0

　　依照相同方法，图 2-77 为 Mg-4Zn-(0.2/0.5/0.8)Ca 合金在 ε=0.4 和 ε=0.9 时的热加工图，由功率耗散图及失稳图构成。不同应变量下 Mg-4Zn-(0.2/0.5/0.8)Ca 合金功率耗散效率 η 值变化规律一致，均随变形温度的升高和应变速率的降低而增加。研究表明[74-75]，材料的功率耗散效率 η 值与其动态再结晶程度有直接关系，具有低层错能的镁合金，其发生完全的动态再结晶所对应的 η 值在 0.3～0.4，对于 Mg-4Zn-xCa 合金，其峰值功率耗散效率 η 值均在 0.3～0.4 范围内，说明合金在功率耗散效率峰值区域热变形时，将发生完全的动态再结

晶。如图 2-77（a）所示，ε=0.4 时，Mg-4Zn-0.2Ca 合金的失稳区主要集中在高应变速率（$\dot{\varepsilon}$=0.01/0.1/1s^{-1}）区域，但在 280～300℃温度区间，高应变速率（$\dot{\varepsilon}$=0.1/1s^{-1}）区域并没有出现失稳区。随着 ε 增加至 0.9，失稳区扩大到整个高应变速率（$\dot{\varepsilon}$=0.01/0.1/1s^{-1}）区域[图 2-77（b）]。与 Mg-4Zn 合金相比，Mg-4Zn-0.2Ca 合金在相同应变量下的失稳区明显增大，说明该材料对变形温度和应变速率更加敏感，0.2%Ca 元素的添加明显缩小了 Mg-4Zn 合金的热加工工艺窗口，恶化了其热加工变形能力。当 Ca 含量增加至 0.5%时，Mg-4Zn-0.5Ca 合金的失稳区相较于 Mg-4Zn-0.2Ca 合金变小，合金在高变形温度、高应变速率（T=300/350℃、$\dot{\varepsilon}$=0.1/1s^{-1}）区域并没有出现失稳。随着 Ca 含量增加至 0.8%，Mg-4Zn-0.8Ca 合金的失稳区进一步扩大，几乎遍布整个高应变速率（$\dot{\varepsilon}$=0.01/0.1/1s^{-1}）区域，与 Mg-4Zn-0.2Ca 合金的失稳区分布相似。以上结果表明，Ca 元素的添加扩大了 Mg-4Zn 合金的热加工变形失稳区，尤其是 Mg-4Zn-0.2Ca、Mg-4Zn-0.8Ca 合金，它们对热变形温度、应变速率更加敏感。表 2-12 为 Mg-4Zn-(0.2/0.5/0.8)Ca 合金的热加工安全区划分情况，优先选择 η 值较大的热变形区间制定合金的热加工工艺。

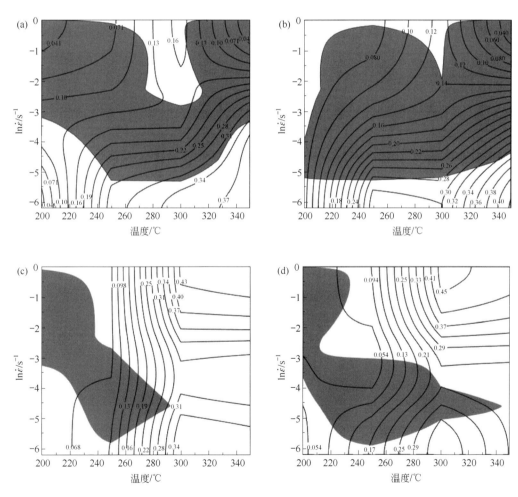

图 2-77

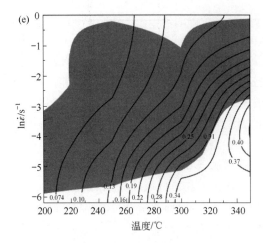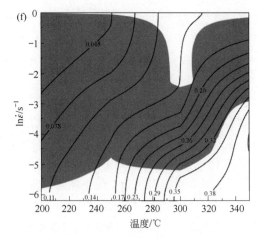

图 2-77　不同应变条件下 Mg-4Zn-(0.2/0.5/0.8)Ca 合金的热加工图

（a）Mg-4Zn-0.2Ca，ε=0.4；（b）Mg-4Zn-0.2Ca，ε=0.9；

（c）Mg-4Zn-0.5Ca，ε=0.4；（d）Mg-4Zn-0.5Ca，ε=0.9；

（e）Mg-4Zn-0.8Ca，ε=0.4；（f）Mg-4Zn-0.8Ca，ε=0.9

表 2-12　Mg-4Zn-(0.2/0.5/0.8)Ca 合金安全区

应变量		区域编号	变形参数	
			变形温度/℃	应变速率/s^{-1}
ZX40	0.4	I	200～230	0.0050～0.018
		II	275～305	0.080～1.0
		III	200～350	0.0020～0.0050
		IV	335～350	0.0050～0.018
	0.9	I	200～210	0.080～1.0
		II	200～350	0.0020～0.0060
		III	290～300	0.40～1.0
ZX41	0.4	I	200～220	0.0020～0.018
		II	240～350	0.080～1.0
		III	220～290	0.0020～0.0030
		IV	290～350	0.0020～0.080
	0.9	I	200～220	0.0020～0.0060
		II	230～350	0.050～1.0
		III	300～350	0.0020～0.0060
		IV	220～300	0.0020～0.0030
ZX42	0.4	I	200～220	0.080～1.0
		II	200～280	0.0020～0.0030
		III	280～330	0.0020～0.0050
		IV	330～350	0.0020～0.040
	0.9	I	200～250	0.0020～0.0030
		II	250～330	0.0020～0.0050
		III	290～310	0.080～1.0
		IV	330～350	0.0020～0.030

2.5.2　基于热加工图的 Mg-4Zn-xCa 合金微观组织特征

图 2-78 为 Mg-4Zn 合金 ε=0.9 时的热加工图。图 2-79 为 Mg-4Zn 合金 ε=0.9 时热加工图中不同区域的热压缩微观组织。其中，图 2-79（a）为 Mg-4Zn 合金在 ε=0.9、T=200℃、$\dot{\varepsilon}$=1s^{-1} 热压缩微观组织，该热变形条件位于热加工图的失稳区内（如图 2-78 位置 1 所示），微观组织中存在大量的变形带，同时还出现了一些微孔及微裂纹，这些均可成为裂纹源，导致热加工裂纹的产生，并最终造成材料失稳。该变形条件下的合金位于功率耗散图 η≤0.017 区域，因此微观组织中并未出现动态再结晶组织。图 2-79（b）为 Mg-4Zn 合金在 ε=0.9、T=250℃、$\dot{\varepsilon}$=1s^{-1} 时热压缩微观组织，该热变形条件仍位于热加工图的失稳区内（如图 2-78 位置 2 所示），与图 2-79（a）相比，变形温度的升高激活了动态再结晶，合金微观组织呈现部分动态再结晶特征，功率耗散效率也明显增大（η≈0.13）。但组织中仍存在部分平行分布的变形带，变形带两侧为呈带状分布的动态再结晶晶粒，同时组织中仍保留大量未再结晶区域，因此也不适合热加工变形。图 2-79（c）为 Mg-4Zn 合金在 ε=0.9、T=300℃、$\dot{\varepsilon}$=1s^{-1} 时热压缩微观组织，该热变形条件位于热加工图的安全区内（如图 2-78 位置 3 所示），由于变形温度的进一步升高，合金发生了明显的动态再结晶，组织以细小、均匀的再结晶晶粒为主，只保留了少量的未再结晶区域。此外，该变形条件位于功率耗散效率峰值区（η≈0.31），热变形微观组织均匀细小，因此该区域是最优热加工区（加工区Ⅰ）。图 2-79（d）为 Mg-4Zn 合金在 ε=0.9、T=300℃、$\dot{\varepsilon}$=0.002s^{-1} 条件下热压缩微观组织，该热变形条件亦在热加工图的安全区内（如图 2-78 位置 4 所示）。与图 2-79（c）相比，由于应变速率的降低，Z 参数减小，使得合金动态再结晶分数和再结晶晶粒尺寸增大。该变形条件位于功率耗散效率次峰值区（η≈0.25），也可以作为合适的热加工区。

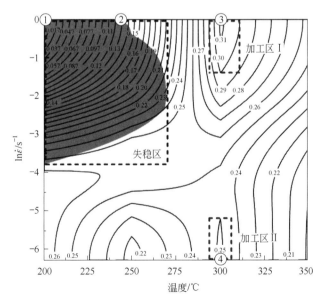

图 2-78　Mg-4Zn 合金热加工图分析（ε=0.9）

①—200℃、1s^{-1}；②—250℃、1s^{-1}；③—300℃、1s^{-1}；④—300℃、0.002s^{-1}

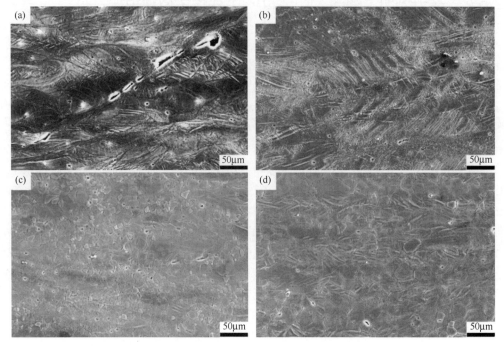

图 2-79　Mg-4Zn 合金热压缩微观组织（1000×）（ε=0.9）

（a）200℃、$1s^{-1}$；（b）250℃、$1s^{-1}$；（c）300℃、$1s^{-1}$；（d）300℃、$0.002s^{-1}$

　　图 2-80 为 Mg-4Zn-0.2Ca 合金 ε=0.9 时的热加工图，图 2-81 为 Mg-4Zn-0.2Ca 合金 ε=0.9 时位于热加工图不同区域的热压缩微观组织。图 2-81（a）为 Mg-4Zn-0.2Ca 合金在 ε=0.9、T=200℃、$\dot{\varepsilon}$=$1s^{-1}$ 时热压缩微观组织，该热变形条件位于热加工图的安全区内（如图 2-80 位置①所示），合金中主要为拉长的铸态组织以及沿原始铸态组织晶界分布的共晶相，由于变形温度低、应变速率高，并未发生动态再结晶，且组织中有微裂纹出现，材料发生明显失稳。此时的功率耗散效率较低（η≤0.08），尽管此热变形条件位于热加工图安全区内，热加工时也应尽量避开。图 2-81（b）为 Mg-4Zn-0.2Ca 合金在 ε=0.9、T=350℃、$\dot{\varepsilon}$=$1s^{-1}$ 时热压缩微观组织，该热变形条件位于热加工图的失稳区内（如图 2-80 位置②所示）。由于合金在此条件下热压缩时应变量很小就发生断裂，因此其微观组织保留了铸态组织特征，并没有发生明显的变形。图 2-81（c）为 Mg-4Zn-0.2Ca 合金在 ε=0.9、T=250℃、$\dot{\varepsilon}$=$0.002s^{-1}$ 时热压缩微观组织，该热变形条件位于热加工图的安全区内（如图 2-80 位置③所示）。与失稳区典型的铸态组织不同，在此变形条件下，组织中出现大量细小的再结晶晶粒，合金微观组织中发生了明显的动态再结晶，同时也保留了部分拉长的铸态组织，并被细小的再结晶晶粒所包围。该位置功率耗散效率 η≈0.3，为功率耗散图中次峰值区域。当热变形温度升高至 350℃时，即合金的热变形条件位于热加工图安全区内（如图 2-80 位置④所示），组织以细小的动态再结晶晶粒为主，微观组织发生了完全动态再结晶，如图 2-81（d）所示。由于热变形温度的升高，合金的晶粒尺寸与图 2-81（c）相比明显增大。此变形条件的功率耗散效率 η≈0.42，是 Mg-4Zn-0.2Ca 合金最合适的热加工工艺窗口。

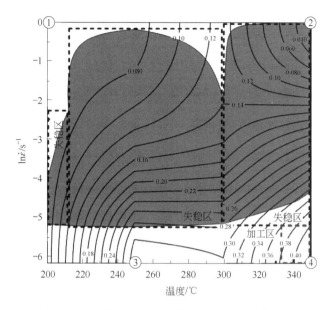

图 2-80　Mg-4Zn-0.2Ca 合金热加工图分析（ε=0.9）

①—200℃、1s^{-1}；②—350℃、1s^{-1}；③—250℃、0.002s^{-1}；④—350℃、0.002s^{-1}

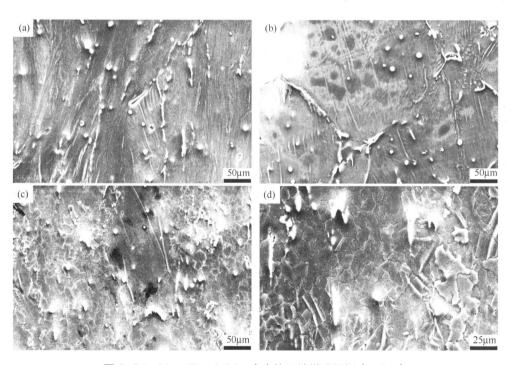

图 2-81　Mg-4Zn-0.2Ca 合金热压缩微观组织（ε=0.9）

（a）200℃、1s^{-1}（1000×）；（b）350℃、1s^{-1}（1000×）；
（c）250℃、0.002s^{-1}（1000×）；（d）350℃、0.002s^{-1}（2000×）

　　图 2-82 为 Mg-4Zn-0.5Ca 合金 ε=0.9 时的热加工图，图 2-83 为 Mg-4Zn-0.5Ca 合金 ε=0.9 时位于热加工图不同区域的热压缩微观组织。图 2-83（a）为 Mg-4Zn-0.5Ca 合金在 ε=0.9、T=200℃、$\dot{\varepsilon}$ =1s^{-1} 时热压缩微观组织，该热变形条件位于热加工图的失稳区内（如图 2-82

位置①所示）。合金的微观组织主要为热压缩过程中拉长的铸态晶粒，由于合金在低温、高应变速率下变形，因此并未发生动态再结晶，其功率耗散效率 $\eta \leqslant 0.05$，该区域不能作为热加工工艺窗口。图 2-83（b）为 Mg-4Zn-0.5Ca 合金在 $\varepsilon=0.9$、$T=250℃$、$\dot{\varepsilon}=0.01s^{-1}$ 时热压缩微观组织，该热变形条件也位于热加工图的失稳区内（如图 2-82 位置②所示）。其微观组织同样以拉长的铸态晶粒为主，且组织中出现微裂纹，造成了材料加工失稳，该热变形条件下的功率耗散效率也较低（$\eta \approx 0.09$），不能作为热加工区。图 2-83（c）为 Mg-4Zn-0.5Ca 合金在 $\varepsilon=0.9$、$T=300℃$、$\dot{\varepsilon}=1s^{-1}$ 时热压缩微观组织，合金中发生了动态再结晶，原始铸态组织周围出现了呈项链状分布的细小的动态再结晶晶粒，同时在原始铸态组织内部可以看到以孪晶或剪切带形核并长大的动态再结晶晶粒。尽管该热变形条件位于可加工区，且功率耗散效率达到峰值（$\eta \approx 0.45$），但微观组织显示仍有大量孪晶和未再结晶区域。因此，该变形区域不适合作为热加工工艺窗口。相比之下，当应变速率降低至 $0.002s^{-1}$ 时，如图 2-83（d）所示，组织中动态再结晶分数和再结晶晶粒尺寸进一步增大，尽管此处热变形功率耗散效率为次峰值（$\eta \approx 0.33$），但更适合作为热加工工艺窗口。

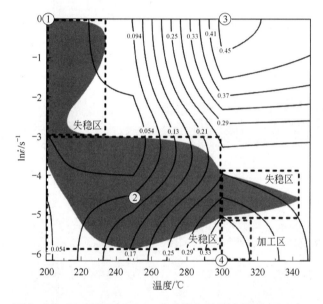

图 2-82　Mg-4Zn-0.5Ca 合金热加工图分析（$\varepsilon=0.9$）
①—200℃，$1s^{-1}$；②—250℃，$0.01s^{-1}$；③—300℃，$1s^{-1}$；④—300℃，$0.002s^{-1}$

图 2-84 为 Mg-4Zn-0.8Ca 合金 $\varepsilon=0.9$ 时的热加工图，图 2-85 为 Mg-4Zn-0.8Ca 合金 $\varepsilon=0.9$ 时位于热加工图不同区域的热压缩微观组织。图 2-85（a）为 Mg-4Zn-0.8Ca 合金在 $\varepsilon=0.9$、$T=200℃$、$\dot{\varepsilon}=0.1s^{-1}$ 时的热压缩微观组织，以拉长的铸态晶粒为主，该热变形条件位于热加工图的失稳区内（如图 2-84 位置①所示）。由于该变形条件下试样提前发生断裂，因此铸态晶粒延伸并不明显。此外，该变形条件下的功率耗散效率很低（$\eta \leqslant 0.048$），不宜作为热加工工艺窗口。当变形温度升高至 250℃，如图 2-85（b）所示，微观组织为拉长的铸态晶粒，合金中共晶相沿压缩变形方向分布，该变形条件功率耗散效率 $\eta \approx 0.06$，微观组织中并未发生明显动态再结晶。此外，微观组织中已出现微裂纹，造成了材料失稳。图 2-85（c）为 Mg-4Zn-0.8Ca 合金在 $\varepsilon=0.9$、$T=350℃$、$\dot{\varepsilon}=0.01s^{-1}$ 时热压缩微观组织，该热变形条件位于热

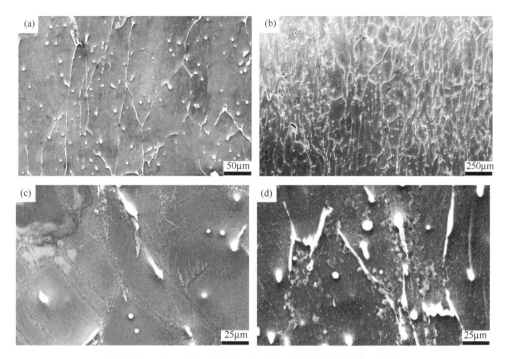

图 2-83　Mg-4Zn-0.5Ca 合金热压缩微观组织（ε=0.9）

（a）200℃、1s^{-1}（1000×）;（b）250℃、0.01s^{-1}（200×）;
（c）300℃、1s^{-1}（2000×）;（d）300℃、0.002s^{-1}（2000×）

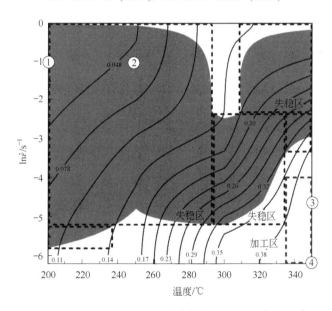

图 2-84　Mg-4Zn-0.8Ca 合金热加工图分析（ε=0.9）

①—200℃、0.1s^{-1}；②—250℃、0.1s^{-1}；③—350℃、0.01s^{-1}；④—350℃、0.002s^{-1}

加工图的安全区（如图 2-84 位置③所示）。与图 2-85（a）（b）相比，合金中出现了细小的动态再结晶晶粒，但其余组织仍为拉长的铸态晶粒，合金在该变形条件下发生了部分动态再结晶。同时，该位置的功率耗散效率 $\eta\approx0.38$，远高于位置①和位置②，因此微观组织也较这两者均匀细小，可作为合金的热加工工艺窗口。随着应变速率降低至$\dot{\varepsilon}$=0.002s^{-1}，合金中动态再结晶更加充分，动态再结晶分数进一步增加，如图 2-85（d）所示。应变速率$\dot{\varepsilon}$=0.002s^{-1} 位于热加工图功率耗散效率峰值区（如图 2-84 位置④所示），此变形条件下的功率耗散效率 $\eta\approx0.41$，因此更适合作为合金的热加工工艺窗口。

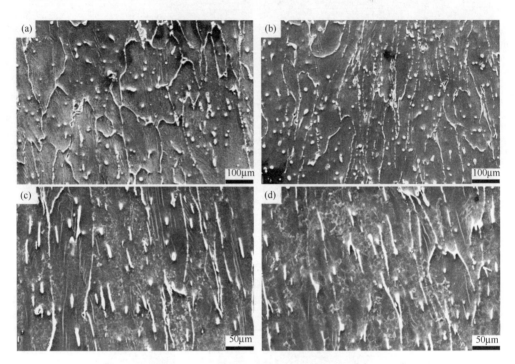

图 2-85　Mg-4Zn-0.8Ca 合金热压缩微观组织（ε=0.9）

（a）200℃、0.1s^{-1}（500×）；（b）250℃、0.1s^{-1}（500×）；
（c）350℃、0.01s^{-1}（1000×）；（d）350℃、0.002s^{-1}（1000×）

综上所述，Mg-4Zn-xCa 合金最优热加工工艺窗口如表 2-13 所示。随着 Ca 含量的增加，Mg-4Zn-xCa 合金的最优热加工温度逐渐升高，应变速率逐渐降低。此外，结合 Mg-4Zn-xCa 合金的热加工图可以看出，Ca 元素的添加明显扩大了 Mg-4Zn 合金的失稳区，恶化了其热加工变形能力。Mg-4Zn 合金的失稳区主要位于低温（200/250℃）、高应变速率（0.1/1s^{-1}）区域；当添加 0.2%Ca 时，Mg-4Zn-0.2Ca 合金的失稳区扩大至整个中、高应变速率（0.01/0.1/1s^{-1}）区域；随着 Ca 含量增加至 0.5%，Mg-4Zn-0.5Ca 合金的失稳区有所减小，主要位于低温（200/250℃）、中应变速率（0.01/0.1s^{-1}）区域；而当 Ca 含量增加至 0.8%时，Mg-4Zn-0.5Ca 合金的失稳区又进一步扩大至整个高应变速率（0.01/0.1/1s^{-1}）区域。整体而言，Ca 元素的添加明显恶化了 Mg-4Zn-xCa 合金的热加工变形能力。

表 2-13　真应变为 0.9 时 Mg-4Zn-xCa 合金最优的热加工工艺窗口

合金	区域编号	变形参数	
		变形温度/℃	应变速率/s^{-1}
Mg-4Zn	I	290～310	0.25～1.0
	II	290～310	0.0020～0.0050

合金	区域编号	变形参数	
		变形温度/℃	应变速率/s^{-1}
Mg-4Zn-0.2Ca	—	330~350	0.0020~0.0050
Mg-4Zn-0.5Ca	—	300~320	0.0020~0.0050
Mg-4Zn-0.8Ca	—	335~350	0.0020~0.020

2.5.3 Ca 元素对 Mg-4Zn-xCa 合金热加工变形能力的影响

在热力模拟试验机（GLEEBLE 3500）上进行 Mg-4Zn-xCa 合金的高温热塑性实验，实验具体方案如图 2-86 所示：图（a）以 5℃/s 的升温速度加热到变形温度（200℃、250℃、300℃、350℃）后保温 3min；图（b）以不同的应变速率（0.002s^{-1}、0.1s^{-1}）进行拉伸至断裂；图（c）材料拉断后立即用压缩空气对试样进行冷却至室温。

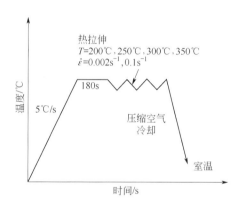

图 2-86　Mg-4Zn-xCa 合金高温热塑性实验过程示意图

图 2-87 为 Mg-4Zn-xCa 合金高温热塑性实验的试样尺寸及实物图。图 2-88 为 Mg-4Zn-xCa 合金高温热塑性实验拉断后的试样，一部分试样呈现出明显、均匀的颈缩，且具有较高的延伸率，另一部分试样则在很小的应变下即发生断裂，几乎没有发生颈缩，呈现出较差的高温热塑性。

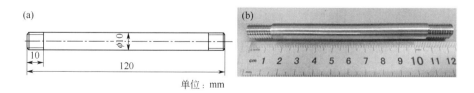

图 2-87　Mg-4Zn-xCa 合金高温热塑性实验试样

（a）尺寸图；（b）实物图

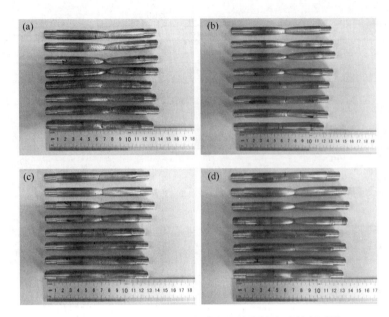

图 2-88 Mg-4Zn-*x*Ca 合金高温热塑性实验拉断试样

（a）Mg-4Zn；（b）Mg-4Zn-0.2Ca；（c）Mg-4Zn-0.5Ca；（d）Mg-4Zn-0.8Ca

图 2-89 为 Mg-4Zn-*x*Ca 合金的高温拉伸力学性能。其中，图 2-89（a）为 $\dot{\varepsilon}$ =0.002s^{-1} 时的高温强度变化。随着变形温度的升高，Mg-4Zn-*x*Ca 合金的高温强度均逐渐降低，尤其在 300℃时合金的高温强度下降明显。当变形温度升高至 350℃时，Mg-4Zn-0.2Ca 和 Mg-4Zn-0.8Ca 合金的高温强度略有降低，Mg-4Zn 和 Mg-4Zn-0.5Ca 合金的高温强度则略有升高。此外，随着 Ca 含量的增加，Mg-4Zn-*x*Ca 合金的高温强度逐渐增加，说明 Ca 元素的添加有利于提高合金的高温强度。Bettles 等[76]的研究表明，由于 Ca 元素促使 Mg-Zn 合金获得细小、弥散的析出，0.1%Ca 就改善了 Mg-4Zn 合金的高温强度。图 2-89（b）为合金在 $\dot{\varepsilon}$ =0.002s^{-1} 时的高温断面收缩率变化。随着变形温度的升高，Mg-4Zn-*x*Ca 合金的断面收缩率逐渐升高，当变形温度由 200℃上升至 300℃时，合金断面收缩率明显升高，而当温度进一步升高至 350℃时，Mg-4Zn-0.2Ca、Mg-4Zn-0.8Ca 合金的面缩率略有升高，而 Mg-4Zn、Mg-4Zn-0.5Ca 合金的断面收缩率则略有降低。此时，Mg-4Zn-*x*Ca 合金的高温拉伸强度与断面收缩率随温度的升高变化趋势相反。图 2-89（c）为 $\dot{\varepsilon}$ =0.1s^{-1} 时的高温拉伸强度。随着变形温度的升高，Mg-4Zn-*x*Ca 合金的高温拉伸强度逐渐降低。值得注意的是，合金在 250～300℃温度区间的强度明显降低，而在 300～350℃温度区间强度只是略微降低。图 2-89（d）为 $\dot{\varepsilon}$ =0.1s^{-1} 时的高温断面收缩率，其中 Mg-4Zn-0.5Ca、Mg-4Zn-0.8Ca 合金的高温热塑性均随着变形温度的升高而增加，而 Mg-4Zn、Mg-4Zn-0.2Ca 合金的变化则较为复杂：Mg-4Zn 合金的断面收缩率先随着变形温度的升高而逐渐增加，但在 350℃时合金的断面收缩率略有降低；Mg-4Zn-0.2Ca 合金的断面收缩率在 300℃时略有下降而在 350℃时略有升高。由图 2-89（b）和（d）可知，在不同高温拉伸应变速率下，随着 Ca 含量的增加，Mg-4Zn-*x*Ca 合金的高温热塑性有逐渐降低的趋势。与 Mg-4Zn-*x*Ca 合金的热加工图失稳区结果一致，Ca 元素的添加恶化了 Mg-4Zn-*x*Ca 合金的高温热塑性，对合金的热加工变形能力造成了不良影响。

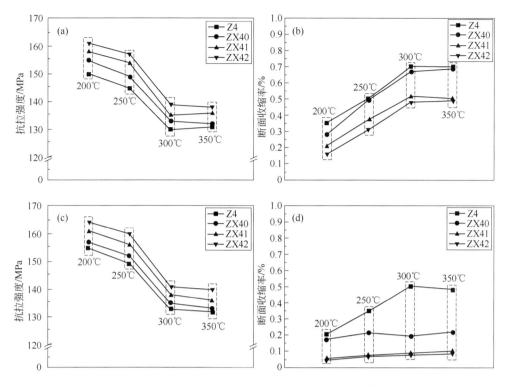

图 2-89 Mg-4Zn-xCa 合金高温拉伸力学性能

0.002s⁻¹：（a）拉伸强度；（b）断面收缩率

0.1s⁻¹：（c）拉伸强度；（d）断面收缩率

图 2-90 为 Mg-4Zn-xCa 合金应变速率 $\dot{\varepsilon}$ =0.002s⁻¹ 时的高温拉伸断口形貌。Mg-4Zn 合金在 250℃时的拉伸断面上既有不均匀分布的韧窝又有部分解理面的存在，呈准解理断裂特征［图 2-90（b）］。随着拉伸温度升高至 300℃，如图 2-90（c）所示，Mg-4Zn 合金的拉伸断口存在更高比例的韧窝，且韧窝尺寸较大，材料的断裂机制更接近韧性断裂。

图 2-91 为 Mg-4Zn-0.2Ca 合金 $\dot{\varepsilon}$ =0.002s⁻¹ 时的高温拉伸断口形貌。Mg-4Zn-0.2Ca 合金 300℃时的高温拉伸断口处绝大部分区域已经开始氧化，导致断面失去明显断裂特征，断面上出现较深的孔洞，进一步局部放大可以隐约发现韧窝存在［图 2-91（a）和（b）］。当拉伸温度升高至 350℃时，Mg-4Zn-0.2Ca 合金断口大部分区域也已经氧化，图 2-91（c）为断面上未完全氧化区域的形貌，其高倍视场中可以隐约看到韧窝的存在［图 2-91（d）］。与 300℃时拉伸断口相比，断面处出现了更大更深的孔洞，反映出 350℃下具有更差的高温热塑性。

图 2-92 为 Mg-4Zn-0.5Ca 合金 $\dot{\varepsilon}$ =0.002s⁻¹ 时的高温拉伸断口形貌。Mg-4Zn-0.5Ca 合金 300℃时高温拉伸断面形貌较为复杂，除了有部分较深的孔洞外，断口局部还能观察到韧窝［图 2-92（a）和（b）］。此外，Mg-4Zn-0.5Ca 合金高温拉伸断面上的韧窝核心有第二相颗粒存在［图 2-92（c）］，经 EDS 分析，其化学成分为原子分数 72.14% Mg、17.52%Zn、10.34%Ca，应为 $Ca_2Mg_6Zn_3$。拉伸变形时，由于第二相 $Ca_2Mg_6Zn_3$ 的存在导致应力集中，意味着含 Ca 第二相可能是 Mg-4Zn-0.5Ca 合金在 300℃拉伸断裂的裂纹源。当拉伸温度升高至 350℃时，Mg-4Zn-0.5Ca 合金的拉伸断口大部分或完全氧化，断口失去明显断裂特征［图 2-92（d）］。由前述分析可知，Mg-4Zn-0.5Ca 合金中主要的第二相为 $Ca_2Mg_6Zn_3$，利用

DSC 分析其熔点大约为 380℃，略高于拉伸温度。因此，合金在 350℃高温拉伸时，处于熔化边缘的第二相 $Ca_2Mg_6Zn_3$ 自身结合力变差，亦容易成为裂纹源。

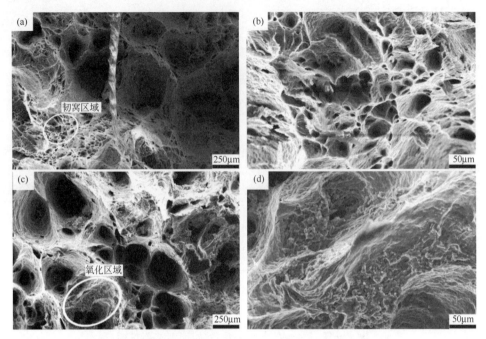

图 2-90　Mg-4Zn 合金高温拉伸断口形貌（$\dot{\varepsilon}$=0.002s^{-1}）

（a）（b）250℃；（c）（d）300℃

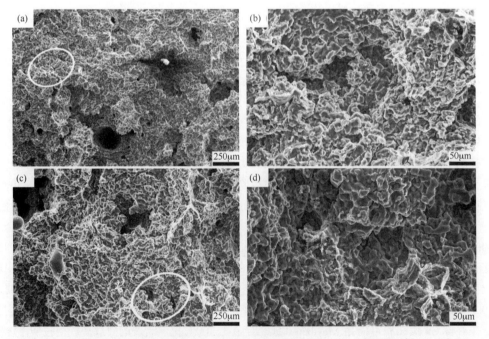

图 2-91　Mg-4Zn-0.2Ca 合金高温拉伸断口形貌（$\dot{\varepsilon}$=0.002s^{-1}）

（a）（b）300℃；（c）（d）350℃

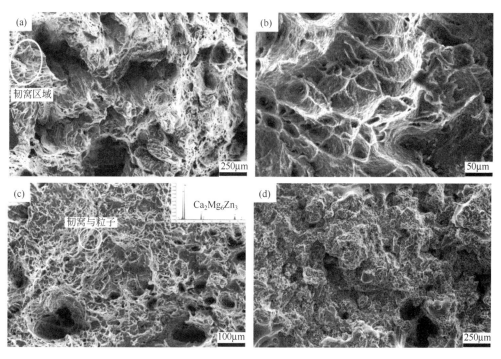

图 2-92　Mg-4Zn-0.5Ca 合金高温拉伸断口形貌（$\dot{\varepsilon}$=0.002s⁻¹）

（a）（b）（c）300℃；（d）350℃

图 2-93 为 Mg-4Zn-0.8Ca 合金 $\dot{\varepsilon}$=0.002s⁻¹ 时的高温拉伸断口形貌。Mg-4Zn-0.8Ca 合金

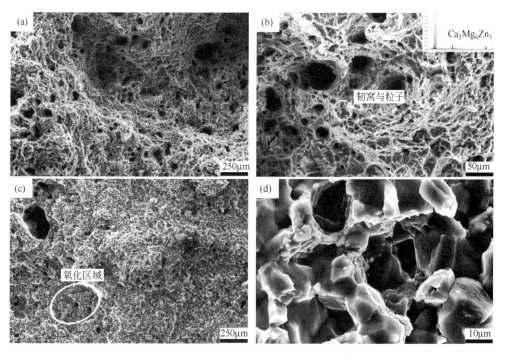

图 2-93　Mg-4Zn-0.8Ca 合金高温拉伸断口形貌（$\dot{\varepsilon}$=0.002s⁻¹）

（a）（b）300℃；（c）（d）350℃

300℃时的高温拉伸断面高低不平。进一步局部放大观察 Mg-4Zn-0.8Ca 合金断口，除了一些较深的孔洞外，还有一些较浅的韧窝，且韧窝的核心处有第二相颗粒存在［图 2-93（b）］。经 EDS 分析，其化学成分为原子分数 71.41%Mg、18.36%Zn、10.23%Ca，该第二相为 $Ca_2Mg_6Zn_3$。当拉伸温度上升至 350℃时，如图 2-93（c）所示，Mg-4Zn-0.8Ca 合金断口开始氧化，经局部放大发现，在合金开始氧化的断面上，有许多细小的第二相 $Ca_2Mg_6Zn_3$ 颗粒，并且还有微小孔洞存在［图 2-93（d）］。

综上所述，对于 Mg-4Zn-(0.2/0.5/0.8)Ca 合金，含 Ca 第二相 $Ca_2Mg_6Zn_3$ 容易导致高温拉伸断裂，尤其在 350℃拉伸时，由于变形温度接近第二相 $Ca_2Mg_6Zn_3$ 的熔点，从而导致第二相自身结合力变差，拉伸时更容易沿第二相内部发生断裂。

图 2-94 为 Mg-4Zn 合金 $\dot{\varepsilon}$=0.1s^{-1} 时的高温拉伸断口形貌。Mg-4Zn 合金在 T=250℃、$\dot{\varepsilon}$=0.1s^{-1} 时的高温拉伸断口形貌比较复杂，属于混合型断口，断面上除了有一些明显可见的较深的孔洞外，在局部区域（区域 1 和区域 2）还有较浅的韧窝和解理面存在，分别如图 2-94（b）和（c）所示。相较于 Mg-4Zn 合金在 250℃、0.002s^{-1} 条件下拉伸的断口形貌［图 2-90（a）］，由于应变速率大幅增加，合金断口处韧窝变浅，其断裂类型也逐渐向脆性断裂转变。图 2-94（d）～（f）为 Mg-4Zn 合金在 T=300℃、$\dot{\varepsilon}$=0.1s^{-1} 时的高温拉伸断口，亦属于混合型断口，断面上有一些较深的孔洞。此外，部分区域在拉断后发生氧化。与合金在 250℃/0.1s^{-1} 时的拉伸断口相比，拉伸温度的升高导致断面韧窝变深，同时孔洞变少，该变化与断面收缩率随拉伸温度的升高而明显增加相一致。

图 2-95 为 Mg-4Zn-0.2Ca 合金 $\dot{\varepsilon}$=0.1s^{-1} 时的高温拉伸断口形貌。Mg-4Zn-0.2Ca 合金在 T=250℃、$\dot{\varepsilon}$=0.1s^{-1} 时的高温拉伸断口［图 2-95（a）］，相较于相同拉伸条件下的 Mg-4Zn 合金具有更浅、更少的韧窝和更多的解理台阶。高倍视场表明，Mg-4Zn-0.2Ca 合金断面的许多韧窝的核心处有大颗粒的第二相存在［图 2-95（b）］。进一步放大发现，在非韧窝处可以看到

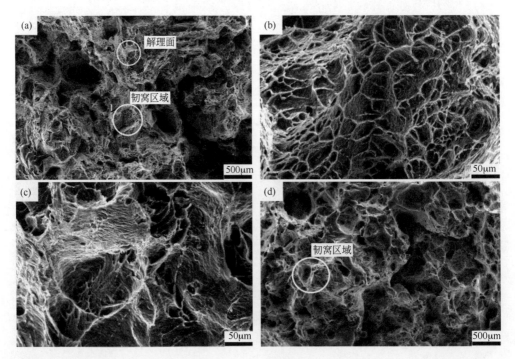

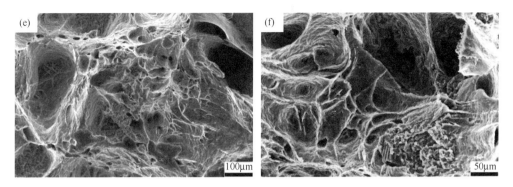

图 2-94　Mg-4Zn 合金高温拉伸断口形貌（$\dot{\varepsilon}$=0.1s^{-1}）

（a）（b）（c）250℃；（d）（e）（f）300℃

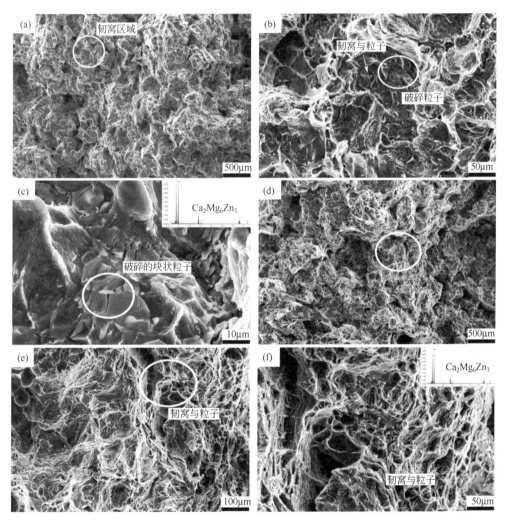

图 2-95　Mg-4Zn-0.2Ca 合金高温拉伸断口形貌（$\dot{\varepsilon}$=0.1s^{-1}）

（a）（b）（c）250℃；（d）（e）（f）300℃

143

破碎的块状第二相[图 2-95（c）]。经 EDS 分析，其化学成分为原子分数 72.13% Mg、18.15%Zn、9.72%Ca，确定这些第二相为 $Ca_2Mg_6Zn_3$，这些低熔点脆性共晶相在 Mg-4Zn-0.2Ca 合金 250℃拉伸过程中容易成为裂纹源，造成材料提前发生失稳和断裂。图 2-95（d）为 Mg-4Zn-0.2Ca 合金在 T=300℃、$\dot{\varepsilon}$=0.1s^{-1} 时的高温拉伸断口，随着拉伸温度进一步升高，合金拉伸断口处开始氧化，整个断面也显示出较为复杂的断口形貌特征。高位视场图 2-95（e）表明断面处除了有一些韧窝存在，还呈现脆性断裂的特征，如解理面和河流花样。进一步放大可以看到，在一些韧窝的核心处，有第二相颗粒的存在 [图 2-95（f）]。利用 EDS 分析，其化学成分为原子分数 73.65% Mg、18.27%Zn、8.08%Ca，可确定第二相颗粒亦为 $Ca_2Mg_6Zn_3$。

图 2-96（a）为 Mg-4Zn-0.5Ca 合金在 T=250℃、$\dot{\varepsilon}$=0.1s^{-1} 时的高温拉伸断口形貌，发现其断口处韧窝较少，更多地呈现出脆性断裂的特征。从局部区域的高倍视场图 2-96（b）可发现存在解理台阶以及二次微裂纹。进一步放大发现基体以及第二相中有微裂纹存在 [图 2-96（c）]。经 EDS 分析，第二相化学成分为原子分数 72.48%Mg、17.34%Zn、10.18%Ca，确定第二相为 $Ca_2Mg_6Zn_3$。同样，在图 2-96（d）中也可以看到位于基体和第二相中的二次微裂纹，经 EDS 分析，第二相化学成分为原子分数 73.56%Mg、18.15%Zn、8.29%Ca，同样为 $Ca_2Mg_6Zn_3$。当拉伸温度升高至 300℃，如图 2-96（e）所示，Mg-4Zn-0.5Ca 合金的拉伸断口形貌变化不大，更多呈现脆性断裂特征。高倍视场观察表明断口处韧窝很少，以解理台阶和解理面为主，且断面处有明显的微裂纹存在 [图 2-96（f）]。进一步放大微裂纹所在区域，从区域 1 的放大图中发现了存在于基体中的微裂纹 [图 2-96（g）]。图 2-96（h）为区域 2 的放大图，同样发现在第二相内部以及基体和第二相之间也有微裂纹存在，经 EDS 分析，这些第二相的化学成分为原子分数 71.21% Mg、17.12%Zn、11.67%Ca，也为 $Ca_2Mg_6Zn_3$。与合金在 250℃热拉伸时一样，这些微裂纹的出现和扩展导致拉伸时材料发生提前断裂，且第二相数量的增加导致合金高温热塑性更加恶化。

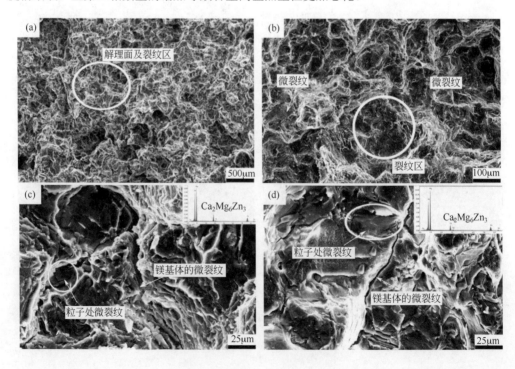

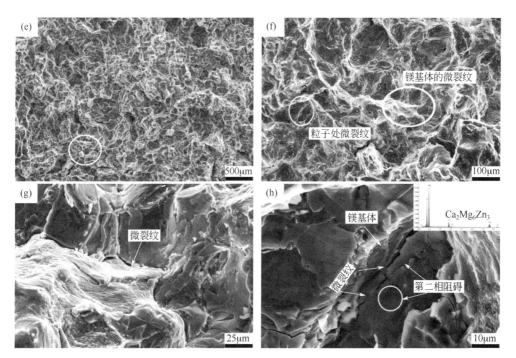

图 2-96　Mg-4Zn-0.5Ca 合金高温拉伸断口形貌（$\dot{\varepsilon}$=0.1s^{-1}）

（a）（b）（c）（d）250℃；（e）（f）（g）（h）300℃

图 2-97（a）为 Mg-4Zn-0.8Ca 合金在 T=250℃、$\dot{\varepsilon}$=0.1s^{-1} 时的高温拉伸断口形貌，断口基本没有发生氧化。高倍视场可以看到断面上有韧窝、解理台阶以及微裂纹的存在[图 2-97（b）]。进一步放大发现，大部分韧窝的核心处含有第二相颗粒[图 2-97（c）]。经 EDS 分析，化学成分为原子分数 71.36%Mg、17.21%Zn、11.43%Ca，该第二相为 Ca$_2$Mg$_6$Zn$_3$。图 2-97（d）为 Mg-4Zn-0.8Ca 合金在 T=300℃、$\dot{\varepsilon}$=0.1s^{-1} 时拉伸断口形貌，断面有明显的斜坡。由图 2-97（e）的高倍视场发现，断面处韧窝的数量相较于 250℃时有所增加，导致断面收缩率也有些许提高，同时断面上也有较深的孔洞和解理台阶的存在。进一步放大可以看到明显的韧窝，且大部分韧窝的核心处含有第二相颗粒[图 2-97（f）]。经 EDS 分析，其化学成分为原子分数 72.23%Mg、16.86%Zn、10.91%Ca，确定第二相亦为 Ca$_2$Mg$_6$Zn$_3$。与其他 Mg-4Zn-xCa 合金一样，含 Ca 第二相颗粒所在位置容易成为高温拉伸裂纹源，开裂后占据韧窝的核心。

Mg-4Zn-xCa 合金在不同温度和应变速率下的断口形貌分析表明，Ca 元素对 Mg-4Zn-xCa 合金的断口形貌有明显影响，进而影响合金的高温热塑性。如图 2-90～图 2-97 所示，不同高温拉伸条件下 Mg-4Zn-xCa 合金的断口形貌均表明，随着 Ca 含量的增加，断面上出现了更多含 Ca 脆性第二相 Ca$_2$Mg$_6$Zn$_3$，其主要分布于断口韧窝核心处[图 2-92（c）、图 2-93（b）、图 2-95（f）、图 2-97（c）和（f）]或者以开裂的块状形式存在于镁合金基体中[图 2-92（c）、图 2-96（c）和（h）]。对于分布于断口韧窝核心处的第二相颗粒，可以推断是由于在高温拉伸的过程中，尺寸较大的球状第二相（Ca$_2$Mg$_6$Zn$_3$）作为镁基体中的异质颗粒，其周围容易出现应力集中，从而成为材料拉伸断裂的裂纹源，材料断裂后第二相粒子仍处于韧窝的核心处[图 2-92（c）、图 2-93（b）、图 2-95（f）、图 2-97（c）和（f）]，其

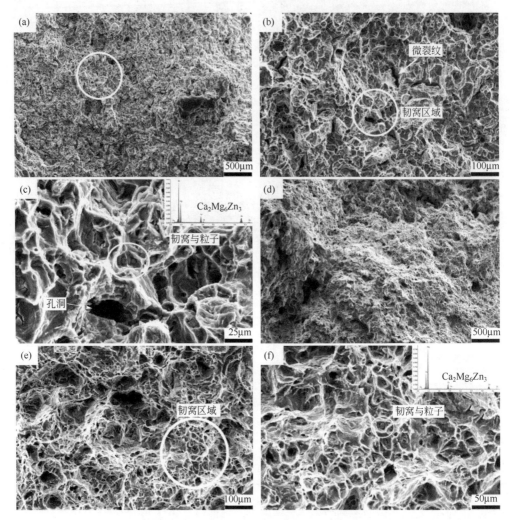

图 2-97　Mg-4Zn-0.8Ca 合金高温拉伸断口形貌（$\dot{\varepsilon}$=0.1s⁻¹）

（a）（b）（c）250℃；（d）（e）（f）300℃

断裂机制如图 2-98（a）所示。而当第二相以较大的、不规则的块状形式存在于镁合金基体
中时，在高温拉伸过程中，这些块状第二相周围应力集中比球状第二相更加明显，材料更
容易沿脆性第二相与基体界面 [图 2-96（h）] 或者沿脆性第二相内部 [图 2-95（c）、图 2-96
（c）] 发生断裂，其断裂机制如图 2-98（b）所示。此外，较高的热变形温度也会对第二相
（Ca₂Mg₆Zn₃）的状态产生影响，进而影响材料热拉伸过程中裂纹源的萌生。例如，当
Mg-4Zn-xCa 合金在较高温度（T=350℃）进行热拉伸时，由于该温度比较接近第二相
Ca₂Mg₆Zn₃ 的熔点，更加弱化了第二相内部以及第二相与基体界面的结合能力，在拉应力
的作用下，更容易使材料沿第二相内部或者第二相与基体界面发生断裂，而 Ca 元素的添加
使得 Mg-4Zn-xCa 合金中产生了更多的 Ca₂Mg₆Zn₃ 相。因此，随着 Ca 含量的增加，
Mg-4Zn-xCa 合金的高温拉伸热塑性逐渐恶化。对于热压缩来说，虽然材料应力状态与热拉
伸不同，但 Ca 元素对于 Mg-4Zn-xCa 合金的热加工变形能力的影响规律相似。

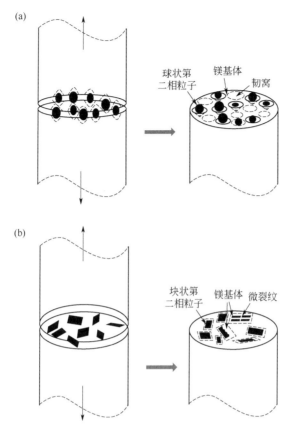

图 2-98　Mg-4Zn-(0.2/0.5/0.8)Ca 合金高温拉伸断裂机理示意图

（a）球状第二相；（b）块状第二相

　　图 2-99 为 Mg-4Zn-xCa 合金热压缩 45°开裂试样的断面照片，观察面为开裂试样经液氮处理之后的冲击断面。可以看到，Mg-4Zn-xCa 合金的断面处均具有大量的解理断裂台阶，对于 Mg-4Zn 合金，其解理台阶上第二相数量很少。而对于 Mg-4Zn-xCa 合金，随着 Ca 含量的增加，合金断面上第二相颗粒的数量逐渐增加，且主要分布于解理台阶上或者台阶边缘，尽管此时材料主要在剪切应力的作用下发生断裂，但第二相颗粒对断裂过程的影响与高温拉伸类似：一方面，第二相颗粒周围容易出现应力集中，成为裂纹源；另一方面，高

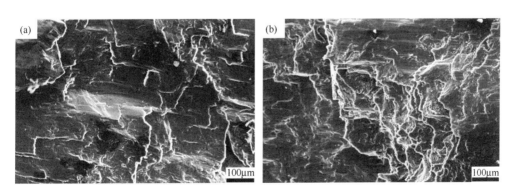

图 2-99

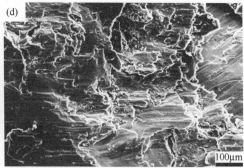

图 2-99 Mg-4Zn-xCa 合金热压缩 45° 开裂试样的断面形貌

（a）Mg-4Zn (200℃、0.1s⁻¹)；（b）Mg-4Zn-0.2Ca (250℃、0.1s⁻¹)；

（c）Mg-4Zn-0.5Ca (350℃、0.1s⁻¹)；（d）Mg-4Zn-0.8Ca (200℃、0.1s⁻¹)

的变形温度（350℃）接近第二相熔点，使得断裂更容易沿第二相内部或第二相与基体界面
发生。因此，Ca 元素的添加，导致 Mg-4Zn-xCa 合金容易高温热塑性恶化，易发生高温变
形失稳，在高温拉伸、高温压缩等热加工变形过程中更容易发生开裂。

参考文献

[1] Galiyev A, Kaibyshev R, Gottstein G. Correlation of plastic deformation and dynamic recrystallization in magnesium alloy ZK60[J]. Acta Materialia, 2001, 49: 1199-1207.

[2] Liu X, Jonas J J, Li L X, et al. Flow softening, twinning and dynamic recrystallization in AZ31 magnesium[J]. Materials Characterization, 2013, 583: 242-253.

[3] Huang X S, Suzuki K, Chino Y. Static recrystallization and mechanical properties of Mg–4Y–3RE magnesium alloy sheet processed by differential speed rolling at 823 K[J]. Materials Science and Engineering: A, 2012, 538: 281-287.

[4] Samman T A, Li X. Sheet texture modification in magnesium-based alloys by selective rare earth alloying[J]. Materials Science and Engineering: A, 2011, 528(10-11): 3809-3822.

[5] Cottam R, Robson J, Lorimer G, et al. Dynamic recrystallization of Mg and Mg-Y alloys: Crystallographic texture development[J]. Materials Science and Engineering: A, 2008, 485: 375-382.

[6] Bhattacharyya J J, Agnew S R, Muralidharan G. Texture enhancement during grain growth of magnesium alloy AZ31B[J]. Acta Materialia, 2015, 86: 80-94.

[7] Imandoust A, Barrett C D, Al-Samman T, et al. Unraveling recrystallization mechanisms governing texture development from rare-earth elements additions to magnesium[J]. Metallurgical and Materials Transactions A, 2018, 49: 1809-1829.

[8] Oyarzábal M, Martínez-de-Guerenu A, Gutiérrez I. Effect of stored energy and recovery on the overall recrystallization kinetics of a cold rolled low carbon steel[J]. Materials Science and Engineering: A, 2008, 485(1-2): 200-209.

[9] Chao H Y, Sun H F, Chen W Z, et al. Static recrystallization kinetics of a heavily cold drawn AZ31 magnesium alloy under annealing treatment[J]. Materials Characterization, 2011, 62(3): 312-320.

[10] Basu I, Al-Samman T. Twin recrystallization mechanisms in magnesium-rare earth alloys[J]. Acta Materialia, 2015, 96: 111-132.

[11] Drouven C, Basu I, Al-Samman T, et al. Twinning effects in deformed and annealed magnesium-neodymium

alloys[J]. Materials Science and Engineering: A, 2015, 647: 91-104.

[12] Huang K, Marthinsen K, Zhao Q L, et al. The double-edge effect of second-phase particles on the recrystallization bahaviour and associated mechanical properties of metallic materials[J]. Progress in Materials Science, 2018, 92: 284-359.

[13] Smith C S. Grains, phases, and interfaces-an interpretation of microstructure[J]. Trans. Am. Inst. Min. Metall. Petrol. Eng., 1948, 175: 15-51.

[14] Robson J D, Henry D T, Davis B. Particle effects on recrystallization in magnesium-manganese alloys: Particle-stimulated nucleation[J]. Acta Materialia, 2009, 57: 2739-3747.

[15] Wang S, Ma R, Yang L, et al. Precipitates effect on microstructure of as-deformed and as-annealed AZ41 magnesium alloys by adding Mn and Ca[J]. Journal of Materials Science, 2011, 46: 3060-3065.

[16] Li X, Yang P, Wang L N, et al. Orientational analysis of static recrystallization at compression twins in a magnesium alloy AZ31[J]. Materials Science and Engineering: A, 2009, 517: 160-169.

[17] 李萧，杨平，孟利，等. AZ31 镁合金中拉伸孪晶静态再结晶的分析[J]. 金属学报，2010, 46(2): 147-154.

[18] Barnett M R. Twinning and the ductility of magnesium alloys: Part Ⅱ. "Contraction" twins[J]. Materials Science and Engineering: A, 2007, 464(1): 8-16.

[19] Su J, Sanjari M, Kabir A S H, et al. Static recrystallization behavior of magnesium AZ31 alloy subjected to high speed rolling[J]. Materials Science and Engineering: A, 2016, 662: 412-425.

[20] Su J, Kabir A S H, Sanjari M, et al. Correlation of static recrystallization and texture weakening of AZ31 magnesium alloy sheets subjected to high speed rolling[J]. Materials Science and Engineering: A, 2016, 674: 343-360.

[21] Park C H, Oh C S, Kim S. Dynamic recrystallization of the H- and O-tempered Mg AZ31 sheets at elevated temperatures[J]. Materials Science and Engineering: A, 2012, 542: 127-139.

[22] Kamaya M, Wilkinson A J, Titchmarsh J M. Measurement of plastic strain of polycrystalline material by electron backscatter diffraction[J]. Nuclear Engineering and Design, 2005, 235: 713-725.

[23] Wang W, Cui G, Zhang W, et al. Evolution of microstructure, texture and mechanical properties of ZK60 magnesium alloy in a single rolling pass[J]. Materials Science and Engineering: A, 2018, 724: 486-492.

[24] Allain-Bonasso N, Wagner F, Berbenni S, et al. A study of the heterogeneity of plastic deformation in IF steel by EBSD[J]. Materials Science and Engineering: A, 2012, 548: 56-63.

[25] Shi J, Cui K, Wang B, et al. Effect of initial microstructure on static recrystallization of Mg-3Al-1Zn alloy[J]. Materials Characterization, 2017, 129: 104-113.

[26] Robson J. Effect of rare-earth additions on the texture of wrought magnesium alloys: The role of grain boundary segregation[J]. Metallurgical and Materials Transactions A, 2014, 45: 3205-3212.

[27] Basu I, Al-Samman T. Triggering rare earth texture modification in magnesium alloys by addition of zinc and zirconium[J]. Acta Materialia, 2014, 67: 116-133.

[28] Guan D, Liu X, Gao J, et al. Effect of deformation twinning on crystallographic texture evolution in a Mg-6.6Zn-0.2Ca (ZX70) alloy during recrystallization[J]. Journal of Alloys and Compounds, 2019, 774: 556-564.

[29] Jung I H, Sanjari M, Kim J, et al. Role of RE in the deformation and recrystallization of Mg alloy and a new alloy design concept for Mg-RE alloys[J]. Scripta Materialia, 2015, 102: 1-6.

[30] Stanford N. Micro-alloying Mg with Y, Ce, Gd and La for texture modification - A comparative study[J]. Materials Science and Engineering: A, 2010, 527: 2669-2677.

[31] Park S S, Park W J, Kim C H, et al. The twin-roll casting of magnesium alloys[J]. JOM, 2009, 61: 14-18.

[32] Ma Q, Li B, Whittington W R, et al. Texture evolution during dynamic recrystallization in a magnesium alloy at 450℃ [J]. Acta Materialia, 2014, 67: 102-115.

[33] Wu W X, Jin L, Zhang Z Y, et al. Grain growth and texture evolution during annealing in an indirect-extruded Mg-1Gd alloy[J]. Journal of Alloys and Compounds, 2014, 585: 111-119.

[34] Bakhsheshi-Rad H R, Abdul-Kadir M R, Idris M H, et al. Relationship between the corrosion behavior and the thermal characteristics and microstructure of Mg-0.5Ca-xZn alloys[J]. Corrosion Science, 2012, 64: 184-197.

[35] 尹冬松，张二林，曾松岩. Zn 对铸态 Mg-Mn 合金的力学性能和腐蚀性能的影响[J]. 中国有色金属学报，2008，18(3): 388-390.

[36] Hradilová M, Vojtěch D, Kubásek J, et al. Structural and mechanical characteristics of Mg-4Zn and Mg-4Zn-0.4Ca alloys after different thermal and mechanical processing routes[J]. Materials Science and Engineering: A, 2013, 586: 284-291.

[37] Du Y Z, Qiao X G, Zheng M Y, et al. Effect of microalloying with Ca on the microstructure and mechanical properties of Mg-6 mass%Zn alloys[J]. Materials and Design, 2016, 98: 285-293.

[38] Wang J, Shi B L, Yang Y S. Hot compression behavior and processing map of cast Mg-4Al-2Sn-Y-Nd alloy[J]. Transactions of Nonferrous Metals Society of China, 2014, 24(3): 626-631.

[39] Oh-ishi K, Mendis C L, Homma T, et al. Bimodally grained microstructure development during hot extrusion of Mg-2.4Zn-0.1Ag-0.1Ca-0.16Zr (at.%) alloys[J]. Acta Materialia, 2009, 57: 5593-5604.

[40] Robson J D, Henry D T, Davis B. Particle effects on recrystallization in magnesium-manganese alloys: Particle pinning[J]. Materials Science and Engineering: A, 2011, 528: 4239-4247.

[41] Sellars C M, Tegart W J. Hotworkability[J]. International Metallurgical Reviews, 1972(17): 1-24.

[42] Zener C, Hollomon J H. Effect of strain rate upon plastic flow of steel[J]. Journal of Applied Physics, 1944, 15(1): 22-32.

[43] Hou M J, Zhang H, Fan J F, et al. Microstructure evolution and deformation behaviors of AZ31 Mg alloy with different grain orientation during uniaxial compression[J]. Journal of Alloy and Compounds, 2018, 741: 514-526.

[44] Quan G Z, Ku T W, Song W J, et al. The workability evaluation of wrought AZ80 magnesium alloy in hot compression[J]. Materials and Design, 2011, 32: 2462-2468.

[45] Kurukuri S, Worswick M J, Tari D G, et al. Rate sensitivity and tension-compression asymmetry in AZ31B magnesium alloy sheet[J]. Philosophical Transactions of The Royal Society A, 2013, 372: 20130216.

[46] Ulacia I, Dudamell N V, Gálvez F, et al. Mechanical behavior and microstructural evolution of a Mg AZ31 sheet at dynamic strain rates[J]. Acta Materialia, 2010, 58: 2988-2998.

[47] Chapuis A, Driver J H. Temperature dependency of slip and twinning in plane strain compressed magnesium single crystals[J]. Acta Materialia, 2011, 59: 1986-1994.

[48] Flynn P W, Mote J, Dorn J E. On the thermally activated mechanism of prismatic slip in magnesium single crystals[J]. Transactions TMS-AIME, 1961, 221: 1148-1154.

[49] Ding H L, Shi X B, Wang Y Q, et al. Texture weakening and ductility variation of Mg-2Zn alloy with Ca or RE addition[J]. Materials Science and Engineering: A, 2015, 645: 196-204.

[50] Agnew S R, Horton J A, Yoo M H. Transmission electron microscopy investigation of <c+a> dislocations in Mg and α-solid solution Mg-Li alloys[J]. Metallurgical & Materials Transactions A, 2002, 33: 851-858.

[51] Koike J, Kobayashi T, Mukai T, et al. The activity of non-basal slip systems and dynamic recovery at room temperature in fine-grained AZ31B magnesium alloys[J]. Acta Materialia, 2003, 51: 2055-2065.

[52] Bohlen J, Nürnberg M R, Senn J, et al. The texture and anisotropy of magnesium-zinc-rare earth alloy sheets[J]. Acta Materialia, 2007, 55: 2101-2112.

[53] Yuasa M, Hayashi M, Mabuchi M, et al. Improved plastic anisotropy of Mg-Zn-Ca alloys exhibiting high-stretch formability: A first-principles study[J]. Acta Materialia, 2014, 65: 207-214.

[54] Ganeshan S, Shang S L, Wang Y, et al. Effect of alloying elements on the elastic properties of Mg from first-principles calculations[J]. Acta Materialia, 2009, 57: 3876-3884.

[55] Sandlöbes S, Zaefferer S, Schestakow I, et al. On the role of non-basal deformation mechanisms for the ductility of Mg and Mg-Y alloys[J]. Acta Materialia, 2011, 59: 429-439.

[56] Yin B L, Wu Z X, Curtin W A. First-principles calculations of stacking fault energies in Mg-Y, Mg-Al and Mg-Zn alloys and implications for <c+a> activity[J]. Acta Materialia, 2017, 136: 249-261.

[57] Poliak E I, Jonas J J. A one-parameter approach to determining the critical conditions for the initiation of dynamic recrystallization[J]. Acta Materialia, 1996, 44(1): 127-136.

[58] Sellars C M, Whiteman J A. Recrystallization and grain growth in hot rolling[J]. Metal Science, 1979, 13(3): 187-194.

[59] 蔡志伟, 陈拂晓, 郭俊卿. AZ41M 镁合金动态再结晶临界条件[J]. 中国有色金属学报, 2015, 25(9): 2335-2341.

[60] Barnett M R. Quenched and annealed microstructures of hot worked magnesium AZ31[J]. Materials Transactions, 2003, 44(4): 571-577.

[61] Robson J D, Henry D T, Davis B. Particle effects on recrystallization in magnesium-manganese alloys: Particle-stimulated nucleation[J]. Acta Materialia, 2009, 57: 2739-2747.

[62] Hänzi A C, Torre Dalla F H, Sologubenko A S, et al. Design strategy for microalloyed ultra-ductile magnesium alloys[J]. Philosophical Magazine Letters, 2009, 89(6): 377-390.

[63] Gunde P, Hänzi A C, Sologubenko A S, et al. High-strength magnesium alloys for degradable implant applications[J]. Materials Science and Engineering: A, 2011, 528: 1047-1054.

[64] Hradilová M, Montheillet F, Fraczkiewicz A, et al. Effect of Ca-addition on dynamic recrystallization of Mg-Zn alloy during hot deformation[J]. Materials Science and Engineering: A, 2013, 580: 217-226.

[65] Du Y Z, Zheng M Y, Qiao X G, et al. Improving microstructure and mechanical properties in Mg-6 mass% Zn alloys by combined addition of Ca and Ce[J]. Materials Science and Engineering: A, 2016, 656: 67-74.

[66] Wang T, Jonas J J, Yue S. Dynamic recrystallization behavior of a coarse-grained Mg-2Zn-2Nd magnesium alloy[J]. Metallurgical & Materials Transactions A, 2017, 48A: 594-600.

[67] Beer A G, Barnett M R. Microstructural development during hot working of Mg-3Al-1Zn[J]. Metallurgical & Materials Transactions A, 2007, 38A: 1856-1867.

[68] Kim H L, Lee J H, Lee C S, et al. Shear band formation during hot compression of AZ31 Mg alloy sheets[J]. Materials Science and Engineering: A, 2012, 558: 431-438.

[69] Wang Y N, Xin Y C, Yu H H. Formation and microstructure of shear bands during hot rolling of a Mg-6Zn-0.5Zr alloy plate with a basal texture[J]. Journal of Alloys and Compounds, 2015, 644: 147-154.

[70] Mackenzie L W F, Pekguleryuz M O. The recrystallization and texture of magnesium-zinc-cerium alloys[J]. Scripta Materialia, 2008, 59: 665-668.

[71] Stanford N, Barnett M R. The origin of "rare earth" texture development in extruded Mg-based alloys and its effect on tensile ductility[J]. Materials Science and Engineering: A, 2008, 496: 399-408.

[72] Al-Samman T, Gottstein G. Dynamic recrystallization during high temperature deformation of magnesium[J]. Materials Science and Engineering: A, 2008, 490: 411-420.

[73] Lin Y C, Li L T, Xia Y C, et al. Hot deformation and processing map of a typical Al-Zn-Mg-Cu alloy[J]. Journal of Alloys and Compounds, 2013, 550: 438-445.

[74] Wang L X, Fang G, Leeflang S, et al. Investigation into the hot workability of the as-extruded WE43 magnesium alloy using processing map[J]. Journal of the Mechanical Behavior of Biomedical Materials, 2014, 32: 270-278.

[75] Lv B J, Peng J, Shi D W, et al. Constitutive modeling of dynamic recrystallization kinetics and processing maps of Mg-2.0Zn-0.3Zr alloy based on true stress-strain curves[J]. Materials Science and Engineering: A, 2013, 560: 727-733.

[76] Bettles C J, Gibson M A, Venkatesan K. Enhanced age-hardening behaviour in Mg-4 wt.% Zn micro-alloyed with Ca[J]. Scripta Materialia, 2004, 51: 193-197.

151

第 3 章

高性能镁合金板材的轧制工艺技术

3.1 Mg-Al 合金板材的末道次升温轧制工艺

3.1.1 升温轧制工艺设计思路

作为轧制板材制备过程中一个重要且容易调控的工艺参数，轧制温度对镁合金板材的微观组织及综合性能具有重要的作用。第一，对于镁合金而言，轧制温度与变形机制息息相关。位错、孪生及晶界滑移作为镁合金的重要变形机制，均受到变形温度的影响。室温时，镁合金基面滑移的 CRSS 远低于非基面滑移，从而极大程度限制了非基面滑移的激活。随着温度的升高，非基面滑移 CRSS 的降低幅度远大于基面滑移，从而提升了非基面滑移在高温变形过程中的作用。同时，形变温度上升还可以抑制孪生变形，并增强晶界滑移。因此，高温条件下变形均匀，剪切带少，轧制过程中不易产生裂纹。第二，轧制温度还会影响镁合金的再结晶行为。在镁合金板材轧制过程中，因为热交换必然会发生温降，为了避免塑性变差以致出现轧制裂纹，常在轧制道次完成后回炉保温。因此，轧制温度不仅影响轧制过程的动态再结晶，还会影响道次间的静态再结晶。轧制温度升高时，位错的滑移、攀移与交滑移更容易发生，增加了再结晶形核率。同时，晶界的迁移能力也得到增强，从而有利于镁合金再结晶过程的进行。随着变形温度的改变，动态再结晶机制也随之变化[1-2]。较低变形温度时（<200℃），孪晶促使动态再结晶在较大尺寸晶粒中发生，动态再结晶过程包括孪晶的生成、孪晶界向大角晶界的转变以及晶界的迁移。中温变形时（200~300℃），连续动态再结晶机制主导动态再结晶。此时，原始晶界附近的堆积位错不断发生重排及吸收，形成小角晶界及位错胞结构，随着晶粒取向差的进一步增大而转变为亚晶界。高温变形时（>300℃），非连续动态再结晶机制被激活，在预先存在的大角晶界处通过局部迁移的方式形成新的再结晶晶粒。第三，由于非基面滑移及晶界滑移机制被激活，高温轧制有利于织构弱化。如 Mg-Al 系合金板材的加热温度高于 500℃有利于获得高成形性[3-4]。最后，轧制温度对镁合金的晶粒尺寸同样有重要的影响。高温时晶界的迁移能力强，因此，无论是轧制过程，还是轧制道次间保温过程，提高轧制温度均会增大晶粒长大的驱动力，从而促进晶粒长大。但是，晶粒尺寸的增大不利于镁合金板材获得优异的力学性能，这是因为镁合金的力学性能对晶粒尺寸非常敏感，镁合金的晶界强化系数要高于 fcc 及 bcc 金属材料[5]。

为了发挥高温变形的优势，并避免晶粒尺寸在道次间保温过程的过度长大，可采用传统镁合金板材轧制过程中的中间保温，但末道次采用升温轧制的新工艺。这种新工艺的特点是，在末道次工序前保持正常的轧制温度，可避免晶粒过度长大，使得力学性能不会明显降低；末道次采用升温轧制则有利于非基面滑移激活，从而提高材料的成形性。

Al 元素是镁合金中常见的合金元素，可以起到固溶强化作用，并与 Mg 元素生成 β-$Mg_{17}Al_{12}$ 相。目前，已有研究报道表明，Mg-Al 系合金板材通过高温轧制可获得良好的室温成形能力[6-7]。然而，低熔点 β-$Mg_{17}Al_{12}$ 相（437℃）的存在限制了板材轧制过程的热加工温度窗口。利用 Ca、Gd 与 Al 元素之间的电负性差异，通过添加 Ca、Gd 元素可减少 β-$Mg_{17}Al_{12}$ 相的形成。

本节以 Mg-3Al-0.6Ca-0.2Gd(AX30)合金为研究对象，分析末道次升温轧制工艺对镁合金板材微观组织及综合性能的影响。首先，通过 12 道次将 Mg-3Al-0.6Ca-0.2Gd 合金板材由 10mm 轧制到 1.2mm，每道次压下率为 10%～25%，轧制前轧件加热温度均为 400℃，此时的板材标号为 AX30-0。随后，采用末道次升温轧制工艺将轧件轧到 1.0mm。末道次轧制前，采用不同加热炉将轧件温度分别调整到 400℃、450℃及 500℃，并标记为 AX30-400、AX30-450 及 AX30-500。轧制结束后，进行 350℃、1h 退火处理。

3.1.2 末道次轧制温度对 Mg-Al 合金板材微观组织及综合性能的影响

图 3-1 为热轧态 AX30-0 板材及退火态 AX30-400、AX30-450 及 AX30-500 板材的微观组织。热轧态 AX30-0 为典型的变形组织，其微观组织存在大量变形孪晶 [图 3-1（a）]。通过退火处理，静态再结晶的激活促使变形组织被等轴状再结晶晶粒所取代 [图 3-1（b）～（d）]。退火态 AX30-400、AX30-450 及 AX30-500 板材的平均晶粒尺寸分别为 12.5μm、12.8μm 及 13.0μm。与 AX30-400 板材相比，末道次轧制温度为 450℃、500℃的板材晶粒长大程度有限。但是，随着末道次轧制温度上升，部分区域的晶粒有成长为粗大晶粒的倾向，并且在 AX30-500 板材中更为明显，这意味着末道次轧制温度升高促进了晶粒长大。Chino 等[8]研究表明，随着轧制温度由 390℃上升至 450℃，经 7 道次热轧后的 AZ31 镁合金晶粒尺寸由 10μm 增长到 15μm。而 AX30 合金单道次升温轧制并没有引起明显的晶粒长大，主要是因为沿晶界分布的含 Ca 热稳定第二相对晶粒长大起到了限制作用[9]。

图 3-2 为热轧态 AX30-0 及退火态 AX30-400、AX30-450 及 AX30-500 板材微观组织的第二相粒子分布特征。大量第二相粒子存在于四种板材的微观组织中，并沿轧向分布。其中，AX30-400、AX30-450 和 AX30-500 退火态合金的第二相粒子平均尺寸分别为 3.5μm、3.8μm 及 4.2μm，说明随着末道次轧制温度的升高，第二相粒子出现了轻微粗化。此外，第二相粒子的分布情况也存在差异，一部分在晶界处聚集，另一部分则呈弥散分布。AX30-500 退火态合金中这两种第二相粒子的 EDS 分析结果如图 3-2（e）所示，聚集分布的第二相主要含 Ca 元素，而弥散单独分布的粒子通常含 Gd 元素。聚集分布的含 Ca 粒子由铸态 Mg-Al-Ca-Gd 合金中粗大的共晶相在轧制过程中破碎而形成，在其他研究工作中也见到相关报道[9-10]。第二相粒子的尺寸及分布影响了镁合金的微观组织结构。由于 AX30 合金在末道次轧制温度升高时第二相粒子分布聚集程度提高，从而使晶粒产生轻微程度的长大。

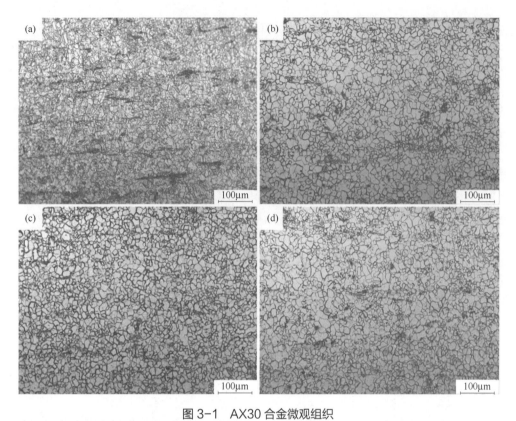

图 3-1 AX30 合金微观组织

（a）轧态 AX30-0；（b）退火态 AX30-400；（c）退火态 AX30-450；（d）退火态 AX30-500

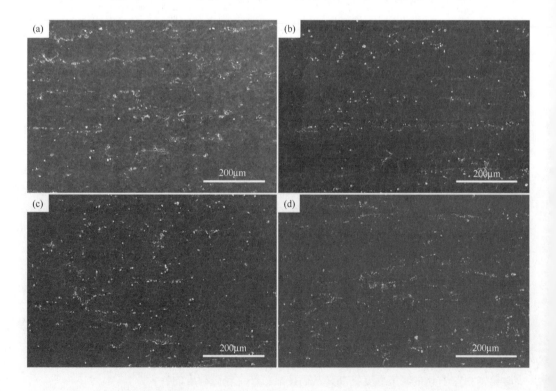

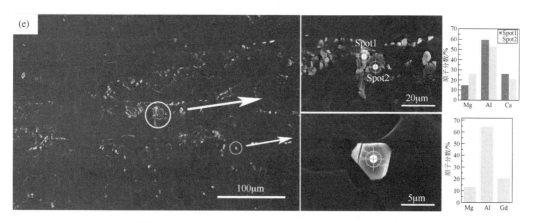

图 3-2　Mg-3Al-0.6Ca-0.2Gd 第二相粒子分布

（a）轧态 AX30-0；（b）退火态 AX30-400；（c）退火态 AX30-450；（d）（e）退火态 AX30-500

图 3-3 为退火态 AX30-400 和 AX30-450 合金的第二相粒子形貌及 EDS 结果。聚集分布粒子具有相似的化学成分，主要包含 Mg、Al、Ca 原子，且 Al/Ca 原子比约为 2。弥散分布粒子主要包含 Mg、Al、Gd 原子，还有少量的 Ca 原子，其 Al/Gd 原子比接近于 2∶1。据报道，随化学成分中 Ca/Al 质量比的变化，Mg-Al-Ca 合金中含 Ca 粒子可能是 $Mg_2Ca(C14)$、$Al_2Ca(C15)$ 及 $(Mg,Al)_2Ca(C36)$ [11-12]。Zhang 等[10]研究发现，Ca/Al 质量比由 1 降低至 0.4，Mg-Al-Ca 合金的第二相粒子依次发生由 Mg_2Ca、$(Mg,Al)_2Ca$ 向 Al_2Ca 的转变。此外，Ninomiya 等[13]发现，Ca/Al 质量比处于 0.11～0.5 时，Mg-Al-Ca 合金中仅存在 Al_2Ca 一种第二相，当 Ca/Al 质量比高于 0.8 时，仅生成 Mg_2Ca 一种第二相。由于 Al_2Ca 相的高结构稳定性，Mg-Al-Ca 合金更倾向于生成 Al_2Ca 相，而不是 Mg_2Ca、$(Mg,Al)_2Ca$ 相。考虑到 AX30 合金的 Ca/Al 质量比为 0.17，含 Ca 第二相仅有 Al_2Ca 生成。图 3-4 为退火态 AX30-500 合金第二相粒子的 TEM 形貌及选区衍射结果，A、B、C 粒子分别对应于 Al_2Ca、Al_2Gd_3 及 Al_2Gd 相。

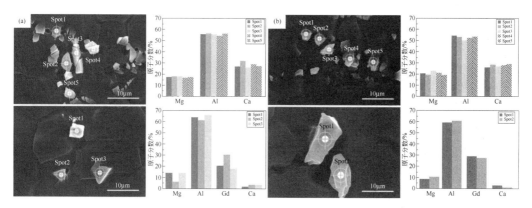

图 3-3　退火态 Mg-3Al-0.6Ca-0.2Gd 合金第二相 EDS 成分统计

（a）AX30-400；（b）AX30-450

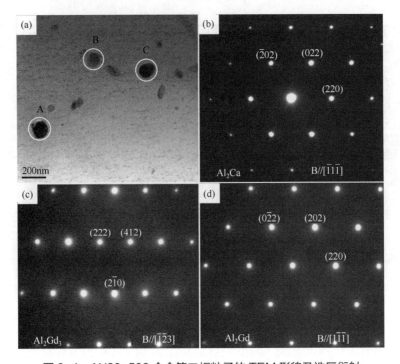

图 3-4 AX30-500 合金第二相粒子的 TEM 形貌及选区衍射

（a）第二相粒子形貌；（b）Al$_2$Ca 的衍射图样；（c）Al$_2$Gd$_3$ 的衍射图样；（d）Al$_2$Gd 的衍射图样

图 3-5 为退火态 AX30 合金的(0001)微观极图。退火态 AX30-400 合金的极图几乎没有出现 ND 向 RD 的倾转。然而，随着末道次轧制温度的升高，退火态 AX30-450 及 AX30-500 合金的基面极图呈现出 ND 向 RD 倾转现象，倾转角分别为 5.5° 及 15.5°。一些研究者认为，Ca 或者 RE 元素添加入镁合金中有助于基面极图 ND 向 RD 倾转[14-16]。AX30 合金中 RD 倾转织构源于固溶 Ca 及 Gd 原子的共同作用。末道次轧制温度的升高促使织构沿 RD 倾转角度升高，并弱化了织构强度。

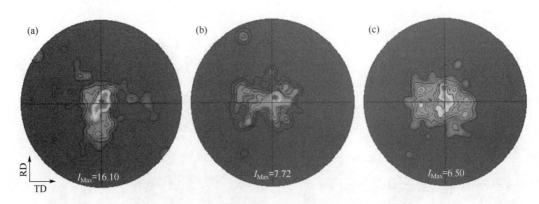

图 3-5 退火态 AX30 镁合金板材的 EBSD(0001)极图

（a）AX30-400；（b）AX30-450；（c）AX30-500

图 3-6 为退火态 AX30 合金反极图分布的散点图，每个散点表征一个晶粒的取向。

图 3-6（a）表明退火态 AX30-400 合金反极图中绝大多数散点集中分布于[0001]轴，这意味着其大多数晶粒的 c 轴与板材法向平行或夹角较小。而图 3-6（b）（c）所示的反极图则呈现出大量散点向[10$\bar{1}$0]及[11$\bar{2}$0]轴扩散的分布特征，说明随着末道次轧制温度升高，退火态 AX30-450 及 AX30-500 合金中有更多的晶粒，其 c 轴与板材法向的倾转角升高。为定量表征晶粒 c 轴与板材法向夹角的变化，退火态 AX30 合金各晶粒 c 轴与板材法向夹角的关系如图 3-7 所示，图中深色晶粒意味着其 c 轴与板材法向夹角小于 30°，浅色晶粒则表示该晶粒 c 轴与板材法向夹角大于 30°。退火态 AX30-400、AX30-450 及 AX30-500 合金的白色晶粒占比分别为 17.9%、47.8%及 53.9%，表明随着末道次轧制温度升高，晶粒转动更明显，与(0001)基面极图结果相一致。

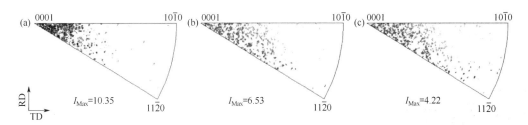

图 3-6　退火态 AX30 合金的反极图散点分布

（a）AX30-400；（b）AX30-450；（c）AX30-500

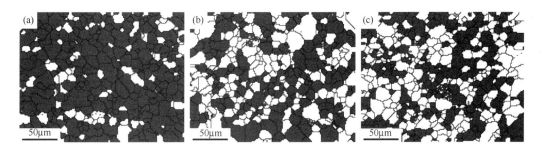

图 3-7　退火态 AX30 合金板材晶粒 c 轴与板材法向的夹角关系

（a）AX30-400；（b）AX30-450；（c）AX30-500

　　此外，末道次轧制温度对 AX30 合金的织构组分也具有明显影响。镁合金中部分常见的织构组分可分为四大类：基面织构{0001}<11$\bar{2}$0>，柱面织构{10$\bar{1}$0}<11$\bar{2}$0>，锥面织构{10$\bar{1}$1}<11$\bar{2}$0>，以及<11$\bar{2}$3>锥面织构（包括{11$\bar{2}$2}<11$\bar{2}$3>、{10$\bar{1}$1}<11$\bar{2}$3>、{11$\bar{2}$1}<11$\bar{2}$3>、{10$\bar{1}$2}<11$\bar{2}$3>）。图 3-8 为四大类织构组分在退火态 AX30 合金中的相对比例。随着末道次轧制温度的升高，AX30-400、AX30-450 及 AX30-500 退火态合金中{0001}<11$\bar{2}$0>基面织构相对比例分别为 92.08%、63.47%及 53.76%。同时，非基面织构组分，尤其是锥面织构组分的相对比例大幅增加。随着末道次轧制温度由 400℃升高至 500℃，{10$\bar{1}$1}<11$\bar{2}$0>锥面织构相对比例由 1.38%先增加到 18.37%后降低至 7.75%。但是，<11$\bar{2}$3>锥面织构比例则由 5.91%增加到 16.78%再增加到 37.69%。分析结果表明，提高末道次轧制温度对 AX30 合金的织构组分的优化起到了重要作用，其有益于弱化基面织构组分，增强非基面织构组分。

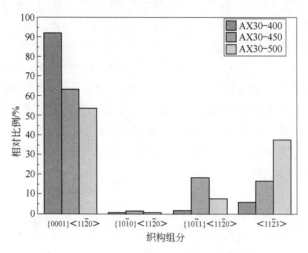

图 3-8 退火态 AX30 的织构组分相对比例

图 3-9 为退火态 AX30 镁合金板材的应力-应变曲线，各项力学性能指标见表 3-1。随着末道次轧制温度的升高，退火态 AX30 板材的强度略微下降，总延伸率大幅上升。除固溶强化、第二相强化、位错强化及细晶强化等强化机制外，织构强化通常也被认为是镁合金的有效强化机制[17-18]。由于 AX30 镁合金各退火态板材具有相同的化学成分及相近的晶粒尺寸，随末道次轧制温度的升高而强度指标的降低主要与基面织构变化及第二相粒子尺寸分布相关。

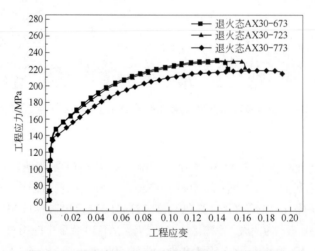

图 3-9 退火态 AX30 板材的拉伸应力-应变曲线

表 3-1 退火态 AX30 板材的拉伸力学性能

板材	屈服强度/MPa	抗拉强度/MPa	延伸率/%
AX30-400	150	230	14.9
AX30-450	145	229	16.3
AX30-500	138	218	19.4

随着末道次轧制温度的升高，基面织构发生弱化及偏转，导致{0001}<11$\bar{2}$0>基面滑移的 Schmid 因子增加，成为屈服强度减小的原因之一。图 3-10 为退火态 AX30 镁合金板材沿轧向的基面滑移 Schmid 因子分布，黑色晶粒代表该晶粒基面滑移的 Schmid 因子为 0，白色晶粒代表该晶粒的基面滑移 Schmid 因子为最大值（0.5）。晶粒颜色由黑到白，其基面滑移 Schmid 因子也由 0 逐渐增加到 0.5。AX30-400、AX30-450 及 AX30-500 退火态合金中基面滑移 Schmid 因子大于 0.3 的晶粒比例分别为 19.09%、24.22%及 41.44%，Schmid 因子平均值依次是 0.188、0.205 及 0.249。随着末道次轧制温度的提高，更多晶粒的取向有利于拉伸过程中基面滑移激活。由于基面滑移的 CRSS 低于孪晶及非基面滑移，因此基面滑移为室温拉伸变形的主导变形机制[19-20]。AX30 镁合金板材的屈服行为与基面滑移激活程度紧密相关。随着末道次轧制温度的提高，第二相粒子逐渐粗化，成为 AX30-450 及 AX30-500 合金屈服强度减小的另外一个原因。此外，高的末道次轧制温度造成镁合金板材的塑性提升也主要源于基面织构的弱化与偏转[21-22]。

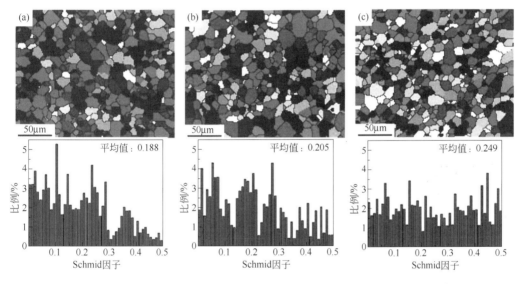

图 3-10　退火态 AX30 镁合金基面滑移 Schmid 因子分布（见书后彩页）
（a）AX30-400；（b）AX30-450；（c）AX30-500

图 3-11 为 AX30-400、AX30-450 及 AX30-500 退火态合金板材的 Erichsen 杯突值。三种板材的室温 IE 值分别为 3.1mm、3.8mm 及 4.4mm，表明随着末道次轧制温度升高，AX30 镁合金板材的室温成形性逐渐提高。有关研究结果表明，镁合金的成形性能改善可通过基面织构弱化及倾转来实现[4,23-24]。如图 3-5 的 AX30 合金板材基面织构所示，末道次轧制温度升高促使基面织构弱化并向 RD 倾转。因此，升温轧制得到的 AX30 板材所具有弱化且沿 RD 偏转的基面织构特征引起了高成形性能。

图 3-12 为 AX30 镁合金板材退火处理前后的轧制态及退火态(0001)极图。图 3-12（a）～（c）的轧制态(0001)极图表明末道次轧制完成时 AX30 镁合金板材已经形成沿轧向倾转的基面织构特征，最大极密度分别为 7.71MRD、8.35MRD 及 8.72MRD。而 AX30-400、AX30-450 及 AX30-500 退火态合金基面织构的最大极密度则分别为 7.45MRD、4.25MRD 及 3.65MRD。

比较可知，退火态合金的基面织构较轧制态发生弱化。

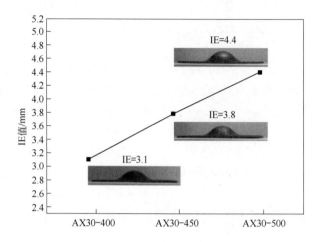

图 3-11　退火态 AX30 镁合金板材的室温杯突值

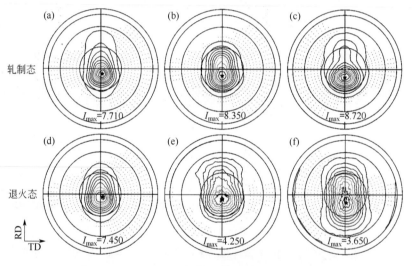

图 3-12　AX30 镁合金板材的(0001)宏观极图

（a）轧制态 AX30-400；（b）轧制态 AX30-450；（c）轧制态 AX30-500；
（d）退火态 AX30-400；（e）退火态 AX30-450；（f）退火态 AX30-500

研究表明，镁合金形成沿 RD 倾转的基面织构主要原因在于锥面$<c+a>$滑移及柱面$<c>$滑移的激活[15-16]。图 3-13 为 AX30 轧制态的双束衍射微观组织形貌，操作矢量分别是$g=(10\bar{1}0)$及 $g=(0002)$。图 3-13（a）和（b）为 AX30-400 轧制态合金的位错形貌，大量位错在 $g=(10\bar{1}0)$操作矢量下可见，而在 $g=(0002)$操作矢量下不可见。根据位错不可见原则，这些位错是$<a>$型位错。AX30-450 轧制态合金的位错形貌如图 3-13（c）和（d）所示，结果表明$<a>$型位错与$<c>$型位错在图 3-13（c）及图 3-13（d）的操作矢量条件下分别可见，因此 AX30-450 轧制态合金中$<a>$及$<c>$型位错均已生成。图 3-13（e）和（f）为 AX30-500 轧制态合金的位错形貌，均存在垂直于基面的平直位错线，其为非基面滑移，属于$<c+a>$

型位错。上述表明，随着末道次轧制温度升高，非基面滑移的<*c*>及<*c+a*>位错逐渐被激活。虽然室温时镁合金的非基面滑移系的 CRSS 远高于基面滑移，但是非基面滑移系的 CRSS 拥有比基面滑移更显著的温度依赖性，并随着温度上升而急剧下降[20,25]。因此，提高末道次轧制温度有助于激活 AX30 合金中的非基面滑移系的<*c*>及<*c+a*>位错，从而形成了更高倾转角的沿 RD 倾转的基面织构特征。

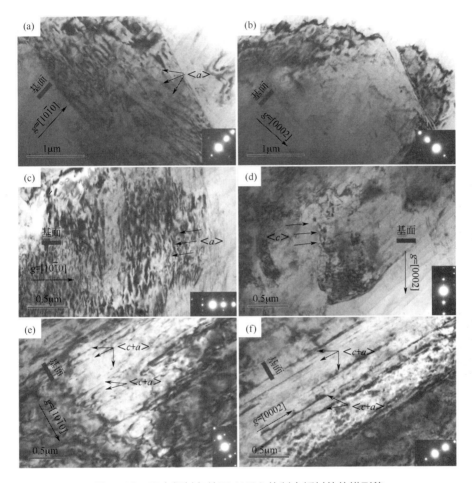

图 3-13　双束衍射条件下 AX30 轧制态板材的位错形貌

（a）（b）AX30-400；（c）（d）AX30-450；（e）（f）AX30-500

图 3-12 表明 AX30 合金的基面织构弱化现象仅发生于退火过程，意味着静态再结晶对镁合金基面织构的弱化与倾转起到重要作用。轧制态微观组织被认为对静态再结晶行为有强烈影响，从而对基面织构演变产生作用[26-28]。由于退火工艺相同，不同 AX30 镁合金板材的(0001)极图变化来源于末道次轧制温度差异而造成的微观组织变化，如不同的位错类型被激活。若<*c*>及<*c+a*>型非基面位错在晶界处被吸收，再结晶晶核的转动就会增加，从而导致再结晶过程中晶粒改变其 *c* 轴取向。图 3-14 为 AX30 退火态板材的晶界取向差角分布图，随着末道次轧制温度的提升，平均晶界取向差角以及比例最高的晶界取向差角度均增大，此外，大角晶界比例也上升。因此，退火过程的再结晶行为促使基面织构倾转并发生了弱化。

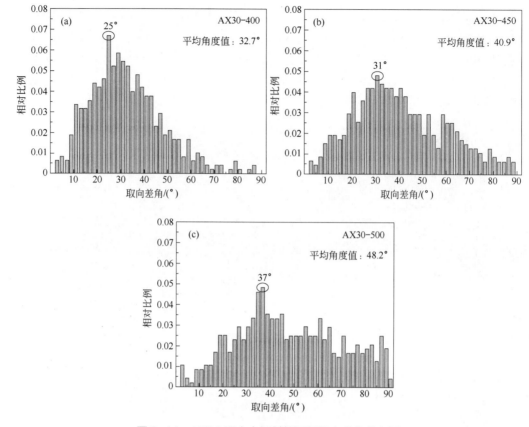

图 3-14　AX30 退火态板材的晶界取向差角分布图

（a）AX30-400；（b）AX30-450；（c）AX30-500

3.2　AZ31 镁合金的异步轧制工艺

3.2.1　工艺参数对单道次异步轧制 AZ31 镁合金微观组织及力学性能的影响

　　单道次异步轧制实验选取经 400℃、2h 均匀化热处理的 AZ31 挤压板材，图 3-15 为其微观组织，平均晶粒尺寸为 64.5μm。异步轧制的异速比通过装配不同直径的轧辊来调整，两个工作轧辊角速度相同（3.19rad/s），轧辊直径比即为异速比。轧制异速比分别选取 1.1（轧辊直径 90mm：80mm）、1.3（轧辊直径 90mm：70mm）及 1.7（轧辊直径 120mm：70mm）三种。轧制温度设定为 300℃，压下率分别选取 10%、20%、30%，轧后立即进行水冷，以保留轧态组织。

　　图 3-16 为 AZ31 镁合金在不同异速比和压下率条件下的单道次异步轧制态微观组织。图中，第一位字母 A、B、C 代表异速比，分别为 1.1、1.3、1.7；第二位数字 1、2、3 指代轧制压下率，依次为 10%、20%、30%，即 A1 表示异速比为 1.1 时单道次轧制压下 10%。异速比相同时，孪晶数量随着压下率的增大而显著增加。压下率相同时，异速比 1.1 的轧材中孪晶含量相对较少，且分布不均匀；异速比为 1.3 时，孪晶数量显著增加，压下率仅为 10%时就存在大量交错的孪晶；当异速比增加至 1.7 时，轧材中孪晶量及分布均匀程度

均有所降低，但仍高于异速比为 1.1 时。

图 3-15　AZ31 镁合金 400℃、2h 均匀化处理后的微观组织

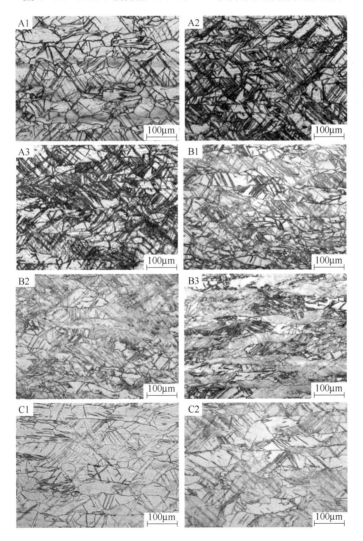

图 3-16

图 3-16　单道次异步轧制 AZ31 镁合金板材微观组织

图 3-16 的单道次异步轧制微观组织差异表明，异速比可以显著改变微观组织中的孪晶数量及分布均匀程度。其中，异速比为 1.3 时轧辊给轧件提供了更大的附加剪切变形。一些异步轧制的研究结果表明，异速比增加或轧辊与轧件的摩擦系数增大都能提高轧件的剪切变形[29-30]，然而，异速比为 1.7 时的孪晶数量及分布均匀程度却低于异速比为 1.3 时，这可能与轧辊与轧件产生了相对滑动有关。

为研究轧辊与轧件的相对滑动，轧制前在轧件表面做两点标记，轧制后测定轧件上标记点的间距以及轧辊上的印迹距离，从而分析轧辊与轧件是否存在明显的相对滑动。表 3-2 为 20% 压下率时，不同异速比条件下轧件标记点及轧辊印迹点距离。异速比为 1.1、1.3 时，轧辊印迹之间的距离略小于轧后样品标记距离，但是差值很小，约为 1mm，表明此时轧辊与轧件的相对滑动较小，这种尺寸差是由前滑造成的。当异速比为 1.7 时，轧辊印迹距离为 96.8mm，轧后距离降低至 74.5mm，差值骤增至到 22.3mm，远超出前滑所能造成的尺寸差异。由此可知，异速比为 1.7 时的异步轧制过程中轧辊与镁合金轧件的相对滑动非常明显。因此，其微观组织中孪晶量少、分布不均匀的根本原因是轧辊与轧件发生了明显的相对滑动。

表 3-2　异速比对轧件标记点及轧辊印迹点距离的影响（20% 压下率）

异速比	轧辊印迹距离 /mm	轧件标记距离 /mm	差值 /mm
1.1	73.6	75	−1.4
1.3	74.1	75	−0.9
1.7	96.8	74.5	22.3

轧件与轧辊是否产生相对滑动，与异速比、压下率以及轧件与轧辊接触面的摩擦系数的综合作用有关。异速比为 1.1、1.3 时，轧辊与轧件的摩擦状态近似于静摩擦，而异速比 1.7 时则为滑动摩擦。物体间的最大静摩擦力高于滑动摩擦力是一种普遍现象。因此，相同压下率条件下，异速比为 1.7 时轧辊提供给轧件的剪切力要低于异速比为 1.3 时。此外，Tzou[31]的研究证实异速比为 1.15 时的轧制力比同步轧制低 20%，异速比进一步提高时，轧制力的降低更加明显。相同压下率时，异速比为 1.7 时的轧制力最低。因此，低摩擦系数及低轧制力的双重因素导致异速比为 1.7 时的孪晶数量及分布均匀程度均低于异速比为 1.3 时。异速比为 1.1 时，虽然摩擦系数和轧制力都有利于提高异步轧制剪切力，但是由于异速比低，在与轧辊的接触过程中轧件受到的剪切应变较小，导致微观组织中孪晶量少且分布不均。

图 3-17 为单道次 20%压下率条件下, 轧制异速比对 AZ31 镁合金轧制态板材力学性能的影响。异速比为 1.1 时板材延伸率最高, 达到 9.8%; 而异速比为 1.3、1.7 时延伸率较低, 分别为 3.5%及 4.5%。异步轧制过程中, 较高的异速比产生的更大的剪切力使轧件内部储存了更多的畸变能, 图 3-16 的 B2 和 C2 的微观组织中大量的变形孪晶能够证明。拉伸过程中, 大量孪晶界阻碍位错运动, 使塑性明显降低。因此, 轧辊与轧件的相对运动状态与轧件的力学性能、微观组织呈现良好的对应关系。强度方面, 异速比为 1.3 时的轧制板材具有较高的屈服强度和较低的抗拉强度, 这是由于大量的孪晶界阻碍位错滑移, 拉伸样品发生塑性变形的难度增加, 因此屈服强度值提高。而抗拉强度略低主要是由于大量孪晶和切变带组织应力集中, 容易诱发微小裂纹, 随着拉伸应力的持续增加, 裂纹迅速扩展, 导致轧件过早断裂[32]。

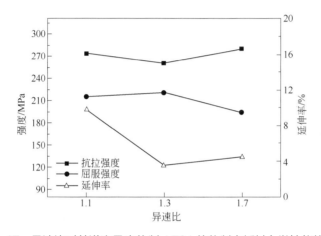

图 3-17　异速比对单道次异步轧制 AZ31 的轧制态板材力学性能的影响

除了异速比以外, 实施单道次异步轧制工艺时通过调整轧制温度来改变镁合金塑性变形机制及动态再结晶行为, 同样可以影响微观组织。通常, 镁合金在温度低于 225℃时, 只有{0002}<11$\bar{2}$0>基面滑移和孪生易激活而参与塑性变形, 柱面滑移及<c+a>型锥面滑移仅在高于临界温度时才容易激活, 所以镁合金的低温塑性较差。此外, 镁合金比热容较低, 轧制过程中镁合金板带与设备接触、自身热辐射以及与大气的热交换都会使板材温度迅速降低, 从而影响组织及性能。当异速比为 1.3 时, 轧制样品变形比较剧烈, 不同变形温度的板材显微组织差异较小。异速比为 1.7 时轧辊与轧件具有较大程度的相对滑动, 此时显微组织不具有代表性。因此, 基于 1.1 异速比讨论轧制温度对 AZ31 镁合金异步轧制薄板材微观组织及性能的影响。图 3-18 为不同轧制温度及不同单道次压下率时, 单道次异步轧制 AZ31 镁合金板材的微观组织。图中, 第一位字母 a、b、c、d、e 代表轧制温度, 分别为 200℃、250℃、300℃、350℃、400℃, 第二位数字 1、2、3 指代轧制压下率, 依次为 10%、20%、30%。微观组织具有如下特点: ①轧制态镁合金变形组织中均包含大量孪晶; ②相同轧制温度时, 孪晶数量随压下率增加而显著增多; ③相同压下率时, 孪晶数量随轧制温度升高而减少。

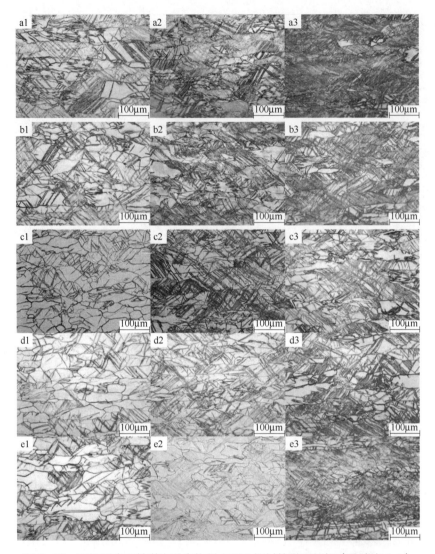

图 3-18　不同温度下单道次异步轧制 AZ31 板材的微观组织（异速比 1.1）

　　轧制温度为 200℃时，非基面滑移激活困难，塑性变形机制主要以基面滑移和孪生为主。因此，图 3-18 的 a1、a2、a3 微观组织中均出现大量孪晶，尤其在 30%压下率时，孪晶几乎布满整个组织。随着轧制温度提高到 250℃，非基面滑移逐渐启动，参与协调变形的滑移系数量增加，孪晶数量随之降低。300℃时，非基面滑移在变形中的作用更加显著，孪晶数量进一步降低 [图 3-18 中（c1、c2、c3）]。镁合金中各滑移系的 CRSS 随着温度的升高而降低，但是降低趋势不同。基面滑移本身就具有很低的 CRSS，在温度升高过程中降低幅度缓慢，而非基面滑移的 CRSS 值则会迅速降低。温度达到 300℃时，柱面滑移的 CRSS 值与基面滑移已经比较接近[33]，这也是镁合金塑性随温度的升高而得到改善的根本原因。随着轧制温度的进一步升高，孪晶数量随轧制温度的升高而降低的趋势依然存在，表明在温度高于 300℃时，各滑移机制的 CRSS 随温度的升高会进一步降低。400℃、30%压下率的微观组织中一些晶粒沿轧制方向被明显拉长，但内部的孪晶数量却很少，说明滑移是这些晶粒塑性变形的主要方式。

图 3-19 为不同轧制温度条件下单道次异步轧制 AZ31 镁合金板材的力学性能变化（异速比 1.1，压下率 20%）。在 200～400℃温度范围内，随轧制温度升高，AZ31 镁合金异步轧制板材的强度下降，而延伸率上升，显然，这与不同温度下镁合金变形机制的差异紧密相关。低温轧制时，镁合金中可开动的滑移系较少，主要由基面滑移及拉伸孪生主导，微观组织中生成大量孪晶［图 3-18（a2）］。变形过程中，大量孪晶界的相互交错作用可以有效地阻碍位错运动，使塑性变形需要克服的阻力增大。同时，复杂应力状态下容易形成大量裂纹源，导致材料塑性降低。轧制温度升高，柱面滑移及锥面滑移等非基面滑移系激活以协调塑性变形。此外，动态回复及动态再结晶作用增强，孪晶数量明显减少，对位错运动的阻碍作用同样降低，裂纹形成概率显著下降。

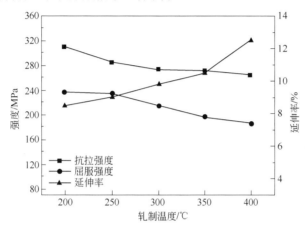

图 3-19　轧制温度对单道次异步轧制后 AZ31 板材力学性能的影响

3.2.2　AZ31 镁合金板材的连续异步轧制及多道次异步轧制

以切变为特点的异步轧制具有众多的优点，相关技术也已经过了较长时间的发展，但是其广泛应用仍受到限制，原因主要归结于以下几方面：

① 异步轧制的特点决定了轧件会发生弯曲。研究表明，轧件弯曲程度与轧辊直径、原始厚度、变形程度、异速比等因素密切相关[34-35]。镁合金板材，尤其是厚板经异步轧制产生的弯曲难以矫正，很大程度上限制了后续轧制的进行，从而严重影响了生产连续性。虽然轧件弯曲能够通过调整轧制参数来减轻，但是无法完全消除，因此，多机架连续异步轧制实现难度较高。

② 单机架往复轧制的异步轧制方式生产效率低下、产品质量不稳定，难以满足先进制造业的发展需求。

③ 即使能够实现多机架连续异步轧制，薄轧件在机架间的温度损失也将影响连续轧制的稳定性，尤其是镁合金的塑性变形对温度十分敏感，各机架轧辊的温度差异、轧辊与轧件的温度差、机架间板带的热量散失等问题都是难以解决的问题。

针对异步轧制存在的上述问题，利用异步轧制板材的自然弯曲特点设计并制造了一套特殊装置，以实现镁合金板材的连续异步轧制。其优点是：①克服了轧件弯曲的不利影响，实现了连续轧制；②两次异步轧制中间无须人工穿带，流程短，减少了道次间板材温降；③道次间轧件相当于翻面，这种轧制方式使板材反复承受交叉剪切应变，与常规异步轧制相比，能够更加有效地细化晶粒[36]。在此基础上，利用此异步连续轧机进行 AZ31 镁合金板材轧制，轧制温度为 350℃，单道次压下率均为 10%。一个连续轧制过程结束之后，对样品进行 350℃、10min 的中间退火，再进行下一次连续轧制。即两个连轧过程，轧件受四道次压下。此外，在限定轧制温度、压下率等轧制参数相同且道次间不换面的条件下，进行了四道次普通异步轧制作为对比，从而分析此连续轧制装置的效果及变形特点。图 3-20 为连续轧制过程示意图，其中 a、b、c、d 箭头所指区域为微观组织的观察位置。

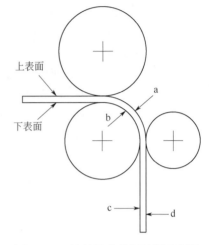

图 3-20　连续异步轧制过程示意图

图 3-21 及图 3-22 分别为第一次及第二次连续异步轧制后，AZ31 镁合金板材 RD-ND 平面的微观组织。其中，（a）（b）（c）（d）分别是对应于图 3-20 中各区域的微观组织。由图 3-21 可知，在第一次连续异步轧制过程中，轧件经过首道次辊缝后，显微组织中出现了很多孪晶，其走向与水平方向间夹角大多为 40°～50°，且以左上-右下居多。经过第二道辊缝，孪晶数量显著增加，而且走向也不同于上一道次，形成了很多左下-右上走向的孪晶，此时两种走向的孪晶数量基本均衡；此外，原始晶粒被明显拉长，其中一些晶粒内部并没有太多孪晶，滑移依然是塑性变形的主要方式，孪生主要起协调变形作用。

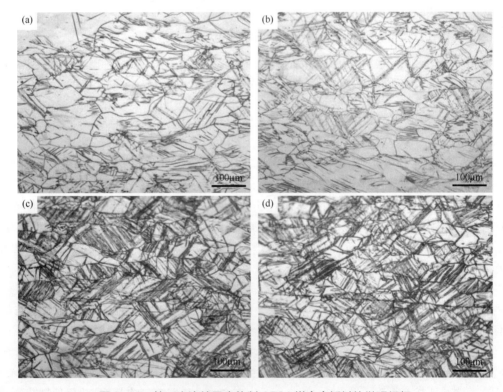

图 3-21　第一次连续异步轧制 AZ31 镁合金板材的微观组织
（a）图 3-20a 区域；（b）图 3-20b 区域；（c）图 3-20c 区域；（d）图 3-20d 区域

图 3-22 为 AZ31 镁合金板材经中间退火及第二次连续异步轧制后的微观组织。中间退火过程的再结晶行为使得晶粒尺寸明显减小。经过首道次辊缝，微观组织中出现了大量细小的孪晶［图 3-22（a）和（b）］，表明在晶粒尺寸较小的镁合金中，孪生对塑性变形依然可以起到明显的协调作用。经过第二辊缝后，板材变形已经非常剧烈。图 3-22（c）和（d）表明，孪晶汇聚为切变带，这些部位原子排列混乱程度高，微观表面凹凸不平，在光学显微镜下呈现出灰黑色。切变带区域储存的畸变能很高，退火时容易发生再结晶，能够有效地细化晶粒。异步连续轧制各道次间轧件相当于换面，切变带呈交叉状，不仅提高了材料承受塑性变形能力，还促进均匀再结晶。

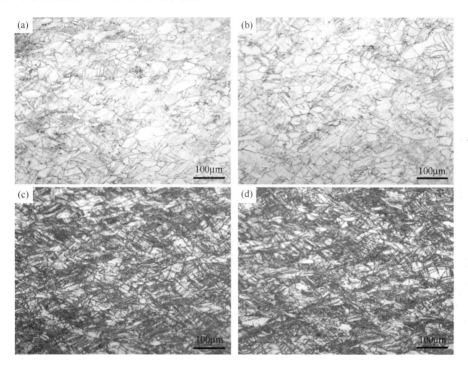

图 3-22 第二次连续异步轧制 AZ31 镁合金板材的微观组织
（a）图 3-20a 区域；（b）图 3-20b 区域；（c）图 3-20c 区域；（d）图 3-20d 区域

异步轧制的孪晶分布特点与其剪切变形状态有关。Huang 等[37]研究了这种剪切变形对 Mg-Al-Zn 系合金显微组织的影响，发现在 70%压下率条件下，同步轧制及异步轧制的镁合金条状细晶区走向存在差异（图 3-23）。同步轧制时条状细晶区呈交叉状，异步轧制时则平行分布。这些条状细晶区是由切变带发生再结晶形成的，即表明同步轧制与异步轧制时因剪切变形而生成的切变带走向不同。镁合金的切变带一般是在较高变形量时由孪晶汇聚而形成[38]，连续异步轧制过程中第一辊缝压下率仅为 10%，还不足以使镁合金生成足够多的孪晶并汇聚为切变带，但是，形成的孪晶已经表现出左上-右下走向的特征，这也是异步轧制过程中生成单一走向的切变带的初级阶段。经过第二辊缝，图 3-21（c）和（d）的微观组织中不同走向的孪晶数量相近，这是由于轧件上/下表面与大/小直径轧辊的接触关系与首道次压下时情况相反，相当于把轧件反转换面。因此，轧件在完成连续异步轧制后孪晶呈交叉分布状态。

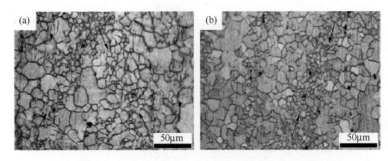

图 3-23　同步轧制与异步轧制切变带走向比较[37]

（a）同步轧制；（b）异步轧制

　　图 3-24 为 AZ31 镁合金第一次连续轧制过程 a、b、c、d 四区域的(0001)极图。连续异步轧制过程中(0001)织构强度随着轧制道次增加而降低，但是上、下表面的强度变化有所差别。图 3-24（a）和（b）显示，板材经过首道次辊缝后，靠近大直径轧辊侧 a 区域的(0001)织构最大极密度为 16.0MRD，明显高于中直径轧辊侧 b 区域的 10.6MRD。显然，上下表面基面织构特征的差异与其在异步轧制过程中的受力状态有关。两个轧辊的角速度相同，大直径轧辊线速度高，而中直径轧辊线速度低，轧制过程中的剪切力主要由大轧辊提供。因此，接触大轧辊一侧的金属所受剪切变形更加剧烈。第二道次轧制后的 AZ31 板材(0001)极图如图 3-24（c）和（d）所示，(0001)织构强度均有所降低，但是降幅不同。上表面{0001}织构强度降幅较大，最大极密度由 16.0MRD 降至 8.0MRD；而下表面织构强度降幅较小，最大极密度由 10.6MRD 下降至 6.9MRD。此外，第一次连续轧制过程中的 AZ31 镁合金板材均具有明显的 c 轴平行于横向的柱面织构组分，并且经过整个连续异步轧制过程也没有消失，但强度有所减弱。这是由于垂直于 c 轴的轧制不利于具有柱面取向的晶粒发生拉伸孪生，不能有效消除柱面取向织构。但是，晶粒的三维形貌是不规则的，复杂的局部应力使部分晶粒发生了孪生，因此，柱面取向织构强度降低。

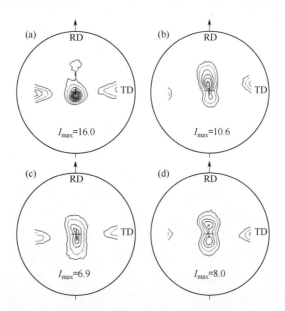

图 3-24　第一次连续异步轧制 AZ31 镁合金板材的(0001)极图

（a）图 3-20a 区域；（b）图 3-20b 区域；（c）图 3-20c 区域；（d）图 3-20d 区域

图 3-25 为 AZ31 镁合金板材第二次连续异步轧制过程 a、b、c、d 四个区域的(0001)极图。第二次连续异步轧制过程中，板材的(0001)织构强度变化幅度较为平缓，主要是由于经过第一次连续异步轧制和中间退火，晶粒已经得到明显细化（图 3-22），晶粒细化使镁合金板材强度明显提高，靠近大直径轧辊一侧的基面滑移的阻力显著增加，基面滑移活性降低，织构强度变化较小。此外，经过中间退火和第二次连续异步轧制，AZ31 镁合金板材柱面取向织构组分已经消失，这与中间退火过程相关：首先，垂直于 c 轴方向的轧制方式难以消除柱面取向织构组分；其次，Pérez-Prado 等[39]发现镁合金退火过程中(0001)基面取向的再结晶晶粒能通过吞并其他取向的晶粒而优先长大。

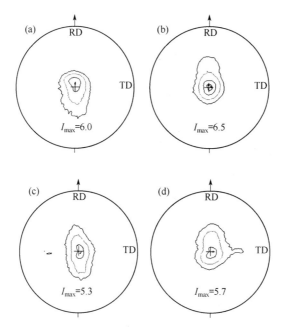

图 3-25　第二次连续异步轧制 AZ31 镁合金板材的(0001)极图
（a）图 3-20a 区域；（b）图 3-20b 区域；（c）图 3-20c 区域；（d）图 3-20d 区域

连续异步轧制过程中，AZ31 镁合金板材(0001)织构强度持续降低主要源于：①异步轧制本身具有强烈的剪切变形，具有降低镁合金(0001)织构强度的作用；②道次间轧件外形的改变，对晶体学取向有显著影响。图 3-26 为 AZ31 板材经过单道次异步轧制和连续异步轧制后的板形。单道次异步轧制的板材弯曲程度较大，而连续异步轧制板材板形则相对明显平直，这种板形的改善使原本聚集在某种取向的织构被分散，也能降低(0001)织构强度。

图 3-27 为 AZ31 镁合金板材的多道次异步轧制过程示意图，轧制温度、道次压下率、道次间中间退火处理制度均与连续异步轧制相同，差异在于 AZ31 镁合金板材的上表面总处在大直径轧辊侧，下表面总处于小直径轧辊侧。

图 3-28 为多道次异步轧制的 AZ31 镁合金板材的微观组织，观察面为 RD-ND 面，观察区域为图 3-27 中 a～d 位置所示区域。经受两道次 10%压下率的轧制后，如图 3-28（a）和（b）所示，多道次异步轧制 a、b 处微观组织的孪晶数量明显低于连续异步轧制［图 3-22（a）和（b）］，直接影响了退火过程的晶粒细化效果。图 3-28（c）和（d）的微观组织为经

过中间退火并进行两道次异步轧制的微观组织。可以发现，AZ31 镁合金板材的微观组织中充满了交错分布的孪晶及变形带，大部分大尺寸晶粒已经被分割。但是，与小直径轧辊相接触的下表面组织中还存在一些未变形大尺寸晶粒，如图 3-28（d）中的虚线区域所示。

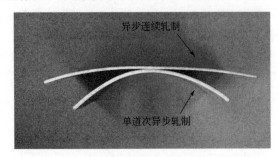

图 3-26　不同轧制方式对 AZ31 薄板外形的影响

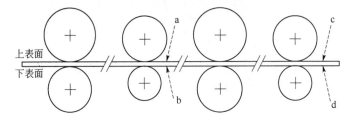

图 3-27　多道次异步轧制过程示意图

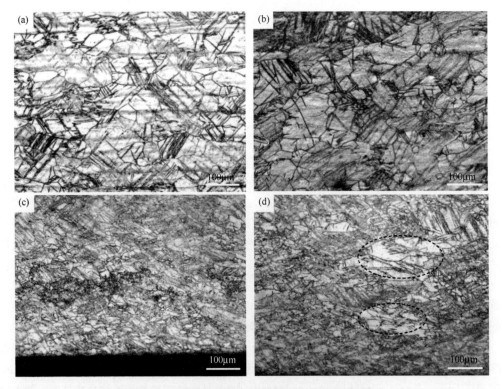

图 3-28　多道次异步轧制 AZ31 板材的微观组织

（a）图 3-27a 区域；（b）图 3-27b 区域；（c）图 3-27c 区域；（d）图 3-27d 区域

图 3-29 为多道次异步轧制的 AZ31 镁合金板材的(0001)极图。上、下表面的(0001)织构强度随着轧制道次的增加而降低，但是与连续异步轧制相比，其存在以下差异：

① 轧制道次相同，但多道次异步轧制板材上、下表面的(0001)织构强度都要高于连续异步轧制，表明连续异步轧制更有利于降低镁合金的基面织构强度。

② 多道次异步轧制板材上表面的(0001)织构强度始终高于下表面。

③ 多道次异步轧制板材的柱面织构组分强度随轧制道次增加而逐渐降低，但是四道次轧制后依然存在。而连续异步轧制时，中间退火后柱面织构组分就已经消失。

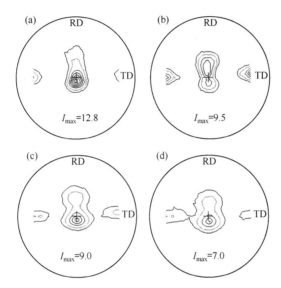

图 3-29　多道次异步轧制 AZ31 镁合金板材的(0001)极图
（a）图 3-27a 区域；（b）图 3-27b 区域；（c）图 3-27c 区域；（d）图 3-27d 区域

由于异步轧制过程中 AZ31 镁合金板材受到了不对称的应力状态变化的影响，板材的微观组织、织构及板形都发生了不同的变化。为了进一步研究异步轧制的变形特点，利用 AutoGrid 网格图像分析软件分析板材上、下表面的应变情况。图 3-30 为表面应变试验样品，尺寸为 60mm×100mm，表面网格采用直流电源、专用模板及特殊打标液印制，尺寸为 2mm×2mm。样品经过异步轧制后，应用应变网格分析仪及 AutoGrid 软件分析板材上、下表面的网格变形情况。

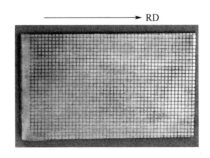

图 3-30　表面应变测试样品

173

图 3-31 为 AZ31 镁合金板材经历一道次 10%压下率的异步轧制后上、下表面网格沿轧制方向的应变分布。颜色表征变形程度，对应关系见图中柱状刻度。大直径轧辊侧的板材上表面大部分为绿色，对应应变量为 7%～9%，少部分为浅蓝色，对应变形量为 5%～6% [图 3-31（a）]。图 3-31（b）以浅蓝色及深蓝色为主，两种颜色所占比例相当，浅蓝色对应的应变量为 6%～8%，深蓝色部分为 4%～5%。以上结果表明，上表面的应变量略高于下表面。

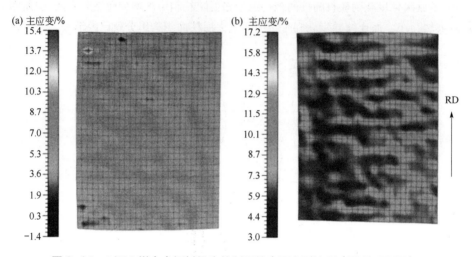

图 3-31　AZ31 镁合金板材异步轧制后的表面变形情况（见书后彩页）
（a）上表面（大直径轧辊侧）；（b）下表面（小直径轧辊侧）

图 3-32 为 AZ31 镁合金板材横向的上、下表面的平均应变量，虚线为整个板面的平均应变量。显然，上表面应变量高于下表面，板面的平均应变量差值为 1.9%，从而导致板材轧制过程中发生弯曲。

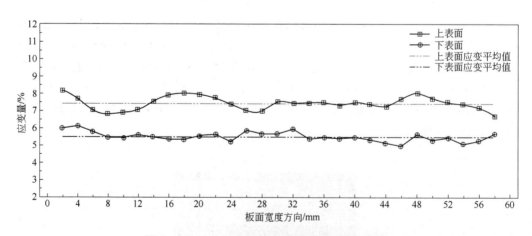

图 3-32　上、下表面板材横向应变分布平均值

图 3-33 给出了连续异步轧制及多道次异步轧制的退火态 AZ31 镁合金板材微观组织的对比照片，退火处理工艺参数均为 350℃、30min。两道次及四道次异步轧制板材经退火处理后均由完全再结晶晶粒组成，图 3-33（a）～（d）的平均晶粒尺寸分别为 15.4μm、10.2μm、

19.1μm 及 12.3μm。连续异步轧制板材的晶粒尺寸较小，而且尺寸分布相对均匀。多道次异步轧制板材的晶粒尺寸较大，虽然晶粒形貌也为等轴状，但是部分区域存在一些大尺寸晶粒，可能是由于轧制过程中一些变形不充分的大晶粒残留所致。

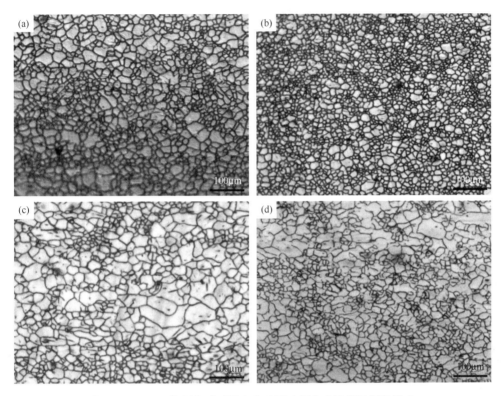

图 3-33 不同轧制方式对退火态 AZ31 镁合金显微组织的影响
（a）连续异步轧制 2 道次；（b）连续异步轧制 4 道次；
（c）多道次异步轧制 2 道次；（d）多道次异步轧制 4 道次

连续异步轧制较细小且均匀的再结晶晶粒与轧制过程的翻面轧制效果密不可分，图 3-34 为 Huang 等[37]观察到的 AZ31 镁合金板材在异步轧制过程中形成的单一走向切变带。切变带将板材划分成很多单元，切变带上的晶粒细小，而单元内部的晶粒较粗大。多道次轧制过程中，如果板材与轧辊的方位关系保持不变，前一道次已经形成的切变带就会被后一道次继承，使变形沿着已有的切变带继续进行，从而可能导致某些单元内部得不到充分变形，即使在多道次轧制作用下仍然存在大尺寸晶粒，如图 3-28（d）中虚线所圈区域。这些遗留的大尺寸晶粒在退火后仍然相对较大，从而导致晶粒尺寸不均匀，如图 3-33（c）和（d）所示。

连续异步轧制过程相当于使板材在道次间翻面，从而使板材内部的切变带发生变化。如图 3-35 所示，相邻道次间形成的切变带成交叉关系，后一道次切变带对前一道次留下的变形单元进行再次切割，有效地消除了变形不均匀的区域。因此，连续异步轧制板材的晶粒既细小又均匀。

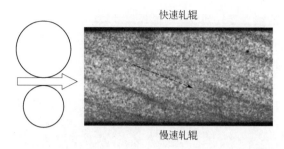

图 3-34　异步轧制 AZ31 镁合金板材中切变带的宏观形貌[37]

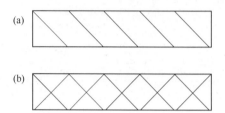

图 3-35　连续异步轧制板材的连续切变变形特点
（a）第一道次；（b）第二道次

　　此外，通过刻线方法观察了异步轧制过程中剪切应变在轧件厚度方向的分布情况，如图 3-36 所示。大、小直径轧辊在轧制过程中分别位于轧件的上、下表面。其中，图 3-36（a）为初始板材及刻线，图 3-36（b）为应变量较低时刻线的变形情况，在贴近大直径轧辊一侧刻线明显沿轧制方向偏移，而小直径轧辊一侧则变化较小。压下率越大时，刻线偏离程度越明显［图 3-36（c）］。

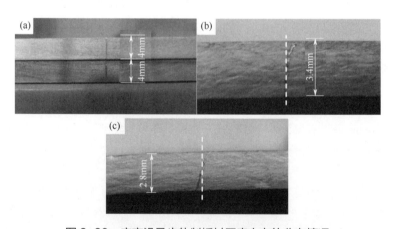

图 3-36　应变沿异步轧制板材厚度方向的分布情况
（a）初始样品；（b）低变形量异步轧制；（c）高变形量异步轧制

　　图 3-37 为异步轧制时板材的受力状态分析。在两轧辊中心连线上，轧件上表面所接触的轧辊的线速度高于下表面轧辊（$v_1 > v_2$），速度差引起的剪切应力方向与轧制方向平行，强度由表面层向中心层递减，大直径轧辊侧的剪切应力更高，这将导致变形体内部层与层之间发生剪切变形。AZ31 镁合金板材大轧辊侧表面(0001)织构强度大幅升高正是由于剪切

变形的作用所导致,这样的受力状态促使变形网格线沿轧制方向倾斜,从而出现如图 3-36 所示的刻线偏离厚度方向现象。在连续异步轧制过程中,道次间轧件的换面效果使得这种上、下表面不对称的剪切应变得以均衡,因而连续异步轧制后 AZ31 镁合金板材微观组织更加均匀。

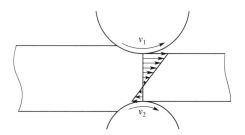

图 3-37　板材异步轧制的受力状态

图 3-38 为连续异步轧制及多道次异步轧制两种变形条件下 AZ31 镁合金薄板经过 2 道次及 4 道次变形后的 350℃、30min 退火态力学性能。随着轧制道次增加,板材抗拉强度和屈服强度略有提升,延伸率增幅明显。同等变形量条件下,连续异步轧制板材的力学性能优于多道次异步轧制板材,主要体现在抗拉强度和延伸率值较高,而屈服强度大体相当。因此,连续异步轧制板材的屈强比较低,有利于 AZ31 镁合金板材冲压成形,提高其二次加工性能。连续异步轧制板材的优异力学性能主要来源于其细小、均匀的晶粒。此外,(0001) 基面织构弱化也是重要因素。

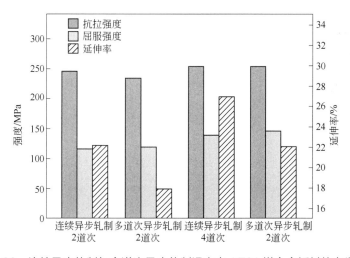

图 3-38　连续异步轧制与多道次异步轧制退火态 AZ31 镁合金板材的力学性能

3.2.3　轧制工艺对 AZ31 镁合金薄板室温成形性能的影响

在相同多道次轧制工艺条件下,对 AZ31 镁合金挤压坯于 250℃轧制温度条件下轧制制备 1mm 厚镁合金板材,并进行 300℃、1h 退火处理。图 3-39 为交叉轧制、异步轧制以及普通轧制工艺制备的 AZ31 镁合金板材微观组织。相对于普通轧制方式制备的板材,交叉轧制板材的晶粒明显细化,且大小均匀,平均晶粒尺寸为 9.5μm。异步轧制板材的微观组织不均匀，由粗大晶粒和细小的等轴晶共同组成，平均晶粒尺寸为 10.5μm。普通轧制工艺板材的平均晶粒尺寸为 12.0μm。

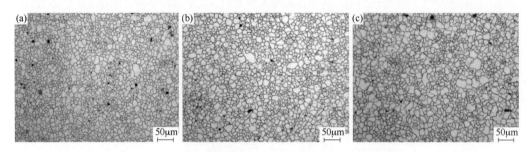

图 3-39　不同轧制工艺下 AZ31 镁合金板材的微观组织
（a）交叉轧制；（b）异步轧制；（c）普通轧制

图 3-40 为交叉轧制、异步轧制以及普通轧制工艺制备的 AZ31 板材的(0001)极图，三种镁合金板材晶粒都呈现出强烈的基面织构。与普通轧制板材相比较，交叉轧制板材的基面织构最大极密度略有增强，异步轧制板材的基面织构最大极密度有所降低。此外，三种板材基面织构沿轧向分布均强于横向分布。

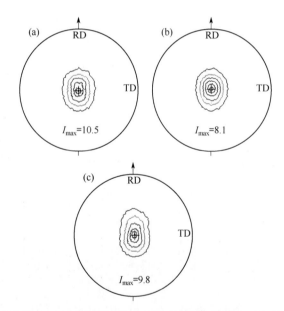

图 3-40　不同轧制工艺下 AZ31 镁合金板材的(0001)极图
（a）交叉轧制；（b）异步轧制；（c）普通轧制

交叉轧制制备的 AZ31 镁合金微观组织特征表明交叉轧制对镁合金板材微观组织的影响主要表现在提高组织均匀性方面：①使晶粒细小且均匀；②减小板材轧面上晶粒取向分布的差异。异步轧制工艺对镁合金板材微观组织的作用主要是细化晶粒尺寸且弱化板材的基面织构。在不考虑轧制过程宽展的情况下，常规轧制过程中，板材受到两向压应力，其应变为法向压缩-轧向拉伸；而异步轧制过程中，除两向压应力外，由于轧辊的速度差以及轧辊与板材之间存在摩擦力，板材还受到剪切应力作用，其方向为在慢速辊一侧向后滑区、快速辊一侧向前滑区，从而在板材厚度方向上产生剪切应变。因此，压下量相同时，异步轧制的实际变形程度高于常规轧制。应变量的增加又有利于其动态再结晶的激活，微观组织也就更加均匀细小。

由于异步轧制存在一个搓轧区，改变了此区内金属的应力状态，从而使镁合金的轧制织构发生改变。常规轧制所形成的织构，其基面与轧制压力方向垂直，而异步轧制滑移面法线方向会偏离轧制压力方向成一定的角度，故其形成的织构取向也会随之偏离。异步轧制道次的增加会强化这种取向偏离作用，最终改变板材的基面织构特征来提高金属的塑性变形能力。图 3-41 为三种轧制工艺板材沿不同拉伸加载方向的力学性能。交叉轧制板材屈服强度较高，而异步轧制板材屈服强度相对较低。多晶镁合金的力学性能受晶粒尺寸与晶粒取向分布的双重影响。材料的屈服强度与晶粒大小之间符合 Hall-Petch 公式，即晶粒越细小，材料的屈服强度越高。而织构对镁合金力学性能的影响，实质是通过改变各滑移系，特别是 $\{0001\}<11\bar{2}0>$ 基面滑移的 Schmid 因子，产生织构强化或软化而实现的。基面织构强烈时，晶粒的基面滑移 Schmid 很小，处于硬取向，基面滑移难以进行，可获得高屈服强度。交叉轧制板材晶粒细小，基面织构强度又高，均会提高板材的屈服强度。异步轧制板材，虽然晶粒也出现细化，但基面织构弱化，部分晶粒具有有利于基面滑移的软取向，基面滑移相对容易启动，导致屈服强度降低。细晶强化的增强作用被基面织构强度弱化带来的屈服强度降低作用所抵消。

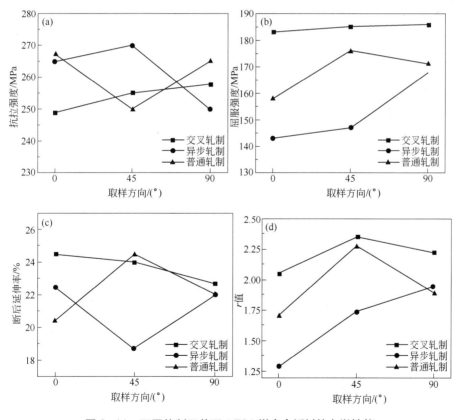

图 3-41 不同轧制工艺下 AZ31 镁合金板材的力学性能
（a）抗拉强度；（b）屈服强度；（c）断后延伸率；（d）塑性应变比 r 值

179

相比异步轧制和普通轧制，交叉轧制板材力学性能更为均匀，在板材平面内沿不同方向，力学性能及断后延伸率差异很小。对于异步轧制及普通轧制板材，则表现出较明显的力学性能各向异性，具体表现为轧向屈服强度低于横向。显然，这与板材晶粒取向分布的差异有关。图 3-40（b）和（c）表明，异步轧制及普通轧制板材织构沿轧向分布强于横向。沿轧向拉伸时，基面滑移的 Schmid 因子较大，处于软取向，基面滑移较易激活，因而轧向屈服强度较低。

交叉轧制板材虽然具有较高的基面织构强度，其断后延伸率仍超过 20%，如图 3-41（c）所示。与普通轧制板材相比，异步轧制板材的基面织构强度虽然降低，但断后延伸率并未明显提高。因而，断后延伸率与基面织构强度并无直接关系。

塑性应变比 r 值表征板材平面方向变形能力与厚向变形能力的相对大小。由图 3-41（d）可知，异步轧制板材 r 值最小，且不同加载方向 r 值差异较大。交叉轧制板材 r 值较大，但轧向、横向及 45° 方向的差异较小。交叉轧制板材具有强基面织构，室温拉伸变形时非基面滑移系难以启动，板材厚度方向应变难以协调，沿厚向变形困难，因此具有较大的 r 值。不同加载方向 r 值的变化则与晶粒取向分布有关。

杯突值表征板材的胀形性能，图 3-42 为三种轧制工艺 AZ31 镁合金板材的室温杯突值。相对于普通轧制板材，异步轧制板材的杯突值明显提高，平均 IE 值为 3.73mm。而交叉轧制板材的杯突值反而大幅降低，平均值均为 2.83mm。这表明异步轧制工艺可以明显提高镁合金板材的胀形性能。

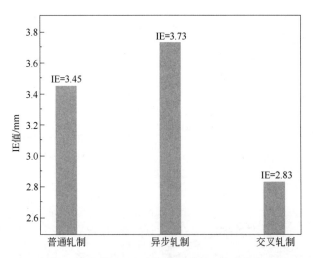

图 3-42　不同轧制工艺下 AZ31 镁合金板材的杯突值

AZ31 镁合金普通轧制板材具有强基面织构，在杯突过程中，普通轧制板材处于双向等拉应力状态，大多数晶粒处于硬取向，屈服应力较大，滑移难以进行，塑性较差。基面织构弱化是异步轧制板材具有良好胀形性能的原因。当基面织构弱化，部分晶粒发生偏转，其基面不再与板面平行，进而处于基面滑移的软取向，塑性提高。交叉轧制板材胀形性能反而低于普通轧制板材，这与交叉轧制板材基面织构增强有关。基面织构增强不利于板材胀形性能的提高；同时，交叉轧制板材的晶粒细化限制了孪生的发生，使得随孪晶生成而发生的晶粒取向转变被抑制，晶粒取向无法转变为有利于滑移的软取向。

图 3-43 为三种轧制工艺板材的锥杯结果。锥杯值表征板材的拉深胀形复合性能，其锥杯值 CCV 越小，板材拉胀复合性能越好。显然，异步轧制板材拉深胀形复合性能较好，交叉轧制板材拉胀复合性能反而有所降低。三种板材锥杯拉深胀形性能与杯突胀形性能完全类似。

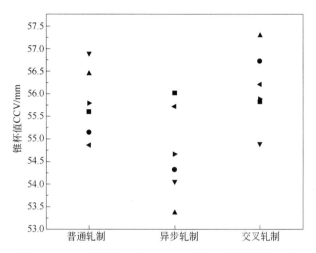

图 3-43　不同轧制工艺下 AZ31 镁合金板材的锥杯值

3.3　基于合金优化及双辊铸轧的高强塑性镁合金薄板材

3.3.1　高强塑性镁合金板材的设计思路

Mg-Zn 系合金中 Zn 含量一般处于（1～8）%范围[40-41]。高含量的 Zn 元素会显著强化镁合金，但也会明显降低镁合金的成形性[42]。通常，镁合金板材在轧制及挤压后会呈现明显的基面织构或纤维织构，其成为影响镁合金成形性能的重要因素[43]。因此，一些能够优化镁合金织构组分的合金元素受到了关注，诸多研究表明微量稀土（RE）元素及钙（Ca）元素对于弱化基面织构具有显著效果[15,44]。Chino 等[15]在 Mg-1Zn、Mg-3Zn 及 Mg-3Al 等合金中添加了 Ca 元素，发现基面织构随 Ca 元素添加而弱化，成形性也随之增强。合金添加量分别为 300、400 及 600ppm 的 La、Ce、Gd 稀土元素就可以产生织构优化，形成稀土织构[44]。因此，RE 元素与 Ca 元素在镁合金中共同添加可以显著弱化基面织构并增强室温成形性能。细晶强化和析出强化是镁合金强度提升的有效手段[45-46]。相比于 Mg-Al 系镁合金中常见的析出相 $Mg_{17}Al_{12}$，Al_8Mn_5 相呈现更高的弹性模量及硬度[47]。另外，变形过程中裂纹在 $Mg_{17}Al_{12}$ 粒子处萌生的可能性也要高于 Al_8Mn_5 粒子处。镁合金中，多种 Al-Mn 型化合物伴随着 Al 与 Mn 元素的共同添加而被发现，包括 Al_2Mn，Al_3Mn，Al_4Mn，Al_8Mn_5 等。Al-Mn 型粒子除提供析出强化效果外，也可以起到阻碍晶粒长大的作用，从而细化晶粒并实现强化[48]。类似的晶粒细化效果在含 RE 或 Ca 元素的轧制态及挤压态镁合金中同样存在[49-51]。常见 RE 元素中，Gd 元素在推迟再结晶及晶粒细化方面比 Ce 更具可能性[52]。

除合金化以外，采用先进制备工艺是另一种提升综合力学性能的有效手段。铸轧工艺（TRC）由于高的凝固速度以及从熔液状态直接凝固成板材的特点吸引了众多的关注[53]。另外，铸轧工艺的快速凝固特性还可以提升镁合金板材制备的效率和经济性。铸轧工艺的凝固速度可以超过 10^2K/s，在轧制压力作用下会促使镁合金形成高密度位错以及类似空位的晶格缺陷，导致固溶原子具有更快的扩散速率。在高凝固速度和大量晶格缺陷的协同作用下，合金元素偏聚减小，固溶度扩大[54-55]。此外，第二相粒子特征也可以通过铸轧工艺优化。一方面，铸轧工艺促使更细小的第二相粒子生成；另一方面，轧制压力造成的晶格畸变促进粗大第二相粒子溶解[56-57]。材料处于非均匀凝固状态时，粒子刺激形核机制还会被激活[58]，不仅为新晶粒提供了形核位置，还会阻碍晶界的迁移，最终使组织细化。

因此，可添加 Al 与 Mn 元素以提升力学性能；添加 Ca 与 Gd 元素以弱化基面织构来提升成形性能，并可以采用铸轧工艺改变微观组织及第二相粒子特征。根据上述合金设计思路，设计了一种新的 Mg-2Zn 镁合金，其名义化学成分为 Mg-2Zn-1Al-0.2Ca-0.2Gd-0.2Mn。同时，为方便后续表述，以主要合金元素 Zn 和 Al 含量作为此合金的简称，即 ZA21 镁合金，对照的 Mg-2Zn 基础合金简称为 Z2。

Z2 及 ZA21 镁合金的铸锭铸造工艺均在 CO_2 和 SF_6 保护性气氛下进行。高纯 Mg、高纯 Al、高纯 Zn、Mg-20%Ca、Mg-30%Gd、Mg-5%Mn 等原材料按照合金元素含量所需置于熔炼炉中进行熔炼。熔融的合金在 730℃时均匀搅拌 30min 后倾倒入 ϕ120mm×150mm 的预热钢模中；随后，通过线切割加工制得 5.5mm 厚的板材并进行 300℃、12h 的均匀化处理。相同的高纯度原材料同样在 CO_2 和 SF_6 气体保护下进行铸轧；当熔融液体温度达到 730℃后，转移入预热中间包。伴随着旋转轧辊的轧制压下，熔融液体直接凝固成 5.5mm 厚板材；随后，空冷至室温，无均匀化处理。同样，为方便后续表述，采用铸锭铸造工艺的 Z2 镁合金简称为 IC-Z2，而采用铸锭铸造和铸轧工艺的 ZA21 镁合金分别简称为 IC-ZA21 和 TRC-ZA21。三种合金的实际化学成分列于表 3-3。

表 3-3　高性能镁合金熔炼化学成分　　　　　　　　　　　单位：%

合金	铸造工艺	简称	Zn	Al	Ca	Gd	Mn
Mg-2Zn	铸锭	IC-Z2	1.95	/	/	/	/
Mg-2Zn-1Al-0.2Ca-0.2Gd-0.2Mn	铸锭	IC-ZA21	1.98	0.98	0.19	0.18	0.24
Mg-2Zn-1Al-0.2Ca-0.2Gd-0.2Mn	铸轧	TRC-ZA21	2.04	1.05	0.18	0.17	0.21

通过传统多道次热轧及道次间短时中间退火相结合的工艺进行 1mm 厚镁合金板材制备。三种实验用板材轧制温度控制在 400℃，单道次压下量控制在 20%～25%范围内。另外，板材进行首道次轧制前于 400℃下短时保温 1h，以消除板材内温度梯度，从而避免裂纹生成。最后，1mm 厚镁合金板材于 350℃条件下进行 1h 退火处理。图 3-44 为不同板材的制备工艺流程图，选取制备过程中的四种典型加工状态以研究微观组织特征演变。其中，IC-Z2 和 IC-ZA21 镁合金的初始状态定义为均匀化热处理后的板材；而 TRC-ZA21 镁合金的初始状态则定义为铸轧冷却至室温后的板材。首道次轧制前的短时保温处理、

不同累积轧制压下量（首道次和末道次时累积压下量分别为 25% 和 82%）以及退火处理后的镁合金板材分别定义为保温态、轧制态以及退火态。此外，镁合金板材的 RD (Rolling Direction)、TD (Transverse Direction)以及 ND (Normal Direction)分别代表板材的轧向、横向和法向。

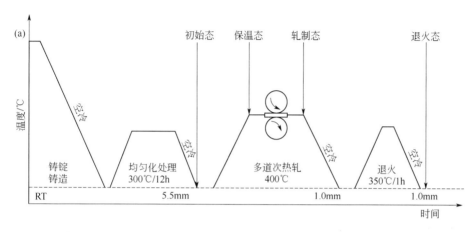

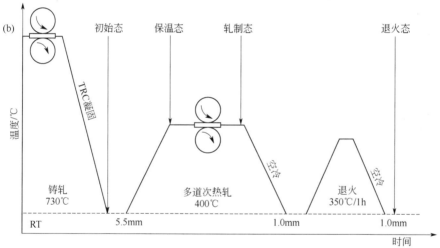

图 3-44　镁合金板材制备过程流程图

（a）铸锭工艺路线；（b）铸轧工艺路线

3.3.2　高性能镁合金板材的力学性能及成形性能

图 3-45 为三种退火态镁合金板材沿不同载荷方向的拉伸变形工程应力-应变曲线，对应的力学性能见表 3-4。IC-Z2 板材 RD 方向拉伸的屈服强度（YS）、抗拉强度（UTS）及断裂延伸率（A_{25}）分别为 142.0MPa、226.0MPa 和 20.0%。图 3-45（a）所示的 RD 方向拉伸变形曲线表明，合金化有利于提升强度及断裂延伸率，IC-ZA21 板材 RD 方向拉伸的屈服强度、抗拉强度和断裂延伸率分别提升了 18.5%、12.6% 和 13.5%，达到 168.3MPa、254.5MPa 及 22.7%。相比于 IC-Z2 和 IC-ZA21 板材，TRC-ZA21 板材 RD 方向拉伸的屈服

强度分别提升了 41.7%及 19.4%，达到 201.2MPa，表明铸轧工艺进一步提高了力学性能。但是，TRC-ZA21 镁合金板材 RD 方向拉伸的抗拉强度和断裂延伸率分别为 259.6MPa 和 22.6%，与 IC-ZA21 镁合金性能差距较小。

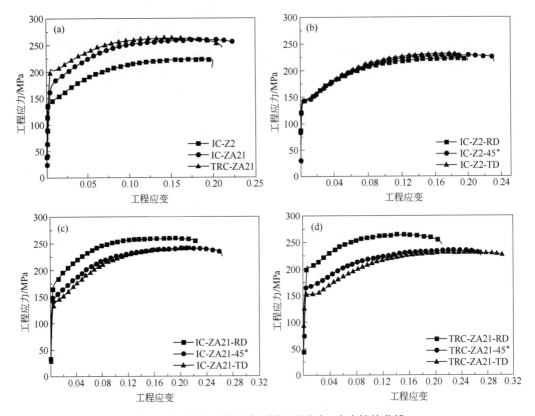

图 3-45　退火态镁合金板材工程应力-应变拉伸曲线
（a）RD 方向应力-应变曲线；（b）IC-Z2 应力-应变曲线；
（c）IC-ZA21 应力-应变曲线；（d）TRC-ZA21 应力-应变曲线

表 3-4　退火态镁合金板材力学性能

合金	拉伸方向	屈服强度/MPa	抗拉强度/MPa	断裂延伸率/%
IC-Z2	RD	142.0±0.4	226.0±0.5	20.0±1.7
	45°	142.0±1.1	228.4±1.7	21.9±1.7
	TD	140.7±0.9	229.8±1.1	20.5±1.7
IC-ZA21	RD	168.3±2.9	254.5±3.8	22.7±2.0
	45°	140.4±2.4	240.1±1.9	26.4±1.8
	TD	131.9±3.3	238.1±3.2	19.4±4.2
TRC-ZA21	RD	201.2±2.8	259.6±3.9	22.6±3.3
	45°	164.3±5.4	236.1±6.6	31.9±4.3
	TD	154.6±4.1	236.3±5.5	29.5±4.3

如图 3-45（b）～（d）所示，对比三种合金拉伸应力-应变曲线表明，IC-ZA21 和 TRC-ZA21

镁合金在不同载荷方向性能指标呈现明显的差异性，而 IC-Z2 镁合金的不同载荷方向性能
指标差异则相对较小。图 3-46 为不同载荷方向下三种镁合金板材的力学性能变化。图 3-46（a）
表明，随着载荷方向与轧制方向之间的角度增大，IC-ZA21 和 TRC-ZA21 镁合金的屈服强
度及抗拉强度均呈下降趋势，而 IC-Z2 镁合金的屈服强度及抗拉强度变化则相对较小。此
外，三种合金板材均是 45° 加载方向的拉伸变形呈现出最高的断裂延伸率，如图 3-46（b）
所示。为评价板面内力学性能的各向异性，沿 RD 和 TD 加载方向的屈服强度差值 $\Delta YS_{(RD-TD)}$
见图 3-46（c），IC-Z2 镁合金呈现出最小的屈服强度差值，仅为 1.3MPa，而 IC-ZA21 及
TRC-ZA21 镁合金的屈服强度差值增加至 36.4MPa 和 46.6MPa，表明 IC-Z2 镁合金在板面
内（RD×TD 截面）具有最小的力学性能各向异性。

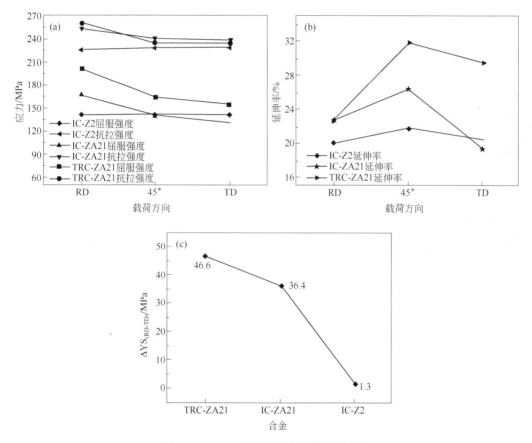

图 3-46　不同载荷方向力学性能的变化
（a）不同载荷方向屈服强度及抗拉强度变化；（b）不同载荷方向断裂延伸率变化；
（c）三种合金 RD 与 TD 载荷方向屈服强度差值

　　由 Erichsen 杯突试验得到的 IE 值可以作为评价金属材料成形性能的基本指标。
图 3-47（a）为 Erichsen 试验中杯突力-杯突位移曲线，杯突试验过程中载荷明显衰减时的
位移即为 IE 值，图 3-47（b）～（d）所示为三种镁合金板材的杯突试验完成后的试样外观。
杯突载荷-位移曲线变化表明试样在变形过程中承受的杯突力随着杯突位移的增加而增大，

几乎呈线性关系。IC-Z2、IC-ZA21 和 TRC-ZA21 镁合金板材的平均 IE 值分别是 3.89mm、5.68mm 和 6.23mm，TRC-ZA21 镁合金具有最佳的室温成形性能。但三种镁合金板材的成形性与板面力学性能各向异性呈现相反的规律，这与试样所经历的应力-应变状态相关。图 3-48 为拉伸试验及杯突试验试样所处的应变状态，拉伸时试样处于单轴拉伸应力状态，应变状态分布为 $\varepsilon_{length}>0$，$\varepsilon_{width}<0$，$\varepsilon_{thickness}<0$；而 Erichsen 杯突成形时试样则处于双轴拉伸应力状态（胀形形变），应变状态分布为 $\varepsilon_{length}>0$，$\varepsilon_{width}>0$，$\varepsilon_{thickness}<0$[59]。

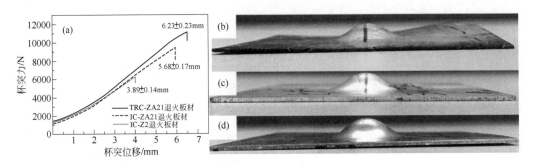

图 3-47　Erichsen 杯突载荷-位移曲线及试样外形

（a）杯突载荷-位移曲线；（b）IC-Z2 杯突试样；
（c）IC-ZA21 杯突试样；（d）TRC-ZA21 杯突试样

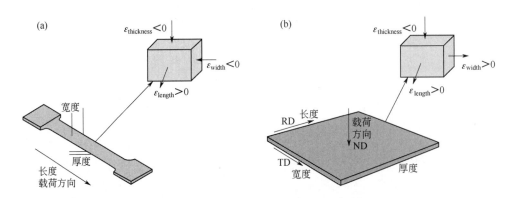

图 3-48　拉伸试验及杯突试验应变状态示意图

（a）拉伸试验应变状态；（b）杯突试验应变状态

通过合金化及铸轧工艺的优化，Mg-2Zn 镁合金板材的力学性能和成形性能可以同时得到增强。对一些已经发表的镁合金板材屈服强度与 IE 值之间的相对关系经过整理后绘制于图 3-49，这部分镁合金成分体系包括纯镁[24]、Mg-Al-Zn[15,60-69]、Mg-Al-Mn[15,69-71]、Mg-Zn[15,72-77]、Mg-RE[24,73,78-79]，以及一些其他镁合金成分体系[65-66,80-81]。从图中可以看出，镁合金板材的力学性能和成形性能通常呈现反比关系，因此，兼备高强度和高成形性的镁合金板材是非常稀少的[82]。通过合金化和铸轧工艺优化后的 TRC-ZA21 镁合金板材具备优异室温屈服强度和成形性的均衡性能，实现了高性能镁合金板材强度与成形性能之间的平衡。

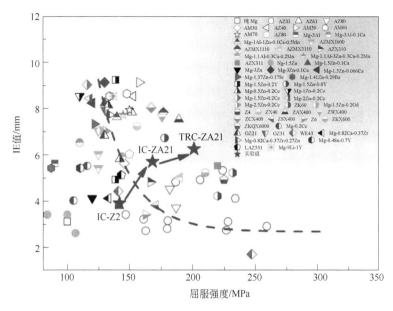

图 3-49　多种镁合金成分体系屈服强度与成形性能的关系（见书后彩页）

3.3.3　轧制过程的组织特征演变

图 3-50（a）、（c）、（e）为三种镁合金的初始态微观组织，包含 IC-Z2 和 IC-ZA21 镁合金的均匀化组织以及 TRC-ZA21 镁合金的铸轧组织。基于传统铸锭铸造工艺的两种镁合金初始态微观组织形貌呈现相似的特征，几乎均由粗大等轴晶粒组成。而铸轧制备的 TRC-ZA21 镁合金初始态微观组织呈现截然不同的特征。在铸轧过程中，由于合金在到达铸轧辊缝前凝固的回推现象，与旋转轧辊带来的轧制压力相结合使一部分晶粒内出现明显的孪晶［图 3-50（e）］。IC-Z2、IC-ZA21 及 TRC-ZA21 镁合金初始态的平均晶粒尺寸分别为 167.3μm、114.4μm 以及 143.3μm。三种合金在首道次轧制前短时保温的微观组织如图 3-50（b）、（d）、（f）所示，与仅发生晶粒长大的 IC-Z2 和 IC-ZA21 镁合金不同，TRC-ZA21 镁合金在保温态时微观组织呈现双峰特征，即微观组织中同时包含有细小晶粒和粗大晶粒。

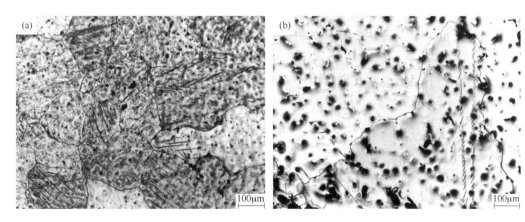

图 3-50

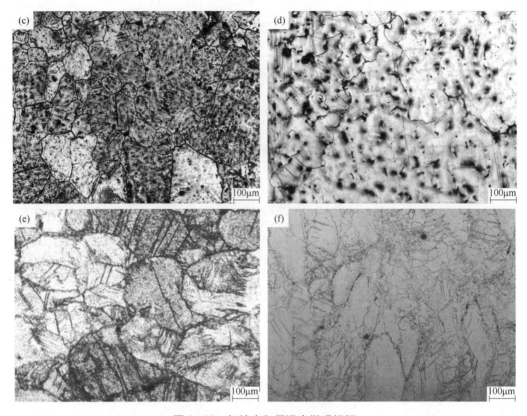

图 3-50　初始态和保温态微观组织

初始态微观组织：（a）IC-Z2 镁合金；（c）IC-ZA21 镁合金；（e）TRC-ZA21 镁合金

保温态微观组织：（b）IC-Z2 镁合金；（d）IC-ZA21 镁合金；（f）TRC-ZA21 镁合金

由于铸轧过程中轧制压力的作用，微观组织内部有变形晶粒存在，并储存有一定程度的畸变能，这些变形组织恰好成为后续再结晶的择优形核位置。如图 3-50（f）所示，大量细小晶粒在粗大晶粒附近出现，表明高温条件下静态再结晶容易在原始晶界或孪晶界处形核并长大。

图 3-51 为 TRC-ZA21 镁合金保温态微观组织的反极图、KAM 图及(0001)极图。细小晶粒的 KAM 值明显低于粗大晶粒，说明粗大晶粒内的残余应变要高于细小晶粒，也表明铸轧变形储能在保温过程中通过静态再结晶得到部分释放。图 3-51（c）的(0001)极图表明保温态 TRC-ZA21 镁合金呈现弱基面织构特征，基面织构沿 ND 向 TD 偏转，基面织构的最大极密度 I_{max} 为 7.71MRD。TRC-ZA21 镁合金保温态微观组织具有双峰特征，按照晶粒尺寸划分后的粗大与细小晶粒的(0001)极图分别如图 3-51（d）和 3-51（e）所示。与粗大晶粒相比，细小晶粒呈更加随机的取向，其基面织构最大极密度（I_{max}=4.03MRD）要低于粗大晶粒（I_{max}=9.06MRD）。

多晶体金属材料中，晶粒尺寸不仅影响金属材料的力学性能，也会对变形机制起作用。当双峰晶粒组织特征的金属材料承受塑性变形时，细小晶粒内位错密度会快速饱和；同时，粗大晶粒拥有更多的空间以协调生成的位错。双峰晶粒特征组织在 Al-7Mg 合金以及 Ni 合金中均被证明具有提升塑性的作用[83-84]；同样，在镁合金中也有类似的效果[85]。高温轧制条件下，非基面滑移系的 CRSS 会减小，从而增大对塑性变形的贡献。细小晶粒具有更随机的晶粒取向，有利于激活基面滑移和非基面滑移；而粗大晶粒则会促使孪晶生成，两种晶粒的共同作用有利于轧制变形。

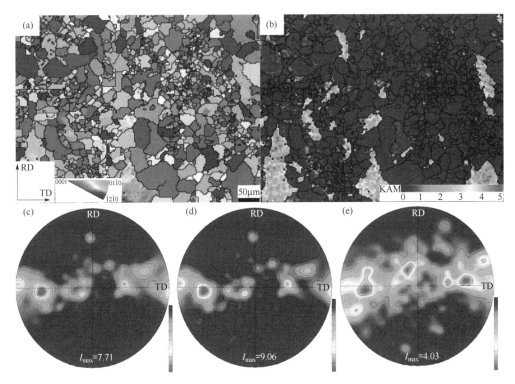

图 3-51　保温态 TRC-ZA21 镁合金 EBSD 微观组织（见书后彩页）

(a) IPF 图；(b) KAM 图；(c) (0001)极图；
(d) 粗大晶粒(0001)极图；(e) 细小晶粒(0001)极图

图 3-52 为累积压下量为 25% 和 82% 时（即首道次与末道次）的轧制态微观组织。图 3-52（a）、（c）、（e）所示的 25% 累积压下量微观组织中发现大量细小晶粒出现在原始粗大晶粒的晶界附近，并且在较为粗大的晶粒中可以观察到大量孪晶，如图中的箭头所示。此时，TRC-ZA21 镁合金的细小晶粒比例要明显高于 IC-Z2 和 IC-ZA21 镁合金。另外，第二相粒子也呈现不同的特征；更多的细小第二相粒子以弥散分布形式存在于 TRC-ZA21 镁合金中。随着轧制过程的进行，合金的微观组织特征也随之变化，第二相粒子发生破碎，晶粒变得更加细化和尺寸均匀。图 3-52（b）、（d）、（f）的微观组织特征表明在 82% 累积压下量下组织中仍然有明显的孪晶存在。

图 3-53 为轧制态镁合金在不同累积压下量时的(0001)极图。当累积压下量为 25% 时，IC-Z2、IC-ZA21 和 TRC-ZA21 镁合金的基面极图最大极密度分别为 6.79MRD、21.17MRD 和 5.12MRD。其中，由于晶粒尺寸较大及 XRD 扫描区域尺寸的限制导致 IC-ZA21 镁合金的最大极密度值要明显高于其他两种合金。在后续的热轧变形及道次间短时保温过程中，高温以及形变畸变能激活回复和再结晶行为。但是，三种镁合金的(0001)极图仍然呈现基面织构特征。与 IC-Z2 镁合金相比，ZA21 镁合金基面织构沿 TD 方向的漫射程度更高。此外，IC-ZA21 和 TRC-ZA21 镁合金基面织构的偏转方向也不同，IC-ZA21 镁合金的织构呈

RD 偏转，而 TRC-ZA21 镁合金织构则为 TD 偏转。在整个轧制过程中，(0001)极图的最大极密度值变化较小，当累积压下量为 87%时，IC-Z2、IC-ZA21 和 TRC-ZA21 镁合金的最大极密度值分别为 6.68MRD、3.56MRD 和 6.14MRD。

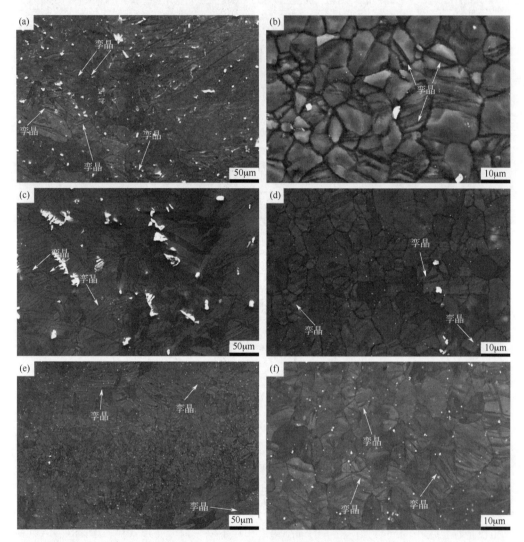

图 3-52　三种镁合金轧制态微观组织

25%累积压下量：（a）IC-Z2；（c）IC-ZA21；（e）TRC-ZA21
82%累积压下量：（b）IC-Z2；（d）IC-ZA21；（f）TRC-ZA21

　　图 3-54 为 25%累积压下量时轧制态镁合金的反极图及晶界结构图。IPF 图中黑色区域属于未标定数据，一般认为是由第二相粒子或高应力集中导致。在三种镁合金轧制态的 IPF 图中均可以观察到粗大晶粒的晶界附近有明显的颜色变化，而在晶界结构图的相应区域有小角晶界存在，如灰色的 5°～15° 小角晶界及粉色的 2°～5° 超小角晶界。此外，晶粒内部有多种类型的孪晶被激活。通过特定的取向差角关系，不同颜色表征着不同的孪晶类型。在晶界结构图中，蓝色、绿色、黄色和红色分别对应 {10$\bar{1}$2}拉伸孪晶、{10$\bar{1}$1}压缩孪晶、{10$\bar{1}$3}压缩孪晶和{10$\bar{1}$1}-{10$\bar{1}$2}二次孪晶。图 3-54 中微观组织的取向差角分布绘制于

图 3-55，三种轧制态镁合金中均有以虚线所标识的取向差角峰值存在。显然，这些峰值与孪晶及其他亚结构的生成紧密相关，而三种合金也呈现不同的取向差角特征，从而反映出不同的变形机制启动。IC-Z2 镁合金的峰值取向差角接近 38°，意味着{10$\bar{1}$1}-{10$\bar{1}$2}二次孪晶的激活；IC-ZA21 镁合金中，{10$\bar{1}$2}拉伸孪晶、{10$\bar{1}$1}压缩孪晶和{10$\bar{1}$1}-{10$\bar{1}$2}二次孪晶的比例要高于{10$\bar{1}$3}压缩孪晶；而{10$\bar{1}$2}拉伸孪晶则成为 TRC-ZA21 镁合金中孪晶活动的主导孪晶类型。图 3-54 晶界结构图中各种孪晶界的比例见于表 3-5。TRC-ZA21 和 IC-ZA21 镁合金分别具有最少和最多的孪晶比例。

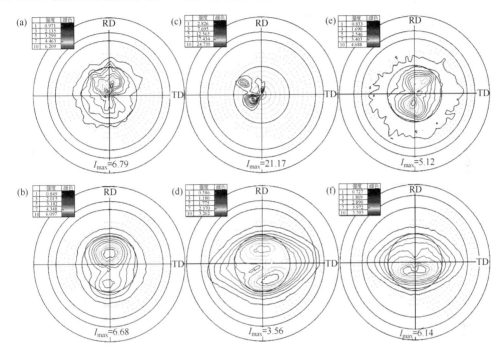

图 3-53 轧制态镁合金(0001)极图

IC-Z2 镁合金：（a）25%累积压下量；（b）82%累积压下量
IC-ZA21 镁合金：（c）25%累积压下量；（d）82%累积压下量
TRC-ZA21 镁合金：（e）25%累积压下量；（f）82%累积压下量

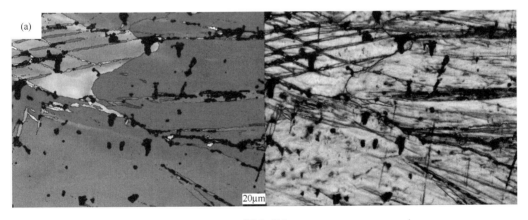

图 3-54

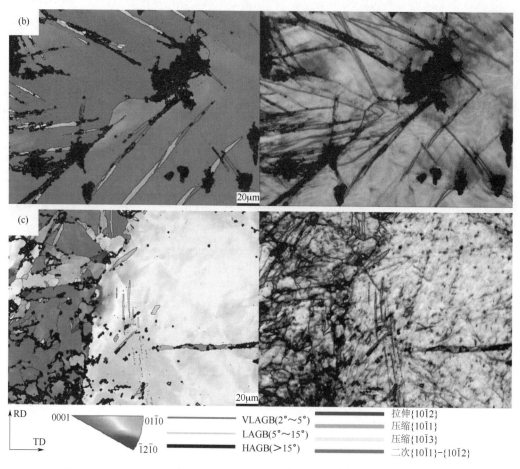

图 3-54 25%累积压下量轧制态镁合金反极图及晶界结构图（见书后彩页）

（a）IC-Z2；（b）IC-ZA21；（c）TRC-ZA21

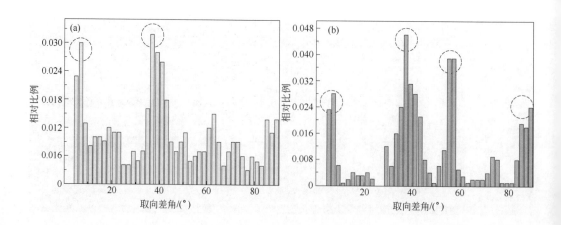

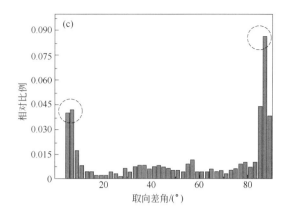

图 3-55　25%累积压下量轧制态镁合金取向差角分布

（a）IC-Z2；（b）IC-ZA21；（c）TRC-ZA21

表 3-5　25%累积压下量轧制态镁合金孪晶界比例　　　　　　单位：%

合金	孪晶类型				合计
	$\{10\bar{1}2\}$ 拉伸孪晶	$\{10\bar{1}1\}$ 压缩孪晶	$\{10\bar{1}3\}$ 压缩孪晶	$\{10\bar{1}1\}$-$\{10\bar{1}2\}$ 二次孪晶	
IC-Z2	2.4	1.3	2.4	5.5	11.6
IC-ZA21	3.8	5.5	0.5	7.6	17.4
TRC-ZA21	4.9	0.5	0.3	0.3	6.0

为鉴别轧制过程中激活滑移系的类型，可以基于 EBSD 技术分析晶粒内取向差轴(In-Grain Misorientation Axes，IGMA)的分布，该方法在一些变形态的密排六方金属材料中得到了应用[86-89]。目前，包括基面<a>位错、柱面<a>位错以及锥面<c+a>位错在内的 Taylor 轴可以利用 IGMA 进行研究。取向差处于 4°～5°范围被认为有助于获得高稳定性数据，而取向差范围设定在更低角度时会更加准确。因此，IGMA 分析所应用的取向差范围限定在 2.5°～5°，以求准确度和统计性之间的相对平衡。图 3-56（a）～（c）为由图 3-54 轧制态镁合金 EBSD 组织中任意选取的几个晶粒（标记为 1～4）的 IPF 图，其 IGMA 分布如图 3-56（d）～（f）所示。由图 3-56（d）可知，IC-Z2 轧制态镁合金的 IGMA 沿<uwt0>集中分布，位于<01$\bar{1}$0>和<1$\bar{2}$10>之间。而对于 IC-ZA21 轧制态镁合金 [图 3-56（e）]，其 IGMA 大部分沿<uwt0>分布，同时也有少量围绕<0001>分布。此外，TRC-ZA21 轧制态镁合金 [图 3-56（f）] 的大多数晶粒 IGMA 围绕<0001>分布，仅少量 IGMA 沿<uwt0>分布。IGMA 沿<uwt0>分布被认为是基面<a>位错和锥面<c+a>位错激活所导致，而 IGMA 位于<0001>则被认为是柱面<a>滑移启动所引起[87-88]。IGMA 分布结果表明，三种镁合金在热轧过程中呈现不同的变形机制，基面<a>滑移和锥面<c+a>滑移主导了 IC-Z2 镁合金的高温塑性变形；对 IC-ZA21 镁合金而言，除了基面<a>滑移和锥面<c+a>滑移外，柱面<a>滑移对高温塑性变形也起到了一定的作用；而 TRC-ZA21 镁合金在高温塑性变形过程中则主要由柱面<a>滑移控制。

如图 3-57（a）和（b）所示，在宽泛分布的晶粒取向及高温时非基面滑移系降低的 CRSS 值的共同作用下，轧制态 TRC-ZA21 镁合金中可以轻易观察到缠结状位错组态。镁合金中

<*a*>型位错和<*c+a*>型位错的柏氏矢量分别为 *a*/3<11$\bar{2}$0>及<*c*^{2}+*a*^{2}>$^{1/2}$<11$\bar{2}$3>。根据位错不可见准则(***g · b***=0),当操作矢量***g***=(11$\bar{2}$0)时<*a*>型位错可见,当***g***=(0001)时不可见;而<*c+a*>型位错则在操作矢量***g***=(0001)时可见,在***g***=(11$\bar{2}$0)时不可见。图 3-57(c)和(d)为不同操作矢量的[1$\bar{1}$00]晶带轴双束衍射 TEM 图像,结果表明,TRC-ZA21 镁合金在热轧过程中,<*a*>和<*c+a*>型位错均被激活。一些研究者认为,镁合金织构的漫射和倾转也能反映变形机制。基面织构在 RD 方向存在明显的漫射或偏转,可以归因于锥面<*c+a*>型位错及二次孪生[90-91]。而基面织构向 TD 方向发生漫射或偏转则与柱面<*a*>滑移和拉伸孪晶启动相关[91-93]。相对于传统镁合金的强基面织构特征,TRC-ZA21 镁合金的基面织构在热轧后具有明显的 TD 方向漫射组分,以及一定程度的 TD 方向偏转;并且沿 RD 方向也有一定程度漫射。因此,在拉伸孪晶、柱面<*a*>滑移和少量锥面<*c+a*>滑移的作用下,TRC-ZA21 镁合金呈现出弱基面织构特征。

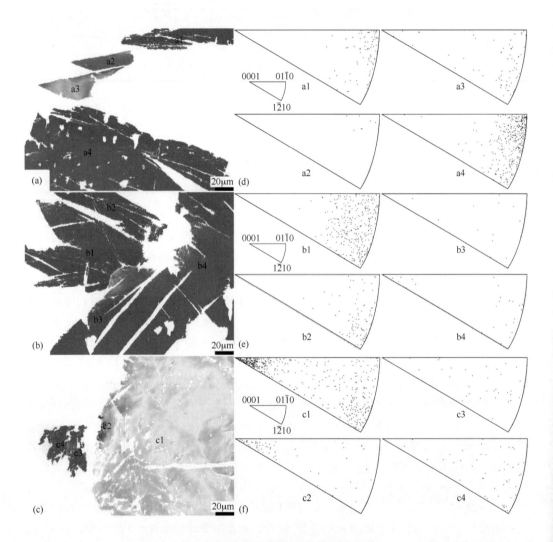

图 3-56　轧制态 IGMA 分析及其分布

IGMA 分析选取晶粒 IPF:(a)IC-Z2;(b)IC-ZA21;(c)TRC-ZA21
IGMA 分布:(d)IC-Z2;(e)IC-ZA21;(f)TRC-ZA21

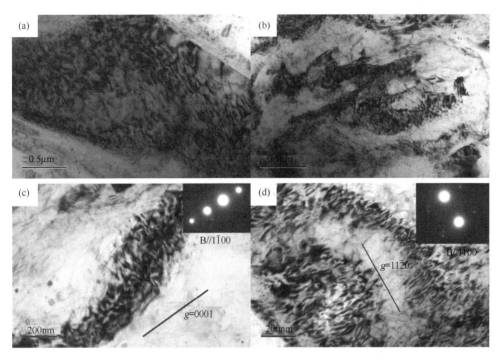

图 3-57 82%累积压下量轧制态 TRC-ZA21 镁合金 TEM 微观组织

（a）（b）位错形貌；（c）双束衍射 $g=(0001)$；（d）双束衍射 $g=(11\bar{2}0)$

图 3-58（a）（c）（e）为三种镁合金的退火态微观组织。在高温退火过程中，静态再结晶机制启动使变形组织逐渐被吞噬，新生成的静态再结晶晶粒形核并随之长大。因此，畸变程度降低，退火态晶粒呈等轴状，并且微观组织也愈发均匀。图 3-58（b）（d）（f）为退火态晶粒尺寸分布，可知三种镁合金的晶粒尺寸分布皆呈明显的偏斜单峰分布，同时均近似遵循对数正态分布规律。IC-Z2 镁合金的晶粒尺寸分布最宽，最大晶粒尺寸超过了 45μm；而 IC-ZA21 和 TRC-ZA21 镁合金在晶粒尺寸分布方面均呈现均匀性的改善。IC-Z2、IC-ZA21 及 TRC-ZA21 退火态镁合金平均晶粒尺寸分别为 14.9μm、8.7μm 及 8.6μm。高性能镁合金板材制备时合金化处理可以细化晶粒，并在铸轧条件下晶粒得到进一步细化，说明合适的合金化和铸轧工艺对细化晶粒具有积极作用。另外，合金化对晶粒尺寸的作用要明显大于铸轧工艺。

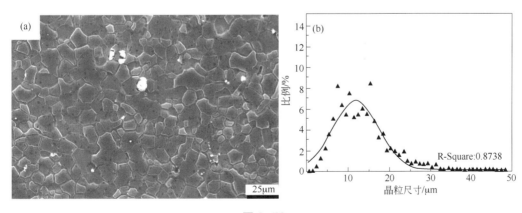

图 3-58

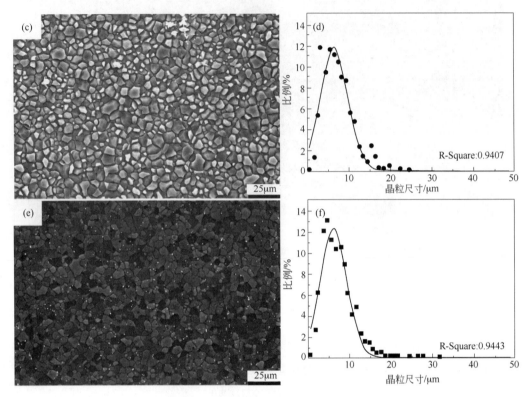

图 3-58　退火态微观组织及晶粒尺寸分布

退火微观组织：（a）IC-Z2；（c）IC-ZA21；（e）TRC-ZA21
晶粒尺寸分布：（b）IC-Z2；（d）IC-ZA21；（f）TRC-ZA21

　　图 3-59 为三种退火态镁合金(0001)极图。与 82%累积压下量时的轧制态组织相比较，退火处理后 IC-Z2、IC-ZA21 和 TRC-ZA21 镁合金的基面织构均出现了不同程度的弱化现象，其最大极密度分别为 3.82MRD、2.53MRD 及 2.54MRD。并且三种镁合金的基面织构仍然呈现不同的特征,IC-Z2 退火态镁合金基面织构向 RD 和 TD 方向的漫射程度大抵相当，同时呈现由 ND 方向向 RD 方向偏转的现象。而 IC-ZA21 退火态镁合金向 TD 方向的漫射程度要强于 RD 方向；同时，在退火过程中织构特征也发生了变化，与轧制态相比［图 3-53（d）］，其基面织构由 RD 偏转转变为 TD 偏转。TRC-ZA21 退火态镁合金沿 TD 方向漫射程度仍然强于 RD 方向，并且还呈现 TD 偏转的基面织构特征。

　　图 3-60 为三种退火态镁合金的 IPF 和基面极图，各图左上方的 IPF 图中颜色对应晶粒取向并可以在右下方的 IPF 散点图中直接观察。显然，IC-Z2 退火态镁合金大部分晶粒处于基面取向；IC-ZA21 退火态镁合金中偏离基面取向晶粒比例上升；TRC-ZA21 退火态镁合金非基面取向晶粒数量增多且更加明显。退火态合金的微观基面织构也呈现相似的晶粒取向特征，图 3-60 中，IC-Z2、IC-ZA21 及 TRC-ZA21 退火态镁合金的微观基面织构最大极密度分别为 7.90MRD、4.65MRD 及 5.03MRD，其最大极密度数值与图 3-59 中 XRD 宏观极图的差别来源于二者检测方法以及归一化处理的差异。不过，基面织构特征仍然体现出

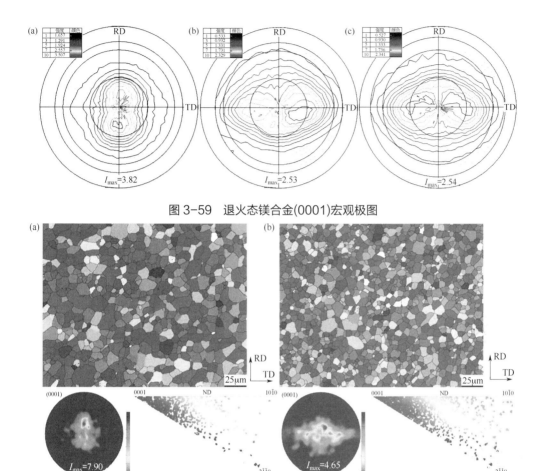

图 3-59　退火态镁合金(0001)宏观极图

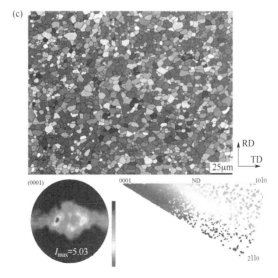

图 3-60　退火态镁合金反极图、(0001)极图及反极图散点图（见书后彩页）

（a）IC-Z2；（b）IC-ZA21；（c）TRC-ZA21

一致性，IC-Z2 镁合金基面织构呈 ND 向 RD 方向偏转现象；IC-ZA21 和 TRC-ZA21 则呈向 TD 方向偏转。三种退火态镁合金沿 RD 方向漫射程度大致相当，而向 TD 方向漫射则呈现不同的规律。IC-Z2 镁合金基面织构沿 TD 方向分布被抑制，IC-ZA21 镁合金基面织构在 TD 方向的漫射增强；TRC-ZA21 镁合金基面织构沿 TD 方向的漫射程度更高。总而言之，TRC-ZA21 镁合金在三种镁合金中呈现最弱的基面织构，而合金化对弱化基面织构的影响要强于铸轧工艺。

图 3-61 为三种镁合金初始态和退火态的 XRD 图，结果显示初始态和退火态的镁合金中均有 α-Mg 相。鉴于镁合金中合金元素含量较低，在 XRD 图中没有发现任何第二相。但是，如图 3-50、图 3-52 和图 3-58 所示，在不同加工状态的微观组织中均可以观察到第二相粒子。

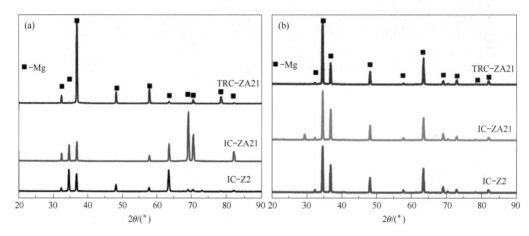

图 3-61　三种镁合金 XRD 图谱

（a）初始态；（b）退火态

为了鉴别这些第二相粒子，将 CALPHAD 热力学模拟软件 Thermo-Calc 及其 TCMG5 数据库应用于 Z2 和 ZA21 镁合金的热力学分析。图 3-62 为热力学计算得到的 Z2 和 ZA21 镁合金平衡相随温度而变化的规律。图 3-62（a）表明，Z2 镁合金的固相线温度为 575℃，并在 151℃时有 MgZn 相生成。当多种低含量合金元素复合添加入 Mg-2Zn 合金中，ZA21 镁合金的平衡相变化呈现明显的复杂性。图 3-62（b）表明，ZA21 镁合金的固相线温度为 548℃。随着温度降低，依次有 Al_8Mn_5、Al_2Ca、C15Laves、$Al_{11}Mn_4$、MgGdZn、Al_4Mn 以及 C36Laves 相生成，各个析出相的具体起始形成温度如图 3-62（b）所示。在镁合金中立方结构的 C15Laves 相在 Mg-Al-Ca/RE 系合金中常被观察到，最常见的物相是 Al_2Ca 和 Al_2RE[10,94]。而 C36Laves 相是一种三元 Laves 化合物，在一些镁合金中以$(Mg,Al)_2Ca$ 物相的形式存在[12,95]。

图 3-63 为扫描电镜下典型的初始态微观形貌及相应第二相粒子的 EDS 分析结果。在初始态 IC-Z2 镁合金中［图 3-63（a）］，大量杆状粒子分布于晶界处，此外晶粒内部还有一些块状第二相粒子存在。由图 3-63（a）的 EDS 结果 a1 和 a2 发现，第二相粒子中存在一定程度的 Zn 元素富集。当合金元素添加入 Mg-2Zn 合金后，在初始态 IC-ZA21 镁合金中观察到分布更均匀的第二相粒子存在于晶界处及晶粒内。虽然在 b1、b2 和 b3 第二相粒子的

EDS 结果中元素富集程度不同，但均测定到 Al 原子的存在，并且 Al 原子和 Ca 或 Gd 原子的比例约为 2，这些第二相粒子可能是 Al_2Ca 或 Al_2Gd。如图 3-63（c）所示，大量细小的第二相粒子分布于初始态 TRC-ZA21 镁合金基体中，此外还有一些块状粒子在晶界处聚集。经短时保温处理 1h 后，图 3-63（d）的保温态镁合金中第二相粒子分布较初始态更加均匀，仅有少量的块状粒子在晶界附近存在。图 3-63（c）与（d）的 EDS 结果表明，在保温过程中粒子中 Zn 含量明显降低，而这种含量变化与不同合金元素原子的扩散系数差异有关。Zn 元素在镁合金基体中的扩散速度要高于 Ca、Gd 和 Mn 元素[96-98]；而 Al 原子的扩散能力与 Zn 元素大抵相当[99-100]，从而导致第二相粒子中 Zn 和 Al 元素含量下降。Al 和 Ca 元素含量的比值趋近于 2，意味着不同铸造工艺下 ZA21 镁合金中均有 Al_2Ca 存在的可能。

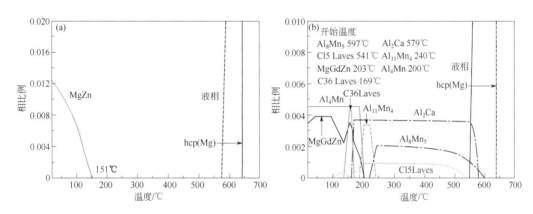

图 3-62　Z2 和 ZA21 镁合金热力学计算结果

（a）Z2 镁合金平衡相图；（b）ZA21 镁合金平衡相图

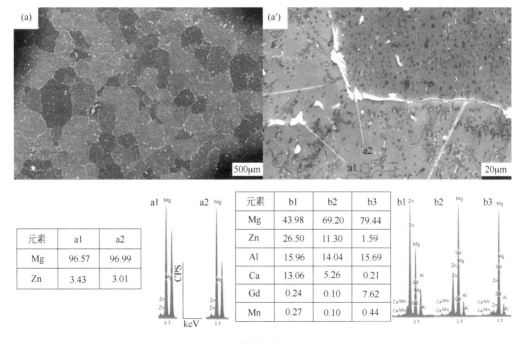

元素	a1	a2
Mg	96.57	96.99
Zn	3.43	3.01

元素	b1	b2	b3
Mg	43.98	69.20	79.44
Zn	26.50	11.30	1.59
Al	15.96	14.04	15.69
Ca	13.06	5.26	0.21
Gd	0.24	0.10	7.62
Mn	0.27	0.10	0.44

图 3-63

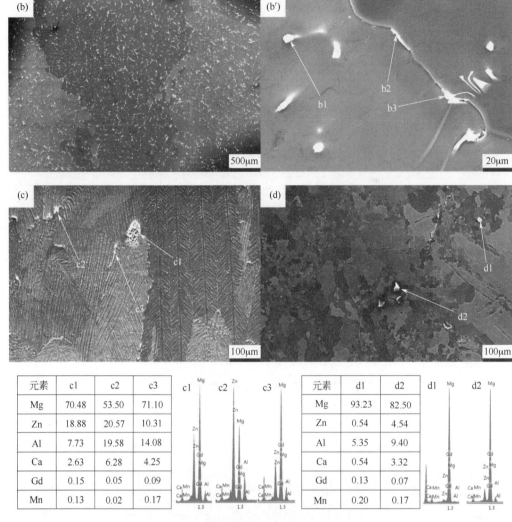

图 3-63 典型初始态第二相粒子及其 EDS 结果（原子分数，%）

（a）IC-Z2 镁合金初始态；（b）IC-ZA21 镁合金初始态；
（c）TRC-ZA21 镁合金初始态；（d）TRC-ZA21 镁合金保温态

在轧制过程中，轧制压力会促使第二相粒子发生破碎，并改变其分布特征。经退火处理后，图 3-58 中三种退火态镁合金中均存在明显的第二相粒子。但是，退火态 TRC-ZA21 镁合金呈现数量更多、尺寸更细小、分布更弥散的特征，表明铸轧工艺对第二相粒子的数量、尺寸及分布均有显著影响。分析 IC-Z2 镁合金退火态第二相粒子的 EDS 结果，如图 3-64 所示，可以发现，Zn 原子在第二相粒子中发生了富集；而在两种退火态 ZA21 镁合金的第二相粒子中，不仅均发现了 Al 和 Mn 元素，而且还发生了 Ca 及 Gd 元素的富集。

图 3-65 为透射电镜下退火态第二相粒子的形貌及其对应的选区衍射斑点。虽然在 IC-ZA21 和 TRC-ZA21 镁合金中存在尺寸不同的第二相粒子，但 TRC-ZA21 镁合金具有更多的纳米级第二相粒子。受透射电镜光阑大小的限制，选区衍射只能在一些较大尺寸的纳

米级粒子上进行。在对衍射斑点进行标定后，IC-Z2 退火态镁合金中的第二相粒子被确定为 $Mg_{51}Zn_{20}$。图 3-62（a）的 Z2 镁合金平衡相图中没有此化合物，但一些 Mg-Zn 合金中证实了这种正交相的存在，并认为是一种亚稳相，在平衡状态下会发生转变[101-102]。由于经历不同的铸造工艺条件，退火态 IC-ZA21 和 TRC-ZA21 镁合金的典型第二相粒子分别是 Al_2Ca ［图 3-65（b）］和 Al_8GdMn_4 ［图 3-65（c）］。Al_2Ca 不仅在热力学计算的平衡相图［图 3-62（b）］中存在，而且也是含 Al-Ca 镁合金的常见第二相[103-104]。而 Al_8GdMn_4 虽然在 ZA21 镁合金的热力学计算中不存在，但是 Al_8Mn_5 是 ZA21 镁合金温度降低时平衡相图中首先形成的初始第二相。另外，高强和高热稳定性的 Al-Mn 型化合物，还可以与 RE 或 Ca 元素共同生成，在一些镁合金中已经得到证实[59,105]。

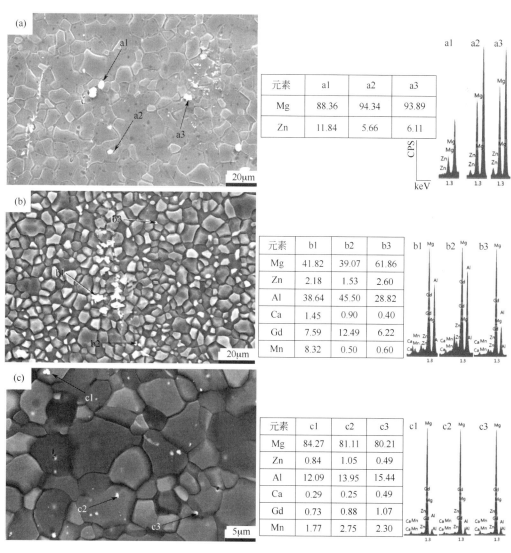

图 3-64　退火态镁合金第二相粒子及其 EDS 结果（原子分数，%）

（a）IC-Z2 镁合金；（b）IC-ZA21 镁合金；（c）TRC-ZA21 镁合金

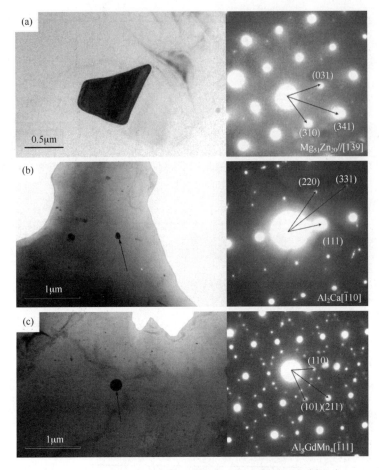

图 3-65　退火态镁合金第二相粒子形貌及其选区衍射斑点

（a）IC-Z2 镁合金；（b）IC-ZA21 镁合金；（c）TRC-ZA21 镁合金

　　图 3-66 为退火态 TRC-ZA21 和 IC-ZA21 镁合金晶界附近的 STEM 明场像，在两种 ZA21 镁合金中均没有发现第二相粒子在晶界处偏聚的现象。TRC-ZA21 镁合金中，许多块状及球状粒子弥散分布于晶粒内，其平均尺寸为 19.0nm。而 IC-ZA21 镁合金中仅有少量粒子存在，其平均尺寸为 34.7nm。图 3-67 为利用 HAADF-STEM 设备得到的元素面扫描分布，包

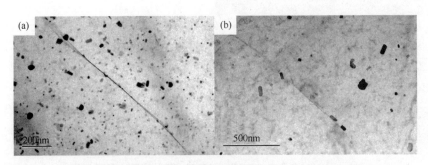

图 3-66　退火态 ZA21 镁合金晶界附近 STEM 明场像

（a）TRC-ZA21 镁合金；（b）IC-ZA21 镁合金

括 Mg、Zn、Al、Ca、Gd 及 Mn 等。在纳米级第二相粒子中，Al 和 Mn 元素存在富集现象，Ca 和 Gd 元素的偏聚也很明显。因此，ZA21 镁合金中纳米级第二相粒子的主要组成是 Al-Mn 系化合物，其可以在铸造过程的较高温度时生成，并可与 Ca 或 Gd 元素共同存在[47,106]。

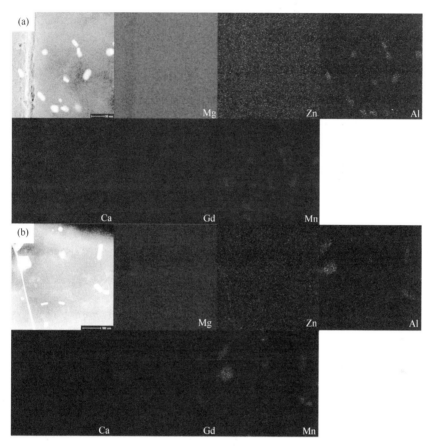

图 3-67 退火态 ZA21 镁合金的合金元素面扫描分布图像（见书后彩页）

（a）TRC-ZA21 镁合金；（b）IR-ZA21 镁合金

3.3.4 高性能镁合金板材的强化机理

图 3-68 为三种退火态镁合金板材的微观组织示意图。随着合金元素添加入 IC-Z2 镁合金后，微观组织特征发生变化，表现为晶粒细化以及细小第二相的生成。ZA21 镁合金借助铸轧工艺制备后，晶粒尺寸进一步细化的效果虽不明显，但细小第二相粒子的数量却显著增加。由图 3-64、图 3-65 及图 3-67 可知，IC-ZA21 和 TRC-ZA21 镁合金中，细小纳米级第二相为 Al-Mn 系化合物。因此，新的第二相粒子在合金化作用下生成，而铸轧工艺对第二相粒子的析出行为具有明显的影响。此外，在整个制备过程中，如初始态（图 3-63）、轧制态（图 3-52）、退火态（图 3-58、图 3-64 及图 3-66）时 TRC-ZA21 镁合金的第二相粒子均呈现更细小的尺寸、更弥散的分布以及更多的数量。另外，图 3-62 的热力学结果表明，伴随合金化，ZA21 镁合金可能形成的析出相呈现多种类及多可能性。而作为 Al-Mn 系化合物的 Al_8Mn_5 粒子是

ZA21 镁合金在平衡相图中首先出现的第二相，与 Mg-Zn 粒子相比能够提供更好的强化效果
[98]。另外，在铸轧工艺过程中，更快凝固速度以及轧制压力作用下的非平衡凝固不仅促进细
小 Al_8Mn_5 类粒子的优先析出，还可以阻碍其他的第二相生成[98,107]。因此，TRC-ZA21 镁合
金的第二相粒子尺度要细于 IC-ZA21 镁合金。而且高密度位错以及如空位的其他晶体缺陷对
镁合金基体中固溶原子的扩散起到积极作用，并可以减小合金元素的偏聚[108]，因此，在
IC-ZA21 镁合金中存在的一些大尺寸 Al_2Ca 粒子在 TRC-ZA21 镁合金中也得到了有效的抑制。

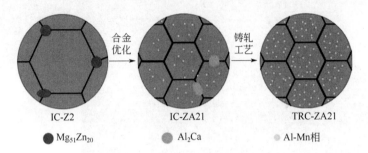

图 3-68　退火态镁合金微观组织示意图

作为镁合金另一个重要的微观组织特征，基面织构随合金化以及铸轧工艺的变化同样
非常明显。图 3-59 及图 3-60 显示，三种退火态镁合金板材的基面极图呈现不同的织构特
征。IC-Z2 退火态镁合金的基面织构呈现 ND 向 RD 偏转的特点。添加合金后，IC-ZA21 和
TRC-ZA21 退火态镁合金的基面织构均呈现向 TD 偏转特征，而且 TRC-ZA21 镁合金在 TD
方向的漫射程度要强于 IC-ZA21 镁合金。镁合金板材的基面织构强度还可以基于晶粒取向
分布来评估，当晶粒 c 轴与板材 ND 方向夹角低于 20° 时被认为属于基面取向分布，而基
面取向晶粒的分布变化可以反映基面织构的强度[26]。图 3-69 为基面极图的极密度值
（Multiples of Uniform Density，MUD）以及随晶粒 c 轴与板材 ND 夹角增大时的晶粒累积
百分比。如图 3-69（a）中，IC-Z2 和 IC-ZA21 退火态镁合金在基面取向均有明显的极密度
分布峰存在。另外，图 3-69（b）也表明基面取向晶粒的占比通过合金化而减小，并通过铸
轧工艺得到了进一步的降低。这表明 TRC-ZA21 退火态镁合金的基面织构最大极密度虽然
高于 IC-ZA21 镁合金，但铸轧工艺对弱化基面织构仍具有积极作用。

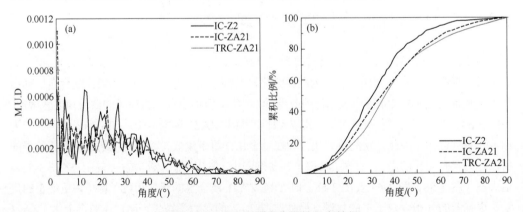

图 3-69　退火态镁合金晶粒取向特征
（a）基面极图极密度；（b）晶粒偏离基面取向的累积比例

　　由于合金元素添加以及铸轧工艺应用，三种镁合金板材在轧制过程中的变形机制也会出现差异，而轧制过程中的织构特征变化可以反映出变形机制。如图 3-53 所示，三种镁合金板材在轧制态时呈现不同的基面织构特征，图 3-54 及图 3-55 分析了轧制过程的孪生行为的差异。{10$\bar{1}$1}-{10$\bar{1}$2}二次孪晶主导了 IC-Z2 镁合金在轧制过程中的孪生行为，其轧制态基面织构则呈现由 ND 向 RD 偏转的特征，这与二次孪晶促使基面织构向 RD 分布相一致[90-91]。IC-ZA21 镁合金板材在轧制态时含有最多的孪晶，而二次孪晶和拉伸孪晶有助于基面织构在 RD 和 TD 方向均有明显织构组分，与图 3-53（b）中 IC-ZA21 轧制态镁合金的基面织构特征相符。TRC-ZA21 镁合金轧制态时基面织构沿 TD 方向发展［图 3-53（c）］，同时{10$\bar{1}$2}拉伸孪晶为主导孪生模式。一方面，TD 方向分布的织构组分会提升轧制过程中拉伸孪晶的活性[109]；另一方面，晶粒取向接近于 TD 方向也有助于轧制过程中柱面滑移的激活[87]。因此，TRC-ZA21 镁合金的织构特征要归因于拉伸孪晶的形成以及柱面位错滑动的协同作用。

　　TRC-ZA21 镁合金在三种退火态板材中呈现最高的室温拉伸强度及最佳成形性能。图 3-70 为 TRC-ZA21 镁合金在制备过程中的微观组织和基面织构演变，包括初始态（铸轧态）、保温态、轧制态及退火态。通过多道次热轧工艺和退火处理，微观组织晶粒尺寸减小，均匀性明显提升。拉伸力学行为的差异也反映出加工状态下的微观组织特征的不同，不同加工状态时 TRC-ZA21 镁合金板材的轧向工程应力-应变曲线和基面织构最大极密度如图 3-71 所示。铸轧过程中，大量位错和孪晶在轧制力作用下形成，导致镁合金板材塑性较差，从而使拉伸试样过早断裂。保温过程中，静态再结晶被激活，因此镁合金板材塑性得到提高，但同时强度有所降低。多道次热轧使位错及其他晶体缺陷持续积累。随着累积压下量增加，TRC-ZA21 镁合金板材强度逐渐增加而塑性变形能力下降。经退火处理后，变形组织转变为无应变的均匀组织，从而促使延伸率明显提高。

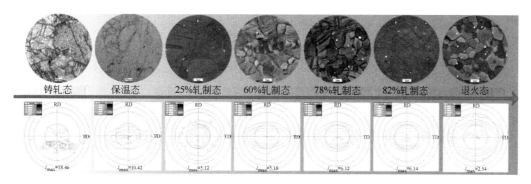

图 3-70　TRC-ZA21 镁合金制备过程中微观组织特征演变

　　随着制备过程微观组织的演变，基面织构特征也随之变化。在保温过程中，TRC-ZA21 镁合金形成了沿 TD 方向扩展的基面织构，其最大极密度由 18.46MRD 降低至 10.42MRD［图 3-70 及图 3-71（b）］，这也说明静态再结晶过程对弱化基面织构具有积极作用。经首道次 25%压下量轧制，TRC-ZA21 镁合金的(0001)极图轮廓形状出现了明显变化，基面织构转而向 RD 方向偏转。同时，基面极图的最大极密度下降至 5.12MRD。极图轮廓形状的变化意味着变形过程中晶粒转动的发生[110]。在整个轧制过程的早期阶段，基面织构弱化受到多个影响因素的共同控制。一方面，在轧制压力作用下，晶粒转动会促使晶粒取向由硬取向转变为软取向[111]；另一方面，拉伸孪晶和非基面滑移也会有益于基面织构的弱化[112-113]。图 3-54（c）及图 3-56（f）也证实了非基面滑移和{10$\bar{1}$2}拉伸孪晶的激活。拉伸孪晶可以大幅改变晶粒取向；通过在原始基体晶界处吸收非基面位错，尺寸细小的再结晶晶粒形核并具有不同的随机取向。此外，非形变粒子对弱化基面织构具有明显作用，尤其当粒子弥散分布时[10]。大量均匀分布的纳米级 Al-Mn 系粒子对基面织构也产生了影响。伴随着轧制过程的继续进行，基面织构变化为向 TD 偏转，并且沿 TD 方向的漫射程度明显高于沿 RD 方向。因而，基面织构的轮廓形状得到了保持，最大极密度的增加也极其有限。如图 3-71（b）所示，当轧制过程结束，累积压下量由 25%增加到 82%时，最大极密度仅从 5.12MRD 增大到 6.14MRD。在轧制态板材中，变形晶粒的 c 轴由各方向旋转至与施加载荷平行的方向，从而促进了强基面织构的形成[114]。而动态再结晶行为却起到相反作用，会促使晶粒具有比变形晶粒要随机的晶粒取向。但是，由于晶粒的长大过程以及后续的轧制变形过程中施加载荷的作用，动态再结晶晶粒仍然具备形成基面织构的倾向。此外，细小晶粒要比中等及大尺寸晶粒具有更加分散的晶粒取向[115]。大量的 Al-Mn 系第二相粒子可以阻碍晶粒 c 轴转动，并且第二相粒子可以钉扎晶界移动，从而阻碍再结晶晶粒的长大[114,116]。因此，在以上诸多影响因素的协同作用下，基面织构在整个轧制过程中并没有增强。IC-ZA21 和TRC-ZA21 第二相粒子特征的差异正是造成两种镁合金板材轧制态时基面织构偏转方向差别的主要原因。而广泛分布的基面织构表明不同取向的晶粒在静态再结晶过程中拥有近乎相同的晶粒长大机会[52]，因而 TRC-ZA21 镁合金的基面织构呈现明显的弱化及分布宽泛的现象。

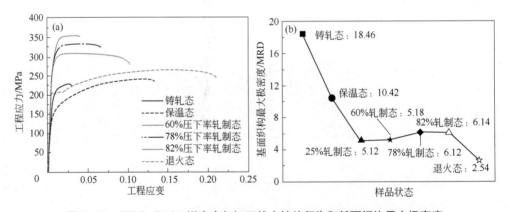

图 3-71　TRC-ZA21 镁合金各加工状态拉伸行为和基面织构最大极密度

（a）工程应力-应变曲线；（b）基面织构最大极密度

IC-Z2 镁合金板材沿 RD 方向拉伸的屈服强度经合金化及铸轧工艺优化后分别增长了18.5%和41.7%，而镁合金中控制力学性能的关键因素包括晶粒取向、晶粒尺寸、晶界结构以及第二相粒子分布等[117]。晶粒取向对力学性能的影响主要体现在不同变形机制的相对活性方面。鉴于相对较低的 CRSS，基面<a>滑移和{10$\bar{1}$2}拉伸孪晶在室温变形中容易启动。Agnew 等[118]研究表明，柱面滑移是众多非基面滑移系中室温时活性最高的。即使添加 Ca和 Gd 元素有利于增强非基面滑移系活性，锥面<a>滑移和锥面<c+a>滑移由于高 CRSS 仍难以激活[119]。当塑性变形由基面滑移控制时，对于弱基面织构的镁合金而言，拉伸孪晶和柱面滑移在低应变量时仍然可以对变形行为起到重要作用[120]。因此，拉伸过程中主要分析的变形机制包括基面滑移、柱面滑移以及{10$\bar{1}$2}拉伸孪晶。三种镁合金板材的拉伸试样沿 RD 方向进行 2%拉伸应变时的 IPF、(0001)基面织构和 IGMA 分布等微观组织特征见图 3-72。与退火态相比，三种镁合金经 2%拉伸变形后仍保持相似的微观组织特征；从 IPF 和基面织构可以看出并没有明显的孪生现象发生。IC-ZA21 和 TRC-ZA21 镁合金的 IGMA 分布集中于<uwt0>附近，而 IC-Z2 镁合金的大多数晶粒也围绕在<uwt0>处，仅少量晶粒分布在<0001>处，表明基面<a>滑移主导着三种镁合金板材沿 RD 方向的变形行为。三种退火态镁合金 RD 方向的基面滑移 Schmid 因子(SF)分布见图 3-73。IC-Z2、IC-ZA21 和 TRC-ZA21 三种镁合金 RD 方向的基面滑移平均 SF 分别为 0.26、0.23 和 0.23，表明 ZA21 镁合金激活基面滑移的所需应力要高于 Z2 镁合金，有助于提高力学性能。然而，镁合金中基面滑移的 CRSS 值很低，通常处于 5～40MPa 范围内[121]。即使固溶原子还可以强化基面位错，三种合金基面滑移 CRSS 的微小差异并不能造成屈服强度出现明显的差异[122]。

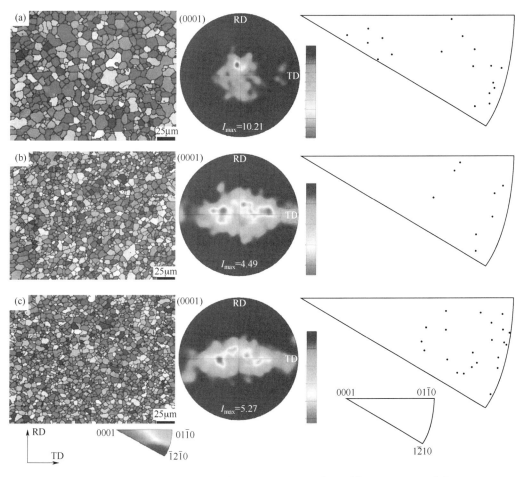

图 3-72　RD 方向 2%应变量拉伸试样的 IPF、(0001)极图及 IGMA 分布

（a）IC-Z2 镁合金；（b）IC-ZA21 镁合金；（c）TRC-ZA21 镁合金

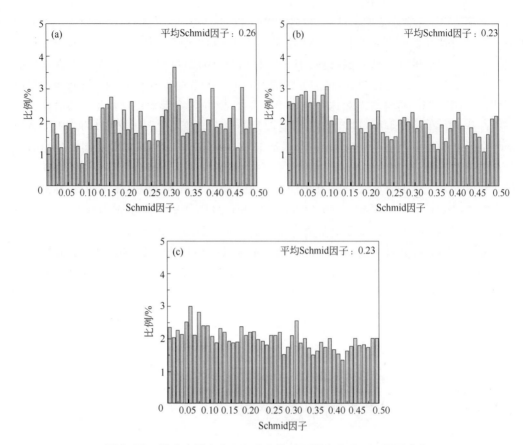

图 3-73　退火态镁合金 RD 方向的基面滑移 Schmid 因子分布

（a）IC-Z2 镁合金；（b）IC-ZA21 镁合金；（c）TRC-ZA21 镁合金

　　晶粒细化是同时提升多晶体金属材料强度和塑性的有效手段，随着晶粒细化，晶界在组织中比例增加。晶粒尺寸和晶界之间的相互影响是毋庸置疑的，而晶界对强度最重要的贡献来源于晶界对位错向相邻晶粒运动时的阻碍作用[123]。Cepeda-Jiḿenez 等[124]研究认为相邻晶粒的晶界取向差大于 35°时，纯镁的基面滑移向相邻晶粒运动受阻。三种镁合金板材退火态时取向差角分布如图 3-74 所示，IC-Z2、IC-ZA21 和 TRC-ZA21 镁合金的平均取向差角分别是 45.5°、50.8° 及 51.3°，表明基面滑移跨越晶界的运动受到了限制，而晶界对力学性能的强化效果得以实现。同时，当位错跨越晶粒时会形成局部滑移，从而导致多晶体金属的软化以及发生过早的失效[125-126]。因此，通过改变晶界拓扑结构，提高组织整体的取向差角，进而阻止局部滑移可以增强材料塑性[127]。而晶粒尺寸较大的晶界之间的连通性会产生松弛效应，导致 IC-Z2 镁合金中基面滑移的活性得到增强[128]。因此，晶界结构的阻碍作用成为 ZA21 镁合金强化来源的重要原因之一。

　　根据 Hall-Petch 准则，晶粒尺寸是影响屈服强度的关键因素：

$$\sigma_y = \sigma_0 + kd^{-1/2} \qquad (3\text{-}1)$$

式中，σ_y 为屈服强度；σ_0 为摩擦应力；k 为晶界强化系数；d 为晶粒尺寸。

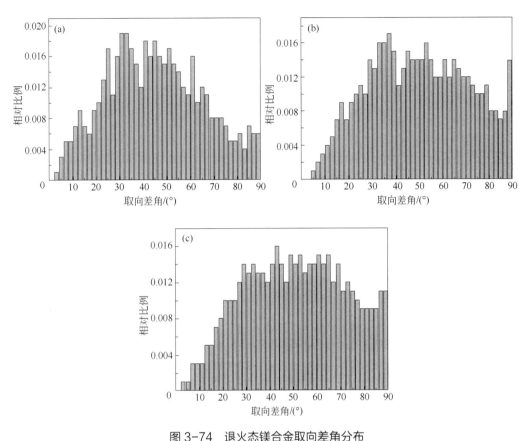

图 3-74 退火态镁合金取向差角分布

（a）IC-Z2 镁合金；（b）IC-ZA21 镁合金；（c）TRC-ZA21 镁合金

Armstrong 等[129]推论摩擦应力 σ_0 与激活变形机制的 CRSS 以及取向因子（Taylor 因子）有关。前述讨论表明三种合金中 CRSS 和取向因子的差异较小，并不足以主导合金的强化机制（图 3-73）。然而 hcp 金属的 Hall-Petch 斜率（即 k 值）要高于 fcc 金属和 bcc 金属，表明晶粒尺寸对强度的影响在镁合金中会更加突出[130]。当晶粒沿载荷方向的基面滑移 SF 大于 0.2 时，会被认为是基面滑移的软取向[128]；加之硬取向条件下的晶粒其晶粒尺寸敏感性要强于软取向[131]。而 TRC-ZA21 镁合金沿 RD 方向基面滑移的平均 SF 为 0.23，表明在晶粒尺寸和晶界结构的共同作用下，TRC-ZA21 镁合金中的强度增加量要高于其他两种镁合金板材。

在微观组织层面上，IC-ZA21 和 TRC-ZA21 镁合金之间最明显的区别是第二相粒子特征。铸轧工艺不仅增加了第二相粒子的数量，还促进了其尺寸细化、弥散分布。同时，这些 Al-Mn 系化合物也可以为合金提供析出强化效果。析出强化作用遵循 Orowan 机制，其强度增量由粒子尺寸和体积分数决定[132]：

$$\Delta\tau = \frac{Gb}{2\pi\sqrt{1-v}} \times \frac{1}{\lambda} \lg \frac{d_\mathrm{p}}{r_0} \qquad (3\text{-}2)$$

式中，$\Delta\tau$ 为析出强化引起的强度增量；G 为剪切模量；b 为柏氏矢量；v 为泊松比；λ 为粒子间有效间距；d_p 为滑移面上有效粒子直径；r_0 为位错核半径，通常被认为等同于 $|b|$ 量级。

Kim 等[133]研究表明，在镁合金基体中均匀分布着细小、球状第二相粒子是最佳的微观组织构成。Zeng 等[134]也叙述了理想的析出相特征，即高密度的纳米尺寸粒子均匀分布于亚微米晶粒内。同时，弥散分布于细小晶粒内的纳米级粒子可以有效地同时提升镁合金材料的强度和塑性[135-137]。这种微观组织特征恰好与 TRC-ZA21 镁合金中第二相粒子特征相一致，因此，来自第二相析出的强度增量是 TRC-ZA21 镁合金力学性能进一步提升的重要因素。此外，屈服强度还可以通过固溶强化的方式提升。IC-ZA21 和 TRC-ZA21 镁合金固溶强化的差异与其第二相粒子比例相关，但对于 3.6%的合金元素总添加量而言，这种差异可以忽略不计。因此，TRC-ZA21 镁合金主要的强化机制包括细晶强化及析出强化。

经合金化和铸轧工艺优化后，IC-Z2 镁合金的断裂延伸率却没有呈现如同屈服强度类似的明显增强现象。在镁合金中，断裂延伸率一般受第二相粒子和晶粒尺寸控制。通常，第二相粒子的存在对塑性是有害的，而晶粒细化有益于塑性。晶粒细化，晶粒间在塑性变形时的适配性便趋于困难，将会引起加工硬化降低[138]。在拉伸变形的真应力-应变曲线中，截取材料屈服发生至达到抗拉强度的应变区间，并基于幂律回归获得材料的加工硬化系数（n 值），与其对应的屈服强度一并见表 3-6。结果表明，n 值与屈服强度呈反相关关系，IC-Z2 镁合金在三种镁合金中具有最高的 n 值。因此，基于合金化和铸轧工艺的塑性提高在晶粒细化和第二相粒子的共同作用下并不明显。

表 3-6　三种镁合金加工硬化系数及其对应的屈服强度

合金	加载方向	加工硬化系数	屈服强度/MPa
IC-Z2	RD	0.22	142.0
	45°	0.25	142.0
	TD	0.24	140.7
IC-ZA21	RD	0.20	168.3
	45°	0.24	140.4
	TD	0.28	131.9
TRC-ZA21	RD	0.17	201.2
	45°	0.20	164.3
	TD	0.25	154.6

图 3-75 为退火态镁合金沿 RD 方向的晶粒 Schmid 因子图像，图中红色（深色）晶粒标志着其 SF 趋向于 0，而白色（浅色）晶粒意味着其 SF 趋近于理论最大值 0.5，即在图 3-75 中，当晶粒颜色由深向浅变化时 SF 增大。图 3-76（a）所示为三种镁合金板材沿四个不同载荷方向上的基面滑移平均 SF；同时，利于基面滑移激活的 SF>0.2 的晶粒百分比见图 3-76（b）。在板材板面（RD×TD 截面）上，三种镁合金基面滑移的 SF 均呈现方向性，并且与织构特征紧密相关。IC-Z2 镁合金基面滑移的平均 SF 随着加载方向和板材 RD 方向夹角的增大而下降，而 IC-ZA21 和 TRC-ZA21 镁合金则呈现相反的变化趋势。例如，对 TRC-ZA21 镁合金，板面内沿 RD、45°及 TD 加载方向的基面滑移平均 SF 分别为 0.23、0.30 及 0.31。TRC-ZA21 镁合金呈现沿 TD 方向偏转的基面织构特征，意味着沿 TD 加载方向的拉伸变形过程中大多数晶粒处于软取向，从而造成低屈服强度[139]。例如，TRC-ZA21 镁合金 RD 和 TD 加载方向上，其有利于基面滑移激活的晶粒百分比分别为 55.5%和 73.2%，显

然沿 TD 方向加载时大多数晶粒处于软取向。而 IC-Z2 和 IC-ZA21 镁合金也由于其相应的基面织构特征,从而呈现相应 SF 和屈服强度的变化。

图 3-75　退火态镁合金 RD 方向基面滑移系 Schmid 因子图像（见书后彩页）
（a）IC-Z2；（b）IC-ZA21；（c）TRC-ZA21

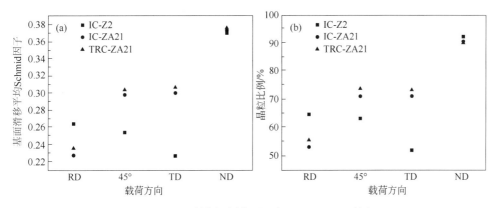

图 3-76　三种镁合金基面滑移 Schmid 因子特征
（a）不同载荷方向平均 Schmid 因子；（b）利于基面滑移晶粒百分比

图 3-46 显示 TRC-ZA21 镁合金具有最明显的板面内力学性能各向异性,而图 3-47 杯突试验结果却表明其具有最优的室温成形性能。图 3-48 说明在拉伸试验和杯突试验中,板材处于不同的应变状态下,因此,不能简单地将板面内的力学性能各向异性和室温成形性等同。在退火态板材板面内,IC-Z2 镁合金沿不同载荷方向的基面滑移 Schmid 因子差异在三种镁合金中最小,导致其具有最不明显的板面内力学性能各向异性。对于基面滑移 SF 在板面内和 ND 方向之间的差异性,TRC-ZA21 镁合金要低于 IC-Z2 镁合金,而且 TRC-ZA21 镁合金在 ND 方向上的 SF 值最高,板材厚度方向的应变所需应力最低,成为板面内力学性能各向异性和成形性之间相异的主要原因,也是 TRC-ZA21 具有三种镁合金板材中最高 IE 值的原因。

IC-Z2 镁合金的室温成形性在合金化和铸轧工艺的作用下提升了 60.6%。对于镁合金的成形性,弱化基面织构以及细化晶粒被认为是重要的强化手段,其中,织构是成形性能的主导影响因素[140-141]。Iwanaga 等[142]认为镁合金板材室温成形性可以通过降低织构强度及提升织构分布而增强。Yuasa 等[143]利用第一性原理也证明了 Mg-Zn-Ca 体系镁合金的高成形性源于弱化的基面织构。具有对称和分散分布特征的基面织构被认为是提升成形性能最理想的织构。而 TRC-ZA21 退火态镁合金的基面织构出现了 ND 向 TD 方向的偏转，形成 TD 分裂对称的现象；此外，TD 和 RD 方向上均存在明显的织构组分漫射分布。

 TRC-ZA21 镁合金板材的强度和成形性同时得到了增强，合金的微观组织特征呈现纳米级第二相粒子均匀分布于细小晶粒内部，并伴随有弱化的基面织构，这种微观组织特征决定了材料的综合性能。

参考文献

[1] Su J, Sanjari M, Kabir A S H, et al. Dynamic recrystallization mechanisms during high speed rolling of Mg-3Al-1Zn alloy sheets[J]. Scripta Materialia, 2016, 113: 198-201.

[2] 刘楚明，刘子娟，朱秀荣，等. 镁及镁合金动态再结晶研究进展[J]. 中国有色金属学报，2006, 16(1): 1-12.

[3] Huang X, Suzuki K, Saito N. Textures and stretch formability of Mg-6Al-1Zn magnesium alloy sheets rolled at high temperatures up to 793K[J]. Scripta Materialia, 2009, 60(8): 651-654.

[4] Huang X, Suzuki K, Saito N. Enhancement of stretch formability of Mg-3Al-1Zn alloy sheet using hot rolling at high temperatures up to 823K and subsequent warm rolling[J]. Scripta Materialia, 2009, 61(4): 445-448.

[5] Kim S H, Bae S W, Lee S W, et al. Microstructural evolution and improvement in mechanical properties of extruded AZ31 alloy by combined addition of Ca and Y[J]. Materials Science and Engineering: A, 2018, 725: 309-318.

[6] Bian M, Huang X, Chino Y. Substantial improvement in cold formability of concentrated Mg-Al-Zn-Ca alloy sheets by high temperature final rolling[J]. Acta Materialia, 2021, 220: 117328.

[7] Nakata T, Xu C, Yoshida Y, et al. Improving room-temperature stretch formability of a high-alloyed Mg-Al-Ca-Mn alloy sheet by high-temperature solution-treatment[J]. Materials Science and Engineering: A, 2021, 801: 140399.

[8] Chino Y, Mabuchi M. Enhanced stretch formability of Mg-Al-Zn alloy sheets rolled at high temperature (723K)[J]. Scripta Materialia, 2009, 60(6): 447-450.

[9] Xiao D, Chen Z, Wang X, et al. Microstructure, mechanical and creep properties of high Ca/Al ratio Mg-Al-Ca alloy[J]. Materials Science and Engineering: A, 2016, 660: 166-171.

[10] Zhang L, Deng K, Nie K B, et al. Microstructures and mechanical properties of Mg-Al-Ca alloys affected by Ca/Al ratio[J]. Materials Science and Engineering: A, 2015, 636: 279-288.

[11] Liang S M, Chen R S, Blandin J J, et al. Thermal analysis and solidification pathways of Mg-Al-Ca system alloys[J]. Materials Science and Engineering: A, 2008, 480: 365-372.

[12] Suzuki A, Saddock N D, Jones J W, et al. Solidification paths and eutectic intermetallic phases in Mg-Al-Ca ternary alloys[J]. Acta Materialia, 2005, 53(9): 2823-2834.

[13] Ninomiya R, Ojiro T, Kubota K. Improved heat resistance of Mg-Al alloys by the Ca addition[J]. Acta Metallurgica et Materialia, 1995, 43(2): 669-674.

[14] Bohlen J, Nürnberg M R, Senn J W, et al. The texture and anisotropy of magnesium-zinc-rare earth alloy sheets[J]. Acta Materialia, 2007, 55(6): 2101-2112.

[15] Chino Y, Ueda T, Otomatsu Y, et al. Effects of Ca on tensile properties and stretch formability at room temperature in Mg-Zn and Mg-Al alloys[J]. Materials Transactions, 2011, 52(7): 1477-1482.

[16] Sandlöbes S, Zaefferer S, Schestakow I, et al. On the role of non-basal deformation mechanisms for the ductility of Mg and Mg-Y alloys[J]. Acta Materialia, 2011, 59(2): 429-439.

[17] Tong L B, Zheng M Y, Xu S W, et al. Effect of Mn addition on microstructure, texture and mechanical properties of Mg-Zn-Ca alloy[J]. Materials Science and Engineering: A, 2011, 528: 3741-3747.

[18] Kim W J, Lee H W, Yoo S J, et al. Texture and mechanical properties of ultrafine-grained Mg-3Al-1Zn alloy sheets

prepared by high-ratio differential speed rolling[J]. Materials Science and Engineering: A, 2011, 528: 874-879.

[19] Hutchinson W B, Barnett M R. Effective values of critical resolved shear stress for slip in polycrystalline magnesium and other hcp metals[J]. Scripta Materialia, 2010, 63(7): 737-740.

[20] Barnett M R. A taylor model based description of the proof stress of magnesium AZ31 during hot working[J]. Metallurgical and Materials Transactions A, 2003, 34: 1799-1806.

[21] Li C J, Sun H F, Li X W, et al. Microstructure, texture and mechanical properties of Mg-3.0Zn-0.2Ca alloys fabricated by extrusion at various temperatures[J]. Journal of Alloys and Compounds, 2015, 652: 122-131.

[22] Chino Y, Sassa K, Mabuchi M. Texture and stretch formability of Mg-1.5 mass%Zn-0.2 mass% Ce alloy rolled at different rolling temperatures[J]. Materials Transactions, 2008, 49(12): 2916-2918.

[23] Chino Y, Sassa K, Mabuchi M. Texture and stretch formability of a rolled Mg-Zn alloy containing dilute content of Y[J]. Materials Science and Engineering: A, 2009, 513-514: 394-400.

[24] Chino Y, Kado M, Mabuchi M. Enhancement of tensile ductility and stretch formability of magnesium by addition of 0.2 wt% (0.035 at%) Ce[J]. Materials Science and Engineering: A, 2008, 494: 343-349.

[25] Chapuis A, Driver J H. Temperature dependency of slip and twinning in plane strain compressed magnesium single crystals[J]. Acta Materialia, 2011, 59(5): 1986-1994.

[26] Shi J, Cui K, Wang B, et al. Effect of initial microstructure on static recrystallization of Mg-3Al-1Zn alloy[J]. Materials Characterization, 2017, 129: 104-113.

[27] Basu I, Al-Samman T, Gottstein G. Shear band-related recrystallization and grain growth in two rolled magnesium-rare earth alloys[J]. Materials Science and Engineering: A, 2013, 579: 50-56.

[28] Kim Y M, Mendis C, Sasaki T, et al. Static recrystallization behaviour of cold rolled Mg-Zn-Y alloy and role of solute segregation in microstructure evolution[J]. Scripta Materialia, 2017, 136: 41-45.

[29] Gao H, Ramalingam S C, Barber G C, et al. Analysis of asymmetrical cold rolling with varying coefficients of friction[J]. Journal of Materials Processing Technology, 2002, 124(1-2): 178-182.

[30] Salimia M, Sassanib F. Modied slab analysis of asymmetrical plate rolling[J]. International Journal of Mechanical Sciences, 2002, 44(9): 1999-2023.

[31] Tzou G Y. Relationship between frictional coefficient and frictional factor in asymmetrical sheet rolling[J]. Journal of Materials Processing Technology, 1998, 86(1-3): 271-277.

[32] Jiang L, Jonas J J, Luo A A, et al. Influence of {10-12} extension twinning on the flow behavior of AZ31 Mg alloy[J]. Materials Science and Engineering: A, 2007, 445-446: 302-309.

[33] 陈振华. 变形镁合金[M]. 北京: 化学工业出版社, 2005.

[34] 杨常春, 齐克敏, 邱春林. 异径异步轧制时热轧板带头部弯曲规律的实验研究[J]. 物理测试, 2008, 26(5): 6-8.

[35] 余望, 吴特昌, 慈及玲. 异步轧制时轧件弯曲规律及控制方法的研究[J]. 重型机械, 1985, 8: 1-6.

[36] 张文玉. 异步轧制对 AZ31 镁合金板材组织和性能的影响[D]. 长沙: 湖南大学, 2006.

[37] Huang X S, Suzuki K, Watazu A, et al. Microstructure and texture of Mg-Al-Zn alloy processed by differential speed rolling[J]. Journal of Alloys and Compounds, 2008, 457(1-2): 408-412.

[38] 孟利. 镁合金热、温形变行为的 EBSD 微织构研究[D]. 北京: 北京科技大学, 2008.

[39] Pérez-Prado M T, Ruano O A. Texture evolution during annealing of magnesium AZ31 alloy[J]. Scripta Materialia, 2002, 46(2): 149-155.

[40] Wang J, Ferdowsi M R G, Kada S R, et al. Influence of precipitation on yield elongation in Mg-Zn alloys[J]. Scripta Materialia, 2019, 160: 5-8.

[41] Zhao C, Chen X, Pan F, et al. Strain hardening of as-extruded Mg-xZn (x=1,2,3 and 4 wt%) alloys[J]. Journal of Materials Science & Technology, 2019, 35: 142-150.

[42] Wu Z, Ahmed R, Yin B, et al. Mechanistic origin and prediction of enhanced ductility in magnesium alloys[J]. Science, 2018, 359: 447-452.

[43] Limbadri K, Gangadhar J, Ram A M, et al. Review of formability in relation to texture[J]. Materials Today, 2015, 2: 2198-2204.

213

[44] Stanford N. Micro-alloying Mg with Y, Ce, Gd and La for texture modification - A comparative study[J]. Materials Science and Engineering: A, 2010, 527: 2669-2677.

[45] Toda-Caraballo I, Galindo-Nava E I, Rivera-Díaz-del-Castillo P E J. Understanding the factors influencing yield strength on Mg alloys[J]. Acta Materialia, 2014, 75: 287-296.

[46] Nakata T, Bhattacharyya J J, Agnew S R, et al. Unexpected influence of prismatic plate-shaped precipitates on strengths and yield anisotropy in an extruded Mg-0.3Ca-1.0In-0.1Al-0.2Mn (at.%) alloy[J]. Scripta Materialia, 2019, 169: 70-75.

[47] Sarvesha R, Alam W, Gokhale A, et al. Quantitative assessment of second phase particles characteristic and its role on the deformation response of a Mg-8Al-0.5Zn alloy[J]. Materials Science and Engineering: A, 2019, 759: 368-379.

[48] Laer T, Nürnberg M R, Janz A, et al. The influence of manganese on the microstructure and mechanical properties of AZ31 gravity die cast alloys[J]. Acta Materialia, 2006, 54: 3033-3041.

[49] Jung I H, Sanjari M, Kim J, et al. Role of RE in the deformation and recrystallization of Mg alloy and a new alloy design concept for Mg-RE alloys[J]. Scripta Materialia, 2015, 102: 1-6.

[50] Imandoust A, Barrett C D, Al-Samman T, et al. A review on the effect of rare-earth elements on texture evolution during processing of magnesium alloys[J]. Journal of Materials Science, 2017, 52: 1-29.

[51] Pei R, Korte-Kerzel S, Al-Samman T. Superior microstructure and mechanical properties of a next-generation AZX310 magnesium sheet alloy[J]. Materials Science and Engineering: A, 2019, 763: 138112.

[52] Imandoust A, Barrett C D, Oppedal A L, et al. Nucleation and preferential growth mechanism of recrystallization texture in high purity binary magnesium-rare earth alloys[J]. Acta Materialia, 2017, 138: 27-41.

[53] Park S S, Park W J, Kim C H, et al. The twin-roll casting of magnesium alloys[J]. JOM, 2009, 61: 14-18.

[54] Pawar S, Zhou X, Hashimoto T, et al. Investigation of the microstructure and the influence of iron on the formation of Al8Mn5 particles in twin roll cast AZ31 magnesium alloy[J]. Journal of Alloys and Compounds, 2015, 628: 195-198.

[55] Li B Q. Producing thin strips by Twin-Roll Casting-Part I: Process aspects and quality issues[J]. JOM, 1995, 47: 29-33.

[56] Zhang C C, Wang C, Zha M, et al. Microstructure and tensile properties of rolled Mg-4Al-2Sn-1Zn alloy with pre-rolling deformation[J]. Materials Science and Engineering: A, 2018, 719: 132-139.

[57] Masoumi M, Zarandi F, Pekguleryuz M. Microstructure and texture studies on twin-roll cast AZ31 (Mg-3wt.%Al-1wt.%Zn) alloy and the effect of thermomechanical processing[J]. Materials Science and Engineering: A, 2011, 528: 1268-1279.

[58] Masoumi M, Zarandi F, Pekguleryuz M O. Alleviation of basal texture in twin-roll cast Mg-3Al-1Zn alloy[J]. Scripta Materialia, 2010, 62: 823-826.

[59] Wang W, Ma L, Chai S, et al. Role of one direction strong texture in stretch formability for ZK60 magnesium alloy sheet[J]. Materials Science and Engineering: A, 2018, 730: 162-167.

[60] Kim S J, Lee Y S, Kim D. Analysis of formability of Ca-added magnesium alloy sheets at low temperature[J]. Materials Characterization, 2016, 113: 152-159.

[61] Bian M Z, Sasaki T T, Nakata T, et al. Bake-hardenable Mg-Al-Zn-Mn-Ca sheet alloy processed by twin-roll casting[J]. Acta Materialia, 2018, 158: 278-288.

[62] Trang T T T, Zhang J H, Kim J H, et al. Designing a magnesium alloy with high strength and high formability[J]. Nature Communications, 2018, 9: 2522.

[63] Wang Q, Jiang B, Tang A, et al. Ameliorating the mechanical properties of magnesium alloy: Role of texture[J]. Materials Science and Engineering: A, 2017, 689: 395-403.

[64] Bian M Z, Sasaki T T, Nakata T, et al. Effects of rolling conditions on the microstructure and mechanical properties in a Mg-Al-Ca-Mn-Zn alloy sheet[J]. Materials Science and Engineering: A, 2018, 730: 147-154.

[65] Bian M Z, Zeng Z R, Xu S W, et al. Improving formability of Mg-Ca-Zr sheet alloy by microalloying of Zn[J].

Advanced Engineering Materials, 2016, 18: 1763-1769.

[66] Huang X, Suzuki K, Saito N. Microstructure and mechanical properties of AZ80 magnesium alloy sheet processed by differential speed rolling[J]. Materials Science and Engineering: A, 2009, 508: 226-233.

[67] Yang Q, Jiang B, Li J, et al. Modified texture and room temperature of magnesium alloy sheet by Li addition[J]. International Journal of Material Forming, 2016, 9: 305-311.

[68] Chino Y, Iwasaki H, Mabuchi M. Stretch formability of AZ31 alloy sheets at different testing temperatures[J]. Materials Science and Engineering: A, 2007, 466: 90-95.

[69] Huang X, Suzuki K, Chino Y, et al. Texture and stretch formability of AZ61 and AM60 magnesium alloy sheets processed by high-temperature rolling[J]. Journal of Alloys and Compounds, 2015, 632: 94-102.

[70] Bian M Z, Sasaki T T, Suh B C, et al. A heat-treatable Mg-Al-Ca-Mn-Zn sheet alloy with good room temperature formability[J]. Scripta Materialia, 2017, 138: 151-155.

[71] Huang X, Suzuki K, Chino Y, et al. Influence of aluminum content on the texture and sheet formability of AM series magnesium alloys[J]. Materials Science and Engineering: A, 2015, 633: 144-153.

[72] Yuasa M, Miyazawa N, Hayashi M, et al. Effects of group II elements on the cold stretch formability of Mg-Zn alloys[J]. Acta Materialia, 2015, 83: 294-303.

[73] Chino Y, Huang X. Suzuki K, et al. Influence of Zn concentration on stretch formability at room temperature of Mg-Zn-Ce alloy[J]. Materials Science and Engineering: A, 2010, 528: 566-572.

[74] Cai Z, Jiang H, Tang D, et al. Texture and stretch formability of rolled Mg-Zn-RE (Y, Ce and Gd) alloys at room temperature[J]. Rare Metals, 2013, 32: 441-447.

[75] Park S J, Jung H C, Shin K S. Deformation behaviors of twin roll cast Mg-Zn-X-Ca alloys for enhanced room-temperature formability[J]. Materials Science and Engineering: A, 2017, 679: 329-339.

[76] Bhattacharjee T, Suh B C, Sasaki T T, et al. High strength and formable Mg-6.2Zn-0.5Zr-0.2Ca alloy sheet processed by twin roll casting[J]. Materials Science and Engineering: A, 2014, 609: 154-160.

[77] Chino Y, Sassa K, Mabuchi M. Texture and stretch formability of a rolled Mg-Zn alloy containing dilute content of Y[J]. Materials Science and Engineering: A, 2009, 513-514: 394-400.

[78] Wu D, Chen R S, Han E H. Excellent room temperature ductility and formability of rolled Mg-Gd-Zn alloy sheets[J]. Journal of Alloys and Compounds, 2011, 509: 2856-2863.

[79] Huang X, Suzuki K, Chino Y. Static recrystallization and mechanical properties of Mg-4Y-3RE magnesium alloy sheet processed by differential speed rolling at 823K[J]. Materials Science and Engineering: A, 2012, 538: 281-287.

[80] Wang Q, Shen Y, Jiang B, et al. A good balance between ductility and stretch formability of dulite Mg-Sn-Y sheet at room temperature[J]. Materials Science and Engineering: A, 2018, 736: 404-416.

[81] Takuda H, Kikuchi S, Yoshida N, et al. Tensile properties and press formability of a Mg-9Li-1Y alloy sheet[J]. Materials Transactions, 2003, 44: 2266-2270.

[82] Suh B C, Shin M S, Shin K S, et al. Current issues in magnesium sheet alloys: Where do we go from here[J]. Scripta Materialia, 2014, 84-85: 1-6.

[83] Zha M, Li Y, Mathiesen R H, et al. Microstructure evolution and mechanical behavior of a binary Al-7Mg alloy processed by equal-channel angular pressing[J]. Acta Materialia, 2015, 84: 42-54.

[84] Zhao Y, Topping T, Bingert J F, et al. High tensile ductility and strength in bulk nanostructured nickel[J]. Advanced Materials, 2008, 20: 3028-3033.

[85] Zhang H, Wang H, Wang J, et al. The synergy effect of fine and coarse grains on enhanced ductility of bimodal-structured Mg alloys[J]. Journal of Alloys and Compounds, 2019, 780: 312-317.

[86] Suh B C, Kim J H, Bae J H, et al. Effect of Sn addition on the microstructure and deformation behavior of Mg-3Al alloy[J]. Acta Materialia, 2017, 124: 268-279.

[87] Hadorn J P, Hantzsche K, Yi S, et al. Role of solute in the texture modification during hot deformation of Mg-Rare Earth alloys[J]. Metallurgical and Materials Transactions A, 2012, 43(4): 1347-1362.

[88] Chun Y B, Battaini M, Davies C H J, et al. Distribution characteristics of in-grain misorientation axes in cold-rolled

215

commercially pure titanium and their correlation with active slip modes[J]. Metallurgical and Materials Transactions A, 2010, 41(13): 3473-3487.

[89] Chaudary U M, Kim Y S, Hamad K. Effect of Ca addition on the room-temperature formability of AZ31 magnesium alloy[J]. Materials Letters, 2019, 238: 305-308.

[90] Agnew S R, Yoo M H, Tomé C N. Application of texture simulation to understanding mechanical behavior of Mg and solid solution alloys containing Li or Y[J]. Acta Materialia, 2001, 49: 4277-4289.

[91] Li X, Qi W. Effect of initial texture on texture and microstructure evolution of ME20 Mg alloy subjected to hot rolling[J]. Materials Science and Engineering: A, 2013, 560: 321-331.

[92] Cho J H, Jeong S S, Kang S B. Deep drawing of ZK60 magnesium sheets fabricated using ingot and twin-roll casting methods[J]. Materials and Design, 2016, 110: 214-224.

[93] Guan D, Rainforth W M, Gao J, et al. Individual effect of recrystallisation nucleation sites on texture weakening in a magnesium alloy: Part 1- double twins[J]. Acta Materialia, 2017, 135: 14-24.

[94] Jin L, Kang Y B, Chartrand P, et al. Thermodynamic evaluation and optimization of Al-Gd, Al-Tb, Al-Dy, Al-Ho and Al-Er systems using a Modified Quasichemical Model for the liquid[J].Calphad, 2010, 34: 456-466.

[95] Rzychon T. Characterization of Mg-rich clusters in the C36 phase of the Mg-5Al-3Ca-0.7Sr-0.2Mn alloy[J]. Journal of Alloys and Compounds, 2014, 598: 95-105.

[96] Das S K, Kang Y B, Ha T K, et al. Thermodynamic modeling and diffusion kinetic experiments of binary Mg-Gd and Mg-Y systems[J]. Acta Materialia, 2014, 71: 164-175.

[97] Wang T, Jiang L, Mishra R K, et al. Effect of Ca addition on the intensity of the Rare Earth texture component in extruded magnesium alloys[J]. Metallurgical and Materials Transactions A, 2014, 45: 4698-4709.

[98] Park S S, Bae G T, Kang D H, et al. Microstructure and tensile properties of twin-roll casting Mg-Zn-Mn-Al alloys[J]. Scripta Materialia, 2007, 57: 793-796.

[99] Das S K, Kim Y M, Ha T K, et al. Anisotropic diffusion behavior of Al in Mg: Diffusion couple study using Mg single crystal[J]. Metallurgical and Materials Transactions A, 2013, 44: 2539-2547.

[100] Das S K, Kim Y M, Ha T K, et al. Investigation of anisotropic diffusion behavior of Zn in hcp Mg and interdiffusion coefficients of intermediate phases in the Mg-Zn system[J]. Calphad, 2013, 42: 51-58.

[101] Higashi I, Shiotani N, Uda M, et al. The crystal structure of Mg51Zn20[J]. Journal of Solid State Chemistry, 1981, 36: 225-233.

[102] Fu Y, Wang H, Liu X, et al. Effect of calcium addition on microstructure, casting fluidity and mechanical properties of Mg-Zn-Ce-Zr magnesium alloy[J]. Journal of Rare Earths, 2017, 35: 503-509.

[103] Jiang Z, Jiang B, Yang H, et al. Influence of Al2Ca phase on microstructure and mechanical properties of Mg-Al-Ca alloys[J]. Journal of Alloys and Compounds, 2015, 647: 357-363.

[104] Xu S W, Oh-ishi K, Kamado S, et al. High strength extruded Mg-Al-Ca-Mn alloy[J]. Scripta Materialia, 2011, 65: 269-272.

[105] Qin P, Yang Q, Guan K, et al. Microstructures and mechanical properties of a high pressure die-cast Mg-4Al-4Gd-0.3Mn alloy[J]. Materials Science and Engineering: A, 2019, 764: 138254.

[106] Wang Y, Xia M, Fan Z, et al. The effect of Al8Mn5 intermetallic particles on grain size of as-cast Mg-Al-Zn AZ91D alloy[J]. Intermetallics, 2010, 18: 1683-1689.

[107] Park S S, Oh Y S, Kang D H, et al. Microstructural evolution in twin-roll strip cast Mg-Zn-Mn-Al alloy[J]. Materials Science and Engineering: A, 2007, 449-451: 352-355.

[108] Braszczyńska-Malik K N. Spherical shape of γ-Mg17Al12 precipitates in AZ91 magnesium alloy processed by equal-channel angular pressing[J]. Journal of Alloys and Compounds, 2009, 487: 263-268.

[109] Li X, Yang P, Wang L N, et al. Orientational analysis of static recrystallization at compression twins in a magnesium alloy AZ31[J]. Materials Science and Engineering: A, 2009, 517: 160-169.

[110] Sabat R K, Brahme A P, Mishra R K, et al. Ductility enhancement in Mg-0.2%Ce alloys[J]. Acta Materialia, 2018, 161: 246-257.

[111] 杨续跃，孙欢，吴新星，等. AZ21 镁合金降温多向压缩过程中的组织和微观织构演变[J]. 金属学报，2012, 48(2): 129-134.

[112] Huang X, Suzuki K, Chino Y, et al. Improvement of stretch formability of Mg-3Al-1Zn alloy sheet by high temperature rolling at finishing pass[J]. Journal of Alloys and Compounds, 2011, 509: 7579-7584.

[113] Suzuki K, Chino Y, Huang X, et al. Enhancement of room temperature stretch formability of Mg-1.5mass% Mn alloy by texture control[J]. Materials Transactions, 2013, 54: 392-398.

[114] Lu L, Liu C, Zhao J, et al. Modification of grain refinement and texture in AZ31 Mg alloy by a new plastic deformation method[J]. Journal of Alloys and Compounds, 2015, 628: 130-134.

[115] Lu X, Zhao G, Zhou J, et al. Microstructure and mechanical properties of Mg-3.0Zn-1.0Sn-0.3Mn-0.3Ca alloy extruded at different temperatures[J]. Journal of Alloys and Compounds, 2018, 732: 257-269.

[116] Jin Z Z, Cheng X M, Zha M, et al. Effects of Mg17Al12 second phase particles on twinning-induced recrystallization behavior in Mg-Al-Zn alloys during gradient hot rolling[J]. Journal of Materials Science & Technology, 2019, 35: 2017-2026.

[117] Mishra S K, Tiwari S M, Carter J T, et al. Texture evolution during annealing of AZ31 Mg alloy rolled sheet and its effect on ductility[J]. Materials Science and Engineering: A, 2014, 599: 1-8.

[118] Agnew S R, Brown D W, Tomé C N. Validating a polycrystal model for the elastoplastic response of magnesium alloy AZ31 using in situ neutron diffraction[J]. Acta Materialia, 2006, 54: 4841-4852.

[119] Sandlöbes S, Pei Z, Friák M, et al. Ductility improvement of Mg alloys by solid solution: Ab initio modeling, synthesis and mechanical properties[J]. Acta Materialia, 2014, 70: 92-104.

[120] Caceres C H, Mann G E, Griffiths J R. Grain size hardening in Mg and Mg-Zn solid solutions[J]. Metallurgical and Materials Transactions A, 2011, 42: 1950-1959.

[121] Wang Y, Choo H. Influence of texture on Hall-Petch relationships in an Mg alloy[J]. Acta Materialia, 2014, 81: 83-97.

[122] Yin B, Wu Z, Curtin W A. First-principles calculations of stacking fault energies in Mg-Y, Mg-Al and Mg-Zn alloys and implications for ⟨c+a⟩ activity[J]. Acta Materialia, 2017, 136: 249-261.

[123] Yu H, Xin Y, Cheng Y, et al. The different hardening effects of tension twins on basal slip and prismatic slip in Mg alloys[J]. Materials Science and Engineering: A, 2017, 700: 695-700.

[124] Cepeda-Jiménez C M, Molina-Aldareguia J M, Pérez-Prado M T. Origin of the twinning to slip transition with grain size refinement, with decreasing strain rate and with increasing temperature in magnesium[J]. Acta Materialia, 2015, 88: 232-244.

[125] Sandlöbes S, Schestakow I, Yi S, et al. The relation between shear banding, microstructure and mechanical properties in Mg and Mg-Y alloys[J]. Materials Science Forum, 2011, 690: 202-205.

[126] Paul H, Driver J H, Maurice C, et al. Shear band microtexture formation in twinned face centred cubic single crystals[J]. Materials Science and Engineering: A, 2003, 359: 178-191.

[127] Shi D F, Pérez-Prado M T, Cepeda-Jiménez C M. Effect of solutes on strength and ductility of Mg alloys[J]. Acta Materialia, 2019, 180: 218-230.

[128] Cepeda-Jiménez C M, Molina-Aldareguia J M, Carreño F, et al. Prominent role of basal slip during high-temperature deformation of pure Mg polycrystals[J]. Acta Materialia, 2015, 85: 1-13.

[129] Armstrong R, Codd I, Douthwaite R M, et al. The plastic deformation of polycrystalline aggregates[J]. The Philosophical Magazine: A Journal of Theoretical Experimental and Applied Physics, 1962, 7: 45-58.

[130] Pérez-Prado M T, del Valle J A, Ruano O A. Achieving high strength in commercial Mg cast alloys through large strain rolling[J]. Materials Letters, 2005, 59: 3299-3303.

[131] Koike J. Enhanced deformation mechanisms by anisotropic plasticity in polycrystalline Mg alloys at room temperature[J]. Metallurgical and Materials Transactions A, 2005, 36: 1689-1696.

[132] Pan H, Qin G, Huang Y, et al. Development of low-alloyed and rare-earth-free magnesium alloys having ultra-high strength[J]. Acta Materialia, 2018, 149: 350-363.

217

[133] Kim N J. Design of high performance structural alloys using second phases[J]. Materials Science and Engineering: A, 2007, 449-451: 51-56.

[134] Zeng Z, Stanford N, Davies C H J, et al. Magnesium extrusion alloys: A review of developments and prospects[J]. International Materials Reviews, 2018, 64(2): 27-62.

[135] Wang H Y, Yu Z P, Zhang L, et al. Achieving high strength and high ductility in magnesium alloy using hard-plate rolling (HPR) process[J]. Scientific Reports, 2015, 5: 17100.

[136] Kim W J, Jeong K G, Jeong H T. Achieving high strength and high ductility in magnesium alloys using severe plastic deformation combined with low-temperature aging[J]. Scripta Materialia, 2009, 61: 1040-1043.

[137] Kim W J, Hong S I, Kim Y H. Enhancement of the strain hardening ability in ultrafine grained Mg alloys with high strength[J]. Scripta Materialia, 2012, 67: 689-692.

[138] Cepeda-Jiménez C M, Molina-Aldareguia J M, Pérez-Prado M T. Effect of grain size on slip activity in pure magnesium polycrystals[J]. Acta Materialia, 2015, 84: 443-456.

[139] Kojima Y, Aizawa T, Higashi K, et al. Progressive steps in the platform science and technology for advanced magnesium alloys[J]. Materials Science Forum, 2003, 419-422: 3-20.

[140] Zhang H, Huang G, Roven H J, et al. Influence of different rolling routes on the microstructure evolution and properties of AZ31 magnesium alloy sheets[J]. Materials and Design, 2013, 50: 667-673.

[141] Miller V M, Berman T D, Beyerlein I J, et al. Prediction of the plastic anisotropy of magnesium alloys with synthetic textures and implications for the effect of texture on formability[J]. Materials Science and Engineering: A, 2016, 675: 345-360.

[142] Iwanaga K, Tashiro H, Okamoto H, et al. Improvement of formability from room temperature to warm temperature in AZ-31 magnesium alloy[J]. Journal of Materials Processing Technology, 2004, 155-156: 1313-1316.

[143] Yuasa M, Hayashi M, Mabuchi M, et al. Improved plastic anisotropy of Mg-Zn-Ca alloys exhibiting high-stretch formability: A first-principles study[J]. Acta Materialia, 2014, 65: 207-214.

第4章

镁合金的变形特性与塑性变形机理

4.1 镁合金的拉压不对称性

拉压不对称性是指镁合金沿相同载荷方向拉伸和压缩时屈服强度具有较大差异的特殊性能，对服役寿命有较大影响。对弱化镁合金的拉压不对称性而言，以双峰组织为代表的微观组织特征优化近年来一直受到众多关注[1-3]。双峰组织对拉压不对称性的弱化作用被认为与细晶粒中织构强度的弱化有关，织构弱化减少了有利于激活拉伸孪生取向的晶粒数量，因此抑制了拉伸孪生，增强了屈服强度并降低了拉压不对称性[1]。Rong 等[2]认为双峰组织中拉压不对称性减弱是由于压缩状态下滑移取代拉伸孪生成为细晶中的主导变形机制；但是，粗晶粒中的强织构也导致在压缩状态下形成大量的拉伸孪晶。基于双峰组织的微观组织特性，若设定细小再结晶晶粒与粗大变形晶粒的织构特征相同，则更有利于分析双峰组织自身晶粒尺寸对拉压不对称性的影响规律。

4.1.1 挤压 ZA21 镁合金棒材的室温拉伸-压缩力学性能

拉压不对称性研究对象选用前述高性能 ZA21 镁合金铸锭。尺寸为 ϕ308mm×750mm 的 ZA21 铸锭先后进行 200℃、3h 及 300℃、15h 的双级均匀化热处理。挤压工艺于配置有感应加热装置的 3600t 大型挤压机上进行，将 ϕ308mm 的铸锭以挤压温度 385℃、挤压速度 0.7mm/s、挤压比 11.7 的工艺单道次挤压成 ϕ90mm 的棒材，随后在 380℃下以 0.4mm/s 的挤压速度和 18.4 的挤压比挤压成 ϕ21mm 的棒材。具体制备工艺流程见图 4-1。

图 4-2（a）和（c）为 ϕ21mm 的 ZA21 镁合金挤压棒材微观组织，该合金表现为双峰晶粒尺寸分布特征，平均晶粒尺寸为 12.6μm，沿粗晶晶界分布着大量细晶，粗晶和细晶的平均晶粒尺寸分别为 23.8μm 和 4.3μm，且细晶面积占比为 20.2%，这种分布特征称为双峰组织（bimodal）。双峰组织是镁合金的一种特殊结构，较常见的是细小再结晶晶粒与粗大未再结晶晶粒的组合，这种组合中粗晶和细晶通常具有不同的织构特征[4-6]。但挤压态 ZA21 镁合金的双峰组织中细晶和粗晶的基面织构特征基本一致 [图 4-2（e）（g）（h）]，均呈现

晶粒 c 轴与挤压方向垂直的环状纤维织构特征，最大极密度相近，分别为7.12MRD及7.92MRD，且近似于整体组织的最大极密度7.17MRD。这表明挤压态 ZA21 镁合金的双峰组织除晶粒尺寸及分布差异外，在织构特征上并无明显区别。这种特殊的双峰组织的形成是由于以较高的挤压比挤压后，粗大初始晶粒的变形程度较大，再结晶较完全，在后续室温冷却的过程中部分细小再结晶晶粒发生了随机长大，形成具有两种晶粒尺寸但织构特征相同的再结晶双峰晶粒结构。

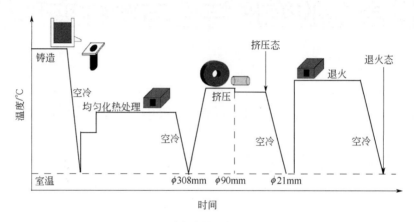

图 4-1　ZA21 镁合金挤压棒材制备工艺流程图

　　为分析晶粒尺寸分布对镁合金综合性能的影响，通过对双峰组织镁合金进行退火处理，使细小再结晶晶粒长大，以获得晶粒尺寸均匀的等轴晶。图 4-2（b）和（d）为450℃下退火 12h 的 ϕ21mm ZA21 镁合金棒材的微观组织，其晶粒尺寸分布较均匀，不再存在双峰晶粒组织，平均晶粒尺寸为 20.8μm，在镁合金变形特性研究中将这种组织称为均匀组织（uniform）。均匀组织的(0001)极图见图 4-2（f），同样呈典型的环状纤维织构特征，最大极密度为6.83MRD，与双峰组织近似，说明退火并未明显改变挤压态 ZA21 镁合金的织构特征。退火后晶粒尺寸分布更加均匀，且织构特征无明显变化，因此，两种组织适宜研究晶粒尺寸分布及晶体取向对镁合金棒材性能的影响。

　　图 4-3 为室温下双峰组织和均匀组织沿挤压棒轴向拉伸和轴向压缩的工程应力-应变曲线。双峰组织和均匀组织的拉伸工程应力-应变曲线均显示出下凹的形状，而压缩工程应力-应变曲线则可观察到明显的上凹（S 形）特征，意味着塑性变形过程中发生了不同的变形行为，下凹形的应力-应变曲线通常由滑移主导变形；S 形的应力-应变曲线被认为与大量 $\{10\bar{1}2\}$ 拉伸孪晶的启动有关[7]。相应的拉伸、压缩力学性能如表 4-1 所示，包括拉伸屈服强度（TYS）、压缩屈服强度（CYS）、极限拉伸强度（UTS）、极限压缩强度（UCS）、拉伸断裂延伸率（TFS）、压缩断裂延伸率（CFS）以及拉压不对称性（CYS/TYS）。双峰组织和均匀组织之间的拉伸和压缩力学性能存在明显差异，双峰组织的 TYS 和 UTS 较均匀组织分别提高了 12.4%及 6.8%，为 206.4MPa 和 255.0MPa；CYS 和 UCS 分别提高了 36.4%和 6.6%，为 140.3MPa 和 421.7MPa。拉伸力学性能的屈服强度高于压缩力学性能，极限断裂强度则较低，但二者的断裂延伸率相当。此外，双峰组织的拉压不对称性（0.68）明显弱于均匀组织（0.56）。

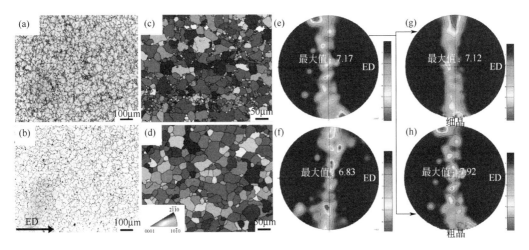

图 4-2　双峰组织和均匀组织棒材纵截面的微观组织（见书后彩页）

（a）双峰组织的光学显微形貌；（b）均匀组织的光学显微形貌；

（c）双峰组织的 IPF 图；（d）均匀组织的 IPF 图；

（e）双峰组织的(0001)极图；（f）均匀组织的(0001)极图；

（g）双峰组织中细晶的(0001)极图；（h）均匀组织中粗晶的(0001)极图

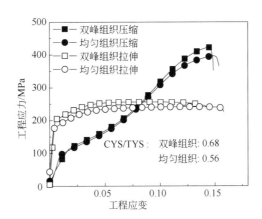

图 4-3　沿轴向加载的室温拉伸及压缩工程应力-应变曲线

表 4-1　沿轴向加载的室温拉伸及压缩力学性能

结构	TYS /MPa	UTS /MPa	TFS /%	CYS /MPa	UCS /%	CFS /%	CFS/TYS
双峰组织	206.4±10.3	255.0±15.1	14.2±1.0	140.3±6.6	421.7±18.3	15.0±1.0	0.68±0.00
均匀组织	183.7±9.6	238.7±12.3	15.9±1.1	102.9±5.8	395.5±17.5	15.4±0.9	0.56±0.01

4.1.2　拉伸/压缩屈服过程的微观组织及变形机制

为了揭示拉压不对称性的内在机理,选取拉伸和压缩试样在邻近屈服点的 2%应变量处的微观组织进行分析,相应 EBSD 结果如图 4-4 所示。加载前双峰组织和均匀组织的微观形貌为无孪晶的等轴晶（图 4-2）,施加 2%应变后,变形组织中均出现了孪晶,且孪晶类型多样，包括彼此平行的独立孪晶、在单个晶粒中相交的多组平行孪晶以及位于两个相邻晶粒中的成对孪晶。此外，由于受力方向和初始微观组织的差异，不同样品中的孪晶占比（以面积分数表示）存在明显差异。拉伸状态下双峰组织中孪晶占比最少［图 4-4（a）（b）］，压缩状态下均匀组织中孪晶占比最多［图 4-4（j）（k）］。各样品的孪晶占比分别为：拉伸状态下，双峰组织为 2.2%，均匀组织为 3.6%；压缩状态下，双峰组织为 7.9%，均匀组织为 35.5%。对于双峰组织而言，大多数观察到的孪晶位于粗晶粒内而不是细晶粒内；对于均匀

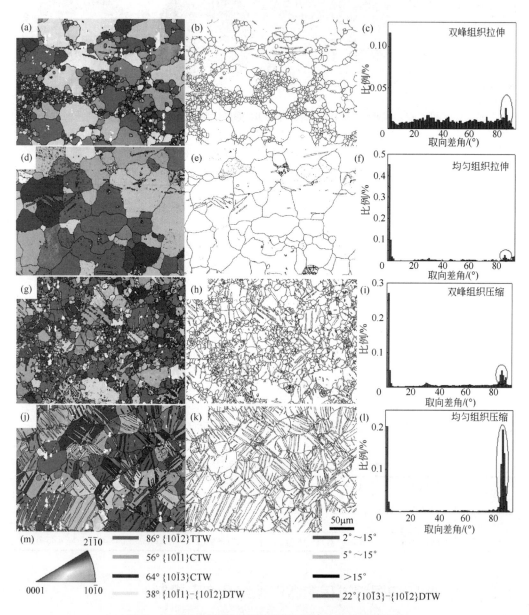

图 4-4　2%应变量时的微观组织特征（见书后彩页）

（TTW：拉伸孪晶；CTW：压缩孪晶；DTW：双孪晶）

（a）～（c）拉伸状态下的双峰组织；（d）～（f）拉伸状态下的均匀组织；

（g）～（i）压缩状态下的双峰组织；（j）～（l）压缩状态下的均匀组织；（m）取向示意图

组织而言，压缩状态下的孪晶占比是拉伸状态下的近 10 倍。此外，图 4-4 中晶界结构和取向差角分布表明，绝大多数孪晶为 {10$\bar{1}$2} 拉伸孪晶，取向差角为 86.3°±5°。图 4-4 中还可以观察到大量小角度晶界，尤其在双峰组织中的细晶区域，图 4-4（b）（e）（h）（k）中以青色和玫红色突出显示。

变形机制的激活与初始晶体取向及加载方向密切相关。图 4-5 为双峰组织和均匀组织中晶粒 c 轴与加载方向之间的夹角分布。显然，双峰组织和均匀组织中晶粒 c 轴相对于加载方向的夹角大部分在 60°～90° 范围内，近似垂直于加载方向。此外，双峰组织的细晶粒和粗晶粒的 c 轴与加载方向之间具有相似的角度分布特征，进一步表明 ZA21 棒材中双峰组织和均匀组织之间的区别仅限于晶粒尺寸。研究表明，这种取向分布特征显著抑制了基面滑移的激活，但是当施加压应力时，有利于 {10$\bar{1}$2} 拉伸孪生的开动[8]。图 4-4 中压缩状态下的大量拉伸孪晶充分证明了这一点。对于镁合金而言，孪生的激活在很大程度上取决于晶粒尺寸，研究表明，细晶区和粗晶区的孪生行为存在显著差异[1,9-10]。较大的晶粒尺寸可能导致晶界处的位错塞积严重，诱发应力集中，促进孪晶形核；细晶由于较大的晶界占比，局部应力易通过交滑移、晶界滑移及动态回复释放，难以达到孪晶的形核条件，因此，孪晶倾向于优先出现在粗晶粒内部以协调应变[11]。当粗晶中的孪晶不能满足逐渐增大的变形时，细晶才可能开动孪晶以维持变形，因此，在压缩载荷下，均匀组织中的孪晶数量要高于双峰组织。此外，图 4-4 中大多数孪晶都是从晶界向晶粒内部传播。孪晶的晶界成核机制有两个潜在原因：①晶界处的高应力集中为孪晶形核创造了有利条件；②晶界本身也可以通过原子重排充当孪晶形核位点[12]。图 4-4 中也观察到了一些晶内形核孪晶，它们被认为是晶内的高位错密度诱导所致[13]。

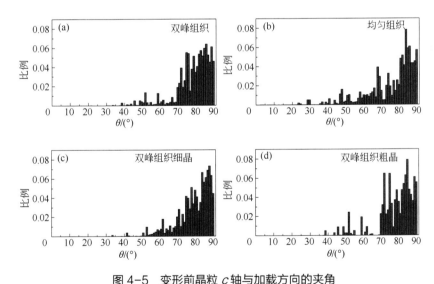

图 4-5　变形前晶粒 c 轴与加载方向的夹角

（a）双峰组织；（b）均匀组织；（c）双峰组织中的细晶；（d）双峰组织中的粗晶

为研究拉伸、压缩屈服时的孪生行为，分别对均匀组织在拉伸、压缩应变 2% 时的孪晶变体进行分析。目前，已知的 {10$\bar{1}$2} 拉伸孪晶变体有 6 个，分别为 ($\bar{1}$102)[1$\bar{1}$01]、(10$\bar{1}$2)[$\bar{1}$011]、($\bar{1}$012)[10$\bar{1}$1]、(1$\bar{1}$02)[$\bar{1}$101]、(01$\bar{1}$2)[0$\bar{1}$11] 和 (0$\bar{1}$12)[01$\bar{1}$1][14]。孪晶变体的

选择一般与 Schmid 因子有关[14-16]。由取向差法可以计算出{10$\bar{1}$2}极图中 6 个可能激活的孪晶变体的位置以及相应的 Schmid 因子[17]。图 4-6 为从图 4-4（d）中选取的部分孪晶变体，将母晶和孪晶的(0001)极图（实心正方形）和母晶可能激活的 6 个孪晶的{10$\bar{1}$2}极图（空心正方形）进行叠加，并标注 6 个可能激活的孪晶变体的 SF 值。母晶的欧拉角(φ_1, Φ, φ_2)分别为 P1(87.4°，95.8°，26.2°)、P2(90.4°，140.5°，26.2°)、P3(91.9°，86.2°，8.2°)、P4(56.1°，47.5°，25.4°)。可以发现，孪晶和母晶间的取向差均符合拉伸孪晶特征，对孪晶 T1 和母晶 P1 而言，T1 属于母晶 P1 可能激活的 6 个孪晶变体中 SF 值最高的那个，遵循 Schmid 定律（孪生时优先激活最利于协调宏观应变的孪晶变体，即具有最大或第二大 SF 的孪晶变体）[16-18]，是典型的 Schmid 孪晶。对 P2 和 T2 而言，T2 的 SF 倒数第二大，是典型的非 Schmid 孪晶（non-Schmid twin）。非 Schmid 孪晶与局部应变协调以及晶界处的应力波动有关，当相邻晶粒中的滑移不足以诱导 Schmid 孪晶形核时，非 Schmid 孪晶便容易启动以协调应变[14,19]。母晶 P3 和孪晶 T3 中，T3 属于 P3 可能激活的 6 种孪晶变体中具有最高 SF 的那个，因此，T3 也是 Schmid 孪晶；同理，T4 也属于 Schmid 孪晶。可见，拉伸初始阶段，大多数孪晶遵循 Schmid 定律。

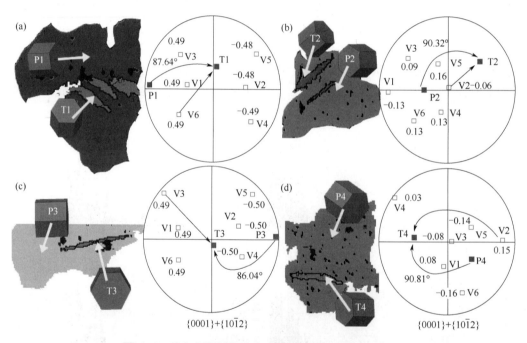

图 4-6　均匀组织拉伸应变 2%时的典型拉伸孪晶特征

（左：孪晶及母晶的 IPF 图；右：母晶的{0001}极图和母晶可能激活的 6 个孪晶变体的{10$\bar{1}$2}极图的叠加以及母晶中可能激活的 6 种孪晶变体的 Schmid 因子）

（a）母晶 P1 和孪晶 T1；（b）母晶 P2 和孪晶 T2；（c）母晶 P3 和孪晶 T3；（d）母晶 P4 和孪晶 T4

图 4-7 为从图 4-4（j）中选取的压缩 2%时均匀组织中的典型孪晶变体，母晶 P1～P5 的欧拉角(φ_1, Φ, φ_2)分别为 P1 (24.6°，178.7°，39°)、P2 (97.9°，63.8°，33.4°)、P3 (91.3°，124,9°，42.2°)、P4 (84°，139.4°，12.8°)、P5 (70°，154.3°，54.2°)。压缩状态下均匀组织中孪晶变体种类较多，图 4-7(a)为母晶中仅激活单个孪晶变体的情况，母晶 P1 接近(0001)

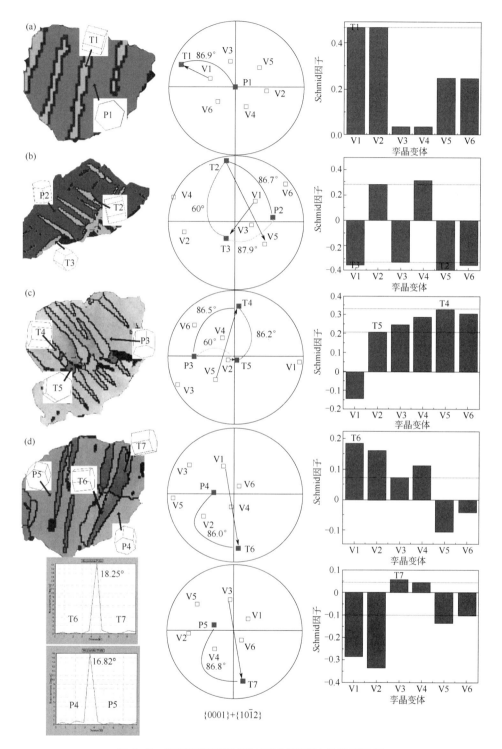

图 4-7　均匀组织压缩 2%应变时典型拉伸孪晶特征

（左：孪晶及母晶的 IPF 图；中：母晶的{0001}极图和母晶可能激活的 6 个孪晶变体的{10$\bar{1}$2}极图的叠加；右：母晶中可能激活的 6 种孪晶变体的 Schmid 因子）

（a）母晶 P1 和孪晶 T1；（b）母晶 P2 和孪晶 T2、T3；

（c）母晶 P3 和孪晶 T4、T5；（d）母晶 P4、P5 和孪晶 T6、T7

基面取向，孪晶 T1 相对于 P1 旋转了 86.9°，更接近$(10\bar{1}0)$柱面取向。$\{10\bar{1}2\}$极图显示了由 P1 激活的 6 种孪晶变体（V1～V6）的位置，孪晶 T1 更接近变体 V1，V1 具有 6 个孪晶变体中最高的 SF 值，因此，T1 的激活遵循 Schmid 法则。图 4-7（b）为母晶 P2 中激活了两种不同孪晶变体 T2 和 T3 的情况。T2、T3 与 P2 之间的取向差分别为 86.7°和 87.9°，T2 和 T3 之间的取向差约为 60°，这种位置关系称为邻位（ortho-position）[14]。在母晶 P2 可能激活的 6 个孪晶变体中，孪晶 T2 和 T3 更接近于变体 V5 和 V1，这两个变体具有最低和第二低的 SF 值，表明孪晶 T2 和孪晶 T3 的激活不遵循 Schmid 定律，为非 Schmid 孪晶。这种现象也被 Jonas 等[19-20]报道过，在 AM30、AZ31 等镁合金中均出现过具有低 SF 孪晶被激活而高 SF 孪晶变体未被激活的情况。由于晶粒变形过程中受周围晶粒的约束，来自同一个晶粒内部或者相邻晶粒的局部应力集中也是影响孪晶变体选择的重要因素，为了协调局部应变，孪晶变体更倾向于选择需要提供最少应变的那一个[20-22]。

图 4-7（c）为母晶 P3 中存在$\{10\bar{1}2\}$-$\{10\bar{1}2\}$双孪晶的情况，双孪晶中二次孪晶 T5 在一次孪晶 T4 中以约 86.2°的取向差存在。一般认为二次孪晶 T5 是由一次孪晶 T4 的剪切引起的[23]。双孪晶 T4-T5 属于可能由晶粒 P3 激活的 V5-V2 孪晶变体，其中 V5 具有最高的 SF 值，而 V2 具有较低的 SF 值。研究表明，双孪晶中的二次孪晶通常具有较低的 SF 值，如 T5，仅具有第五高的 SF 值，并且远低于其他 4 个孪晶变体的 SF 值。因此，二次孪生变体 T5 的激活不能简单地通过 Schmid 定律来解释。一个可能的原因是，孪晶改变了局部应力状态，孪晶产生的ε_{33}应变的 80%由二次孪晶提供，并且双孪晶中的两个孪晶变体产生的ε_{13}剪切应变也表现出良好的相容性[17]。

图 4-7（d）为分别位于两个母晶并具有共同晶界的一对孪晶，即孪晶 T6 和 T7 分别位于母晶 P4 和 P5 中，并在 P4 和 P5 的共同晶界处连接，这样的一对孪晶称为孪晶对[14]。T6 和 T7 及其母晶 P4 和 P5 的取向差角均为 86.3°左右，孪晶 T6 具有 6 个可能激活变体中最高的 SF 值，遵循 Schmid 定律。但 T7 的 SF 值非常低，约为 0.05。通常，孪晶对中至少有一个孪晶变体具有较高的 SF 值，因此，具有较低 Schmid 因子的孪晶 T7 被激活以适应从相邻晶粒 P4 传递的应变。T6 对 P4 和 P5 晶界的撞击可能促进了孪晶 T7 的激活，这种撞击通常会产生较高的应力集中，并且能够通过激活邻近晶粒中的孪晶来缓解[14]。此外，T6 和 T7 的取向非常接近，P4 和 P5 的取向差也仅为 16.8°，这对于孪晶传递或适应局部应力是有利的。因此，孪晶 T7 能够有效地适应 T6 的剪切应变，并释放 P4 和 P5 之间共同晶界处的应力集中。研究表明，孪晶对更容易出现在晶界处，并且孪晶对之间有很好的局部应变适应性，因此认为孪晶与晶界之间的相互作用会刺激新孪晶的生成，从而形成孪晶对，即孪晶诱导孪晶形核[24]。

综上，拉伸和压缩过程中的孪晶类型基本为$\{10\bar{1}2\}$拉伸孪晶，拉伸屈服时孪生变体类型较单一，每个母晶内基本仅有一个孪晶和相互平行的一对孪晶生成；压缩屈服时孪晶变体种类较多，母晶内既存在相互平行的同一孪晶变体，也存在相互交叉的多种孪晶变体，还有部分双孪晶及孪晶对生成，且孪晶变体的选择均倾向于遵循 Schmid 定律，具有最高或第二高的 Schmid 因子；但双孪晶中二次孪晶及孪晶对中孪晶变体的选择不能简单通过 Schmid 定律解释，与局部应变协调密切相关。

由于挤压 ZA21 镁合金棒材具有典型的环状纤维织构特征，沿轴向施加应力时，大多数晶粒的 c 轴与加载方向垂直。因此，基面滑移方向与载荷方向之间的角度 λ 接近 0°，滑移面的法线与载荷方向之间的夹角 ϕ 接近 90°，这意味着 Schmid 因子值极低，无法激活基面滑移。但是，多晶镁基面滑移的 CRSS 非常小，纯 Mg 约为 0.5MPa，AZ31 镁合金约为 2MPa，因此，基面滑移仍可被激活[11]。沿轴向施加压缩应力时，拉伸孪生可被激活以适应应变；然而，沿轴向施加拉伸应力时，由于孪生的极性，拉伸孪生很难被激活，此时基面滑移仍处于不利取向，不易被激活；在这种情况下，柱面滑移必须启动以继续变形。同时，由于 c 轴和加载方向之间的夹角接近 90°，柱面滑移的 Schmid 因子约为 0.5，有利于激活柱面<a>滑移[25]。图 4-4 中大量取向差角小于 15° 的小角度晶界的出现也表明了滑移的产生[26-27]。

上述孪生变形模式主要发生在粗晶中，而细晶对变形的协调可能与滑移有关。为了进一步分析粗晶和细晶对滑移机制的贡献，在图 4-8 中绘制了施加 2% 应变时，双峰组织、均匀组织及双峰组织中的粗晶和细晶的 KAM 图以及相应的局部取向差分布。KAM 表征晶粒中每个像素点与相邻点之间的平均取向差角，可以反映塑性变形的均匀性，通常用于表征

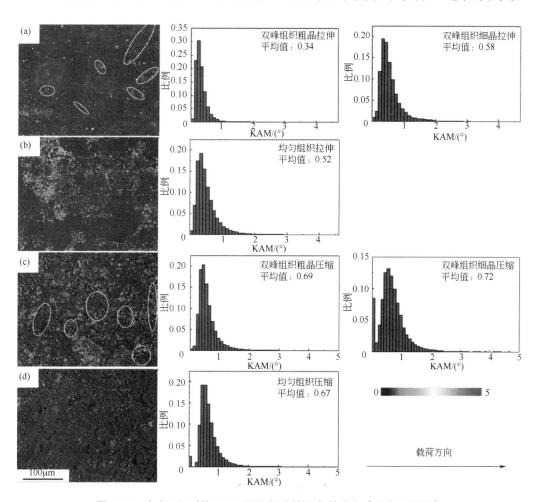

图 4-8　应变 2% 时的 KAM 图和相应的取向差分布（见书后彩页）

（a）拉伸状态下的双峰组织；（b）拉伸状态下的均匀组织；
（c）压缩状态下的双峰组织；（d）压缩状态下的均匀组织

位错密度，较大的 KAM 值表示较高的应变和位错积累[28-29]。图 4-8 的 KAM 图表明，应变 2%时，拉伸和压缩应力作用下晶界区域的畸变程度明显更大（图 4-8 的绿色区域）；此外，双峰组织中粗晶的平均 KAM 值小于细晶，表明位错易于在晶界和细晶粒处开动，双峰组织中的细晶在累积新产生的位错中起主要作用。同时，拉伸状态下双峰组织中孪晶的数量非常有限，意味着滑移机制主导了屈服变形，尤其是细晶；压缩状态下，双峰组织中粗晶的孪生和细晶的滑移在容纳应变上起协同作用。均匀组织在拉伸和压缩载荷下的畸变区域大多位于晶界；在拉伸载荷下也观察到部分晶粒内部具有较高的 KAM 值，意味着滑移可能在孪生无法激活的区域作为主要的变形机制[30-31]。

　　为进一步判断由拉伸和压缩变形引起的滑移系类型，图 4-9（a）（d）（g）（h）为均匀组织和双峰组织在 2%应变下的 IGMA 分布。双峰组织中粗晶和细晶的 IGMA 分布也绘制于图 4-9（b）（c）（e）（f），以分析晶粒尺寸对滑移模式的影响。在拉伸应力下，双峰组织和均匀组织的 IGMA 集中分布于<0001>轴附近；压缩应力下，双峰组织和均匀组织的 IGMA 均在<uvt0>弧附近具有高强度，并且双峰组织在<0001>轴附近也具有中等强度。IGMA 分布表明，拉伸状态下的柱面滑移和压缩状态下的基面滑移是双峰组织和均匀组织的主导滑移模式；此外，压缩状态下，柱面滑移也对双峰组织的变形起一定作用。

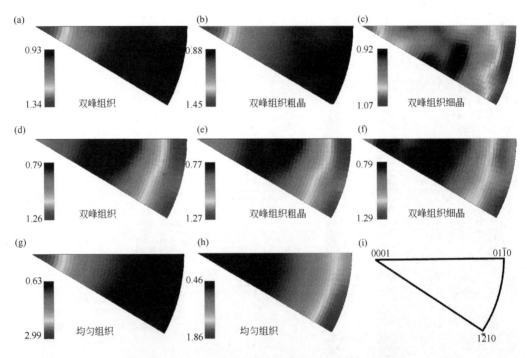

图 4-9　应变 2%时的晶内取向差轴分布（见书后彩页）

（a）拉伸状态下的双峰组织；（b）拉伸状态下双峰组织中的粗晶；
（c）拉伸状态下双峰组织中的细晶；（d）压缩状态下的双峰组织；
（e）压缩状态下双峰组织中的粗晶；（f）压缩状态下双峰组织中的细晶；
（g）拉伸状态下的均匀组织；（h）压缩状态下的均匀组织；（i）晶轴取向示意图

　　对于双峰组织中的粗晶和细晶来说，压缩状态下二者的 IGMA 表现出相似的分布范围及强度，表明压缩载荷下，粗晶和细晶的主导滑移模式均以基面<a>滑移为主，柱面<a>滑移为辅。拉伸状态下，粗晶和细晶的 IGMA 分布差异较明显，其中，细晶的 IGMA 分布更加随机，<0001>轴及<uvt0>弧均存在一定强度，表明除柱面<a>滑移主导变形外，基面<a>滑移在细晶中也起到重要作用。

综上所述，拉伸载荷下，双峰组织以柱面<a>滑移及{10$\bar{1}$2}拉伸孪生为主导变形机制，同时细晶中的基面<a>滑移辅助变形；均匀组织以柱面<a>滑移及{10$\bar{1}$2}拉伸孪生为主导变形机制。压缩载荷下，双峰组织的主要变形机制为{10$\bar{1}$2}拉伸孪生和基面<a>滑移，部分柱面<a>滑移辅助变形；均匀组织的主要变形机制为{10$\bar{1}$2}拉伸孪生和基面<a>滑移。

4.1.3　拉压不对称性的弱化机制

拉伸状态下，双峰组织和均匀组织均以柱面滑移和拉伸孪生主导变形，但均匀组织在屈服阶段生成了更多的拉伸孪晶，拉伸孪晶使均匀组织的拉伸屈服强度降低。压缩状态下，拉伸孪生和基面滑移主导了双峰组织和均匀组织的变形，且均匀组织的拉伸孪晶占比远高于双峰组织，很大程度上降低了均匀组织的压缩屈服强度。Brown 和 Agnew[8]提出了一种计算孪晶对屈服贡献的方法：

$$\int \text{twin} = \frac{\varepsilon_{\text{twin}}}{\varepsilon_{\text{applied}}} = \frac{s\bar{m}v}{\varepsilon_{\text{applied}}} \tag{4-1}$$

式中，$\int$twin 表示孪晶对屈服的贡献，$\varepsilon_{\text{twin}}$ 为孪晶沿加载方向的累积应变；s 为孪晶系的剪切量，拉伸孪晶取值 0.13[32]；$\bar{m}$ 为孪晶系的平均取向差因子；v 为孪晶的体积分数，这里以面积分数表示；$\varepsilon_{\text{applied}}$ 为施加的应变，取值 2%。

从屈服点附近的微观组织可以发现，无论是拉伸还是压缩状态，双峰组织中的孪晶占比明显低于均匀组织，且压缩状态下两种组织中孪晶占比差异显著，双峰组织中孪晶占比仅为均匀组织的 22.1%，将两种组织在拉伸、压缩屈服时的孪晶占比代入式（4-1）。拉伸状态下，双峰组织中孪晶对屈服的贡献$\int$twin BT =4.4%，均匀组织中孪晶对屈服的贡献为$\int$twin UT =7.5%；压缩状态下，双峰组织中孪晶对屈服的贡献为$\int$twin BC =15.7%，均匀组织中孪晶对屈服的贡献增大至$\int$twin UC =76.1%。对纯镁来说，CRSS 基面滑移：CRSS 拉伸孪生：CRSS 柱面滑移约为 1：0.7：2[32]，因此拉伸孪生启动时的 CRSS 较小，即均匀组织在拉伸和压缩应力下均表现出较双峰组织低的屈服强度；同时，压缩状态下双峰组织中柱面滑移对变形也起到一定作用，在一定程度上提高了双峰组织的压缩屈服强度。

细小晶粒通常具有更强的晶界强化效应，根据 Hall-Petch 公式，屈服强度和晶粒尺寸的关系满足式（4-2）。

$$\sigma = \sigma_0 + kd^{-1/2} \tag{4-2}$$

式中，σ_0 为摩擦应力；k 为 Hall-Petch 常数；这两个参数与材料性质有关，对于 ZA21 镁合金来说，认为双峰组织和均匀组织的 σ_0 和 k 值均相同。

因此，对于由细晶和粗晶构成的双峰组织及均匀组织来说，Hall-Petch 公式可写成式（4-3）和式（4-4）的形式。

$$\sigma_B = A_f\left(\sigma_0 + kd_f^{-1/2}\right) + (1 - A_f)\left(\sigma_0 + kd_c^{-1/2}\right) \tag{4-3}$$

$$\sigma_U = \sigma_0 + kd_u^{-1/2} \tag{4-4}$$

式中，σ_B 和 σ_U 分别为双峰组织和均匀组织的屈服强度；A_f 为双峰组织中细晶所占比例；d_f、d_c 分别为双峰组织中细晶和粗晶的平均晶粒尺寸；d_u 为均匀组织的平均晶粒尺寸。因此，双峰组织和均匀组织的屈服强度差可用式（4-5）表示。

$$
\begin{aligned}
\sigma_B - \sigma_U &= A_f\left(\sigma_0 + kd_f^{-\frac{1}{2}}\right) + (1 - A_f)\left(\sigma_0 + kd_c^{-\frac{1}{2}}\right) - (\sigma_0 + kd_u^{-\frac{1}{2}}) \\
&= k\left[\left(\frac{A_f}{\sqrt{d_f}} + \frac{1 - A_f}{\sqrt{d_c}}\right) - \frac{1}{\sqrt{d_u}}\right] \\
&= k\left[A_f\left(\frac{1}{\sqrt{d_f}} - \frac{1}{\sqrt{d_c}}\right) + \left(\frac{1}{\sqrt{d_c}} - \frac{1}{\sqrt{d_u}}\right)\right]
\end{aligned}
\tag{4-5}
$$

由式（4-5）可见，$\sigma_B - \sigma_U$ 的值与 d_f、d_c、d_u 及 A_f 密切相关。因为 $d_f < d_c$，$0 \leq A_f \leq 1$，所以 $A_f\left(\frac{1}{\sqrt{d_f}} - \frac{1}{\sqrt{d_c}}\right) \geq 0$；当 $d_c < d_u$ 时，$\frac{1}{\sqrt{d_c}} - \frac{1}{\sqrt{d_u}} > 0$，$\sigma_B - \sigma_U > 0$；当 $d_c > d_u$ 时，$\sigma_B - \sigma_U$ 的正负取决于 $A_f\left(\frac{1}{\sqrt{d_f}} - \frac{1}{\sqrt{d_c}}\right) + \left(\frac{1}{\sqrt{d_c}} - \frac{1}{\sqrt{d_u}}\right)$。当 $A_f\left(\frac{1}{\sqrt{d_f}} - \frac{1}{\sqrt{d_c}}\right) + \left(\frac{1}{\sqrt{d_c}} - \frac{1}{\sqrt{d_u}}\right) > 0$，即 $A_f > \dfrac{\frac{1}{\sqrt{d_u}} - \frac{1}{\sqrt{d_c}}}{\frac{1}{\sqrt{d_f}} - \frac{1}{\sqrt{d_c}}}$，此时，$\sigma_B > \sigma_U$，反之，$\sigma_B \leq \sigma_U$。对于 ZA21 镁合金棒材，$d_f$、$d_c$、$d_u$ 及 A_f 的值分别为 4.3μm、23.8μm、20.8μm 以及 0.52，$\dfrac{\frac{1}{\sqrt{d_u}} - \frac{1}{\sqrt{d_c}}}{\frac{1}{\sqrt{d_f}} - \frac{1}{\sqrt{d_c}}} = 0.05 < A_f = 0.52$，因此，$\sigma_B - \sigma_U > 0$，双峰组织的强度更高。

镁合金的强基面织构特征导致在拉伸和压缩载荷下的变形机制不同，不同变形机制启动的 Schmid 因子及 CRSS 有所差异，反映在屈服强度上就表现为明显的不对称性。拉伸状态下，双峰组织和均匀组织均以柱面<a>滑移和拉伸孪生为主导变形机制，但拉伸孪生占比较少，双峰组织中细晶内启动部分基面滑移辅助变形；压缩状态下，双峰组织和均匀组织均以拉伸孪生和基面<a>滑移为主导变形机制，双峰组织中部分柱面<a>滑移开动以辅助变形；柱面滑移开动所需的应力较拉伸孪生和基面滑移高，因此，拉伸、压缩状态下屈服强度不同，导致出现屈服不对称性。

通常，双峰组织中细晶的织构弱化可降低拉压不对称性，但由于 ZA21 双峰组织中粗晶和细晶的织构特征相似，因此，其拉压不对称性仍然较明显。但同均匀组织相比，双峰组织仍对拉压不对称性起到一定弱化作用。其中，双峰组织中拉伸和压缩状态下较低的孪晶占比是导致拉压屈服不对称性弱化的主要原因。均匀组织中压缩和拉伸应力作用下孪晶贡献的比值为 10.1，明显高于双峰组织中的 3.6，因此，均匀组织中由孪生导致的拉伸、压缩状态下屈服强度差异大，导致拉压不对称性明显高于双峰组织；换言之，双峰组织通过降低拉伸、压缩屈服时的孪晶占比弱化了拉压不对称性。此外，与均匀组织相比，双峰组织中细晶在拉伸状态下启动了部分基面滑移，基面滑移的 CRSS 非常接近拉伸孪生，在一定程度上降低了双峰组织的拉伸屈服强度，减弱了拉压不对称性；同时，双峰组织在压缩载荷下启动了部分柱面滑移，导致双峰组织的压缩屈服强度得到一定程度提升，最终造成拉压屈服不对称性的弱化。

4.2　镁合金棒材压缩变形的各向异性

由于镁合金特殊的密排六方晶体结构，塑性变形过程中极易形成晶体学织构，如 ZA21 挤压棒材中 c 轴垂直挤压方向的环状纤维织构，在沿轴向和径向加载时力学性能通常具有明显的各向异性，材料的各向异性对其服役寿命影响甚大。力学性能各向异性与拉压不对称性的机理相似但又不同，相似之处在于性能差异源于变形机制差异；不同之处在于根源并非孪生的极性，而是晶粒 c 轴与加载方向之间的夹角差异导致不同变形机制所处软硬取向不同，进一步造成变形机制启动难易程度不同，反映在性能上便表现出各向异性。双峰组织和均匀组织的晶粒尺寸差异及特殊的织构特征均会造成塑性变形过程中变形机制启动及转变难易程度的差异，从而对材料力学性能各向异性产生不同的影响。

4.2.1　室温压缩力学性能及各向异性

图 4-10（a）为具有双峰组织及均匀组织的 ZA21 镁合金试样分别沿轴向（ED）和径向（TD）的室温单轴压缩的工程应力-应变曲线，表 4-2 为相应的力学性能，其中 CYS 表示压缩屈服强度，UCS 表示极限压缩强度，CFS 表示压缩断裂应变。双峰组织轴向压缩试样以 bimodal ED 表示，径向压缩试样以 bimodal TD 表示；均匀组织轴向压缩试样以 uniform ED 表示，径向压缩试样以 uniform TD 表示。结果表明，ZA21 镁合金棒材压缩时各方向上应力均随应变增大而增大。加载方向相同时，双峰组织的强度均高于均匀组织，双峰组织轴向 CYS 和 UCS 相对均匀组织分别提高了 36.4%和 6.6%，为 140.3MPa 及 421.7MPa；径向压缩时分别提高了 13.2%及 6.5%，为 92.4MPa 和 340.8MPa。与径向加载相比，轴向加载时试样的屈服强度和极限压缩强度均较高。此外，轴向和径向压缩时的应力-应变曲线呈现完全不同的变化：轴向压缩时，双峰组织和均匀组织的应力-应变曲线均呈明显的上凹状；径向压缩时，则呈下凹状。图 4-10（b）所示的加工硬化率曲线均呈 3 段式：（Ⅰ）应变量较低时，加工硬化率从最高点开始下降至拐点；（Ⅱ）加工硬化率从拐点开始上升至峰值；（Ⅲ）加工硬化率从峰值开始下降，并不再上升。应力-应变曲线形状差异及三段式加工硬化率曲线表明不同变形条件下所启动的孪生及滑移变形机制不同。通常认为，阶段Ⅰ代表弹性变形与塑性变形的转变，是塑性变形的开始阶段，此阶段孪生形核以协调塑性变形；阶段Ⅱ与变形过程中位错受阻发生缠结形成亚结构有关，也与{10$\bar{1}$2}拉伸孪生的活跃有关，孪生一方面将软取向晶粒转变为硬取向晶粒，起织构强化作用，另一方面细化晶粒，起晶

231

界强化作用，同时伴随滑移和孪生的交互作用，导致应变硬化；阶段Ⅲ与位错吸收、动态
回复以及孪生过饱和促进位错对塑性的协调有关[33-37]。

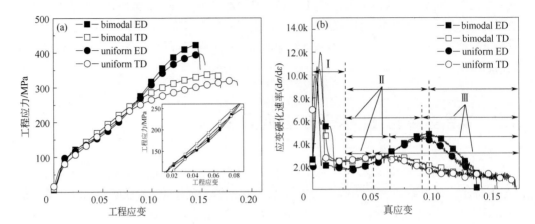

图4-10　双峰组织和均匀组织沿轴向和径向压缩的工程应力-应变曲线（a）及加工硬化曲线（b）

表4-2　双峰组织和均匀组织沿轴向和径向压缩力学性能

力学性能	双峰组织 ED	双峰组织 TD	均匀组织 ED	均匀组织 TD
CYS/MPa	140.3±6.6	92.4±4.7	102.9±5.8	81.6±4.5
UCS/MPa	421.7±18.3	340.8±16.2	395.5±17.5	320.0±15.6
CFS/%	15.0±1.0	16.9±0.8	15.4±0.9	18.6±0.9

　　由于织构特征相同，双峰组织及均匀组织沿轴向压缩的应力-应变曲线及相应的加
工硬化率曲线形状相似。第Ⅰ阶段加工硬化率不断下降，对应应力-应变曲线的初始屈
服阶段；第Ⅱ阶段不断升高的加工硬化率对应应力-应变曲线的上凹阶段；第Ⅲ阶段加
工硬化率下降阶段对应应力-应变曲线的应力缓慢上升直至断裂阶段。同样，径向压缩
的应力-应变曲线与加工硬化率曲线也保持相似特征。第Ⅰ阶段同轴向压缩时相同，均
为加工硬化率快速下降阶段，对应应力-应变曲线的初始屈服阶段；第Ⅱ阶段加工硬化
率曲线呈微弱增大趋势，对应该应变区间应力-应变曲线微弱的上凹区域，且与轴向加
载时相比，径向加载时第Ⅱ阶段对应的应变范围较窄，说明该阶段主导变形机制贡献范
围较窄；第Ⅲ阶段加工硬化率曲线缓慢降低，对应应力-应变曲线的下凹阶段，且第三
阶段维持的应变较沿挤压方向加载时范围更宽，说明第三阶段对应的主导变形机制贡献
范围较广。

　　为评估双峰组织和均匀组织镁合金沿不同加载方向压缩时的各向异性，以轴向和径向
的性能差值的一半表示各向异性[式（4-6）]。根据式（4-6）将 CYS、UCS 及 CFS 的各向
异性指标（A）绘制于图4-11 中，具体数值列于表4-3。

$$A_X = |X_{ED} - X_{TD}|/2 \qquad (4-6)$$

　　式中，X_{ED} 代表沿轴向压缩的力学性能指标（CYS，UCS 及 CFS），X_{TD} 代表沿径向
压缩的力学性能指标（CYS，UCS 及 CFS），A_X 为相应力学指标 X 的各向异性。

　　双峰组织强度值的各向异性大于均匀组织，即均匀组织可以有效弱化材料的强度各向

异性，且屈服强度各向异性的差值明显高于极限压缩强度。性能各向异性的存在表明，双峰组织和均匀组织在不同载荷方向压缩过程中的变形机制存在差异，且双峰组织在屈服阶段沿轴向和径向压缩时变形机制差异与均匀组织相比更大；极限压缩强度各向异性的差异较屈服强度明显减弱，说明压缩变形后期，双峰组织和均匀组织沿不同载荷方向加载的变形机制逐渐趋于一致。

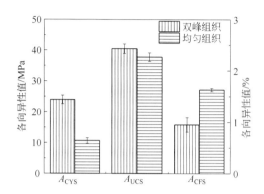

图 4-11　双峰组织及均匀组织室温压缩力学性能各向异性

表 4-3　双峰组织和均匀组织室温压缩力学性能各向异性

组织结构	A_{CYS}/MPa	A_{UCS}/MPa	A_{CFS}/%
双峰组织	23.4±1.4	40.5±1.5	1.0±0.1
均匀组织	10.6±0.9	37.8±1.4	1.6±0.1

4.2.2　压缩过程的组织演变

（1）双峰组织轴向压缩过程中的组织演变

为分析双峰组织和均匀组织室温压缩变形机制及其对力学性能各向异性的作用效果，分别对两种组织的镁合金沿不同加载方向施加给定应变[应变量为 0、2%、10%及断裂应变(CFS)]，以分析变形过程中的形貌变化。图 4-12 为双峰组织沿轴向压缩不同应变时试样纵截面的 SEM 照片。图中，ED 箭头所指为试样加载方向，其余箭头表示组织中的孪晶。压缩前，微观组织中无孪晶，平均晶粒尺寸为 12.6μm；2%应变时，组织中晶界清晰，晶粒整体为等轴状，但出现了大量孪晶，孪晶多位于粗晶内；随着应变增大到 10%，晶界清晰程度降低，晶粒形状模糊，说明晶粒存在一定程度畸变，同时组织中仍存在大量孪晶，但孪晶的可辨识度不强。试样断裂时，组织混乱程度增大，晶粒轮廓更加模糊，组织中可分辨孪晶数量进一步降低，微观组织畸变程度进一步增大。

图 4-13 为双峰组织沿轴向压缩不同应变后的 IPF 图、晶界结构图及取向差角分布图。左侧 IPF 图中晶粒颜色表示平行于测试表面的晶面，晶界结构图中黑色实线表示大角度晶界（≥15°），青色实线表示小角度晶界（<15°），红色实线表示{10$\bar{1}$2}拉伸孪晶界，取向差角为 86.3°±5°，绿色实线表示{10$\bar{1}$1}压缩孪晶界，取向差角为 56.6°±5°。由图 4-13（a）～（c）可知，试样压缩前为双峰晶粒组织，组织中无孪晶存在，晶界结构基本为大角度晶界，

取向差分布较均匀。压缩 2%时，晶粒基本保持等轴状不变，并出现大量孪晶，且孪晶基本分布在粗晶内，部分细晶内也发现少量孪晶，结合晶界结构图和取向差角分布图可以判断，取向差角分布图存在两处峰，分别在 15°以下小角度晶界处及 86.3°大角度晶界附近。小角度晶界的峰值与位错活跃程度相关，表明滑移的激活[26-27]；86.3°峰值表明生成的孪晶均为 $\{10\bar{1}2\}$ 拉伸孪晶，其占比为 7.8%。

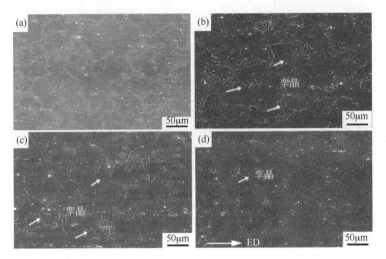

图 4-12　双峰组织沿轴向压缩不同应变的 SEM 照片

（a）0；（b）2%；（c）10%；（d）CFS

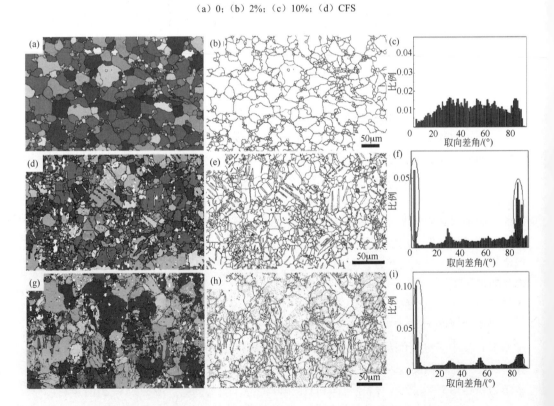

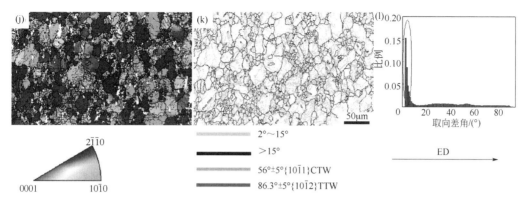

图 4-13　双峰组织沿轴向压缩不同应变的 IPF 图、晶界结构图及取向差分布图（见书后彩页）

（a）～（c）0；（d）～（f）2%；（g）～（i）10%；（j）～（l）CFS

压缩 10%应变后，组织混乱程度增大，同时，孪晶数量骤减，结合晶界结构图及取向差分布函数，发现小角度晶界数量激增，拉伸孪晶数量锐减；此外，取向差角分布图中还出现除小角度晶界和拉伸孪晶外的第三种位于 56.2°附近的峰值，这种取向差被认为与 {10$\bar{1}$1}压缩孪晶的出现有关[26-27]，但其峰值极低。当应变达到断裂应变时（CFS），晶粒内部畸变程度更大，微观组织中已观察不到明显孪晶界痕迹；同时，青色实线表示的小角度晶界显著增多，取向差角分布图中也仅存在小角度晶界所在的唯一峰，此现象是由于大量滑移系的开动及孪晶扩展而导致的。当应变为 10%或 CFS 时，IPF 图中晶粒颜色与应变 2%时有较大差异，表现为明显的（hki0）晶面平行于测试表面的柱面取向，这种现象是由于整个晶粒发生孪生所致。

（2）双峰组织径向压缩过程中的组织演变

图 4-14 为双峰组织沿径向压缩不同应变时试样纵截面的 SEM 照片，图中 TD 箭头为试样加载方向，其余箭头表示孪晶。微观组织压缩前为均匀的等轴晶，取样方式的变化并未改变合金的微观结构形貌特征，平均晶粒尺寸为 13.0μm。双峰组织沿径向压缩 2%时，试样基本保持等轴晶不变，晶界较清晰，微观组织中已出现部分孪晶，且孪晶基本分布在粗晶内。应变 10%时，晶界清晰程度降低，晶粒形状模糊，说明晶粒存在一定程度畸变，同时，孪晶的可辨识度降低；试样断裂时，晶界更加模糊，可分辨的孪晶数量进一步降低，微观组织畸变程度进一步增大。

图 4-15 为双峰组织径向压缩不同应变后的 IPF 图、晶界结构图及取向差角分布图。合金压缩前均为等轴晶，晶界结构基本为大角度晶界，取向差角分布较均匀。应变 2%的合金晶粒整体仍保持等轴状，部分晶粒内出现了孪晶，且孪晶基本分布在粗晶内，部分细晶内也发现了少量孪晶，均为{10$\bar{1}$2}拉伸孪晶，其占比为 6.8%；取向差角分布图中存在小角度晶界和 86.3°角晶界两个峰，表明滑移和孪生共同主导变形。10%应变时，晶粒存在一定程度畸变，小角度晶界数量激增，孪晶数量骤减，取向差角分布图中仅存在小角度晶界的峰，孪晶的峰已消失。达到断裂应变 CFS 时，畸变程度更大，微观组织已被小角度晶界布满，观察不到孪晶界的痕迹；此外，取向差角分布图中仅存小角度晶界峰。

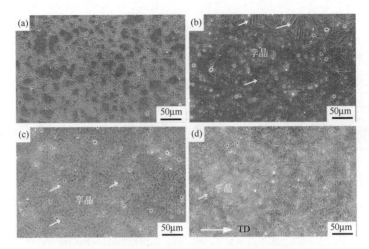

图 4-14　双峰组织沿径向压缩不同应变的 SEM 照片

（a）0；（b）2%；（c）10%；（d）CFS

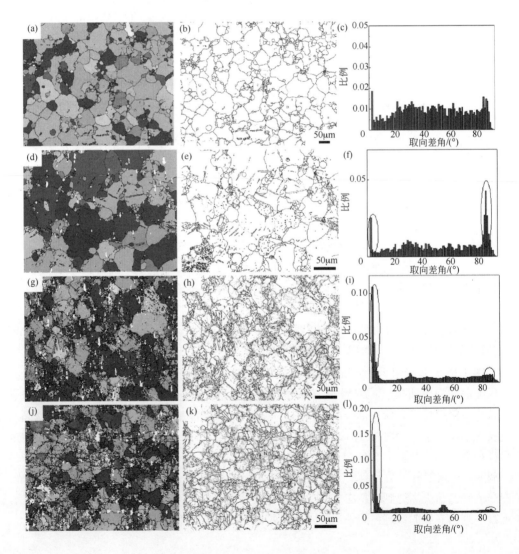

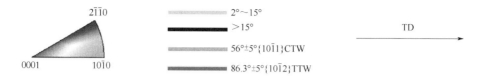

图 4-15　双峰组织沿径向压缩不同应变的 IPF 图、晶界结构图及取向差分布图（见书后彩页）

（a）～（c）0；（d）～（f）2%；（g）～（i）10%；（j）～（l）CFS

（3）均匀组织轴向压缩过程中的组织演变

图 4-16 为均匀组织沿轴向压缩不同应变的 SEM 照片。均匀组织压缩前均无孪晶，且晶粒尺寸均匀分布，平均晶粒尺寸为 20.8μm。应变 2% 时，均匀组织轴向压缩试样仍为等轴晶，晶界清晰可见，晶粒内出现大量孪晶。应变 10% 时，晶界清晰可见，但可分辨孪晶数量明显减少，且可辨识度不强；试样断裂时（CFS），微观组织整体较混乱，可分辨的孪晶数量进一步减少，晶界不清晰，畸变程度较大。

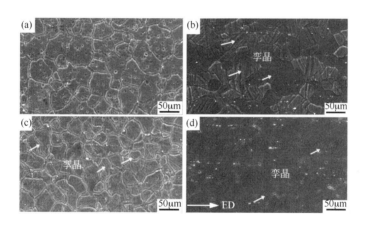

图 4-16　均匀组织沿轴向压缩不同应变的 SEM 照片

（a）0；（b）2%；（c）10%；（d）CFS

图 4-17 为均匀组织沿轴向压缩不同应变后的 IPF 图、晶界结构图及取向差角分布图。由图可知，合金压缩前微观组织为晶粒尺寸均匀分布的等轴晶，晶内无孪晶存在，晶界结构图中基本为大角度晶界，取向差角分布较均匀。应变 2% 的均匀组织整体仍为等轴晶，大量孪晶出现并布满了整个晶粒，结合晶界结构图和取向差分布图表明生成的孪晶均为 $\{10\bar{1}2\}$ 拉伸孪晶，孪晶占比为 35.5%。取向差角分布图存在两个峰，即小角度晶界峰及拉伸孪晶峰，且孪晶界占比远大于小角度晶界占比。压缩应变 10% 时，组织内可分辨孪晶数量骤减，同时小角度晶界明显增多；取向差角分布图也表明，同双峰组织试样沿轴向压缩 10% 应变时相同，孪晶占比显著降低，小角度晶界占比明显增大。压缩断裂后，微观组织内小角度晶界数量进一步增多，可分辨孪晶几乎消失，取向差角分布图中拉伸孪晶的峰值几乎为 0，远低于小角度晶界。同时，与双峰组织试样沿轴向压缩相同，变形 10% 后微观组织 IPF 图中晶粒颜色与初始组织及变形 2% 组织的差异明显，代表多种取向的颜色转变为由代表柱面取向的蓝色和绿色晶粒构成。

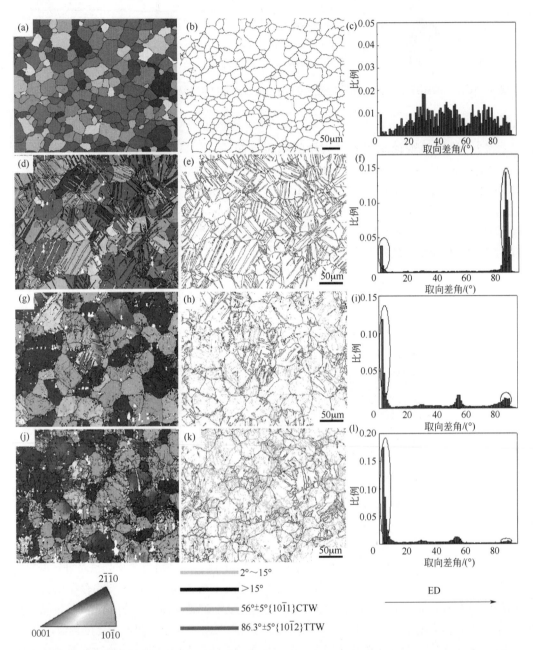

图 4-17　均匀组织沿轴向压缩不同应变的 IPF 图、晶界结构图及取向差分布图（见书后彩页）

（a）～（c）0；（d）～（f）2%；（g）～（i）10%；（j）～（l）CFS

（4）均匀组织径向压缩过程中的组织演变

图 4-18 为均匀组织沿径向压缩不同应变的 SEM 照片。合金压缩前仍为均匀的等轴晶，平均晶粒尺寸为 21.1μm。压缩 2%时，组织整体为等轴晶，晶界清晰，晶内出现了大量孪晶，但孪晶占比较均匀组织沿轴向压缩时明显减少。应变增大后，孪晶占比未发生明显变化，但组织清晰度降低，孪晶界不清晰，说明应变 10%微观组织的畸变程度较大。断裂时，

组织清晰度进一步降低，孪晶很难识别。

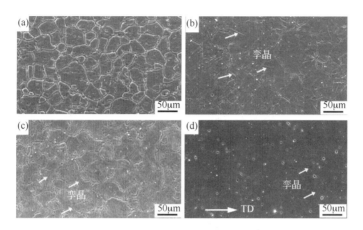

图 4-18　均匀组织沿径向压缩不同应变的 SEM 形貌

（a）0；（b）2%；（c）10%；（d）CFS

图 4-19 为均匀组织沿径向压缩不同应变后，试样纵截面的 IPF 图、晶界结构图及取向差角分布图。当应变为 0 时，合金的组织为晶粒尺寸均匀的等轴晶，且晶内无孪晶，晶界结构基本为大角度晶界，取向差角均匀分布。应变 2% 的组织中存在大量孪晶，孪晶类型为 {10$\bar{1}$2} 拉伸孪晶，孪晶占比为 25.6%，且小角度晶界占比很低，说明滑移贡献较小。应变增大至 10% 时，小角度晶界占比显著增大，拉伸孪晶占比明显下降。压缩至断裂应变时，小角度晶界占比进一步增大，几乎观察不到孪晶的峰，说明滑移在变形后期起主导作用，且晶体取向在压缩变形过程中并未发生明显变化，均为（hki0）晶面平行于测试表面（棒材横截面）的柱面取向。

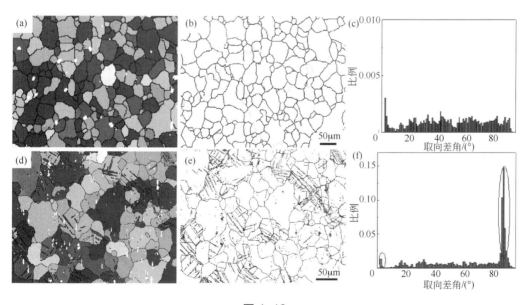

图 4-19

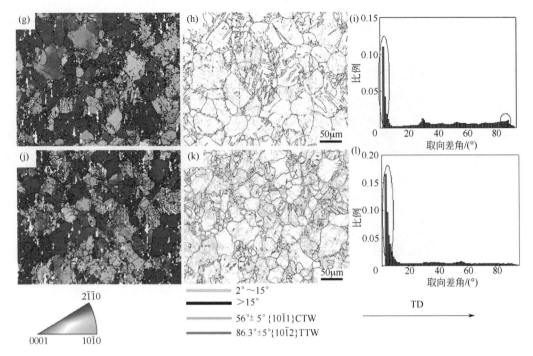

图 4-19　均匀组织沿径向压缩不同应变的 IPF 图、晶界结构图及取向差分布图（见书后彩页）

(a) ～ (c) 0；(d) ～ (f) 2%；(g) ～ (i) 10%；(j) ～ (l) CFS

由此可见，变形初期，双峰组织和均匀组织试样沿轴向和径向压缩时均有拉伸孪晶生成，双峰组织沿轴向压缩、径向压缩，均匀组织沿轴向压缩、径向压缩的孪晶占比分别为7.8%、6.8% 及 35.5%、25.6%，均匀组织中孪晶占比明显高于双峰组织，轴向压缩时孪晶占比高于沿径向压缩时。

由于镁合金中孪生的激活在很大程度上取决于晶粒尺寸[9]，较大的晶粒尺寸导致晶界处的位错堆积更严重，更易诱发孪晶形核；细晶镁合金由于较大的晶界占比，局部应力极易在交滑移、晶界滑移及动态回复中释放，不易达到孪晶形核的条件，因此，孪晶倾向于优先在粗晶晶粒内部形核以适应应变，导致均匀组织中的孪晶占比要高于双峰组织[11]。随着应变增大，微观组织混乱程度均增大，可分辨孪晶均降低，且四种试样中小角度晶界占比激增，滑移逐渐起主导作用。此外，与初始取向无关，变形后四种试样的纵截面均表现为柱面取向平行观察表面特征，说明变形过程中四种试样的晶粒 c 轴不断朝同一方向发生转动。

4.2.3　压缩过程的织构演变

由于 ZA21 镁合金棒材具有 c 轴垂直于挤压方向分布的环状纤维织构特征，其沿不同方向加载时晶粒取向与加载方向的夹角分布状态不同，导致沿棒材轴向和径向压缩时的力学性能、组织演变均呈现明显差异。因此，研究压缩过程中织构演变对于理解压缩变形行为十分重要。基于此，对双峰组织和均匀组织压缩不同应变（0、2%、10% 及 CFS）后的(0001)极图及晶粒取向变化进行分析。

（1）双峰组织轴向压缩过程中的织构演变

图 4-20 为双峰组织沿轴向压缩不同应变时试样纵截面的基面极图。初始织构为典型的环状纤维织构，晶粒 c 轴垂直于 ED 方向。应变 2% 时，整体仍呈 c 轴垂直于 ED 分布，最大极密度变化较小，但分布连续性有所降低。应变 10% 时，晶粒 c 轴转向加载方向的两极，与挤压方向平行，说明沿垂直于晶粒 c 轴压缩时，晶粒 c 轴趋向于转动至与加载方向平行，且最大极密度显著增大。压缩至断裂时，晶粒 c 轴在 ED 方向两极的分布更加集中，最大极密度有所降低。

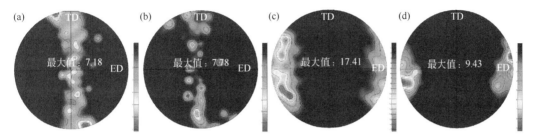

图 4-20　双峰组织沿轴向压缩过程中的(0001)极图（见书后彩页）

（a）应变 0；（b）应变 2%；（c）应变 10%；（d）断裂应变

图 4-21（a）为双峰组织沿轴向压缩不同应变的 XRD 衍射图，不同应变下镁合金典型晶面峰值列于表 4-4，并将其随应变的变化规律绘制在图 4-21（b）。随着应变增大，基面取向峰值不断降低，尤其是 2%～10% 阶段，基面取向峰值骤减；断裂时，基面取向峰值几乎为 0，说明轴压缩过程中基面取向晶粒 c 轴逐渐向加载方向转动，最终与加载方向平行。如图 4-22 所示，基面取向(0001)[0$\bar{1}$10]压缩后取向为(01$\bar{1}$0)[2$\bar{1}$$\bar{1}$0]或(2$\bar{1}$$\bar{1}$0)[01$\bar{1}$0]。柱面取向峰值随应变增大不断增大，但变化幅度不如基面明显；由于柱面取向晶粒 c 轴在向平行于加载方向转动时不会改变其在测试表面（棒材纵截面）上的晶面状态，图 4-22 所示初始取向(01$\bar{1}$0)[0001]压缩后 c 轴虽转向平行于压缩方向，但晶面仍为(01$\bar{1}$0)；同理，(2$\bar{1}$$\bar{1}$0)

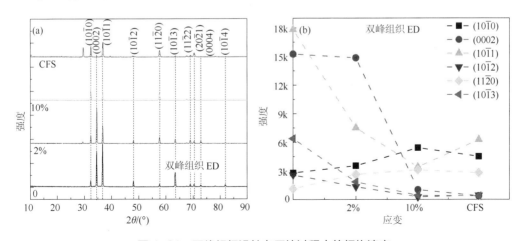

图 4-21　双峰组织沿轴向压缩过程中的织构演变

（a）XRD 衍射图；（b）典型晶面峰值演变

[0001]取向压缩后变为(2$\bar{1}$$\bar{1}$0)[0$\bar{1}$10]，但晶面仍为(2$\bar{1}$$\bar{1}$0)。因此，柱面取向随加载过程变化不如基面明显。锥面取向峰值同基面取向相似，也随应变增大不断降低，但(10$\bar{1}$1)取向峰值在应变10%～CFS阶段不断增大，可能与压缩孪晶的出现有关。XRD衍射图中晶面的变化与图4-20中的基面极图变化形成良好的呼应，二者均说明，沿挤压方向压缩时，晶粒c轴逐渐平行于加载方向。

表4-4　双峰组织沿轴向压缩过程中XRD典型指数的峰值　　　　　单位：计数强度

应变	(10$\bar{1}$0)	(0002)	(10$\bar{1}$1)	(10$\bar{1}$2)	(11$\bar{2}$0)	(10$\bar{1}$3)
0	2809	15245	1136	17832	2586	6392
2%	3545	14844	2641	7506	1332	1845
10%	5417	1019	3107	3404	263	412
CFS	4508	365	2791	6248	436	367

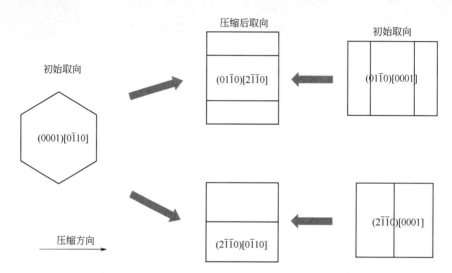

图4-22　双峰组织沿轴向压缩过程中晶粒旋转示意图

（2）双峰组织径向压缩过程中的织构演变

图4-23为双峰组织沿径向压缩不同应变时纵截面（平行于挤压棒材的横截面）的基面极图。初始织构为典型的环状纤维织构，晶粒c轴呈垂直于ED方向的环状分布。应变2%时，整体仍呈c轴垂直于ED的环状分布特征，但环状连续程度减弱，呈现出微弱的向LD（加载方向，等同TD方向）偏转的特点，最大极密度显著增加。应变10%时，晶粒c轴仍与ED方向垂直，但平行于LD方向的趋势更明显，集中在LD加载方向的两极，说明沿径向压缩时，晶粒c轴也趋向于转动至与加载方向平行。压缩至断裂时，晶粒c轴仍垂直于ED方向，且在LD方向两极的分布更加集中，说明c轴与加载方向的平行程度更高。

图4-24（a）为双峰组织沿径向压缩不同应变后的XRD衍射图，不同应变下镁合金典型晶面峰值列于表4-5，并将其随应变的变化规律绘制于图4-24（b）。初始组织中，柱面取向峰值最高，其次为(10$\bar{1}$1)锥面取向，(0002)基面及(10$\bar{1}$2)、(10$\bar{1}$3)锥面取向晶粒的峰值

非常小，这也与图 4-23（a）所示的基面极图相对应。随着应变增大，(0002)基面及(10$\bar{1}$1)、(10$\bar{1}$2)、(10$\bar{1}$3)锥面取向峰值不断降低，除(10$\bar{1}$1)锥面取向外，其余晶面取向几乎降至 0；(10$\bar{1}$1)锥面取向峰值随应变增大先降低后增大，但增大后的值仍然低于初始峰值。(10$\bar{1}$0)柱面取向晶粒峰值随应变先降低后增大，(11$\bar{2}$0)柱面取向晶粒峰值随应变先增大后降低，应变 10%及断裂应变时(10$\bar{1}$0)、(11$\bar{2}$0)柱面取向的峰值几乎相同，说明柱面取向在变形过程中不断转换，最终达到平衡。图 4-25 为以(01$\bar{1}$0)晶面为例的双峰组织沿径向压缩试样的晶粒取向在压缩过程中的转动示意图，初始取向为 c 轴垂直挤压方向的柱面取向，沿径向压缩后，晶粒 c 轴均转向平行于压缩方向，仅改变了晶向指数，晶面指数仍保持不变，故双峰组织沿径向压缩后晶粒取向仍为柱面取向。

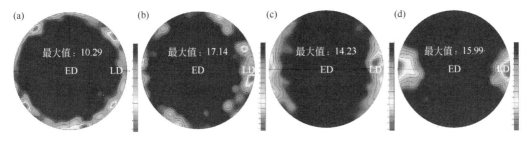

图 4-23　双峰组织沿径向压缩过程中的(0001)极图（见书后彩页）

（a）应变 0；（b）应变 2%；（c）应变 10%；（d）断裂应变

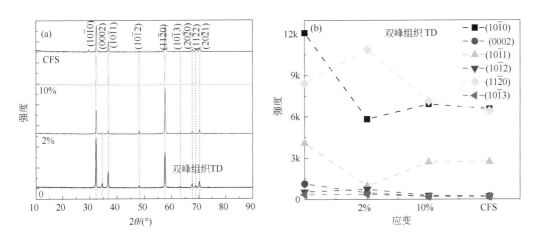

图 4-24　双峰组织沿径向压缩过程中的织构演变

（a）XRD 衍射图；（b）典型晶面峰值演变

表 4-5　双峰组织沿径向压缩过程中 XRD 典型指数的峰值　　单位：计数强度

应变	(10$\bar{1}$0)	(0002)	(10$\bar{1}$1)	(10$\bar{1}$2)	(11$\bar{2}$0)	(10$\bar{1}$3)
0	12083	1131	4080	549	8425	356
2%	5814	473	960	734	10857	369
10%	6902	212	2693	269	7118	190
CFS	6555	214	2728	227	6415	186

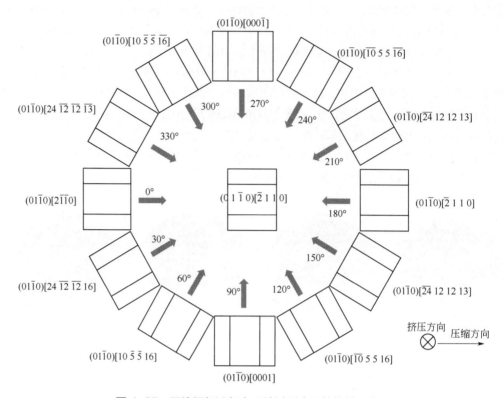

图 4-25　双峰组织沿径向压缩过程中晶粒旋转示意图

（3）均匀组织轴向压缩过程中的织构演变

图 4-26 为均匀组织沿轴向压缩不同应变时纵截面（平行于挤压棒材的纵截面）的基面极图。同双峰组织相同，均匀组织的初始织构为典型的晶粒 c 轴垂直于 ED 方向的环状纤维织构。应变 2%时，晶粒 c 轴整体仍垂直于 ED 方向，同时在 ED 方向也出现了织构组分，即晶粒 c 轴平行于 ED，这可能是试样中出现的大量拉伸孪晶使晶粒 c 轴发生 86.3°±5°左右的转动，致使 c 轴由垂直 ED 方向转动至平行 ED 方向。应变 10%时，c 轴垂直于 ED 的晶粒消失不见，极图向 ED 两极集中分布，晶粒全部平行于 ED 方向，同时最大极密度显著增大。压缩断裂时，基面极图分布更集中于 ED 两极，最大极密度较 10%应变时有所降低。

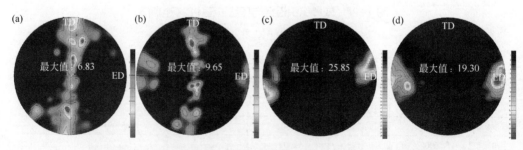

图 4-26　均匀组织沿轴向压缩过程中的(0001)极图（见书后彩页）

（a）应变 0；（b）应变 2%；（c）应变 10%；（d）断裂应变

图 4-27（a）为均匀组织沿轴向压缩不同应变后的 XRD 衍射图，不同应变下镁合金典型晶面峰值列于表 4-6，并将其随应变的变化规律绘制于图 4-27（b）。随着应变的增大，基面取向晶粒及(10$\bar{1}$2)、(10$\bar{1}$3)锥面取向晶粒峰值不断降低，说明沿挤压方向压缩过程中基面取向晶粒及(10$\bar{1}$2)、(10$\bar{1}$3)锥面取向晶粒的 c 轴均逐渐向加载方向转动，最终与加载方向平行。此外，与双峰组织试样略有差异的是，均匀组织试样的基面取向峰值从应变初始阶段便开始锐减。结合微观组织分析，均匀组织试样应变 2%时便已出现大量拉伸孪晶，因此，应变初始阶段基面取向的骤减与拉伸孪晶导致的晶粒 c 轴近似垂直转动有关。(10$\bar{1}$0)锥面取向峰值则先降低，在断裂应变时略微升高，同时，(10$\bar{1}$0)、(11$\bar{2}$0)柱面取向晶粒峰值随应变的增大先增大，在断裂应变时略有降低。这与双峰组织沿轴向压缩时典型晶面峰值变化相同，说明压缩变形过程中变形机制处于不断变化中。XRD 衍射图的晶面变化与图 4-26 的基面极图演变形成良好的呼应，二者均说明，沿轴向压缩时，均匀组织中晶粒 c 轴也不断转向与加载方向平行。

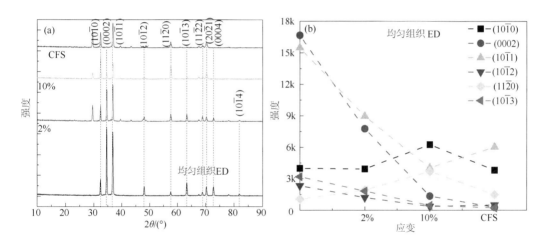

图 4-27　均匀组织沿轴向压缩过程中的织构演变

（a）XRD 衍射图；（b）典型晶面峰值演变

表 4-6　均匀组织沿轴向压缩过程中 XRD 典型指数的峰值　　　　单位：计数强度

应变	(10$\bar{1}$0)	(0002)	(10$\bar{1}$1)	(10$\bar{1}$2)	(11$\bar{2}$0)	(10$\bar{1}$3)
0	3983	16659	15490	2331	1055	3188
2%	3923	7764	8957	1208	1906	1824
10%	6249	1345	4023	369	3701	452
CFS	3807	273	6026	504	1473	230

（4）均匀组织径向压缩过程中的织构演变

图 4-28 为均匀组织沿径向压缩不同应变时试样纵截面（平行于挤压棒材的横截面）的基面极图。同双峰组织相同，均匀组织的初始织构为典型晶粒 c 轴垂直于 ED 方向的环状纤维织构。应变 2%时，基面极图仍呈晶粒 c 轴垂直于 ED 方向的环状分布特征，但环状分布的连续性降低，有向 LD 方向集中的趋势，最大极密度增加。应变 10%时，极图集中于

LD 两极分布，晶粒 c 轴倾向于平行 LD 方向，最大极密度无明显变化。压缩断裂时，基面极图更集中于 LD 两极，最大极密度较 10%应变时略有降低。

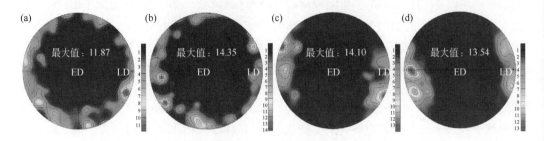

图 4-28　均匀组织沿径向压缩过程中的(0001)极图（见书后彩页）

（a）应变 0；（b）应变 2%；（c）应变 10%；（d）断裂应变

图 4-29（a）为均匀组织沿径向压缩不同应变后的 XRD 衍射图，不同应变下镁合金典型晶面峰值列于表 4-7，并将其随应变的变化规律绘制于图 4-29（b）。随着应变的增大，基面取向晶粒及$(10\bar{1}2)$、$(10\bar{1}3)$锥面取向晶粒峰值不断降低。$(10\bar{1}1)$锥面取向峰值则在 2%应变时先降低，随后升高。同时，$(10\bar{1}0)$、$(11\bar{2}0)$柱面取向晶粒峰值在 2%应变时先增大，随后不断降低。这与双峰组织典型晶面峰值变化大体相同，说明二者压缩变形机制相类似。

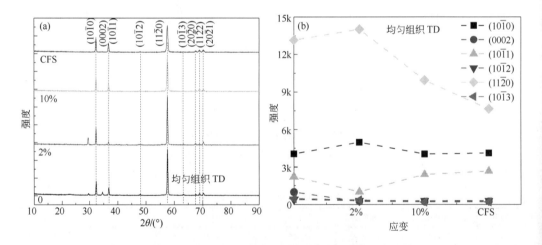

图 4-29　均匀组织沿径向压缩过程的织构演变

（a）XRD 衍射图；（b）典型晶面峰值演变

表 4-7　均匀组织沿径向压缩过程中 XRD 典型指数的峰值　　单位：计数强度

应变	$(10\bar{1}0)$	(0002)	$(10\bar{1}1)$	$(10\bar{1}2)$	$(11\bar{2}0)$	$(10\bar{1}3)$
0	4053	979	2202	398	13163	471
2%	4975	236	1000	301	14025	363
10%	4032	222	2395	287	9930	189
CFS	4117	237	2669	297	7647	209

4.2.4　压缩变形过程的 Schmid 因子分析

（1）压缩过程中 Schmid 因子的理论计算分析

沿不同方向加载过程中的微观组织形貌及织构特征存在较大差异，表明压缩过程中的变形机制也存在差异，变形机制的研究不可避免涉及 Schmid 因子（SF）及 CRSS 等因素，当环境条件（加载温度、大气压力等）不变时，变形机制的启动受 SF 主导，而 SF 值的大小可通过加载方向与晶体 c 轴间夹角（θ）计算得到。因此，通过研究 SF 随加载方向与晶体 c 轴间夹角的变化分析主导变形机制启动的难易程度，进一步分析滑移及孪生机制的选择性激活行为，对研究镁合金棒材性能各向异性具有重要意义。

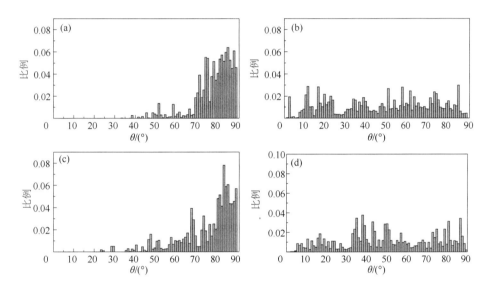

图 4-30　压缩变形前晶粒 c 轴与加载方向间的夹角分布

（a）双峰组织沿轴向压缩；（b）双峰组织沿径向压缩；

（c）均匀组织沿轴向压缩；（d）均匀组织沿径向压缩

图 4-30 为双峰组织和均匀组织试样沿轴向和径向加载时晶粒 c 轴与加载方向的夹角分布。显然，沿轴向加载试样的 c 轴与加载方向的夹角基本在 $60°\sim90°$ 范围内，并靠近 $90°$；沿径向加载试样的 c 轴与加载方向间的夹角在 $0°\sim90°$ 均匀分布。变形机制的启动与其 Schmid 因子及临界分切应力密切相关，SF 值的大小反映了该变形机制启动的难易程度。SF 值的计算公式如下：

$$SF=\cos\omega\cos\lambda \tag{4-7}$$

式中，ω 为载荷方向与滑移面法向/孪生面法向的夹角，λ 为载荷方向与滑移方向/孪生方向间的夹角。

当晶粒 c 轴与载荷方向的夹角 θ 在 $0°\sim90°$ 范围变化时，外加载荷在三轴坐标系中的向量 $\boldsymbol{F}(x_1\,y_1\,z_1)$ 可计算如下[38]：

$$x_1=\cos\alpha+\cos(60-\alpha) \tag{4-8}$$

$$y_1 = \cos(60 - \alpha) - \cos(60 + \alpha) \tag{4-9}$$

$$z_1 = \tan(90 - \theta) \tag{4-10}$$

式中，α 为载荷 $\boldsymbol{F}$ 在 (0001) 面上的投影与密排六方晶粒 a 轴的夹角，范围为 $0° \sim 30°$。将滑移/孪生面的法向用向量 $\boldsymbol{S}(x_2\ y_2\ z_2)$ 表示，则加载方向和滑移/孪生面法向间的夹角 ω 可由式（4-11）求出。

$$
\begin{aligned}
\cos\omega &= \frac{\boldsymbol{S} \cdot \boldsymbol{F}}{|\boldsymbol{S}| \cdot |\boldsymbol{F}|} \\
&= \frac{x_1 x_2 + y_1 y_2 + \dfrac{1}{2}\left(x_1 y_2 + x_2 y_1\right) + \dfrac{1}{3} z_1 z_2 \left(\dfrac{c}{a}\right)^2}{\sqrt{x_1^2 + y_1^2 + x_1 y_1 + \dfrac{z_1^2}{3}\left(\dfrac{c}{a}\right)^2} \times \sqrt{x_2^2 + y_2^2 + x_2 y_2 + \dfrac{z_2^2}{3}\left(\dfrac{c}{a}\right)^2}}
\end{aligned}
\tag{4-11}
$$

同理，孪生方向/滑移方向的向量可表示为 $\boldsymbol{D}(x_3\ y_3\ z_3)$，则加载方向和孪生/滑移方向间的夹角 λ 可由式（4-12）求出。

$$
\begin{aligned}
\cos\lambda &= \frac{\boldsymbol{D} \cdot \boldsymbol{F}}{|\boldsymbol{D}| \cdot |\boldsymbol{F}|} \\
&= \frac{x_1 x_3 + y_1 y_3 + \dfrac{1}{2}\left(x_1 y_3 + x_3 y_1\right) + \dfrac{1}{3} z_1 z_3 \left(\dfrac{c}{a}\right)^2}{\sqrt{x_1^2 + y_1^2 + x_1 y_1 + \dfrac{z_1^2}{3}\left(\dfrac{c}{a}\right)^2} \times \sqrt{x_3^2 + y_3^2 + x_3 y_3 + \dfrac{z_3^2}{3}\left(\dfrac{c}{a}\right)^2}}
\end{aligned}
\tag{4-12}
$$

式中，$\dfrac{c}{a}$ 为镁合金的轴比，本书取 1.623[39]。

对密排六方镁及镁合金来说，常见变形机制为基面<a>滑移、柱面<a>滑移、锥面<a>滑移、锥面<$c+a$>滑移、$\{10\bar{1}2\}$ 拉伸孪生以及 $\{10\bar{1}1\}$ 压缩孪生。由于锥面滑移启动的临界分切应力较高，室温时很难被启动，同时在 ZA21 挤压棒压缩变形的应力状态下，拉伸孪生对变形起较大协调作用，使得锥面滑移更加难以启动，因此，锥面滑移机制被忽略。根据 Nan 等[25]的研究，结合式（4-7）～式（4-12），不同变形机制 SF 随 θ 的变化曲线如图 4-31 所示。基面<a>滑移的 SF 值随 θ 增大呈抛物线状，先增大后降低，在 θ 为 $45°$ 左右时达到峰值，此时 SF 值为 0.5，基面<a>滑移处于软取向状态；在 θ 靠近 $0°$ 及 $90°$ 时，SF 值几乎为 0，此时基面<a>滑移处于绝对硬取向状态。柱面<a>滑移的 SF 值随 θ 增大呈 S 形递增，θ 为 $90°$ 时达到最大值 0.5，此时柱面<a>滑移处于软取向状态；θ 为 $0°$ 时柱面滑移的 SF 值最低，处于硬取向状态。由于孪晶的极性，孪生机制仅需绘制出 SF 为正值的情况。$\{10\bar{1}2\}$ 拉伸孪生的 SF 值在 θ 大于 $20°$ 后，随 θ 的增加不断增大，在 θ 为 $90°$ 时达到最大值 0.5。$\{10\bar{1}1\}$ 压缩孪生的 SF 值随 θ 先增大后降低，在 θ 为 $20°$ 时达到最大值 0.5；当 θ 大于 $60°$ 后，压缩孪生不再激活。

（2）压缩过程中 Schmid 因子的试验结果分析

图 4-32 及图 4-33 为不同试样几种典型变形机制的 SF 分布，对于轴向压缩试样来说，

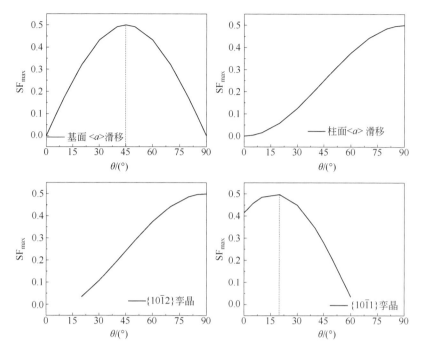

图 4-31 施加压缩应力时几种典型变形机制的 θ 与 Schmid 因子的关系

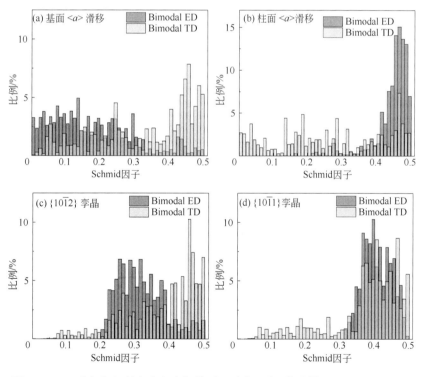

图 4-32 双峰组织沿轴向和径向加载时几种典型变形机制的 Schmid 因子分布

（a）基面滑移；（b）柱面滑移；（c）拉伸孪晶；（d）压缩孪晶

载荷平行于挤压方向。此时，大多数晶粒 c 轴垂直于载荷方向，因此 θ 接近 $90°$。对于基面<a>滑移而言，沿径向压缩试样高 SF 值的晶粒占比远高于轴向压缩。因此，基面<a>滑移在沿径向压缩时被激活较沿轴向压缩时更容易。对柱面<a>滑移而言，沿轴向压缩时 SF 值分布集中于 $0.4\sim0.5$ 范围内，沿径向压缩时的 SF 分布范围则更宽，与图 4-31（b）的计算结果相符，即柱面<a>滑移在沿径向压缩时更易启动。沿轴向和径向压缩试样拉伸孪生的 SF 值基本大于 0.2，径向压缩试样拉伸孪生的 SF 大于 0.35 的比例明显高于轴向，因而拉伸孪生更易在径向压缩时被激活。对于压缩孪生来说，沿径向压缩的 SF 值小于沿轴向压缩，沿径向压缩试样更不易发生压缩孪生。但上述关于孪晶的判断并不准确，由于孪生具有极性，Schmid 因子在计算过程中存在为负值的情况，沿轴向压缩时，θ 接近 $90°$ 时，c 轴受拉，因此压缩孪生的 SF 均为负值，最不易启动。但在 EBSD 数据计算过程中，SF 值均取其绝对值，其结果的精确性便大打折扣，并出现了压缩孪生 SF 值较大的情况。沿径向压缩时，θ 在 $0°\sim90°$ 均有分布，当 θ 接近 $0°$ 时，c 轴受压，拉伸孪生的 SF 值为负。因此，计算的平均 SF 值比实际值高，与实际观察到的沿径向压缩时拉伸孪晶占比低于沿轴向压缩的结果相矛盾。鉴于此，关于孪生的 SF 值不能参考 EBSD 的计算结果。

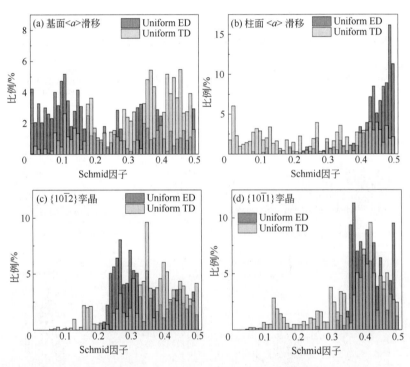

图 4-33　均匀组织沿轴向和径向加载时几种典型变形机制的 Schmid 因子分布

（a）基面滑移；（b）柱面滑移；（c）拉伸孪晶；（d）压缩孪晶

　　图 4-34 为双峰组织和均匀组织沿轴向和径向压缩时各类变形机制的平均 SF 值，由于 EBSD 统计孪生 Schmid 因子的不准确性，这里不再统计孪生的平均 SF 值。对孪晶而言，沿轴向压缩时晶粒取向更易于激活拉伸孪生，因此，同一晶粒尺寸状态下，沿轴向压缩的

拉伸孪晶占比高于沿径向压缩时；但沿径向压缩的均匀组织的孪晶占比远高于沿轴向压缩的双峰组织，说明 ZA21 棒材中晶粒尺寸对孪晶激活的影响大于晶体取向。对滑移而言，根据平均 SF 值的大小，可以分析各类滑移系在双峰组织和均匀组织试样中沿不同方向加载时激活的难易程度。沿轴向压缩时，基面滑移的 SF 均小于沿径向压缩时，说明沿径向压缩更容易启动基面滑移；同理，沿轴向压缩时柱面滑移的 SF 均小于沿径向压缩时，即沿径向压缩时更容易启动柱面滑移。此外，图 4-34 中双峰组织和均匀组织在同一方向加载时的 SF 值几乎相同，说明滑移激活的难易程度大体相当。同时，即使 SF 值表示的变形机制易激活，但由于其激活时所需的 CRSS 值较高，在实际变形过程中可能不会作为主导的变形机制，实际激活的变形机制可结合微观组织、KAM 图及晶内取向差轴分布进行进一步判断。

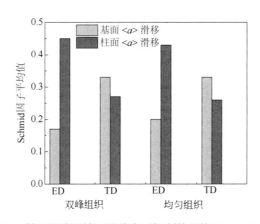

图 4-34　基面滑移和柱面滑移变形机制的平均 Schmid 因子

4.2.5　压缩过程中孪晶变体的选择与长大

由于试样施加应变 2%时可分辨孪晶数量和种类最多，因此，以应变 2%的试样中孪晶及基体的相对关系为例，揭示压缩过程中孪晶变体的选择。压缩 2%时试样中基本为拉伸孪晶，且孪晶占比分别为均匀组织轴向压缩（35.5%）、均匀组织径向压缩（25.6%）、双峰组织轴向压缩（7.8%）及双峰组织径向压缩（6.8%）。结合图 4-35 及表 4-8，双峰组织轴向压缩 2%时，每个晶粒内仅有一种孪晶变体，且母晶与孪晶间的取向差角均为 86.3° 左右，为典型的{10$\bar{1}$2}拉伸孪晶；此外，绝大多数孪晶属于母晶可能激活的 6 个变体中具有最大或第二大 SF 值的那个，表明双峰组织轴向压缩 2%时孪晶变体的选择基本遵循 Schmid 定律；也有少数非 Schmid 孪晶生成，如母晶 P2 中激活的孪晶 T2，其 SF 值为母晶 P2 中可能激活的 6 个变体中最小的一个。结合图 4-36 及表 4-9，双峰组织径向压缩 2%时，孪晶与母晶间的取向差角均为 86.3° 左右，同样是典型的{10$\bar{1}$2}拉伸孪晶；绝大多数孪晶属于母晶可能激活的 6 个孪晶变体中具有最大 SF 值的变体，为典型的 Schmid 孪晶。

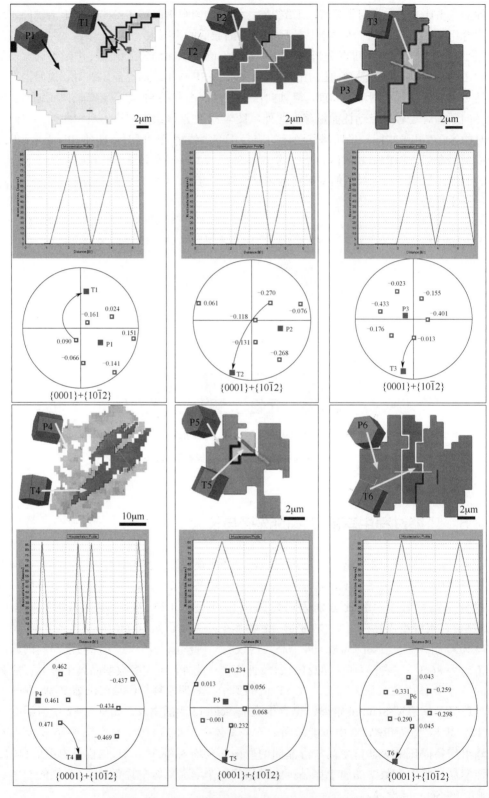

图 4-35 双峰组织沿轴向压缩 2%时典型孪晶特征

表 4-8 双峰组织沿轴向压缩 2% 时典型母晶的欧拉角（φ_1, $\varPhi$, φ_2）、可能激活的孪晶变体的最大 Schmid 因子值（SF_{max}）以及晶粒中实际激活的孪晶变体的 Schmid 因子值（SF_{fact}）

基体	φ_1	$\varPhi$	φ_2	SF_{max}	SF_{fact}	孪晶类型
P1	55.5	47.8	4.2	0.1513	0.090	Schmid 孪晶
P2	73.3	50.0	27.1	0.061	−0.270	非 Schmid 孪晶
P3	66.8	163.7	16.7	−0.013	−0.013	Schmid 孪晶
P4	80.3	99.6	17.4	0.471	0.471	Schmid 孪晶
P5	73.1	134.4	38.2	0.234	0.232	Schmid 孪晶
P6	55.8	157.2	20.7	0.045	0.045	Schmid 孪晶

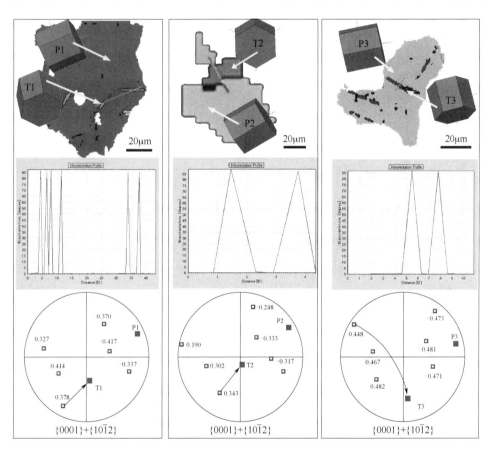

图 4-36 双峰组织沿径向压缩 2% 时典型孪晶特征

表 4-9 双峰组织沿径向压缩 2% 时典型母晶的欧拉角（φ_1, $\varPhi$, φ_2）、可能激活的孪晶变体的最大 Schmid 因子值（SF_{max}）以及晶粒中实际激活的孪晶变体的 Schmid 因子值（SF_{fact}）

基体	φ_1	$\varPhi$	φ_2	SF_{max}	SF_{fact}	孪晶类型
P1	113.5	84.3	39.2	0.378	0.378	Schmid 孪晶
P2	121	81.7	10.5	0.343	0.343	Schmid 孪晶
P3	101	87.5	8.1	0.482	0.448	Schmid 孪晶

均匀组织轴向压缩 2% 的典型孪晶特征在 4.1.2 节中已经进行过详细分析，此处不再赘

述。图 4-37 及表 4-10 表明，均匀组织径向压缩 2%时的孪晶均为拉伸孪晶；大多数孪晶符合 Schmid 定律，但仍有少数非 Schmid 孪晶。此外，均匀组织径向压缩时出现了和轴向压缩时相似的多种孪晶变体共存的情况，如图 4-37 中孪晶对 T3～T5，在母晶 P3 和 P5 的共同晶界处相连。但不同于均匀组织沿轴向压缩的孪晶对 T6-T7［图 4-7（d）］，均匀组织径向压缩时孪晶对所在母晶 P3～P5 间的取向差角与孪晶对 T3～T5 间取向差角极为接近，为 32°左右；且孪晶 T3 和 T5 均符合 Schmid 定律。这便排除了图 4-7（d）中所示的非 Schmid 孪晶被激活的说法。更有可能的是，孪晶 T3 和 T5 只是恰巧从共同晶界处形核，共同形核位置可能具有某些特殊适合孪晶形核的条件，如该处可能处于高应力集中状态，从而为孪晶形核创造了有利的条件[12]。

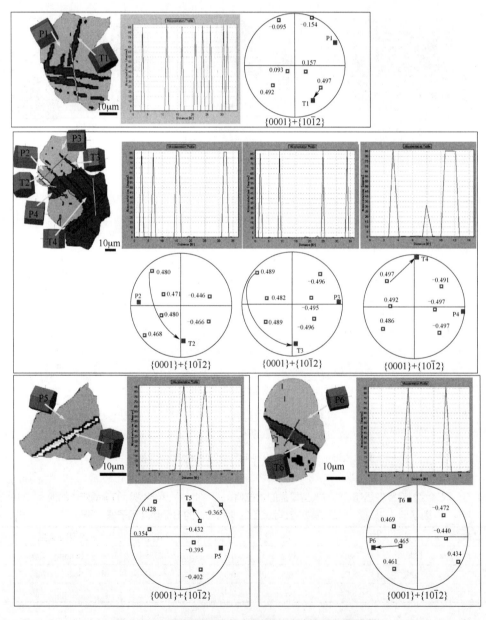

图 4-37　均匀组织沿径向压缩 2%时典型孪晶特征

表 4-10　均匀组织沿径向压缩 2%时典型母晶的欧拉角(φ_1, Φ, φ_2)、可能激活的孪晶变体的最大 Schmid 因子值（SF_{max}）以及晶粒中实际激活的孪晶变体的 Schmid 因子值（SF_{fact}）

基体	φ_1	Φ	φ_2	SF_{max}	SF_{fact}	孪晶类型
P1	119.2	85.7	13.8	0.497	0.497	Schmid 孪晶
P2	85.0	100.5	2.7	0.480	0.480	Schmid 孪晶
P3	91.6	84.4	12.7	0.489	0.489	Schmid 孪晶
P4	85.6	87.9	32.4	0.497	0.497	Schmid 孪晶
P5	73.9	76.0	55.0	0.428	−0.432	非 Schmid 孪晶
P6	101.3	98.9	46.3	0.469	0.465	Schmid 孪晶

以上分析表明，应变 2%时，激活孪晶数量多的组织中孪晶变体种类也多，孪晶数量少的组织相应变体种类也较单一；且大部分孪晶变体的激活均遵循 Schmid 定律，即具有第一高或第二高 SF 值的孪晶变体倾向于优先激活。

压缩应变 2%时，虽然大部分孪晶变体遵循 Schmid 定律，但也存在部分不遵循 Schmid 定律的非 Schmid 孪晶，这些孪晶的形核被认为具有协调局部应变的作用[27]。研究表明，非 Schmid 孪晶常在滑移活跃区域（如小角度晶界处）形核[27]。图 4-38 为应变 2%时几种试样中典型非 Schmid 孪晶及所在晶粒情况，图中蓝色晶界表示小于 15°的小角度晶界，黑色晶界表示大角度晶界。可以发现孪晶 T1 在母晶 P1 和 P1'的共同晶界处形核，且在 P1'内与共同晶界相连处有一条小角度晶界，小角度晶界是由位错缠结生成的，因此孪晶 T1 被认为是由相邻晶粒 P1'内的滑移诱导的。孪晶 T2～T4 均在母晶 P2～P4 内部小角度晶界处形核，说明晶粒内部的滑移也是诱导非 Schmid 孪晶形核的主要位置；并且孪晶 T1～T4 中与小角度晶界相连接的孪晶界均转变为大角度晶界，说明滑移诱导非 Schmid 孪晶形核使小角度晶界向大角度晶界转变。图 4-38 较好地证明了 ZA21 棒材压缩过程中非 Schmid 孪晶的形成是由晶粒内部或相邻晶粒内的滑移诱导的。可见，实际启动的孪晶变体选择由 Schmid 因子和局部应变协调共同决定。

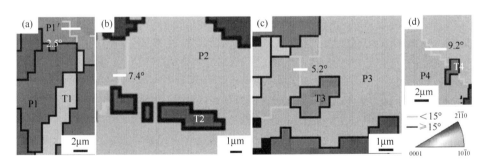

图 4-38　压缩 2%时典型滑移诱导非 Schmid 孪晶形核的 EBSD 成像图（见书后彩页）

（a）双峰组织沿轴向压缩；（b）双峰组织沿径向压缩；

（c）均匀组织沿轴向压缩；（d）均匀组织沿径向压缩

压缩过程的微观组织演变表明，随着应变的增大，组织中可分辨孪晶数量显著降低，这种现象成因有两个可能：① 应变 2%时的孪晶尺寸大幅增大，孪晶生长覆盖了母晶，导致整个晶粒均为孪晶，造成孪晶形貌消失，可分辨孪晶数量降低；② 应变 2%时已形成的孪晶随着变形量的增大发生了退孪晶，导致孪晶数量降低。但退孪晶仅发生在加载方向发生反向转变时，单轴压缩过程中退孪生发生的可能性极小[40]。为分析可分辨孪晶降低的原因，选取应变 10%时四种组织中的部分可分辨孪晶分别进行分析。

图 4-39 为双峰组织试样沿轴向压缩 10%时微观组织中的可分辨孪晶，为辨别 G1 和 G2 与孪晶和母晶的对应关系，将 G1、G2 分别作为母晶时可能激活的 6 种孪晶变体绘制在 {10$\bar{1}$2} 极图中（空心方块），并将母晶与实际激活的孪晶绘制在 {0001} 极图中（实心方块）。结合图 4-39 及表 4-11，若 G1 为母晶，则孪晶 G2 的 SF 值在 G1 可能激活的 6 种变体中属于第三高，为非 Schmid 孪晶；若 G2 为母晶，则孪晶 G1 的 SF 值在 G2 可能激活的 6 种孪晶变体中最高，为 Schmid 孪晶；基于 Schmid 定律，G1 和 G2 中可以认为 G2 为母晶，G1 为孪晶。G3 和 G4 中，若 G3 为母晶，则孪晶 G4 的 SF 值在 G3 可能激活的 6 个孪晶变体中最大，因此 G4 为 Schmid 孪晶；若 G4 为母晶，则 G3 的 SF 值在 G4 可能激活的 6 种孪晶变体中较小，为非 Schmid 孪晶，因此可以认为 G4 为孪晶，G3 为母晶。G5 和 G6 中，若 G5 为母晶，则孪晶 G6 的 SF 值为第二高，G6 为 Schmid 孪晶；若 G6 为母晶，则 G5 的 SF 值为第三高，为非 Schmid 孪晶，因此 G5 为母晶，G6 为孪晶的可能性更大。即双峰组织轴向压缩 10%应变的组织中，G2、G3、G5 为母晶，G1、G4 及 G6 为孪晶。孪晶 G4 和 G6 的面积均远超其母晶，且双峰组织轴向压缩应变 10%的 IPF 图中基本为柱面取向，因此，可以判断 G4、G6 孪晶将不断长大，最终完全覆盖其母晶 G3、G5。而 G1 为典型基面取向，且占比远小于其母晶 G2，结合应变 10%及断裂试样的 IPF 图，考虑到退孪晶发生的可能性极低，可以认为 G1 为应变 10%时新生成的孪晶；但也不排除 G1、G2 中，G2 为 G1 激活的非 Schmid 孪晶，随着变形增大逐步吞噬 G1 的情况。

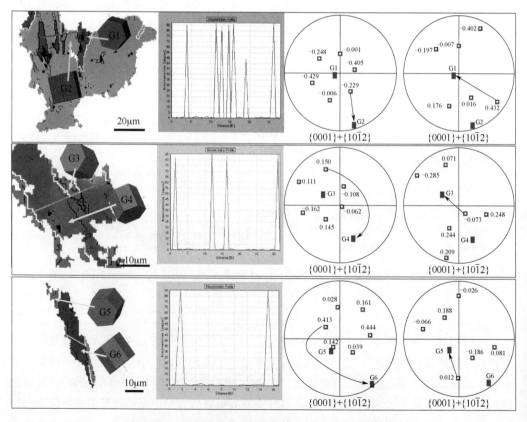

图 4-39　双峰组织沿轴向压缩 10%时典型孪晶特征

表 4-11 双峰组织沿轴向压缩 10%时典型晶粒的欧拉角（φ_1, Φ, φ_2）、作为孪晶变体时的最大 Schmid 因子值（SF_{max}）以及实际激活的孪晶变体的 Schmid 因子值（SF_{fact}）

孪晶	φ_1	Φ	φ_2	SF_{max}	SF_{fact}	孪晶类型
G1	115.0	167.3	38.3	0.432	0.432	Schmid 孪晶
G2	14.1	90.2	12.8	−0.001	−0.229	非 Schmid 孪晶
G3	64.0	142.4	33.0	0.248	−0.073	非 Schmid 孪晶
G4	24.9	65.0	21.7	0.150	0.150	Schmid 孪晶
G5	139.5	22.2	29.9	0.188	0.012	非 Schmid 孪晶
G6	37.8	88.4	27.2	0.444	0.413	Schmid 孪晶

图 4-40 为双峰组织沿径向压缩 10%时组织中的几个可分辨孪晶，很明显，可分辨孪晶均为拉伸孪晶。结合图 4-40 及表 4-12，在晶粒 G1 和 G2 中，若 G1 为母晶，G2 为孪晶，则 G2 的 SF 值在 G1 可能激活的 6 种孪晶变体中较低（−0.349），为非 Schmid 孪晶；若 G2 为母晶，G1 为孪晶，则 G1 的 SF 值为 G2 可能激活的 6 种孪晶变体中第二高（0.440），且非常接近 SF 值最大的变体（0.460），为典型的 Schmid 孪晶。在晶粒 G3 和 G4 中，若 G3 为母晶，则 G4 具有较低的 SF 值（−0.136），属于非 Schmid 孪晶；若 G4 为母晶，则 G3 的 SF 值为第二高（0.282），属于 Schmid 孪晶。从孪晶更倾向于遵循 Schmid 定律来看，G1 和 G3 为孪晶的可能性更大。由于 G1 和 G3 的面积远大于 G2 和 G4，且 G1 和 G3 的晶粒 c 轴更偏向于平行压缩方向，符合晶粒压缩过程中的转动趋势，因此，双峰组织沿径向压缩时孪晶长大的可能性更大。

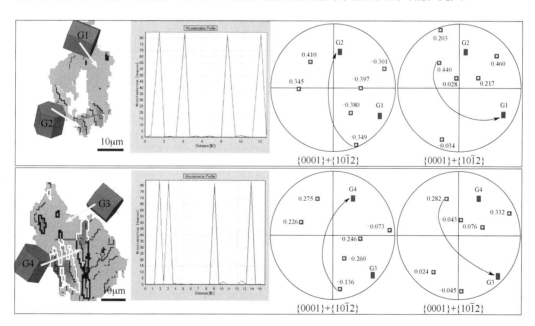

图 4-40 双峰组织沿径向压缩 10%时典型孪晶特征

表 4-12 双峰组织沿径向压缩 10%时典型晶粒的欧拉角（φ_1, Φ, φ_2）、作为孪晶变体时的最大 Schmid 因子值（SF_{max}）以及实际激活的孪晶变体的 Schmid 因子值（SF_{fact}）

孪晶	φ_1	Φ	φ_2	SF_{max}	SF_{fact}	孪晶类型
G1	65.4	84.6	4.2	0.460	0.440	非 Schmid 孪晶
G2	168.4	57.8	19.8	0.410	−0.349	Schmid 孪晶

孪晶	φ_1	Φ	φ_2	SF_{max}	SF_{fact}	孪晶类型
G3	51.2	83.0	54.1	0.332	0.282	非 Schmid 孪晶
G4	148.6	66.1	21.2	0.275	−0.136	Schmid 孪晶

图 4-41 为均匀组织沿轴向压缩 10%时组织中的可分辨孪晶。结合图 4-41 及表 4-13，晶粒 G1 和 G2 中，若 G1 为母晶，则孪晶 G2 的 SF 值为第三高（0.118），为非 Schmid 孪晶；若 G2 为母晶，则 G1 的 SF 值为 0.298，也是第三高，无法判断母晶与孪晶。G3 与 G4 中，若 G3 为母晶，则 G4 的 SF 值为第四高，为非 Schmid 孪晶；若 G4 为母晶，则 G3 的 SF

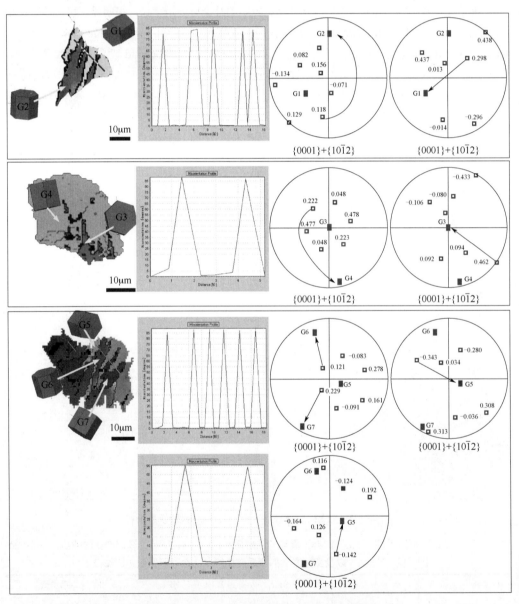

图 4-41　均匀组织沿轴向压缩 10%时典型孪晶特征

值最高（0.462），为 Schmid 孪晶，因此 G3 为孪晶的可能性更大；结合 G3 和 G4 的面积占比，G3 可能是新生成的孪晶。G5、G6 和 G7 中，G5 和 G6、G7 间取向差角均为 86.3°左右，但 G6 和 G7 间取向差却为 56.2°左右；若 G5 为母晶，则 G6 和 G7 均为拉伸孪晶，G6 的 SF 值为第四高，为非 Schmid 孪晶，G7 为第二高，为 Schmid 孪晶；若 G6 或 G7 为母晶，则 G5 为拉伸孪晶，另一个为压缩孪晶，且 G5 的 SF 为负值，为非 Schmid 孪晶。因此，G5、G6、G7 中 G5 为母晶的可能性更大，即孪晶长大吞噬母晶的可能性更大。

表 4-13　均匀组织沿轴向压缩 10%时典型晶粒的欧拉角（φ_1，Φ，φ_2）、作为孪晶变体时的最大 Schmid 因子值（SF_{max}）以及实际激活的孪晶变体的 Schmid 因子值（SF_{fact}）

孪晶	φ_1	Φ	φ_2	SF_{max}	SF_{fact}	孪晶类型
G1	121.6	132.4	7.7	0.438	0.298	非 Schmid 孪晶
G2	179.1	70.2	20.8	0.156	0.118	非 Schmid 孪晶
G3	172.7	2.5	19.2	0.462	0.462	Schmid 孪晶
G4	13.1	90.2	0.9	0.478	0.222	非 Schmid 孪晶
G5	74.4	27.4	8.0	0.313/0.192	−0.343/−0.142	非 Schmid 孪晶
G6	16.3	107.1	37.3	0.278	0.121	非 Schmid 孪晶
G7	149.6	96.9	28.4	0.278	0.229	Schmid 孪晶

结合图 4-42 及表 4-14，均匀组织径向压缩 10%时，晶粒 G1 和 G2 中，若 G1 为母晶，则 G2 的 SF 值为第二高，符合 Schmid 定律；若 G2 为母晶，则 G1 的 SF 值为第二低，为非 Schmid 孪晶，因此 G2 为孪晶的可能性更大。晶粒 G3 和 G4 中，若 G3 为母晶，则 G4 为孪晶，SF 值第二高，为 Schmid 孪晶；若 G4 为母晶，G3 的 SF 值第二低，为非 Schmid 孪晶，因此 G3 更可能是母晶。晶粒 G5、G6 和 G7 中，G6 和 G5、G7 间取向差角均为 86.3°左右，G5 和 G7 间为 56.2°左右；若 G5 为母晶，则 G6 为拉伸孪晶，G7 为压缩孪晶，G6 的 SF 值为第三高；若 G6 为母晶，则 G5 和 G7 均为拉伸孪晶，且二者 SF 值相同，均为 0.421，为第三高，均为非 Schmid 孪晶；若 G7 为母晶，则 G6 为拉伸孪晶，G5 为压缩孪晶，G6 的 SF 值为第二低；因此，G7 为孪晶的可能性更大，G5 和 G6 的可能性相当。由于 G2 和 G4 的面积均较其母晶大，因此孪晶长大覆盖母晶的可能性更大；若 G5 为母晶，则孪晶长大的可能性更高；若 G6 为母晶，则 G5 和 G7 为新生成孪晶的可能性更大。

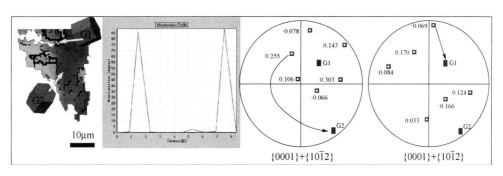

图 4-42

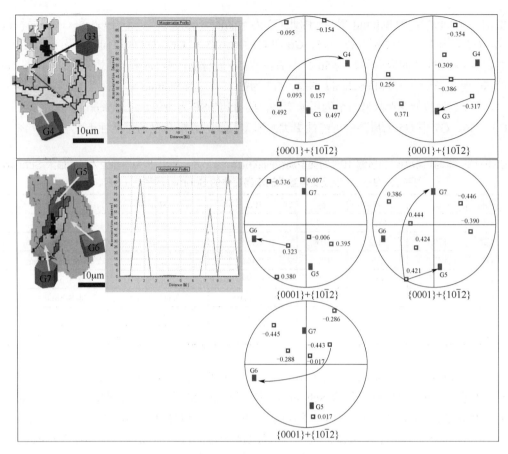

图 4-42　均匀组织沿径向压缩 10%时典型孪晶特征

表 4-14　均匀组织沿径向压缩 10%时典型晶粒的欧拉角（φ_1, Φ, φ_2）、作为孪晶变体时的最大 Schmid 因子值（SF_{max}）以及实际激活的孪晶变体的 Schmid 因子值（SF_{fact}）

孪晶	φ_1	Φ	φ_2	SF_{max}	SF_{fact}	孪晶类型
G1	141	43.2	13.6	0.170	−0.069	非 Schmid 孪晶
G2	36.1	81.3	19.9	0.303	0.255	Schmid 孪晶
G3	3.2	53.2	54.0	0.371	−0.317	非 Schmid 孪晶
G4	112.6	72.7	48.9	0.497	0.492	Schmid 孪晶
G5	8.2	65.7	22.7	0.444	0.421	非 Schmid 孪晶
G6	107.7	97.4	5.8	0.395/0.017	0.323/−0.443	非 Schmid 孪晶
G7	1.2	123.3	20	0.444	0.421	非 Schmid 孪晶

　　因此，随着变形的增大，已生成孪晶的长大以及新孪晶的形核是主要的孪生行为。但由于变形过程中晶粒 c 轴不断平行于加载方向，逐渐转变为不利于孪晶形核的取向，因此，新生成的孪晶数量极少。到了断裂应变时，已生成的孪晶已全部长大，组织中已观察不到新生成的孪晶。

4.2.6　压缩变形过程中的滑移机制

　　除孪生外，镁合金中另一主导变形机制为滑移，压缩不同应变后晶界结构图中大量小角度晶界的出现也表明了滑移的产生。为分析滑移对变形的贡献，图 4-43 给出了施加不同压缩应变时的 KAM 图。

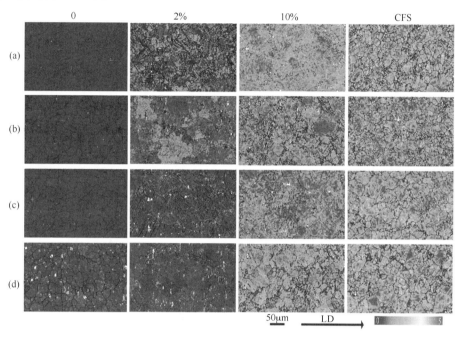

图 4-43　压缩不同应变时的 KAM 图（见书后彩页）
双峰组织：（a）轴向压缩；（b）径向压缩
均匀组织：（c）轴向压缩；（d）径向压缩

压缩前，双峰组织和均匀组织基本全部为低畸变的蓝色区域。应变为 2% 时，四种组织中仍以蓝色区域居多，畸变程度较轻；但双峰组织的细晶区域以及均匀组织的晶界处存在较多绿色甚至红色的严重畸变区，说明细晶及晶界处均发生了滑移变形。应变 10% 时，四种组织中绿色区域显著增多，双峰组织的细晶粒区域及均匀组织的晶界处仍然存在较多红色严重畸变区，说明细晶及晶界处仍是滑移主导变形。达到断裂应变 CFS 时，绿色几乎覆盖了整个区域，畸变程度已明显增大。此外，图 4-44 的平均 KAM 值表明，随着应变增大，双峰组织和均匀组织沿轴向和径向压缩的平均 KAM 值均增大，说明随着应变的增加，滑移不断增多并逐渐占主导地位；且双峰组织中细晶的平均 KAM 值始终大于粗晶，说明细晶在累积新产生的位错中始终起主要作用。

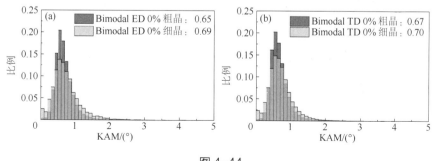

图 4-44

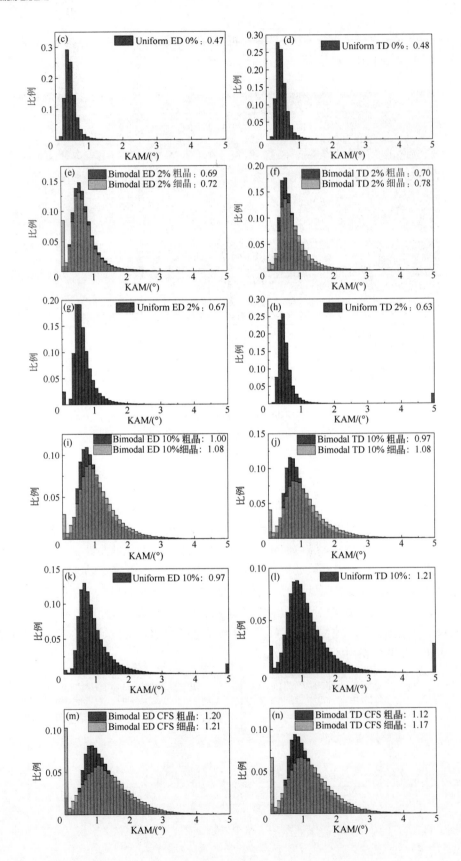

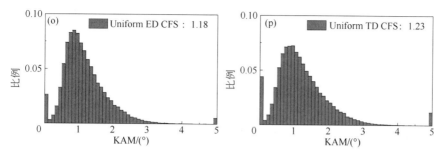

图 4-44　压缩不同应变时的 KAM 值分布

（a）双峰组织轴向压缩前；（b）双峰组织径向压缩前；（c）均匀组织轴向压缩前；（d）均匀组织径向压缩前；（e）双峰组织轴向压缩 2%；（f）双峰组织径向压缩 2%；（g）均匀组织轴向压缩 2%；（h）均匀组织径向压缩 2%；（i）双峰组织轴向压缩 10%；（j）双峰组织径向压缩 10%；（k）均匀组织轴向压缩 10%；（l）均匀组织径向压缩 10%；（m）双峰组织轴向压缩 CFS；（n）双峰组织径向压缩 CFS；（o）均匀组织轴向压缩 CFS；（p）均匀组织径向压缩 CFS

图 4-45 为均匀组织和双峰组织在不同应变下的 IGMA 分布。除双峰组织轴向压缩 2% 应变时存在微弱集中于 <0001> 轴的 IGMA，其余情况下，双峰组织和均匀组织的 IGMA 均集中在 <uvt0> 轴附近分布，表明两种压缩方向下，基面滑移均是主要的滑移机制；进一步分析，发现集中于 <0001> 轴的 IGMA 分布于双峰组织中的粗晶内（图 4-46），说明轴向压缩变形初期双峰组织中的粗晶启动了部分柱面滑移以辅助变形。且双峰组织和均匀组织沿径向压缩时 IGMA 在变形初始阶段分布范围均较宽，但随着应变的增大逐步向 <uvt0> 轴附近集中，说明滑移机制逐渐转变为基面滑移主导变形。

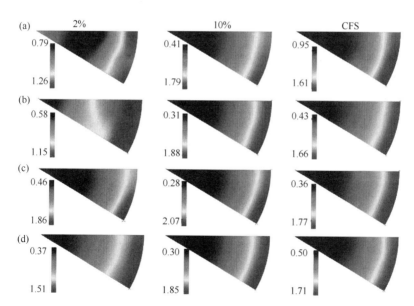

图 4-45　压缩不同应变时的晶内取向差轴分布（见书后彩页）

（a）双峰组织轴向压缩；（b）双峰组织径向压缩；
（c）均匀组织轴向压缩；（d）均匀组织径向压缩

对于双峰组织轴向压缩试样，粗晶的 IGMA 分布与整体保持一致，应变 2% 时集中在 <uvt0> 轴附近，<0001> 轴也有低强度分布，表明基面滑移主导变形，柱面滑移辅助变形；

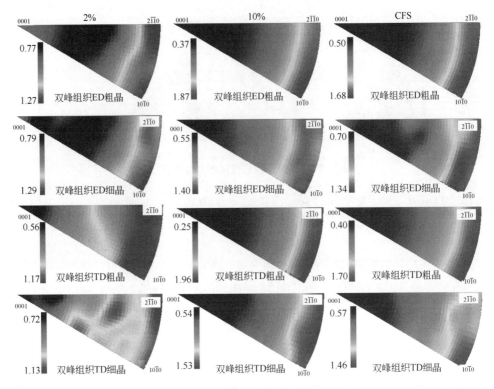

图 4-46　双峰组织中粗晶和细晶压缩不同应变时的晶内取向差轴分布（见书后彩页）

应变增大后，<0001>轴附近的分布消失，滑移变形仅由基面滑移主导。由于应变 2%时试样中激活了部分孪晶，双峰组织轴向压缩 2%时晶粒转动使其更有利于基面滑移的启动，因此随着变形的增加，越来越利于基面滑移的取向出现。双峰组织轴向压缩试样中细晶的 IGMA 分布在低应变时与整体保持一致，基本在<uvt0>轴附近集中，表明双峰组织轴向压缩时细晶的主导滑移机制为基面滑移；但随应变量增大，<0001>轴附近再一次出现了微弱分布，表明柱面滑移进一步启动以协调应变；由于细晶中孪晶数量较少，因此利于基面滑移的取向较少，且随着应变增大，应力不断增大，柱面滑移得以启动。双峰组织径向压缩试样中粗晶和细晶的 IGMA 分布在几种应变下与整体 IGMA 分布保持较高的一致性，均由基面滑移主导；且低应变时，IGMA 分布集中区域从<uvt0>轴向<0001>轴扩散，几乎占据了整个反极图；随着变形的增大，IGMA 分布不断向<uvt0>轴集中，除基面滑移外其他滑移机制作用不断减弱。

理论上，变形初期，沿轴向压缩时的柱面滑移和沿径向压缩时的基面滑移的 Schmid 因子更大，启动的可能性高；沿径向压缩时基面滑移为主要的滑移模式；但沿轴向压缩时，由于柱面滑移启动的 CRSS 较高，仅双峰组织中部分粗晶启动了柱面滑移，其余组织中仍然启动了 CRSS 较低的基面滑移。随着变形增大，晶粒 c 轴不断向平行于加载方向的方位转动，越来越接近基面滑移启动的最佳 Schmid 因子角度（45°），因此，其他滑移机制渐渐消失，仅剩基面滑移主导变形。

4.2.7　压缩变形力学性能各向异性与变形机制的关系

沿轴向加载时，应变 2%时拉伸孪生处于有利取向，主导均匀组织和双峰组织中的粗晶变形；但拉伸孪生在细晶中不易启动，且基面滑移的 CRSS 较低，因此基面滑移主导双峰组织中细晶的变形；此外，柱面滑移对双峰组织中粗晶的变形也起一定协调作用，即轴向压缩载荷下，双峰组织和均匀组织均以拉伸孪生和基面滑移主导变形，双峰组织中柱面滑移辅助变形。随着变形持续进行，拉伸孪晶不断长大并吞并其母晶；同时，由于拉伸孪晶导致的晶体取向近 90° 转动，基面滑移转变为有利取向，滑移机制逐步成为主导滑移机制，滑移开动位置也由晶界及细晶内部转变为几乎所有晶粒，即变形后期，基面滑移和拉伸孪晶的长大主导变形。沿径向加载时，变形初期仅存在部分利于拉伸孪生的晶粒取向，此时基面滑移为主导变形机制，双峰组织中部分粗晶及均匀组织中拉伸孪生开动辅助变形；随着变形持续进行，拉伸孪生不断长大并吞噬母晶，同时基面滑移仍为主导变形机制，即基面滑移和拉伸孪生的长大主导变形。由于沿径向加载时变形初期的孪晶较沿轴向时少，因此双峰组织和均匀组织沿径向压缩时加工硬化率曲线的第二阶段较沿轴向压缩时的应变范围窄，第三阶段也由于更多位错滑移对应变的协调作用而缓慢降低；轴向压缩反而由于初始应变时孪生较易激活而导致第三阶段的应变范围较窄，最终导致应变硬化率快速下降。

综上，ZA21 镁合金棒材的强度各向异性及大小差异是由于晶粒尺寸及晶体取向和加载方向间夹角导致了孪生及滑移行为不同造成的。沿轴向加载时基面滑移的 SF 值小于沿径向加载时，启动基面滑移需要更多应力，导致屈服强度高于沿径向压缩时。同时，双峰组织沿轴向压缩时由于细晶对拉伸孪生的抑制，较均匀组织沿轴向压缩时拉伸孪晶占比更小，且双峰组织轴向压缩初始阶段柱面滑移也起一定强化作用，拉伸孪晶启动时较低的临界分切应力和柱面滑移启动时较高的临界分切应力导致双峰组织沿轴向压缩的屈服强度高于均匀组织。此外，双峰组织沿轴向和径向压缩时激活的拉伸孪晶占比差异较小（轴向压缩时为 7.8%，径向压缩时为 6.8%），即拉伸孪生导致的屈服强度差异较小；同时，双峰组织沿径向压缩时的滑移模式仅为基面滑移，启动应力远低于沿轴向压缩时的柱面滑移，导致双峰组织沿轴向和径向压缩时的屈服强度差异明显，各向异性较强。而均匀组织沿轴向和沿径向压缩的滑移模式均为基面滑移，较小的基面滑移 Schmid 因子导致均匀组织沿轴向压缩时的屈服强度高于沿径向压缩时，但轴向压缩远高于径向压缩的拉伸孪晶占比在很大程度上降低了其屈服强度，因此，均匀组织的屈服强度各向异性较弱。变形后期，由于晶粒 c 轴逐渐平行于加载方向，均匀组织和双峰组织试样沿轴向和径向压缩的变形机制逐步趋于一致，均为拉伸孪生和基面滑移，因此双峰组织和均匀组织极限压缩强度的各向异性减弱，但双峰组织轴向压缩时细晶内柱面滑移的活性使双峰组织的各向异性仍高于均匀组织。

4.3 镁合金的拉伸各向异性及塑性变形行为

镁合金的塑性变形与晶粒取向及载荷方向紧密相关，变形机制及加工硬化行为均具有明显的取向性，促使力学性能呈现各向异性。同时，应变速率也是镁合金制备及零部件加工的重要影响因素，微观组织结构及滑移、孪生等变形机制均受应变速率的影响。因此，本书以高成形性镁合金板材——退火态 TRC-ZA21 板材为例，研究应变速率和载荷方向对力学行为的影响机制。

4.3.1　基本力学性能

为系统研究 TRC-ZA21 镁合金退火态板材在不同应变速率及载荷方向下的塑性变形行为及力学性能各向异性，选取初始拉伸速度分别为 0.12mm/min、1.2mm/min、12mm/min 和 120mm/min，对应的应变速率范围为 $10^{-4} \sim 10^{-1} \text{s}^{-1}$。

图 4-47 为不同应变速率下 TRC-ZA21 镁合金沿不同载荷方向拉伸时的工程应力-应变曲线及真应力-应变曲线。工程应力-应变曲线由拉伸试验机和引伸计测量得到，而真应力-应变曲线则由工程应力-应变曲线通过式（4-13）及式（4-14）获得。

$$\sigma_T = (1+\varepsilon)\sigma \tag{4-13}$$

$$\varepsilon_T = \ln(1+\varepsilon) \tag{4-14}$$

式中，σ_T 为真应力；ε_T 为真应变；σ 为工程应力；ε 为工程应变。

由应力-应变曲线可知，在拉伸变形的弹性变形段，不同应变速率的力学行为呈现相似规律，应力随应变增加而快速增大。塑性变形阶段，应变速率对力学性能同样具有显著的影响。基本趋势表现为随应变速率增加，屈服强度增高，断裂延伸率降低。

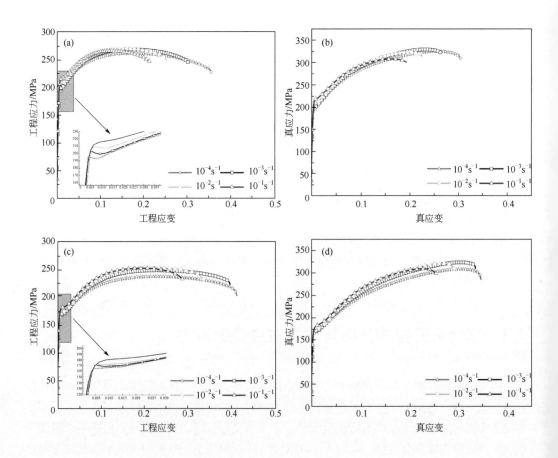

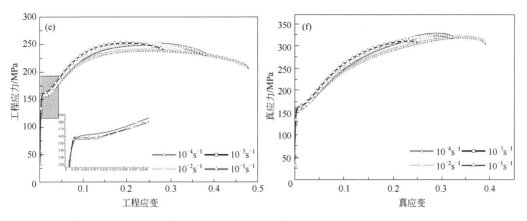

图 4-47 不同应变速率下 TRC-ZA21 镁合金板材的拉伸应力-应变曲线

（a）RD 工程应力-应变曲线；（b）RD 真应力-应变曲线；
（c）45°工程应力-应变曲线；（d）45°真应力-应变曲线；
（e）TD 工程应力-应变曲线；（f）TD 真应力-应变曲线

图 4-48 为 TRC-ZA21 镁合金不同加载方向拉伸变形时力学性能随应变速率的变化趋势，包括屈服强度（YS）、抗拉强度（UTS）及断裂延伸率（Elongation），具体的力学性能数据见表 4-15。此外，所有力学性能的波动范围见图 4-48 及表 4-15。在 $10^{-4} \sim 10^{-1} \mathrm{s}^{-1}$ 应变速率范围内，TRC-ZA21 镁合金板材的屈服强度呈正相关的应变速率敏感性，三个拉伸加载方向上的屈服强度均随着应变速率增加而升高。图 4-48（a）的屈服强度变化曲线表明，RD 方向的屈服强度随应变速率增加而上升的趋势最为显著，应变速率的提升作用最强。RD 方向屈服强度由应变速率 $10^{-4} \mathrm{s}^{-1}$ 时的 195.5MPa 增长至应变速率 $10^{-1} \mathrm{s}^{-1}$ 时的 219.4MPa，增幅为 12.2%；相同应变速率条件下 45°和 TD 方向的屈服强度增幅分别为 7.9%和 2.4%。此外，三个加载方向的屈服强度在 $10^{-4} \sim 10^{-1} \mathrm{s}^{-1}$ 应变速率范围内始终保持着 $YS_{RD} > YS_{45°} > YS_{TD}$ 的大小关系。三个加载方向的抗拉强度均呈现出正应变速率敏感性特征。如 RD 方向在应变速率 $10^{-4} \mathrm{s}^{-1}$ 时的抗拉强度为 263.3MPa，而应变速率 $10^{-1} \mathrm{s}^{-1}$ 时为 273.1MPa，增幅为 3.7%。相同应变速率条件下 45°和 TD 方向的抗拉强度增幅分别为 8.3%和 4.3%。但在应变速率

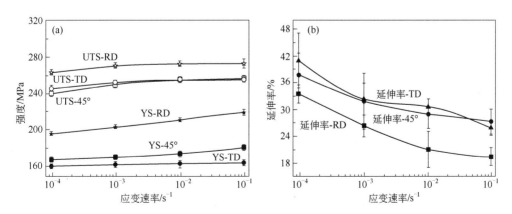

图 4-48 TRC-ZA21 镁合金板材的拉伸力学性能与应变速率的关系

（a）强度；（b）断裂延伸率

267

10^{-2}s^{-1} 和 10^{-1}s^{-1} 时的抗拉强度变化较小，故图 4-48（a）中的曲线近似成水平线。此外，RD 加载方向的抗拉强度在 $10^{-4}\sim10^{-1}\text{s}^{-1}$ 应变速率范围内始终高于其他两个加载方向；45°和 TD 加载方向之间的抗拉强度差距较小。

如图 4-48（b）所示，断裂延伸率随应变速率的变化与强度变化规律相反，三个加载方向的断裂延伸率均随着应变速率增加而呈现降低趋势。但 TRC-ZA21 镁合金在应变速率为 10^{-1}s^{-1} 时仍表现出良好的断裂延伸性能，此时，RD、45°和 TD 加载方向的断裂延伸率分别为 19.5%、27.4%及 26.0%。在 $10^{-4}\sim10^{-2}\text{s}^{-1}$ 的应变速率范围内，TD 加载方向的断裂延伸率最高，随后依次为 45°和 RD 加载方向，且均高于 20%；45°加载方向的断裂延伸率的下降幅度最小，10^{-1}s^{-1} 应变速率时在三个载荷方向中呈现最大值。$10^{-4}\sim10^{-1}\text{s}^{-1}$ 应变速率范围内 RD 加载方向的断裂延伸率由 33.6%降低至 19.5%，下降约 42.0%；45°和 TD 加载方向的断裂延伸率下降分别为 27.7%和 36.6%。

表 4-15 不同应变速率时 TRC-ZA21 镁合金板材的力学性能

加载方向	力学性能				
	应变速率/s⁻¹	屈服强度/MPa	抗拉强度/MPa	断裂延伸率/%	加工硬化指数
RD	10^{-4}	195.5±1.5	263.3±1.9	33.6±2.0	0.17
	10^{-3}	202.2±1.5	270.3±0.9	26.5±2.5	0.18
	10^{-2}	210.9±1.5	272.3±2.2	21.2±4.0	0.17
	10^{-1}	219.4±3.3	273.1±5.0	19.5±2.0	0.14
45°	10^{-4}	167.3±1.7	240.2±3.0	37.9±4.8	0.22
	10^{-3}	170.5±1.0	249.7±2.0	31.9±6.2	0.23
	10^{-2}	173.8±2.2	255.3±1.9	29.1±3.3	0.24
	10^{-1}	180.5±3.2	260.1±4.0	27.4±2.8	0.21
TD	10^{-4}	160.0±3.0	244.7±4.8	41.0±6.1	0.24
	10^{-3}	162.0±3.3	252.4±3.5	32.5±3.6	0.26
	10^{-2}	162.7±4.3	255.3±3.9	30.7±1.7	0.27
	10^{-1}	163.9±3.0	255.2±2.5	26.0±1.6	0.26

4.3.2 应变速率和载荷方向对力学行为的影响

基于传统的 Hollomon 方程得到的加工硬化指数 n 值（strain hardening exponent），可以表征材料在塑性变形过程的强化能力，也反映了材料的均匀变形能力，如下所示[41]：

$$\sigma=K\varepsilon^n \qquad (4-15)$$

式中，ε 为真应变；σ 为真应力；K 为材料常数；n 为加工硬化指数，也称为应变硬化指数。

表 4-15 为拟合计算得到的加工硬化指数 n 值，其与应变速率的关系如图 4-49 所示。在 $10^{-4}\sim10^{-1}\text{s}^{-1}$ 应变速率范围内，不同加载方向的加工硬化指数始终呈现出 $n_{RD}<n_{45}<n_{TD}$ 的大小关系，在此应变速率范围内，RD 载荷方向的硬化能力最弱，TD 载荷方向的硬化能力最强。而加工硬化行为可以分配塑性变形并抑制塑性变形的不稳定性，从而提高塑性[34]。

268

意味着 TRC-ZA21 镁合金板材沿 TD 方向进行拉伸变形时，局部发生塑性应变的敏感性低，因此诱导颈缩形成的概率也较低，从而有利于增加均匀延伸。三个加载方向的加工硬化指数随应变速率的变化呈现相似规律，均随应变速率增加呈现先升高后降低的变化趋势，但在不同加载方向加工硬化指数达到峰值时的应变速率存在区别。RD 方向在应变速率为 $10^{-3}s^{-1}$ 时加工硬化指数达到最高值 0.18，而 45° 和 TD 方向的加工硬化指数均在 $10^{-2}s^{-1}$ 应变速率时达到最高值，分别为 0.24 及 0.27。TRC-ZA21 镁合金板材不同载荷方向时加工硬化指数的差异性表明镁合金塑性变形呈现明显的各向异性，而应变速率变化的非单调规律则意味着不同载荷方向塑性变形机制随变形速率改变而有所差异。

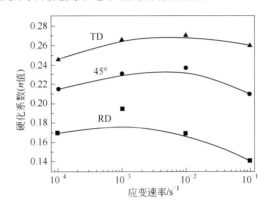

图 4-49　TRC-ZA21 镁合金板材加工硬化指数与应变速率的关系

应变硬化速率作为表征流变应力随应变变化的物理量，可以表征材料在塑性变形过程中的微观组织演变。对真应变进行微分处理，可以获得各应变速率条件下的应变硬化速率，如下所示：

$$\Theta = \partial\sigma/\partial\varepsilon \qquad (4\text{-}16)$$

式中，Θ 为应变硬化速率；ε 为真应变；σ 为真应力。

图 4-50 为 TRC-ZA21 镁合金在不同应变速率下的应变硬化速率及真应力随真应变的变化情况，加工硬化速率曲线呈现出三阶段特征，并于特征最明显的图 4-50（c）中进行标识：

① 阶段 A，应变硬化速率随应变增加而迅速降低；
② 阶段 B，应变硬化速率随应变增加而逐渐上升；
③ 阶段 C，应变硬化速率随应变增加再次降低。

一般情况下，阶段 A 应变硬化速率曲线的迅速下降被认为与材料变形过程中的弹塑性转变相关[33,42]。此阶段，材料开始塑性变形，滑移开始启动，位错密度尚处于较低状态，不同滑移系之间的位错交互作用较小，因而应变硬化速率迅速下降。阶段 B 的起因被认为有多种可能性。首先，可能是由于生成亚结构而产生[34]。TRC-ZA21 镁合金存在着大量弥散分布的纳米级第二相，而且晶粒细小，晶界比例高。塑性变形过程中位错移动易被阻碍，有助于位错发生缠结而形成亚结构，最终造成应变硬化速率随变形进行而上升。其次，阶段 B 还可能是由 $\{10\bar{1}2\}$ 拉伸孪晶界诱导发生[35,43]。$\{10\bar{1}2\}$ 拉伸孪晶可以改变晶粒取向，促使晶粒取向转变为硬取向，促进织构强化导致应变硬化速率增加[44-45]。另外，孪晶界可通过细化组织及阻碍位错移动而起到 Hall-Petch 硬化作用[46]。位错在孪晶界阻塞并形成边界位错，边界位错的长大与扩展存在高应力需求，因而引发应变硬化[47]。此外，位错对阶段

B 的硬化行为也起到重要作用，当非基面滑移与孪晶或位错发生交互作用时，应变硬化速率随应变增加而上升[48]。阶段 C 的应变硬化速率变化源于已激活的位错被生成的亚结构所吸收，并伴随有动态回复[36,48]。此外，阶段 B 生成的大量缺陷会阻碍新位错等缺陷形成，从而造成阶段 C 的应变硬化速率持续降低直至断裂。

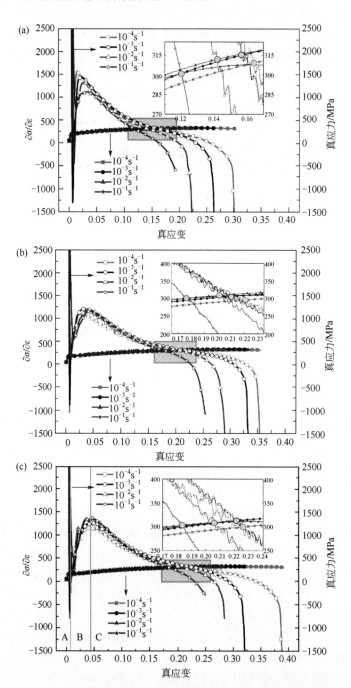

图 4-50　不同应变速率下 TRC-ZA21 镁合金的应变硬化速率曲线及真应力-应变曲线
（a）RD 方向加载；（b）45°方向加载；（c）TD 方向加载

TRC-ZA21 镁合金板材在 $10^{-4} \sim 10^{-1} \mathrm{s}^{-1}$ 应变速率范围的应变硬化速率曲线中还存在如下几个重要特征：在较低应变速率时，阶段 A 存在瞬时应变硬化速率为负值的现象，意味着 TRC-ZA21 镁合金进行拉伸变形时，当弹性变形向塑性变形转变时，应力值出现下降的现象。从图 4-47 所示的应力-应变曲线可以发现，TRC-ZA21 镁合金在屈服点出现后存在一定程度的屈服平台或屈服伸长现象，恰好与阶段 A 瞬时应变硬化速率为负值的现象相对应。目前，屈服平台及屈服伸长的形成机理仍存在争论。Wu 等[49]应用 EVPSC-TDT (Elastic ViscoPlastic Self-Consistent Twining and De-Twinning）模型研究镁合金孪晶的形核、扩展及长大时发现伴有应力松弛。孪晶的自催化特性也会引起孪晶之间产生串联，形成屈服平台，从而增加了变形过程的不稳定性，也会造成屈服伸长出现[50]。G'sell 等[51]与 Wu 等[52]在一些聚合物中也发现了剪切带变宽会引起应力松弛。Chi 等[53]在挤压态高稀土镁合金的拉伸变形过程中也发现了由于屈服应力下降及屈服平台出现而产生的非连续屈服行为，并通过 EVPSC 模型及原位中子衍射的研究结果认为这种现象与基面滑移的启动有关，固溶原子失去了对基面位错的钉扎作用从而导致应力松弛的发生。对于 TRC-ZA21 镁合金，细小的等轴晶粒在一定程度上限制了孪晶的激活；并且细小晶粒也会加剧屈服平台的形成[24,54-55]。图 4-50 表明，随着应变速率的增加，阶段 A 瞬时应变硬化速率为负值的现象明显减弱，图 4-47 中屈服平台及屈服伸长随着应变速率增加同样出现减弱现象，亦表明孪生对 TRC-ZA21 镁合金中屈服伸长及屈服平台形成的作用较小。位错不仅可以和固溶原子发生交互作用，其与析出粒子之间也可以产生强烈的交互作用[56]。TRC-ZA21 镁合金微观组织中存在的弥散纳米级第二相可以有效钉扎位错。当屈服发生后，固溶原子与第二相粒子都失去了对位错运动的阻碍作用，造成应力松弛的发生。

TRC-ZA21 镁合金的应变硬化速率在阶段 B 的峰值随应变速率增加呈现不同的变化趋势。随着应变速率的升高，沿 RD 方向加载阶段 B 的应变硬化速率峰值降低；TD 方向则呈现出相反趋势；45°方向应变速率影响较弱，仅应变速率 $10^{-4} \mathrm{s}^{-1}$ 时低于其他三个较高应变速率，而其他三个应变速率条件下的应变硬化速率峰值相近。这表明随着应变速率的增加，在不同加载方向的塑性变形过程中，各种变形机制启动以及交互作用不同。

在图 4-50 的应变硬化速率曲线中，应变硬化速率曲线和真应力-应变曲线会在阶段 C 发生交汇。根据 Considère 失稳准则，当材料的应变硬化速率等于变形过程中真应力时，被认为是局部变形发生的起点，如式（4-17）所示[57]：

$$\Theta / \sigma = (\partial \sigma / \partial \varepsilon) / \sigma = 1 \qquad (4\text{-}17)$$

式中，Θ 为应变硬化速率；ε 为真应变；σ 为真应力。

如图 4-50 中各加载方向的局部放大图所示，应变硬化速率曲线和真应力-应变曲线的交汇处的真应变量即是 TRC-ZA21 镁合金在此变形条件下的均匀延伸率（Uniform Elongation，UE），其随应变速率的变化趋势如图 4-51 所示，具体的均匀延伸率数值见表 4-16。材料的均匀延伸率受到应变硬化速率及加工硬化参数的影响[58]。在二者的共同作用下，图 4-51 中的均匀延伸率随应变速率变化趋势并未与应变硬化指数 n 值呈完全的正相关关系，而是随着应变速率的增加呈单调减小。在 $10^{-4} \sim 10^{-1} \mathrm{s}^{-1}$ 应变速率范围内，TRC-ZA21 镁合金各加载方向的均匀延伸率在同一应变速率时保持着 $\mathrm{UE_{TD}} > \mathrm{UE_{45}} > \mathrm{UE_{RD}}$ 的大小关系。

271

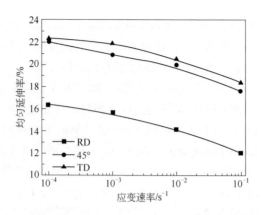

图 4-51　不同应变速率下 TRC-ZA21 镁合金均匀延伸率变化

表 4-16　不同应变速率下 TRC-ZA21 镁合金的均匀延伸率　　　　　单位：%

加载方向	变形速率/s^{-1}			
	10^{-4}	10^{-3}	10^{-2}	10^{-1}
RD	16.4	15.7	14.2	12.0
45°	22.1	20.8	20.0	17.6
TD	22.4	22.0	20.6	18.4

4.3.3　拉伸变形过程的微观组织演变规律

镁合金的力学性能和加工硬化能力与其变形过程中的微观组织密切相关，而微观组织的演变又涉及不同变形机制的激活、晶粒软硬取向的变化、第二相的强化作用等机制，并且这些机制均会对力学性能和加工硬化行为产生重要影响。图 4-52、图 4-53 为 TRC-ZA21 镁合金在不同加载方向拉伸变形后的微观组织形貌。以应变速率 $10^{-4} s^{-1}$ 及 $10^{-2} s^{-1}$ 时的微观组织为例进行分析，拉伸变形的载荷加载方向如图 4-52 及图 4-53 中的箭头所示，以保证微观组织分析时方向的一致性。如图 4-52 所示，TRC-ZA21 拉伸变形应变量 3% 后，微观组织整体上仍呈等轴状，晶粒形状并无明显变化。而不同加载方向的微观组织中，孪晶数量和形貌出现差异。45° 及 TD 方向的微观组织中有明显的孪晶存在，而 RD 方向的微观组织中，孪晶数量较少。$10^{-4} s^{-1}$ 及 $10^{-2} s^{-1}$ 应变速率下的微观组织形貌特征表明应变速率的改变对晶粒尺寸并无明显影响，但随着应变速率升高，孪晶存在宽度减小的趋势。

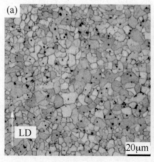

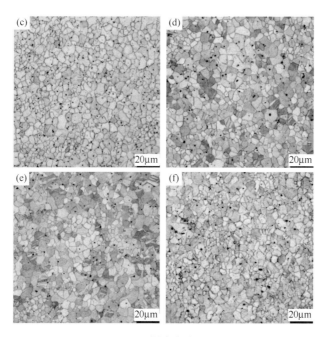

图 4-52　TRC-ZA21 镁合金应变量 3%的微观组织

(a) $10^{-4}s^{-1}$，RD 方向加载；(b) $10^{-2}s^{-1}$，RD 方向加载；
(c) $10^{-4}s^{-1}$，45°方向加载；(d) $10^{-2}s^{-1}$，45°方向加载；
(e) $10^{-4}s^{-1}$，TD 方向加载；(f) $10^{-2}s^{-1}$，TD 方向加载

　　微观组织随着拉伸变形的进行而不断发生演变，不同应变速率及不同加载方向的微观组织演变过程类似。图 4-53 为应变速率 $10^{-4}s^{-1}$ 下 TRC-ZA21 镁合金应变 10%及拉伸断裂失效时的微观组织。如图 4-53(a)(c)(e)所示，当拉伸变形应变量增加至 10%时，TRC-ZA21 镁合金的微观组织形貌与应变 3%时相似，晶粒形状未出现明显变化，仍保持等轴状。RD 方向微观组织中的孪晶数量仍明显少于 45°和 TD 方向。图 4-53(b)(d)(f)为 TRC-ZA21 镁合金在不同加载方向拉伸断裂时断口附近的微观组织。随着应变量的增加，晶粒形状发生了变化，呈现出沿加载方向延伸的特征，晶粒变为扁长状。同时，不同加载方向的微观组织中仍可以观察到孪晶，表明微观组织的畸变程度随拉伸变形而不断累积，晶粒形貌发生了变化。由于不同载荷方向下晶粒受力方向不同，拉伸变形过程中微观组织的变形机制也会有所区别，从而造成力学性能和加工硬化行为有所差别。

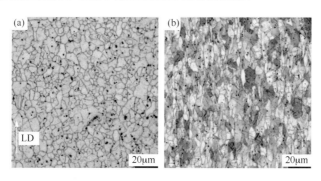

图 4-53

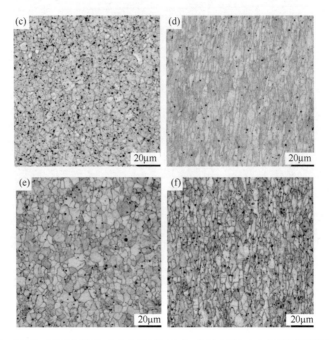

图 4-53 TRC-ZA21 镁合金应变速率 $10^{-4}s^{-1}$ 下 10%应变及断裂时的微观组织

（a）RD 方向加载 10%应变；（b）RD 方向加载至断裂；
（c）45°方向加载 10%应变；（d）45°方向加载至断裂；
（e）TD 方向加载 10%应变；（f）TD 方向加载至断裂

图 4-54 为应变量 10%时 TRC-ZA21 镁合金微观组织的反极图及晶界结构图，左侧 IPF 图中晶粒颜色所对应的晶向如图 4-54（f）取向示意图所示。右侧晶界结构图中的不同颜色所对应的晶界类型见图 4-54 底部标识，类型包括大小角晶界、常见的拉伸孪晶、压缩孪晶及二次孪晶。图 4-54 的 IPF 图表明不同拉伸条件下微观组织的晶粒形貌与图 4-53（a）（c）（e）一致，未出现明显的扁长状，晶粒内孪晶数量的变化规律也相似，在 RD 方向拉伸孪晶数量最少。此外，经过 10%应变的拉伸变形后，不同加载方向的微观组织中均有部分晶粒内部存在明显的颜色变化，表明晶粒内部出现了取向变化，也说明晶粒内部存在一定的畸变。而晶界结构图也表明晶粒内部存在大量小角晶界。图 4-54 的晶界结构图中孪晶类型均以 $\{10\bar{1}2\}$ 拉伸孪晶界为主，几种主要孪晶的比例如表 4-17 所示。结果表明应变为 10%时，RD 方向的 $\{10\bar{1}2\}$ 拉伸孪晶含量明显低于 45°及 TD 方向；随着应变速率增加，$\{10\bar{1}2\}$ 拉伸孪晶比例也随之增加。

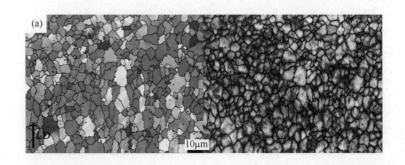

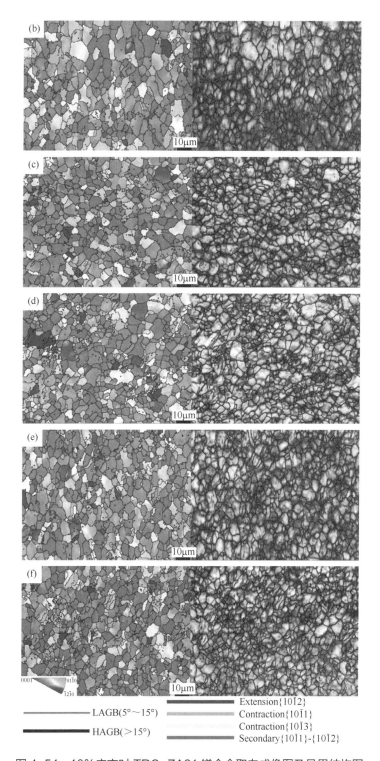

图 4-54　10%应变时 TRC-ZA21 镁合金取向成像图及晶界结构图

（a）RD 方向加载，应变速率 $10^{-4}s^{-1}$；（b）RD 方向加载，应变速率 $10^{-2}s^{-1}$；

（c）45°方向加载，应变速率 $10^{-4}s^{-1}$；（d）45°方向加载，应变速率 $10^{-2}s^{-1}$；

（e）TD 方向加载，应变速率 $10^{-4}s^{-1}$；（f）TD 方向加载，应变速率 $10^{-2}s^{-1}$

表4-17　TRC-ZA21镁合金拉伸变形过程中的孪晶界比例　　　　单位：%

加载方向	应变速率/s⁻¹	应变量	孪晶类型				总计
			$\{10\bar{1}2\}$ 拉伸孪晶	$\{10\bar{1}1\}$ 压缩孪晶	$\{10\bar{1}3\}$ 压缩孪晶	$\{10\bar{1}1\}$-$\{10\bar{1}2\}$ 二次孪晶	
RD	10^{-4}	3%	1.92	0.04	0.13	0.28	2.37
	10^{-4}	10%	1.23	0.11	0.04	0.04	1.42
	10^{-4}	断裂	0.89	0.10	0.19	0.19	1.37
	10^{-2}	10%	2.46	0.03	0.01	0.08	2.58
45°	10^{-4}	10%	4.07	0.06	0.03	0.18	4.34
	10^{-2}	10%	4.74	0.12	0.09	0.11	5.06
TD	10^{-4}	10%	4.40	0.05	0.05	0.06	4.56
	10^{-2}	3%	6.36	0.22	0.04	0.15	6.77
	10^{-2}	10%	4.68	0.13	0.05	0.05	4.91
	10^{-2}	断裂	1.36	0.24	0.18	0.45	2.23

图4-55为3%应变及拉伸断裂时TRC-ZA21镁合金的反极图（左侧）及晶界结构图（右侧），图4-55（b）和（d）中的黑色区域为未标定区域，可能与应力集中相关。图4-55的IPF图表明3%应变时，晶粒形状与退火态相比未发生变化；而断裂失效时，晶粒形状已经沿加载方向拉长呈扁平状。3%应变时，图4-55（a）、（c）中晶粒内部存在明显颜色变化的晶粒数量较10%应变时少，其晶界结构图中粉色小角晶界比例也较低。而断裂时IPF图中晶粒内部存在明显的颜色变化，表明晶粒内部存在取向差异，晶界结构图中也有大量小角晶界存在。此外，晶界结构图还表明，在3%应变时，应变速率10^{-4}s⁻¹条件下，RD方向孪晶界比例较低；而在应变速率10^{-2}s⁻¹条件下，TD方向孪晶比例较高，并均以拉伸孪晶为

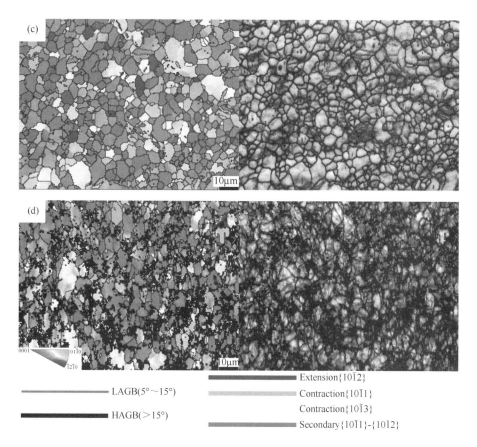

图 4-55　3%应变及拉伸断裂时 TRC-ZA21 镁合金反极图及晶界结构图（见书后彩页）

（a）3%应变，应变速率 10^{-4}s^{-1}，RD 方向加载；（b）断裂，应变速率 10^{-4}s^{-1}，RD 方向加载；
（c）3%应变，应变速率 10^{-2}s^{-1}，TD 方向加载；（d）断裂，应变速率 10^{-2}s^{-1}，TD 方向加载

主。断裂失效时孪晶界比例均有所降低。具体的孪晶界比例如表 4-17 所示，拉伸变形过程中孪晶含量的减少表明孪生在变形中的作用随着应变量的增加而逐渐减弱。

　　拉伸变形后，TRC-ZA21 镁合金微观组织由无应力退火组织转变为形变组织。图 4-56 为拉伸变形过程中不同应变量下 TRC-ZA21 镁合金微观组织的 KAM 图像，KAM 数值大小表征微观组织局部取向差的大小，而局部取向差与几何必需位错相关，即高几何必需位错密度会造成高局部取向差，并表明存在残余应变[59-60]。因此，KAM 图中颜色的变化可以用来表示微观组织内部的畸变程度。TRC-ZA21 镁合金在拉伸变形过程中，随着应变量增加，KAM 值明显增大，低 KAM 值的冷色系区域比例越来越小，而暖色系的比例则呈增加趋势。此外，晶界处的 KAM 值要高于晶粒心部区域，图 4-54 及图 4-55 中的小角晶界同样也是晶界附近数量更多，表明同一晶粒内变形和位错的积累呈现不均匀的特性。小角晶界可以作为可移动位错的位错源，而堆积的位错在晶界附近又会通过重排或相融形成小角晶界，从而使晶界附近有亚晶或者亚结构生成[61]。因此，晶界附近的畸变程度高于晶粒内部。

277

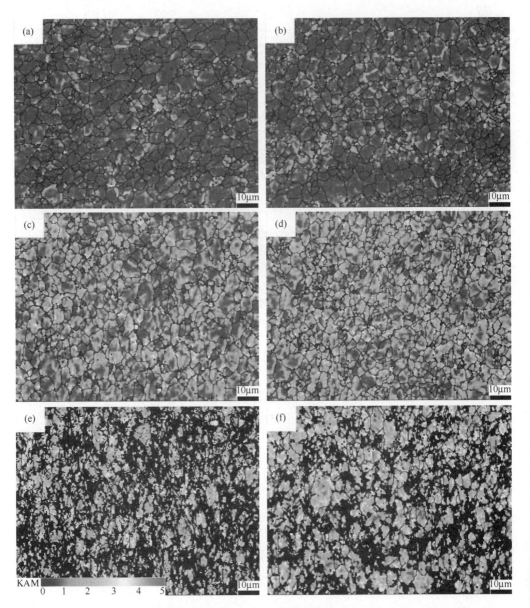

图 4-56 TRC-ZA21 镁合金不同拉伸变形应变量时的微观组织 KAM 图像（见书后彩页）

3%应变：（a）RD 方向加载，应变速率 $10^{-4}s^{-1}$；（b）TD 方向加载，应变速率 $10^{-2}s^{-1}$

10%应变：（c）RD 方向加载，应变速率 $10^{-4}s^{-1}$；（d）TD 方向加载，应变速率 $10^{-2}s^{-1}$

拉伸断裂：（e）RD 方向加载，应变速率 $10^{-4}s^{-1}$；（f）TD 方向加载，应变速率 $10^{-2}s^{-1}$

　　图 4-57 为 TRC-ZA21 镁合金在塑性变形中的 KAM 值变化规律。图 4-57（a）表明，TRC-ZA21 镁合金微观组织的平均 KAM 值随拉伸变形进行呈单调增加。如 RD 方向加载的试样以应变速率 $10^{-4}s^{-1}$ 拉伸变形时，应变 0、3%及 10%以及断裂时的微观组织平均 KAM 值分别为 0.42、0.67、1.05 及 2.01。TD 方向加载的试样在应变速率 $10^{-2}s^{-1}$ 下，其应变 3%和 10%时的微观组织平均 KAM 值均高于 RD 方向在应变速率 $10^{-4}s^{-1}$ 相应的 KAM 值，但在断裂时，TD 方向在应变速率 $10^{-2}s^{-1}$ 时的平均 KAM 值为 1.91，低于 RD 方向以应变速率

$10^{-4}s^{-1}$ 拉伸断裂时的。此现象表明微观组织的畸变程度受到变形程度的影响,当拉伸塑性变形发生到一定程度后,晶粒内部位错相互塞积,阻碍位错的迁移,并会抑制新的位错生成。后续变形所需应力更高,从而引起更大的畸变。RD 方向在应变速率 $10^{-4}s^{-1}$ 下的断裂延伸率(33.6%±2.0%)高于 TD 方向在应变速率 $10^{-2}s^{-1}$ 下的断裂延伸率(30.7%±1.7%)。

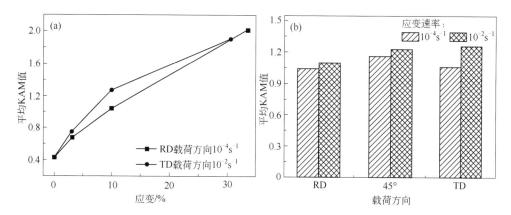

图 4-57 TRC-ZA21 镁合金塑性变形过程中的 KAM 值变化规律

(a)不同应变下 KAM 值变化;(b)10%应变时 KAM 值

图 4-57(b)为 10%应变下,三个不同加载方向试样在应变速率 $10^{-4}s^{-1}$ 和 $10^{-2}s^{-1}$ 时微观组织的平均 KAM 值。结果表明,在相同加载方向下高应变速率拉伸时的微观组织平均 KAM 值高于低应变速率时,而相同应变速率条件下,RD 方向加载的微观组织平均 KAM 值要低于其他两个方向的。

基于 Orowan 方程可以建立应变速率和位错运动之间的关系[62]:

$$\dot{\varepsilon} = \frac{1}{M}\rho bV \qquad (4\text{-}18)$$

式中,M 为泰勒因子;ρ 为位错密度;b 为柏氏矢量;V 为位错运动的平均速度。

随着应变速率升高,位错密度或位错移动速度可能无法协调高应变速率下的变形,就会导致变形组织中应力的增加,还会引起孪生驱动力的提高[63]。因此,不同加载方向的 TRC-ZA21 镁合金在应变速率 $10^{-2}s^{-1}$ 时的 KAM 均要高于应变速率 $10^{-4}s^{-1}$ 时。而相同应变速率下,RD 方向加载的 KAM 值要低于其他两个方向。由式(4-18)可知,相同应变速率下,位错的运动还与材料的泰勒因子相关,其与微观组织的晶粒取向紧密相关。因此,在 RD 方向拉伸时,微观组织中相对较低的 KAM 值与拉伸过程中的晶粒取向变化有关。

TRC-ZA21 镁合金在不同方向拉伸时的晶粒取向变化,如图 4-58 所示。退火态 TRC-ZA21 镁合金的基面织构呈现 TD 偏转,并具有明显的漫射程度,TD 方向漫射程度高于 RD 方向。经过拉伸变形后,TRC-ZA21 镁合金基面极图在不同加载方向有所区别。TRC-ZA21 镁合金在 RD 和 TD 方向拉伸变形时,晶粒 c 轴均向拉伸应力载荷的垂直方向转动。因此,在拉伸变形断裂时,如图 4-58(c)所示,RD 方向加载的基面织构呈沿 TD 方向分布;而图 4-58(f)所示的 TD 方向加载的基面织构则呈沿 RD 方向分布。在拉伸变形过程中,基面织构沿不同加载方向也表现出不同的变化特征。沿 RD 方向拉伸变形时,基面织构在 RD 方向分布随应变增加逐渐降低，TD 方向分布则逐步增强。因此，在整个 RD 方向拉伸变形过程中基面极图的最大极密度呈现上升趋势。而沿 TD 方向拉伸变形，应变为 3% 时，在拉伸孪晶和晶粒转动的共同作用下，基面织构由退火态沿 TD 方向分布特征迅速转变为沿 RD 方向具有一定漫射程度的织构特征，并且基面极图最大极密度也随之增高。后续变形过程中，晶粒不断发生转动，促使基面取向沿 RD 方向分布逐渐增加，TD 方向分布逐渐减少，致使 10% 应变时的基面极图具有宽泛的取向分布，并呈现出最大极密度降低的现象。进一步拉伸变形后，大部分晶粒的 c 轴转动至与 TD 方向垂直，导致基面极图的最大极密度再次上升，并且沿 TD 方向分布的组分继续减少。

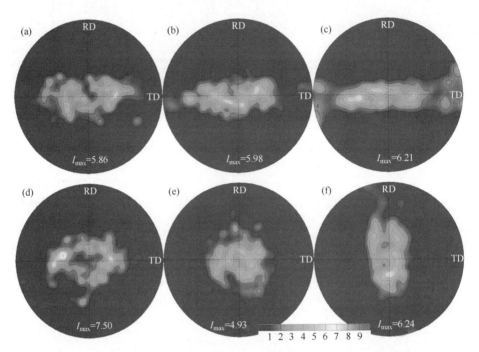

图 4-58　TRC-ZA21 镁合金拉伸变形过程中的基面极图（见书后彩页）

RD 方向加载，应变速率 $10^{-4}s^{-1}$：（a）3% 应变；（b）10% 应变；（c）拉伸断裂
TD 方向加载，应变速率 $10^{-2}s^{-1}$：（d）3% 应变；（e）10% 应变；（f）拉伸断裂

图 4-59（a）和（b）为 10% 应变时 TRC-ZA21 镁合金以应变速率 $10^{-2}s^{-1}$ 沿 RD 方向拉伸及以应变速率 $10^{-4}s^{-1}$ 沿 TD 方向拉伸时的基面极图。不同应变速率下，图 4-59（a）和（b）的基面极图与图 4-58 相应加载方向的基面极图呈现相似的织构特征，表明晶粒受到载荷作用发生转动的一致性，即晶粒 c 轴倾向于向拉伸载荷的垂直方向转动。而不同应变速率下基面极图的最大极密度变化趋势不同，10% 应变下，RD 方向应变速率 $10^{-4}s^{-1}$ 时的基面极图最大极密度低于应变速率 $10^{-2}s^{-1}$ 时；而 TD 方向应变速率 $10^{-4}s^{-1}$ 时的基面极图最大极密度则高于应变速率 $10^{-2}s^{-1}$ 时，这与不同加载方向上孪生变形的差异性以及晶粒的转动幅度相关。随着应变速率的增大，晶粒取向的改变可以在更小的应变量时实现[64]。RD 方向拉伸变形时，由于退火态基面织构呈现沿 TD 分布特征，晶粒在变形过程中转动幅度小，并且孪晶数量少，从而在应变速率的作用下，变形前在基面极图中沿 RD 方向分布的晶粒以

更快的速度转向 TD 方向，促使基面织构的最大极密度增高。而 TD 方向拉伸变形时，大多数晶粒的取向要由 c 轴平行于 TD 方向转变至平行于 RD 方向。另外，TD 方向拉伸时还存在一定数量的拉伸孪晶，可以快速完成晶粒取向变化。当应变速率增高时，TD 方向拉伸变形具有更多的拉伸孪晶数量；并且，晶粒转动使晶粒取向分布更加宽泛，从而促使基面织构的最大极密度降低。拉伸变形过程中具有一定数量的拉伸孪晶以及明显晶粒取向变化的 45° 方向拉伸变形时同样也出现类似的基面织构变化特征。10% 应变时，应变速率 $10^{-4}s^{-1}$ 和 $10^{-2}s^{-1}$ 下的基面极图最大极密度分别为 7.87MRD 和 4.97MRD，基面极图最大极密度随应变速率增高的变化规律与 TD 方向一致。另外，45° 方向拉伸变形应变量为 10% 时，其晶粒取向并没有呈现出 c 轴与拉伸载荷方向垂直的特征，但是在基面织构沿 RD 方向分布的同时还存在一部分偏离 RD 方向的织构组分，在后续变形过程中继续发生晶粒转动。

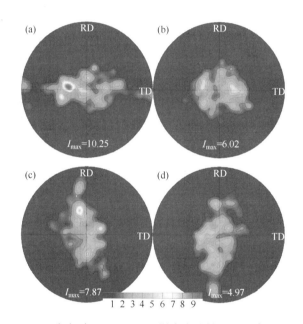

图 4-59　10% 应变时 TRC-ZA21 镁合金的基面极图（见书后彩页）

（a）RD 方向加载，应变速率 $10^{-2}s^{-1}$；（b）TD 方向加载，应变速率 $10^{-4}s^{-1}$；
（c）45° 方向加载，应变速率 $10^{-4}s^{-1}$；（d）45° 方向加载，应变速率 $10^{-2}s^{-1}$

4.3.4　拉伸变形过程的塑性变形机制

不同应变速率下 TRC-ZA21 镁合金沿不同加载方向呈现不同的力学性能、加工硬化行为、微观组织演变以及晶粒取向变化，而这些差别均来源于拉伸变形过程中变形机制的差异。图 4-60 为 TRC-ZA21 镁合金以应变速率 $10^{-4}s^{-1}$ 沿 RD 及 TD 方向拉伸 10% 应变的微观组织再结晶图，蓝色代表再结晶晶粒，黄色表示晶粒内存在亚结构，而红色代表变形晶粒。由图可知，以应变速率 $10^{-4}s^{-1}$ 变形至应变 10% 时，TRC-ZA21 镁合金沿 RD 和 TD 方向拉伸后的微观组织再结晶图中大部分晶粒内均存在亚结构，再结晶晶粒数量较少，其面积比例分别为 11.0% 和 16.5%。

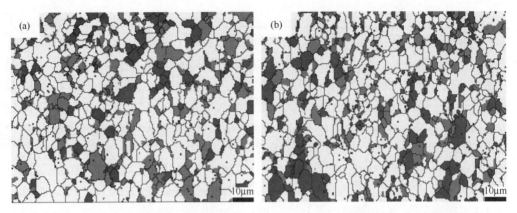

图 4-60　TRC-ZA21 镁合金应变速率 $10^{-4}s^{-1}$、应变 10%的再结晶图（见书后彩页）

(a) RD 方向加载；(b) TD 方向加载

　　图 4-61（a）为 TRC-ZA21 镁合金于不同拉伸变形条件下各种类型晶粒的比例，横坐标代表着拉伸变形条件，如 RD-3%-A 中 RD 表示 RD 方向加载，45°和 TD 分别代表 45°和 TD 方向加载；3%表示变形量 3%，相应地 10%及 F 分别代表变形量 10%及拉伸断裂；A 表示应变速率为 $10^{-4}s^{-1}$，而 B 则表示应变速率为 $10^{-2}s^{-1}$。由图 4-61（a）可知，伴随着拉伸变形的进行，微观组织中再结晶晶粒不断减少，亚结构和变形晶粒逐渐增多，并在断裂时绝大部分晶粒已经转变为变形晶粒。图 4-61（b）中应变速率 $10^{-4}s^{-1}$ 从 RD 方向拉伸以及应变速率 $10^{-2}s^{-1}$ 从 TD 方向拉伸的再结晶晶粒比例变化也说明了此变化趋势。3%应变时，微观组织中大量晶粒中出现了亚结构。随着拉伸变形不断进行，微观组织中畸变程度升高，再结晶晶粒比例迅速下降。10%应变时，不同加载方向的 TRC-ZA21 镁合金微观组织中再结晶晶粒数量比例都比较低。如图 4-61（c）所示，随应变速率增加，再结晶晶粒比例持续降低。在应变速率 $10^{-4}s^{-1}$ 时，RD、45°和 TD 方向加载的再结晶晶粒比例分别为11.0%、14.1%及 16.5%。而当应变速率为 $10^{-2}s^{-1}$ 时，RD、45°和 TD 方向加载的再结晶晶粒比例则减至 5.8%、12.5%及 12.6%。RD 方向加载的再结晶晶粒比例随应变速率升高而呈现的降低趋势更为明显，表明相对于 45°和 TD 方向，RD 方向在应变速率由 $10^{-4}s^{-1}$ 增长至 $10^{-2}s^{-1}$ 时，变形机制可能出现了变化，从而造成微观组织中再结晶晶粒减少速率高于其他两个方向，也表明 RD 方向在拉伸变形时具有更强的应变速率敏感性。

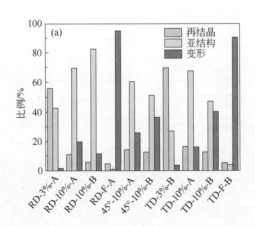

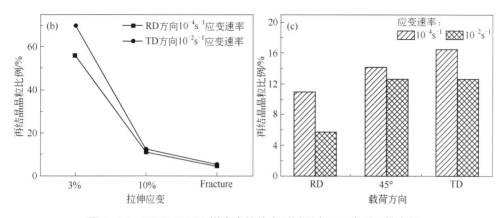

图 4-61　TRC-ZA21 镁合金拉伸变形过程中不同类型晶粒变化

（a）拉伸变形过程中不同类型晶粒比例；（b）拉伸变形过程中再结晶晶粒比例变化；
（c）10%应变时应变速率对再结晶晶粒比例的影响

借助 IGMA 分布研究 TRC-ZA21 镁合金拉伸变形过程中各变形机制的激活程度，在具有快捷特点的同时，还很容易分辨在室温时镁合金中最具激活可能性的非基面滑移系-柱面<a>滑移[65]。因此，借助于 EBSD 的微观组织取向信息，分析取向差范围在 2.5°～5°的微观组织整体 IGMA 分布，应变量为 10%时不同加载方向的 IGMA 分布如图 4-62 所示。IGMA 分布结果表明，应变速率和加载方向对 TRC-ZA21 镁合金拉伸变形过程中的滑移系激活均有明显的影响。如图 4-62（a）所示，以应变速率 $10^{-4}s^{-1}$ 沿 RD 方向进行拉伸变形时，IGMA 的分布主要集中于两个区域内，即沿<uwt0>分布和围绕<0001>分布，但沿<uwt0>分布的密度更高。由于锥面<c+a>滑移在室温时本身很难被激活，并且 TRC-ZA21 镁合金中有助于锥面<c+a>滑移激活的 Ca 和 Gd 合金元素含量较低，降低锥面滑移的 CRSS 作用较小[66-67]。晶粒的 IGMA 沿<uwt0>分布主要受到基面<a>滑移控制。因此，TRC-ZA21 镁合金沿 RD 方向以应变速率 $10^{-4}s^{-1}$ 进行拉伸变形 10%应变时主要的滑移机制是基面<a>滑移，同时柱面<a>滑移也起到一定的作用。而图 4-62（c）与（e）所示的 TRC-ZA21 镁合金沿 45°和 TD 方向以应变速率 $10^{-4}s^{-1}$ 拉伸 10%应变时的 IGMA 分布呈现拉伸变形中柱面<a>滑移对塑性变形的作用下降，其中 TD 方向上柱面<a>滑移的作用最小，两个加载方向拉伸变形的主导滑移机制均为基面<a>滑移。应变速率增加至 $10^{-2}s^{-1}$ 时，柱面滑移在三个加载方向拉伸变形中的作用均有所增加，其区别在于 45°和 TD 方向依然是以基面<a>滑移为主[图 4-62（d）和（f）]，而 RD 方向上柱面滑移起到明显的主导作用 [图 4-62（b）]。

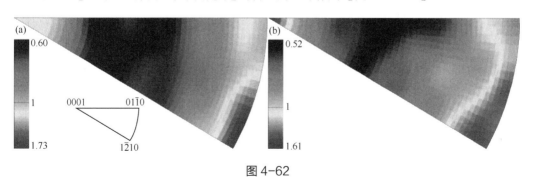

图 4-62

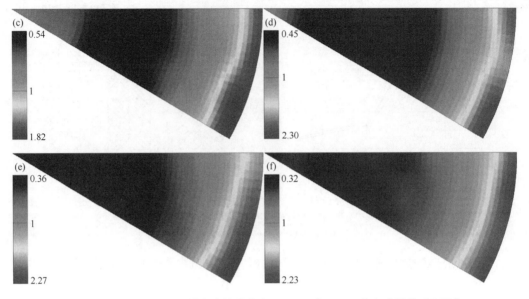

图 4-62　TRC-ZA21 镁合金拉伸应变量 10%时 IGMA 分布（见书后彩页）

RD 方向加载：（a）应变速率 $10^{-4}s^{-1}$；（b）应变速率 $10^{-2}s^{-1}$

45°方向加载：（c）应变速率 $10^{-4}s^{-1}$；（d）应变速率 $10^{-2}s^{-1}$

TD 方向加载：（e）应变速率 $10^{-4}s^{-1}$；（f）应变速率 $10^{-2}s^{-1}$

　　沿 RD 方向拉伸在应变速率 $10^{-4}s^{-1}$ 下不同应变量时的微观组织 IGMA 分布如图 4-63（a）和（b）所示。当应变量为 3%时，微观组织 IGMA 主要沿<uwt0>分布，塑性变形中位错以基面滑移为主；当拉伸变形至断裂失效时，微观组织 IGMA 分布主要集中于<0001>周围，沿<uwt0>分布密度明显降低。IGMA 分布密度的变化表明沿 RD 方向进行拉伸塑性变形时，各种滑移机制之间存在竞争与协调，主导的滑移机制随着应变量的增加而变化。图 4-63（c）和（d）所示的沿 TD 方向在应变速率 $10^{-2}s^{-1}$ 下不同应变量时的微观组织 IGMA 分布同样也出现了变化，虽然在整个拉伸变形过程中，应变速率 $10^{-2}s^{-1}$ 下 TD 方向的微观组织 IGMA 均集中沿<uwt0>分布，但随着应变量增加，柱面<a>滑移引起的围绕<0001>的 IGMA 分布密度逐渐增高，当发生图 4-63（d）所示的断裂失效时，柱面<a>滑移在变形过程中起到一定的作用。

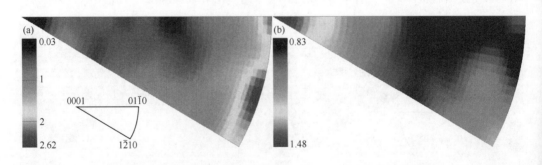

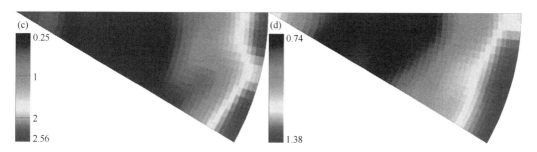

图 4-63　TRC-ZA21 镁合金拉伸变形过程中的 IGMA 分布（见书后彩页）

RD 方向加载，应变速率 $10^{-4}s^{-1}$：（a）3%应变；（b）断裂失效

TD 方向加载，应变速率 $10^{-2}s^{-1}$：（c）3%应变；（d）断裂失效

　　图 4-64 为 TRC-ZA21 镁合金板材拉伸变形初始组织（即退火态组织）沿三个加载方向基面<a>滑移和柱面<a>滑移的平均 SF 分布。两种滑移系的平均 SF 分布均呈现出与载荷方向相关的方向性。如图 4-64（a）所示，随着载荷方向与板材轧制方向夹角增大，基面<a>滑移的 SF 增大；而如图 4-64（b）所示，柱面<a>滑移的 SF 变化趋势相反，随载荷方向与板材轧制方向夹角增大，柱面<a>滑移 SF 减小。当某种滑移系的 SF 增高，则变形过程中此滑移系激活的难度降低，在变形过程中活性更高。图 4-64 中两种滑移系的 SF 变化趋势正好与 TRC-ZA21 镁合金板材塑性变形中两种滑移系的活性相对应。如图 4-62 所示，沿RD 方向拉伸变形时柱面滑移最明显，而图 4-64（b）中 RD 方向的柱面滑移平均 SF 值也最高，为 0.41。以上表明室温拉伸变形过程中，基面滑移和柱面滑移在 TRC-ZA21 镁合金中均遵循 Schmid 准则。

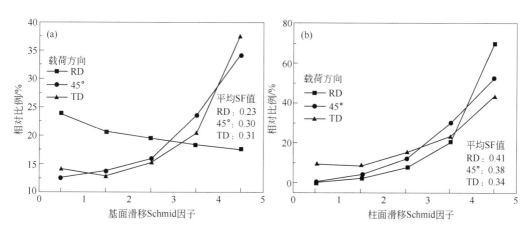

图 4-64　不同加载方向上 TRC-ZA21 的基面及柱面滑移 Schmid 因子分布

（a）基面<a>滑移；（b）柱面<a>滑移

　　基于 IGMA 分布和孪晶比例的变化，TRC-ZA21 镁合金在拉伸变形过程中的变形机制呈现出以下特点：TRC-ZA21 镁合金拉伸塑性变形整体上以基面滑移为主，随着应变量增加，柱面<a>滑移作用增大，$\{10\bar{1}2\}$拉伸孪晶作用减小；并且应变速率增加可提高柱面<a>滑移和$\{10\bar{1}2\}$拉伸孪晶活性。不同加载方向的拉伸塑性变形机制也呈现不同的特征，RD

方向中柱面<a>滑移对形变的作用高于45°和TD方向；而RD方向中$\{10\bar{1}2\}$拉伸孪晶对形变的作用低于45°和TD方向。

非基面滑移系的CRSS值相较于孪晶和基面位错具有更明显的应变速率依赖性，应变速率增大改变了各变形机制的CRSS，非基面滑移中最易激活的柱面<a>滑移活性得到提升[68-69]。因此，应变速率增加使拉伸塑性变形中柱面<a>滑移作用增大。在塑性变形起始阶段，由于微观组织中宽泛的晶粒取向分布，作为镁合金中CRSS值最低的滑移机制，基面<a>滑移在软取向晶粒内率先启动，并在晶粒内进行增殖和移动，最终在晶界处发生位错塞积。为保持应变协调及后续的塑性变形，并避免裂纹出现，非基面滑移或孪生便会启动以协调应变[70-71]。鉴于外加载荷应力与晶粒取向的相对方向差异，不同取向的晶粒的非基面滑移和孪生的激活可能性存在差别。图4-65为拉伸变形起始状态时晶粒取向与拉伸加载方向的对应关系。由于初始状态晶粒沿TD方向偏转，部分晶粒c轴倾向于平行TD方向[图4-65（a）]。因此，在RD加载方向上的载荷应力与晶粒c轴呈现垂直拉应力关系，不利于拉伸孪晶激活[图4-65（b）中RD方向垂直于c轴]。而在45°和TD方向上，施加应力沿晶粒c轴呈现拉应力作用，易激活拉伸孪晶[图4-65（c）]。因此，如图4-54及表4-17所示，45°和TD方向在拉伸变形时拉伸孪晶数量要高于RD方向。当45°和TD方向拉伸过程中部分晶粒完成取向转变时，其晶粒c轴与施加应力之间的拉应力作用被削弱。因此，伴随着拉伸塑性变形的进行，拉伸孪晶的数量减少。为协调应变，柱面<a>滑移作用增大。

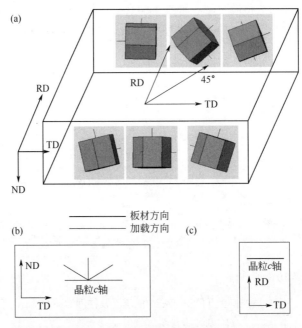

图4-65 拉伸变形初始晶粒取向与加载方向的内在关系

（a）板材三维整体；（b）ND×TD截面；（c）RD×TD截面

4.3.5 力学性能各向异性和应变速率敏感性

分析不同应变速率下TRC-ZA21镁合金的拉伸力学性能可知，在轧面内（RD×TD），几个重要的性能指标（如屈服强度、抗拉强度、断裂延伸率等）均呈现各向异性。在相同的微观组织特征条件下，力学性能各向异性的出现无疑与不同加载方向下的微观组织演变以及塑性变形行为紧密相关。

镁合金的屈服强度与被激活变形机制的 CRSS 以及取向因子有关[72]。当应变速率为 $10^{-4}s^{-1}$ 时，应用图 4-62 及图 4-63 的 IGMA 分布分析可知，三个加载方向的拉伸变形在低应变量时，均以基面滑移为主。而对于柱面滑移在拉伸变形过程中的活性，三个加载方向呈现 RD>45°>TD 的强弱顺序，意味着柱面滑移在 RD 加载方向上对强度起到的作用大于其他两个加载方向。首先，图 4-64（a）中微观组织沿三个加载方向的基面滑移平均 SF 分布表明，RD 方向具有最低的平均 SF，从而导致 RD 方向基面滑移启动最困难，所需应力最高。其次，柱面<a>滑移的 SF 明显高于基面滑移的 SF，如 AZ31 镁合金的柱面滑移和基面滑移的 CRSS 比值为(2～2.5)∶1[68]。Mg-0～3%Zn 镁合金中的比值处于(2.5～8)∶1[73]，添加少量稀土元素的 Mg-0.2Ce 镁合金中比值则降低至 1.5∶1[74]。柱面滑移活性较高，对屈服强度升高有利，在基面滑移启动较为困难以及柱面滑移活性较高的双重作用下，RD 方向呈现出最高的屈服强度。由于拉伸孪晶的 SF 在应变速率 $10^{-4}～10^3s^{-1}$ 范围以及室温到 300℃被认为是常数[75]。滑移机制相对于拉伸孪晶则呈现更高的应变速率敏感性[76]。在 45° 和 TD 方向的拉伸变形中拉伸孪晶的作用要强于 RD 方向，因此，RD 方向上屈服强度呈现更高的应变速率敏感性。

在 TRC-ZA21 镁合金的拉伸变形中，抗拉强度没有呈现出如屈服强度相似的强应变速率敏感性，但在各应变速率下 RD 方向的抗拉强度始终要高于其他两个加载方向。不同加载方向的断裂延伸率随应变速率增加均呈下降趋势，且 RD 方向的延伸率在各应变速率下均低于其他两个加载方向，另外两个加载方向的延伸率差距较小。在多晶体金属材料内，跨越多个晶粒的局部滑移会引起软化并造成材料过早断裂失效[77-78]。Cepeda-Jiménez 等[79]发现晶粒尺寸细小的纯镁在室温变形时存在非常明显的由基面滑移迹线组成的穿晶带，并对力学性能有害；而这种发生晶间局部基面滑移的晶粒一般具有大的基面滑移 SF(>0.2)，并且晶粒间的晶界取向差角存在一个阈值 30°。当晶界取向差角低于阈值时基面滑移可以跨越晶界，从而向相邻晶粒传播。TRC-ZA21 镁合金沿不同加载方向拉伸时，包括晶粒尺寸、晶粒形状等在内的微观组织特征呈现相似的特点，而基面织构特征使得 TRC-ZA21 镁合金沿不同加载方向拉伸时不同取向的晶粒呈现不同的变形行为。不考虑应变协调时，单独的晶粒承受不同载荷时也会根据 SF 的变化激活不同的变形机制。与此同时，相邻晶粒间的取向关系既决定了两个晶粒间的连通性，又影响滑移机制的传播[55]。由于 TRC-ZA21 镁合金沿三个加载方向拉伸变形时，其主要的变形机制均为基面滑移，因此，研究基面滑移在变形过程中形成局部变形的可能性有助于揭示其塑性机理。以退火态 TRC-ZA21 镁合金的 EBSD 结果分析三叉晶界分布特征，分析晶粒间的连通性。通常基于晶界取向差角小于阈值 30° 的晶界数量，将三叉晶界特征定义为 $J_x(x=0,1,2,3)$；x 表征晶界取向差角小于阈值的晶界数量，晶界的高连通性被认为与三叉晶界 J_2+J_3 的比例相关[79-80]。图 4-66 为 TRC-ZA21 镁合金沿不同加载方向的三叉晶界特征分布，结果表明，TRC-ZA21 镁合金沿三个加载方向的基面滑移三叉晶界分布中高连通性晶界的比例均很低，沿 RD、45° 和 TD 加载方向上 J_2+J_3 的三叉晶界比例分别为 10.4%、8.5% 以及 8.0%。这意味着 TRC-ZA21 镁合金在轧面内拉伸变形时晶粒间的连通性较低，有利于高塑性的形成[81]。因此，TRC-ZA21 镁合金在应

变速率 $10^{-4}\sim 10^{-1}s^{-1}$ 范围的拉伸变形呈现高断裂延伸率。而 RD 方向上 J_2+J_3 的三叉晶界比例又略高于 45°和 TD 方向，因此，沿 RD 方向拉伸变形的断裂延伸率低于 45°和 TD 方向，表明改善晶界结构有助于塑性提升。由于 RD 方向晶粒间的连通性稍弱于 45°和 TD 方向，促使沿 RD 方向拉伸变形时会在较低应变量下发生局部变形，减弱试样的均匀变形能力。

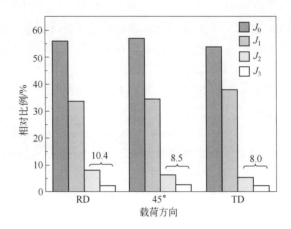

图 4-66　TRC-ZA21 镁合金沿不同加载方向拉伸时三叉晶界分布

4.4　镁合金纳米压入变形的取向行为

镁合金密排六方晶体结构具有低对称性，变形机制的活性与晶粒取向紧密相关。在拉伸或压缩等载荷作用下不同取向的晶粒内各变形机制的 Schmid 因子不同，导致各变形机制激活所需的应力存在差别，从而材料会表现出不同的变形行为。多晶体材料的塑性变形中，除晶粒取向外，晶界是另外一个重要的影响因素，其不仅可以阻碍位错或其他缺陷的运动，引起位错塞积，还可以借助应力集中诱导相邻晶粒内某种变形机制启动，从而协调应变。晶界在塑性变形中的双重作用必然与晶界取向差相关，既受到晶界两侧的晶粒取向差影响，也呈现取向性。纳米压入实验可以用来研究微纳米尺度的微观组织变形特征，成为研究微纳米尺度力学行为的有效方法[82]。

4.4.1　纳米压痕形貌

为使纳米压入研究涉及的晶粒具有更宽泛的取向，选用晶粒取向分布较为分散的 TRC-ZA21 退火态镁合金作为研究对象。Berkovich 压头在 TRC-ZA21 镁合金板材的 RD×TD 截面上以应变速率 $0.05s^{-1}$ 压入 500nm 后卸载，残留压痕在 SEM-EBSD 模式下的整体形貌如图 4-67 所示，其以 6×5 的矩形方式排列，并按照实验过程中的实际压入顺序进行编号。由于微观组织缺陷或设备的未知原因，极个别位置的压痕未能观察到，如上起第二行的左侧第一个压痕位置。其他的压痕形状完好，形貌具有相同的特征。图 4-67（b）23 号压痕的局部放大图像表明残留的纳米压痕边缘整体呈现平直形状，且压痕边缘附近的板材表面高于板材初始表面，表现为"凸起"现象。因为应变硬化可以强化材料表面，并在压入变形过程中抑制材料向压头表面塑性流动[83]，所以相较于 TWIP 钢及钛合金等材料，应变硬化程度较低的 TRC-ZA21 镁合金压痕边缘呈现向外凸起的形貌。

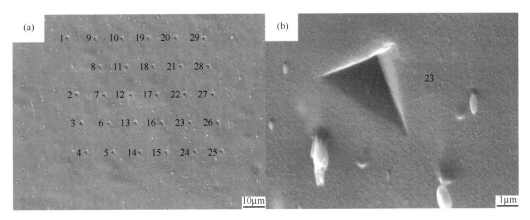

图 4-67　纳米压痕微观组织 EBSD 模式图像

(a) 纳米压痕整体排列；(b) 局部放大的纳米压痕

4.4.2　纳米力学性能

图 4-68 为图 4-67（b）以及其他两个随机选取的压痕形成时的压入载荷-位移曲线。虽然不同压痕的载荷-位移曲线变化趋势并不完全一致，但整体上呈现两阶段特征，即前期的加载阶段以及后期的卸载阶段。虽然加载阶段和卸载阶段间还存在 10s 的保载阶段，但对载荷-位移曲线的影响较小。加载阶段，随着压头位移的不断增加，载荷也相应呈现增加趋势。进入卸载阶段后，随着压头逐渐离开材料，位移减小，载荷也随之减小。加载阶段和卸载阶段的载荷-位移曲线变化均不是线性的，而是更接近于指数变化。此外，图 4-68 的椭圆框中还呈现位移发生跨越的现象，在纳米压入过程中称为跃迁（pop-in）现象，即位移在载荷相同的情况下出现了偏移。Catoor 等[84]研究单晶镁的纳米压入过程时发现，跃迁行为常发生于(0001)、$(10\bar{1}2)$和$(10\bar{1}0)$三个低指数晶面上。纳米压入过程中的跃迁行为在尺寸较大的晶粒内常被认为与孪晶相关[85-86]。若变形区域存在晶界时，跃迁行为的激活机制增多。Ge 等[87]和 Feng 等[88]认为这种载荷-位移曲线的不连续现象起因包括位错、孪生以及固态相变。Lu 等[89]的研究认为纳米压入过程中第一次跃迁现象主要与位错开动及增殖相关，即晶粒进入弹塑性阶段并开始发生屈服；而第二次跃迁现象被认为是晶界处位错塞积从而跨越晶界引起应力下降所致。最大载荷较低的 16 号压痕，其载荷-位移曲线中的跃迁现象在图 4-68 中更为显著；最大载荷相对较高的 8 号及 23 号压痕，跃迁行为的出现频率及位移变化幅度均低于 16 号曲线。由于 TRC-ZA21 镁合金呈现弱基面织构特征，纳米压痕所处位置的微观组织特征完全相同的可能性极低。相同压入条件下，载荷-位移曲线呈现不同的变化趋势及跃迁现象，表明不同压痕形成过程中的变形行为及变形机制存在差异。大多数情况下，晶粒尺寸粗大的镁合金纳米压入仅作用于单一晶粒，纳米压入行为的差异与晶粒取向有关。TRC-ZA21 退火态镁合金具有晶粒细小特征，微纳米尺度的变形同时作用于数个晶粒的概率增高，晶界也会同时起到相应作用。

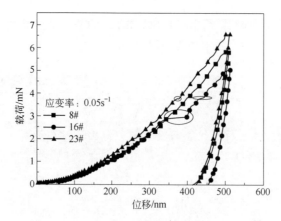

图 4-68　纳米压入过程的典型载荷-位移曲线

纳米力学性能测试中，纳米硬度表征着材料在压头施加应力作用下发生塑性变形的能力。在镁合金单个晶粒内，各种滑移系或孪生系的 SF 及 CRSS 均会受到晶粒取向的直接影响，导致不同取向的晶粒呈现出不同的塑性变形行为，从而影响纳米硬度值。图 4-69（a）为 TRC-ZA21 镁合金各压痕在纳米压入过程中的纳米硬度值。由图可知，各个纳米压痕的纳米硬度值与载荷-位移曲线类似，不过彼此之间也存在着明显的差别。Berkovich 压头以 $0.05s^{-1}$ 应变速率压入 TRC-ZA21 镁合金表面 500nm 时，纳米硬度的最低值与最高值分别为 0.816 和 1.129GPa，平均值为 0.983GPa，意味着晶粒取向以及晶界对纳米硬度具有显著的影响。

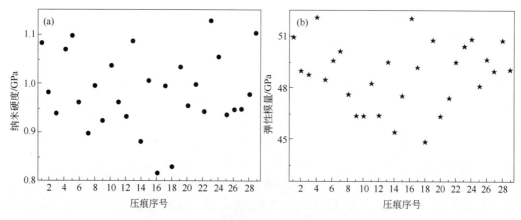

图 4-69　各纳米压痕的纳米硬度及弹性模量
（a）纳米硬度；（b）弹性模量

弹性模量作为材料的重要力学性质，可以作为评判纳米压入实验可靠性的方法。图 4-69（b）为 TRC-ZA21 镁合金各压痕在纳米压入过程中的弹性模量，不同压痕的弹性模量整体上差异明显。弹性模量的最小值和最大值分别为 44.9GPa 和 52.1GPa，平均值为 48.8GPa，标准差为 1.9GPa，偏差越小，纳米压入实验结果越可靠。Bočan 等[90]研究大晶粒尺寸的 AZ31 镁合金和纯镁时发现纳米压入过程的弹性模量与晶粒取向存在着非单调的取向依赖性。因为 TRC-ZA21 镁合金具有细小晶粒特征，其纳米压入过程中晶界成为一个必须考虑的影响因素。因此，弹性模量的整体分布能够说明纳米压入实验结果的准确性，而纳米硬度的偏差可能来源于晶粒取向及晶界的共同作用。

纳米力学性能测试时，屈服强度可以通过纳米硬度和弹性模量估算。屈服强度、纳米硬度以及弹性模量的内在联系表示如下[90]：

$$H/Y = A + B\ln(E/Y) \tag{4-19}$$

式中，H 为纳米硬度；Y 为屈服强度；E 为弹性模量；A 及 B 为压头几何结构决定的常数。

Berkovich 压头近似为楔形压头，屈服强度、纳米硬度及弹性模量三者的关系如下[91]：

$$\frac{H}{Y} = \frac{2}{3} + \frac{1}{\sqrt{3}}[1 + \ln(\frac{4}{3\pi} \times \frac{E}{Y}\tan\beta)] \tag{4-20}$$

式中，β 为压头表面与试样表面的倾斜角，Berkovich 压头所用的倾斜角为 24.7°。

TRC-ZA21 镁合金各压痕在纳米压入过程中的屈服强度由式（4-20）计算并如图 4-70（a）所示。由于纳米硬度及弹性模量在不同压痕的纳米压入过程中存在明显的差异，各纳米压痕在压入变形过程中的屈服强度自然也呈现明显的波动。纳米压入屈服强度的最大值与最小值分别为 0.239GPa 和 0.357GPa，平均值为 0.305GPa。同样，这些屈服强度的波动也说明不同压痕所处位置的晶粒取向以及晶粒间晶界取向差等因素对屈服强度的变化影响显著。

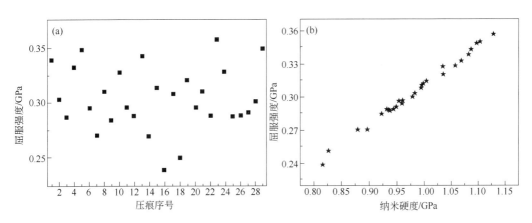

图 4-70　纳米压入过程中屈服强度及纳米硬度的关系
（a）纳米压痕的屈服强度；（b）屈服强度与纳米硬度的对应关系

图 4-70（b）为纳米压入时屈服强度与纳米硬度的对应关系。整体而言，纳米压入的屈服强度和纳米硬度成正比关系。但图 4-70（b）中也存在个别数据违背了屈服强度和纳米硬度呈现出的正比关系，式（4-20）也表明屈服强度还受到弹性模量的影响。例如图 4-69（a）中，6 号与 11 号纳米压痕的纳米硬度值相同均为 0.961GPa；而二者弹性模量存在差别，分别为 49.592GPa 和 48.258GPa。因此，两个压痕在纳米压入过程中的屈服强度存在差异，分别为 0.2948GPa 和 0.2966GPa。

式（4-20）表明屈服强度和纳米硬度和弹性模量的关系近似于 x-$\ln x$ 的方程解，纳米压入屈服强度则为方程 $f(Y_1)$ 及 $f(Y_2)$ 的交点。方程 $f(Y_1)$ 和 $f(Y_2)$ 如下所示：

$$f(Y_1)=H/Y \tag{4-21}$$

$$f(Y_2)=\frac{2}{3}+\frac{1}{\sqrt{3}}[1+\ln(\frac{4}{3\pi}\times\frac{E}{Y}\times\tan\beta)] \tag{4-22}$$

图 4-71 为屈服强度随纳米硬度和弹性模量的变化趋势。图 4-71（a）描述了给定弹性模量时，纳米硬度对屈服强度的影响。随着纳米硬度的增高，方程 $f(Y_1)$ 及 $f(Y_2)$ 的交点逐渐后移，屈服强度增高。在图 4-71（b）中，在给定纳米硬度下，弹性模量增高，方程 $f(Y_1)$ 及 $f(Y_2)$ 的交点逐渐上移，屈服强度降低。此外，对于两种方程交点的变化，纳米硬度的作用要明显高于弹性模量，这也就意味着纳米硬度对于屈服强度的影响高于弹性模量。

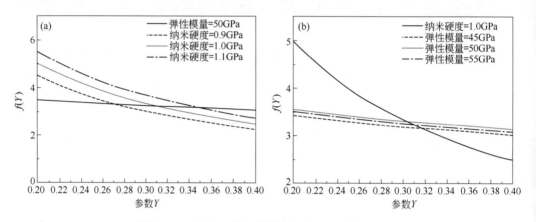

图 4-71　纳米硬度和弹性模量对屈服强度的影响

（a）纳米硬度对屈服强度的影响；（b）弹性模量对屈服强度的影响

此外，依据纳米压入变形的载荷-位移曲线还可以得到微纳米尺度变形时的作用功。压头在变形过程中所做的总功（W_{tot}）可以分为弹性和塑性两部分；不可逆的塑性功（W_{pl}）与载荷-位移曲线所封闭的区域面积相当，主要与材料的硬度和屈服强度相关。可逆的弹性功（W_{el}）则等同于卸载部分的曲线所对应的区域面积，主要受到弹性模量的影响[92]。图 4-72 为 TRC-ZA21 退火态镁合金纳米压入过程的总作用功、塑性功及弹性功。结果表明，在相同纳米压入参数条件下，纳米压入过程中总功、塑性功和弹性功呈现明显的差异性。除了如纳米硬度、屈服强度和弹性模量等纳米力学性能对作用功存在影响外，纳米压入设备本身的控制精度对作用功也起到一定的作用。例如，各纳米压入过程的最大位移存在着较大差异，最大值为 553.2nm，而最小值为 504.2nm，差值达到 49.0nm，对作用功必然起到较大的影响。

图 4-73 为塑性功占总作用功的相对比例与纳米硬度之间的相应关系。忽略纳米压入过程中最大位移对作用功的影响，借助塑性功与总功的相对比例，可分析纳米硬度对塑性功的影响。整体而言，随着纳米硬度值升高，塑性功在总功中所占比例呈下降趋势，弹性功所占比例则会增加。当纳米硬度值较高时，晶格通过弹性应变可以更好地抵挡塑性变形[90]，从而使得弹性功占比增加，塑性功占比降低。

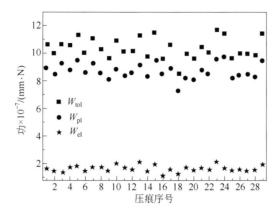

图 4-72 纳米压入过程的总功、塑性功及弹性功

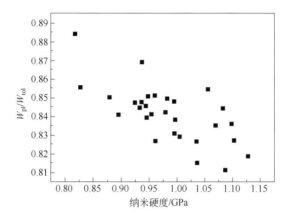

图 4-73 塑性功占比与纳米硬度的对应关系

4.4.3 纳米压入的取向行为

对于晶粒尺寸粗大的镁合金，当压头在纳米压入过程中远离晶界，即仅处于一个单独晶粒内，由于压痕处于晶粒内部，与晶界存在一定距离，从而减轻了周围晶粒对于纳米力学性能的影响。此时，晶粒的取向对纳米力学性能及载荷-位移曲线的变化具有极其明显的影响[90,93-94]。而在细小晶粒内进行纳米压入时，压头同时作用于若干个晶粒的概率大幅增加，并且相邻晶粒的取向存在差异，在外加载荷应力作用时的变形行为也会不同。同时，晶界附近的应力集中现象也会影响周围晶粒的变形。基于晶粒对外加应力的力学响应，以及由晶界附近应力集中现象产生的不同变形机制传播等影响因素，细小晶粒的纳米压入行为变得非常复杂，其规律性的探索受到了极大的限制。因而在相同纳米压入参量下，不同压痕的纳米力学行为也会呈现非常明显的差异。

在细小晶粒尺寸的镁合金基体上，纳米压痕所处位置具有不同的晶粒分布特点，图 4-74 为部分代表性纳米压痕所处区域的反极图。反极图中白色三角形所在的黑色区域为纳米压痕，因压痕表面与试样表面不在相同平面内，在 EBSD 标识过程中无法识别菊池花样，从而呈现黑色。图中晶粒对应的晶粒取向如图 4-74（f）中反极图取向示意图所示，图 4-74（a）

中板材的 RD 与 TD 方向与纳米压痕样品保持一致,后续微观组织分析中不再进行说明。图 4-74 表明纳米压痕在 TRC-ZA21 退火态镁合金中有以下几种分布特点:①压痕位于单独晶粒内,如图 4-74(a)中压痕将晶粒分成两部分,或图 4-74(b)中压痕位于晶粒的一侧;②压痕存在于两个晶粒上 [图 4-74(c)和(d)];③压痕存在于 2 个以上数量晶粒处的复杂情况 [图 4-74(e)和(f)]。这些压痕所处区域的晶粒分布的不同特点表明纳米压入过程中所承受的抵抗是不同的,受到晶粒数量以及晶界数量的影响。此外,纳米压痕所处区域还可看出压痕所处晶粒的晶粒尺寸及晶粒取向具有显著的差别,在外加载荷作用下,其变形行为也必然不同。

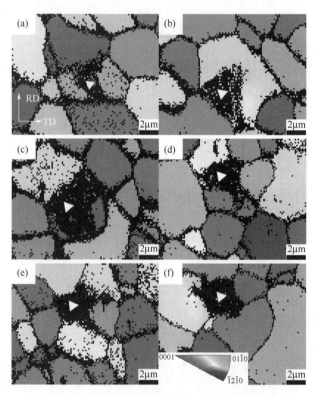

图 4-74　纳米压痕所处区域的晶粒取向反极图(见书后彩页)

(a)单独晶粒内 19 号压痕;(b)单独晶粒内 25 号压痕;

(c)双晶粒内 3 号压痕;(d)双晶粒内 20 号压痕;

(d)多晶粒内 18 号压痕;(f)多晶粒内 28 号压痕

19 号压痕存在于单一晶粒内,图 4-75 为压痕附近的微观组织特征,包括欧拉角图、相关晶粒的基面极图以及 IGMA 分布。其中,基面极图的方向及 IGMA 分布取向在纳米压痕微观组织分析中保持一致。图 4-75(a)为 19 号压痕附近晶粒的欧拉角图像,包括压痕所处 19-2 晶粒以及与压痕沿晶界相连的 19-1 晶粒、19-3 晶粒。19-1 晶粒、19-2 晶粒和 19-3 晶粒 c 轴与基体 ND 方向的夹角如图 4-75(a)所示,分别为 18.6°、79.9° 和 29.7°。此外,相邻晶粒间 c 轴夹角如图 4-75(b)中基面极图所示,19-1 晶粒、19-3 晶粒与 19-2 晶粒 c 轴间的夹角分别为 63.3° 和 81.0°。微观组织中无明显孪晶存在,因而可借助 IGMA 分布研究纳米压入过程的变形机制。由于纳米压入变形属于微纳米尺度变形，形变量受到限制，其位错密度明显低于宏观塑性变形，为同时提高 IGMA 数据的准确性及统计性，纳米压入变形的 IGMA 分布的取向差均限定为 1°～5°。当外加应力作用于晶粒时，变形机制的激活与晶粒取向相关，面对垂直压应力作用时，19-2 晶粒的基面滑移和柱面滑移 SF 分别为 0.16 和 0.48，即柱面滑移 SF 明显高于基面滑移。但由于镁合金中基面滑移的 CRSS 低于柱面滑移，因此，如图 4-75（c）所示，19-2 晶粒内 IGMA 主要分布在两个不同区域中，一部分围绕<0001>分布，另一部分靠近<uwt0>弧，表明 19-2 晶粒内基面滑移和柱面滑移都被激活。而 19-1 和 19-3 晶粒在纳米压入过程中虽然没有与压头直接接触，但图 4-75（c）的 IGMA 分布表明两个晶粒内同样也有位错启动，意味着在细小晶粒中进行纳米压入时，除压痕所处晶粒外，相邻晶粒也可能发生变形。19-1 晶粒和 19-3 晶粒的滑移系 SF 也证明相邻晶粒内位错的启动是由于应力集中导致相邻晶粒内位错被激活所引起的。晶粒 19-1 受到垂直压应力作用时，其基面滑移和柱面滑移 SF 分别为 0.28 和 0.05，即柱面滑移在 19-1 晶粒内会因取向原因而受到抑制，而图 4-75（c）中的 19-1 晶粒 IGMA 分布表明柱面滑移在晶粒内活性高，表明 19-1 晶粒的柱面位错并不是由于压头的接触而产生。

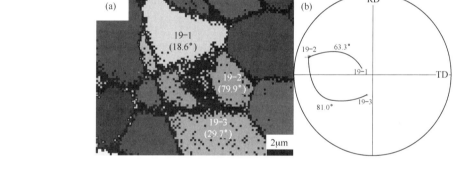

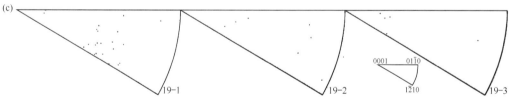

图 4-75　19 号压痕附近微观组织特征（见书后彩页）

（a）欧拉角图像；（b）相关晶粒基面极图；（c）相关晶粒 IGMA 分布

纳米压入变形促使 19-2 晶粒内产生位错增殖和迁移，在晶界处被阻碍而产生塞积，最终引起应力集中。又由于多晶粒之间的应变协调行为，相邻晶粒内部被诱导产生位错。诱导位错激活示意图如图 4-76 所示，压痕所处晶粒在压头作用下，不断有位错产生并向晶界移动，而晶界处位错塞积到一定程度后引起应力集中，最终促使相邻晶

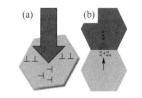

图 4-76　相邻晶粒的位错激活

（a）位错产生及运动；（b）诱导相邻晶粒位错激活

粒内位错运动被激活。

当晶界处应力集中导致相邻位错激活时，晶界取向差成为一个关键性的控制因素。诸多研究表明，当晶界取向差增大时，两个晶粒间的连通性降低，不仅位错或孪晶难以跨越晶界继续传播，在相邻晶粒内诱发位错等变形机制启动的难度也随之增加，例如，孪晶对在低取向差晶界处才易出现[14,81,95]。因此，与纳米压痕处晶粒 c 轴夹角较小的 19-1 晶粒内位错活性高于 19-3 晶粒内。若将晶界处的应力集中视为 19-1 晶粒和 19-3 晶粒的外加应力，那么，19-1 晶粒和 19-3 晶粒均受到一个沿 RD 方向的压应力。此时，19-1 晶粒的基面滑移和柱面滑移 SF 分别为 0.14 和 0.48，且 19-1 晶粒内 IGMA 分布偏靠近<0001>。19-3 晶粒的基面滑移和柱面滑移 SF 分别为 0.42 和 0.35，若遵循 Schmid 定律，则 19-3 晶粒内滑移机制应以基面滑移为主，而图 4-75（c）中的 IGMA 分布却表明晶粒内主要滑移机制为柱面滑移，这种反常的现象与晶粒间的几何适配紧密有关。关于镁合金变形机制在晶界处的传播行为，Xin 等提出了几何适配的概念[96]，两个相邻晶粒的取向关系包括 c 轴夹角以及 c 轴的晶格旋转角度。根据镁合金 hcp 晶体结构的对称性，c 轴夹角范围为 $0°\sim90°$，c 轴的旋转角度为 $0°\sim30°$。其中，高的 c 轴夹角不利于基面-基面、柱面-柱面以及孪生-孪生等变形机制的传播，但有利于基面-柱面传播[55]。由于 19-2 晶粒和 19-3 晶粒的 c 轴夹角高达 81.0°，不利于相同滑移系跨越晶界传播，因此，19-3 晶粒内柱面滑移成为主要滑移机制。

当纳米压痕作用于单个晶粒时，晶粒间 c 轴夹角较小时，相邻晶粒内变形行为遵循 Schmid 定律。而当 c 轴夹角较大时，相邻晶粒内变形不仅受到抑制，而且在几何适配作用下，镁合金变形不再遵循 Schmid 定律。当纳米压痕作用于数个晶粒时，是否还存在类似的塑性变形取向行为值得进一步研究。图 4-77 为 20 号压痕区域的微观组织，20 号压痕处于 20-1 晶粒和 20-2 晶粒内。由于压痕所处晶粒数量的增多，其相邻晶粒的数量也随之增多，相应晶粒的 c 轴与基体法向之间的夹角及各相邻晶粒之间的 c 轴夹角如图 4-77（a）和图 4-77（b）所示。纳米压头直接施加应力的 20-1 晶粒和 20-2 晶粒，其变形机制的选择遵循着 Schmid 定律，20-1 晶粒和 20-2 晶粒受到垂直压应力时的基面滑移 SF 分别为 0.50 和 0.43，而柱面滑移的 SF 则依次是 0.23 和 0.13。显而易见，基面滑移成为两个晶粒在此受力条件下的主导变形机制，如图 4-77（c）所示，两个晶粒内 IGMA 分布取向差的数据差异来源于压头在两个晶粒上作用面积的差异。

对于 20-3～20-9 数个与纳米压头未直接接触的晶粒，其变形行为的影响因素增多，除了受相邻晶粒应力集中的 SF 作用外，还与相邻晶粒 c 轴夹角相关。如与 20-1 晶粒相邻的 20-4 晶粒、20-5 晶粒及 20-6 晶粒，三个晶粒与 20-1 晶粒 c 轴的夹角分别为 59.2°、74.0°和 86.5°，而三个晶粒的 IGMA 分布也表明随着夹角角度的增加，晶粒内 IGMA 取向差处于 $1°\sim5°$ 范围的频率逐渐降低，表明大角度晶界对位错运动起到了有效阻碍作用。此外，根据纳米压入与晶粒之间的方向关系，在晶界应力集中作用下，20-4 晶粒、20-5 晶粒及 20-6 晶粒的基面滑移 SF 均具有较高值，分别为 0.36、0.40 和 0.49。虽然晶粒间 c 轴夹角增大，基面滑移和基面滑移的运动受到了阻碍，但相邻晶粒内基面滑移的 SF 也增大了，最终三个相邻晶粒内均存在一定程度的基面位错启动。相似的变形取向行为也出现在与 20-2 晶粒相邻的晶粒内，如同时与 20-1 晶粒及 20-2 晶粒相邻的 20-6 晶粒，与 20-2 晶粒间也保持着高 c 轴夹角（77.4°）以及高基面滑移 SF（0.49）。因此，20-1 和 20-2 两个晶粒对 20-6 晶粒的影响趋于一致。与 20-2 晶粒 c 轴夹角保持较低角度的 20-3 晶粒、20-7 晶粒及 20-9 晶粒内变形机制激活均遵循 Schmid 定律，如 20-3 晶粒所处变形条件下的基面滑移和柱面滑移 SF 分别为 0.02 和 0.45，即柱面滑移成为主导变形机制，与图 4-77（c）中 IGMA 分布相符。20-2 晶粒和 20-8 晶粒间也呈现高 c 轴夹角（77.4°），本身不利于基面滑移通过晶界诱使相邻晶粒内基面滑移启动，但此时 20-8 晶粒内柱面滑移 SF 仅为 0.08，极难激活。在应变协调作用下，20-8 晶粒内反而是基面滑移激活。这也表明，即使在高 c 轴夹角条件下，相邻晶粒内变形机制的 SF 差也会在一定程度上决定取向行为[55]。

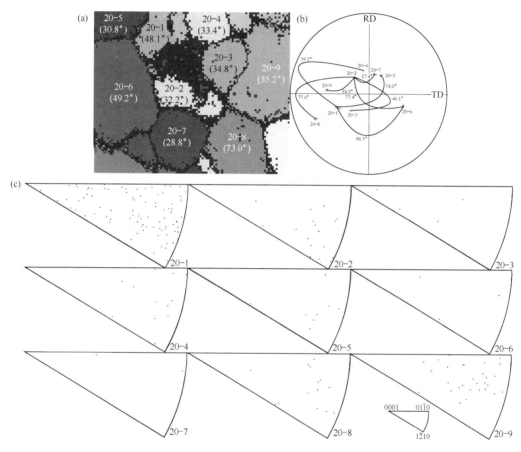

图 4-77　20 号压痕附近的微观组织特征（见书后彩页）

（a）欧拉角图像；（b）相关晶粒基面极图；（c）相关晶粒 IGMA 分布

当晶粒受到纳米压头直接施加的应力时，其变形行为与晶粒取向紧密相关，遵循 Schmid 定律，呈现塑性变形的取向行为。而未与纳米压头直接接触的其他晶粒变形机制的激活则存在变化，不仅受到外加应力影响，还与相邻晶粒的相对取向关系相关，主要体现在晶粒的 c 轴夹角上。相邻晶粒 c 轴夹角较小时，变形遵循应力来源方向的 Schmid 因子准则。而当相邻晶粒 c 轴夹角增大时，变形机制转换难度增加；此外，在几何适配性的影响下，同类变形机制的激活受到抑制，反而有利于基面滑移和柱面滑移之间的异类变形机制转换。然而，如果晶粒内变形机制之间的 SF 差异过大，异类变形机制转换传播的进行也会被抑制。

当纳米压痕同时作用于 2 个以上的晶粒时，以 9 号压痕为例，其压痕区域的微观组织特征如图 4-78 所示。此时，压痕同时位于 9-1、9-2 和 9-3 三个晶粒表面，视场内与三个晶粒直接相邻的晶粒包括 9-4～9-9 数个晶粒。相关晶粒 c 轴与基体法向的夹角如图 4-78（a）所示，与相邻晶粒的 c 轴夹角则如图 4-78（b）所示。各个晶粒取向差处于 1°～5°范围内的 IGMA 分布依次排列于图 4-78（c）。在纳米压入过程中受到压头直接作用的三个晶粒的变形同样与晶粒取向相关，9-1 晶粒、9-2 晶粒和 9-3 晶粒承受压头作用时的基面滑移 SF 分别为 0.50、0.48 及 0.44，分别高于此应力状态下的柱面滑移 SF（0.24、0.17、0.35），所以，三个晶粒的变形均主要由基面滑移主导，与 IGMA 沿<uwt0>分布相符。由于 9-3 晶粒的柱面滑移 SF 高于其他两个晶粒，因此，呈现出相对较强的柱面滑移活性。

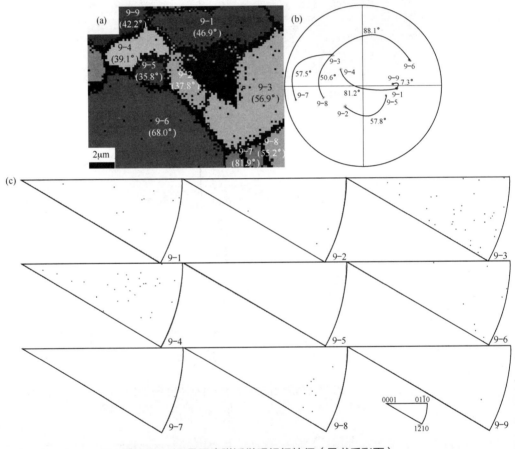

图 4-78 9 号压痕附近微观组织特征（见书后彩页）

（a）欧拉角图像；（b）相关晶粒基面极图；（c）相关晶粒 IGMA 分布

如图 4-78（c）所示，在 9-2 晶粒的 IGMA 分布中取向差处于 1°～5°的数量较少，说明 IGMA 晶粒内位错活动较 9-1 和 9-3 晶粒弱，在晶界处难以形成应力集中。与 9-2 晶粒接触的 9-5 晶粒内畸变程度低，并无相应的位错产生。与 9-1 晶粒和 9-2 晶粒相邻的 9-4 晶粒内变形行为主要受到 9-1 晶粒的影响，9-4 晶粒在 9-1 晶粒作用下的基面滑移和柱面滑移 SF 分别为 0.48 和 0.30，然而 9-1 晶粒和 9-4 晶粒间具有高 c 轴夹角（81.2°），在一定程度上阻碍 9-4 晶粒内基面滑移的激活，并促进柱面位错开动。因此，9-4 晶粒的 IGMA 分布呈现基面滑移和柱面滑移均有一定程度的活性。与 9-2 晶粒和 9-3 晶粒均相邻的 9-6 晶粒同样主要受到 9-3 晶粒的作用，由于 9-3 晶粒内基面位错和柱面位错均存在，而 9-3 晶粒和 9-6 晶粒间 c 轴夹角为 88.1°，不利于同类位错的传播，而 9-6 晶粒在 9-3 晶粒作用下的基面滑移和柱面滑移 SF 分别为 0.49 和 0.27，9-3 晶粒内数量较少的柱面滑移促使晶粒 9-6 内产生少量的基面滑移，如图 4-78（c）中 9-6 晶粒内仅有少量 IGMA 取向差处于 1°～5° 范围，绝大多数的 IGMA 分布在 <uwt0> 弧附近。与 9-6 晶粒距压痕中心的距离相比要更远的 9-7 晶粒和 9-8 晶粒，其 c 轴与 9-3 晶粒的 c 轴夹角角度相近，分别为 57.5° 和 50.6°，但两个晶粒取向的差异使得晶粒在面对 9-3 晶粒影响时，因 SF 大小不同呈现不同的变形机制。9-7 晶粒基面滑移和柱面滑移 SF 分别为 0.17 和 0.46，而 9-8 晶粒内两种滑移机制的 SF 依次为 0.44 和 0.17，加上两个晶粒距离压痕中心点距离较远，因压入变形产生的位错运动到两个晶粒内便非常困难，并且 9-3 晶粒内以基面滑移为主，而 9-7 晶粒不利于基面位错生成。因此，9-7 晶粒内位错无明显增殖，而 9-8 晶粒的 IGMA 分布也仅有少量 1°～5° 的取向差点分布于 <uwt0> 弧附近。类似的情况也出现在 9-1 晶粒和 9-9 晶粒之间，虽然两个晶粒 c 轴夹角仅有 7.3°，位错易于通过晶界在 9-9 晶粒内传播，但由于 9-9 晶粒距压入变形区域存在一定距离，从而使得 9-9 晶粒的基面位错开动可能性较小。

以上几种不同取向情况的压痕区域微观组织中均没有孪晶出现，而图 4-68 的纳米压入过程的载荷-位移曲线存在明显的跃迁行为。晶粒粗大的镁合金在纳米压入过程中的跃迁行为被认为与孪晶相关[85-86]。Bočan 等[90]认为纳米压入过程中生成的孪晶具有小的尺寸，并可能出现在压痕表面的下方，从而使得大多数孪晶在基体表面视场中无法被观察到。TRC-ZA21 退火态镁合金纳米压痕无孪晶出现的现象还可能受到其他方面影响。首先，TRC-ZA21 退火态镁合金具有晶粒细小特征，而细化的晶粒会造成孪晶活性下降[97]。晶粒尺寸降低，滑移及孪生的 CRSS 均增加，但孪晶的尺寸敏感性高于滑移[98]。此外，孪晶尺寸也受到晶粒尺寸的限制，并会影响孪晶的扩展以及长大[99]。因此，孪晶对晶粒尺寸敏感。Hu 等将纳米晶及超细晶 AZ31 镁合金在纳米压入变形过程中跃迁行为的逐渐消失归因于孪晶对变形过程的参与程度降低[86]。其次，孪生本质是体积激活过程，纳米压入变形的深度对孪晶活性具有一定程度的影响。通常，增加纳米压入深度会明显提高孪晶活跃程度[100]。Sánchez-Martín 等[101]发现当压入深度达到 1000nm，拉伸孪晶才能在纯镁中观察到，而孪晶激活最小压入深度的存在也证明了孪生最小激活体积的真实性。由于 TRC-ZA21 退火态晶粒细小，为避免压入过程中贯穿晶粒使载荷应力与晶粒取向的相对方向发生变化，因而选取 500nm 作为最大压入深度，在此条件下拉伸孪晶也可能尚未达到激活所需的最小压入深度。因此，在晶粒尺寸和压入深度的共同作用下，TRC-ZA21 退火态合金的纳米压痕区域的微观组织中，并没有观察到明显的孪生现象。

对所有纳米压痕附近的微观组织进行分析发现，TRC-ZA21 退火态镁合金的纳米压入实验中仅有 5 号压痕附近的微观组织区域存在疑似孪晶的组织，其压痕附近的微观组织特征如图 4-79 所示。5-1～5-6 六个晶粒围绕在 5 号压痕周围，各晶粒 c 轴与基体法向的夹角如图 4-79（a）的欧拉角所示。从图 4-79（b）的晶界结构图中可以观察到蓝色的 $\{10\bar{1}2\}$ 拉伸孪晶界，与图 4-79（a）欧拉角图像中的 5-5 晶粒和 5-6 晶粒间的晶界相对应，即 5-5 晶粒可能是 5-6 晶粒在纳米压入变形过程中生成的拉伸孪晶，图 4-79（d）中 5-5 晶粒和 5-6

晶粒的晶格取向进一步证明了此孪生行为的可能性。Sánchez-Martín 等[101]对纯镁在纳米压入过程中孪晶的形核和扩展研究中也发现具有"凸起"压痕边缘特征的压痕两侧有利于激活拉伸孪生。但该研究中这种利于拉伸孪晶出现的限制条件为晶粒的 c 轴与表面法向间为低偏转角，而图 4-79 中 5-6 晶粒与基体法向夹角为 44.7°，高于 Sánchez-Martín 对低偏转角度（30°）的限制。

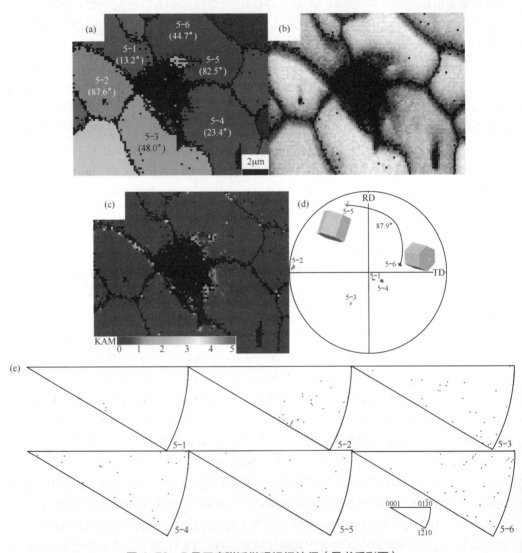

图 4-79　5 号压痕附近微观组织特征（见书后彩页）

（a）欧拉角图像；（b）晶界结构图；（c）KAM 图；
（d）相关晶粒基面极图；（e）相关晶粒 IGMA 分布

图 4-79（c）的 KAM 图有助于分析各晶粒在纳米压入过程中的应力来源，如 5-3 晶粒和 5-4 晶粒内高畸变区域处于压痕位置，表明两个晶粒在纳米压入过程中受到了压头的直接作用。而 5-1 晶粒和 5-2 晶粒的高畸变区域远离压痕，表明两个晶粒的变形可能是由于其他晶粒晶界处的位错塞积所引起。受到压头作用的 5-3 晶粒和 5-4 晶粒变形行为遵循

Schmid 定律，5-3 晶粒的基面滑移和柱面滑移的 SF 分别为 0.5 和 0.26，有利于基面滑移启动，与图 4-79（e）中 IGMA 分布相符。5-4 晶粒也呈现相似的规律性，基面滑移和柱面滑移的 SF 分别为 0.32 和 0.07，同样是基面滑移为主导变形机制。5-1 晶粒和 5-2 晶粒则受到了来自压头底部组织的挤压，5-1 晶粒的基面滑移和柱面滑移的 SF 分别为 0.04 和 0.50；而 5-2 晶粒两种滑移系的 SF 依次为 0.46 和 0.28。加之 5-1 晶粒和 5-2 晶粒 c 轴的夹角为 85.77°，阻碍同类滑移系的扩展，从而在晶界处产生应力塞积，形成较高的取向差，与图 4-79（c）中 5-1 晶粒和 5-2 晶粒相连晶界处呈现高的 KAM 值一致。高 c 轴夹角有利于异种滑移系转换传播，对基面滑移主导 5-2 晶粒变形而柱面滑移主导 5-1 晶粒变形起到了协调作用。

　　纳米压入变形在微纳米尺度下可以将塑性变形的影响区控制在为数不多的晶粒内，从而对分析镁合金变形行为的取向性及变形机制间的竞争与协调行为产生积极的作用。针对晶粒尺寸细小的 TRC-ZA21 退火态镁合金微观组织进行的纳米压入变形揭示了晶粒取向对变形机制的协调与竞争行为的影响。在纳米压入过程中，压头直接作用的晶粒区域，受到来自压头的垂直压应力，晶粒取向的差别意味着在外加应力作用下各变形机制具有不同的 Schmid 因子。因此，压头作用区域晶粒的不同取向呈现不同的主导变形机制，自然就具有彼此不同的变形行为，体现出晶粒取向对变形机制选择的影响，也就是变形机制之间的竞争关系。然而，纳米压入过程中，压头对微观组织的作用并不仅限于压头直接作用的区域。通过位错的增殖及移动，在晶界处发生塞积，进一步影响相邻的晶粒，从而使得相邻晶粒也位于纳米压入塑性变形的影响范围内。不同变形机制之间此时的关系不仅呈现竞争性，还表现出协调性。同样，晶粒取向对变形行为的影响也不再仅限于单个的晶粒，转而由两个晶粒的几何适配性决定。晶界作为微观组织重要的面缺陷，晶界与位错的交互作用在变形过程中也起到双重作用[102-103]。一方面，晶界可以阻碍位错等晶格缺陷向相邻晶粒内扩展；另一方面，晶界也可以协调多晶体之间的应变，起到应变协调作用，从而保证多晶体的良好塑性。从前述纳米压入变形研究中可以发现，相邻晶粒 c 轴的夹角会影响晶界在变形过程中阻碍或促进位错滑移等变形机制的启动与转换，而类似的影响规律在镁合金的宏观变形中已经有相关的成果作为理论支撑[104-106]。此外，晶界在变形过程中的双重作用也表明晶粒取向对变形行为的影响。在低 c 轴夹角条件下，晶界并不能对位错滑移等变形机制的扩展起到阻碍作用，相邻晶粒根据其 Schmid 因子的大小从而激活不同的变形机制，呈现变形机制间的竞争行为。而当 c 轴夹角增大时，晶界对位错扩展的阻碍作用增强，由于两个晶粒间的几何适配性因素，同类变形机制之间的传播受到抑制，反而有利于基面滑移和柱面滑移等异类变形机制的扩展，从而体现出变形机制之间的协调性。而这种变形的竞争和协调行为的选择则来源于两个晶粒间的取向关系。

　　以两晶粒 c 轴的夹角分别为 0° 以及 90° 的极端情况说明镁合金晶粒间变形的竞争与协调行为。如图 4-80（a）所示，相邻两个晶粒的 c 轴平行，其夹角为 0°，那么两个晶粒的基面也处于同一平面上，当 A 晶粒内基面滑移启动，基面位错在基面上增殖移动至晶界处，由于与 B 晶粒的基面平行，位错传播较易，而基面与 B 晶粒的柱面垂直，位错难以传播。随着 c 轴夹角逐渐增大，相邻晶粒间基面夹角也随之增大，而基面和相邻晶粒柱面的夹角则逐渐减小，这也意味着基面上位错跨越晶界在相邻晶粒内的基面上传播的阻碍增多，而在相邻晶粒柱面上传播的阻力则逐渐下降。当两个晶粒的 c 轴夹角达到 90° 时，如图 4-80（b）所示，C 晶粒基面与 D 晶粒柱面平行，而与 D 晶粒基面垂直。当 C 晶粒内基面位错在晶界处集中时，D 晶粒柱面滑移由于几何适配关系更易启动，从而导致高 c 轴夹角时同类变形机制的传播受阻，有利于异类变形机制的传播。

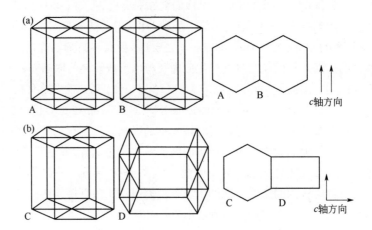

图 4-80　塑性变形机制协调作用示意图

（a）0°c 轴夹角；（b）90°c 轴夹角

参考文献

[1] Chi Y Q, Zhou X H, Qiao X G, et al. Tension-compression asymmetry of extruded Mg-Gd-Y-Zr alloy with a bimodal microstructure studied by in-situ synchrotron diffraction[J]. Materials & Design, 2019, 170: 107705.

[2] Rong W, Zhang Y, Wu Y J, et al. The role of bimodal-grained structure in strengthening tensile strength and decreasing yield asymmetry of Mg-Gd-Zn-Zr alloys[J]. Materials Science and Engineering: A, 2019, 740: 262-273.

[3] Xu S W, Zheng M Y, Kamado S, et al. Dynamic microstructural changes during hot extrusion and mechanical properties of a Mg-5.0Zn-0.9Y-0.16Zr (wt.%) alloy[J]. Materials Science and Engineering: A, 2011, 528(12): 4055-4067.

[4] Xu C, Zheng M Y, Xu S W, et al. Ultra high-strength Mg-Gd-Y-Zn-Zr alloy sheets processed by large-strain hot rolling and ageing[J]. Materials Science and Engineering: A, 2012, 547: 93-98.

[5] Homma T, Kunito N, Kamado S. Fabrication of extraordinary high-strength magnesium alloy by hot extrusion[J]. Scripta Materialia, 2009, 61(6): 644-647.

[6] Oh ishi K, Mendis C L, Homma T, et al. Bimodally grained microstructure development during hot extrusion of Mg-2.4Zn-0.1Ag-0.1Ca-0.16Zr (at.%) alloys[J]. Acta Materialia, 2009, 57(18): 5593-5604.

[7] Liu Y Y, Mao P L, Zhang F, et al. Effect of temperature on the anisotropy of AZ31 magnesium alloy rolling sheet under high strain rate deformation[J]. Philosophical Magazine, 2018, 98(12): 1068-1086.

[8] Brown D W, Agnew S R, Bourke M A M, et al. Internal strain and texture evolution during deformation twinning in magnesium[J]. Materials Science and Engineering: A, 2005, 399(1-2): 1-12.

[9] Kim Y J, Lee J U, Kim S H, et al. Grain size effect on twinning and annealing behaviors of rolled magnesium alloy with bimodal structure[J]. Materials Science and Engineering: A, 2019, 754: 38-45.

[10] Malik A, Wang Y W, Nazeer F, et al. Deformation behavior of Mg-Zn-Zr magnesium alloy on the basis of macro-texture and fine-grain size under tension and compression loading along various directions[J]. Journal of Alloys and Compounds, 2021, 858: 157740.

[11] Lv C L, Liu T M, Liu D J, et al. Effect of heat treatment on tension-compression yield asymmetry of AZ80 magnesium alloy[J]. Materials & Design, 2012, 33: 529-533.

[12] Wang J, Beyerlein I J, Tomé C N. Reactions of lattice dislocations with grain boundaries in Mg: Implications on the micro scale from atomic-scale calculations[J]. International Journal of Plasticity, 2014, 56: 156-172.

[13] Wan X, Zhang J, Mo X Y, et al. Effects of pre-strain on twinning behaviors in an extruded Mg-Zr alloy[J]. Materials Science and Engineering: A, 2019, 766: 138335.

[14] Guo C F, Xin R L, Ding C H, et al. Understanding of variant selection and twin patterns in compressed Mg alloy sheets via combined analysis of Schmid factor and strain compatibility factor[J]. Materials Science and Engineering: A, 2014, 609: 92-101.

[15] Luo J R, Godfrey A, Liu W, et al. Twinning behavior of a strongly basal textured AZ31 Mg alloy during warm rolling[J]. Acta Materialia, 2012, 60: 1986-1998.

[16] Park S H, Hong S G, Lee C S. Activation mode dependent {10-12} twinning characteristics in a polycrystalline magnesium alloy[J]. Scripta Materialia, 2010, 62: 202-205.

[17] Jiang J, Godfrey A, Liu W, et al. Identification and analysis of twinning variants during compression of a Mg-Al-Zn alloy[J]. Scripta Materialia, 2008, 58(2): 122-125.

[18] Hong S G, Park S H, Lee C S. Role of {10-12} twinning characteristics in the deformation behavior of a polycrystalline magnesium alloy[J]. Acta Materialia, 2010, 58: 5873-5885.

[19] Liu X, Jonas J J, Zhu B W, et al. Variant selection of primary extension twins in AZ31 magnesium deformed at 400 °C[J]. Materials Science and Engineering: A, 2016, 649: 461-467.

[20] Jonas J J, Mu S, Al-Samman T, et al. The role of strain accommodation during the variant selection of primary twins in magnesium[J]. Acta Materialia, 2011, 59(5): 2046-2056.

[21] Agnew S R, Tomé C N, Brown D W, et al. Study of slip mechanisms in a magnesium alloy by neutron diffraction and modeling[J]. Scripta Materialia, 2003, 48(8): 1003-1008.

[22] Shi Z Z, Zhang Y D, Wagner F, et al. On the selection of extension twin variants with low Schmid factors in a deformed Mg alloy[J]. Acta Materialia, 2015, 83: 17-28.

[23] Kadiri H E, Kapil J, Oppedal A L, et al. The effect of twin-twin interactions on the nucleation and propagation of {10-12} twinning in magnesium[J]. Acta Materialia, 2013, 61: 3549-3563.

[24] Barnett M R, Nave M D, Ghaderi A. Yield point elongation due to twinning in a magnesium alloy[J]. Acta Materialia, 2012, 60: 1433-1443.

[25] Nan X L, Wang H Y, Zhang L, et al. Calculation of Schmid factors in magnesium: Analysis of deformation behaviors[J]. Scripta Materialia, 2012, 67: 443-446.

[26] Han T Z, Huang G S, Wang Y G, et al. Enhanced mechanical properties of AZ31 magnesium alloy sheets by continuous bending process after V-bending[J]. Progress in Natural Science-Materials International, 2016, 26(1): 97-102.

[27] Molnár P, Jäger A, Lejček P. Twin nucleation at grain boundaries in Mg-3 wt.% Al-1 wt.% Zn alloy processed by equal channel angular pressing[J]. Scripta Materialia, 2012, 67: 467-470.

[28] Clair A, Foucault M, Calonne O, et al. Strain mapping near a triple junction in strained Ni-based alloy using EBSD and biaxial nanogauges[J]. Acta Materialia, 2011, 59: 3116-3123.

[29] Zhang M N, Wang J H, Zhu Y P, et al. Ex-situ EBSD analysis of hot deformation behavior and microstructural evolution of Mg-1Al-6Y alloy via uniaxial compression[J]. Materials Science and Engineering: A, 2020, 775: 138978.

[30] Zhang H, Wang H Y, Wang J G, et al. The synergy effect of fine and coarse grains on enhanced ductility of bimodal-structured Mg alloys[J]. Journal of Alloys and Compounds, 2019, 780: 312-317.

[31] Sun J P, Yang Z Q, Liu H, et al. Tension-compression asymmetry of the AZ91 magnesium alloy with multi-heterogenous microstructure[J]. Materials Science and Engineering: A, 2019, 759: 703-707.

[32] Barnett M R, Keshavarz Z, Ma X. A semianalytical Sachs model for the flow stress of a magnesium alloy[J].

Metallurgical and Materials Transactions a-Physical Metallurgy and Materials Science, 2006, 37: 2283-2293.

[33] Fu W, Wang R H, Zhang J Y, et al. The effect of precipitates on voiding, twinning, and fracture behaviors in Mg alloys[J]. Materials science and Engineering: A, 2018, 720: 98-109.

[34] Zhang L, Deng K K, Nie K B, et al. Microstructures and mechanical properties of Mg-Al-Ca alloys affected by Ca/Al ratio[J]. Materials Science and Engineering: A, 2015, 636: 279-288.

[35] Jiang L, Jonas J J, Luo A A, et al. Twinning-induced softening in polycrystalline AM30 Mg alloy at moderate temperatures[J]. Scripta Materialia, 2006, 54(5): 771-775.

[36] Zhao C, Chen X, Pan F, et al. Strain hardening of as-extruded Mg-xZn (x=1,2,3 and 4 wt%) alloys[J]. Journal of Materials Science & Technology, 2019, 35: 142-150.

[37] Wang B S, Xin R L, Huang G J, et al. Effect of crystal orientation on the mechanical properties and strain hardening behavior of magnesium alloy AZ31 during uniaxial compression[J]. Materials Science and Engineering: A, 2012, 534: 588-593.

[38] 张锋. AZ31镁合金动态压缩变形机制与数值模拟[D]. 沈阳: 沈阳大学，2019.

[39] 陈振华，夏伟军，严红革，等. 镁合金材料的塑性变形理论及其技术[J]. 化工进展，2004, 2(23): 127-135.

[40] Wu L, Jain A, Brown D W, et al. Twinning-detwinning behavior during the strain-controlled low-cycle fatigue testing of a wrought magnesium alloy, ZK60A[J]. Acta Materialia, 2008, 56(4): 688-695.

[41] Ahmad I R, Shu D W. Compressive and constitutive analysis of AZ31B magnesium alloy over a wide range of strain rates[J]. Materials Science and Engineering: A, 2014, 592: 40-49.

[42] 宋波，辛仁龙，郭宁，等. 变形镁合金室温应变硬化行为的研究进展[J]. 中国有色金属学报，2014, 24(11): 2699-2710.

[43] Jiang L, Jonas J J, Mishra R K, et al. Twinning and texture development in two Mg alloys subjected to loading along three different strain paths[J]. Acta Materialia, 2007, 55(11): 3899-3910.

[44] Yi S B, Davies C H J, Brokmeier H G, et al. Deformation and texture evolution in AZ31 magnesium alloy during uniaxial loading[J]. Acta Materialia, 2006, 54(2): 549-562.

[45] Knezevic M, Levinson A, Harris R, et al. Deformation twinning in AZ31: Influence on strain hardening and texture evolution[J]. Acta Materialia, 2010, 58: 6230-6242.

[46] Hou M, Zhang H, Fan J, et al. Microstructure evolution and deformation behaviors of AZ31 Mg alloy with different grain orientation during uniaxial compression[J]. Journal of Alloys and Compounds, 2018, 741: 514-526.

[47] Yu Q, Wang J, Jiang Y, et al. Twin-twin interactions in magnesium[J]. Acta Materialia, 2014, 77: 28-42.

[48] Zhang W, Ye Y, He L. Dynamic mechanical response and microstructural evolution of extruded Mg AZ31B plate over a wide range of strain rates[J]. Journal of Alloys and Compounds, 2017, 696: 1067-1079.

[49] Wu P D, Gao X Q, Qiao H, et al. A constitutive model of twin nucleation, propagation and growth in magnesium crystals[J]. Materials Science and Engineering: A, 2015, 625: 140-145.

[50] Wang J, Ferdowsi M R G, Kada S R, et al. Influence of precipitation on yield elongation in Mg-Zn alloys[J]. Scripta Materialia, 2019, 160: 5-8.

[51] G'sell C, Gopez A J. Plastic banding in glassy polycarbonate under plane simple shear[J]. Journal of Materials Science, 1985, 20(10): 3462-3478.

[52] Wu P D, van der Giessen E. Analysis of shear band propagation in amorphous glassy polymers[J]. International Journal of Solids and Structures, 1994, 31(11): 1493-1517.

[53] Chi Y Q, Zhou X H, Xu C, et al. The origin of discontinuous yielding in Mg alloys under slip-dominated condition studied by in-situ synchrotron diffraction and elastic-viscoplastic self-consistent modeling[J]. Materials Science and Engineering: A, 2019, 754: 562-568.

[54] Wang Y, Choo H. Influence of texture on Hall-Petch relationships in an Mg alloy[J]. Acta Materialia, 2014, 81: 83-97.

[55] Yu H, Li C, Xin Y, et al. The mechanism for the high dependence of the Hall-Petch slope for twinning/slip on texture in Mg alloys[J]. Acta Materialia, 2017, 128: 313-326.

[56] Cottrell A H, Bilby B A. Dislocation theory of yielding and strain ageing of iron[J]. Proceedings of the Physical Society. Section A, 1949, 62: 49-62.

[57] Considère A. Mémoire sur l'Emploi du Fer et de l'Acier dans les Constructions[J]. Annales des Ponts et Chaussées, 1885, 9: 575-775.

[58] Chen W, Zhang W, Qiao Y, et al. Enhanced ductility in high-strength fine-grained magnesium and magnesium alloy sheets processed via multi-pass rolling with lowered temperature[J]. Journal of Alloys and Compounds, 2016, 665: 13-20.

[59] Li H, Hsu E, Szpunar J, et al. Deformation mechanism and texture and microstructure evolution during high-speed rolling of AZ31B Mg sheets[J]. Journal of Materials Science, 2008, 43: 7148-7156.

[60] Kamaya M, Wilkinson A J, Titchmarsh J M. Measurement of plastic strain of polycrystalline material by electron backscatter diffraction[J]. Nuclear Engineering and Design, 2005, 235: 713-725.

[61] Park C H, Oh C S, Kim S. Dynamic recrystallization of the H- and O-tempered Mg AZ31 sheets at elevated temperatures[J]. Materials Science and Engineering: A, 2012, 542: 127-139.

[62] Dudamell N V, Hidalgo-Manrique P, Chakkedath A, et al. Influence of strain rate on the twin and slip activity of a magnesium alloy containing neodymium[J]. Materials Science and Engineering: A, 2013, 583: 220-231.

[63] Christian J W, Mahajan S. Deformation twinning[J]. Progress in Materials Science, 1995, 39(1-2): 1-157.

[64] Kabirian F, Khan A S, Gnaupel-Herlod T. Visco-plastic modeling of mechanical responses and texture evolution in extruded AZ31 magnesium alloy for various loading conditions[J]. International Journal of Plasticity, 2015, 68: 1-20.

[65] Lou X Y, Li M, Boger R K, et al. Hardening evolution of AZ31B Mg sheet[J]. International Journal of Plasticity, 2007, 23(1): 44-86.

[66] Jung I H, Sanjari M, Kim J, et al. Role of RE in the deformation and recrystallization of Mg alloy and a new alloy design concept for Mg-RE alloys[J]. Scripta Materialia, 2015, 102: 1-6.

[67] Wu Z, Ahmed R, Yin B, et al. Mechanistic origin and prediction of enhanced ductility in magnesium alloys[J]. Science, 2018, 359: 447-452.

[68] Agnew S R, Duygulu Ö. Plastic anisotropy and the role of non-basal slip in magnesium alloy AZ31B[J]. International Journal of Plasticity, 2005, 21(6): 1161-1193.

[69] Pan H, Qin G, Huang Y, et al. Activating profuse pyramidal slips in magnesium alloys via raising strain rate to dynamic level[J]. Journal of Alloys and Compounds, 2016, 688: 149-152.

[70] Koike J, Ohyama R. Geometrical criterion for the activation of prismatic slip in AZ61 Mg alloy sheets deformed at room temperature[J]. Acta Materialia, 2005, 53(7): 1963-1972.

[71] Koike J, Kobayashi T, Mukai T, et al. The activity of non-basal slip systems and dynamic recovery at room temperature in fine-grained AZ31B magnesium alloys[J]. Acta Materialia, 2003, 51: 2055-2065.

[72] Armstrong R, Codd I, Douthwaite R M, et al. The plastic deformation of polycrystalline aggregates[J]. The Philosophical Magazine: A Journal of Theoretical Experimental and Applied Physics, 1962, 7: 45-58.

[73] Stanford N, Barnett M R. Solute strengthening of prismatic slip, basal slip and $\{10\bar{1}2\}$ twinning in Mg and Mg-Zn binary alloys[J]. International Journal of Plasticity, 2013, 47: 165-181.

[74] Sabat R K, Brahme A P, Mishra R K, et al. Ductility enhancement in Mg-0.2%Ce alloys[J]. Acta Materialia, 2018, 161: 246-257.

[75] Chapuis A, Driver J H. Temperature dependency of slip and twinning in plane strain compressed magnesium single crystals[J]. Acta Materialia, 2011, 59(5): 1986-1994.

[76] Barnett M R. A taylor model based description of the proof stress of magnesium AZ31 during hot working[J]. Metallurgical and Materials Transactions A, 2003, 34: 1799-1806.

[77] Sandlöbes S, Schestakow I, Yi S, et al. The relation between shear banding, microstructure and mechanical properties in Mg and Mg-Y alloys[J]. Materials Science Forum, 2011, 690: 202-205.

[78] Paul H, Driver J H, Maurice C, et al. Shear band microtexture formation in twinned face centred cubic single

crystals[J]. Materials Science and Engineering: A, 2003, 359: 178-191.

[79] Cepeda-Jiménez C M, Molina-Aldareguia J M, Pérez-Prado M T. Origin of the twinning to slip transition with grain size refinement, with decreasing strain rate and with increasing temperature in magnesium[J]. Acta Materialia, 2015, 88: 232-244.

[80] Gertsman V Y, Janecek M, Tangri K. Grain boundary ensembles in polycrystals[J]. Acta Materialia, 1996, 44: 2869-2882.

[81] Shi D F, Pérez-Prado M T, Cepeda-Jiménez C M. Effect of solutes on strength and ductility of Mg alloys[J]. Acta Materialia, 2019, 180: 218-230.

[82] 张泰华. 微/纳米力学测试技术：仪器化压入测量、分析、应用及其标准化[M]. 北京：科学出版社，2013.

[83] 刘晓燕，赵西成，杨西荣，等. 纳米压痕法分析 ECAP 变形工业纯钛的力学性能[J]. 稀有金属材料与工程，2017, 46(3): 669-674.

[84] Catoor D, Gao Y F, Geng J, et al. Incipient plasticity and deformation mechanisms in single-crystal Mg during spherical nanoindentation[J]. Acta Materialia, 2013, 61: 2953-2965.

[85] Guo T, Siska F, Barnett M R. Distinguishing between slip and twinning events during nanoindentation of magnesium alloy AZ31[J]. Scripta Materialia, 2016, 110: 10-13.

[86] Hu J, Zhang W, Peng G, et al. Nanoindentation deformation of refine-grained AZ31 magnesium alloy: Indentation size effect, pop-in effect and creep behavior[J]. Materials Science and Engineering: A, 2018, 725: 522-529.

[87] Ge D, Domnich V, Juliano T, et al. Structural damage in boron carbide under contact loading[J]. Acta Materialia, 2004, 52: 3921-3927.

[88] Feng G, Ngan A H W. Creep and strain burst in indium and aluminum during nanoindentation[J]. Scripta Materialia, 2001, 45: 971-976.

[89] Lu S, Zhang B, Li X, et al. Grain boundary effect on nanoindentation: A multiscale discrete dislocation dynamics model[J]. Journal of the Mechanics and Physics of Solids, 2019, 126: 117-135.

[90] Bočan J, Maňák J, Jäger A. Nanomechanical analysis of AZ31 magnesium alloy and pure magnesium correlated with crystallographic orientation[J]. Materials Science and Engineering: A, 2015, 644: 121-128.

[91] Johnson K L. The correlation of indentation experiments[J]. Journal of the Mechanics and Physics of Solids, 1970, 18(2): 115-126.

[92] Fischer-Cripps A C. Nanoindentation[M]. New York: Springer, 2011.

[93] Pathak S, Kalidindi S R. Spherical nanoindentation stress-strain curves[J]. Materials Science and Engineering R, 2015, 91: 1-36.

[94] Campbell J F, Kalfhaus T, Vassen R, et al. Mechanical properties of sprayed overlayers on superalloy substrates, obtained via indentation testing[J]. Acta Materialia, 2018, 154: 237-245.

[95] Cepeda-Jiménez C M, Molina-Aldareguia J M, Pérez-Prado M T. Effect of grain size on slip activity in pure magnesium polycrystals[J]. Acta Materialia, 2015, 84: 443-456.

[96] Yu H, Xin Y, Cheng Y, et al. The different hardening effects of tension twins on basal slip and prismatic slip in Mg alloys[J]. Materials Science and Engineering: A, 2017, 700: 695-700.

[97] Barnett M R. Twinning and the ductility of magnesium alloys. Part I: "Tension" twins[J]. Materials Science and Engineering: A, 2007, 464(1): 1-7.

[98] Jain A, Duygulu O, Brown D W, et al. Grain size effects on the tensile properties and deformation mechanisms of a magnesium alloy, AZ31B, sheet[J]. Materials Science and Engineering: A, 2008, 486: 545-555.

[99] Barnett M R. A rationale for the strong dependence of mechanical twinning on grain size[J]. Scripta Materialia, 2008, 59(7): 696-698.

[100] Sánchez-Martín R, Pérez-Prado M T, Segurado J, et al. Effect of indentation size on the nucleation and propagation of tensile twinning in pure magnesium[J]. Acta Materialia, 2015, 93: 114-128.

[101] Sánchez-Martín R, Pérez-Prado M T, Segurado J, et al. Measuring the critical resolved shear stresses in Mg alloys by instrumented nanoindentation[J]. Acta Materialia, 2014, 71: 283-292.

[102] Shen Z, Wagoner R H, Clark W A T. Dislocation and grain boundary interactions in metals[J]. Acta Metallurgica, 1988, 36: 3231-3242.

[103] Shen Z, Wagoner R H, Clark W A T. Dislocation pile-up and grain boundary interactions in 304 stainless steel[J]. Scripta Metallurgica, 1986, 20: 921-926.

[104] Sangid M D, Ezaz T, Sehitoglu H, et al. Energy of slip transmission and nucleation at grain boundaries[J]. Acta Materialia, 2011, 59: 283-296.

[105] He T, Feng M. Combined effects of cooperative grain boundary sliding and migration and reinforced particles on crack growth in fine-grained Mg alloys[J]. Journal of Alloys and Compounds, 2018, 749: 705-714.

[106] Somewaka H, Singh A, Inoue T. Enhancement of toughness by grain boundary control in magnesium binary alloys[J]. Materials Science and Engineering: A, 2014, 612: 172-178.

第5章

镁合金的断裂韧性及成形性

5.1 Ca元素对挤压态Mg-2Zn-xCa合金微观组织及断裂韧性的影响

5.1.1 挤压态 Mg-2Zn-xCa 合金的微观组织

针对不同 Ca 含量的 Mg-2Zn-xCa(x=0/0.2%/0.5%)合金铸锭，首先进行 350℃、12h 的均匀化热处理，随后以挤压温度 230℃、挤压速度 0.1mm/s、挤压比 16∶1 的工艺参数挤压加工成 ϕ40mm×60mm 的圆棒。

图 5-1 为 Mg-2Zn-xCa 合金的铸态金相组织，晶粒形状较为规则，基本上由等轴晶组成，在晶粒内部和晶界处都存在一定量的共晶相。随着 Ca 含量的增加，Mg-2Zn-xCa 铸态合金中共晶相逐渐增多，形貌和分布也随之发生变化。Mg-2Zn 合金中的共晶相主要呈球状，分布在晶粒内部；而 Mg-2Zn-0.2Ca 和 Mg-2Zn-0.5Ca 合金中的共晶相主要分布在晶粒内部和晶界处，尤其是 Mg-2Zn-0.5Ca 合金的共晶相在晶界处呈连续分布。图 5-2 为扫描电镜下观察到的 Mg-2Zn-xCa 合金铸态组织。随着 Ca 含量的增加，Mg-2Zn-xCa 合金的晶粒逐渐细化，这是由于含 Ca 共晶相的增多以及 Ca 元素在固/液界面的富集抑制了凝固过程中晶粒的长大[1]。此外，随着 Ca 含量的增加，Mg-2Zn-xCa 合金中的共晶相数量不断增加，且逐渐从晶粒内部向晶界处转移。晶界处连续分布的共晶相会使材料在后续的热加工过程中发生开裂，恶化材料的加工性能。因此，需要通过均匀化处理来改善共晶组织的形态和分布。

图 5-3 为 Mg-2Zn-xCa 合金经过 350℃、12h 均匀化热处理后的微观组织。均匀化热处理能够消除铸造过程中形成的微观偏析，使合金基体成分均匀，并能显著降低第二相的体积分数，降低变形抗力。经过均匀化热处理后，Mg-2Zn 合金晶粒内部的共晶相几乎全部溶于基体，晶粒尺寸也比铸态时要粗大。Mg-2Zn-0.2Ca 合金在保温过程中，其晶界处的共晶相大部分溶于基体中，不过晶粒内部依然存在少部分共晶相。相对 Mg-2Zn-0.2Ca 合金而言，Mg-2Zn-0.5Ca 合金中的晶粒内部和晶界处存在较多的共晶相。此外，随着 Ca 元素含量的增加，均匀化态 Mg-2Zn-xCa 合金的晶粒尺寸也得到了细化。

图 5-1　Mg-2Zn-xCa 铸态金相组织

（a）Mg-2Zn；（b）Mg-2Zn-0.2Ca；（c）Mg-2Zn-0.5Ca

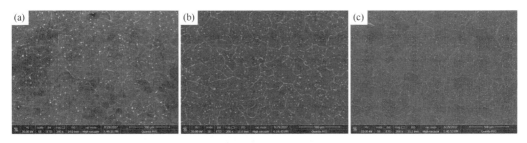

图 5-2　铸态 Mg-2Zn-xCa 合金的扫描电镜微观组织

（a）Mg-2Zn；（b）Mg-2Zn-0.2Ca；（c）Mg-2Zn-0.5Ca

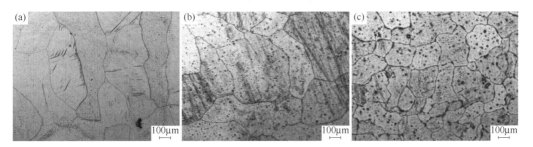

图 5-3　Mg-2Zn-xCa 合金均匀化处理后的微观组织

（a）Mg-2Zn；（b）Mg-2Zn-0.2Ca；（c）Mg-2Zn-0.5Ca

图 5-4 为挤压态 Mg-2Zn-xCa 合金的金相组织。图 5-4（a）和（d）为挤压态 Mg-2Zn 的微观组织，不仅存在大量细小的再结晶晶粒，同时还存在一定比例的变形组织，表明其发生了部分动态再结晶，再结晶体积分数约为 70%。此外，挤压态 Mg-2Zn 合金中还存在少许细小、弥散的析出。添加 0.2% 的 Ca 元素后，挤压态 Mg-2Zn-0.2Ca 合金的组织得到明显细化，但再结晶分数明显降低，约为 50%［图 5-4（b）和（e）］。不过，第二相析出的尺寸有增大趋势。随着 Ca 含量进一步增加到 0.5%，挤压态 Mg-2Zn-0.5Ca 合金的再结晶晶粒尺寸进一步减小，再结晶体积分数也进一步降低至 35%。晶粒尺寸的变化表明 Ca 元素的添加可以明显细化挤压态 Mg-2Zn 合金的再结晶晶粒。此现象归因于 Ca 元素在挤压过程中对动态再结晶行为的影响。首先，含 Ca 镁合金的析出第二相主要分布于动态再结晶的晶界处，从而减小晶界的迁移能力并阻碍动态再结晶过程的晶粒长大。第二相粒子数量又与 Ca

元素含量正相关，因此，随着 Ca 元素含量增加，挤压态 Mg-2Zn-xCa 合金的晶粒尺寸得到细化。其次，Ca 原子容易在晶界处偏聚[2]，偏聚的 Ca 原子对再结晶晶粒的晶界也起到了钉扎作用，同样会抑制晶粒长大。

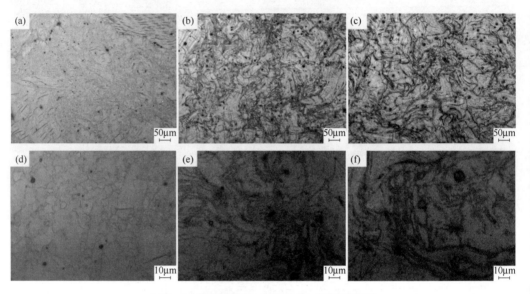

图 5-4　挤压态 Mg-2Zn-xCa 的显微组织

（a）Mg-2Zn (200×)；（b）Mg-2Zn-0.2Ca (200×)；（c）Mg-2Zn-0.5Ca (200×)；
（d）Mg-2Zn (1000×)；（e）Mg-2Zn-0.2Ca (1000×)；（f）Mg-2Zn-0.5Ca (1000×)

图 5-5 为挤压态 Mg-2Zn-xCa 合金的第二相粒子形态分布情况。挤压态 Mg-2Zn 合金中形成了少量球状或块状的第二相粒子，EDS 检测分析结果表明主要成分为 Mg、Zn 元素，原子分数为 40%Mg 和 60%Zn。Mg-Zn 合金存在的第二相主要有 $MgZn_2$、Mg_4Zn_7[3]。随着 Ca 含量的增加，第二相粒子数量逐渐增加，尺寸也逐渐增大。EDS 检测分析结果表明挤压态含 Ca 镁合金中第二相粒子均由 Mg、Zn 和 Ca 元素组成，Mg-2Zn-0.2Ca 和 Mg-2Zn-0.5Ca 合金中 Mg、Zn、Ca 元素的原子分数分别为 75.21%、16.03%、8.76% 和 79.45%、10.09%、10.46%。Mg-Zn-Ca 合金存在的第二相主要有 Mg_2Ca、$Ca_2Mg_6Zn_3$ 等[4]。

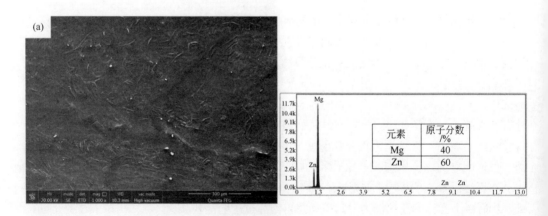

元素	原子分数 /%
Mg	40
Zn	60

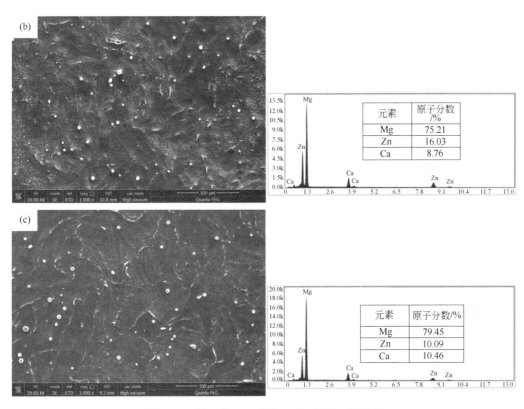

图 5-5　挤压态 Mg-2Zn-xCa 的第二相特征

（a）Mg-2Zn；（b）Mg-2Zn-0.2Ca；（c）Mg-2Zn-0.5Ca

图 5-6 为挤压态 Mg-2Zn-xCa 合金在透射电镜观察下的典型微观组织形貌。随着 Ca 含量的增加，挤压态 Mg-2Zn-xCa 合金的晶粒逐渐细化，Mg-2Zn、Mg-2Zn-0.2Ca 及 Mg-2Zn-0.5Ca 合金的平均晶粒尺寸分别为(5.5±0.5)μm、(3.4±0.3)μm、(2.0±0.2)μm。图 5-7 为挤压态 Mg-2Zn-xCa 合金的析出物形貌，分析得到挤压态 Mg-2Zn、Mg-2Zn-0.2Ca 及 Mg-2Zn-0.5Ca 合金中第二相粒子的平均尺寸分别为(150±4)nm、(250±6)nm 及 (300±5)nm，这表明随着 Ca 元素含量的增加，Mg-2Zn-xCa 合金中的第二相粒子逐渐粗化。同时，随着 Ca 含量的增加，Mg-2Zn-xCa 合金中第二相粒子形状也发生了由球状向棒状的逐渐转变，意味着添加 Ca 元素不仅粗化了 Mg-2Zn 合金的第二相，还改变了其形状。图 5-8 为挤压态 Mg-2Zn-xCa 合金中典型的第二相粒子形貌、衍射花样及其能谱分析。如图 5-8（a）所示，Mg-2Zn 中球状第二相为 $MgZn_2$，相应的能谱结果显示其含有原子分数 60.55%Mg 和 39.45%Zn，与 $MgZn_2$ 的原子比例不一致，这可能是受镁基体的影响，造成 Mg 的原子分数偏高。图 5-8（b）的衍射结果表明，Mg-2Zn-0.2Ca 中的棒状第二相为 $Ca_2Mg_6Zn_3$，相应能谱结果显示含有原子分数 81.02%Mg、14.5%Zn 和 4.48%Ca。图 5-8（c）结果显示 Mg-2Zn-0.5Ca 中的棒状第二相为 $Ca_2Mg_6Zn_3$ 或 Mg_2Ca，其中 $Ca_2Mg_6Zn_3$ 含有原子分数 71.26%Mg、20.17%Zn 和 8.57%Ca，Mg_2Ca 粒子含有原子分数 79.45%Mg、18.55%Ca 和 2%Zn。随着 Ca 含量的增加，挤压态 Mg-2Zn-xCa 中第二相粒子由球状 $MgZn_2$

逐渐转变为 $Ca_2Mg_6Zn_3$，最终 Mg-2Zn-0.5Ca 合金第二相粒子由 $Ca_2Mg_6Zn_3$ 和 Mg_2Ca 组成，形状呈棒状且逐渐粗化。

图 5-6　挤压态 Mg-2Zn-xCa 合金的透射电镜微观组织形貌

（a）Mg-2Zn；（b）Mg-2Zn-0.2Ca；（c）Mg-2Zn-0.5Ca

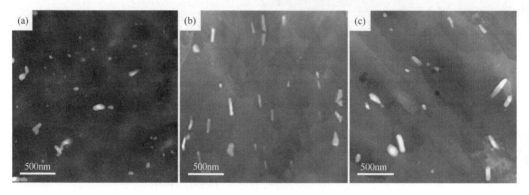

图 5-7　挤压态 Mg-2Zn-xCa 合金第二相的 HAADF 分析

（a）Mg-2Zn；（b）Mg-2Zn-0.2Ca；（c）Mg-2Zn-0.5Ca

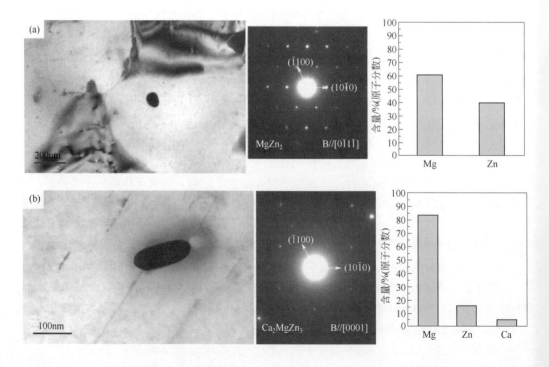

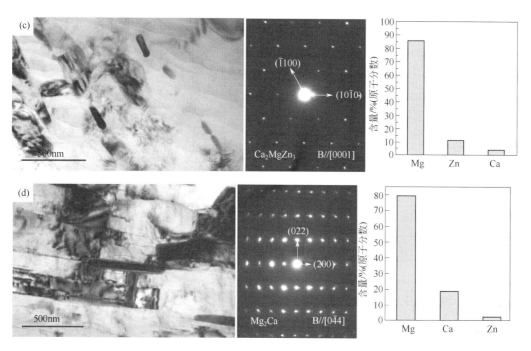

图 5-8　挤压态 Mg-2Zn-xCa 合金析出物的形貌及物相分析

（a）Mg-2Zn；（b）Mg-2Zn-0.2Ca；（c）（d）Mg-2Zn-0.5Ca

图 5-9 为挤压态 Mg-2Zn-xCa 合金(0002)、(10$\bar{1}$0)、(10$\bar{1}$1)和(11$\bar{2}$0)四个晶面的 XRD

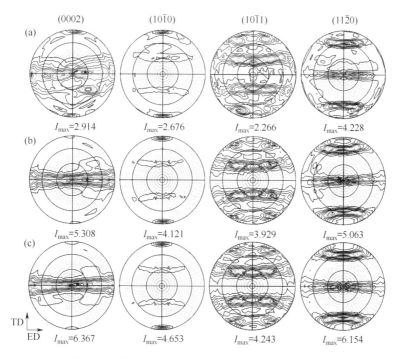

图 5-9　挤压态 Mg-2Zn-xCa 的 XRD 宏观极图

（a）Mg-2Zn；（b）Mg-2Zn-0.2Ca；（c）Mg-2Zn-0.5Ca

313

宏观极图。(0002)极图特征可以看出挤压态 Mg-2Zn-xCa 基面织构沿挤压方向（ED）发生
了偏转，挤压态 Mg-2Zn、Mg-2Zn-0.2Ca 及 Mg-2Zn-0.5Ca 合金基面织构由法向向挤压方
向分别偏转了 23.5°、30°及 12°。此外，随着 Ca 含量的增加，挤压态 Mg-2Zn-xCa 合金
(0002)织构强度也逐渐增加，且从 Mg-2Zn 到 Mg-2Zn-0.2Ca 的强度增加尤其明显。(10$\bar{1}$0)、
(10$\bar{1}$1)、(11$\bar{2}$0)极图也具有类似的规律，说明挤压态 Mg-2Zn-xCa 合金因添加了 Ca 元素织
构得到增强，这与一些认为 Ca 弱化镁合金织构的结论相反[1,5-6]。原因在于，由于挤压温
度较低（230℃），Ca 元素对动态再结晶又起到抑制作用，挤压态 Mg-2Zn-xCa 合金中存
在部分未再结晶的区域，其晶粒取向在挤压过程中受挤压力作用而逐渐形成挤压纤维织
构。且随着 Ca 含量的增加，未再结晶区域逐渐增加，因此织构强度随着 Ca 含量的增加
而逐渐增强。

5.1.2　挤压态 Mg-2Zn-xCa 合金的力学性能及断裂韧性

表 5-1 为挤压态 Mg-2Zn-xCa 合金的力学性能，其对应的工程应力-应变曲线如图 5-10
所示。挤压态 Mg-2Zn 合金的屈服强度、抗拉强度及延伸率分别为 219.6MPa、266.4MPa
及 12.3%。通过添加 0.2%Ca，挤压态 Mg-2Zn-0.2Ca 合金的屈服强度和抗拉强度急剧增加到
334.4MPa 和 341.3MPa，延伸率下降到 9.0%。当 Ca 含量增加至 0.5%时，挤压态 Mg-2Zn-0.5Ca
合金的屈服强度和抗拉强度进一步增加到 355.3MPa 和 358.1MPa，延伸率继续降低至 6.5%。
微观组织特征分析可知，挤压态 Mg-2Zn-xCa 合金强度的增加主要来自于 Ca 的晶粒细化及
析出强化作用。

表 5-1　挤压态 Mg-2Zn-xCa 合金的力学性能

合金	屈服强度/MPa	抗拉强度/MPa	延伸率/%
Mg-2Zn	219.6±2.0	266.4±1.5	12.3±0.7
Mg-2Zn-0.2Ca	334.4±1.5	341.3±1.0	9.0±0.5
Mg-2Zn-0.5Ca	355.3±2.5	358.1±2.0	6.5±0.3

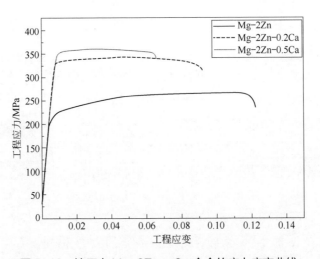

图 5-10　挤压态 Mg-2Zn-xCa 合金的应力应变曲线

通常，细小且均匀的晶粒可以提升镁合金的塑性[5,7]。图 5-11 为挤压态 Mg-2Zn-0.2Ca 及 Mg-2Zn-0.5Ca 合金微观组织中存在的未再结晶区域。这些未再结晶区域的形成主要受两个因素影响：其一为变形温度，镁合金动态再结晶行为受到变形温度的强烈影响，再结晶晶粒体积分数随变形温度升高而增加[8-9]。Mg-2Zn-xCa 合金的挤压温度相对较低（230℃），因此存在部分未再结晶区域；其二为 Ca 含量，Ca 元素添加可推迟甚至阻碍动态再结晶过程[3]。图 5-11 显示了挤压态 Mg-2Zn-0.2Ca 及 Mg-2Zn-0.5Ca 合金微观组织中粗晶周围存在细小晶粒的特征。这种不均匀的微观组织损害了镁合金的塑性，抵消了晶粒细化的积极作用。

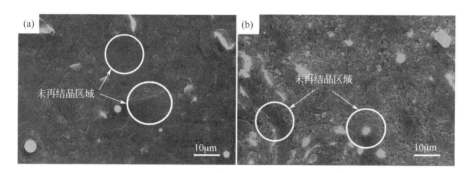

图 5-11　挤压态 Mg-2Zn-0.2Ca 及 Mg-2Zn-0.5Ca 合金的未再结晶区域

（a）Mg-2Zn-0.2Ca；（b）Mg-2Zn-0.5Ca

由于挤压态 Mg-2Zn-xCa 材料样品尺寸的限制，采用传统的平面应变断裂韧度试验方法只能得到 K_Q 值，因此可采用伸张区（SZ）分析方法评估材料的平面应变断裂韧性值[7,10-12]。图 5-12 为 Mg-2Zn-xCa 合金典型的断裂韧性试样的断口形貌，从下到上依次为预制疲劳裂纹区（Fatigue Pre-crack Zone）、伸张区（Stretch Zone，SZ）和断裂区（Fracture Zone）。在加载过程中，预制的疲劳裂纹发生钝化，在载荷的作用下沿着垂直于拉应力的方向扩展，从而形成了伸张区。平面应变断裂韧性值 K_{IC} 和伸张区尺寸有如下关系：

$$K_{IC}=[2×SZH×\lambda×E×\sigma_s/(1-\upsilon)^2]^{1/2} \qquad (5-1)$$

式中，SZH(Stretch Zone Height)为伸张区的高度；λ 为材料常数(λ=2)[13]；E 为材料弹性模量(E=45GPa)；υ 为材料泊松比(υ=0.35)。

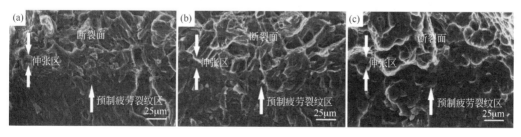

图 5-12　挤压态 Mg-2Zn-xCa 合金平面应变断裂韧性试样的断口形貌

（a）Mg-2Zn；（b）Mg-2Zn-0.2Ca；（c）Mg-2Zn-0.5Ca

可利用 3D 激光共聚焦显微镜测量伸张区的高度 SZH。图 5-13 为 Mg-2Zn-xCa 合金断裂韧性试样断口的表面轮廓图，SZH 测量结果如表 5-2 所示。采用式（5-1）可计算得到断裂韧性值 K_{cal}，当 K_{cal} 小于 K_Q 时，计算值 K_{cal} 即为最终的平面应变断裂韧性值 K_{IC}。挤压态 Mg-2Zn、Mg-2Zn-0.2Ca 及 Mg-2Zn-0.5Ca 的 K_{IC} 值分别是 14.2MPa·m$^{1/2}$、17.7MPa·m$^{1/2}$ 及 19.1MPa·m$^{1/2}$，说明在 0～0.5%范围内，Mg-2Zn-xCa 合金的断裂韧性随着 Ca 含量的增加而增大，因此 Ca 元素的添加改善了挤压态 Mg-2Zn 合金的断裂韧性。

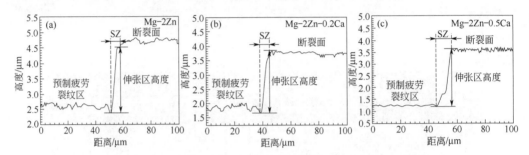

图 5-13　挤压态 Mg-2Zn-xCa 合金断裂韧性试样断口表面轮廓图
（a）Mg-2Zn；（b）Mg-2Zn-0.2Ca；（c）Mg-2Zn-0.5Ca

表 5-2　挤压态 Mg-2Zn-xCa 合金平面应变断裂韧性结果

材料	伸张区高度/μm	断裂韧性计算值 K_{cal}/(MPa·m$^{1/2}$)	断裂韧性测量值 K_Q/(MPa·m$^{1/2}$)	断裂韧性值 K_{IC}/(MPa·m$^{1/2}$)
Mg-2Zn	2.15±0.15	14.2	15.2±1.0	14.2
Mg-2Zn-0.2Ca	2.21±0.10	17.7	17.2±1.3	17.7
Mg-2Zn-0.5Ca	2.40±0.13	19.1	19.6±1.1	19.1

5.1.3　挤压态 Mg-2Zn-xCa 合金的断裂机理及韧性控制

图 5-14 为挤压态 Mg-2Zn-xCa 合金断裂韧性试样的最终断裂区形貌。Mg-2Zn 合金断口上存在大量的韧窝和解理面，呈现准解理断裂的特征［图 5-14（a）］。随着 Ca 含量的增加，Mg-2Zn-xCa 合金断裂韧性试样断面上韧窝的数量和比例逐渐增多，解理面的数量和比例逐渐减小。这表明，由于 Ca 元素的作用，Mg-2Zn-xCa 合金断裂韧性试样的断裂形式逐渐从脆性断裂转变为韧性断裂。

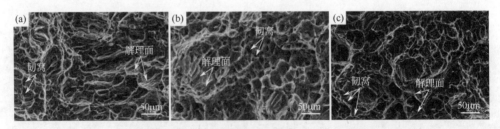

图 5-14　挤压态 Mg-2Zn-xCa 合金断裂韧性试样的断裂区形貌
（a）Mg-2Zn；（b）Mg-2Zn-0.2Ca；（c）Mg-2Zn-0.5Ca

在增强挤压态 Mg-2Zn-xCa 合金断裂韧性的众多因素中，晶粒细化是最关键的因素之一。相比于 Mg-2Zn 合金，挤压态 Mg-2Zn-0.2Ca 及 Mg-2Zn-0.5Ca 合金具有更小的晶粒尺寸（2.0～3.4μm）。随着晶粒尺寸的细化，断裂韧性得到提升。在平面应变断裂实验过程中，裂纹起源于预制裂纹的尖端，并在拉应力的作用下发生扩展直至断裂，塑性区则是由于材料本身为抵抗断裂过程而产生的。因此，材料塑性区的尺寸在一定程度上反映了材料抵抗断裂的能力，即材料断裂韧性的大小。试样的塑性区一般位于伸张区附近，基于裂纹前端硬度的变化可测量 Mg-2Zn-xCa 合金断裂韧性试样的塑性区尺寸[14-15]。具体测量方法如图 5-15 所示，从预制裂纹尖端开始，在断裂试样断裂面的一侧，每隔 0.15mm 打一个硬度点（如图 5-15 中实心点所示），一共 15 个点；然后在距离该列点的下方 0.15mm 处，再打一排点（如图 5-15 中空心点所示）。记录以上一系列点处的硬度值并作图，结果如图 5-16 所示。挤压态 Mg-2Zn、Mg-2Zn-0.2Ca 和 Mg-2Zn-0.5Ca 基体的初始硬度值 H_0 分别为 60HV、75HV 和 80HV，而在材料预制疲劳裂纹的尖端，其硬度值要明显高于初始硬度值，且随着与裂纹尖端距离的增加，三种材料的硬度值均逐渐减小，直至达到材料基体的硬度值。离断口表面越近，材料的硬度值越高。由于位错在应力条件下于晶界或析出处堆积，预制裂纹的扩展过程中，相邻的断裂区及塑性区出现了应变硬化。另外，Ca 元素含量增加，造成了晶粒细化，会引起塑性区尺寸进一步变大，进而挤压态 Mg-2Zn-xCa 合金的断裂韧性也得到增加。

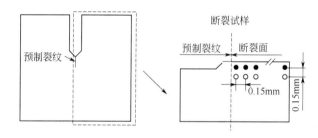

图 5-15　挤压态 Mg-2Zn-xCa 合金裂纹尖端塑性区尺寸测量示意图

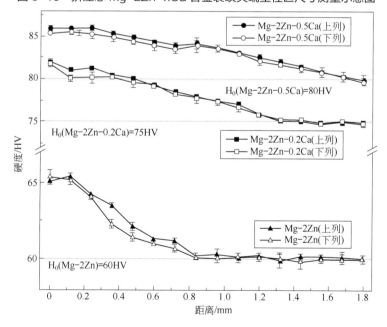

图 5-16　挤压态 Mg-2Zn-xCa 断口表面从疲劳裂纹尖端到断裂处的硬度分布

　　细小的晶粒尺寸还可以抑制断裂过程中形变孪晶的形成，从而增强材料对裂纹扩展的阻碍能力，提高材料的断裂韧性。图 5-17 为疲劳裂纹的扩展路径，可以看出，对于晶粒相对粗大的挤压态 Mg-2Zn 合金，其裂纹附近存在大量的形变孪晶，且孪晶仅出现在裂纹附近，距裂纹较远处则观察不到形变孪晶的产生［图 5-17（a）］。图 5-17（b）为裂纹尖端区域的放大图，裂纹沿着孪晶界进行扩展。由于挤压态 Mg-2Zn-0.2Ca 及 Mg-2Zn-0.5Ca 合金的晶粒尺寸相对细小，其扩展路径上形变孪晶数量较少［图 5-17（c）和（e）］，裂纹尖端主要以沿界或穿晶的方式进行扩展［图 5-17（d）和（f）］。此外，由于普通晶界的可移动性高于孪晶界，裂纹倾向于沿孪晶界扩展[16-17]，孪晶界因而成为断裂过程中裂纹扩展的有利途径，并在一定程度上降低了断裂韧性。

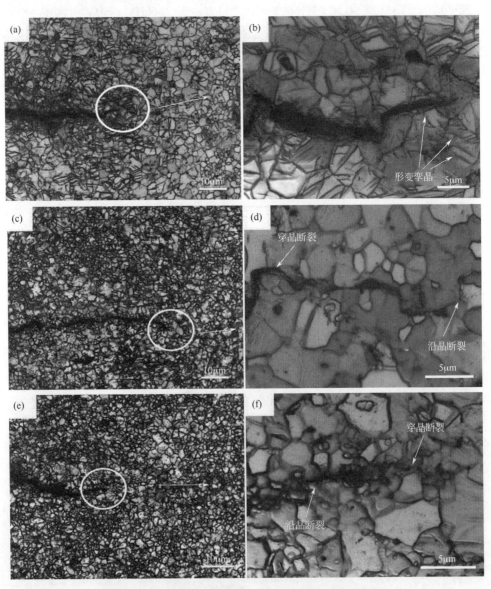

图 5-17　挤压态 Mg-2Zn-xCa 合金裂纹扩展路径

（a）（b）Mg-2Zn；（c）（d）Mg-2Zn-0.2Ca；（e）（f）Mg-2Zn-0.5Ca

　　细晶镁合金中，裂纹尖端附近微观组织中形变孪晶数量大幅减少，此现象与非基面滑移被激活相关。由于镁合金室温缺少足够的滑移系，拉伸孪晶因其低的 CRSS 而易在变形过程中激活。但是，细晶材料可以通过晶界处非基面滑移系的激活来变形，从而抑制形变孪晶[18]。图 5-18 为挤压态 Mg-2Zn-xCa 合金断裂韧性试样裂纹尖端区域的位错形貌。采用操作矢量分别为 g=[0002] 和 g=[10$\bar{1}$0] 观察 Mg-2Zn 合金的位错组态，如图 5-18（a）和（b）所示，根据位错可见原则 $g \cdot b \neq 0$，Mg-2Zn 合金中存在少量平行于基面的<a>位错。对于 Mg-2Zn-0.2Ca 及 Mg-2Zn-0.5Ca 合金，在操作矢量 g=[10$\bar{1}$0] 下均可在图 5-18（c）和（e）中观察到<a>位错及<$c+a$>位错，在操作矢量 g=[0002] 下在图 5-18（d）和（f）中亦可见<c>位错及<$c+a$>位错，且图 5-18（c）～（f）中<$c+a$>位错在操作矢量 g=[0002] 和 g=[10$\bar{1}$0] 下均可见。因此，裂纹扩展过程中<a>、<c>及<$a+c$>位错均可能被激活。事实上，大多数

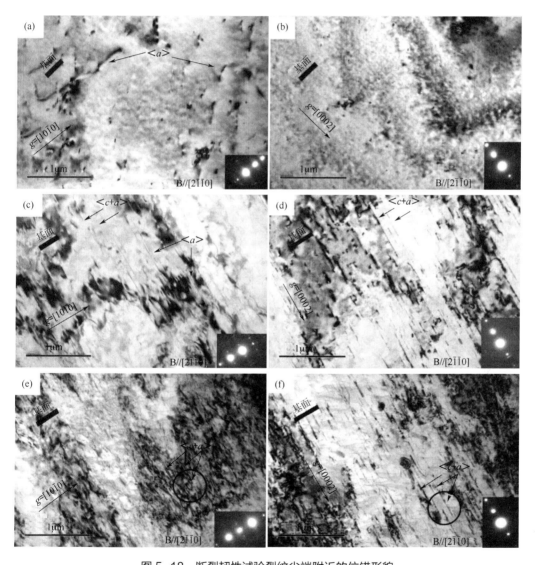

图 5-18　断裂韧性试验裂纹尖端附近的位错形貌

（a）（b）Mg-2Zn；（c）（d）Mg-2Zn-0.2Ca；（e）（f）Mg-2Zn-0.5Ca

位错并不位于基面上，意味着观察到的位错属于非基面滑移系，进一步证实了非基面滑移被激活。非基面滑移系，尤其是锥面<$c+a$>滑移系，由于可以提供五个独立的滑移系而满足 Von-Mises 准则，其被激活有利于协调 c 轴应变，并阻止变形过程中的裂纹扩展[19-20]。由此可知，激活非基面滑移系可有效释放应力，不仅抑制了孪晶生成，还阻碍或偏转了孪晶扩展。Somekawa 等也报道了 3μm 晶粒尺寸的镁合金断裂韧性实验中非基面<a>位错被激活[21]。此外，Koike 等发现 8μm 晶粒尺寸的 AZ31 镁合金拉伸过程中非基面<a>位错被激活。无论材料及变形方式是否相同，相对细小的晶粒尺寸更容易激活非基面滑移系。另外，由于细晶晶界的高扩散速率晶界滑移机制得以出现，同样可减小变形孪晶比例。因此，晶粒细化的 Mg-2Zn-0.2Ca 及 Mg-2Zn-0.5Ca 合金具有更高的断裂韧性值。

由前述分析可知，晶粒尺寸减小，Mg-2Zn 合金的断裂韧性上升，但以断裂延伸率为代表的塑性却逐渐降低。尽管断裂韧性与塑性均受到断裂过程的影响，塑性似乎对微观组织均匀性更为敏感。其原因在于微观组织不均匀使位错在粗晶及细晶中的堆积速率存在差异，因而导致拉伸变形过程中易发生局部应力集中，形成裂纹源而不利于材料塑性，如 Xu 等[22]发现 Mg-8.2Gd-3.8Y-1.0Zn-0.4Zr 合金的塑性由于微观组织不均匀性增加而逐渐恶化。Mg-1Zn-0.5Ca 合金的塑性同样出现此现象[23]。断裂韧性反映的则是材料抵抗裂纹扩展的能力。因此，可以提供阻碍裂纹扩展或引起裂纹偏转的因素均可以增强断裂韧性。等轴晶粒组织中，裂纹呈直线扩展。而微观组织不均匀的双峰晶粒尺寸组织中，裂纹呈锯齿状扩展路径，双峰晶粒中的粗大晶粒可通过裂纹偏转及裂纹尖端分叉等机制有效阻碍裂纹长大[24]。不均匀组织还可以通过相对比例的优化改善其塑性。He 等[25]发现呈双峰晶粒尺寸分布的 Mg-8Gd-3Y-0.5Zr 合金的延伸率随粗晶体积由 0.65%增加至 36.4%而呈现先升高后降低的变化趋势。另外，与 Mg-2Zn 合金相比，Mg-2Zn-0.2Ca 和 Mg-2Zn-0.5Ca 合金增强的基面织构也可以提供更高的断裂韧性及较低的塑性。对于 hcp 结构的镁合金，基面的表面能低于非基面[26-27]。在裂纹扩展过程中，裂纹表面处形成了新的自由表面，并引起了表面能的增加。而基面的低表面能意味着其稳定性强于非基面，并因此呈现高断裂韧性。然而，强基面织构在沿挤压方向单轴拉伸时对塑性有害。当晶粒基面与拉伸方向平行或夹角较小时，基面的滑移被限制，也使得其与弱化或随机分布的织构样品相比难以变形[28-29]。因此，挤压态 Mg-2Zn-0.2Ca 及 Mg-2Zn-0.5Ca 合金中增强的基面织构是导致断裂韧性逐渐增强、塑性逐渐降低的另一原因。此外，随着 Ca 元素含量的增加，Mg-2Zn-xCa 合金中第二相粒子逐渐粗化，并且形状由球状转变为棒状。第二相粒子无论是尺寸粗化，还是形状转变，均使得 Ca 元素的添加不利于挤压态 Mg-2Zn-xCa 合金塑性的提升[30-31]。

5.2 等温锻造 Mg-4Zn-xCa 合金的断裂韧性及疲劳裂纹扩展

5.2.1 等温锻造 Mg-4Zn-xCa 合金的制备及微观组织特征

等温锻造工艺可以减少锻造过程中坯料的温降以及热量损失，从而减小变形阻力，提高锻件力学性能，并避免锻造加工导致的裂纹。Mg-4Zn-0.5Ca 合金采用热轧或热挤压加工均容易产生明显的裂纹（图 5-19）。应用 THP11D-800A 等温锻造机对 Mg-4Zn-xCa 合金（x=0,0.2,0.5,0.8）施行等温锻造，可获得表面质量优异的 Mg-4Zn-xCa 锻件。基于变形镁合金热加工特性及等温锻造设备能力，Mg-4Zn-xCa 合金的等温锻造工艺如表 5-3 所示，整个等温锻造过程中应变速率范围为 0.005～0.0125s^{-1}。图 5-20 为 Mg-4Zn-xCa 合金等温锻造前后锻件尺寸示意图，锻造墩粗比约为 2.5。图 5-21 为 Mg-4Zn-xCa 合金等温锻造锭坯及锻件照片，表面无明显裂纹存在。根据 Ca 元素含量变化，将 Mg-4Zn-(0/0.2/0.5/0.8)Ca 合金依次简称为 Z4、ZX40、ZX41 及 ZX42。

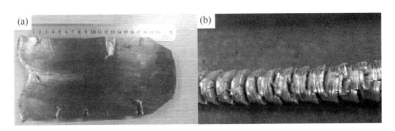

图 5-19　Mg-4Zn-0.5Ca 合金热加工断裂照片

（a）热轧工艺制备；（b）热挤压工艺制备

表 5-3　Mg-4Zn-xCa 合金等温锻造工艺

材料	Mg-4Zn-xCa
锻造温度/℃	320
锻造速率/（mm/s）	0.5
应变速率/s^{-1}	0.005～0.0125

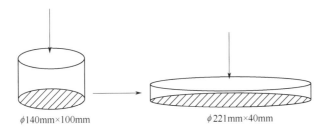

ϕ140mm×100mm　　　ϕ221mm×40mm

图 5-20　Mg-4Zn-xCa 合金等温锻造前后锻件尺寸示意图

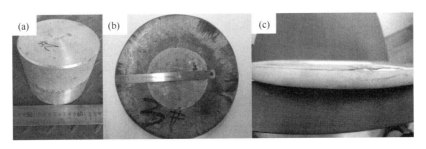

图 5-21　Mg-4Zn-xCa 合金等温锻造前后照片

（a）锻造前；（b）锻造后横截面；（c）锻造后纵截面

　　图 5-22 为等温锻造 Mg-4Zn-xCa 合金微观组织。Mg-4Zn 合金锻造后平均晶粒尺寸约为 80μm，如图 5-22（a）所示。对于 Mg-4Zn-(0.2/0.5/0.8)Ca 合金，随着 Ca 含量的增加，晶粒尺寸逐渐细化，平均晶粒尺寸分别为 50μm、20μm 及 10μm。显然，这是由于 Ca 元素的添加细化了微观组织，主要原因是固溶于基体中的 Ca 元素以及细小弥散的含 Ca 第二相粒子均可以钉扎晶界，阻止动态再结晶晶粒长大[5]。此外，随着 Ca 含量的增加，Mg-4Zn-xCa 合金中黑色第二相粒子逐渐长大并发生聚集，以 Mg-4Zn-0.8Ca 合金尤其明显。

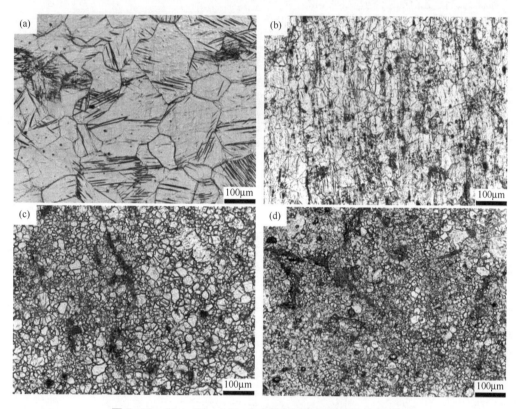

图 5-22　Mg-4Zn-xCa 合金等温锻造微观组织（OM）
（a）Mg-4Zn；（b）Mg-4Zn-0.2Ca；（c）Mg-4Zn-0.5Ca；（d）Mg-4Zn-0.8Ca

　　图 5-23 为等温锻造 Mg-4Zn-xCa 合金在扫描电镜下的微观组织。金相组织中黑色第二相粒子，应用 EDS 分析并结合 2.3.1 节中 Mg-4Zn-xCa 合金铸态组织的共晶相可以推断，Mg-4Zn 合金中的第二相粒子为 MgZn；Mg-4Zn-0.2Ca、Mg-4Zn-0.5Ca、Mg-4Zn-0.8Ca 合金中第二相粒子为 $Ca_2Mg_6Zn_3$。随着 Ca 含量的增加，Mg-4Zn-xCa 合金第二相粒子尺寸逐渐增大，数量也逐渐增多，且部分区域有细小的第二相粒子呈团簇状分布。同时，Mg-4Zn-0.8Ca 合金还存在少量拉长的未再结晶区域，这是因为 Ca 元素的添加，对 Mg-4Zn-xCa 合金的动态再结晶有一定程度的抑制作用[3,32]。图 5-24 为等温锻造 Mg-4Zn-xCa 合金中典型的第二相粒子形貌及其选区衍射，也表明 Mg-4Zn 合金中第二相为 MgZn 相；Mg-4Zn-0.2Ca、Mg-4Zn-0.5Ca、Mg-4Zn-0.8Ca 合金中第二相均为 $Ca_2Mg_6Zn_3$。

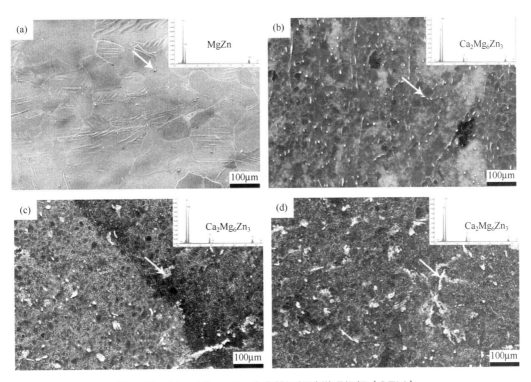

图 5-23　Mg-4Zn-xCa 合金等温锻造微观组织（SEM）

（a）Mg-4Zn；（b）Mg-4Zn-0.2Ca；（c）Mg-4Zn-0.5Ca；（d）Mg-4Zn-0.8Ca

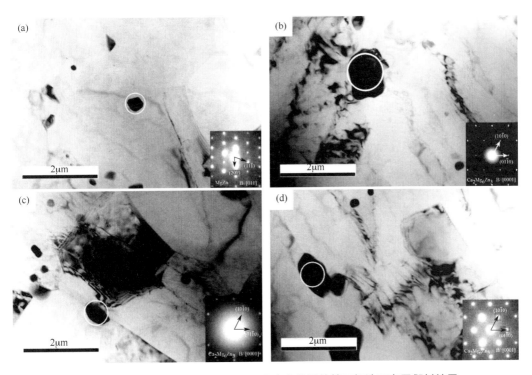

图 5-24　等温锻造 Mg-4Zn-xCa 合金中典型的第二相选区电子衍射结果

（a）Mg-4Zn；（b）Mg-4Zn-0.2Ca；（c）Mg-4Zn-0.5Ca；（d）Mg-4Zn-0.8Ca

图 5-25 为等温锻造 Mg-4Zn-xCa 合金(0002)、($10\bar{1}0$)、($10\bar{1}1$)、($11\bar{2}0$)晶面的 XRD 极图，观察面垂直于锻造方向(Forging Direction,FD)。(0002)极图表明 Mg-4Zn 合金具有较强的基面织构。随着 Ca 含量的增加，Mg-4Zn-xCa 合金基面织构强度逐渐降低，但降低幅度逐渐变小。此外，随着 Ca 含量的增加，($10\bar{1}0$)、($10\bar{1}1$)、($11\bar{2}0$)晶面织构强度也呈逐渐降低的趋势。可见，Ca 元素的添加对等温锻造 Mg-4Zn-xCa 合金的宏观织构有一定程度的弱化作用。

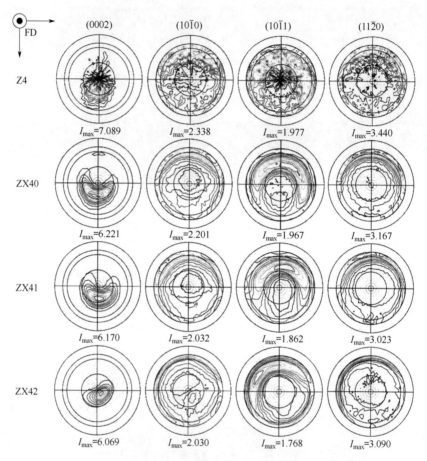

图 5-25　等温锻造 Mg-4Zn-xCa 合金 XRD 宏观织构

5.2.2　Mg-4Zn-xCa 合金的断裂韧性

图 5-26 为等温锻造态 Mg-4Zn-xCa 合金的拉伸应力-应变曲线,具体性能指标也在图中标出, 依次为屈服强度、抗拉强度及断裂延伸率。Mg-4Zn 合金屈服强度为 81.86MPa, 抗拉强度为 225MPa, 断后延伸率为 17.0%; 添加 0.2%Ca 元素后, Mg-4Zn-0.2Ca 合金的屈服强度增加至 88.46MPa, 抗拉强度增加至 235MPa, 断后延伸率略微增加至 17.4%; 添加 0.5%Ca 元素后, Mg-4Zn-0.5Ca 合金的屈服强度增加至 107.07MPa, 但抗拉强度下降至 220MPa, 断后延伸率明显下降至 8.4%; 添加 0.8%Ca 元素时, Mg-4Zn-0.8Ca 合金的屈服强度进一步增加至 152.84MPa, 抗拉强度为 220MPa, 断后延伸率进一步下降至 4.2%。分析表明, 随着 Ca 含量的增加, Mg-4Zn-xCa 合金的屈服强度逐渐增加, 且增幅较大; 抗拉强度则先增加后减

小，但变化幅度较小；合金的延伸率具有明显的降低趋势，尤其是 Mg-4Zn-0.8Ca 合金的延伸率仅为 4.2%。由 Hall-Petch 效应可知，Mg-4Zn-xCa 合金屈服强度的逐渐增加与晶粒细化相关；延伸率逐渐降低主要是由于 Ca 含量的增加会导致合金等温锻造后的微观组织中仍保留着部分未再结晶区域，以及尺寸逐渐增大且趋向团聚分布的 $Ca_2Mg_6Zn_3$ 第二相粒子，而微观组织的不均匀性及第二相粒子特征的变化进一步导致 Mg-4Zn-xCa 合金在拉伸过程中更容易发生断裂。随着 Ca 元素的添加，Mg-4Zn-xCa 合金的延伸率呈逐渐降低趋势。

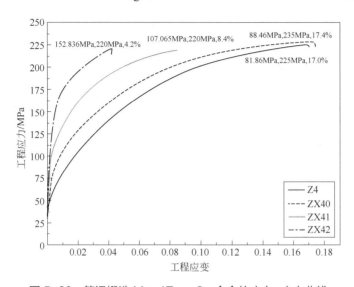

图 5-26　等温锻造 Mg-4Zn-xCa 合金的应力-应变曲线

图 5-27 为等温锻造 Mg-4Zn-xCa 合金平面应变断裂韧性实验后的试样断面形貌。Mg-4Zn-xCa 合金的断口均可以分为三个区域：预制疲劳裂纹区、断裂区以及位于两者之间的伸张区。图 5-28 为利用 3D 激光共聚焦显微镜得到的等温锻造态 Mg-4Zn-xCa 合金断面轮廓尺寸图，图中三个区域分别对应试样断口扫描图中的预制疲劳裂纹区、伸张区和断裂区。经测量得到的伸张区高度，采用伸张区分析法可以得到试样的平面应变断裂韧性 K_{IC} 值。表 5-4 为等温锻造 Mg-4Zn-xCa 合金的平面应变断裂韧性值。随着 Ca 含量的增加，Mg-4Zn-xCa 合金的伸张区高度逐渐增加，平面应变断裂韧性值也逐渐增加。由此可见，Ca 元素的添加可以改善等温锻造后 Mg-4Zn-xCa 合金的平面应变断裂韧性。

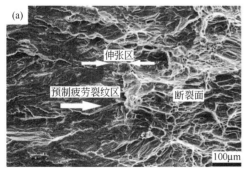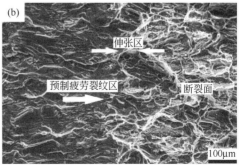

图 5-27

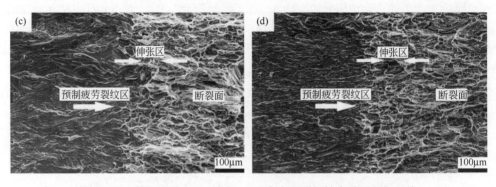

图 5-27　等温锻造 Mg-4Zn-xCa 合金断裂韧性实验后断面形貌

（a）Mg-4Zn；（b）Mg-4Zn-0.2Ca；（c）Mg-4Zn-0.5Ca；（d）Mg-4Zn-0.8Ca

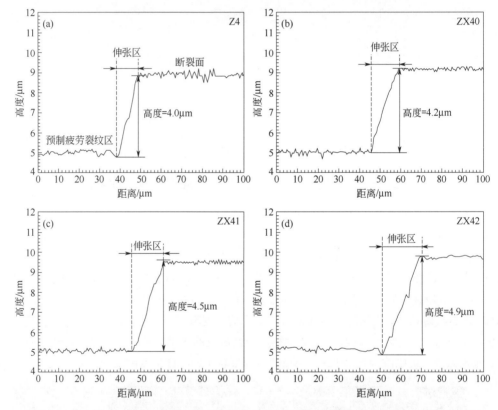

图 5-28　等温锻造 Mg-4Zn-xCa 合金的断面轮廓尺寸图

（a）Mg-4Zn；（b）Mg-4Zn-0.2Ca；（c）Mg-4Zn-0.5Ca；（d）Mg-4Zn-0.8Ca

表 5-4　Mg-4Zn-xCa 合金平面应变断裂韧性 K_{IC} 值

材料	SZH/μm	K_{cal}/(MPa · m$^{1/2}$)	K_Q/(MPa · m$^{1/2}$)	K_{IC}/(MPa · m$^{1/2}$)
Mg-4Zn	4.0±0.1	11.8	15.2±1.0	11.8
Mg-4Zn-0.2Ca	4.2±0.10	12.6	16.5±1.3	12.6
Mg-4Zn-0.5Ca	4.5±0.13	14.3	18.0±1.1	14.3
Mg-4Zn-0.8Ca	4.9±0.13	17.9	19.1±1.1	17.9

第5章
镁合金的断裂韧性及成形性

图 5-29 为等温锻造 Mg-4Zn-xCa 合金平面应变断裂韧性实验后试样断裂区形貌。如图 5-29（a）所示，Mg-4Zn 合金断口具有大量的解理台阶，属于典型的解理型断口；添加 0.2%Ca 元素时，Mg-4Zn-0.2Ca 合金断口处仍具有较多的解理台阶，伴有一定数量的韧窝；添加 0.5%Ca 元素时，断口处韧窝数量进一步增加，伴有一定数量的撕裂棱和解理面，且部分韧窝的核心处出现第二相粒子；随着 Ca 含量进一步增加至 0.8%，Mg-4Zn-0.8Ca 合金断面基本上由韧窝构成，以及明显的撕裂棱，韧窝的核心有第二相粒子存在。整体上看，随着 Ca 含量的增加，Mg-4Zn-xCa 合金断裂面的韧窝数量逐渐增多，断裂机制逐渐由脆性断裂向韧性断裂转变，该转变规律与 Mg-4Zn-xCa 合金断裂韧性的增强相吻合。

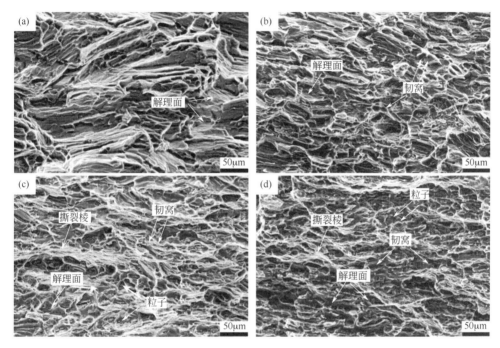

图 5-29　等温锻造 Mg-4Zn-xCa 合金断裂韧性实验后断裂区微观形貌
（a）Mg-4Zn；（b）Mg-4Zn-0.2Ca；（c）Mg-4Zn-0.5Ca；（d）Mg-4Zn-0.8Ca

图 5-30 为等温锻造 Mg-4Zn-xCa 合金平面应变断裂韧性实验断裂试样伸张区附近塑性区的硬度分布情况，其裂纹前端硬度测量方法如图 5-15 所示。图 5-30 中虚线位置为 Mg-4Zn-xCa 合金离塑性区较远处基体的硬度值。对于所有的 Mg-4Zn-xCa 合金，随着打点位置与预制裂纹尖端距离的增加，其硬度值逐渐降低并趋近于基体硬度值，且离断口处较近的一系列点（图 5-30 中实心点）处的硬度几乎均略高于离断口处较远的一系列点（图 5-30 中空心点）。随着 Ca 含量的增加，Mg-4Zn-xCa 合金的硬度值降低趋势减缓，即有更多点的硬度值高于基体。相关研究表明，硬度值高于基体的区域即为材料的塑性区[14-15]，由此可见，随着 Ca 含量的增加，Mg-4Zn-xCa 合金断裂韧性试样的塑性区逐渐增大，反映了材料抵制裂纹扩展的能力逐渐增强。

材料塑性区大小与晶粒尺寸有直接关系，且随着晶粒尺寸的细化，材料的塑性区逐渐增大[15]。对于等温锻造 Mg-4Zn-xCa 合金，其晶粒尺寸随 Ca 含量的增加而逐渐细化，晶粒细化成为 Mg-4Zn-xCa 合金塑性区尺寸逐渐增大的原因，也是其断裂韧性逐渐增大的主要原因。

327

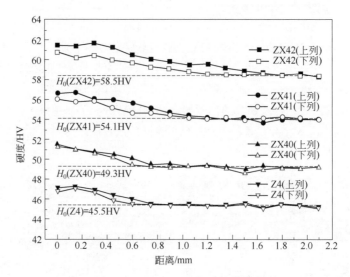

图 5-30　等温锻造 Mg-4Zn-xCa 合金断裂韧性实验断裂试样塑性区硬度分布

5.2.3　Mg-4Zn-xCa 合金的疲劳裂纹扩展

在镁合金疲劳裂纹扩展实验中，预制裂纹约为 9mm，应力比 R=0.1，最大荷载为 F_{max}=1.5kN，频率为 10Hz，载荷波形为正弦波，实验中裂纹长度的测量采用柔度法。图 5-31 为 Mg-4Zn-xCa 合金疲劳裂纹长度 a 和疲劳寿命 N 的 a-N 曲线。随着 Ca 含量的增加，等温锻造 Mg-4Zn-xCa 合金在相同预制裂纹长度下的疲劳寿命 N 逐渐增加，即疲劳裂纹扩展速率逐渐减缓。这说明随着 Ca 含量的增加，等温锻造 Mg-4Zn-xCa 合金对疲劳裂纹扩展的抵制能力逐渐增强。将图 5-31 所得结果采用七点递增多项式法进行数据处理，可得到 Mg-4Zn-xCa 合金裂纹扩展速率 da/dN 和应力强度因子 ΔK，在此基础上绘制 da/dN-ΔK 双对数坐标曲线，如图 5-32 所示。对于 Mg-4Zn-xCa 合金，其疲劳裂纹扩展速率均随着加载应力强度因子 ΔK 的增加而变大。这是由于应力强度因子 ΔK 为疲劳裂纹扩展的驱动力，ΔK 越大，裂纹前端的加载应力越大，裂纹尖端张开量越大，因此疲劳裂纹扩展也就越快。另外，随着 Ca 含量的增加，Mg-4Zn-xCa 合金在相同应力强度因子 ΔK 的作用下，疲劳裂纹扩展速率 da/dN 逐渐降低。当应力强度因子 ΔK 较小（ΔK<7MPa·m$^{1/2}$）时，Mg-4Zn-xCa 合金之间的裂纹扩展速率 da/dN 差距较大，但随着 ΔK 逐渐增加，合金之间裂纹扩展速率 da/dN 的差距逐渐变小。当 ΔK>9MPa·m$^{1/2}$ 时，Mg-4Zn-(0.2/0.5/0.8)Ca 合金的 da/dN-ΔK 曲线几乎重合，但均低于相同 ΔK 值下 Mg-4Zn 合金的裂纹扩展速率。以上分析说明，增加 Ca 含量有利于增强 Mg-4Zn-xCa 合金对疲劳裂纹扩展的抵制或阻碍能力。

图 5-32 中，Mg-4Zn-xCa 合金的疲劳裂纹扩展速率曲线大致可以分为三个阶段[33]：近门槛区、裂纹稳态扩展区和裂纹快速扩展区（瞬断区）。Paris 公式可以用来预测疲劳裂纹扩展寿命，通常应用 Paris 公式表征稳态扩展阶段疲劳裂纹的扩展速率[34-35]：

$$\mathrm{d}a/\mathrm{d}N = C\Delta K^m \tag{5-2}$$

式中，C、m 为材料常数。

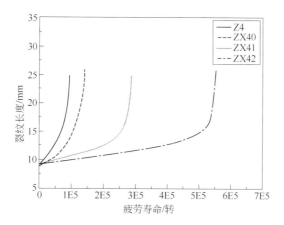

图 5-31　等温锻造 Mg-4Zn-xCa 合金疲劳裂纹长度（a）和疲劳寿命（N）的关系图

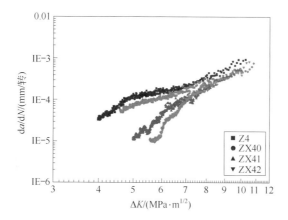

图 5-32　等温锻造 Mg-4Zn-xCa 合金疲劳裂纹扩展速率 da/dN 和应力强度因子 ΔK 双对数关系图

　　利用图 5-32 中 Mg-4Zn-xCa 合金裂纹稳态扩展区的数据来拟合求解 Paris 公式中的材料常数 C 和 m，结果如图 5-33 所示。图中，实线为拟合直线，拟合参数结果见表 5-5。随着 Ca

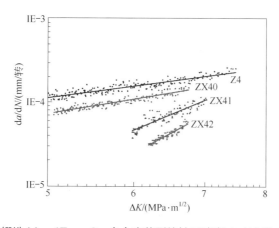

图 5-33　等温锻造 Mg-4Zn-xCa 合金疲劳裂纹扩展速率 da/dN 的 Paris 拟合结果

含量的增加，Mg-4Zn-xCa 合金裂纹扩展速率 Paris 公式中的 C 值逐渐减小，m 值逐渐增加，拟合直线随着 ΔK 的增加趋于相交。这表明，在疲劳裂纹稳态扩展区，Ca 含量的增加对 Mg-4Zn-xCa 合金的裂纹扩展速率的影响随着所施加应力强度因子 ΔK 的增加而不断弱化，呈收敛趋势。由疲劳裂纹长度与疲劳寿命关系图以及疲劳裂纹扩展速率图可知，增加 Ca 元素含量能够增强 Mg-4Zn-xCa 合金对疲劳裂纹扩展的阻碍能力。

表 5-5　等温锻造 Mg-4Zn-xCa 合金 Paris 公式拟合参数

材料	Mg-4Zn	Mg-4Zn-0.2Ca	Mg-4Zn-0.5Ca	Mg-4Zn-0.8Ca
$C/\times10^{-6}$	6.56	2.16	0.0030	0.000091
m	1.77	2.19	5.38	6.98

图 5-34 为 Mg-4Zn-xCa 合金疲劳裂纹扩展断裂试样的宏观断口形貌，可以分为三个区域：疲劳裂纹源及裂纹初步扩展区、疲劳裂纹稳态扩展区以及疲劳裂纹快速扩展区（瞬断区）。

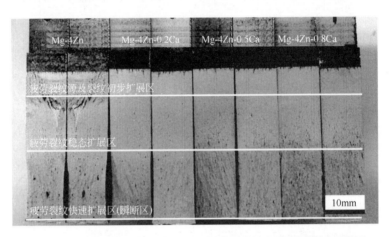

图 5-34　等温锻造 Mg-4Zn-xCa 合金裂纹扩展断裂试样宏观断口

图 5-35 为 Mg-4Zn 合金裂纹扩展断裂试样的断口形貌。图 5-35（a）为 Mg-4Zn 合金的断口形貌，从疲劳裂纹源到瞬断区，整体上可以划分三个区域。疲劳裂纹从初始裂纹尖端缺陷处萌生，在周期循环应力的作用下进入初步扩展阶段，如图 5-35（b）所示，断面上存在大量的疲劳平面以台阶形式分布，台阶边缘呈河流花样且与裂纹扩展方向一致。此外，在一些疲劳平面上，还有呈条带状分布的疲劳条纹，由于晶粒取向各异而沿不同的方向分布。图 5-35（c）为稳态扩展区的断口形貌，此区域在断口上占整个疲劳裂纹扩展区的比例最大，扩展速率相对稳定。与初步扩展阶段相比，该区域有很多疲劳小平面，并且在每个小平面上均可以看到呈条带状分布、取向各异的疲劳条纹。这是由于随着 ΔK 的增加，裂纹尖端塑性区跨越多个晶粒，疲劳裂纹扩展开始沿两个滑移系同时或交替进行的结果。此外，在稳定扩展区还出现了二次裂纹，如图 5-35（c）中圆圈处所示。图 5-35（d）为疲劳裂纹快速扩展区的断口形貌，随着 ΔK 进一步增大，疲劳裂纹扩展速率急剧增大，在断面上出现更多的二次裂纹，如图中圆圈处所示，二次裂纹的出现释放了裂纹前沿的能量。此外，裂纹尖端微塑性变形产生显微空洞，空洞形核长大并相互连接形成最终的断面形貌，断面上有少量韧窝和大量小平面解理台阶，同时还有撕裂棱的存在。

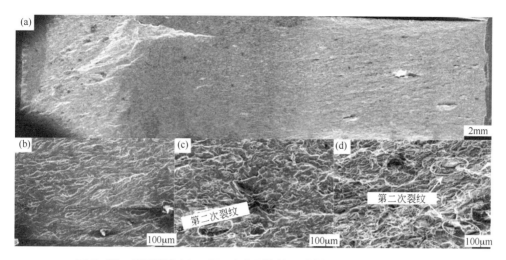

图 5-35　等温锻造 Mg-4Zn 合金裂纹扩展试样断口扫描电镜组织形貌

（a）宏观断口；（b）疲劳裂纹初步扩展区；

（c）疲劳裂纹稳定扩展区；（d）疲劳裂纹快速扩展区

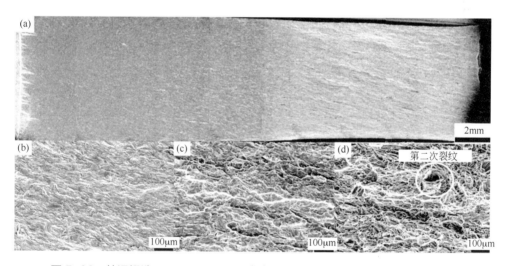

图 5-36　等温锻造 Mg-4Zn-0.2Ca 合金裂纹扩展试样断口扫描电镜组织形貌

（a）宏观断口；（b）疲劳裂纹初步扩展区；

（c）疲劳裂纹稳定扩展区；（d）疲劳裂纹快速扩展区

图 5-36 为 Mg-4Zn-0.2Ca 合金疲劳裂纹扩展断裂试样的断口形貌，可以发现其较 Mg-4Zn 合金更为平整，也可以划分为三个区域。图 5-36（b）为 Mg-4Zn-0.2Ca 合金疲劳裂纹初步扩展区，断面上有大量沿着裂纹扩展方向分布的疲劳条带，与 Mg-4Zn 合金相比断面更加平整，疲劳台阶更少。随着 ΔK 的增加，Mg-4Zn-0.2Ca 合金进入疲劳裂纹稳定扩展区，其断面如图 5-36（c）所示，断面上出现明显的疲劳台阶，并可以观察到明显的疲劳条纹，但其疲劳条纹的数量明显少于 Mg-4Zn 合金。图 5-36（d）为 Mg-4Zn-0.2Ca 合金快速扩展区的断口形貌，断面上存在大量细长的解理台阶和一定数量的韧窝，相较于 Mg-4Zn 合金的瞬断区，韧窝数量有所增加，二次裂纹数量明显减少。

图 5-37 为 Mg-4Zn-0.5Ca 合金疲劳裂纹扩展断裂试样的断口形貌。图 5-37（a）的断口形貌也可以划分三个不同特征的区域。图 5-37（b）为 Mg-4Zn-0.5Ca 合金疲劳裂纹初步扩展区，其断口形貌与 Mg-4Zn-0.2Ca 合金类似，断面上有许多较宽的疲劳条带和较细的疲劳条纹，大部分条纹沿着裂纹扩展方向分布，且有少量的二次裂纹出现。随着应力强度因子 ΔK 的增加，疲劳裂纹扩展至稳定区，如图 5-37（c）所示，断面上出现了很多疲劳台阶，与 Mg-4Zn-0.2Ca 合金稳态扩展区类似，但疲劳条纹却很少，其裂纹尖端的应力主要通过形成疲劳台阶得到释放。图 5-37（d）为 Mg-4Zn-0.5Ca 合金瞬断区断口形貌，由于 Ca 含量较高，合金断面上韧窝核心和其他解理面上出现第二相颗粒，部分解理面出现疲劳条纹，同时也有二次裂纹的存在。

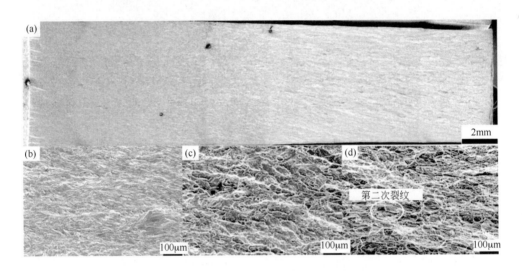

图 5-37　等温锻造 Mg-4Zn-0.5Ca 合金裂纹扩展试样断口扫描电镜组织形貌

（a）宏观断口；（b）疲劳裂纹初步扩展区；
（c）疲劳裂纹稳定扩展区；（d）疲劳裂纹快速扩展区

图 5-38 为 Mg-4Zn-0.8Ca 合金裂纹扩展断裂试样的断口形貌，图 5-38（a）的合金疲劳断口形貌具有明显的疲劳裂纹扩展的三阶段特征。图 5-38（b）为合金疲劳裂纹扩展初期，断面仍以疲劳条纹为主，但疲劳条纹更加细长，方向更加趋于一致，不同取向的疲劳条纹更少。图 5-38（c）为裂纹稳态扩展区断口形貌，疲劳台阶相比 Mg-4Zn-0.5Ca 合金较少，断面上主要为小疲劳平面，并且在疲劳平面上存在细小的第二相粒子。图 5-38（d）为裂纹快速扩展区断口形貌，断面具有准解理断裂特征，既有小刻面的解理台阶和解理面，也能观察到韧窝的存在。为了释放应力，合金断面上也有二次裂纹的产生。

对于疲劳裂纹扩展初期断口，Mg-4Zn 合金断面上有明显的疲劳平面和疲劳台阶，而对于 Mg-4Zn-(0.2/0.5/0.8)Ca 合金，其初期疲劳断口以疲劳条带/纹为主，且随着 Ca 含量的增加，疲劳条纹的延伸方向趋向于和裂纹扩展方向一致，沿其他方向分布的疲劳条纹数量减少。对于疲劳裂纹稳态扩展区断口，Mg-4Zn 合金断面上有大量疲劳条纹取向不同的疲劳小平面。随着 Ca 含量的增加，Mg-4Zn-xCa 合金的断面上具有不同取向疲劳条纹的小平面数量减少，更多的是边缘沿裂纹扩展方向分布的疲劳平面和台阶。对于疲劳裂纹快速扩展区（瞬断区）断口，Mg-4Zn 合金断面上以小解理面为主，韧窝数量很少，且二次裂纹较粗大，但随着 Ca 含量的增加，Mg-4Zn-xCa 合金断面上韧窝数量有逐渐增加的趋势，二次裂纹数量逐渐减少，表明 Mg-4Zn-xCa 合金瞬断区有逐渐向韧性断裂过度的趋势，这在一定程度上说明材料对疲劳裂纹扩展的阻碍能力逐渐增加，与疲劳裂纹扩展速率逐渐降低的结果相一致。

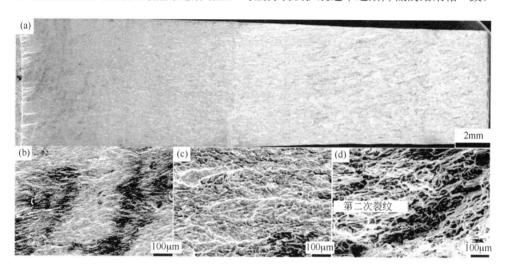

图 5-38　等温锻造 Mg-4Zn-0.8Ca 合金裂纹扩展试样断口扫描电镜组织形貌
（a）宏观断口；（b）疲劳裂纹初步扩展区；
（c）疲劳裂纹稳定扩展区；（d）疲劳裂纹快速扩展区

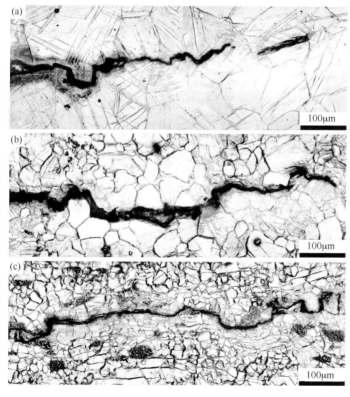

图 5-39

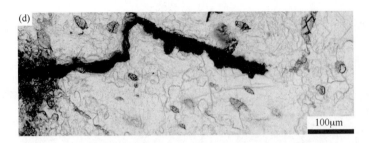

图 5-39　等温锻造 Mg-4Zn-xCa 合金裂纹扩展光镜组织

（a）Mg-4Zn；（b）Mg-4Zn-0.2Ca；（c）Mg-4Zn-0.5Ca；（d）Mg-4Zn-0.8Ca

　　图 5-39 是利用 3D 激光共聚焦显微镜获得的 Mg-4Zn-xCa 合金裂纹扩展形貌，观察试样为疲劳裂纹扩展至预制裂纹尖端与端面之间大约 1/2 位置时的变形试样。图 5-39（a）为 Mg-4Zn 合金疲劳裂纹及裂纹附近微观组织。Mg-4Zn 合金晶粒比较粗大，疲劳裂纹基本上在晶粒内部扩展，并伴有二次裂纹的产生，有利于释放内应力，此外裂纹附近有大量形变孪晶，容易成为裂纹扩展的快速通道。图 5-39（b）为 Mg-4Zn-0.2Ca 合金疲劳裂纹及裂纹附近微观组织，合金的晶粒尺寸明显细化，其疲劳裂纹亦主要在晶粒内部扩展，但是，裂纹附近微观组织中孪晶数量减少，没有出现二次裂纹。图 5-39（c）为 Mg-4Zn-0.5Ca 合金疲劳裂纹及裂纹附近微观组织，晶粒尺寸进一步细化，由于裂纹尺寸相对于晶粒尺寸较大，裂纹扩展路径不能清楚辨别，但裂纹附近较为粗大的晶粒中有孪晶产生，而尺寸较小的晶粒中孪晶数量很少。图 5-39（d）为 Mg-4Zn-0.8Ca 合金疲劳裂纹及其附近微观组织，裂纹尖端在扩展过程中发生了明显偏转。

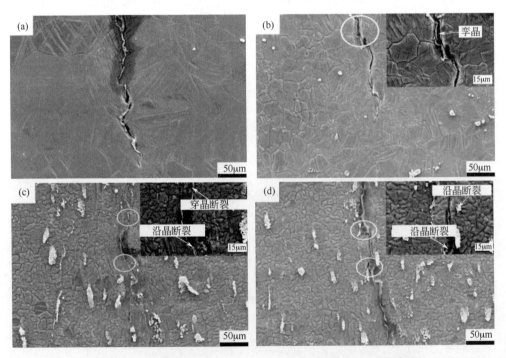

图 5-40　等温锻造 Mg-4Zn-xCa 合金裂纹扩展扫描电镜组织

（a）Mg-4Zn；（b）Mg-4Zn-0.2Ca；（c）Mg-4Zn-0.5Ca；（d）Mg-4Zn-0.8Ca

图 5-40（a）为 Mg-4Zn 合金裂纹扩展情况，在扫描电镜下疲劳裂纹附近透镜状的形变孪晶清晰可见。由于晶粒较为粗大，疲劳裂纹主要在晶粒内部进行扩展，此外合金中第二相数量很少。图 5-40（b）为 Mg-4Zn-0.2Ca 合金裂纹扩展照片，疲劳裂纹附近的微观组织中也有大量的形变孪晶，从白色椭圆标注的放大图中还可以看到，疲劳裂纹沿着形变孪晶界扩展。图 5-40（c）为 Mg-4Zn-0.5Ca 合金裂纹扩展照片，随着 Ca 含量的增加，Mg-4Zn-0.5Ca 合金的晶粒明显细化，疲劳裂纹附近的孪晶比例大幅减少，裂纹以穿晶或沿晶的方式进行扩展。对于 Mg-4Zn-0.8Ca 合金也有类似的结果［图 5-40（d）］。细化晶粒的结果导致孪晶比例降低，疲劳裂纹沿着晶界或在晶粒内部扩展。以上结果表明，晶粒细化可以明显抑制 Mg-4Zn-xCa 合金中孪晶的形成，从而降低疲劳裂纹沿孪晶界扩展的概率，增强材料对疲劳裂纹扩展的阻碍能力。

图 5-41 为等温锻造 Mg-4Zn、Mg-4Zn-0.2Ca 合金在双束衍射条件下疲劳裂纹前端微观组织中的位错组态，操作矢量分别为 g=[01$\bar{1}$0]和[0002]。图 5-41（a）为 Mg-4Zn 合金在操作矢量 g=[01$\bar{1}$0]条件下的位错形貌，当操作矢量变换为 g=[0002]时位错消失［图 5-41（b）］。根据位错可见原则($g \cdot b \neq 0$)，这些位错为平行于基面的<a>位错。同理，如图 5-41（c）和（d）所示，在 Mg-4Zn-0.2Ca 合金裂纹前端出现的位错也是平行于基面的<a>位错。

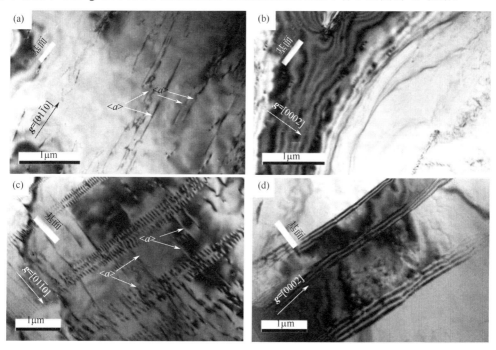

图 5-41　等温锻造 Mg-4Zn 及 Mg-4Zn-0.2Ca 合金裂纹前端位错组态

（a）（b）Mg-4Zn；（c）（d）Mg-4Zn-0.2Ca

图 5-42 为等温锻造 Mg-4Zn-0.5Ca、Mg-4Zn-0.8Ca 合金疲劳裂纹前端微观组织在双束衍射条件下的位错组态，其操作矢量同样为 g=[01$\bar{1}$0]和[0002]。图 5-42（a）和（b）分别为 Mg-4Zn-0.5Ca 合金在 g=[01$\bar{1}$0]和 g=[0002]操作矢量下的位错组态，根据位错可见原则($g \cdot b \neq 0$)，Mg-4Zn-0.5Ca 合金中出现了锥面<c+a>滑移。图 5-42（c）和（d）分别为 Mg-4Zn-0.8Ca 合金在 g=[01$\bar{1}$0]和 g=[0002]操作矢量下的位错组态，同样发现锥面<c+a>滑移被激活。

研究表明，非基面滑移，尤其是锥面<c+a>滑移的启动，可以为材料形变提供更多独立滑移系[19-20]，从而有利于协调晶体 c 轴方向的应变。然而，室温下柱面及锥面滑移系的临界分切应力 CRSS 值远高于基面滑移系[36]，较难被激活[36]。上述 Mg-4Zn-xCa 合金的裂纹前端位错组态表明，晶粒细化有助于激活室温下 Mg-4Zn-(0.5/0.8)Ca 合金锥面<c+a>滑移，释放裂纹前端组织中的应变，从而有效抑制形变孪晶的形成，减少疲劳裂纹沿孪晶界扩展的概率，阻碍疲劳裂纹扩展甚至使其扩展路径发生偏转。

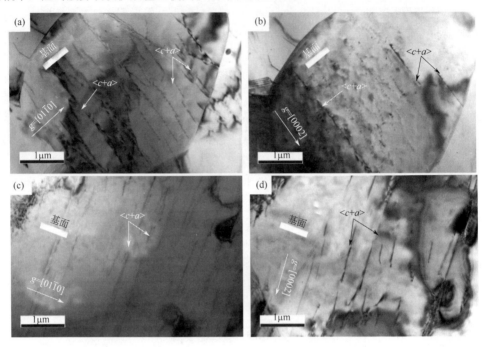

图 5-42　等温锻造 Mg-4Zn-0.5Ca 及 Mg-4Zn-0.8Ca 合金裂纹前端位错组态
（a）（b）Mg-4Zn-0.5Ca；（c）（d）Mg-4Zn-0.8Ca

综上所述，晶粒细化可以提高 Mg-4Zn-xCa 合金对疲劳裂纹扩展的阻碍能力，其具体机理如图 5-43 所示。对于晶粒较为粗大的 Mg-4Zn 和 Mg-4Zn-0.2Ca 合金，在疲劳裂纹扩展过程中，裂纹尖端引起的应力场更容易导致孪生机制的启动。与普通晶界相比，孪晶界极易成为疲劳裂纹扩展的快速通道，呈现穿晶断裂的特征，断口也以解理断裂为主；对于晶粒细化的 Mg-4Zn-0.5Ca 和 Mg-4Zn-0.8Ca 合金，由于滑移尤其是锥面滑移的启动，使疲劳裂纹尖端的应力得到释放，从而抑制了孪晶的形成，减少了裂纹沿孪晶界扩展的概率，增加了材料对疲劳裂纹扩展的阻碍能力，使裂纹在晶内或沿晶界扩展，断口呈现韧性断裂的特征。晶粒细化可以有效改善镁合金断裂韧性，阻碍其疲劳裂纹扩展，而合金化则是实现镁合金晶粒细化的主要手段。例如，通过在 Mg-4Zn 合金中添加微量（0.2%～0.8%）且相对廉价的 Ca 元素，起到了明显的晶粒细化作用，从而有效改善了其断裂韧性，提高了材料对疲劳裂纹扩展的阻碍能力。可见，Ca 元素合金化是一种有效改善 Mg-4Zn 合金断裂韧性、阻碍其疲劳裂纹扩展的控制方法。

有研究表明，材料的晶界结构对疲劳裂纹的扩展也有明显影响[37-38]。图 5-44 为等温锻造 Mg-4Zn-xCa 合金疲劳裂纹前端 IPF 图像。锻造态 Mg-4Zn-xCa 合金的晶粒取向很大程度上仍为基面[0001]取向，存在强烈的基面织构。随着 Ca 含量的增加，Mg-4Zn-xCa 合金晶粒逐渐细化，晶界结构也随之发生变化。

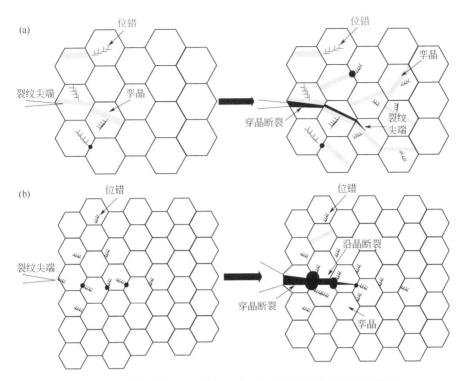

图 5-43　等温锻造 Mg-4Zn-xCa 合金疲劳裂纹扩展物理模型

（a）粗晶粒；（b）细晶粒

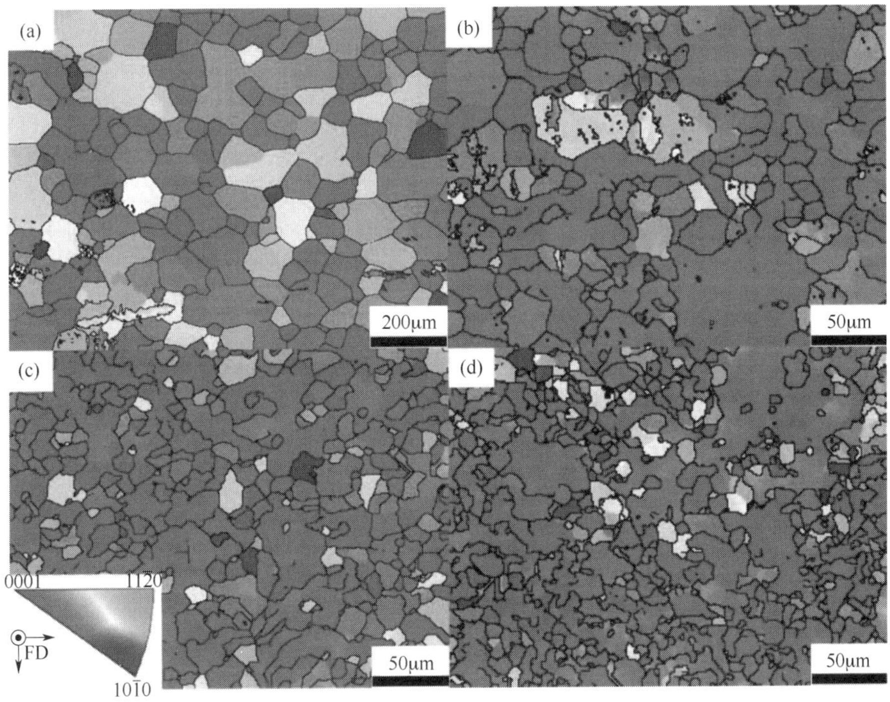

图 5-44　等温锻造 Mg-4Zn-xCa 合金疲劳裂纹前端 IPF 微观组织图（见书后彩页）

（a）Mg-4Zn (100×)；（b）Mg-4Zn-0.2Ca (500×)；

（c）Mg-4Zn-0.5Ca (500×)；（d）Mg-4Zn-0.8Ca (500×)

图 5-45 为等温锻造 Mg-4Zn-xCa 合金疲劳裂纹前端的晶界结构图，图中，红线标出的
晶界为小角度晶界（<15°），黑线标出的晶界为大角度晶界。将 EBSD 的原始数据中不同
角度晶界所占比例列出，并求出所有大角度晶界（>15°）所占比例，结果如图 5-46 所示。
随着 Ca 含量的增加和晶粒的逐渐细化，Mg-4Zn-xCa 合金疲劳裂纹前端微观组织中大角度
晶界比率逐渐增加。研究表明[38-40]，大角度晶界通常拥有更大的错配角和界面能，可以吸
收和堆积更多位错，并且可以阻碍位错运动，改变裂纹扩展方向，甚至将原本沿晶粒内部
扩展的疲劳裂纹路径改变为沿晶界扩展路径。因此，随着 Mg-4Zn-xCa 合金大角度晶界比
率逐渐增加，其对疲劳裂纹扩展的阻碍能力亦逐渐增强。

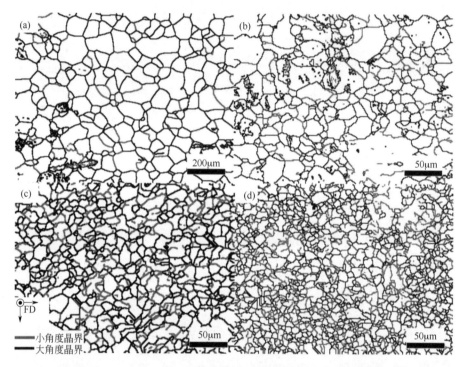

图 5-45　等温锻造 Mg-4Zn-xCa 合金疲劳裂纹前端微观组织晶界结构图（见书后彩页）

（a）Mg-4Zn (100×)；（b）Mg-4Zn-0.2Ca (500×)；
（c）Mg-4Zn-0.5Ca (500×)；（d）Mg-4Zn-0.8Ca (500×)

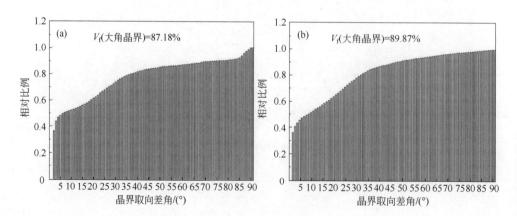

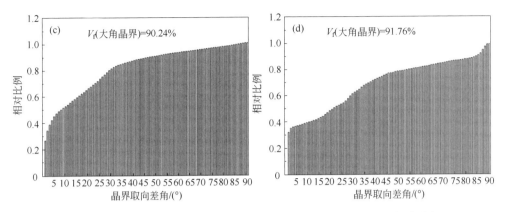

图 5-46 等温锻造 Mg-4Zn-xCa 合金裂纹前端微观组织晶界角度分布

（a）Mg-4Zn；（b）Mg-4Zn-0.2Ca；（c）Mg-4Zn-0.5Ca；（d）Mg-4Zn-0.8Ca

5.3 Ca-Gd 复合添加对镁合金微观组织及成形性能的影响

5.3.1 Ca-Gd 复合添加对 Mg-3Al 系合金板材微观组织演变的影响

Mg-3Al、Mg-3Al-0.6Ca 及 Mg-3Al-0.6Ca-0.2Gd 三种合金经铸造，450℃、12h 均匀化处理，400℃热轧，以及 350℃、1h 退火处理得到最终退火态镁合金板材。图 5-48 为包含均匀化态、60%及 90%累积压下率的轧制态以及退火态的三类镁合金金相组织。经过均匀化处理后，Mg-3Al、Mg-3Al-0.6Ca 及 Mg-3Al-0.6Ca-0.2Gd 合金的微观组织呈现等轴晶特征 [图 5-47（a）～（c）]，平均晶粒尺寸分别为 142.71μm、125.25μm 及 115.34μm。均匀化态 Mg-3Al-0.6Ca 及 Mg-3Al-0.6Ca-0.2Gd 合金的晶界处出现了大量第二相粒子 [图 5-47（b）和（c）]。多道次热轧过程中，Mg-3Al 系合金呈现等轴晶粒与含孪晶变形晶粒相结合的混合

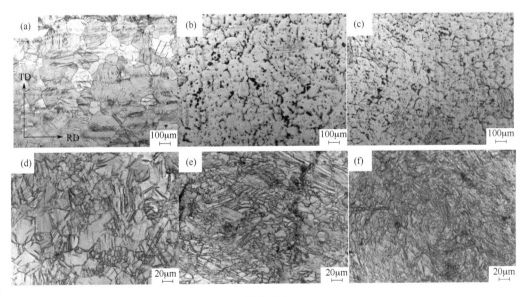

图 5-47

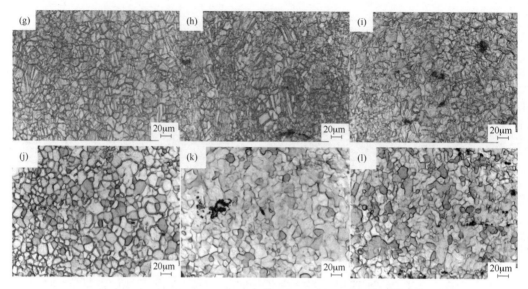

图 5-47 不同加工状态的 Mg-3Al 系合金光学显微组织

均匀化态：（a）Mg-3Al；（b）Mg-3Al-0.6Ca；（c）Mg-3Al-0.6Ca-0.2Gd

60%压下率轧制态：（d）Mg-3Al；（e）Mg-3Al-0.6Ca；（f）Mg-3Al-0.6Ca-0.2Gd

90%压下率轧制态：（g）Mg-3Al；（h）Mg-3Al-0.6Ca；（i）Mg-3Al-0.6Ca-0.2Gd

退火态：（j）Mg-3Al；（k）Mg-3Al-0.6Ca；（l）Mg-3Al-0.6Ca-0.2Gd

组织［图 5-47（d）～（i）］。当轧制累积压下率为 60%时，微观组织中的晶粒具有双峰特征，含有孪晶的变形晶粒周围存在大量细小的再结晶晶粒。显然，细小的等轴晶粒是通过再结晶机制形成。当轧制过程的累积压下率达到 90%时，三种合金的微观组织变得更加均匀，并且晶粒尺寸减小，表明热轧过程可以有效细化晶粒并提高组织均匀性。退火过程中，回复及再结晶发生，导致变形晶粒消失，完全再结晶组织生成［图 5-47（j）～（l）］。退火态 Mg-3Al、Mg-3Al-0.6Ca 及 Mg-3Al-0.6Ca-0.2Gd 合金的平均晶粒尺寸分别为 13.2μm、12.4μm 及 10.5μm，说明微量 Ca 及 Gd 元素的复合添加对细化晶粒尺寸起重要作用。

图 5-48 为 Mg-3Al 系合金不同加工状态下的第二相粒子形貌，相对应的第二相粒子（A-P）化学成分见表 5-6。均匀化热处理后，均存在层状、棒状、块状及球状第二相粒子，并呈现聚集分布。均匀化态 Mg-3Al-0.6Ca 及 Mg-3Al-0.6Ca-0.2Gd 合金第二相粒子的平均长度为 6.94μm 及 4.24μm。热轧过程中，第二相粒子在轧制压力作用下破碎，并倾向于形成更规则的形状。多道次轧制完成时，第二相粒子尺寸减小，Mg-3Al-0.6Ca 及 Mg-3Al-0.6Ca-0.2Gd 合金中第二相粒子的平均长度为 2.28μm 及 1.80μm。但是，第二相粒子分布仍保持聚集特性。经 350℃退火处理后，第二相粒子呈现良好的尺寸热稳定性，没有发生第二相粒子粗化，其尺寸仍保持在 2μm 左右。

表 5-6 为第二相粒子的 EDS 分析结果。可以看出，Mg-3Al-0.6Ca 及 Mg-3Al-0.6Ca-0.2Gd 合金的第二相粒子的主要组成元素均为 Mg、Al 及 Ca。Gd 元素由于含量较低在 EDS 检测中未能发现。图 5-49 为 Mg-3Al-0.6Ca 及 Mg-3Al-0.6Ca-0.2Gd 合金的第二相粒子形貌及选区衍射照片，分析表明，两种合金的第二相粒子均为 Al_2Ca。由于熔点高于镁合金[41]，作为热稳定相的 Al_2Ca 粒子在热轧过程中不会溶解，但会发生破碎。镁合金中第二相粒子尺寸的差异使其对再结晶行为起到不同的作用[42-43]。微米级第二相粒子可促进再结晶晶粒形核，而纳米级第二相粒子可通过 Zener 钉扎效应阻碍再结晶晶粒长大。

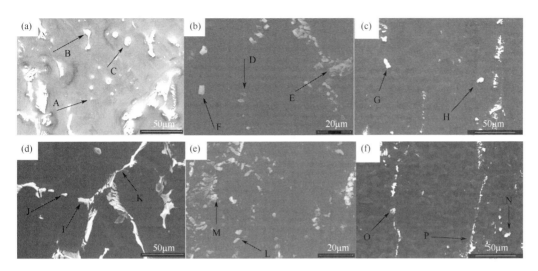

图 5-48　Mg-3Al-0.6Ca 及 Mg-3Al-0.6Ca-0.2Gd 合金第二相粒子形貌

Mg-3Al-0.6Ca 合金：（a）均匀化态；（b）90%压下率轧制态；（c）退火态
Mg-3Al-0.6Ca-0.2Gd 合金：（d）均匀化态；（e）90%压下率轧制态；（f）退火态

表 5-6　Mg-3Al-0.6Ca 及 Mg-3Al-0.6Ca-0.2Gd 合金第二相粒子的元素含量 EDS 分析结果

观察点	元素含量				观察点	元素含量			
	Mg	Al	Ca	Gd		Mg	Al	Ca	Gd
A	54.9	34.1	11.0	/	I	49.7	35.8	14.5	/
B	50.0	37.7	12.3	/	J	45.8	40.7	13.5	/
C	60.7	29.0	10.3	/	K	26.7	52.0	21.3	/
D	60.3	31.3	8.4	/	L	49.5	37.8	12.7	/
E	35.1	47.5	17.4	/	M	42.2	42.6	15.2	/
F	36.7	46.7	16.6	/	N	63.9	28.0	8.1	/
G	78.5	17.7	3.8	/	O	31.8	48.2	20.0	/
H	77.6	18.3	4.1	/	P	38.8	45.7	15.5	/

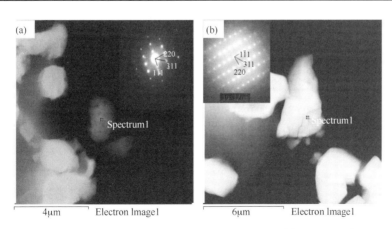

图 5-49　Mg-3Al-0.6Ca 及 Mg-3Al-0.6Ca-0.2Gd 合金第二相粒子的 TEM 形貌

（a）Mg-3Al-0.6Ca 合金第二相粒子选区衍射；
（b）Mg-3Al-0.6Ca-0.2Gd 合金第二相粒子选区衍射

镁合金中 Ca 与 Gd 元素的固溶度随温度下降而急剧降低。固溶态 Ca 或 Gd 元素也会影响镁合金的 *c/a* 轴比。图 5-50 为均匀化态 Mg-3Al-0.6Ca 及 Mg-3Al-0.6Ca-0.2Gd 合金中 Ca 及 Gd 元素的分布情况。一些没有第二相存在的区域也有明显的 Ca 元素峰形成。与 Mg 及 Al 原子相比，Ca 及 Gd 原子具有更大的原子半径[44-45]。由于固溶原子与镁原子的体积差异，不可避免地产生了弹性交互作用。这种弹性交互作用又促使 Ca 及 Gd 原子在 Mg-Al 合金中偏聚，从而有利于减少基体的尺寸错配能[46]。

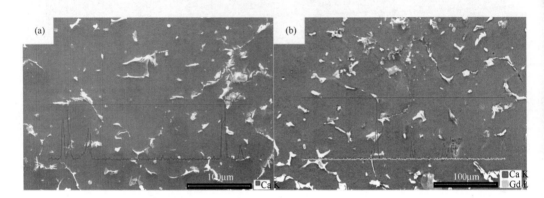

图 5-50　均匀化态 Mg-3Al-0.6Ca 及 Mg-3Al-0.6Ca-0.2Gd 合金的 Ca 及 Gd 元素的分布情况
（a）Mg-3Al-0.6Ca；（b）Mg-3Al-0.6Ca-0.2Gd

热轧过程的微观组织演变表明轧制压力作用下晶粒尺寸明显减小。原始晶粒的晶界处，细小等轴晶的出现意味着热轧过程中动态再结晶被激活。400℃轧制可促进大量位错生成，有利于晶界区域的位错重排以及应力集中的释放[47]。由于高温变形条件下非基面滑移系容易激活，位错攀移及交滑移促进晶间协调变形。此外，第二相粒子及固溶原子偏聚阻碍了位错及晶界的移动。由于高位错密度及大取向梯度特征存在，第二相粒子可作为动态再结晶的理想异质形核位置[48-49]。因此，动态再结晶易被激活，从而有助于形成等轴晶晶粒。退火过程中，固溶元素 Ca 及 Gd 的复合添加而产生的固溶拖曳效应限制了位错、孪晶及晶界的移动能力[50-51]。Al₂Ca 粒子也通过提供异质形核位置提升静态再结晶的形核速率。最终，通过退火过程中溶质原子拖曳及再结晶晶粒的抑制形核，Ca-Gd 复合添加有利于晶粒细化。

Cottam 等[52]报道称添加稀土元素可降低镁合金基体的轴比，从而降低非基面滑移系的 CRSS。表 5-7 为退火态 Mg-3Al 系合金的晶格常数，其通过 XRD 测定，并由 Jade 6.0 软件计算。与 Mg-3Al 合金相比，微量 Ca 及 Gd 元素添加对合金轴比并未起到显著改变作用。因此，Mg-3Al 合金中 Ca-Gd 复合添加的作用与轴比降低无关。

表 5-7　退火态 Mg-3Al 系合金的晶格常数

合金	a/Å	c/Å	c/a
Mg-3Al	3.2039	5.2032	1.6241
Mg-3Al-0.6Ca	3.2020	5.2007	1.6242
Mg-3Al-0.6Ca-0.2Gd	3.2051	5.2052	1.6240

图 5-51 为 Mg-3Al 系合金不同加工状态时的(0002)宏观极图。当累积压下率为60%时，Mg-3Al、Mg-3Al-0.6Ca 及 Mg-3Al-0.6Ca-0.2Gd 合金的(0002)极图最大极密度分别为

10.93MRD、7.32MRD 及 6.04MRD。显然，三种合金均呈现显著的基面织构特征，并具有轻微程度的 TD 方向漫射。对于合金优化的 Mg-3Al-0.6Ca 及 Mg-3Al-0.6Ca-0.2Gd 合金，基面织构强度明显降低。当累积压下率为 90%时，Mg-3Al、Mg-3Al-0.6Ca 及 Mg-3Al-0.6Ca-0.2Gd 合金的(0002)极图强度上升，相应的最大极密度分别为 14.06MRD、10.96MRD 及 9.43MRD。热轧过程中，基面织构的 RD 漫射组分增加，TD 漫射组分降低，晶粒取向更倾向于向 RD 方向偏转。此外，90%压下率的(0002)极图织构强度均高于 60%压下率时。尽管镁合金在热轧过程中易发生动态再结晶，且再结晶晶粒取向随机分布对弱化基面织构有利，但是也存在一些在动态再结晶初期可以弱化基面织构的晶粒，在随后的轧制过程中由于施加载荷的影响再次旋转，成为变形织构组分[53]。

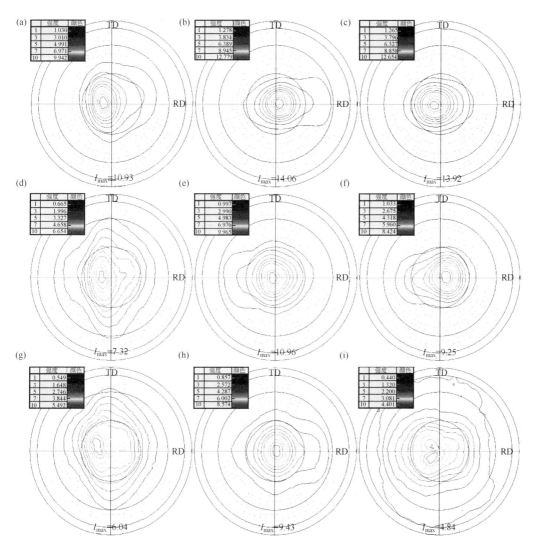

图 5-51　不同加工状态时 Mg-3Al 系合金的(0002)极图

Mg-3Al：（a）60%压下率轧制态；（b）90%压下率轧制态；（c）退火态
Mg-3Al-0.6Ca：（d）60%压下率轧制态；（e）90%压下率轧制态；（f）退火态
Mg-3Al-0.6Ca-0.2Gd：（g）60%压下率轧制态；（h）90%压下率轧制态；（i）退火态

退火态 Mg-3Al、Mg-3Al-0.6Ca 及 Mg-3Al-0.6Ca-0.2Gd 合金(0002)极图的织构强度降低，对应的最大极密度分别为 13.92MRD、9.25MRD 及 4.84MRD。同时，Ca-Gd 复合添加使基面织构呈现显著的 TD 方向漫射现象。尽管晶粒取向分布存在择优行为，静态再结晶仍有益于弱化基面织构。由于具有高位错密度及大取向梯度特征，剪切带、孪晶、晶界等缺陷处成为退火过程中静态再结晶的优先形核位置[20]。大取向梯度使几何必需位错及小角晶界发挥协同作用，促使生成的晶粒具有宽泛取向分布[54]。此外，热轧过程中生成的非基面位错在晶界处相结合，增强了晶核转动，并形成不同取向的静态再结晶晶粒，最终导致不同的织构特征。

由于 Al$_2$Ca 粒子促进再结晶晶粒形核，并阻碍晶粒长大，Mg-3Al-0.6Ca-0.2Gd 合金晶粒尺寸实现了细化。Agnew 等[19]报道称非基面滑移在晶界处的激活概率更高。因此，晶粒尺寸减小，晶界比例上升，进而促进非基面滑移系的激活。Ca 及 Gd 原子在镁合金中的弱扩散能力以及其在位错及晶界的偏聚减缓了晶界及位错的移动[55]。因此，溶质拖曳作用不仅提高了基面滑移的激活能，也提高了非基面滑移的激活能。然而，作为镁合金的优先激活变形机制，基面位错的增殖与移动被溶质拖曳作用阻碍。热变形加工初期，固溶原子对基面滑移产生拖曳作用而局部消耗，非基面滑移系活性因此增强。镁合金<a>型位错的柏氏矢量为 $a/3$<11$\bar{2}$0>，<$c+a$>型位错的柏氏矢量为$(c^2+a^2)^{1/2}$<11$\bar{2}$3>。根据 $\boldsymbol{g}\cdot\boldsymbol{b}=0$ 的不可见原理，<a>型位错在 $\boldsymbol{g}=$(0001)时不可见，在 $\boldsymbol{g}=$(11$\bar{2}$0)时可见。相反，<$c+a$>型位错在 $\boldsymbol{g}=$(11$\bar{2}$0)时不可见，$\boldsymbol{g}=$(0001)时可见。图 5-52 为 90%压下率时轧制态 Mg-3Al-0.6Ca-0.2Gd 的 TEM 明场像。操作矢量$\boldsymbol{g}=$(0001)时，<$c+a$>滑移可见［图 5-52（a）］。操作矢量为 $\boldsymbol{g}=$(11$\bar{2}$0)时，仅<a>型位错可见［图 5-52（b）］。显然，热轧过程中，Mg-3Al-0.6Ca-0.2Gd 激活了<$c+a$>型滑移。

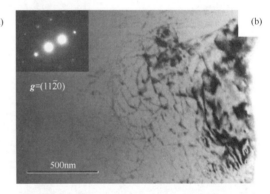

图 5-52　90%压下率时轧制态 Mg-3Al-0.6Ca-0.2Gd 的 TEM 明场像

（a）$\boldsymbol{g}=$(0001)；（b）$\boldsymbol{g}=$(11$\bar{2}$0)

尽管三种合金退火态的(0002)极图仍呈现基面织构特征,在不同加工状态时，Ca-Gd 复合添加均对弱化基面织构起积极作用。图 5-53 为三种合金退火态的晶粒取向分布，其 IPF 散点图见图 5-53（a）～（c）。Mg-3Al 合金大多数晶粒的<0001>平行于板材法向，呈现典型的基面取向。随着 Ca 元素的添加，<0001>偏离板材法向的晶粒数量增多。此类晶粒的比例在 Ca-Gd 复合添加时进一步显著增大。图 5-53（a′）～（c′）中深色晶粒表征晶粒 c 轴与板材法向夹角小于 30°。Mg-3Al、Mg-3Al-0.6Ca 及 Mg-3Al-0.6Ca-0.2Gd 合金的深色晶粒占全部晶粒的比例分别为 86.5%、75.7%及 55.4%。此趋势与 XRD 织构特征结果相符，也证实了 Ca-Gd 复合添加对晶粒取向的改变作用。

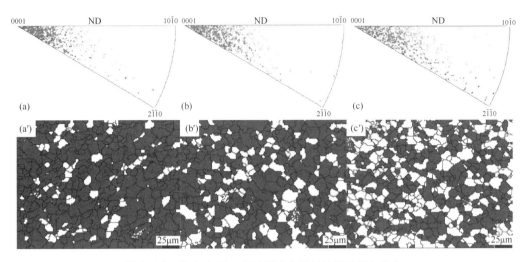

图 5-53 退火态 Mg-3Al 系合金板材的晶粒取向分布

反极图散点分布：（a）Mg-3Al；（b）Mg-3Al-0.6Ca；（c）Mg-3Al-0.6Ca-0.2Gd
与法线方向夹角在 30° 以内的晶粒：（a'）Mg-3Al；（b'）Mg-3Al-0.6Ca；（c'）Mg-3Al-0.6Ca-0.2Gd

5.3.2 Ca-Gd 复合添加对 Mg-3Al 系合金板材成形性能的影响

三种合金板材不同载荷方向拉伸的力学性能变化如图 5-54 所示，包含屈服强度、抗拉强度、延伸率及加工硬化系数 n 值。随着板面（RD×TD 截面）中拉伸方向逐渐远离轧向，屈服强度递增，n 值递减，而抗拉强度变化较小。通过 $(X_0+2X_{45}+X_{90})/4$ 计算各种力学性能板面内的平均值。Mg-3Al、Mg-3Al-0.6Ca 和 Mg-3Al-0.6Ca-0.2Gd 板材的平均屈服强度分别为 181MPa、173MPa 及 169MPa；平均抗拉强度分别为 245MPa、231MPa 及 236MPa；平均延伸率分别为 17.03%、17.27% 及 17.10%；平均 n 值分别为 0.181、0.191 及 0.209。图 5-55 为 Mg-3Al 系合金力学性能对比图，Mg-3Al 合金具有更高的强度，Mg-3Al-0.6Ca-0.2Gd 合金具有更好的加工硬化能力。图 5-55 中轧向与横向屈服强度的差值可评价板面内力学性能的各向异性，结果表明，Mg-3Al-0.6Ca-0.2Gd 合金具有最弱的各向异性。

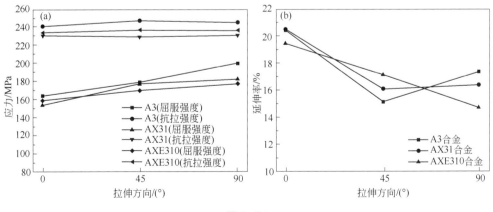

图 5-54

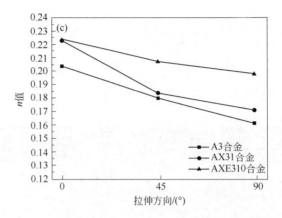

图 5-54　Mg-3Al 系镁合金板材力学性能的变化

（a）屈服强度及抗拉强度；（b）延伸率；（c）n 值

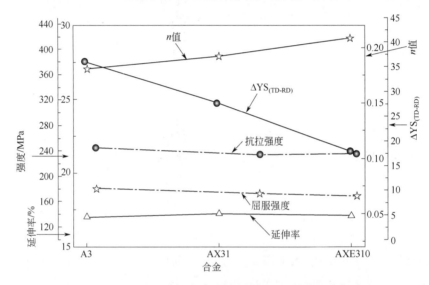

图 5-55　Mg-3Al 系镁合金板材的平均力学性能及各向异性

　　固溶原子提供的固溶强化、第二相粒子的析出强化以及晶粒细化是镁合金的主要强化机制。Mg-3Al-0.6Ca-0.2Gd 合金具有最细小的晶粒、最多的第二相粒子及元素固溶量，本应呈现出最高的强度。而图 5-55 中 Mg-3Al 合金却具有较高的屈服强度及抗拉强度。大量报道表明镁合金的屈服强度具有与织构相关的依赖性。Hall-Petch 关系的重要参数——摩擦应力 σ_0 及晶界强化系数 k_y，均被证明受到织构影响[56-57]。通过基面织构弱化，塑性变形机制容易启动，从而降低屈服强度。例如，Stanford[58]表明织构弱化导致 Mg-Mn-Ca 合金拉伸屈服点的降低。固溶原子、第二相粒子及晶粒细化的强化效果在 Mg-3Al-0.6Ca-0.2Gd 合金中难以抵消基面织构弱化的软化作用。织构对镁合金力学性能的作用可通过变形机制 Schmid 因子的变化而呈现，尤其是室温时的{0001}<11$\bar{2}$0>基面滑移及{10$\bar{1}$2}<10$\bar{1}$1>拉伸孪晶。

　　由于室温时临界分切应力较低，基面滑移及拉伸孪晶是镁合金室温变形的两种主要变形模式。例如，{10$\bar{1}$0}<11$\bar{2}$0>柱面滑移、{10$\bar{1}$1}<11$\bar{2}$0>锥面滑移、{11$\bar{2}$2}<11$\bar{2}$3>锥面滑移及{10$\bar{1}$1}<10$\bar{1}$2>压缩孪晶等变形机制因 CRSS 相对较大，在塑性变形过程中难以起到主导作用。

不同的变形机制影响着室温拉伸变形行为，进而产生不同的塑性硬化效果。当主导变形机制属于位错滑移时，硬化速率随应变增加而逐渐降低[59]。图 5-56 为三种镁合金板材塑性变形初期的硬化速率曲线。硬化速率随应变增大而持续降低的趋势表明滑移主导了初期的塑性变形。由于此时柱面滑移及锥面滑移激活概率较低，{0001}<11$\bar{2}$0>基面滑移主导此时的塑性变形。

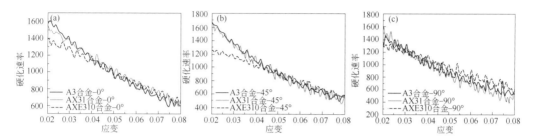

图 5-56　Mg-3Al 系镁合金板材不同载荷方向的塑性变形初期硬化速率曲线

（a）0°；（b）45°；（c）90°

图 5-57 为三种合金晶粒沿轧向的基面滑移 Schmid 因子分布图。红色（深色）晶粒表征其基面滑移 Schmid 因子趋于 0，白色（浅色）晶粒表征其 Schmid 因子达到最大值 0.5。当晶粒颜色由深至浅时，Schmid 因子也逐渐由 0 增长至 0.5。图 5-57（a）～（c）表明，随着 Ca 及 Gd 元素的添加，浅色晶粒比例上升。沿轧向的基面滑移 Schmid 因子分布见图 5-57（a'）～（c'）。Mg-3Al、Mg-3Al-0.6Ca 和 Mg-3Al-0.6Ca-0.2Gd 合金轧向的基面滑移平均 Schmid 因子分别为 0.191、0.239 及 0.273。三种合金中基面滑移的 Schmid 因子大于 0.2 的晶粒比例依次为 22.8%、34.5%及 35.3%。显然，Mg-3Al 合金因其较低的基面滑移 Schmid 因子而呈现出难以激活的趋势，导致其在三种合金中的屈服强度和抗拉强度最高。

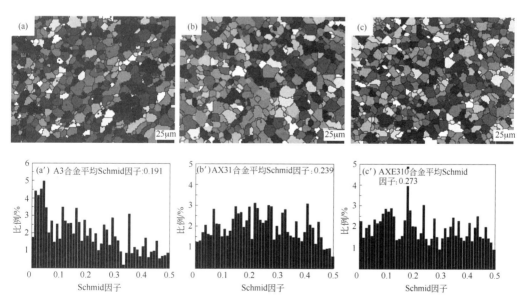

图 5-57　退火态 Mg-3Al 系合金基面滑移 Schmid 因子分布（见书后彩页）

（a）（a'）Mg-3Al；（b）（b'）Mg-3Al-0.6Ca；（c）（c'）Mg-3Al-0.6Ca-0.2Gd

镁合金的延伸率主要受晶粒尺寸及第二相粒子的影响。晶粒细化有益于提高塑性，而第二相粒子的存在又不利于提高塑性。因此，在两种因素的共同交互作用下，三种镁合金板材具有相近的延伸率（图 5-55）。在塑性变形过程中，位错增殖使位错密度上升，从而降低位错间距并形成应变场相互排斥[60]。随着位错密度增加，位错交互作用及第二相粒子对位错移动的阻碍变得更显著。因此，Mg-3Al-0.6Ca-0.2Gd 合金的位错应变场交互作用使其应变硬化效果相对较高，从而导致较高 n 值。

表 5-8 为 Mg-3Al 系合金沿不同拉伸方向的基面滑移 Schmid 因子。Mg-3Al-0.6Ca-0.2Gd合金沿不同方向的基面滑移 Schmid 因子差异最小。由于热轧过程中非基面滑移的激活弱化了基面织构，使晶粒取向分布更均匀，因而降低了拉伸力学性能的各向异性。但是，图 5-54中三种合金板材的屈服强度仍呈现显著的取向行为。退火态基面极图具有 RD 漫射织构组分，表明轧向的基面滑移 Schmid 因子较高，从而导致低屈服强度。因此，沿 45°及 TD方向拉伸变形时，晶粒相当于基面滑移的硬取向，从而获得高于轧向的屈服强度。与此同时，基面织构的漫射特征有利于激活拉伸孪晶。沿 RD 方向明显的漫射组分使拉伸孪晶易出现，进而促进应变硬化提升[61]。

表 5-8　退火态 Mg-3Al 系合金板材不同拉伸方向基面滑移的 Schmid 因子

合金	加载方向	基面滑移 Schmid 因子
Mg-3Al	0°	0.191
	45°	0.176
	90°	0.161
Mg-3Al-0.6Ca	0°	0.239
	45°	0.212
	90°	0.179
Mg-3Al-0.6Ca-0.2Gd	0°	0.273
	45°	0.261
	90°	0.256

图 5-58 为退火态 Mg-3Al、Mg-3Al-0.6Ca 和 Mg-3Al-0.6Ca-0.2Gd 三种镁合金板材的杯

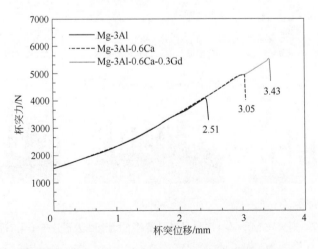

图 5-58　退火态 Mg-3Al-xCa-yGd 合金杯突实验

突力-位移曲线。随着杯突位移的增加，杯突力增大，两者近似线性关系。三种合金由杯突实验测得的 IE 值分别为 2.51mm、3.05mm 以及 3.43mm。由此可见，随着 Ca、Gd 元素的增加，镁合金 IE 值呈现上升趋势，室温成形性能得到改善。

由于 Ca、Gd 元素的复合添加，弱化基面织构及更高的 n 值可以提高板材抵抗局部变形的能力，并使得在整个变形区域应变分布更加均匀，提高了板材的成形能力。因此，较高的 n 值有利于提高双向拉伸应力状态下的减薄能力，从而提升了成形性能，这与杯突试验的结果相一致。同时，也说明 Ca、Gd 元素的复合添加对 Mg-3Al 合金成形性能的改善效果要优于 Ca 元素单独添加时。

5.4 稀土元素对 Mg-1.5Zn 合金织构和室温成形性能的影响

5.4.1 Gd 元素对 Mg-1.5Zn-xGd 合金织构和室温成形性能的影响

图 5-59 为退火态 Mg-1.5Zn-xGd 合金的显微组织，从图中可以看出，所有板材均完成了再结晶。图 5-59（a）为退火态 Mg-1.5Zn 合金的显微组织，晶粒尺寸大小不均。添加 0.2%Gd 元素后，晶粒尺寸明显减小，晶粒细化效果显著，组织也相对均匀。Gd 元素添加量为（0.5～1.0）%时，晶粒尺寸进一步减小，约为 6μm，晶粒尺寸大小均匀，但是 Mg-1.5Zn-1.0Gd 合金中第二相明显增多。当 Gd 元素含量继续增加时，晶粒尺寸随之增大，且晶粒形状逐渐变得不匀称。

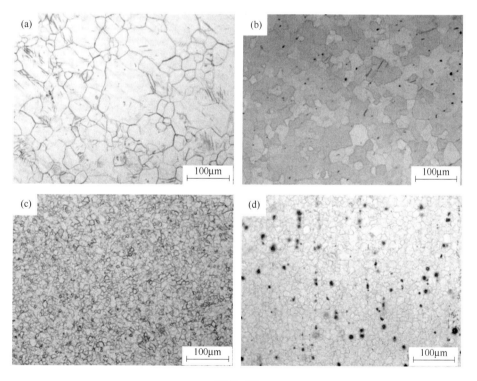

图 5-59

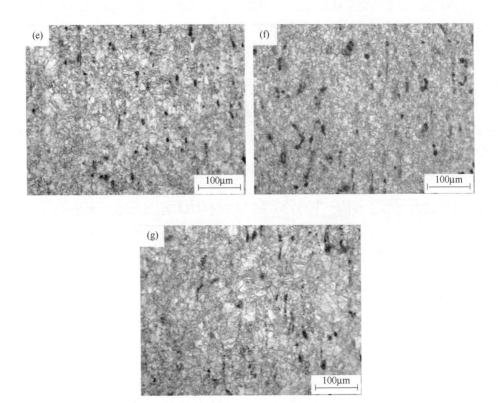

图 5-59   退火态 Mg-1.5Zn-xGd 合金显微组织

（a）Mg-1.5Zn；（b）Mg-1.5Zn-0.2Gd；（c）Mg-1.5Zn-0.5Gd；（d）Mg-1.5Zn-1.0Gd；
（e）Mg-1.5Zn-2.0Gd；（f）Mg-1.5Zn-3.0Gd；（g）Mg-1.5Zn-4.0Gd

　　图 5-60 为退火态 Mg-1.5Zn-xGd 合金的第二相粒子形貌及分布。对于没有添加 Gd 元素的 Mg-1.5Zn 合金，退火态微观组织中没有明显的第二相存在，如图 5-60（a）所示。添加 0.2%Gd 元素后，Mg-1.5Zn-0.2Gd 合金退火态微观组织中出现较少的第二相粒子。随着 Gd 元素含量的增加，退火态合金中的第二相逐渐团聚在一起，形成较为粗大的第二相粒子团簇 [图 5-60（c）～（g）]。

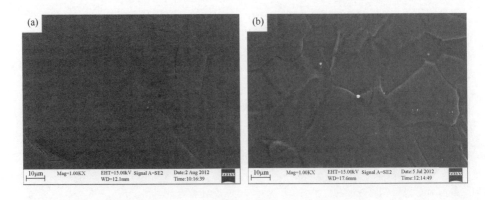

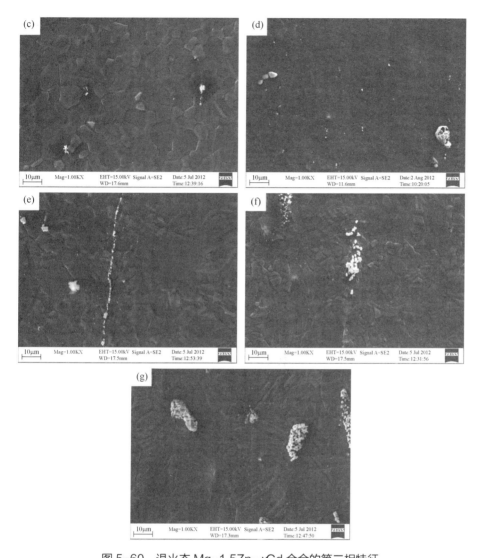

图 5-60　退火态 Mg-1.5Zn-xGd 合金的第二相特征

（a）Mg-1.5Zn；（b）Mg-1.5Zn-0.2Gd；（c）Mg-1.5Zn-0.5Gd；（d）Mg-1.5Zn-1.0Gd；
（e）Mg-1.5Zn-2.0Gd；（f）Mg-1.5Zn-3.0Gd；（g）Mg-1.5Zn-4.0Gd

　　图 5-61 为退火态 Mg-1.5Zn-xGd 合金的(0002)极图。Gd 元素的添加使 Mg-1.5Zn 合金的基面织构呈现不同程度的减弱，并且织构的弱化效果与 Gd 元素含量密切相关。退火态 Mg-1.5Zn 合金具有显著的基面织构，最大极密度达到 13.0MRD［图 5-61（a）］；退火态 Mg-1.5Zn-0.2Gd 合金的基面织构明显弱化，最大极密度仅为 2.3MRD；随着 Gd 元素含量的逐渐升高，Mg-Zn-xGd 合金的织构强度最大值也逐渐增加。不过，当 Gd 元素含量为 4.0% 时，其基面织构最大极密度也仅为 3.5MRD，说明 Gd 元素对镁合金的基面织构具有明显的弱化效果。此外，当 Gd 元素含量低于 1.0% 时，Mg-1.5Zn-xGd 合金基面织构沿 TD 方向发生分裂，并且基面法向沿 TD 方向偏转角度约为 40°，这有利于镁合金板材的室温成形；但是，当 Gd 元素含量高于 1.0% 时，Mg-1.5Zn-xGd 合金的基面织构沿 TD 方向的分裂程度有所降低。

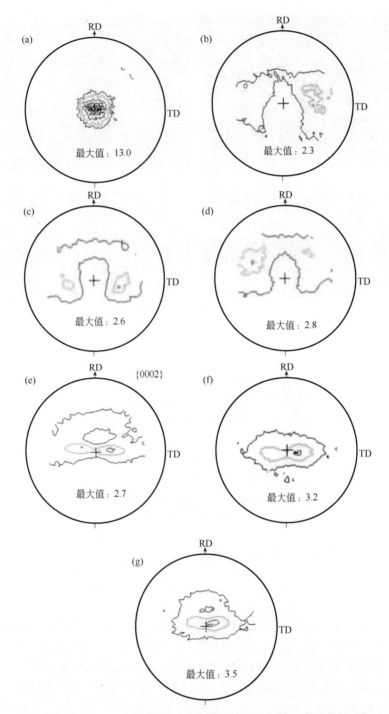

图 5-61　退火态 Mg-1.5Zn-*x*Gd 合金的(0002)极图

（a）Mg-1.5Zn；（b）Mg-1.5Zn-0.2Gd；（c）Mg-1.5Zn-0.5Gd；（d）Mg-1.5Zn-1.0Gd；
（e）Mg-1.5Zn-2.0Gd；（f）Mg-1.5Zn-3.0Gd；（g）Mg-1.5Zn-4.0Gd

　　表 5-9 为退火态 Mg-1.5Zn-*x*Gd 合金板材沿 RD、45°和 TD 方向的室温拉伸力学性能。可以看出，退火态 Mg-1.5Zn-*x*Gd 合金的室温力学性能存在明显的各向异性。沿 RD 方向施

加载荷，合金的屈服强度随着 Gd 元素含量增加也逐渐增加［图 5-62（a）］，沿 45° 和 TD 方向则呈现先减少后增加的变化趋势。当 Gd 元素含量达到 1.0% 时，屈服强度在三个载荷方向上均超过 Mg-1.5Zn 合金。合金的抗拉强度在 RD、45° 和 TD 三个方向上随着 Gd 元素含量增加均呈现出逐渐上升的趋势。总体而言，Gd 元素添加对 Mg-1.5Zn 合金起到强化作用，这是由于添加 Gd 元素后，合金中会析出第二相粒子，从而产生析出强化效果，Gd 元素越多，析出的第二相粒子就越多，造成的强化效果就越显著。但是，沿 45° 和 TD 方向合金的屈服强度低于 Mg-1.5Zn 合金，这与 Mg-1.5Zn-xGd 合金的织构特征密切相关。研究表明[62]，单晶镁在不同取向下的变形行为存在明显差异，说明镁在不同取向时其塑性变形能力是具有明显差异的，那么多晶材料的晶体宏观织构对镁合金的塑性变形行为同样会产生显著影响。Mg-1.5Zn-xGd 合金的退火处理虽然弱化了基面织构，但是其基面织构沿 TD 方向发生了偏转，使得不同的方向上的织构强度不均匀，导致沿不同载荷方向的力学性能存在差异。例如，Mg-1.5Zn-0.2Gd 合金在 TD 方向上的屈服强度较低，仅为 69.7MPa，说明在拉伸过程中，晶粒沿 TD 载荷方向变形时处于软取向位置，有利于滑移机制的激活，并且随着变形量的逐渐增大，晶体取向并未突变为基面织构而是缓慢转变，有利于进一步塑性变形，使得 Mg-1.5Zn-0.2Gd 合金在 TD 方向上的延伸率高达 29.1%，明显高于其他两个方向。

表 5-9　退火态 Mg-1.5Zn-xGd 合金板材的室温力学性能

合金	方向	屈服强度/MPa	抗拉强度/MPa	延伸率/%	n 值
Mg-1.5Zn	RD	106.6	195.2	16.4	0.25
	45°	108.9	193.4	14	0.24
	TD	113.4	187.8	9.3	0.26
Mg-1.5Zn-0.2Gd	RD	126.5	216.6	26.7	0.27
	45°	90.4	205.5	28.9	0.33
	TD	69.7	202.3	29.1	0.45
Mg-1.5Zn-0.5Gd	RD	156.1	230.7	21.6	0.23
	45°	103.8	202.0	25.7	0.35
	TD	101.6	217.4	27.3	0.43
Mg-1.5Zn-1Gd	RD	162.7	241.2	17.8	0.22
	45°	125.0	221.6	27.5	0.30
	TD	117.0	194.5	25.4	0.39
Mg-1.5Zn-2Gd	RD	173.7	231.8	15.1	0.18
	45°	145.4	222.8	27.3	0.27
	TD	128.4	208.1	23.3	0.33
Mg-1.5Zn-3Gd	RD	250.7	293.4	11.7	0.09
	45°	204.5	263.3	20.7	0.12
	TD	176.6	256.1	21.3	0.17
Mg-1.5Zn-4Gd	RD	251.2	289.1	14	0.09
	45°	207.8	264.2	16	0.12
	TD	192.8	272.0	18.3	0.16

退火态 Mg-1.5Zn-xGd 合金板材的延伸率在 RD、45°和 TD 三个载荷方向上均随着 Gd 元素含量的增加呈现先升高后降低的变化趋势，其中，Mg-1.5Zn-0.2Gd 合金的延伸率达到最大值，在 TD 方向上的延伸率高达 29.1%。不同 Gd 含量 Mg-1.5Zn-xGd 合金延伸率的差异主要源于 Gd 元素含量增多而形成的粗大第二相粒子，在变形过程中这些粗大第二相粒子处产生较大的应力集中而成为裂纹源，因此降低了合金的延伸率。此外，将 Gd 元素添加到 Mg-1.5Zn 合金后，板材沿 45°及 TD 方向的延伸率均高于 RD 方向，这与 Mg-1.5Zn 合金及变形 AZ31 镁合金[63]的结果截然相反，其主要是源于稀土 Gd 元素改变了镁合金的基面织构特征。

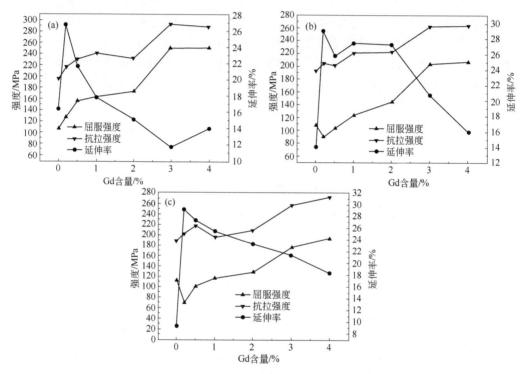

图 5-62　退火态 Mg-1.5Zn-xGd 合金不同载荷方向的室温力学性能

（a）RD 方向；（b）45°方向；（c）TD 方向

图 5-63 为退火态 Mg-1.5Zn-xGd 合金板材的杯突实验结果，其中，退火态 Mg-1.5Zn 合金板材的杯突值最低仅为 2.6mm。Mg-1.5Zn-0.2Gd 合金的杯突值最高，达到 7.0mm，明显高于常规 AZ31 镁合金板材，证明微量 Gd 元素对 Mg-Zn 合金的室温成形能力具有显著的提升作用。随着 Gd 元素含量的逐渐增加，板材的杯突值逐渐降低，Mg-1.5Zn-0.5Gd 合金板材的杯突值降低为 5.9mm；当 Gd 元素含量继续升高，Mg-1.5Zn-xGd 合金的杯突值进一步下降，基本保持在 3.5～3.9mm 范围。这是由于 Gd 元素含量的增加，Mg-1.5Zn-xGd 合金中逐渐形成了粗大的析出相，其在随后的成形过程中易于产生应力集中或萌生裂纹[64]，对二次成形能力不利，进而影响 Mg-1.5Zn-xGd 合金板材的室温成形性能。

图 5-64 为退火态 Mg-1.5Zn-xGd 合金板材 RD 方向拉伸后的断口形貌，由图可知，

Gd 元素的添加显著改变了拉伸断口形貌。Mg-1.5Zn 合金沿 RD 方向的延伸率仅为 16.4%，断口形貌主要由解理面组成，断裂方式为解理断裂。然而，添加 Gd 元素后，Mg-1.5Zn-xGd 合金的断口形貌与 Mg-1.5Zn 合金存在明显差异。Mg-1.5Zn-0.2Gd 合金的断口形貌主要由解理面、撕裂棱和一些小的韧窝组成，属于准解理断裂 [图 5-64（b）]。Mg-1.5Zn-0.2Gd 合金的延伸率较 Mg-1.5Zn 合金大幅提升，达到 26.7%；随着 Gd 元素的增加，断口中韧窝的数量和大小也逐渐增加，并且在韧窝处的第二相粒子尺寸同样逐渐增加，这是由于 Gd 元素的增加所导致的第二相粒子的数量和尺寸逐渐增加 [图 5-64（b）～（g）]。在 Mg-1.5Zn 合金中，过量的 Gd 元素，会导致合金中形成大量粗大的第二相粒子，对合金的塑性不利。

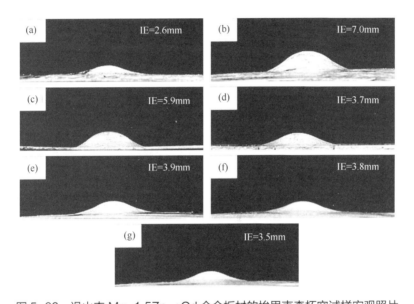

图 5-63　退火态 Mg-1.5Zn-xGd 合金板材的埃里克森杯突试样宏观照片

（a）Mg-1.5Zn；（b）Mg-1.5Zn-0.2Gd；（c）Mg-1.5Zn-0.5Gd；（d）Mg-1.5Zn-1.0Gd；
（e）Mg-1.5Zn-2.0Gd；（f）Mg-1.5Zn-3.0Gd；（g）Mg-1.5Zn-4.0Gd

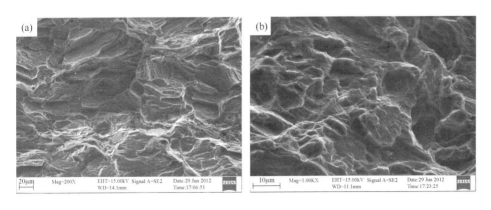

图 5-64

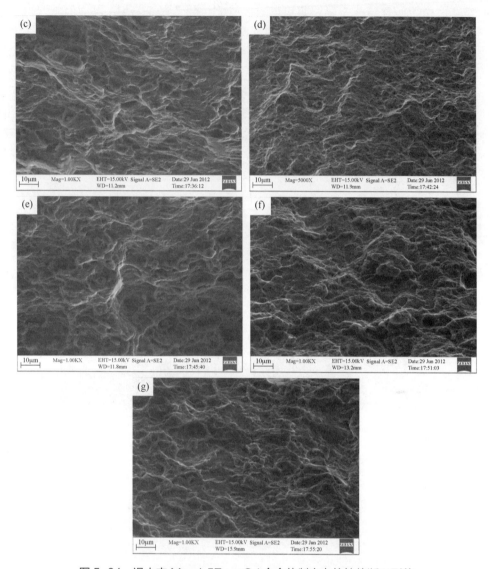

图 5-64　退火态 Mg-1.5Zn-*x*Gd 合金轧制方向的拉伸断口形貌

（a）Mg-1.5Zn；（b）Mg-1.5Zn-0.2Gd；（c）Mg-1.5Zn-0.5Gd；（d）Mg-1.5Zn-1.0Gd；
（e）Mg-1.5Zn-2.0Gd；（f）Mg-1.5Zn-3.0Gd；（g）Mg-1.5Zn-4.0Gd

5.4.2　Y 和 Ce 元素对 Mg-1.5Zn-*x*Ce/Y 合金织构和室温成形性能的影响

图 5-65 为退火态 Mg-1.5Zn-*x*Ce 和 Mg-1.5Zn-*x*Y 合金板材的微观组织。此时，所有合金板材均由再结晶晶粒组成。另外，Ce 或 Y 元素的添加均会细化退火态合金的晶粒尺寸。退火态 Mg-1.5Zn 合金板材的晶粒尺寸大小、分布不均匀［图 5-65（a）］。当 Mg-1.5Zn 合金中添加（0.2～1.0）% 的 Ce 或 Y 元素后，退火态合金的晶粒较为细小，尺寸处于 18～25μm 范围，并且组织较为均匀，其中 Y 元素的细化效果要稍强于 Ce 元素。图 5-65（b）（d）（f） （h）（j）（l）（n）分别为不同 Ce 和 Y 元素含量的退火态 Mg-1.5Zn-xCe/Y 合金的第二相粒子分布情况。随着 Ce 和 Y 元素含量的增加，第二相粒子有逐渐团聚的趋势，不利于合金的二次加工成形，影响了其室温成形性能。

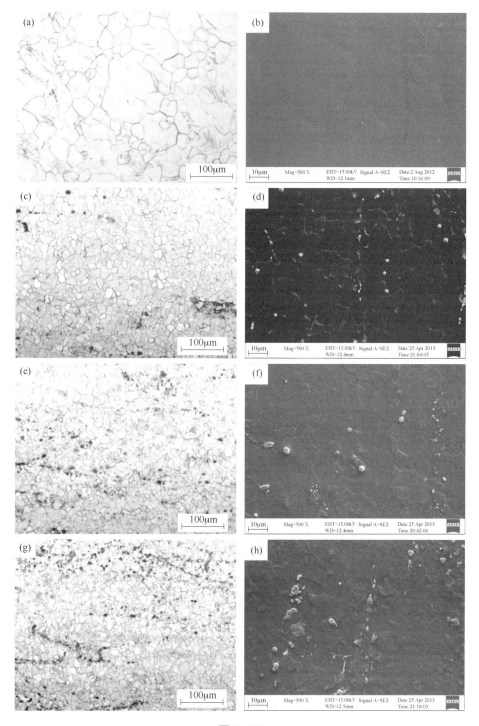

图 5-65

357

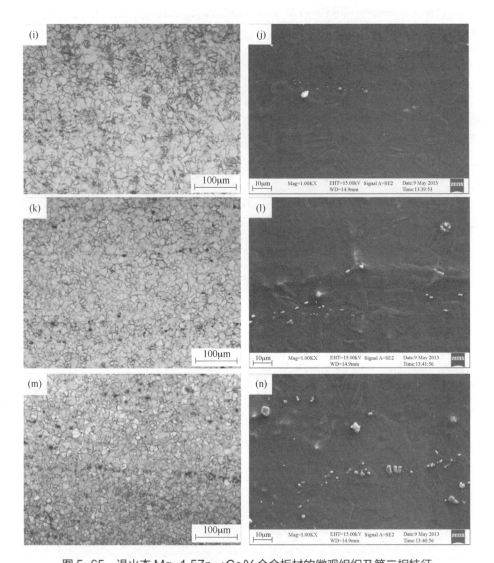

图 5-65　退火态 Mg-1.5Zn-*x*Ce/Y 合金板材的微观组织及第二相特征

（a）（b）Mg-1.5Zn；（c）（d）Mg-1.5Zn-0.2Ce；（e）（f）Mg-1.5Zn-0.5Ce；（g）（h）Mg-1.5Zn-1.0Ce；
（i）（j）Mg-1.5Zn-0.2Y；（k）（l）Mg-1.5Zn-0.5Y；（m）（n）Mg-1.5Zn-1.0Y

　　图 5-66 为退火态 Mg-1.5Zn-*x*Ce/Y 的(0001)极图。与 Mg-1.5Zn 合金相比较，含 Ce 或 Y 元素的退火态 Mg-1.5Zn-*x*Ce/Y 合金的基面织构呈现显著弱化现象，其基面织构最大极密度均小于 3.4MRD，且基面织构均沿 TD 方向发生明显分裂。虽然退火态 Mg-Zn-Ce 和 Mg-Zn-Y 合金的宏观织构与 Mg-Zn-Gd 合金的特征相似，但是其织构强度略高于 Mg-Zn-Gd 合金，并且退火组织中仍有一定含量的基面取向晶粒，这也说明 Ce 和 Y 元素对镁合金的织构弱化效果不如 Gd 元素。

　　表 5-10 为退火态 Mg-1.5Zn-*x*Ce/Y 合金板材沿 RD、45°和 TD 方向拉伸的室温力学性能。Ce 及 Y 元素的添加有助于提升退火态 Mg-1.5Zn 板材的室温力学性能。并且，在（0.2～1.0）%Ce/Y 元素含量范围内，Mg-1.5Zn-*x*Ce/Y 合金板材的屈服强度和抗拉强度呈现出类似

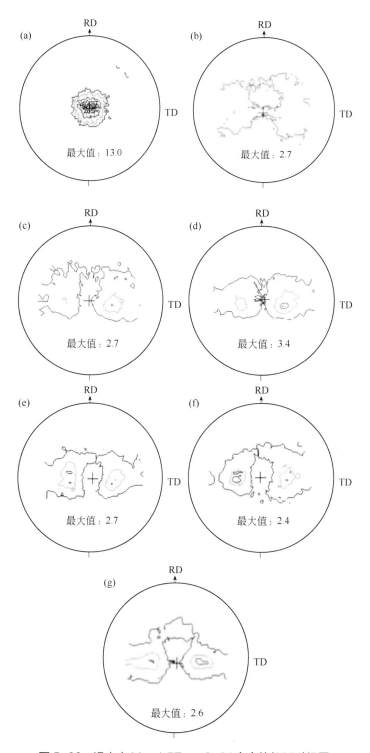

图 5-66　退火态 Mg-1.5Zn-xCe/Y 合金的(0001)极图

（a）Mg-1.5Zn；（b）Mg-1.5Zn-0.2Ce；（c）Mg-1.5Zn-0.5Ce；（d）Mg-1.5Zn-1.0Ce；
（e）Mg-1.5Zn-0.2Y；（f）Mg-1.5Zn-0.5Y；（g）Mg-1.5Zn-1.0Y

规律：RD 方向强度较高，TD 方向强度较低。延伸率相对大小则不同，当加入（0.2～0.5）%的 Ce 元素，Mg-Zn-Ce 合金 RD 方向的延伸率较高，TD 方向较低，Mg-Zn-Y 合金则相反；当稀土元素含量增加至 1.0%时，Mg-Zn-Ce 合金在 45°方向具有较高的延伸率。相同稀土含量的退火态 Mg-Zn-Ce、Mg-Zn-Y 与 Mg-Zn-Gd 合金在室温时的力学性能差异明显，其中 Mg-Zn-Ce 和 Mg-Zn-Y 合金在室温下的延伸率要低于 Mg-Zn-Gd 合金，这与 Ce 和 Y 元素加入镁合金中生成了较多的第二相及其对织构的弱化程度密切相关。

表 5-10　退火态 Mg-1.5Zn-xCe/Y 板材的室温力学性能

合金	方向	屈服强度/MPa	抗拉强度/MPa	延伸率/%
Mg-1.5Zn	RD	106.6	195.2	16.4
	45°	108.9	193.4	14
	TD	113.4	187.8	9.3
Mg-1.5Zn-0.2Ce	RD	142.3	236.0	21.7
	45°	126.4	224.2	21.3
	TD	92.3	217.0	20.4
Mg-1.5Zn-0.5Ce	RD	172.3	240.9	24.2
	45°	141.6	226.2	22.1
	TD	104.4	216.6	18.6
Mg-1.5Zn-1.0Ce	RD	185.2	251.0	17.8
	45°	142.4	229.4	24.4
	TD	139.1	223.5	13.4
Mg-1.5Zn-0.2Y	RD	138.7	236.2	20.3
	45°	125.7	228.0	22.1
	TD	106.1	222.0	24.0
Mg-1.5Zn-0.5Y	RD	160.7	246.6	19.8
	45°	135.1	239.9	21.2
	TD	104.1	222.6	23.0
Mg-1.5Zn-1.0Y	RD	183.0	252.5	18.0
	45°	141.0	244.0	19.8
	TD	101.5	231.7	21.5

图 5-67 为退火态 Mg-1.5Zn-xCe/Y 合金板材的杯突实验结果，Ce 或 Y 元素的添加明显提高了退火态 Mg-1.5Zn-xCe/Y 合金板材的杯突值。Mg-1.5Zn-0.2Ce 合金的杯突值为 5.5mm，说明微量 Ce 元素对合金的室温成形能力有利。随着合金中 Ce 元素含量进一步增加，合金的杯突值却逐渐降低，Mg-1.5Zn-0.5/1.0Ce 合金的杯突值分别为 5.3mm 及 3.8mm。Mg-1.5Zn-xY 合金的杯突值变化与 Mg-1.5Zn-xCe 合金相似，当 Y 元素含量超过 0.2%时，杯突值随 Y 含量增加而逐渐减小，而且 Mg-1.5Zn-xY 合金的杯突值还低于相同稀土元素含量的 Mg-1.5Zn-xCe 合金。Ce 及 Y 元素在 Mg-1.5Zn-xCe/Y 合金中生成的第二相粒子数量及尺寸随稀土元素添加量增加而增长，成为限制板材成形性能的重要原因。

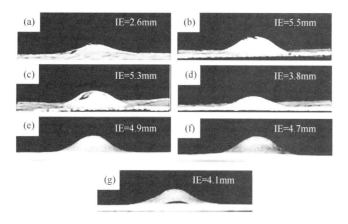

图 5-67　退火态 Mg-1.5Zn-xCe/Y 合金的杯突试样宏观照片

（a）Mg-1.5Zn；（b）Mg-1.5Zn-0.2Ce；（c）Mg-1.5Zn-0.5Ce；（d）Mg-1.5Zn-1.0Ce；
（e）Mg-1.5Zn-0.2Y；（f）Mg-1.5Zn-0.5Y；（g）Mg-1.5Zn-1.0Y

图 5-68 为退火态 Mg-1.5Zn-xCe/Y 合金沿 RD 方向拉伸的断口形貌。Mg-1.5Zn 合金的断口形貌主要由解理面组成，断裂方式为解理断裂。然而，Ce 和 Y 元素添加的 Mg-1.5Zn-xCe/Y 合金断口形貌主要由解理面、撕裂棱和一些小的韧窝组成，属于准解理断裂，如图 5-68（b）～（g）所示。随着稀土元素含量的增加，断口处韧窝的数量和大小也逐渐增加，并且在韧窝处的第二相粒子的尺寸同样增大。这是由于随着 Ce 及 Y 元素的增加，第二相粒子数量增多且尺寸增大，易于产生应力集中并形成裂纹。

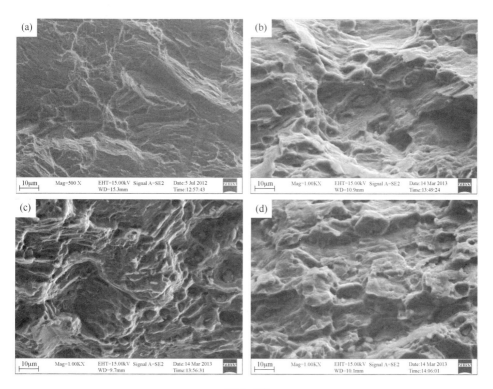

图 5-68

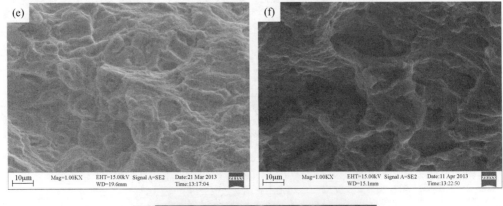

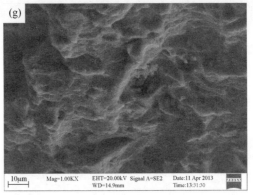

图 5-68　Mg-1.5Zn-xCe/Y 合金退火后轧制方向的拉伸断口

（a）Mg-1.5Zn；（b）Mg-1.5Zn-0.2Ce；（c）Mg-1.5Zn-0.5Ce；（d）Mg-1.5Zn-1.0Ce；
（e）Mg-1.5Zn-0.2Y；（f）Mg-1.5Zn-0.5Y；（g）Mg-1.5Zn-1.0Y

5.4.3　稀土元素种类对 Mg-1.5Zn 变形镁合金织构和室温成形性能的影响

　　Gd、Ce 及 Y 等稀土元素的添加显著增强了 Mg-1.5Zn 合金的室温成形性能，但三种合金元素对成形性能的改善存在一定差异。图 5-69 为退火态 Mg-1.5Zn-0.2Y、Mg-1.5Zn-0.2Ce 和 Mg-1.5Zn-0.2Gd 合金板材的微观组织，三种合金的再结晶晶粒平均尺寸分别为 15μm、17μm 及 25μm。Mg-1.5Zn-0.2Y 和 Mg-1.5Zn-0.2Ce 合金晶粒尺寸要小于 Mg-1.5Zn-0.2Gd 合金。在轧制及退火工艺相同的条件下，微观组织特征的差异主要源于稀土元素种类。图 5-70 为退火态 Mg-1.5Zn-0.2Y、Mg-1.5Zn-0.2Ce 和 Mg-1.5Zn-0.2Gd 合金的第二相粒子形貌及分布。Mg-1.5Zn-0.2Y 和 Mg-1.5Zn-0.2Ce 合金的第二相比例和尺寸均要明显大于 Mg-1.5Zn-0.2Gd 合金，这可能是 Mg-1.5Zn-0.2Y 和 Mg-1.5Zn-0.2Ce 合金晶粒尺寸小于 Mg-1.5Zn-0.2Gd 合金的主要原因。表 5-11 给出了三种合金中第二相的成分，均由 Mg、Zn、RE 三种元素组成，说明不同种类的稀土元素加入到镁合金中第二相粒子的形成过程可能是相似的。

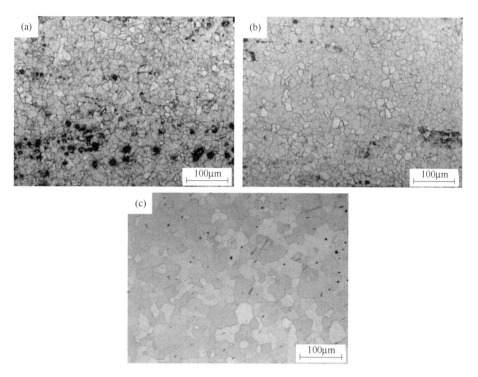

图 5-69　退火态 Mg-1.5Zn-0.2RE 合金板材的微观组织

（a）Mg-1.5Zn-0.2Y；（b）Mg-1.5Zn-0.2Ce；（c）Mg-1.5Zn-0.2Gd

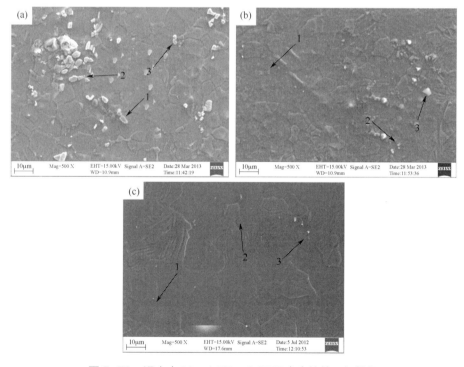

图 5-70　退火态 Mg-1.5Zn-0.2RE 合金的第二相特征

（a）Mg-1.5Zn-0.2Y；（b）Mg-1.5Zn-0.2Ce；（c）Mg-1.5Zn-0.2Gd

表 5-11　退火态 Mg-1.5Zn-0.2RE 合金的第二相化学成分分析　　单位：%（原子分数）

合金	观察点	Mg	Zn	RE
Mg-1.5Zn-0.2Y	1	55.7	16.6	27.7
	2	65.4	10.5	24.1
	3	67.7	22.5	9.8
Mg-1.5Zn-0.2Ce	1	77.5	18.2	4.3
	2	85.8	11.4	2.8
	3	67.9	13.7	8.4
Mg-1.5Zn-0.2Gd	1	51.3	21.1	28.6
	2	75.9	16.6	7.5
	3	51.3	30.5	18.2

图 5-71 为退火态 Mg-1.5Zn-0.2Y、Mg-1.5Zn-0.2Ce 和 Mg-1.5Zn-0.2Gd 合金的(0002)极图，Mg-1.5Zn-0.2RE 合金的基面织构呈显著弱化特征，其织构最大极密度均低于 3.0MRD，显著弱于常规 AZ31 镁合金[65]。另外，Mg-1.5Zn-0.2RE 合金的基面织构沿 TD 方向发生明显分裂，其基面法向沿轧板 TD 方向偏转的角度分别为 25°、27° 和 35°。但是，三种不同稀土元素的 Mg-1.5Zn-0.2RE 合金的基面织构的强度及分布特征仍存在一定差异。

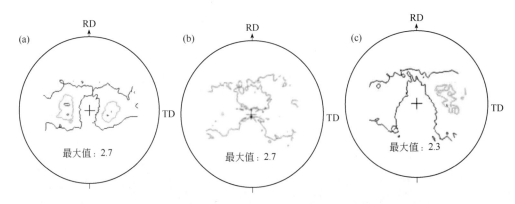

图 5-71　退火态 Mg-1.5Zn-0.2RE 合金的(0001)极图
（a）Mg-1.5Zn-0.2Y；（b）Mg-1.5Zn-0.2Ce；（c）Mg-1.5Zn-0.2Gd

表 5-12 为退火态 Mg-1.5Zn-0.2Y、Mg-1.5Zn-0.2Ce 和 Mg-1.5Zn-0.2Gd 合金板材的室温力学性能。三种板材的力学强度各向异性变化规律相同，均是 RD 方向的屈服强度及抗拉强度较高，TD 方向较低。但是不同的稀土元素添加的镁合金力学性能也存在一定的差异，与 Mg-1.5Zn-0.2Gd 合金相比，Mg-1.5Zn-0.2Y 和 Mg-1.5Zn-0.2Ce 合金的延伸率较低，屈服和抗拉强度较高，这一差异主要是由于 Mg-1.5Zn-0.2Y 和 Mg-1.5Zn-0.2Ce 合金中第二相粒子的数量较多且尺寸较大。图 5-72 为退火态 Mg-1.5Zn-0.2Y、Mg-1.5Zn-0.2Ce 和 Mg-1.5Zn-0.2Gd 合金板材的杯突实验结果，其 IE 值分别为 4.9mm、5.5mm 和 7.0mm。其中，Mg-1.5Zn-0.2Gd 合金的 IE 值已经接近 5000 系和 6000 系铝合金的水平[66]，Mg-1.5Zn-0.2Y 和 Mg-1.5Zn-0.2Ce 合金则还存在一定的差距，也说明不同的稀土元素对镁合金室温成形性能的改善效果存在差别。

表 5-12　退火态 Mg-1.5Zn-0.2RE 合金板材的室温力学性能

合金	方向	屈服强度/MPa	抗拉强度/MPa	延伸率/%
Mg-1.5Zn-0.2Y	RD	138.7	236.2	18.9
	45°	125.7	228.0	26.7
	TD	106.1	222.0	21.3
Mg-1.5Zn-0.2Ce	RD	142.3	236.1	20.3
	45°	126.4	224.3	21.7
	TD	92.3	217.1	22.4
Mg-1.5Zn-0.2Gd	RD	126.5	216.6	26.7
	45°	90.4	205.5	28.9
	TD	69.7	202.3	29.1

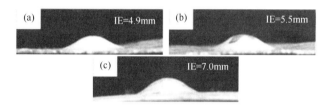

图 5-72　退火态 Mg-1.5Zn-0.2RE 合金板材的杯突试样宏观照片
（a）Mg-1.5Zn-0.2Y；（b）Mg-1.5Zn-0.2Ce；（c）Mg-1.5Zn-0.2Gd

　　由于稀土元素的原子尺寸、固溶度、电负性等物理化学性质不同，因此不同种类的稀土元素加入镁合金后的显微组织、第二相、宏观织构特征、力学性能及成形性能存在一定差异。其中，Gd 元素表现出较好的成形性能作用效果，Ce 与 Y 元素作用低于 Gd 元素。但是，不同的稀土元素均弱化了镁合金板材的基面织构，并且基面织构沿 TD 方向分裂，这表明通过合适的合金化手段，能够起到提高镁合金的室温成形能力。

5.5　AZ31 镁合金薄板室温成形极限图研究

5.5.1　成形极限图的原理及建立

　　成形极限图（Forming Limit Diagrams）也称成形极限曲线（Forming Limit Curves），常用 FLD 或 FLC 表示。FLD 是判断和评定板材成形性最为简便最为直观的方法，是对成形性能的一种定量描述，是解决板材冲压问题的一个有效工具，能有效反映板材局部危险区域的变形情况，进而预先判断冲压工艺的成败。相对于通常使用的基本力学性能指标（屈服强度、抗拉强度及延伸率）及杯突值，FLD 可以较好地反映材料的极限变形能力，定量衡量板材冲压成形性能的优劣。在二维坐标系中，以较大极限主应变ε_1为纵轴，较小的极限主应变ε_2为横轴，将板材在不同应变路径下发生局部失稳或破裂处测得的极限应变分别标在坐标系中，连接各点即得到板材的成形极限图。目前，可借助于半球形凸模胀形，即 Nakazima 法在实验室实现成形极限图的绘制。具体原理为将板料用压边装置压紧，冲头即半球形凸模向上运动，直至板料产生明显缩颈或破裂，记录破坏区附近的应变情况绘制成形极限图。

图 5-73 为 FLD 试验的试样尺寸，其具有八种不同宽度的试样，以获得不同应变路径下的极限主应变量，如拉-压变形区（$\varepsilon_1>0$，$\varepsilon_2\leqslant0$）、单向拉伸应变状态（$\varepsilon_1=-2\varepsilon_2$）及平面应变状态（$\varepsilon_1>0$，$\varepsilon_2=0$）。通过电化学腐蚀法在试样的一面印刷网格，以分析局部应变。网格应变分析使用 AutoGrid 网格自动分析系统，该系统包含用于网格识别的高精度相机和应变分析软件。由于试样的极限应变点位于裂纹附近，因此网格应变分析的重点是裂纹区域。

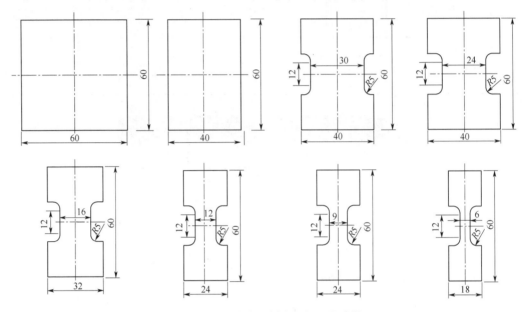

图 5-73　镁合金板材成形极限图试样

以传统的热轧退火 AZ31 镁合金薄板材为例，其原始挤压板厚度为 2.4mm，分别在 250℃、350℃和 450℃条件下六道次轧制至 1mm 厚，并于 300℃退火 1h。图 5-74 是宽试样（60mm×60mm）的较大主应变（Major Strain）、较小主应变（Minor Strain）和成形极限点。图 5-74（b）～（d）表明试样压边圈下的部分变形很小，厚度基本无变化，较大主应变与较小主应变都为负；而凸模作用区域变形剧烈，越靠近凸起顶端变形越剧烈，顶端区域减薄高达 20%，较大主应变与较小主应变都为正。凸模作用部位受到双向拉应力，材料减薄剧烈，最易出现裂纹，为危险部位，成形极限点出现在凸起部位最顶端。

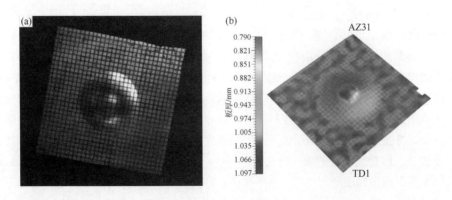

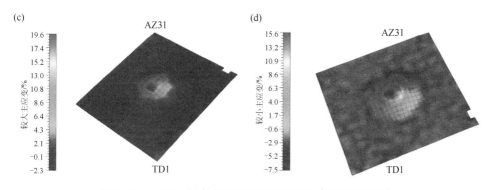

图 5-74　AZ31 镁合金宽试样的应变分析（见书后彩页）

（a）变形后的试样；（b）变形试样厚度分布；（c）较大主应变；（d）较小主应变

试样上变形部位受双向拉应力，此时网格沿纵横两个方向都被拉长。网格较大主应变和较小主应变都为正，出现在成形极限图的右侧，如图 5-75 所示。试样上所有网格的较大主应变与较小主应变均绘制于图 5-75 中，包括安全部分、成形极限部分及超过成形极限部分，而成形极限点并非指成形极限图上的最高点。在裂纹上的点已经超出了成形极限，一般在裂纹附近的点才被视为达到成形极限，为成形极限点。

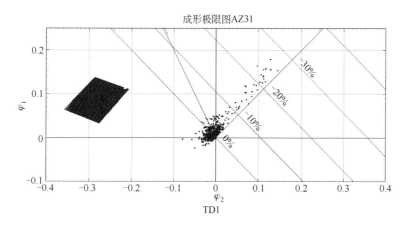

图 5-75　AZ31 镁合金宽试样的成形极限点

图 5-76 为窄试样（60mm×18mm）的较大主应变、较小主应变和成形极限点。在压边圈附近部位试样变形较小，厚度变化微弱；凸模作用区域变形较为剧烈，凸起部位顶端减薄达 15%，中间平行段沿纵向受拉伸，横向因为无压边所以不受力，整个应变状态等同于单向拉伸过程。危险部位位于凸起部位最顶端。由于网格纵向被拉长，较大主应变 φ_1 为正 [图 5-76（c）]。横向收缩，较小主应变 φ_2 为负 [图 5-76（d）]。因此，极限应变点位于成形极限图左侧（图 5-77）。

367

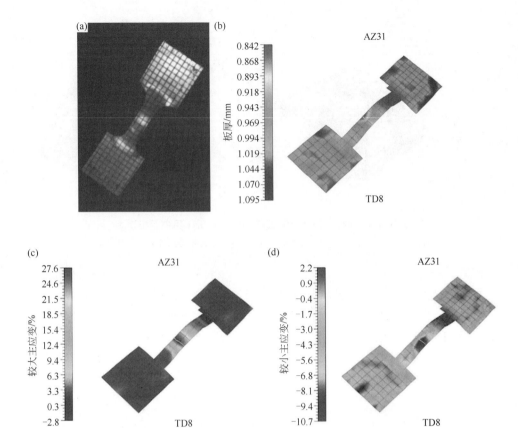

图 5-76 AZ31 镁合金窄试样的应变分析（见书后彩页）

（a）变形后的试样；（b）变形试样厚度分布；（c）较大主应变；（d）较小主应变

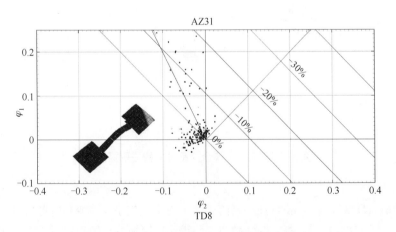

图 5-77 AZ31 镁合金窄试样的成形极限图

5.5.2 AZ31 镁合金薄板的成形极限图

图 5-75 及图 5-77 表明宽试样的成形极限点位于成形极限图最右，最窄试样的成形极

限点位于成形极限图最左。中间试样，由于应变状态的差别，随着宽度的递减成形极限点位置逐渐由右向左变化。成形极限点相连就构成成形极限图。当变形零件的应变值落在成形极限曲线以上，表明其很危险，冲压时废品率会很高；落在成形极限曲线以下，则说明安全。

图 5-78～图 5-80 分别为 250℃、350℃和 450℃轧制并退火的 AZ31 镁合金板材成形极限图。成形极限图左侧为拉压变形区：$\varphi_1 > 0$，$\varphi_2 < 0$，成形极限曲线的高低主要表征板材的拉深（压延）成形能力。而在成形极限图的右侧，为双拉变形区：$\varphi_1 > 0$，$\varphi_2 > 0$，成形极限曲线的高低主要反映板材的胀形能力。

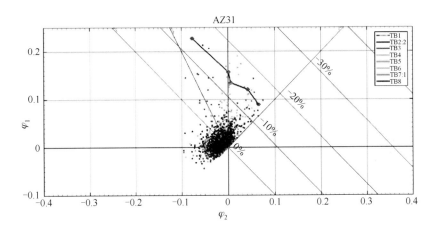

图 5-78　250℃轧制的退火 AZ31 镁合金板材的成形极限图

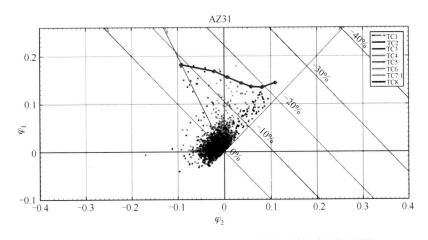

图 5-79　350℃轧制的退火 AZ31 镁合金板材的成形极限图

图 5-81 为三种轧制温度下制备的 AZ31 镁合金板材的成形极限曲线。450℃轧制后试样的成形极限曲线在整个成形极限图中位置最高，表明该板材具备良好的拉深和胀形综合性能。250℃轧制试样和 350℃轧制试样相比，在拉压变形区，250℃轧制试样成形极限曲线位置较高，拉深性能更好；而在双轴拉伸变形区，350℃轧制试样的胀形性能较好。

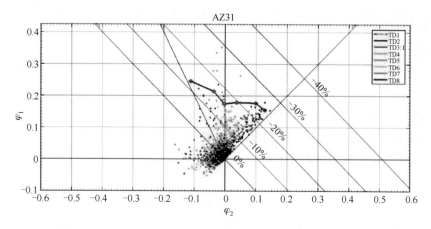

图 5-80　450℃轧制的退火 AZ31 镁合金板材的成形极限图

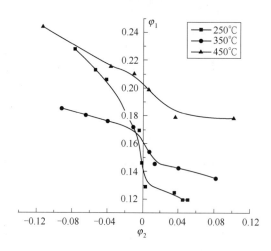

图 5-81　不同轧制温度下制备的 AZ31 镁合金板材的成形极限曲线

　　多晶镁合金的成形性能受到晶粒尺寸与晶粒取向分布的共同影响。三种 AZ31 镁合金板材的轧制温度不同，导致微观组织与织构各不相同，如图 5-82、图 5-83 所示。450℃轧制板材的基面织构明显减弱，其基面织构的减弱使板材塑性得到较大提升，表现出良好的压延及胀形性能。250℃及 350℃轧制的板材基面织构强度相似，但 250℃轧制板材的平均晶粒尺寸更为细小。在晶粒取向相似的情况下，晶粒尺寸对 AZ31 镁合金板材成形性能有决定性影响。晶粒粗大的镁合金板材往往具有更好的胀形性能。粗大晶粒更易发生孪生，使晶粒基面出现旋转，有利于孪晶区域的晶粒内基面滑移启动，从而使塑性变形得以继续，滑移和孪生交互进行，提高了塑性，因而表现出更好的胀形性能[67]。拉压变形区的应变状态与单向拉伸相似，晶粒越细小，板材强度越高，在剧烈变形中越不容易被拉裂，因此 250℃轧制板材的拉伸性能更好。

　　因此，AZ31 镁合金薄板材基面织构的显著弱化，可以大幅提高其胀形性能及压延成形性能。在较低温度轧制时，基面织构强度较高，晶粒尺寸对镁合金板材的成形性能影响较大，粗晶有助于板材获得更好的胀形性能，而细晶有利于板材获得优良的拉伸性能。

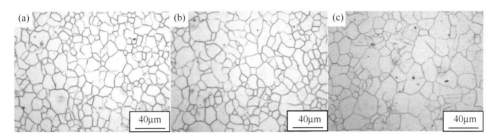

图 5-82　不同轧制温度下 AZ31 镁合金板材的微观组织

（a）250℃；（b）350℃；（c）450℃

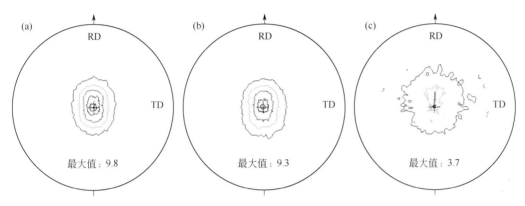

图 5-83　不同轧制温度下 AZ31 镁合金板材的(0001)极图

（a）250℃；（b）350℃；（c）450℃

参考文献

[1]　Chino Y, Ueda T, Otomatsu Y, et al. Effects of Ca on tensile properties and stretch formability at room temperature in Mg-Zn and Mg-Al alloys[J]. Materials Transactions, 2011, 52(7): 1477-1482.

[2]　Zeng Z R, Zhu Y M, Xu S W, et al. Texture evolution during static recrystallization of cold-rolled magnesium alloys[J]. Acta Materialia, 2016, 105: 479-494.

[3]　Du Y Z, Qiao X G, Zheng M Y, et al. Effect of microalloying with Ca on the microstructure and mechanical properties of Mg-6 mass%Zn alloys[J]. Materials & Design, 2016, 98: 285-293.

[4]　Zhou T, Chen D, Chen Z H, et al. Investigation on microstructures and properties of rapidly solidified Mg-6 wt.%Zn-5 wt.%Ca- 3 wt.%Ce alloy.[J]. Journal of Alloys and Compounds, 2009, 475: L1-L4.

[5]　Zhang B P, Wang Y, Geng L, et al. Effects of calcium on texture and mechanical properties of hot-extruded Mg-Zn-Ca alloys[J]. Materials Science and Engineering: A, 2012, 539: 56-60.

[6]　Ding H L, Shi X B, Wang Y Q, et al. Texture weakening and ductility variation of Mg-2Zn alloy with CA or RE addition[J]. Materials Science and Engineering: A, 2015, 645: 196-204.

[7]　Somekawa H, Mukai T. Effect of grain refinement on fracture toughness in extruded pure magnesium[J]. Scripta Materialia, 2005, 53(9): 1059-1064.

[8]　Al-Samman T, Gottstein G. Dynamic recrystallization during high temperature deformation of magnesium[J]. Materials Science and Engineering: A, 2008, 490(1-2): 411-420.

[9]　del Valle J A, Pérez-Prado M T, Ruano O A. Texture evolution during large-strain hot rolling of the Mg AZ61

alloy[J]. Materials Science and Engineering: A, 2003, 355(1-2): 68-78.

[10] Somekawa H, Osawa Y, Mukai T. Effect of solid-solution strengthening on fracture toughness in extruded Mg-Zn alloys[J]. Scripta Materialia, 2006, 55(7): 593-596.

[11] Sasaki T, Takigawa Y, Higashi K. Effect of Mn on fracture toughness in Mg-6Al-1 wt.%Zn alloy[J]. Materials Science and Engineering: A, 2008, 479(1-2): 117-124.

[12] Somekawa H, Singh A, Osawa Y, et al. High strength and fracture toughness balances in extruded Mg-Zn-RE alloys by dispersion of quasicrystalline phase particles[J]. Materials Transactions, 2008, 49(9): 1947-1952.

[13] Higashi K, Hirai Y, Ohnishi T. Relationship between fracture toughness and impurity elements in Al-Zn-Mg-Cu alloys[J]. Journal of Japan Institute of Light Metals, 1985, 35: 520-525.

[14] Deng M, Li H Z, Tang S N, et al. Effect of heat treatment on fracture toughness of as-forged AZ80 magnesium alloy[J]. Journal of Materials Engineering and Performance, 2015, 24: 1953-1960.

[15] Srinivas M, Malakondaiah G, Armstrong R W, et al. Ductile fracture toughness of polycrystalline armco iron of varying grain size[J]. Acta Metallurgica et Materialia, 1991, 39(5): 807-816.

[16] Somekawa H, Singh A, Mukai T. Fracture mechanism of a coarse-grained magnesium alloy during fracture toughness testing[J]. Philosophical Magazine Letters, 2009, 89(1): 2-10.

[17] Somekawa H, Singh A, Mukai T. Fracture mechanism and toughness in fine- and coarse-grained magnesium alloys[J]. Magnesium Technology, 2011: 25-28.

[18] Somekawa H, Singh A, Mukai T. Deformation structure after fracture-toughness text of Mg-Al-Zn alloys processed by equal-channel-angular extrusion[J]. Philosophical Magazine Letters, 2006, 86(3): 195-204.

[19] Agnew S R, Yoo M H, Tomé C N. Application of texture simulation to understanding mechanical behavior of Mg and solid solution alloys containing Li or Y[J]. Acta Materialia, 2001, 49(20): 4277-4289.

[20] Sandlöbes S, Friák M, Zaefferer S, et al. The relation between ductility and stacking fault energies in Mg and Mg-Y alloys[J]. Acta Materialia, 2012, 60: 3011-3021.

[21] Somekawa H, Singh A, Mukai T. Synergetic effect of grain refinement and spherical shaped precipitate dispersions in fracture toughness of a Mg-Zn-Zr alloy[J]. Materials Transactions, 2007, 48(6): 1422-1426.

[22] Xu C, Zheng M Y, Wu K, et al. Influence of rolling temperature on the microstructure and mechanical properties of Mg-Gd-Y-Zn-Zr alloy sheets[J]. Materials Science and Engineering: A, 2013, 559: 615-622.

[23] Zhang B P, Geng L, Huang L J, et al. Enhanced mechanical properties in fine-grained Mg-1.0Zn-0.5Ca alloys prepared by extrusion at different temperatures[J]. Scripta Materialia, 2010, 63(10): 1024-1027.

[24] Li X, Zhang J, Hou D, et al. Compressive deformation and fracture behaviors of AZ31 magnesium alloys with equiaxed grains or bimodal grains[J]. Materials Science and Engineering: A, 2018, 729: 466-476.

[25] He J H, Jin L, Wang F H, et al. Mechanical properties of Mg-8Gd-3Y-0.5Zr alloy with bimodal grain size distributions[J]. Journal of Magnesium and Alloys, 2017, 5(4): 423-429.

[26] Hu W, Zhang B, Huang B, et al. Analytic modified embedded atom potentials for HCP metals[J]. Journal of Physics Condensed Matter, 2001, 13(6): 1193-1213.

[27] Baskes M I, Johnson R A. Modified embedded atom potentials for HCP metals[J]. Modelling and Simulation in Materials Science and Engineering, 1994, 2: 147.

[28] Li C J, Sun H F, Li X W, et al. Microstructure, texture and mechanical properties of Mg-3.0Zn-0.2Ca alloys fabricated by extrusion at various temperatures[J]. Journal of Alloys and Compounds, 2015, 652: 122-131.

[29] Chino Y, Sassa K, Mabuchi M. Texture and stretch formability of Mg-1.5 mass%Zn-0.2 mass%Ce alloy rolled at different rolling temperature[J]. Materials Transactions, 2008, 49(12): 2916-2918.

[30] Yu Z, Tang A, Wang Q, et al. High strength and superior ductility of an ultra-fine grained magnesium-manganese alloy[J]. Materials Science and Engineering: A, 2015, 648: 202-207.

[31] Huang X, Bian M, Nakatsugawa I, et al. Simultaneously achieving excellent mechanical properties and high thermal conductivity on a high-Mn containing Mg-Zn-Ca-Al-Mn sheet alloy[J]. Journal of Alloys and Compounds, 2021, 887: 161394.

[32] Du Y Z, Zheng M Y, Qiao X G, et al. Improving microstructure and mechanical properties in Mg-6 mass% Zn alloys by combined addition of Ca and Ce[J]. Materials Science and Engineering: A, 2016, 656: 67-74.

[33] Ritchie R O. Mechanisms of fatigue-crack propagation in ductile and brittle solids[J]. International Journal of Fracture, 1999, 100(1): 55-83.

[34] Paris P, Erdogan F. A critical analysis of crack propagation laws[J]. Journal of Basic Engineering, 1963, 85(4): 528-533.

[35] Paris P C, Gomez M P, Anderson W E. A rational analytic theory of fatigue[J]. The Trend in Engineering, 1961, 13: 9-14.

[36] Yin D D, Wang Q D, Boehlert C J, et al. In-situ study of the tensile deformation and fracture modes in peak-aged cast Mg-11Y-5Gd-2Zn-0.5Zr (weight percent)[J]. Metallurgical & Materials Transactions A, 2016, 47: 6438-6452.

[37] Kobayashi S, Maruyama T, Tsurekawa S, et al. Grain boundary engineering based on fractal analysis for control of segregation-induced intergranular brittle fracture in polycrystalline nickel[J]. Acta Materialia, 2012, 60: 6200-6212.

[38] Lambert-Perlade A, Gourgues A F, Besson J, et al. Mechanisms and modeling of cleavage fracture in simulated heat-affected zone microstructures of a high-strength low alloy steel[J]. Metallurgical & Materials Transactions A, 2004, 35A: 1039-1053.

[39] Gourgues A F, Flower H M, Lindley T C. Electron backscattering diffraction study of acicular ferrite, bainite, and martensite steel microstructures[J]. Materials Science and Technology, 2000, 16(1): 26-40.

[40] Bouyne E, Flower H M, Lindley T C, et al. Use of EBSD technique to examine microstructure and cracking in a bainitic steel[J]. Scripta Materialia, 1998, 39(3): 295-300.

[41] Zhang L, Deng K K, Nie K B, et al. Microstructures and mechanical properties of Mg-Al-Ca alloys affected by Ca/Al ratio[J]. Materials Science & Engineer A, 2015, 636: 279-288.

[42] Liu H, Huang H, Wang C, et al. Recent advances in LPSO-containing wrought magnesium alloys: Relationships between processing, microstructure, and mechanical properties[J]. JOM, 2019, 71: 3314-3327.

[43] Karakulak E. A review: Past, present and future of grain refining of magnesium casting[J]. Journal of Magnesium and Alloys, 2019, 7(3): 355-369.

[44] Bian M Z, Sasaki T T, Nakata T, et al. Bake-hardenable Mg-Al-Zn-Mn-Ca sheet alloy processed by twin-roll casting[J]. Acta Materialia, 2018, 158: 278-288.

[45] Nie J F, Oh-ishi K, Gao X, et al. Solute segregation and precipitation in a creep-resistant Mg-Gd-Zn alloy[J]. Acta Materialia, 2008, 56(20): 6061-6076.

[46] Huber L, Rottler J, Militzer M. Atomistic simulations of the interaction of alloying elements with grain boundaries in Mg[J]. Acta Materialia, 2014, 80: 194-204.

[47] Fatemi-Varzaneh S M, Zarei-Hanzaki A, Beladi H. Dynamic recrystallization in AZ31 magnesium alloy[J]. Materials Science and Engineering: A, 2007, 456: 52-57.

[48] Hadorn J P, Hantzsche K, Yi S, et al. Effects of solute and second-phase particles on the texture of Nd-containing Mg alloys[J]. Metallurgical and Materials Transactions A, 2012, 43: 1363-1375.

[49] Liu H, Ju J, Yang X, et al. A two-step dynamic recrystallization induced by LPSO phases and its impact on mechanical property of severe plastic deformation processed $Mg_{97}Y_2Zn_1$ alloy[J]. Journal of Alloys and Compounds, 2017, 704: 509-517.

[50] Jung I H, Sanjari M, Kim J, et al. Role of RE in the deformation and recrystallization of Mg alloy and a new alloy design concept for Mg-RE alloys[J]. Scripta Materialia, 2015, 102: 1-6.

[51] Wen Q, Deng K K, Shi J Y, et al. Effect of Ca addition on the microstructure and tensile properties of Mg-4.0Zn-2.0Gd alloys[J]. Materials Science and Engineering: A, 2014, 609: 1-6.

[52] Cottam R, Robson J, Lorimer G, et al. Dynamic recrystallization of Mg and Mg-Y alloys: Crystallographic texture development[J]. Materials Science and Engineering: A, 2008, 485(1-2): 375-382.

[53] Lu L, Liu C, Zhao J, et al. Modification of grain refinement and texture in AZ31 Mg alloy by a new plastic deformation method[J]. Journal of Alloys and Compounds, 2015, 628: 130-134.

[54] Farzadfar S A, Martin É, Sanjari M, et al. Texture weakening and static recrystallization in rolled Mg-2.9Y and Mg-2.9Zn solid solution alloys[J]. Journal of Materials Science, 2012, 47: 5488-5500.

[55] Das S K, Kang Y B, Ha T, et al. Thermodynamic modeling and diffusion kinetic experiments of binary Mg-Gd and Mg-Y systems[J]. Acta Materialia, 2014, 71: 164-175.

[56] Toda-Caraballo I, Galindo-Nava E I, Rivera-Díaz-del-Castillo P E J. Understanding the factors influencing yield strength on Mg alloys[J]. Acta Materialia, 2014, 75: 287-296.

[57] Yu H, Li C, Xin Y, et al. The mechanism for the high dependence of the Hall-Petch slope for twinning/slip on texture in Mg alloys[J]. Acta Materialia, 2017, 128: 313-326.

[58] Stanford N. The effect of calcium on the texture, microstructure and mechanical properties of extruded Mg-Mn-Ca alloys[J]. Materials Science and Engineering: A, 2010, 528: 314-322.

[59] Wang Y, Choo H. Influence of texture on Hall-Petch relationships in an Mg alloy[J]. Acta Materialia, 2014, 81: 83-97.

[60] Chowdhury S M, Chen D L, Bhole S D, et al. Tensile properties and strain-hardening behavior of double-sided arc welded and friction stir welded AZ31B magnesium alloy[J]. Materials Science and Engineering: A, 2010, 527(12): 2951-2961.

[61] Yi S B, Davies C H J, Brokmeier H G, et al. Deformation and texture evolution in AZ31 magnesium alloy during uniaxial loading[J]. Acta Materialia, 2006, 54(2): 549-562.

[62] Kelley E W, Hosford W F. Plane-strain compression of magnesium alloy crystal[J]. Metal. Trans., 1968, 242: 5-13.

[63] Bohlen J, Nunber M R, Senn J W, et al. The texture and anisotropy of magnesium–zinc–rare earth alloy sheets[J]. Acta Materialia, 2007, 55: 2101-2112.

[64] Gao L, Chen R S, Han E H. Fracture behavior of high strength Mg-Gd-Y-Zr magnesium alloy[J]. Transactions of Nonferrous Metals Society of China, 2010, 20: 1217-1221.

[65] Yan H, Chen R S, Han E H. Room-temperature ductility and anisotropy of two rolled Mg-Zn-Gd alloys[J]. Materials Science and Engineering: A, 2010, 527: 3317-3322.

[66] Huang X S, Suzuki K, Saito N. Microstructure and mechanical properties of AZ80 magnesium alloy sheet processed by differential speed rolling[J]. Scripta Materialia, 2009, 61: 445-448.

[67] Chino Y, Kimura K, Mabuchi M. Deformation characteristics at room temperature under biaxial tensile stress in textured AZ31 Mg alloy sheets[J]. Acta Materialia, 2009, 57: 1476-1485.

第6章

镁合金的腐蚀行为

6.1 微合金化及加工状态对 AZ31 镁合金耐蚀性能的影响规律

镁合金自身的腐蚀行为主要受合金纯度、第二相、晶粒尺寸、晶体取向及氧化膜等因素影响。因此，通过合金元素添加及加工状态调控来改善镁合金的微观组织，细化晶粒，调节第二相的种类、形态及分布，降低合金缺陷密度，优化合金表面结构，都将有利于提升镁合金的耐蚀性能。微合金化是改善镁合金腐蚀性能的首选方法之一，如 Ca 元素可以溶解于镁合金基体中，从而减少腐蚀原电池数量，降低腐蚀反应速率。稀土 Y 元素可通过强化镁合金的阴极相，增加组织均匀性或形成 Y_2O_3 改变腐蚀产物膜结构而影响腐蚀行为。稀土 Gd 元素可抑制点蚀形核，提升氧化膜稳定性，改变微观组织结构来控制镁合金的腐蚀行为。Sn 元素可通过优先形成 Mg_2Sn 第二相，改善镁合金微观组织均匀性等方式影响镁合金抗腐蚀性能。此外，常规镁合金板材的制备过程中，铸态、均匀化态及退火态等不同加工状态的微观组织结构差异明显，对腐蚀行为具有显著的影响。因此，以 AZ31 镁合金为基础合金，进行 Ca、Y、Gd 和 Sn 元素的微合金化，分析 0.2%的单独添加量对 AZ31 镁合金耐腐蚀性能的影响规律，具体化学成分见表 6-1。

表 6-1　微合金化 AZ31 镁合金的化学成分　　　　　　　　单位：%

合金	Mg	Al	Zn	Mn	Ca	Y	Gd	Sn
AZ31	Bal.	3.04	0.97	0.13	—	—	—	—
AZ31-0.2Ca	Bal.	3.08	0.96	0.10	0.24	—	—	—
AZ31-0.2Y	Bal.	3.16	0.96	0.12	—	0.18	—	—
AZ31-0.2Gd	Bal.	3.03	0.96	0.14	—	—	0.15	—
AZ31-0.2Sn	Bal.	3.06	0.95	0.12	—	—	—	0.16

6.1.1 铸态 AZ31 镁合金的微观组织及腐蚀性能

图 6-1 为铸态微合金化 AZ31 镁合金的微观组织，添加微量的 Ca、Y、Gd 及 Sn 元素

后，AZ31 镁合金的铸态组织得到细化，且第二相数量明显增多。铸态 AZ31、AZ31-0.2Ca、
AZ31-0.2Y、AZ31-0.2Gd、AZ31-0.2Sn 合金的第二相体积分数分别为 1.78%、4.21%、3.01%、
2.98% 和 2.87%。其中，AZ31-0.2Ca 合金第二相粒子的体积分数最高，这与合金元素在镁
基体内的最大固溶度有关。Y、Gd 和 Sn 元素在镁中的最大固溶度分别为 11.4%、23.5% 和
14.5%，均明显高于 Ca 元素的最大固溶度（0.8%）。因此，在相同添加量条件下，固溶度
较低的 Ca 元素使 AZ31 镁合金生成最多的第二相。

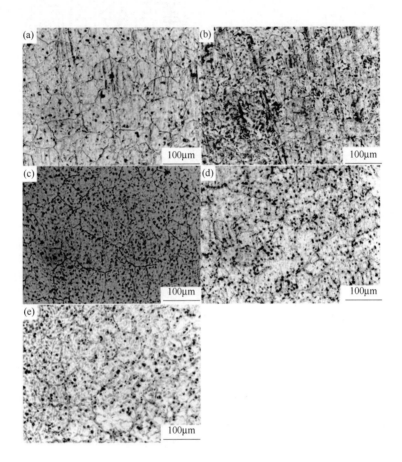

图 6-1　铸态微合金化 AZ31 镁合金的显微组织
（a）AZ31；（b）AZ31-0.2Ca；（c）AZ31-0.2Y；（d）AZ31-0.2Gd；（e）AZ31-0.2Sn

图 6-2 为铸态微合金化 AZ31 镁合金的第二相粒子特征。铸态 AZ31-0.2Ca 镁合金的第
二相以鱼骨状沿晶界或晶内分布，还有较多颗粒状第二相呈弥散分布。添加 0.2% 的 Y 和
Gd 元素后，颗粒状第二相沿晶界或在晶内弥散分布。铸态 AZ31-0.2Sn 合金中只有少量白
色球状第二相粒子在基体内零星分布。表 6-2 为典型的第二相粒子能谱分析结果。沿晶界
分布的颗粒状第二相粒子 A，由原子分数 68.39%Mg、6.23%Al 和 25.38%O 组成，表明其
发生了明显的氧化，析出相可能为 β-Mg$_{17}$Al$_{12}$ 相。AZ31 镁合金的第二相粒子 B 含有原子
分数 29.94%Al、0.79%Zn 及 2.36%Mn，说明 AZ31 镁合金中存在一些 Al-Mn 相。Al-Mn
相的出现主要是由于 Mn 元素在镁中的最大固溶度只有 2.2%，所以在凝固过程中也有部分

Al-Mn 相析出。因此,铸态 AZ31 镁合金的第二相主要为 β-Mg$_{17}$Al$_{12}$ 和 Al$_8$Mn$_5$。AZ31-0.2Ca 合金中鱼骨状第二相 C 主要含有原子分数 60.23%Mg、29.75%Al 和 10.02%Ca,Al/Ca 原子比接近于 2,应为 Al$_2$Ca 相。第二相 D 含有原子分数 50.30%Al 和 17.79%Ca,也为 Al-Ca 相。类似分析,铸态 AZ31-0.2Y 和 AZ31-0.2Gd 合金的第二相主要为 Al-Y 相及 Al-Gd 相,还有少量 Al-Mn 相存在。铸态 AZ31-0.2Sn 合金的第二相则主要为 Mg$_2$Sn 相及 Al-Mn 相。

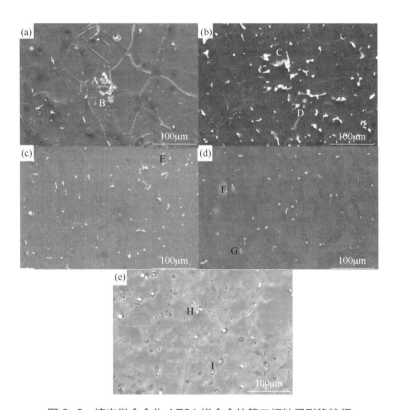

图 6-2　铸态微合金化 AZ31 镁合金的第二相粒子形貌特征

(a) AZ31;(b) AZ31-0.2Ca;(c) AZ31-0.2Y;(d) AZ31-0.2Gd;(e) AZ31-0.2Sn

表 6-2　铸态微合金化 AZ31 镁合金的第二相粒子 EDS 分析结果　　单位:%(原子分数)

观察点	元素									可能的化合物
	Mg	Al	O	Zn	Mn	Ca	Y	Gd	Sn	
A	68.39	6.23	25.38							Mg$_{17}$Al$_{12}$
B	66.90	29.94		0.79	2.36					Al$_8$Mn$_5$
C	60.23	29.75				10.02				Al$_2$Ca
D	28.88	50.30		2.80	0.23	17.79				Al$_2$Ca
E	60.33	21.61	11.57		3.52		2.97			Al$_2$Y、Al$_8$Mn$_5$
F	41.71	48.48						9.81		Al$_2$Gd
G	53.00	28.77	7.80		10.43					Al$_8$Mn$_5$
H	38.25	39.56		10.9	9.12				2.17	Mg$_2$Sn、Al$_8$Mn$_5$
I	60.65	30.90							8.45	Mg$_2$Sn

图 6-3 为铸态微合金化 AZ31 镁合金的 XRD 衍射图谱，分析可知其主要由 α-Mg 和 β-Mg$_{17}$Al$_{12}$ 相组成，Ca、Y、Gd 和 Sn 合金元素的添加使 AZ31 镁合金分别生成了 Al$_2$Ca、Al$_2$Y、Al$_2$Gd 和 Mg$_2$Sn 相。Al-Mn 相由于其含量较低而未能检测到。

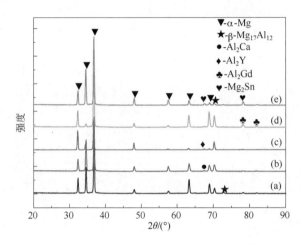

图 6-3　铸态微合金化 AZ31 镁合金的 XRD 衍射图谱
（a）AZ31；（b）AZ31-0.2Ca；（c）AZ31-0.2Y；（d）AZ31-0.2Gd；（e）AZ31-0.2Sn

图 6-4 为铸态微合金化 AZ31 镁合金第二相粒子的选区电子衍射（SAED）及能谱结果。图 6-4（a）～（d）分别对应 Al-Ca、Al-Y、Al-Gd 和 Mg-Sn 第二相粒子的形貌、衍射花样及能谱结果。物相分析表明这四种第二相粒子分别是 Al$_2$Ca、Al$_2$Y、Al$_2$Gd 和 Mg$_2$Sn，与 XRD 衍射图谱和 EDS 化学成分结果基本一致。此外，由于 Sn 元素极易氧化并在表面形成 SnO$_2$，如图 6-4（d）所示。在 Mg$_2$Sn 相周围存在大量 SnO$_2$ 絮状物，O 含量约为 3.4%（原子分数）。

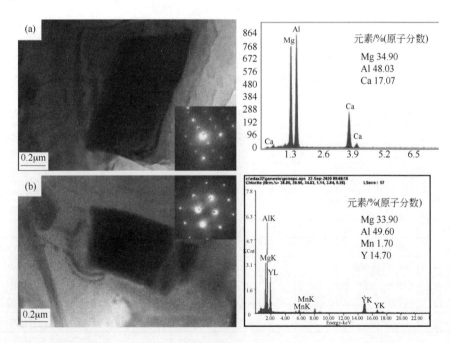

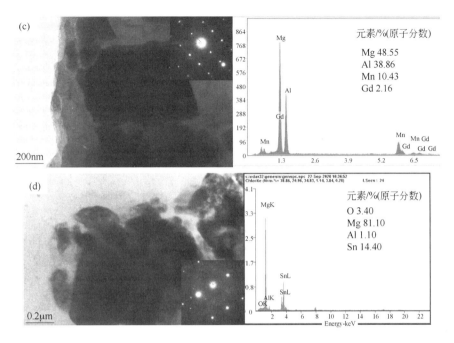

图 6-4 铸态微合金化 AZ31 镁合金第二相粒子的选区电子衍射分析

（a）AZ31-0.2Ca；（b）AZ31-0.2Y；（c）AZ31-0.2Gd；（d）AZ31-0.2Sn

图 6-5 为铸态微合金化 AZ31 镁合金的电化学测试结果，极化曲线拟合参数和浸没失重腐蚀速率见表 6-3。合金元素 Ca、Y、Gd 及 Sn 的添加使铸态 AZ31 镁合金的自腐蚀电流密度下降。其中，AZ31-0.2Y 合金的自腐蚀电流密度最低，为 20μA•cm^{-2}，自腐蚀电位最高，为−0.83V。相对于 Ca、Gd 和 Sn，Y 元素对铸态 AZ31 镁合金腐蚀倾向性的改善作用更好。图 6-5（b）中铸态微合金化 AZ31 镁合金的 Nyquist 图均由三个容抗弧组成，其中高频（10240～10^{5}Hz）容抗代表双电层，对应着电荷转移电阻；中频（46.5～10240Hz）容抗与阴极金属间化合物的反应有关；低频（10^{-2}～46.5Hz）容抗对应腐蚀产物膜。EIS 的拟合等效电路图如图 6-5（c）所示，其中 R_s 是溶液电阻，C_{dl} 是腐蚀产物膜和镁基体界面的双电容，R_{dl} 是电荷转移电阻，Q_{int} 和 R_{int} 与阴极金属间化合物的反应相关，Q_{film} 和 R_{film} 为腐蚀产物膜的电容和电阻。Q 是在非均匀系统中代替理想电容的常相元件，由 Y 和 n 两个值确定，其中 n 是 Q 的扩散系数，代表了双电层的粗糙度。如果 $n=1$，Q 代表电容；如果 $n=0$，Q 代表电阻。极化电阻 R_P 由其他交流阻抗谱等效电路拟合参数通过式（6-1）计算，并归纳于表 6-4。铸态 AZ31、AZ31-0.2Ca、AZ31-0.2Y、AZ31-0.2Gd 和 AZ31-0.2Sn 合金的 R_P 分别为 967Ω/cm^2、1265Ω/cm^2、1566Ω/cm^2、940Ω/cm^2 和 1447Ω/cm^2。对应的 R_{film} 分别为 48.94Ω/cm^2、1198Ω/cm^2、1492Ω/cm^2、887.2Ω/cm^2 和 1395Ω/cm^2，可见，微合金化后 R_P 和 R_{film} 明显增大，表明合金元素 Ca、Y、Gd 及 Sn 改变了 AZ31 的腐蚀产物膜，提高了其耐蚀性能。原因在于腐蚀产物层掺杂了含 Ca、Sn 和稀土化合物，使得膜层更加致密、稳定和更具有保护性[1]。但是，电化学性能变化也表明 Gd 元素的改善效果要低于 Ca、Y、Sn 元素。铸态 AZ31-0.2Gd 合金的自腐蚀电流相对较大，且 R_P 及 R_{film} 均相对较低。

$$R_P=R_{dl}+R_{int}+R_{film} \qquad (6-1)$$

379

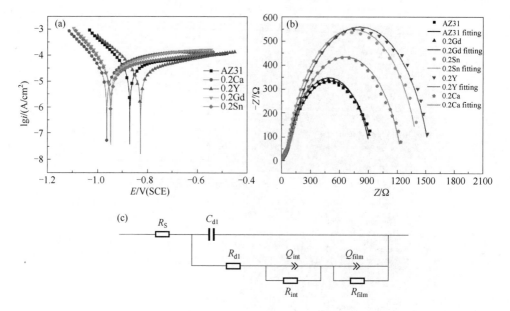

图 6-5　铸态微合金化 AZ31 镁合金的电化学性能

（a）极化曲线；（b）Nyquist 图；（c）等效电路

表 6-3　铸态微合金化 AZ31 镁合金的极化曲线拟合参数和浸没失重腐蚀速率

铸态合金	E_{corr}/V	J_{corr}/(μA/cm²)	b_a/(V/Dec)	b_c/(V/Dec)	C_w/(mm/y)
AZ31	-0.87	25	0.2796	0.1010	4.47±0.5
0.2Ca	-0.96	24	0.2378	0.0944	0.63±0.2
0.2Y	-0.83	20	0.3033	0.1151	0.52±0.18
0.2Gd	-0.95	24.8	0.2463	0.0838	0.77±0.25
0.2Sn	-0.95	23.4	0.3508	0.0890	0.59±0.19

表 6-4　铸态微合金化 AZ31 镁合金交流阻抗谱的拟合参数

铸态合金	AZ31	0.2Ca	0.2Y	0.2Gd	0.2Sn
R_s/(Ω/cm²)	0.01	1	1000	1	100
C_{dl}/($\times 10^{-6}$F/cm²)	0.2134	0.3497	0.3153	0.3390	0.2648
R_{dl}/(Ω/cm²)	9.731	7.838	7.677	7.424	8.734
Y_{int}/[$\times 10^{-6}$(Ω/cm²)·sⁿ]	585.8	225.2	221.2	245.6	170.7
n_{int}	0.7967	0.7	0.7050	0.6744	0.7267
R_{int}/(Ω/cm²)	908.2	59.35	66.32	45.42	43.24
Y_{film}/[$\times 10^{-6}$(Ω/cm²)·sⁿ]	200.4	459.4	449	484.6	428.4
n_{film}	0.7148	0.7877	0.8103	0.8331	0.8413
R_{film}/(Ω/cm²)	48.94	1198	1492	887.2	1395
R_p/(Ω/cm²)	967	1265	1566	940	1447

图 6-6 为铸态微合金化 AZ31 镁合金在 3.5% NaCl 溶液 120h 浸没实验的失重腐蚀速率，对应数值列于表 6-3。添加合金元素 Ca、Y、Gd 及 Sn 后，铸态 AZ31 镁合金腐蚀速率由每年 4.47mm 降低到每年 0.8mm 以下，如 AZ31-0.2Y 合金仅有每年 0.52mm，耐蚀性得到明显改善，与电化学结果相一致。

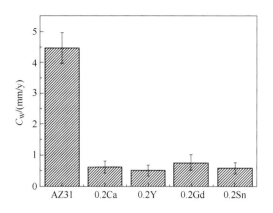

图 6-6　铸态微合金化 AZ31 镁合金的浸没失重腐蚀速率

　　图 6-7 为铸态微合金化 AZ31 镁合金在 3.5% NaCl 溶液浸没 120h 的析氢体积及析氢腐蚀速率变化。图 6-7（a）的析氢体积变化曲线显示铸态 AZ31 镁合金的析氢体积以较快斜率呈线性增长，析氢总体积超过 500mL。微合金化后的 AZ31 镁合金的析氢体积变化较平缓，120h 的析氢总体积不足 100mL，相对于铸态 AZ31 镁合金下降程度达到 80%，表明 Ca、Y、Gd 及 Sn 合金元素可以明显改善铸态 AZ31 镁合金的耐蚀性。图 6-7（b）的析氢腐蚀速率变化曲线显示铸态 AZ31 镁合金的腐蚀速率先增加后缓慢减小，此时由于随着腐蚀产物的聚集，发生了局部碱化，腐蚀速率有所下降。但是由于铸态 AZ31 镁合金的腐蚀产物层疏松多孔、附着力差，几乎无保护作用，随后以较高的腐蚀速率呈线性增长，最终腐蚀速率达到 0.35mL/(cm² · h)。微合金化后 AZ31 镁合金的腐蚀速率先快速增长随后明显下降，最终趋于稳定，约为 0.05mL/(cm² · h)。Ca、Y、Gd 及 Sn 元素的添加增加了第二相粒子数量。由于第二相与基体间的微电偶腐蚀反应，开始阶段腐蚀速率较快。因含 Ca、Y、Gd 及 Sn 元素，化合物稳定性高，随着腐蚀反应进行而形成的腐蚀产物层更加致密、稳定且更具保护性，导致腐蚀速率明显下降。随着腐蚀产物的形成与剥落达到动态平衡，铸态微合金化 AZ31 镁合金的腐蚀速率在浸没 24h 后基本保持稳定。铸态 AZ31-0.2Sn

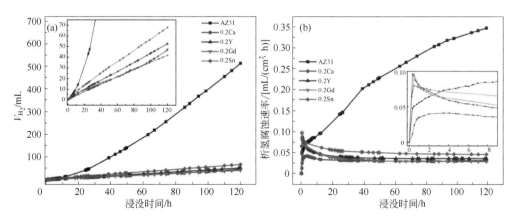

图 6-7　铸态微合金化 AZ31 镁合金随浸没过程的析氢体积及腐蚀速率变化

（a）析氢体积；（b）析氢腐蚀速率

381

合金的析氢体积和析氢腐蚀速率明显大于其他微合金化的 AZ31 镁合金，说明 Sn 元素对铸态 AZ31 镁合金耐蚀性的改善作用弱于 Ca、Y 和 Gd 元素。原因在于 Ca、Y 和 Gd 元素会与 Al 优先结合形成 Al_2Ca、Al_2Y 和 Al_2Gd 相，代替原来的 Al-Fe/Al-Mn 相，降低了富 Al 相与 α-Mg 之间的电位，降低了电偶腐蚀强度。而且半连续分布的第二相具有腐蚀壁垒作用，在一定程度上可以抑制腐蚀的扩展，故 Ca、Y 和 Gd 元素可以明显改善铸态 AZ31 镁合金的耐蚀性。然而，Sn 元素主要形成 Mg_2Sn 相，它会增加 α-Mg 与 β-$Mg_{17}Al_{12}$ 相之间的电位差以及 β-$Mg_{17}Al_{12}$ 相的体积分数，加剧了 β-$Mg_{17}Al_{12}$ 相作为电偶腐蚀阴极的作用，从而弱化了 Sn 元素对 AZ31 镁合金耐蚀性的提升作用[2]。

图 6-8 为铸态 AZ31-0.2Ca 合金在 3.5% NaCl 溶液中浸没 30min、24h、72h 和 96h 并去除腐蚀产物后的表面形貌。点蚀在第二相粒子附近萌生，且腐蚀优先发生在 Al_2Ca 相周围电位相对较低的 α-Mg 基体上。α-Mg 腐蚀所产生的沟壑为 Cl^- 扩散提供了通道，从而加速了基体腐蚀，呈丝状腐蚀。随着腐蚀的进行，Al_2Ca 相周围的 α-Mg 基体被完全腐蚀，Al_2Ca 相从基体内剥落，腐蚀表面呈现明显的孔洞 [图 6-8（d）]。

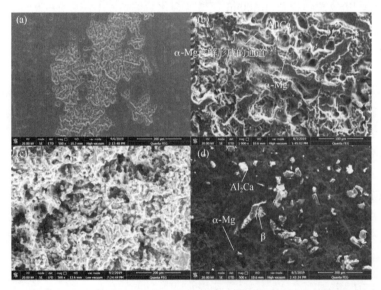

图 6-8　3.5%NaCl 溶液中浸没不同时间的铸态 AZ31-0.2Ca 合金去除腐蚀产物的表面形貌

（a）30min；（b）24h；（c）72h；（d）96h

6.1.2　均匀化态 AZ31 镁合金的微观组织及腐蚀性能

铸态的微合金化 AZ31 镁合金经 400℃、12h 均匀化热处理后，微观组织如图 6-9 所示。铸态合金经过均匀化处理后，大部分第二相重新固溶到基体内，剩下颗粒状的第二相在晶界和晶粒内呈零星分布。均匀化态 AZ31、AZ31-0.2Ca、AZ31-0.2Y、AZ31-0.2Gd 及 AZ31-0.2Sn 合金的第二相体积分数分别降低至 0.51%、1.52%、0.69%、0.76% 及 0.62%。图 6-10 为均匀化态的微合金化 AZ31 镁合金 XRD 衍射图谱，与铸态 XRD 衍射图谱相比，均匀化态合金中第二相的 XRD 衍射峰强度明显减弱。

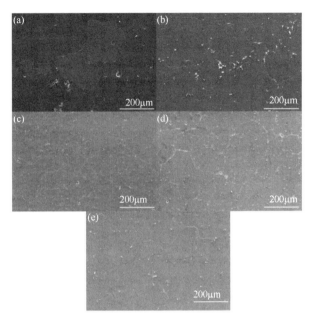

图 6-9 均匀化态的微合金化 AZ31 镁合金显微组织

（a）AZ31；（b）AZ31-0.2Ca；（c）AZ31-0.2Y；（d）AZ31-0.2Gd；（e）AZ31-0.2Sn

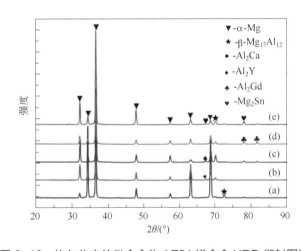

图 6-10 均匀化态的微合金化 AZ31 镁合金 XRD 衍射图谱

（a）AZ31；（b）AZ31-0.2Ca；（c）AZ31-0.2Y；（d）AZ31-0.2Gd；（e）AZ31-0.2Sn

图 6-11 为均匀化态微合金化 AZ31 镁合金的电化学测试性能。表 6-5 及表 6-6 分别为均匀化态微合金化 AZ31 镁合金的极化曲线拟合数据和交流阻抗谱等效电路拟合参数。图 6-11（a）显示均匀化态 AZ31、AZ31-0.2Ca、AZ31-0.2Y、AZ31-0.2Gd、AZ31-0.2Sn 合金的自腐蚀电位依次为 -0.96V、-0.92V、-0.91V、-0.92V 和 -0.94V，合金元素的添加使均匀化态 AZ31 镁合金自腐蚀电位正移。均匀化态自腐蚀电流密度分别为 $174\mu A/cm^2$、$45\mu A/cm^2$、$26\mu A/cm^2$、$54\mu A/cm^2$ 和 $49\mu A/cm^2$，合金元素的添加使自腐蚀电流明显下降。其中，均匀化态 AZ31-0.2Y 合金的自腐蚀电位最高，为 -0.91V，自腐蚀电流密度最低，为 $26\mu A/cm^2$，腐蚀速率相比均匀化态 AZ31 镁合金下降了约 85%，腐蚀倾向性最低。表 6-6

383

的交流阻抗谱等效电路拟合参数显示，均匀化态 AZ31、AZ31-0.2Ca、AZ31-0.2Y 和
AZ31-0.2Gd 合金的 R_{film} 分别为 345.9Ω/cm²、30.06Ω/cm²、40.18Ω/cm² 和 18.67Ω/cm²。添加
合金元素后，均匀化态 AZ31 镁合金的 R_{film} 明显下降，这是由于均匀化处理使大部分第二
相重新固溶到α-Mg 基体内，表面形成的氧化膜疏松多孔。腐蚀产物层疏松、附着力差，甚
至发生剥落，膜层保护性较弱。而均匀化态 AZ31-0.2Sn 合金的 R_{film} 为 589.1Ω/cm²，高于
均匀化态 AZ31 镁合金，这是因为固溶的 Sn 会参与氧化膜和腐蚀产物的形成，使膜层致密、
稳定，起到较好的保护作用。均匀化态 AZ31、AZ31-0.2Ca、AZ31-0.2Y、AZ31-0.2Gd 和
AZ31-0.2Sn 合金的 R_P 分别为 372Ω/cm²、611Ω/cm²、892Ω/cm²、599Ω/cm² 和 622 Ω/cm²，
合金元素添加使 R_P 明显增大。由于均匀化处理后大部分第二相重新固溶到基体内，固溶状
态的合金元素可以提高α-Mg 自身的腐蚀电位。同时，第二相与α-Mg 基体间的电位差减小，
第二相的微电偶腐蚀作用弱化，因此，明显提高了均匀化态 AZ31 基体的极化电阻。

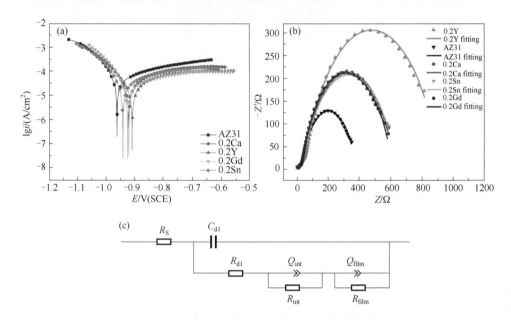

图 6-11　均匀化态微合金化 AZ31 镁合金的电化学性能

（a）极化曲线；（b）Nyquist 图；（c）等效电路

表 6-5　均匀化态微合金化 AZ31 镁合金的极化曲线拟合参数和浸没失重腐蚀速率

均匀化态合金	E_{corr}/V	J_{corr}/(μA/cm²)	b_a/(V/Dec)	b_c/(V/Dec)	C_w/(mm/y)
AZ31	-0.96	174	1.2533	0.1377	7.17±0.6
0.2Ca	-0.92	45	0.3293	0.1029	3.14±0.3
0.2Y	-0.91	26	0.2374	0.0950	1.86±0.2
0.2Gd	-0.92	54	0.7652	0.0906	3.1±0.25
0.2Sn	-0.94	49	0.4382	0.0953	3.6±0.32

表 6-6　均匀化态微合金化 AZ31 镁合金的交流阻抗谱的拟合参数

均匀化态合金	AZ31	0.2Ca	0.2Y	0.2Gd	0.2Sn
R_s/(Ω/cm²)	10	0.1	1	10	100
C_{dl}/(×10⁻⁶F/cm²)	0.3607	0.3314	0.3011	0.3766	0.3652

均匀化态合金	AZ31	0.2Ca	0.2Y	0.2Gd	0.2Sn
$R_{dl}/(\Omega/cm^2)$	8.837	7.408	7.868	8.574	7.663
$Y_{int}/[\times 10^{-6}(\Omega/cm^2)\cdot s^n]$	46.84	591.2	540.9	622.3	86.29
n_{int}	0.8558	0.7955	0.784	0.7976	0.7545
$R_{int}/(\Omega/cm^2)$	17.07	574	844.2	571.3	25.43
$Y_{film}/[\times 10^{-6}(\Omega/cm^2)\cdot s^n]$	704.5	114	91.98	82.58	552.5
n_{film}	0.8006	0.7461	0.7502	0.7904	0.7674
$R_{film}/(\Omega/cm^2)$	345.9	30.06	40.18	18.67	589.1
$R_p/(\Omega/cm^2)$	372	611	892	599	622

图6-12为均匀化态微合金化AZ31镁合金3.5% NaCl溶液中浸没120h的失重腐蚀速率，对应数据如表6-5所示。添加合金元素后，微合金化AZ31镁合金的腐蚀速率从每年7.17mm直接下降到约每年3mm，AZ31-0.2Y合金更是下降到每年1.86mm，因此，微合金化AZ31镁合金的耐蚀性能明显提高，与电化学分析结果基本一致。

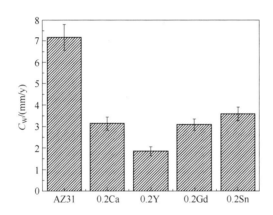

图6-12　均匀化态微合金化AZ31镁合金的浸没失重腐蚀速率

图6-13为均匀化态微合金化AZ31镁合金在3.5%溶液中浸没120h的析氢体积及析氢腐蚀速率变化。均匀化态AZ31镁合金由于腐蚀产物膜疏松多孔、保护性较弱，故腐蚀速率一直增加。添加Ca、Y、Gd和Sn元素后，由于AZ31镁合金的腐蚀产物膜掺杂了这些合金元素的化合物，膜层相对更加致密、稳定和更具保护性，腐蚀速率明显下降，最后腐蚀产物的形成与剥落达到动态平衡，故浸没24h后腐蚀速率基本保持稳定。

图6-14为铸态及均匀化态的微合金化AZ31镁合金腐蚀速率变化，电化学测试(P_J)、析氢(P_H)和浸没腐蚀速率(C_W)如表6-7所示。将Ca、Y、Gd和Sn元素分别加入AZ31镁合金后，腐蚀速率明显下降，其中以Y元素最为明显。均匀化处理后的AZ31及AZ31-0.2M合金的耐蚀性均明显下降，这可能与不同形态和含量的第二相作用不同有关[3]，均匀化处理对镁合金耐蚀性的影响并不一致。当第二相较少时，固溶处理可以使得微量第二相重新固溶到基体内，改善合金的成分偏析，减少微电偶腐蚀，从而提高合金的耐蚀性；当第二相较多且呈连续网状分布时，其作为腐蚀壁垒抑制合金腐蚀。固溶处理使得大多数第二相固溶到基体内，剩余的少量第二相作为电偶腐蚀的阴极，反而加剧合金的腐蚀[4]。铸态合

金中，沿晶界析出的半连续分布 $Mg_{17}Al_{12}/Al_2Ca/Al_2Y/Al_2Gd/Mg_2Sn$ 相具有腐蚀壁垒作用，可以抑制腐蚀；而均匀化处理后，大部分第二相重新固溶到基体内，沿晶界不连续分布的第二相作为电偶腐蚀的阴极，反而加剧了 α-Mg 的腐蚀，导致均匀化态镁合金的耐蚀性降低。表 6-7 显示电化学测试的腐蚀速率明显低于析氢和浸没失重的腐蚀速率，这是由于电化学测试是瞬时腐蚀速率，而析氢和浸没失重是长期腐蚀过程中的腐蚀速率，析氢收集到的氢气包括阴极析氢和阳极析氢，浸没失重由于第二相剥落导致失重测量值偏大，故析氢和浸没失重得到的腐蚀速率明显大于电化学测试的腐蚀速率。

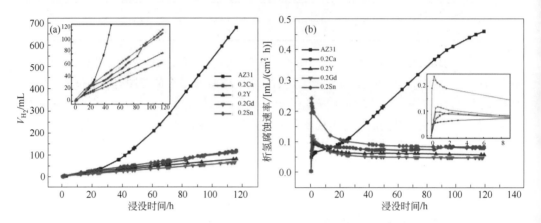

图 6-13　均匀化态微合金化 AZ31 镁合金浸没过程的析氢体积及腐蚀速率变化
（a）析氢体积；（b）析氢腐蚀速率

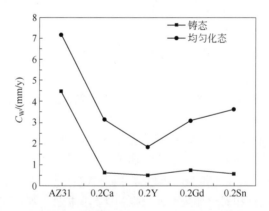

图 6-14　铸态及均匀化态微合金化 AZ31 镁合金腐蚀速率的变化

表 6-7　铸态及均匀化态微合金化 AZ31 镁合金腐蚀速率的对比

合金		J_{corr} /(μA/cm²)	P_J /(mm/y)	R_p /(Ω/cm²)	P_H(120h) /(mm/y)	C_W(120h) /(mm/y)
铸态	AZ31	25	0.57	967	18.57	4.47
	0.2Ca	24	0.55	1265	1.70	0.63
	0.2Y	20	0.46	1566	1.90	0.52
	0.2Gd	24.8	0.57	940	1.51	0.77
	0.2Sn	23.4	0.53	1447	2.44	0.59

续表

合金		J_{corr} /(μA/cm^2)	P_J /(mm/y)	R_p /(Ω/cm^2)	P_H(120h) /(mm/y)	C_W(120h) /(mm/y)
均匀化态	AZ31	174	3.98	372	24.89	7.17
	0.2Ca	45	1.03	611	4.12	3.14
	0.2Y	26	0.59	892	2.93	1.86
	0.2Gd	54	1.23	599	2.38	3.1
	0.2Sn	49	1.12	622	4.34	3.6

AZ 系镁合金α-Mg 基体上的氧化膜主要由内层 Al$_2$O$_3$、中层 MgO 和外层 Mg(OH)$_2$ 组成，膜层疏松多孔。由于 Ca、Y、Gd、Sn 合金元素的添加，铸态微合金化 AZ31 镁合金的第二相呈半连续分布。表 6-4 的铸态交流阻抗谱拟合数据显示 R_{film} 随合金元素添加而明显增大，这是因为添加合金元素后，以 Al$_2$Ca 等为主的第二相使氧化膜由(Mg, Al)$_x$O$_y$ 内层和 (Mg, Al)$_x$(OH)$_y$ 外层组成，氧化膜致密且稳定[3]。均匀化处理后，大多数第二相在均匀化处理过程中重新固溶到基体内，仅剩下一些颗粒状第二相零星分布，R_{film} 明显减小。

图 6-15 为铸态和均匀化态的微合金化 AZ31 镁合金动态腐蚀过程。铸态微合金化 AZ31 镁合金依托于呈半连续状及部分颗粒状分布的第二相而形成了稳定的氧化膜。由于微电偶腐蚀效应，腐蚀优先在颗粒状第二相周围的 α-Mg 基体处发生。随着腐蚀的进行，合金表面形成了掺杂有微合金化元素氢氧化物的腐蚀产物层，致密而稳定的腐蚀产物层有助于阻挡 Cl$^-$ 向 Mg 基体内部的扩散。另外，半连续分布的第二相具有腐蚀屏蔽作用，在一定程度上抑制了腐蚀的进一步扩散。因此，第二相周围具有疏松多孔氧化膜的α-Mg 基体被逐步腐蚀，当第二相周围的α-Mg 基体被完全腐蚀时，第二相发生剥落。最终阴极和阳极面积比的增加与不连续第二相的剥落达到动态平衡，腐蚀速率趋于稳定。均匀化处理后，大部分第二相

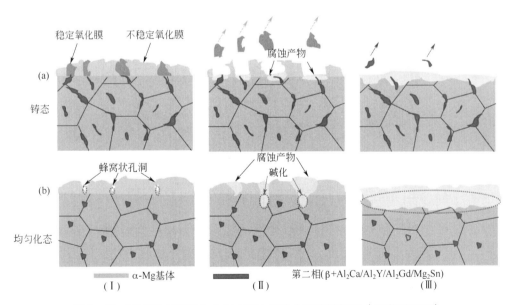

图 6-15　不同状态下微合金化 AZ31 镁合金的腐蚀机理（见书后彩页）

（a）铸态；（b）均匀化态

重新固溶到基体中，由于 Mg 的 PBR 值小于 1，表面形成的氧化膜疏松多孔，腐蚀优先发生在蜂窝状孔洞氧化膜附近的 α-Mg 基体上，产生富含镁的氢氧化物，局部碱性化使得覆盖 $Mg(OH)_2$ 的基体腐蚀速率有所下降。周围氧化膜活性较高的 α-Mg 基体成为新的微阳极开始腐蚀，直至氧化膜完全溶解。此时，零星分布的颗粒状第二相反而作为电偶腐蚀的阴极，也加剧了 α-Mg 的腐蚀并发生剥落，最终形成含有较多孔洞的均匀腐蚀形貌。另外，形成的氧化膜和腐蚀产物层疏松多孔，保护性较弱，故耐蚀性劣于铸态合金。

6.1.3　轧制退火态 AZ31 镁合金的微观组织及腐蚀性能

均匀化态微合金化 AZ31 镁合金经 400℃轧制及 350℃、1h 退火后，板材微观组织的 OM 及 SEM 图像分别如图 6-16 及图 6-17 所示。轧制退火态的微合金化 AZ31 镁合金均由细小均匀的等轴晶粒组成。与铸态组织相比，轧制退火态组织发生了明显细化，但微观组织中有部分晶粒发生了明显长大。此外，第二相粒子在微观组织中呈不连续分布。对于 AZ31-0.2Sn 合金，Sn 元素大部分重新固溶到基体，仅有极少量的第二相零星分布 [图 6-17（e）]。图 6-18 为轧制退火态镁合金的 XRD 衍射图，发现轧制退火态 AZ31 镁合金主要由 α-Mg 和 Al_8Mn_5 相组成。AZ31 镁合金微合金化后，轧制退火态组织中出现 Al_2Ca、Al_2Y、Al_2Gd 和 Mg_2Sn 等第二相。

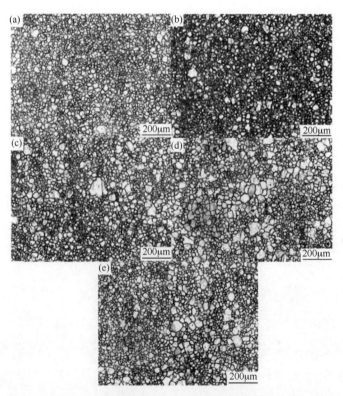

图 6-16　轧制退火态微合金化 AZ31 镁合金的 OM 微观组织

（a）AZ31；（b）AZ31-0.2Ca；（c）AZ31-0.2Y；（d）AZ31-0.2Gd；（e）AZ31-0.2Sn

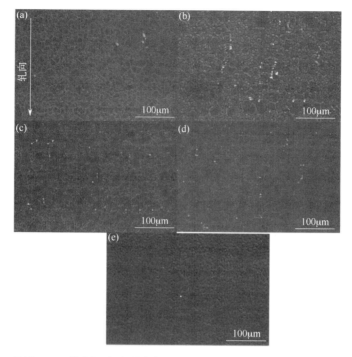

图 6-17　轧制退火态微合金化 AZ31 镁合金的 SEM 微观组织

（a）AZ31；（b）AZ31-0.2Ca；（c）AZ31-0.2Y；（d）AZ31-0.2Gd；（e）AZ31-0.2Sn

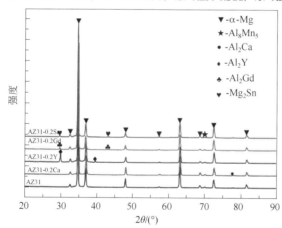

图 6-18　轧制退火态微合金化 AZ31 镁合金的 XRD 衍射图谱

采用扫描电镜和扫描开尔文探针原子力显微镜（SKPFM），获得了轧制退火态微合金化 AZ31 镁合金中α-Mg 基体和第二相之间的形貌图、表面电势图及电势剖面图，分别如图 6-19～图 6-21 所示。α-Mg 基体与第二相粒子的电势差显示，AZ31 镁合金中 Al_8Mn_5 粒子相对于基体呈现 410mV 电位差［图 6-19（c）］；AZ31-0.2Ca 合金中 Al_2Ca 粒子相对基体电势差为 238mV［图 6-20（c）］；AZ31-0.2Sn 合金中 Mg_2Sn 粒子相对基体电势差为 150mV［图 6-21（c）］。此外，AZ31-0.2Y 合金中 Al_2Y 粒子相对基体电势差为 290mV，AZ31-0.2Gd 合金中 Al_2Gd 粒子相对基体电势差为 190mV。因此，轧制退火态微合金化 AZ31 镁合金中各类第二相粒子的电势电位均较基体更正，从而影响微电偶腐蚀过程。

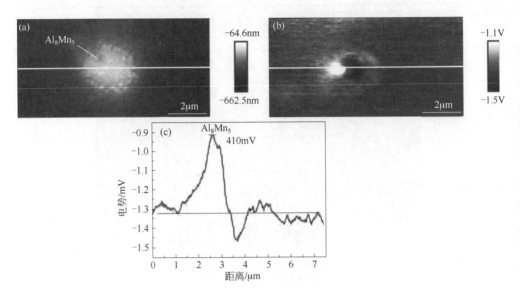

图 6-19　轧制退火态 AZ31 镁合金第二相的 SKPFM 分析

（a）形貌图；（b）表面电势图；（c）电势剖面图

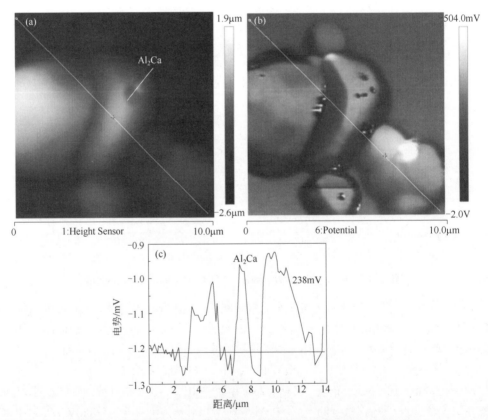

图 6-20　轧制退火态 AZ31-0.2Ca 合金第二相的 SKPFM 分析

（a）形貌图；（b）表面电势图；（c）电势剖面图

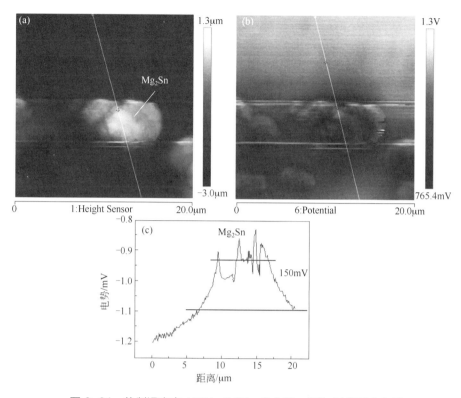

图 6-21　轧制退火态 AZ31-0.2Sn 合金第二相的 SKPFM 分析

（a）形貌图；（b）表面电势图；（c）电势剖面图

图 6-22 为轧制退火态微合金化 AZ31 镁合金的电化学测试性能，表 6-8 及表 6-9 分别为轧制退火态合金的极化曲线拟合数据和交流阻抗谱等效电路拟合参数。图 6-22（a）的极化曲线表明轧制退火态 AZ31、AZ31-0.2Ca、AZ31-0.2Y、AZ31-0.2Gd、AZ31-0.2Sn 合金的自腐蚀电流密度分别为 45.6μA/cm²、41.0μA/cm²、20.7μA/cm²、20.3μA/cm² 和 19.6μA/cm²，合金元素的添加使得自腐蚀电流密度下降。轧制退火态合金的自腐蚀电位依次为−0.93V、−0.9V、−0.89V、−0.9V 和−0.76V，合金元素的添加促使其明显正移。结合图 6-19～图 6-21 的 SKPEM 结果，因合金元素添加而新生成的各类第二相粒子电势电位相对基体更正，自腐蚀电位明显正移。其中，轧制退火态 AZ31-0.2Sn 合金自腐蚀电位最高，为−0.76V，自腐蚀电流密度为 19.6μA/cm²，仅为轧制退火态 AZ31 镁合金的一半。图 6-22（b）所示的轧制退火态合金 Nyquist 图均由三个容抗弧组成，即代表双电层的高频容抗、与阴极金属间化合物反应相关的中频容抗和对应腐蚀产物膜的低频容抗。表 6-9 的交流阻抗谱等效电路拟合参数表明轧制退火态 AZ31、AZ31-0.2Ca、AZ31-0.2Y、AZ31-0.2Gd 和 AZ31-0.2Sn 合金的 R_{film} 分别为 52.38Ω/cm²、794Ω/cm²、1338Ω/cm²、1843Ω/cm² 和 1975Ω/cm²。0.2% 的 Ca、Y、Gd 和 Sn 元素的添加使轧制退火态 AZ31 镁合金表面形成的腐蚀产物层更加均匀、致密且稳定，膜层保护性得到增强。轧制退火态 AZ31、AZ31-0.2Ca、AZ31-0.2Y、AZ31-0.2Gd 和 AZ31-0.2Sn 合金的 R_P 分别为 938Ω/cm²、840Ω/cm²、1397Ω/cm²、1876Ω/cm² 和 2018Ω/cm²。

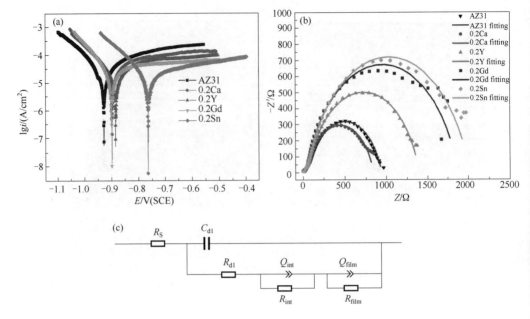

图 6-22　轧制退火态的微合金化 AZ31 镁合金电化学性能

（a）极化曲线；（b）Nyquist 图；（c）等效电路

表 6-8　轧制退火态微合金化 AZ31 镁合金的极化曲线拟合参数和浸没失重腐蚀速率

轧制退火态合金	E_{corr}/V	J_{corr}/(μA/cm²)	b_a/(V/Dec)	b_c/(V/Dec)	C_W/(mm/y)
AZ31	−0.93	45.6	0.2511	0.1285	—
AZ31-0.2Ca	−0.90	41.0	0.3260	0.1201	3.65
AZ31-0.2Y	−0.89	20.7	0.1967	0.1056	3.22
AZ31-0.2Gd	−0.90	20.3	0.2290	0.0875	3.12
AZ31-0.2Sn	−0.76	19.6	0.4434	0.1132	2.99

表 6-9　轧制退火态微合金化 AZ31 镁合金的交流阻抗谱拟合参数

轧制退火态合金	AZ31	AZ31-0.2Ca	AZ31-0.2Y	AZ31-0.2Gd	AZ31-0.2Sn
R_s/(Ω/cm²)	1	10	100	0.1	1000
C_{dl}/(×10^{-6}F/cm²)	0.365	0.3332	0.3486	0.3338	0.4097
R_{dl}/(Ω/cm²)	8.979	8.855	8.118	10.79	8.707
Y_{int}/［×10^{-6}(Ω/cm²)·s^n］	427.7	143.3	185.7	141.7	205.3
n_{int}	0.79	0.7549	0.7345	0.7905	0.7506
R_{int}/(Ω/cm²)	877.1	36.86	50.43	21.87	34.66
Y_{film}/［×10^{-6}(Ω/cm²)·s^n］	93.49	530.6	448.7	475.1	397.6
n_{film}	0.7399	0.8042	0.8121	0.7988	0.7977
R_{film}/(Ω/cm²)	52.38	794	1338	1843	1975
R_P/(Ω/cm²)	938	840	1397	1876	2018

　　图 6-23 为轧制退火态的微合金化 AZ31 镁合金在 3.5% NaCl 溶液浸没 120h 内的析氢体积及析氢腐蚀速率。由于 AZ31 镁合金表面的腐蚀产物膜疏松多孔、几乎无保护性，其腐蚀增长速率随着腐蚀产物的积聚稍微下降，但整体一直呈现快速增长的趋势，仅 48h 就几

乎被完全腐蚀。由于 Ca、Y、Gd 和 Sn 元素添加形成的第二相与 α-Mg 基体的微电偶腐蚀作用，轧制退火态微合金化 AZ31 镁合金初始阶段的腐蚀速率较快，随着富含合金元素的腐蚀产物积聚，微合金化 AZ31 镁合金的腐蚀速率明显逐渐减缓，最后腐蚀产物膜的剥落和形成达到动态平衡，腐蚀速率虽然存在波动但基本保持稳定。图 6-24 为析氢实验中轧制退火态微合金化 AZ31 镁合金浸没 120h 的失重腐蚀速率，具体数据见表 6-8。轧制退火态 AZ31-0.2Ca、AZ31-0.2Y、AZ31-0.2Gd 和 AZ31-0.2Sn 合金的失重腐蚀速率分别为每年 3.65mm、3.22mm、3.12mm 和 2.99mm，逐渐减小，合金的耐蚀性依次增加。而轧制退火态 AZ31 由于腐蚀速率较快，对于 1mm 厚的板材，仅浸没 48h 便被完全腐蚀。

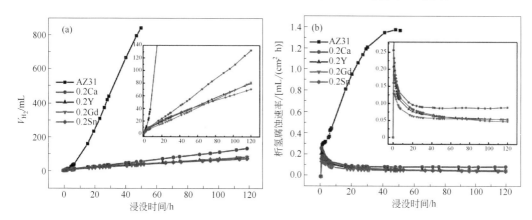

图 6-23　轧制退火态的微合金化 AZ31 镁合金浸没过程的析氢体积及腐蚀速率变化

（a）析氢体积；（b）析氢腐蚀速率

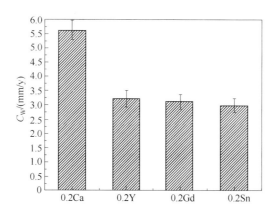

图 6-24　轧制退火态的微合金化 AZ31 镁合金的浸没失重腐蚀速率

图 6-25 为轧制退火态的微合金化 AZ31 镁合金在 3.5% NaCl 溶液中浸没 5min 并去除腐蚀产物后的表面形貌。轧制退火态 AZ31 镁合金腐蚀程度最深，腐蚀优先发生在第二相周围电位更低的 α-Mg 基体上，当 α-Mg 腐蚀完全，第二相开始发生剥落，导致产生较多空洞且凹凸不平的腐蚀表面 [图 6-25（a）]。轧制退火态微合金化 AZ31 镁合金具有许多细小的点蚀坑，这是由于 AZ31-0.2Ca 合金的第二相电位更正，可作为微电偶腐蚀的阴极，会加剧周围 α-Mg 基体的腐蚀，因而促进点蚀的萌生。轧制退火态 AZ31-0.2Y 合金腐蚀表面出

现较大面积的坍塌，其源于 Al₂Y 相更正的电位，作为微电偶腐蚀阴极会加剧基体进一步腐蚀。由于 Gd 元素的最大固溶度为 23.5%，轧制退火态 AZ31-0.2Gd 合金中大部分 Gd 元素固溶到基体内，只剩少量析出相弥散分布，因此，点蚀腐蚀形貌较均匀[6-25（d）]。轧制退火态 AZ31-0.2Sn 合金由于存在 Al₈Mn₅ 和少量 Mg₂Sn 相，也具有典型的点蚀形貌特征。

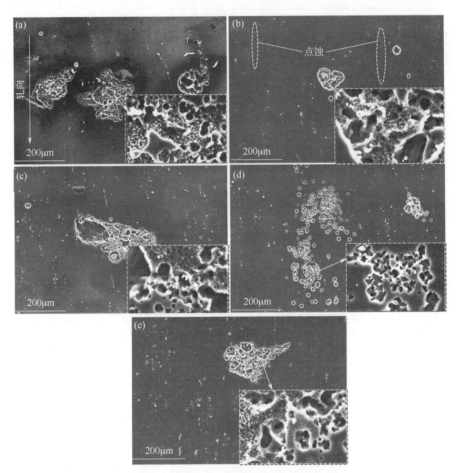

图 6-25　轧制退火态的微合金化 AZ31 镁合金在 3.5%NaCl 溶液中浸没 5min 后去腐蚀产物的表面形貌

（a）AZ31；（b）AZ31-0.2Ca；（c）AZ31-0.2Y；（d）AZ31-0.2Gd；（e）AZ31-0.2Sn

图 6-26 为轧制退火态的微合金化 AZ31 镁合金在 3.5% NaCl 溶液浸没 24h 的截面形貌，发现轧制退火态 AZ31 镁合金腐蚀程度最深，发生大面积腐蚀，腐蚀表面凹凸不平；轧制退火态 AZ31-0.2Ca 合金截面存在明显的较大孔洞；轧制退火态 AZ31-0.2Y 和 AZ31-0.2Gd 合金的腐蚀程度逐渐变浅，存在一些细小的腐蚀坑，腐蚀表面逐渐平整；轧制退火态 AZ31-0.2Sn 合金的截面几乎无腐蚀坑的产生，腐蚀表面基本完整，改善合金耐蚀性的效果最为明显，与电化学测试、析氢和浸没失重结果基本一致。因合金元素添加所形成的半连续分布第二相具有腐蚀屏蔽作用，可以抑制侵蚀性 Cl⁻ 进入镁基体内，进而改善合金的耐蚀性，固溶到基体内合金元素可以提高镁基体的电位，但是由于提高镁基体电位的程度有差别，导致合金耐蚀性的改善效果也不同。

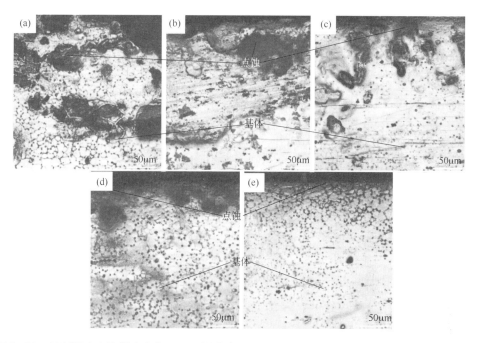

图6-26 轧制退火态的微合金化AZ31镁合金在3.5%NaCl溶液中浸没24h后的腐蚀截面形貌

（a）AZ31；（b）AZ31-0.2Ca；（c）AZ31-0.2Y；（d）AZ31-0.2Gd；（e）AZ31-0.2Sn

图6-27为轧制退火态的微合金化AZ31镁合金在3.5% NaCl溶液浸没24h后的表面腐蚀形貌。轧制退火态AZ31镁合金的腐蚀产物层粗糙、存在众多裂纹，甚至出现大面积剥落。轧制退火态AZ31-0.2Ca合金腐蚀产物层表面平整、裂纹较少，未出现剥落现象，在腐蚀产物层中呈现大小不一的白色Al-Mn和Al-Ca相颗粒。轧制退火态AZ31-0.2Sn合金腐蚀产物膜均匀、平整，几乎无裂纹及剥落，膜层附着力较强。图6-28为轧制退火态微合金化AZ31镁合金在3.5% NaCl溶液浸没24h后腐蚀产物的XRD衍射图，对应腐蚀产物的PBR值和标准焓如表6-10所示。AZ31镁合金的腐蚀产物主要为$MgCO_3$和$Mg(OH)_2$。由

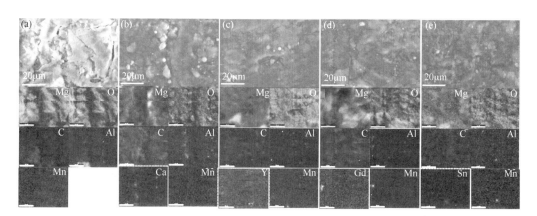

图6-27 轧制退火态的微合金化AZ31镁合金在3.5%NaCl溶液中浸没24h的腐蚀产物形貌及元素分布（见书后彩页）

（a）AZ31；（b）AZ31-0.2Ca；（c）AZ31-0.2Y；（d）AZ31-0.2Gd；（e）AZ31-0.2Sn

于 MgCO₃ 的 PBR 值为 2.04，大于 2，膜层在压应力的作用下会产生裂纹。AZ31-0.2Ca 合金腐蚀产物含有 CaCO₃，CaCO₃ 的 PBR 值为 1.43，介于 1～2，膜层均匀致密，而且 CaCO₃ 具有较低的标准焓为-1206.9kJ/mol，腐蚀产物结构稳定。添加 Y、Gd 和 Sn 元素后，在镁合金腐蚀产物中分别形成了第二相 Al₂Y、Al₂Gd 和 Mg₂Sn，均可起到类似作用。

表 6-10　腐蚀产物的 PBR 值和标准焓

化合物	MgO	Mg(OH)₂	MgCO₃	CaO	Ca(OH)₂	CaCO₃
PBR	0.80	1.80	2.04	0.64	1.30	1.43
标准焓/(kJ/mol)	−601.7	−924.66	−1096	−635.1	−986.1	−1206.9

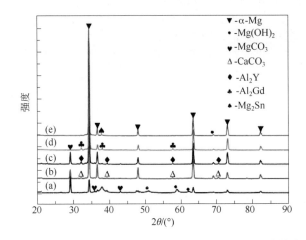

图 6-28　轧制退火态的微合金化 AZ31 镁合金在 3.5%NaCl 溶液中浸没 24h 的
腐蚀产物 XRD 衍射图谱

（a）AZ31；（b）AZ31-0.2Ca；（c）AZ31-0.2Y；（d）AZ31-0.2Gd；（e）AZ31-0.2Sn

图 6-29 为轧制退火微合金化 AZ31 镁合金的腐蚀机理示意图。轧制退火态 AZ31 镁合金的析出相 Al₈Mn₅ 与 α-Mg 基体形成电偶对，腐蚀优先发生于电位较低的 α-Mg 基体处（阳极溶解 Mg-2e⁻──→Mg²⁺），Al₈Mn₅ 相作为阴极发生析氢反应（2H₂O+2e⁻──→2OH⁻+H₂↑），当 α-Mg 基体完全腐蚀后，第二相发生剥落，形成表面坑洼注注的孔洞。图 6-29（b）为轧制退火态 AZ31-0.2Ca、AZ31-0.2Y 和 AZ31-0.2Gd 合金的腐蚀机理示意图，Ca/Y/Gd 元素优先与 Al 结合，代替部分高电位 Al₈Mn₅ 相（$\Delta\varphi_{Al_8Mn_5-\alpha\text{-}Mg}$=410mV），由于 Al₂Ca/Al₂Y/Al₂Gd 相较 Al₈Mn₅ 相电位略低，使得电偶腐蚀阴极作用相对减弱。此外，轧制退火态微合金化 AZ31 镁合金形成的腐蚀产物层中富含 Ca/Y/Gd 元素 [图 6-27（b）～（d）]，膜层更致密稳定，有助于抑制腐蚀向镁基体内部进一步扩展，从而共同改善了 AZ31 镁合金的耐蚀性能。图 6-29（c）为轧制退火态 AZ31-0.2Sn 合金的腐蚀机理示意图，Sn 元素大部分都固溶到镁基体内部，仅剩少量零星分布的 Mg₂Sn 相，固溶到基体内的 Sn 元素会参与氧化膜和腐蚀产物的形成，使得膜层更加致密、均匀、更具有保护性。另外，Mg₂Sn 相的电位略比 α-Mg 基体正（$\Delta\varphi_{Mg_2Sn-\alpha\text{-}Mg}$=150mV），仅有微弱的电偶腐蚀阴极作用。因此，膜层的保护作用强于 Mg₂Sn 相作为电偶腐蚀阴极的作用。

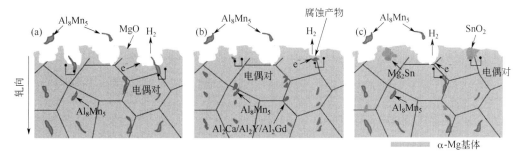

图 6-29　轧制退火态的微合金化 AZ31 镁合金腐蚀机理示意图（见书后彩页）

（a）AZ31；（b）AZ31-0.2Ca/Y/Gd；（c）AZ31-0.2Sn

6.2　镁合金腐蚀过程的取向行为

除杂质元素和第二相导致的微电偶腐蚀之外，就 α-Mg 基体而言，晶粒尺寸及晶体取向是影响其腐蚀性能的主要因素[5-8]。其中，晶体取向对腐蚀的影响结论比较统一，普遍认为单晶中基面取向晶粒由于更低的表面能较柱面取向晶粒的腐蚀速率更低[9-10]。但对于多晶体来说，一种观点认为腐蚀速率与(0001)取向晶粒的占比成反比[11-13]；另一种观点认为，多种取向晶面共存时反而会降低耐蚀性[14-15]。晶粒尺寸对腐蚀的影响也一直存在争议。部分研究表明，晶界作为一种晶体缺陷，促进镁基体的腐蚀，因此晶粒尺寸与腐蚀速率成反比[16-17]；另一种观点认为，晶界作为腐蚀的物理障碍，可以延缓腐蚀动力学过程，因此，晶粒尺寸的减小有利于耐蚀性能的提高[11,18-20]。但以上研究仅针对晶粒尺寸均匀分布的等轴晶，或含部分等轴的再结晶晶粒与拉长的变形晶粒的混晶组织；对于由大小两种尺寸的等轴再结晶构成的双峰晶粒组织来说，其腐蚀行为还需进一步探讨。因此，以 ZA21 挤压棒材为例，研究晶粒尺寸分布及晶体取向对腐蚀行为的影响机理。

6.2.1　晶粒尺寸及晶体取向对腐蚀性能的影响

研究对象选用具有双峰组织及均匀组织的挤压态 ZA21 镁合金棒材。ZA21 镁合金双峰组织中晶粒尺寸存在大小两种分布状态，但粗晶及细晶的织构特征相似；均匀组织仅存在晶粒尺寸均匀分布的等轴晶，且织构特征与双峰组织相似，如 4.1 节中 ZA21 镁合金棒材的研究结果所示。轴向压缩试样和径向压缩试样的微观组织观察面分别对应挤压棒材的横截面和纵截面（图 6-30），即双峰组织及均匀组织的 LS 面和 TS 面的晶粒取向分布存在明显差异，LS 面上多种取向晶粒共存，TS 面上仅有 {hki0} 柱面取向晶粒。图 6-31 为 ZA21 镁合金双峰组织纵截面（Bimodal LS）、双峰组织横截面（Bimodal TS）、均匀组织纵截面（Uniform LS）及均匀组织横截面（Uniform TS）的同一区域于 3.5% NaCl 溶液中浸没 10s 的准原位 EBSD 观察，红色椭圆形及白色数字相结合标记了优先腐蚀位置，从而可直观研究晶粒尺寸及晶粒取向对腐蚀形核的影响。四种测试表面浸没 10s 后均出现了多个点蚀坑，且四种试样的初始腐蚀位置均靠近晶界处。由于晶界比基体的电子活性和扩散系数更高，导致晶界化学活性亦高，因此腐蚀位点更易出现于晶界处[21]。此外，晶界较镁合金基体更容易聚集杂质及溶质原子，导致腐蚀优先在晶界形核[9,22]。

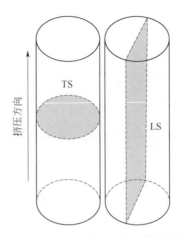

图 6-30　ZA21 镁合金棒材腐蚀取向行为观察面示意图

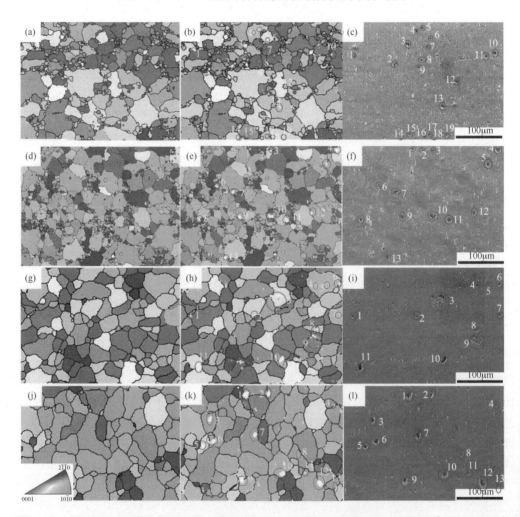

图 6-31　3.5% NaCl 溶液中浸没 10s 前后的 ZA21 镁合金 EBSD 及 SEM 形貌（见书后彩页）

（a）～（c）双峰组织纵截面；（d）～（f）双峰组织横截面；

（g）～（i）均匀组织纵截面；（j）～（l）均匀组织横截面

图 6-32 为 ZA21 镁合金双峰组织样品优先腐蚀形核位置处的晶粒特征。为了分析晶粒尺寸对腐蚀形核的影响，将双峰组织的粗晶和细晶分别用红色和蓝色表示，腐蚀位置用白色表示。显然，白色区域所示的优先腐蚀位置基本集中于红色所代表的粗晶中，表明双峰组织中腐蚀更易在粗晶处形核。粗晶由于较大的晶粒尺寸、较高的合金元素含量和较大的第二相面积分数，导致氢离子在阴极第二相上具有更快的还原速率，溶解速度更快[20]。然而，近年也有双峰组织中细晶优先被腐蚀的报道出现，这种区别的根本原因在于，晶粒尺寸并非影响腐蚀的唯一因素，粗晶和细晶中不同的晶体取向使优先腐蚀位置偏向于表面能更高的位置[21,23-24]。但对于 ZA21 双峰组织，粗晶和细晶具有相似的织构特征，使得晶粒尺寸成为影响腐蚀形核的唯一因素。此外，对于晶面取向均为（hki0）的双峰组织横截面，优先形核位置仍位于粗晶处。因此，即使整体织构特征完全不同，只要粗晶和细晶织构特征相同，腐蚀都将优先形核于粗晶处。图 6-33 为双峰组织和均匀组织的横截面及纵截面上蚀坑所在晶粒的取向。显然，无论是纵截面还是横截面，无论是双峰组织还是均匀组织，优先腐蚀位置均集中于{hki0}晶面。基面取向晶粒表面能较低，电化学活性较柱面取向晶粒低[25]。因此，腐蚀过程中，基面取向的电化学性能更稳定，而柱面取向则更易腐蚀，这是导致优先腐蚀位置基本位于柱面取向晶粒的根本原因。综上所述，晶粒尺寸和晶体取向对腐蚀形核位点都起着重要作用，最终导致腐蚀优先形核于距{hki0}晶面的粗晶粒且靠近晶界处。

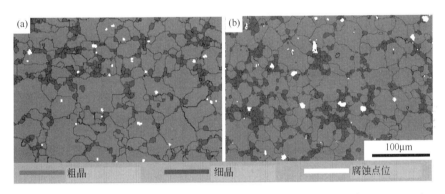

图 6-32 ZA21 镁合金双峰组织优先腐蚀形核位置处的晶粒特征（见书后彩页）
（a）双峰组织纵截面；（b）双峰组织横截面

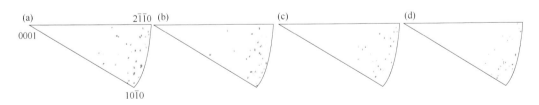

图 6-33 ZA21 镁合金表面优先腐蚀形核位点所在晶粒的取向
（a）双峰组织纵截面；（b）双峰组织横截面；（c）均匀组织纵截面；（d）均匀组织横截面

为评估双峰组织和均匀组织横截面及纵截面的整体耐腐蚀性能，将测试表面暴露在 3.5% NaCl 溶液中 16 天，统计析氢体积及失重，从而得到析氢法及失重法的腐蚀速率。

图 6-34（a）为析氢体积随时间的变化曲线，随着浸没时间的增加，四种测试表面的析氢
体积均不断增大，说明腐蚀在不断进行；且双峰组织纵截面的析氢体积在 16 天内为四种
测试表面中最高，均匀组织横截面最低，双峰组织横截面的析氢体积大于均匀组织纵截
面。图 6-34（b）所示的析氢腐蚀速率(R_{HE})表明，四种测试表面的析氢腐蚀速率均呈现出
随浸没时间先增大后降低，最终趋于平稳的规律；且双峰组织纵截面的腐蚀速率均最高，
均匀组织横截面最低，双峰组织横截面的腐蚀速率高于均匀组织纵截面。为综合评估四
种测试表面的腐蚀速率，同样计算了浸没失重法转换的腐蚀速率(R_{WL})，并与析氢获得的
腐蚀速率进行对比［图 6-34（c）及表 6-11］。由失重法测得的腐蚀速率规律与析氢法相
同，即 R_{WL}(Bimodal LS)>R_{WL}(Bimodal TS)>R_{WL}(Uniform LS)>R_{WL}(Uniform TS)。虽然失重
法的腐蚀速率略高于析氢法，但整体规律不变［图 6-34（d）］，普遍认为氢气可部分溶于
腐蚀介质中，且在收集的过程中存在溢出情况，导致腐蚀速率略低[26]。析氢法可表征腐
蚀速率随时间的动态变化过程，比之失重法获得的平均腐蚀速率，是测试瞬时腐蚀速率
的有效方法。

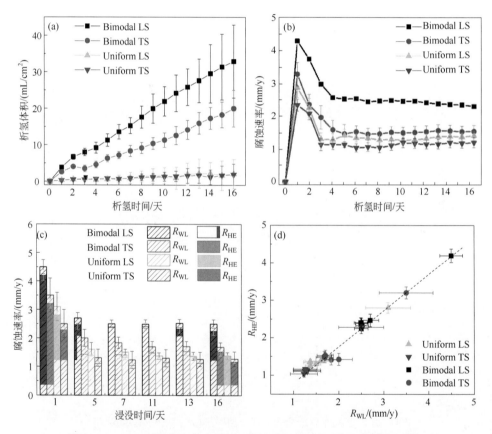

图 6-34　ZA21 镁合金在 3.5% NaCl 溶液中浸没 16 天内的腐蚀行为
（a）析氢体积；（b）析氢速率；
（c）失重法与析氢法的腐蚀速率；（d）失重法与析氢法的腐蚀速率的关系

表 6-11　ZA21 镁合金在 3.5% NaCl 溶液中浸没 16 天内的腐蚀速率　　单位：mm/y

浸没时间		Bimodal LS	Bimodal TS	Uniform LS	Uniform TS
1 day	R_{WL}	4.50±0.25	3.50±0.60	3.10±0.50	2.50±0.50
1 day	R_{HE}	4.19±0.18	3.20±0.16	2.80±0.14	2.28±0.08
5 day	R_{WL}	2.71±0.19	2.02±0.30	1.62±0.23	1.35±0.35
5 day	R_{HE}	2.47±0.17	1.40±0.16	1.38±0.04	1.10±0.05
7 day	R_{WL}	2.55±0.13	1.83±0.20	1.50±0.10	1.23±0.30
7 day	R_{HE}	2.38±0.14	1.41±0.14	1.30±0.06	1.03±0.08
11 day	R_{WL}	2.49±0.15	1.69±0.19	1.37±0.11	1.29±0.30
11 day	R_{HE}	2.41±0.13	1.47±0.14	1.25±0.06	1.13±0.04
13 day	R_{WL}	2.52±0.14	1.70±0.18	1.36±0.14	1.25±0.25
13 day	R_{HE}	2.32±0.14	1.52±0.14	1.34±0.05	1.20±0.04
16 day	R_{WL}	2.50±0.15	1.68±0.16	1.37±0.12	1.26±0.25
16 day	R_{HE}	2.25±0.14	1.50±0.13	1.37±0.03	1.16±0.05

前述结果表明，粗晶和柱面取向晶粒倾向于优先腐蚀，即细晶和基面取向耐蚀性更好。以此推断，具有较少粗晶及较少柱面取向的双峰组织纵截面应具有最好的耐蚀性，粗晶最多且柱面取向最多的均匀组织横截面应最易腐蚀，但图 6-34（c）的腐蚀速率结果却恰好相反，这说明单个晶粒的腐蚀倾向不足以代表整个测试表面的腐蚀速率。事实上，宏观腐蚀速率是多种因素共同作用的结果，并与测试表面的组织均匀性密切相关。尽管细晶会减弱晶界附近元素富集区与基体内部微电偶腐蚀的强度，加速腐蚀产物膜的生成速度及稳定性[20,27]，但由于双峰组织晶粒尺寸的不均匀性导致腐蚀产物膜整体不均匀，反而抑制了膜层对基体的保护作用[23]。Tian 等[28]的研究也表明，粗晶和细晶的混合在微观尺度上降低了合金的电化学均匀性，从而促进了基体的腐蚀。这些解释也同样适用于 ZA21 镁合金的腐蚀现象，即均匀组织的腐蚀速率低于双峰组织。研究表明，双峰组织中粗晶和细晶占比与腐蚀速率间满足式（6-2）的关系[28]。

$$J_{corrB} = J_{corrc} \times A_c + J_{corrf} \times (1 - A_c) \tag{6-2}$$

式中，J_{corrB}、J_{corrc} 和 J_{corrf} 分别为双峰组织、双峰组织中粗晶及细晶的腐蚀电流密度；A_c 为暴露电极表面的粗晶粒的数量占比。

Ralston 等[29]也提出了腐蚀速率与晶粒尺寸之间的关系，如下所示：

$$J_{corr} = A + Bd^{-0.5} \tag{6-3}$$

式中，d 为晶粒尺寸；A 和 B 为常数，B 与晶体学织构有关，当腐蚀速率大于 $10\mu A/cm^2$ 时，B 为正值。对于 ZA21 棒材的初始腐蚀状态来说，四种合金的腐蚀速率均大于 $10\mu A/cm^2$，即 B 均为正值。考虑到双峰组织结构，J_{corrc} 及 J_{corrf} 可写为

$$J_{corrc} = A + Bd_c^{-0.5} \tag{6-4}$$

$$J_{corrf} = A + Bd_f^{-0.5} \tag{6-5}$$

均匀组织的腐蚀电流密度 J_{corrU} 可表示为

$$J_{corrU} = A + Bd_u^{-0.5} \tag{6-6}$$

式中，d_u 为均匀组织的平均晶粒尺寸；d_c 和 d_f 分别为双峰组织中粗晶和细晶的平均晶粒尺寸。因此，双峰组织和均匀组织的腐蚀速率差可表示为

$$J_{corrB} - J_{corrU} = (A + B d_c^{-0.5}) \times A_c + (A + B d_f^{-0.5}) \times (1 - A_c) - (A + B d_u^{-0.5})$$
$$= B(A_c d_c^{-0.5} + (1 - A_c) d_f^{-0.5} - d_u^{-0.5}) \tag{6-7}$$

由于 A_c 为 40.79%，d_c、d_f 和 d_u 分别为 23.8μm、4.3μm 及 20.8μm。因此，$J_{corrB} - J_{corrU}$ 的值为 0.15B，为正值，即双峰组织的腐蚀电流密度大于均匀组织。式（6-7）还表明，在相同织构特征下，当 $A_c d_c^{-0.5} + (1 - A_c) d_f^{-0.5} = d_u^{-0.5}$ 时，双峰组织和均匀组织的腐蚀速率相同，晶粒尺寸分布对腐蚀的影响可忽略不计。

与晶粒尺寸均匀性相似，晶体取向对暴露表面腐蚀速率的影响也与其形核行为不同。柱面取向晶粒在腐蚀初期倾向于优先腐蚀，但电化学测试结果表明，无论晶粒尺寸是否均匀，仅包含柱面取向晶粒的横截面的腐蚀速率均低于包含柱面取向晶粒和基面取向晶粒的纵截面。Song 等[16]的计算表明，基面的腐蚀速率比柱面低 18～20 倍，因此，具有不同腐蚀速率的相邻晶面在腐蚀过程中可能产生微电偶对，从而加速柱面取向晶粒腐蚀，导致纵截面腐蚀速率升高。此外，腐蚀初期，即使考虑到双峰组织横截面较均匀的晶粒取向特征，其腐蚀速率仍然是具有不利织构特性的均匀组织纵截面的 9.8 倍。这说明在腐蚀行为中，晶粒尺寸均匀性对腐蚀的影响大于晶体取向均匀性。因此，在制定提高耐蚀性的措施时，应优先考虑减小晶粒尺寸、提高晶粒尺寸均匀性，而非改变织构特征。

6.2.2 腐蚀过程的形貌演变

随着腐蚀过程的进行，在浸没后期，腐蚀的发生不仅与基体微观组织特征相关，更与表面生成的腐蚀产物膜直接相关。图 6-35～图 6-38 为 ZA21 镁合金四种测试表面分别腐蚀 1 天、5 天、11 天及 16 天后的表面形貌。对于双峰组织纵截面，浸没 1 天后，表面生成的保护膜整体欠平整，膜层中出现了大量龟裂，且某些位置处的膜层与基体结合不紧密，具有明显脱落倾向，但膜层表面较光滑，致密度较好。浸没 5 天后，表面仍然存在大量龟裂，部分膜层从基体脱落，部分膜层由于腐蚀产物的堆积，较其他位置处略厚，这种现象是由于局部点蚀的发生，导致腐蚀产物在局部堆积。浸没 11 天后，龟裂现象仍然存在，膜层表面无明显鼓包，也未见明显脱落，且原有膜层上堆积了大量腐蚀产物，但腐蚀产物仍无法填补原有膜层的龟裂处。浸没 16 天后，表面已堆积了厚厚的腐蚀产物，基体遭受侵蚀生成了更多腐蚀产物，整体平整度降低，但龟裂现象明显减轻。

双峰组织横截面浸没 1 天的腐蚀产物膜存在大量龟裂，但较双峰组织纵截面，膜层更平整，与基体结合更紧密，无明显脱落倾向。浸没 5 天后的膜层质量整体与浸没 1 天时无明显变化，除大量龟裂外，表面仍非常平整，无鼓包、无凸起，局部也无腐蚀产物堆积，说明局部点蚀情况较双峰组织纵截面弱。浸没 11 天后，部分膜层位置发生了局部点蚀，被厚厚的腐蚀产物所覆盖，但腐蚀产物仍无法覆盖原有膜层的龟裂处，未被覆盖的膜层保持较光滑、平整的状态。浸没 16 天后，表面覆盖了一层新的腐蚀产物，已观察不到原有腐蚀产物层，且无明显龟裂，表面较纵截面略加平整。

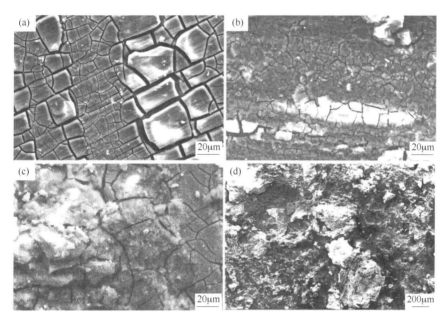

图 6-35　ZA21 镁合金双峰组织试样纵截面在 3.5% NaCl 溶液中浸没不同时间后的表面形貌

（a）1 天；（b）5 天；（c）11 天；（d）16 天

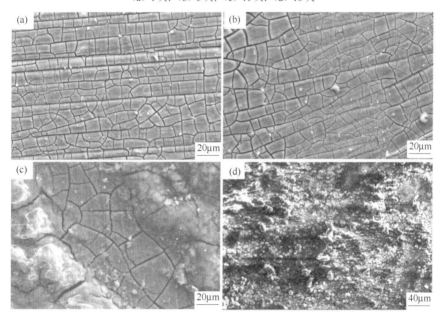

图 6-36　ZA21 镁合金双峰组织试样横截面在 3.5% NaCl 溶液中浸没不同时间后的表面形貌

（a）1 天；（b）5 天；（c）11 天；（d）16 天

均匀组织试样浸没 1 天、5 天及 11 天的腐蚀产物存在大量龟裂，但整体均较平整，膜层无明显脱落倾向 [图 6-37（a）～（c）、图 6-38（a）～（c）]，未出现双峰组织试样中局部被不平整腐蚀产物堆积的情况，说明基体整体腐蚀较均匀。浸没 16 天后，均匀组织表面均生成了新的腐蚀产物，覆盖在原有腐蚀产物表面，且均匀组织横截面新生成的腐蚀产物层较纵截面更致密，覆盖处的龟裂更少，说明均匀组织横截面生成的膜层保护性更强。

整体来看，浸没 1 天时，四种测试表面均生成了较平整的腐蚀产物膜，试样整体腐蚀较均匀，无明显局部点蚀发生，除双峰组织纵截面试样部分膜层出现脱落外，其他几种试样与基体结合均较紧密。随着浸没时间的增加，均匀组织试样较双峰组织试样的膜层更平整，无明显局部腐蚀导致的新产物生成，腐蚀产物膜对基体的保护作用更强。浸没后期（16天），四种测试表面均被新的腐蚀产物覆盖，双峰组织试样新生成的腐蚀产物明显多于均匀组织，说明双峰组织基体的腐蚀程度要高于均匀组织。双峰组织纵截面中新生成的腐蚀产物表面仍存在部分龟裂，但双峰组织横截面试样中已观察不到明显龟裂，完整的腐蚀产物膜阻止了电解质溶液，尤其是 Cl^- 对基体的进一步侵蚀，说明双峰组织横截面的膜层对基体保护作用优于双峰组织纵截面。均匀组织横截面试样和均匀组织纵截面试样均在浸没 16 天后才观察到新生成的腐蚀产物，且新生成的腐蚀产物部分覆盖了初始腐蚀产物的龟裂处，表明新生成的腐蚀产物对初始腐蚀产物层和基体起到了进一步保护作用。因此，从晶粒尺寸均匀性的角度出发，均匀组织的腐蚀产物膜对基体的保护作用优于双峰组织；从晶体取向均匀性的角度出发，仅存柱面取向的横截面组织的腐蚀产物膜对基体的保护作用优于多种取向混合的纵截面组织。此外，晶粒尺寸导致的腐蚀产物膜差异大于晶体取向。

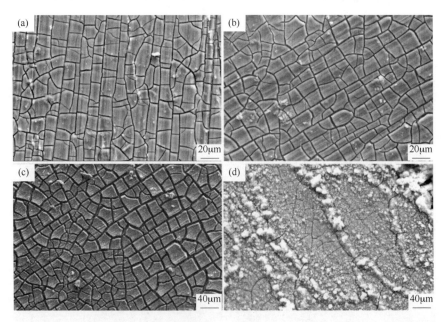

图 6-37　ZA21 镁合金均匀组织试样纵截面在 3.5% NaCl 溶液中浸没不同时间后的表面形貌
(a) 1 天；(b) 5 天；(c) 11 天；(d) 16 天

由于 ZA21 镁合金双峰组织和均匀组织棒材的化学成分及塑性加工工艺相同，仅存在晶粒尺寸和织构上的差异，且形貌相似，其腐蚀产物膜的组成相同。以均匀组织横截面浸没 5 天后的试样为例，图 6-39 为 ZA21 镁合金均匀组织横截面浸没 5 天时腐蚀产物表面的局部形貌及元素分布。腐蚀产物膜中主要元素包括 O、Mg、Zn、Al、Na，这几种元素均匀分布在膜层中非龟裂位置，Ca 元素在膜层中呈点状富集，Mn 及 Gd 元素未见明显富集。图 6-39（b）为腐蚀产物的局部放大形貌，高倍下膜层形似海胆，主体为球状，表面为数个长棘，进一步放大后，长棘实际呈蜂窝状［图 6-39（c）］，蜂窝直径从几十纳米到几百纳米

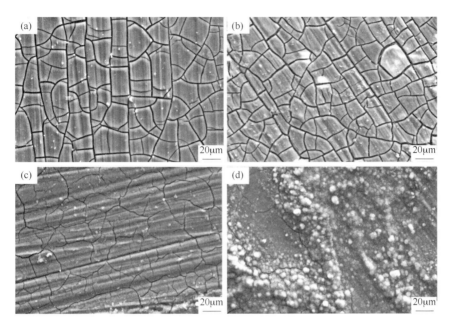

图 6-38　ZA21 镁合金均匀组织试样横截面在 3.5% NaCl 溶液中浸没不同时间后的表面形貌

（a）1 天；（b）5 天；（c）11 天；（d）16 天

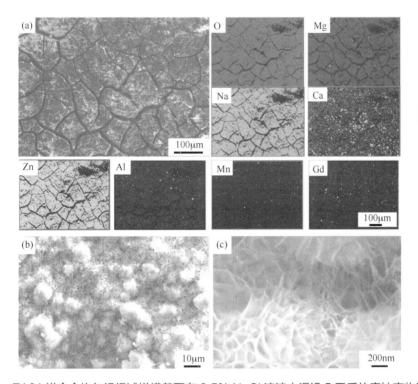

图 6-39　ZA21 镁合金均匀组织试样横截面在 3.5% NaCl 溶液中浸没 5 天后的腐蚀产物形貌及元素分布（见书后彩页）

（a）腐蚀产物形貌及面扫元素分布；（b）（c）腐蚀产物的局部放大形貌

不等。而腐蚀介质中侵蚀性最强的 Cl⁻ 直径为 0.0018nm 左右，远远小于蜂窝直径，氯离子依然可以通过腐蚀产物膜渗入基体，因此，腐蚀产物膜对腐蚀介质的阻挡作用有限。图 6-40 为腐蚀产物的 XRD 衍射图，分析可知腐蚀产物主要由 $Mg(OH)_2$ 组成，伴有少量 Al_2O_3、$Ca(OH)_2$ 及 $CaMn_2O_4$。

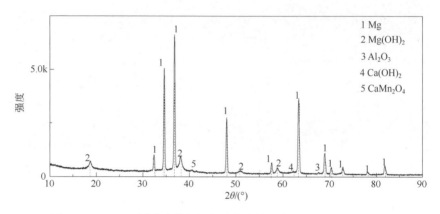

图 6-40　ZA21 镁合金均匀组织试样横截面在 3.5% NaCl 溶液中
浸没 5 天后的腐蚀产物物相

将四种测试表面浸没不同时间后去除腐蚀产物，表面形貌如图 6-41 所示。浸没 1 天后，四种测试表面均较平整，双峰组织纵截面有些许点蚀坑，其余试样表面有少量腐蚀黑点。浸没 3 天后，表面仍较平整，双峰组织纵截面试样表面蚀坑出现了连接，其余测试表面也出现了黑点的聚集。浸没 5 天后，双峰组织纵截上黑色腐蚀坑连成较长细线，其他位置也出现了少量黑色腐蚀坑；双峰组织横截面同双峰组织纵截面浸没 3 天后类似，表面也出现了黑点的聚集；均匀组织测试表面不似双峰组织呈细长线状分布，出现了较大面积的黑色聚集，腐蚀面积更广泛。浸没 7 天后，双峰组织纵截面整体颜色较深，黑色腐蚀坑呈点状及丝状分布；双峰组织横截面试样也出现了大量腐蚀脏污区域及点蚀区域；均匀组织测试表面较浸没 5 天后整体颜色更深，在某些区域出现了点蚀。浸没 9 天后，双峰组织中点蚀坑形貌已较清晰，蚀坑数量不多，但形状较大，多呈椭圆状，长径接近 2mm；均匀组织中也出现了点蚀坑，且腐蚀位置多位于靠近试样边界处。观察浸没 11 天、13 天及 16 天后的试样，发现双峰组织表面已出现大量腐蚀坑，大多数蚀坑相互连接，说明点蚀的发生不仅在纵深方向发展，横向扩展也较迅猛；而均匀组织表面点蚀较轻微，试样表面仍较平整，仅靠近试样边缘位置有部分连续蚀坑出现。整体而言，腐蚀 16 天后，均匀组织的表面腐蚀情况好于双峰组织试样，且双峰组织以点蚀为主，均匀组织虽也以点蚀为主，但腐蚀相对较均匀。

图 6-42～图 6-45 为 ZA21 镁合金四种测试表面浸没 1 天、5 天、11 天及 16 天后去除腐蚀产物的表面微观形貌。浸没 1 天后，双峰组织纵截面整体较平坦，可见明显晶界，说明腐蚀优先在晶界处形核，并沿着晶界发展形成网状腐蚀路径，整体呈现出晶间腐蚀（intergranular corrosion）特征[30]。部分位置出现点蚀坑，将点蚀坑放大后可以发现内部存在大量细小的点蚀坑，说明点蚀以数个小点蚀的形式不断纵深发展，最终数个小点蚀坑连

接成为大的点蚀坑。随着浸没时间的增加，双峰组织纵截面中点蚀坑数量逐渐增多，并且出现蚀坑的聚集，点蚀不仅向晶粒纵深发展，也沿横向扩展。浸没 11 天后，双峰组织纵截面中点蚀坑几乎占据整个视野，且多个蚀坑相连成为一个大的蚀坑；将蚀坑放大后，内部仍为明显的晶间腐蚀，蚀坑内部腐蚀仍沿着晶界进行，结合浸没 1 天后的蚀坑内部腐蚀特征可以判断，腐蚀过程中除整个表面除发生晶间腐蚀外，单个晶粒内部也发生了更多更小的点蚀。腐蚀 16 天后，双峰组织纵截面已全部被大大小小的腐蚀坑占据，蚀坑直径更大，将蚀坑局部放大后，蚀坑为倒锥状，且内部仍存在大量略小的点蚀坑。结合图 6-41，可以判断晶间腐蚀和点蚀是双峰组织纵截面的主要腐蚀形式。

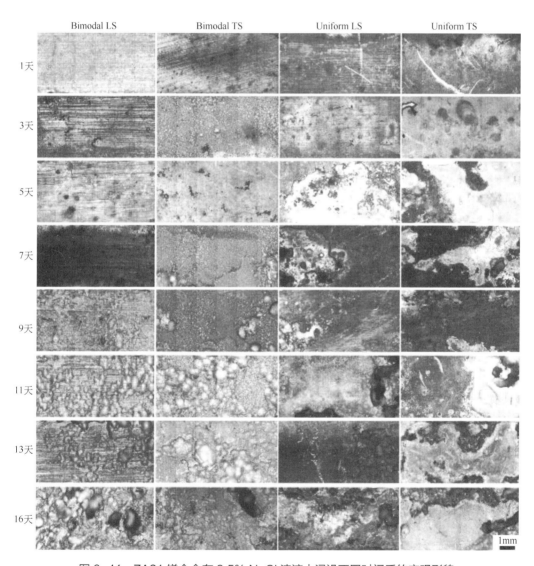

图 6-41　ZA21 镁合金在 3.5% NaCl 溶液中浸没不同时间后的宏观形貌

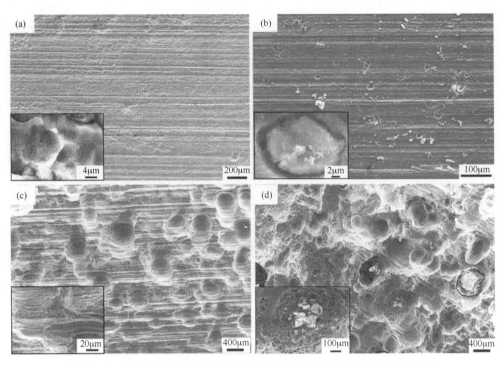

图 6-42　ZA21 镁合金双峰组织试样纵截面去除腐蚀产物后的表面形貌

（a）1 天；（b）5 天；（c）11 天；（d）16 天

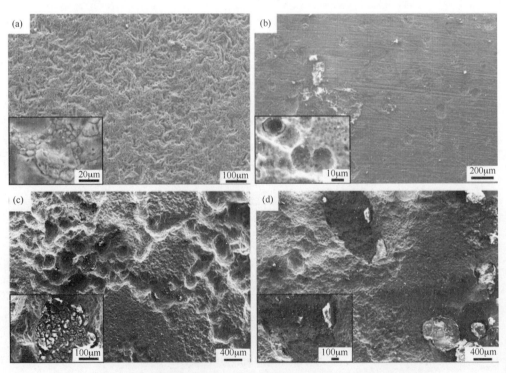

图 6-43　ZA21 镁合金双峰组织试样横截面去除腐蚀产物后的表面形貌

（a）1 天；（b）5 天；（c）11 天；（d）16 天

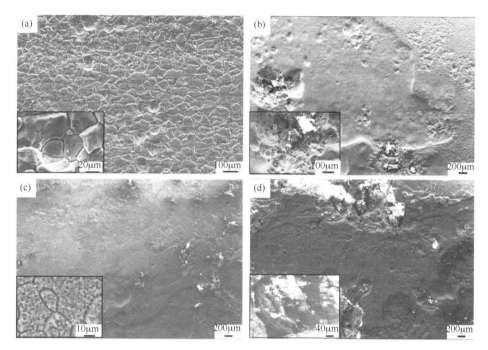

图 6-44　ZA21 镁合金均匀组织试样纵截面去除腐蚀产物后的表面形貌

（a）1 天；（b）5 天；（c）11 天；（d）16 天

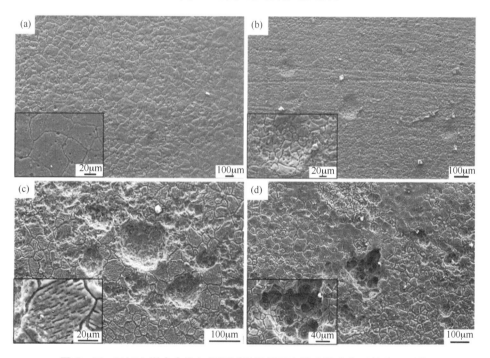

图 6-45　ZA21 镁合金均匀组织试样横截面去除腐蚀产物后的表面形貌

（a）1 天；（b）5 天；（c）11 天；（d）16 天

　　双峰组织横截面浸没 1 天后同双峰组织纵截面试样相似，也具有清晰的晶界特征，说明晶间腐蚀也是双峰组织横截面的主要腐蚀形式；且蚀坑位置明显集中于粗晶内，呈沟壑

409

状连续分布，但并非从粗晶的晶界处开始向晶内腐蚀，而是从靠近晶界处的晶粒内部开始向内扩展。由于双峰组织横截面中粗晶和细晶的织构特征相同，因此，粗晶中心部位出现点蚀可能是由于靠近晶界处的原子富集导致靠近晶界处的基体耐蚀性更好，腐蚀更容易在基体内部发生；将蚀坑位置放大，表现出明显的粗晶周围分布着大量细晶的组织特征，为典型的晶间腐蚀特征。随着浸没时间的增加，蚀坑出现聚集，直径增大，高倍下仍呈现典型的晶间腐蚀及点蚀特征。浸没 11 天后，点蚀坑进一步长大并相互连接，高倍下大蚀坑内部仍有大量较浅、较小的蚀坑存在。结合图 6-41，可以判断晶间腐蚀和点蚀也是双峰组织横截面的主要腐蚀形式。

均匀组织纵截面浸没 1 天后，表面出现清晰的晶界，仅少部分点蚀坑存在，将蚀坑放大后，从蚀坑内部可以看到更深一层的晶粒，腐蚀方式仍为晶间腐蚀，说明晶间腐蚀和点蚀也是均匀组织纵截面的主要腐蚀形式。浸没 5 天后，点蚀在某些位置聚集，并向纵深扩展，蚀坑内仍存在晶间腐蚀和点蚀。浸没 11 天后，表面点蚀坑出现聚集，选取局部位置放大后发现，除晶间腐蚀外，晶粒内部出现了大量细小均匀分布的点蚀坑。浸没 16 天后，表面腐蚀坑进一步横向和纵深扩张，但纵深程度较双峰组织浅，平坦部位仍呈晶间腐蚀特征，整个腐蚀周期内腐蚀较为均匀。

均匀组织横截面则表现出更明显的均匀腐蚀特征，浸没 1 天后，表面为晶间腐蚀，晶粒与晶粒之间出现明显的腐蚀晶界，但无明显点蚀坑出现，局部放大后晶粒内部分布着一些极小极浅的腐蚀坑；浸没 5 天后的试样表现出同均匀组织纵截面浸没 1 天后相同的表面形貌，表面出现少量较浅的点蚀坑；浸没 11 天后，表面腐蚀坑虽然直径较大，但深度仍较浅，局部放大后，晶粒内部存在大量细小的点蚀形貌。浸没 16 天后，表面腐蚀形貌和 11 天时相比点蚀坑在横向和纵深方向都出现了一定程度的扩展，但深度仍然较浅。结合图 6-41，可以判断均匀组织横截面在 16 天浸没时间内虽仍呈现点蚀和晶间腐蚀特征，但腐蚀程度较轻。

6.2.3　腐蚀过程的点蚀及晶间腐蚀机理

ZA21 镁合金四种测试表面均表现出明显的点蚀和晶间腐蚀形貌。点蚀是镁合金中最常见的腐蚀类型，在含 Cl⁻环境中，自由电位下镁合金便会出现点蚀，通常在靠近高电位第二相粒子（如 $Mg_{17}Al_{12}$ 相、Al-Mn 相、AlMnFe 相）或杂质粒子（如 Fe、Cu 等）的镁基体处发生，如 AM60 镁合金中在 Al-Mn 相周围观察到了点蚀现象[31-32]。对 ZA21 镁合金挤压棒材而言，点蚀的出现与晶粒尺寸及晶体取向分布不均匀导致的微电偶腐蚀有关。点蚀在靠近晶界处向晶内发展，靠近晶界处的组织由于元素的富集，电位高于晶内，在微电偶腐蚀的促进下，点蚀逐渐向晶内扩展。晶界总是由于析出和偏析成为优先腐蚀位点，但曾经关于镁合金是否会遭受晶间腐蚀颇有争议。Makar 等[33]认为镁合金不存在真正的晶间腐蚀，原因在于晶界处的第二相总是以其高电位作为镁基体阴极相存在，腐蚀倾向于在靠近晶界处的基体处发生，直到整个晶粒脱落。近年来，有研究证明晶间腐蚀是可以发生在镁合金上的，Valente[34]注意到在 3.5% NaCl 溶液中 WE43 合金晶界优先发生晶间腐蚀；Ghali 等[35]指出在腐蚀初期，镁及镁合金的晶界处可以发生局部腐蚀，这种腐蚀可以被认为是晶间腐蚀。例如，时效后的 AZ80 在 3.5% NaCl 溶液中浸没 1h 后观察到了晶间腐蚀，腐蚀路径沿着晶界进行，晶间腐蚀沟槽深而窄。ZA21 镁合金腐蚀形貌也属于晶间腐蚀，且在浸没初期已经出现了晶间腐蚀特征。无论是腐蚀形核阶段还是长时间浸没腐蚀过程中，腐蚀总是出现在靠近晶界附近一定位置的基体内以及晶界处，表明这两处电化学活性较其他位置高；此外，若晶间腐蚀不存在，那么由于晶界和晶界附近基体的高电位，腐蚀将晶粒分割的连续网状腐蚀沟槽便位于晶粒内部靠近晶界附近一定距离位置，这种情况下，晶界处必然会因为不被腐蚀而在形貌中表现为凸起的山岭状，即如图 6-46（a）所示（图中深灰色区域为腐蚀区域）。但实际腐蚀形貌中并无明显晶界周围基体被腐蚀而晶界突出的形貌，反而表现出图 6-46（b）中沿晶界处腐蚀的晶间腐蚀形貌。因此，ZA21 镁合金棒材中确实发生了晶间腐蚀，且在腐蚀初期便已发生。总体而言，ZA21 镁合金棒材在腐蚀过程中的主要腐蚀类型为以点蚀和晶间腐蚀为主的局部腐蚀，在点蚀和晶间腐蚀的共同作用下，晶粒的晶界处和靠近晶界处的基体内均发生了腐蚀，如图 6-46（c）所示，但晶间腐蚀横向和纵深扩展的程度远低于点蚀；且晶粒尺寸均匀性对点蚀和晶间腐蚀的影响程度要大于晶体取向，但当晶粒尺寸分布确定时，单一取向测试表面的局部腐蚀程度低于多取向混合时。

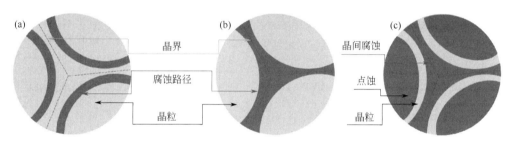

图 6-46　腐蚀机制形貌示意图

（a）沿晶界附近腐蚀形貌；（b）晶间腐蚀形貌；（c）点蚀和晶间腐蚀共同作用下的腐蚀形貌

6.2.4　腐蚀过程的电化学性能

为进一步分析 ZA21 镁合金四种测试表面的腐蚀机理，探讨腐蚀产物膜在腐蚀过程中对基体的保护作用，对上述四种测试表面分别腐蚀 0 天、1 天、5 天、7 天、11 天及 16 天后进行极化曲线及交流阻抗谱测试。图 6-47 为四种样品腐蚀不同时间后的极化曲线。在一定腐蚀时间内，四种测试表面的极化曲线整体均呈现向更正电位且更低电流密度的方向移动，腐蚀电位均遵循 E_{corr}(Bimodal LS)< E_{corr} (Bimodal TS)< E_{corr}(Uniform LS)< E_{corr}(Uniform TS)的相对关系。腐蚀电位作为腐蚀的热力学参数，反映了腐蚀的倾向，其值越正，腐蚀倾向越低，基体越不易腐蚀，因此几种试样的腐蚀倾向呈现双峰组织纵截面>双峰组织横截面>均匀组织纵截面>均匀组织横截面的规律，且此规律在一定腐蚀时间内不随时间而变化。腐蚀初期，电化学均匀性更好的均匀组织横截面腐蚀倾向最低，电化学均匀性最差的双峰组织纵截面的腐蚀倾向最高；腐蚀后期，均匀组织横截面的腐蚀产物膜的保护作用在浸没时间内最强，双峰组织纵截面的腐蚀产物膜保护作用最弱。随着腐蚀时间增加，同一测试表面的腐蚀电位呈现逐渐变正的变化趋势，这表明由于腐蚀产物膜的保护作用，合金腐蚀倾向逐渐降低。

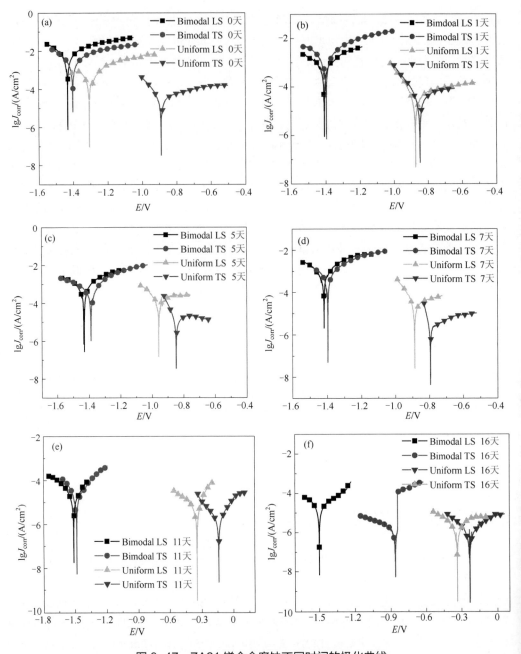

图 6-47 ZA21 镁合金腐蚀不同时间的极化曲线

（a）0 天；（b）1 天；（c）5 天；（d）7 天；（e）11 天；（f）16 天；

由于在腐蚀形核阶段，粗晶和柱面取向晶粒的腐蚀倾向分别高于细晶和基面取向，由此推断双峰组织纵截面的腐蚀倾向应最低，均匀组织横截面应最高。然而，腐蚀电位表现出的腐蚀倾向与此相反，均匀组织横截面的腐蚀倾向远低于双峰组织纵截面。但二者并不矛盾，因为极化曲线反映测试表面整体的热力学和动力学过程，与单个晶粒的腐蚀倾向不同。测试表面的基面取向晶粒占比与整体腐蚀倾向并不满足简单的线性关系，基面取向晶粒占比与测试表面整体腐蚀倾向的关系总结如下：① 仅含基面取向晶粒的测试表面的腐蚀倾向为所有取向组合中最低；② 仅含单一非基面取向晶粒的测试表面的腐蚀倾向高于仅含基面取向晶粒的测试表面；③ 多种取向共存的测试表面的腐蚀倾向高于仅含单一基面取向晶粒的测试表面，且随基面取向晶粒占比的增大而降低。腐蚀初期晶粒尺寸对腐蚀倾向的影响已详细讨论，随着腐蚀的进行，晶粒尺寸已不是直接影响腐蚀倾向的因素；此时，表面生成的具有一定保护作用的腐蚀产物膜对耐腐蚀性能起主导作用，即使细晶生成的腐蚀产物膜保护作用更强，但双峰组织由于中粗晶和细晶间膜层结合力的差异导致双峰组织的膜层保护作用低于均匀组织。

以各试样的腐蚀动力学参数（腐蚀电流密度 J_{corr}）分析腐蚀速率的差异，详细参数见表 6-12 及图 6-48。ZA21 镁合金四种测试表面的腐蚀电流密度同样呈现 J_{corr}(Bimodal LS)> J_{corr}(Bimodal TS)> J_{corr}(Uniform LS)> J_{corr}(Uniform TS)的关系。腐蚀电流密度作为腐蚀的动力学参数，反映了腐蚀速率的高低，腐蚀电流密度越高，腐蚀速率越大，腐蚀越严重。因此，ZA21 镁合金四种测试表面的耐蚀性与析氢法及失重法测得的趋势相同，均为均匀组织横截面>均匀组织纵截面>双峰组织横截面>双峰组织纵截面。

表 6-12　ZA21 镁合金腐蚀不同时间的极化曲线外推参数

时间/天	样品	E_{corr}/V(vs.SCE)	J_{corr}/(μA/cm^2)
0	Bimodal LS	−1.43	5754.40
	Bimodal TS	−1.40	2818.38
	Uniform LS	−1.31	288.40
	Uniform TS	−0.89	45.71
1	Bimodal LS	−1.40	812.83
	Bimodal TS	−1.39	630.10
	Uniform LS	−0.87	281.84
	Uniform TS	−0.85	16.22
5	Bimodal LS	−1.43	741.31
	Bimodal TS	−1.38	602.56
	Uniform LS	−0.96	208.93
	Uniform TS	−0.85	12.30
7	Bimodal LS	−1.41	635.64
	Bimodal TS	−1.39	320.75
	Uniform LS	−0.89	33.89
	Uniform TS	−0.79	1.58
11	Bimodal LS	−1.51	26.30
	Bimodal TS	−1.49	16.60
	Uniform LS	−0.35	7.28
	Uniform TS	−0.14	1.45
16	Bimodal LS	−1.49	16.59
	Bimodal TS	−0.86	1.66
	Uniform LS	−0.33	1.62
	Uniform TS	−0.23	1.32

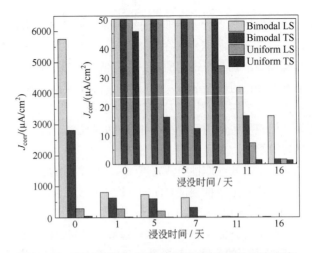

图 6-48　ZA21 镁合金腐蚀不同时间的腐蚀电流密度

随着浸没时间的增加，ZA21 镁合金四种测试表面的腐蚀电流密度不断降低，其中双峰组织纵截面已从浸没 0 天的 5754.40μA/cm² 降低至 16.59μA/cm²，均匀组织横截面也从浸没 0 天的 45.71μA/cm² 降低至 1.32μA/cm²，表明四种测试表面的腐蚀动力学随浸没时间增加不断降低。且四种试样的腐蚀动力学参数的差异随浸没时间的增加不断缩小，如双峰组织纵截面浸没 0 天的 J_{corr} 较均匀组织横截面高出 2 个数量级，较均匀组织纵截面也高出 1 个数量级；浸没 16 天后，双峰组织纵截面的 J_{corr} 仅较均匀组织横截面约高 15μA/cm²。造成这种差异的原因可能与浸没不同时间后测试表面生成的具有一定保护作用的腐蚀产物膜有关，浸没不同时间后试样表面的腐蚀产物膜确实存在差异，这种差异导致腐蚀产物膜对基体的保护作用不同，但保护作用的差异从形貌上仅能定性判断。

电化学阻抗谱（或交流阻抗谱）是一种以小振幅正弦波扰动测量给定频率域内的阻抗谱进而推测出电极过程动力学及界面结构信息的电化学方法。这种方法不仅可以通过测量表征腐蚀产物膜的时间常数大小来反映腐蚀产物膜对基体的保护作用，而且其扰动较小，对电极表面无破坏。根据电化学阻抗谱测试的 Nyquist 图可有效评估腐蚀产物膜对基体的保护作用大小。图 6-49 为 ZA21 镁合金四种测试表面腐蚀不同时间后的 Nyquist 图，图中根据曲线的走势从左至右频率依次降低。浸没 0 天时，四种测试表面的 Nyquist 图表现出相同的形状，均由高频区和中频区的两个容抗弧及低频区的一个阻抗弧构成。这种由三个弧构成的 Nyquist 图表示 3 个时间常数，高频区的容抗弧表示参比电极与工作电极间的双电层电容，中频区的容抗弧表示工作电极表面腐蚀产物膜的保护作用，低频区的感抗弧表示局部腐蚀的出现[36-37]。通常以容抗弧的半径大小来表征耐腐蚀性能，因此，可以用中频区的容抗弧半径表征腐蚀产物膜对基体保护作用的强弱，半径越大，膜层对基体的保护作用越强。浸没 1 天后，均匀组织中低频区的感抗弧消失，Nyquist 图仅由高频和中低频区域的两个容抗弧构成，且阻抗值增大了一个数量级，说明均匀组织的腐蚀机理发生了变化，生成的腐蚀产物膜阻挡了腐蚀介质进一步侵蚀基体，导致代表局部腐蚀的感抗弧消失。随着浸没时间进一步增加至 5 天或 7 天，双峰组织仍保持 3 个时间常数，均匀组织均为 2 个时间常数，且阻抗值不断增大。浸没时间增加到 11 天时，双峰组织低频区的感抗弧也消失了，仅由高频和中低频区域的容抗弧构成，且阻抗值较之前也有了较大增加。浸没时间增加到 16 天时，ZA21 镁合金四种测试样品的 Nyquist 图均仅由两个容抗弧构成，四条 Nyquist 曲线非常接近，尤其是均匀组织纵截面、均匀组织横截面及双峰组织横截面。

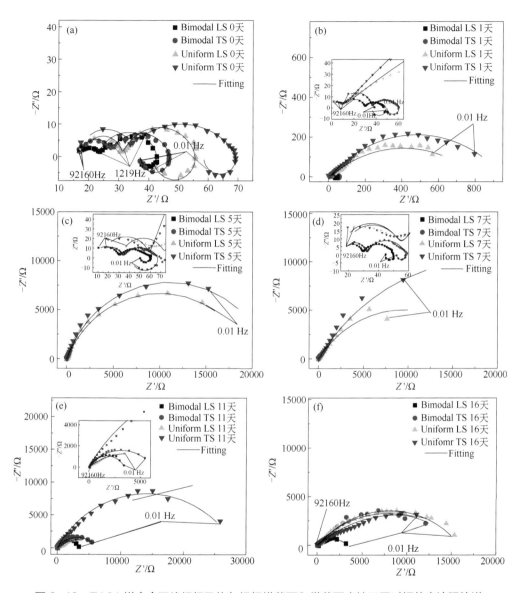

图 6-49　ZA21 镁合金双峰组织及均匀组织横截面和纵截面腐蚀不同时间的交流阻抗谱

（a）0 天；（b）1 天；（c）5 天；（d）7 天；（e）11 天；（f）16 天

对具有 3 个时间常数和 2 个时间常数的 Nyquist 图分别采用图 6-50（a）所示的 code 代码 $R_s(C_{dl}(R_{ct}(Q(R_{film}(LR_L)))))$ 及图 6-50（b）所示的 code 代码 $R_s(C_{dl}(R_{ct}(QR_{film})))$ 所代表的等效电路进行拟合以求解其相应电化学参数，结果如图 6-49、表 6-13 和表 6-14 所示。图 6-50 所示的等效电路可以很好地表征图 6-49 的 Nyquist 图。等效电路中，R_s 为溶液电阻；C_{dl} 和 R_{ct} 为表示高频区容抗弧的双电层电容及电荷转移电阻；Q 和 R_{film} 表示中频区或中低频区容抗的腐蚀产物膜电容及电阻，由于弥散效应的存在，常用常相位角元素 Q 代表理想电容

C，Q 与 C 的接近程度用参数 n 表示，当 n 接近 0 时，Q 为纯电阻，当 n 接近 1 时，Q 为纯电容[38]；L 和 R_L 代表三个时间常数中低频区感抗弧的电感及其电阻，通常表示腐蚀产物膜破裂或点蚀发生。

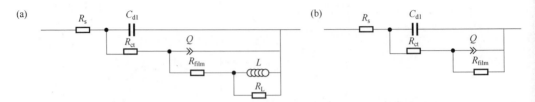

图 6-50　三个时间常数（a）及两个时间常数（b）的等效电路

表 6-13　ZA21 镁合金腐蚀 0 天的等效电路参数

参数	Bimodal LS	Bimodal TS	Uniform LS	Uniform TS
$R_s/(\Omega/cm^2)$	17.38	17.16	18.55	17.13
$C_{dl}/(E-6F/cm^2)$	2.52	1.11	0.37	0.21
$R_{ct}/(\Omega/cm^2)$	6.19	10.36	12.52	15.94
$Y/(E-4\Omega/cm^2 \cdot s^n)$	4.78	3.57	5.99	2.28
n	0.81	0.77	0.79	0.70
$R_{film}/(\Omega/cm^2)$	8.48	9.69	10.33	25.47
$L/(H/cm^2)$	3.19	5.49	20.64	16.95
$R_L/(\Omega/cm^2)$	5.95	10.19	14.77	11.56
$1/R_p/(cm^2/\Omega)$	0.45	0.31	0.25	0.20

表 6-14　ZA21 镁合金腐蚀 16 天的等效电路参数

参数	Bimodal LS	Bimodal TS	Uniform LS	Uniform TS
$R_s/(\Omega/cm^2)$	15.99	42.17	13.32	12.19
$C_{dl}/(E-6F/cm^2)$	0.01	0.47	0.01	0.02
$R_{ct}/(E-4\Omega/cm^2)$	33.03	0.03	183	64.28
$Y/(E-4\Omega/cm^2 \cdot s^n)$	2.58	0.79	0.26	0.93
n	0.50	0.50	0.54	0.43
$R_{film}/(\Omega/cm^2)$	3247	1.56E4	1.58E4	1.78E4
$1/R_p/(E-4cm^2/\Omega)$	3.05	0.64	0.63	0.56

　　为了评估 ZA21 镁合金四种试样的耐蚀性，基于等效电路的拟合参数，根据式（6-8）计算等效电路的极化电阻 R_P[39]，并与 R_{film} 值一并绘制于图 6-51。

$$\frac{1}{R_P} = \frac{1}{R_{ct} + R_{film} + R_L} \tag{6-8}$$

　　显然，ZA21 镁合金四种试样浸没 0 天时的 R_P 值均非常低，且呈现 R_P(Uniform TS)>R_P(Uniform LS)> R_P(Bimodal TS)> R_P(Bimodal LS)的关系；浸没 1 天后四种试样的 R_P 值均得

到了大幅提升，但四种试样的 R_P 值相对大小关系不变；随着浸没时间的进一步增加，四种试样的 R_P 值差距逐步缩小。R_P 值代表了测试表面整体阻抗的大小，R_P 值越大，耐腐蚀性能越好。R_P 值的变化表明测试表面在浸没过程中发生了变化，导致腐蚀介质对基体的侵蚀性降低。众多研究表明，镁合金表面在浸没过程中生成腐蚀产物膜，对基体起一定的保护作用[1,40-43]。交流阻抗谱中 R_{film} 可以很好地反映腐蚀产物膜的保护作用。图 6-51（b）显示，浸没初期，四种试样的 R_{film} 值均较小，此时膜层对基体的保护作用有限；随着浸没时间的增大，R_{film} 不断增大，膜层不断生长，对基体的保护作用增强。但 R_{film} 并非持续不断地增大，随着浸没时间发生一定波动，这是由膜层在浸没过程中的动态生长引起的。浸没后期，除双峰组织纵截面 R_{film} 处在 10^3 数量级，其他试样的 R_{film} 均在 10^4 数量级，表明膜层具有一定的稳定性。结合腐蚀产物形貌可以认为电化学均匀性更优异的均匀组织及仅存柱面取向组织的腐蚀产物膜较电化学均匀性较差的双峰组织及多取向共存组织更平整致密，保护作用更强。这是导致腐蚀后期均匀组织耐蚀性优于双峰组织、横截面组织耐蚀性优于纵截面组织的主要原因。

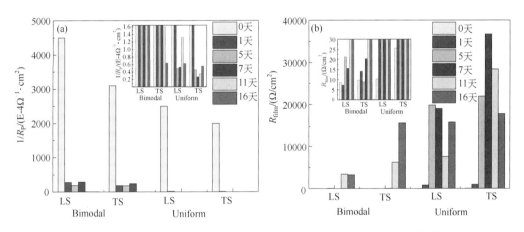

图 6-51　ZA21 镁合金四种测试表面的 R_p（a）及 R_{film}（b）随腐蚀时间的变化

6.2.5　晶粒尺寸及晶体取向对各阶段腐蚀机理的影响

局部腐蚀如点蚀及晶间腐蚀是 ZA21 镁合金主要的腐蚀形式。其中，双峰组织纵截面点蚀程度最重，均匀组织横截面点蚀程度最轻。为方便理解点蚀与晶间腐蚀对镁基体的共同作用机制，以双峰组织纵截面为例，建立去除腐蚀产物后的腐蚀截面物理模型，如图 6-52 所示。腐蚀前试样浸没在含强侵蚀性氯离子（Cl⁻）的溶液中［图 6-52（a）］。腐蚀形核于高电化学活性的晶界及具有柱面取向的粗晶粒内［图 6-52（b）中黄色箭头］。腐蚀初期，晶界处的腐蚀逐渐沿晶界扩展形成晶间腐蚀；晶粒内的腐蚀不断扩展形成点蚀，并不断向横向及纵深扩展；同时，基体表面开始有新的腐蚀形核［图 6-52（c）中绿色箭头］。随着腐蚀进一步进行，局部点蚀横向扩张并吞并相邻晶粒，纵深扩展时以晶间腐蚀的形式侵蚀下一层晶粒的晶界，再在晶粒内部发生局部点蚀，以这种方式不断向基体内部扩张［图 6-52（d）中蓝色箭头］。

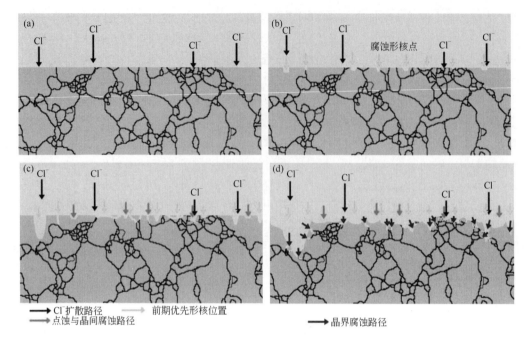

图 6-52　腐蚀各阶段的腐蚀机理（去除腐蚀产物膜后）（见书后彩页）

（a）腐蚀前；（b）腐蚀形核阶段；（c）腐蚀初期；（d）腐蚀后期

　　双峰组织纵截面腐蚀形核时粗晶和柱面取向处电化学活性较高，优先腐蚀并形成点蚀，在周围细晶及基面取向的微电偶腐蚀作用下腐蚀加速；在腐蚀发展过程中，由于点蚀坑对氯离子的聚集，蚀坑发展越来越快，点蚀程度越来越严重。双峰组织横截面消除了晶体取向导致的微电偶腐蚀作用，因此点蚀程度较双峰组织纵截面略轻，但晶粒尺寸的不均匀性仍然导致其点蚀坑较深。均匀组织纵截面消除了晶粒尺寸导致的微电偶腐蚀作用，但晶体取向仍加速了点蚀形核与扩展。由于均匀组织纵截面的点蚀程度较双峰组织横截面略轻，因此，晶粒尺寸分布对腐蚀的影响更甚于晶体取向。晶间腐蚀的发生与晶体取向无明显关系，四种测试表面中，几乎每个晶粒的晶界均发生了腐蚀，晶界越多，晶间腐蚀范围越广；但四种试样中没有明显的晶粒脱落现象，说明晶间腐蚀程度均较轻。晶间腐蚀对合金的力学性能危害极大，可使晶间结合力降低，合金受力时极易过早失效，但 ZA21 镁合金晶间腐蚀程度较轻，对合金力学性能的破坏程度较小。

　　总体而言，在腐蚀初期，粗晶及柱面取向晶粒由于较高的电化学活性优先腐蚀，在微电偶腐蚀作用下，双峰组织和多取向混合的组织（纵截面）遭受严重腐蚀，但晶粒尺寸不均匀导致的微电偶腐蚀程度大于晶体取向导致的微电偶腐蚀程度。腐蚀到一定程度后，合金表面全部被腐蚀产物膜覆盖，此时腐蚀速率由腐蚀产物膜的保护作用控制，均匀组织和仅存柱面取向组织（横截面）的电化学均匀性更好，生成的腐蚀产物膜更加平整、致密，对基体的保护作用更强；且晶粒尺寸对腐蚀产物膜的作用大于晶体取向。在晶体取向和晶粒尺寸的共同作用下，晶粒尺寸均匀分布且晶体取向单一的均匀组织横截面耐蚀性最好，晶粒尺寸不均匀且多种晶体取向混合的双峰组织纵截面耐蚀性最差，晶粒尺寸均匀但多取向混合的均匀组织纵截面的耐蚀性略优于晶粒尺寸不均匀但晶体取向单一的双峰组织横截面。

6.3 镁合金棒材腐蚀过程的强度衰减

镁合金在腐蚀环境中服役时，随着外部环境对合金表面的破坏，其承载能力势必随时间动态变化，承载能力在服役环境下的衰减成为制约构件服役寿命的重要因素。基于 ZA21 镁合金棒材的力学性能各向异性，以及腐蚀性能的取向行为，可以实现晶粒尺寸及晶体取向对镁合金在腐蚀环境下的承载能力衰减行为的作用机制等相关研究。需要说明的是，轴向压缩时分析的试样表面为 ZA21 镁合金棒材的纵截面，径向压缩时分析的试样表面为 ZA21 镁合金棒材的横截面。

6.3.1 腐蚀剩余强度变化及衰减规律

图 6-53 为 ZA21 镁合金双峰组织和均匀组织腐蚀不同时间（0 天、1 天、3 天、5 天、7 天、9 天、11 天、13 天、16 天）后沿轴向和径向压缩的工程应力-应变曲线。腐蚀后的应力-应变曲线形状与腐蚀前相同，沿轴向压缩的双峰组织和均匀组织均为明显的上凹形（S 形），沿径向压缩的双峰组织和均匀组织均为明显的下凹形，说明腐蚀并未改变合金的变形机制。但随着腐蚀时间的增加，四种试样的应力-应变曲线均呈现极限断裂强度和断后延伸率不断降低的趋势，表明腐蚀后合金的承载能力不断下降。将测试试样腐蚀不同时间后的极限断裂强度（即腐蚀剩余强度）列于表 6-15，并将其随腐蚀时间的变化绘制于图 6-54（a）。腐蚀前，四种测试试样的极限断裂强度(σ_{CRS})呈现出 σ_{CRS}(Bimodal ED) > σ_{CRS}(Uniform ED) > σ_{CRS}(Bimodal TD) > σ_{CRS}(Uniform TD)；腐蚀后沿轴向加载试样的强度仍高于沿径向加载试样，这与其初始强度差异有关，初始强度越高，腐蚀后的腐蚀剩余强度就有可能越高。但当加载方向确定时，双峰组织和均匀组织的腐蚀剩余强度均在小范围内波动，且非常接近；腐蚀 16 天后，双峰组织轴向压缩的强度衰减达到了 30.98%，为 291.93MPa，双峰组织径向压缩的强度衰减了 29.42%，为 240.54MPa，均匀组织轴向压缩和径向压缩强度仅衰减了 24.27%和 20.88%，分别为 299.95MPa 和 253.22MPa，表明由腐蚀导致的双峰组织强度降低程度比均匀组织更严重。

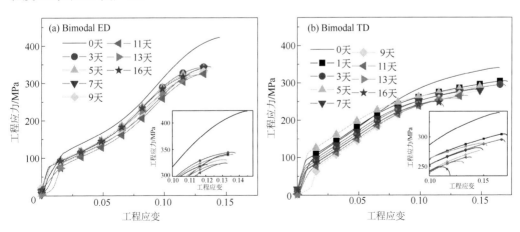

图 6-53

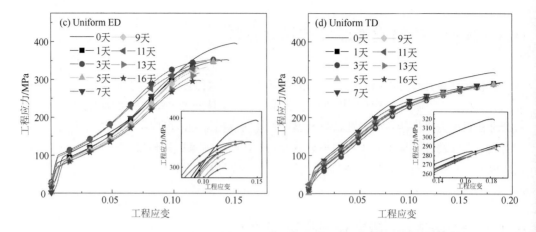

图 6-53　ZA21 镁合金腐蚀不同时间后的室温压缩工程应力-应变曲线

（a）双峰组织轴向压缩；（b）双峰组织径向压缩；
（c）均匀组织轴向压缩；（d）均匀组织径向压缩

表 6-15　不同时间腐蚀后 ZA21 镁合金的腐蚀剩余强度　　　　单位：MPa

时间/天	Bimodal ED	Bimodal TD	Uniform ED	Uniform TD
0	422.95±18.31	340.79±16.15	396.48±17.52	320.03±15.56
1	350.56±14.34	291.96±11.07	351.10±11.59	292.25±19.21
3	347.61±10.37	287.07±18.34	349.42±16.41	289.10±11.26
5	342.12±12.29	282.44±11.83	344.52±17.98	279.36±10.88
7	336.43±12.43	274.53±12.44	337.26±19.10	277.98±14.96
9	333.97±15.13	270.15±10.17	331.54±10.56	276.29±13.35
11	335.67±10.61	269.06±17.29	313.62±15.99	269.47±17.32
13	327.94±10.41	267.65±17.93	302.54±16.10	266.73±16.07
16	291.93±30.70	240.54±15.10	299.95±17.73	253.22±14.87

　　图 6-54（b）为 ZA21 镁合金四种测试试样的腐蚀剩余强度随腐蚀时间变化的衰减速率情况。腐蚀初期，腐蚀剩余强度快速衰减，衰减速率 $d\sigma_{CRS}/dt$ 呈现 $d\sigma_{CRS}/dt$ (Bimodal ED)> $d\sigma_{CRS}/dt$(Bimodal TD)> $d\sigma_{CRS}/dt$(Uniform ED)> $d\sigma_{CRS}/dt$(Uniform TD)的相对关系；随着腐蚀的进行，腐蚀剩余强度衰减速率不断降低随后趋于稳定。腐蚀剩余强度的衰减速率趋势同腐蚀速率的变化趋势相对应，腐蚀初期，腐蚀速率较快时，腐蚀剩余强度衰减较快；后期腐蚀速率趋于稳定时腐蚀剩余强度也趋于稳定。双峰组织纵截面的腐蚀速率最高，其对应的双峰组织轴向压缩强度衰减也最严重，均匀组织横截面的腐蚀速率最低，因此均匀组织径向压缩强度衰减程度最轻；不同初始强度及不同强度衰减程度导致不同试样间的腐蚀剩余强度愈发接近。

　　图 6-55 为 ZA21 镁合金腐蚀剩余强度随时间变化的散点图。腐蚀剩余强度随时间的衰减明显分为两个阶段：第一个阶段为快速衰减阶段，此阶段腐蚀剩余强度随腐蚀时间的增加快速降低；第二个阶段，腐蚀剩余强度以缓慢的速度继续下降，持续到测试时间结束。这种变化趋势与铸造 AZ91D、AM50 镁合金等以点蚀为主的镁合金在腐蚀过程中腐蚀剩余强度的衰减趋势相似，此类腐蚀剩余强度与腐蚀时间满足式（6-9）所示的负指数关系[44-45]。

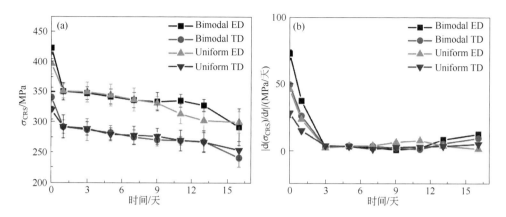

图 6-54　ZA21 镁合金的腐蚀剩余强度及衰减速率随腐蚀时间变化曲线

（a）腐蚀剩余强度；（b）衰减速率

$$\sigma_{CRS}=\sigma_0\exp\left(\frac{-t}{A}\right)+\sigma_{CV} \tag{6-9}$$

式中，σ_{CRS} 为腐蚀剩余强度；σ_0 为腐蚀剩余强度衰减幅度；t 为腐蚀时间；σ_{CV} 为腐蚀剩余强度临界值。当腐蚀时间为 0 时，腐蚀剩余强度为初始极限压缩强度 σ_{UCS}，如下所示：

$$\sigma_{CRS}=\sigma_{UCS}=\sigma_0+\sigma_{CV} \tag{6-10}$$

以式（6-9）对图 6-55 的腐蚀剩余强度衰减曲线进行拟合，拟合结果见图 6-55 的虚线。虚线随时间的走势逐渐趋于平稳，与散点呈现的逐渐降低趋势差异较大，且拟合相关系数较低，最高仅 0.83。即式（6-9）所示的负指数模型并不能很好地反映 ZA21 镁合金的腐蚀剩余强度随时间衰减的规律。究其原因，式（6-9）所示模型是基于点蚀为主要腐蚀类型建立的，未考虑晶间腐蚀对强度衰减的影响；而 ZA21 镁合金棒材在腐蚀过程中除点蚀外，还伴有明显的晶间腐蚀，且晶间腐蚀从腐蚀初期便已经存在，并未随腐蚀时间的增加而消失，反而一直是主要的腐蚀类型。宏观上，晶间腐蚀几乎没有破坏痕迹，发生晶间腐蚀的金属表面依然具有金属光泽，但晶粒间结合力不断下降，受力时，晶间腐蚀对构件的破坏力极强，其危害不可忽视[46]。因此，式（6-9）所示负指数模型无法精确预测 ZA21 棒材的腐蚀剩余强度衰减规律。根据测试结果与负指数模型的差异，通过引入幂函数表征晶间腐蚀对腐蚀剩余强度的影响，从而优化负指数模型。优化后的模型如下：

$$\sigma_{CRS}=\sigma_0\exp\left(\frac{-t}{A}\right)+\sigma_{CV}+\sigma_{IC}t^{f} \tag{6-11}$$

式中，σ_{IC} 为由晶间腐蚀引起的腐蚀剩余强度衰减幅度；f 为修正参数。采用式（6-11）对图 6-55 的实验数据进行拟合，结果如图 6-55 中实线所示。优化后的实验数据分布在模型两侧，模型与试验数据较吻合，四种试样优化后的模型相关系数分别由 0.62、0.83、0.65 及 −0.03 提高到了 0.94、0.93、0.95 及 0.88。优化后模型分别如下：

$$\sigma_{\text{Bimodal ED CRS}} = 74\exp\left(\frac{-t}{0.3}\right) + 350.43 - 2.8t^{0.9} \qquad (6\text{-}12)$$

$$\sigma_{\text{Bimodal TD CRS}} = 53\exp\left(\frac{-t}{0.3}\right) + 289 - 2.9t^{0.9} \qquad (6\text{-}13)$$

$$\sigma_{\text{Uniform ED CRS}} = 50\exp\left(\frac{-t}{0.37}\right) + 349.06 - 2.6t^{0.9} \qquad (6\text{-}14)$$

$$\sigma_{\text{Uniform TD CRS}} = 31\exp\left(\frac{-t}{0.29}\right) + 290 - 2.3t^{0.88} \qquad (6\text{-}15)$$

σ_0 在一定程度上反映了腐蚀速率对腐蚀剩余强度的影响。织构特征相同时，如双峰组织纵截面和均匀组织纵截面（或双峰组织横截面和均匀组织横截面），双峰组织的腐蚀速率大于均匀组织，则同一加载方向下腐蚀剩余强度衰减幅度也大于均匀组织，因此，双峰组织的 σ_0 较大。当晶粒尺寸特征相同但织构特征不同时，如双峰组织的纵截面和横截面（或均匀组织的纵截面和横截面），横截面的腐蚀速率小于纵截面，则径向压缩的腐蚀剩余强度衰减幅度也低于轴向压缩时，因此 σ_0 较小。

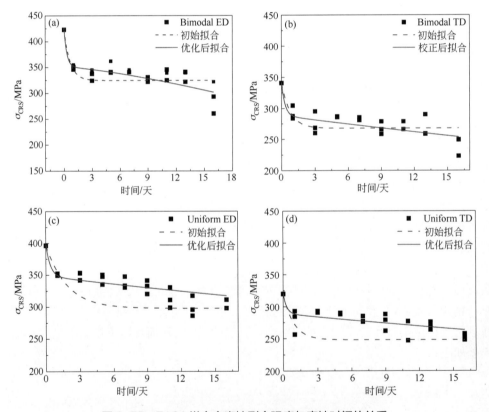

图 6-55　ZA21 镁合金腐蚀剩余强度与腐蚀时间的关系

（a）双峰组织轴向压缩；（b）双峰组织径向压缩；
（c）均匀组织轴向压缩；（d）均匀组织径向压缩

σ_{CV} 与腐蚀剩余强度由第一阶段到第二阶段衰减的临界点有关，即与初始强度值及临界点的腐蚀速率有关，双峰组织轴向压缩初始强度最高，腐蚀速率也最高，因此强度衰减最快，σ_{CV} 与均匀组织轴向压缩相当。双峰组织径向压缩初始强度高于均匀组织径向压缩，但其腐蚀速率也高于均匀组织径向压缩，因此，双峰组织径向压缩的 σ_{CV} 与均匀组织径向压缩相当。σ_{IC} 则在一定程度上表征了晶间腐蚀对腐蚀剩余强度衰减的影响，其绝对值越大，晶间腐蚀对基体的破坏越强。

通过式（6-12）～式（6-15），可预测材料的腐蚀剩余强度随时间的变化规律。当材料腐蚀剩余强度低于许用应力 $[\sigma_s]$ 时，材料将面临失效的风险，此时应采取必要措施，避免因材料失效造成安全问题，减少经济损失。材料腐蚀剩余强度在统计过程中会存在一定程度的离散性，不可避免造成试验数据存在一定误差，这种误差可能会导致预测失误。考虑到统计及计算误差的存在，引入安全因子 S_F 以消除误差的不良影响，即

$$\sigma_{CRS} \leqslant \frac{[\sigma_s]}{S_F} \tag{6-16}$$

式中，S_F 值在 1.0～2.0 间，统计数据离散性较大时，S_F 取大值；统计数据离散性较小时，S_F 取小值。

6.3.2 腐蚀剩余强度衰减机理

强度是力学性能指标，腐蚀是一种表面行为，腐蚀剩余强度与腐蚀速率之间并不存在直接的关联。强度值由构件受力时的受力大小及受力面积所决定，且腐蚀过程表面积不断发生变化，因此，通过表面积变化可以将腐蚀与力学性能相关联。由于 ZA21 镁合金四种组织的主要腐蚀类型均为晶间腐蚀和点蚀，尤其是双峰组织试样中，点蚀格外严重。晶间腐蚀降低晶粒间的结合力，点蚀直接降低表面面积，晶粒间结合力和表面面积的变化势必会造成强度值的改变。但 ZA21 镁合金棒材中晶间腐蚀程度较浅，仅暴露在表面的那一层晶粒间的结合力降低，对未暴露在外的基体并未造成严重影响，因此，晶间腐蚀对腐蚀剩余强度的影响有限，导致腐蚀剩余强度降低的主要原因还是点蚀，即通过点蚀可直接将腐蚀速率和腐蚀剩余强度联系在一起。

点蚀是连接腐蚀速率与腐蚀剩余强度的纽带，采用失重法和析氢法可获得整个测试表面的平均腐蚀速率，对评估以点蚀为主的局部腐蚀对构件造成的破坏并不完全准确。因此，有必要统计不同腐蚀时间下的蚀坑深度，以此表征局部腐蚀对腐蚀剩余强度的影响规律。图 6-56～图 6-59 为 ZA21 镁合金四种测试试样在腐蚀 1 天、5 天、11 天及 16 天后腐蚀表面的三维高度分布及表面典型的二维高度分布曲线。这种方法与传统切取截面法相比，既可以较全面地统计测试表面的蚀坑深度，又不会破坏测试试样。图 6-56～图 6-59 中颜色越接近红色的区域高度越高，越接近蓝色的区域高度越低。双峰组织纵截面和双峰组织横截面的高度分布随腐蚀时间的增加越来越不均匀；浸没 11 天后，表面的高度分布差异已非常大，常常是较高的区域旁边分布着较低的区域，表明点蚀数量较多且深度较大。将均匀组织与双峰组织试样相比，发现其表面高度分布相对均匀，随着腐蚀时间的增加，虽也存在一些较低的区域，但和双峰组织试样相比较为平坦，且较深的区域数量不多，表明点蚀程度较浅，与腐蚀后形貌较好地对应。

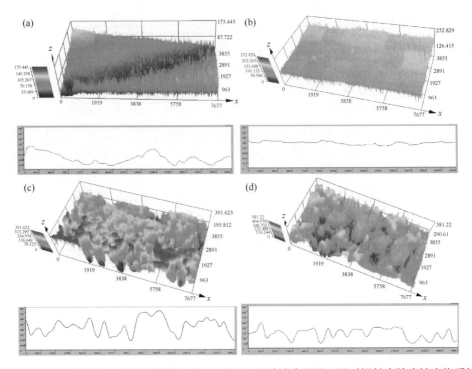

图 6-56　ZA21 镁合金双峰组织纵截面在 3.5% NaCl 溶液中浸没不同时间并去除腐蚀产物后的表
面三维形貌及局部高度变化曲线（见书后彩页）

（a）1 天；（b）5 天；（c）11 天；（d）16 天

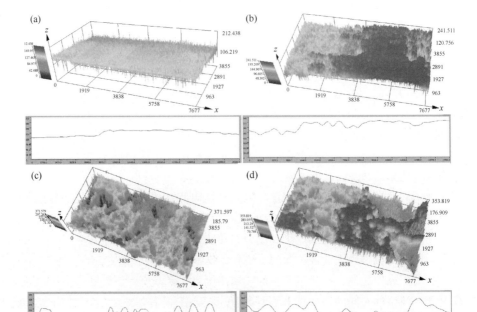

图 6-57　ZA21 镁合金双峰组织横截面在 3.5% NaCl 溶液中浸没不同时间并去除腐蚀产物后的表
面三维形貌及局部高度变化曲线（见书后彩页）

（a）1 天；（b）5 天；（c）11 天；（d）16 天

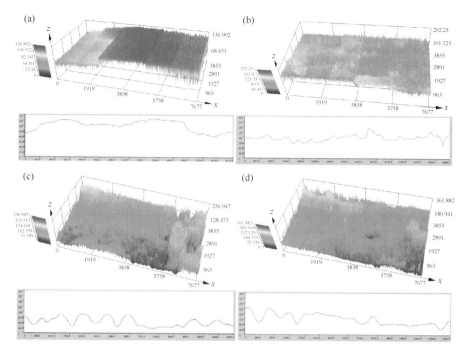

图 6-58　ZA21 镁合金均匀组织纵截面在 3.5% NaCl 溶液中浸没不同时间并去除腐蚀产物后的
表面三维形貌及局部高度变化曲线（见书后彩页）

（a）1 天；（b）5 天；（c）11 天；（d）16 天

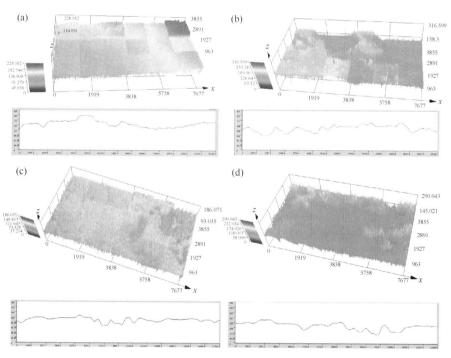

图 6-59　ZA21 镁合金均匀组织横截面在 3.5% NaCl 溶液中浸没不同时间并去除腐蚀产物后的
表面三维形貌及局部高度变化曲线（见书后彩页）

（a）1 天；（b）5 天；（c）11 天；（d）16 天

每个测试表面的蚀坑深度并不相同，建立蚀坑深度与腐蚀剩余强度数学模型时也无法考虑全部蚀坑深度，由于最大蚀坑深度对力学性能的衰减影响最为显著，通常采用局部最大蚀坑深度 PD_{max} 来表征局部腐蚀的腐蚀速率[47]。基于此，根据图 6-56～图 6-59 中蚀坑深度的分布曲线统计蚀坑深度，将最大蚀坑深度随腐蚀时间的变化以散点图的形式绘制于图 6-60（a），从而表征腐蚀对测试表面的破坏程度。ZA21 镁合金四种试样的最大蚀坑深度随浸没时间的增大不断增大，且最大蚀坑深度与腐蚀速率成正比。双峰组织纵截面腐蚀16 天内的最大蚀坑深度为四种测试表面中最大，均匀组织横截面最小，说明四种试样在 16 天的腐蚀周期内不仅平均失重腐蚀速率呈现 $R_{WL}(\text{Bimodal LS}) > R_{WL}(\text{Bimodal TS}) > R_{WL}(\text{Uniform LS}) > R_{WL}(\text{Uniform TS})$ 的关系，以最大点蚀坑深度评价局部腐蚀速率时也遵循同样的相对大小关系。

图 6-60（a）中实线为最大蚀坑深度随腐蚀时间变化的拟合曲线，拟合公式采用如下所示的幂函数形式：

$$PD_{max} = a_1 t^{b_1} \tag{6-17}$$

式中，PD_{max} 为最大点蚀坑深度；t 为腐蚀时间；a_1、b_1 为拟合系数。

则四种试样的最大蚀坑深度随浸没时间的变化规律分别为

$$PD_{\text{Bimodal LS max}} = (7.07 \times 10^{-2}) t^{0.49} \tag{6-18}$$

$$PD_{\text{Bimodal TS max}} = (3.06 \times 10^{-2}) t^{0.74} \tag{6-19}$$

$$PD_{\text{Uniform LS max}} = (2.27 \times 10^{-2}) t^{0.74} \tag{6-20}$$

$$PD_{\text{Uniform TS max}} = (1.77 \times 10^{-2}) t^{0.63} \tag{6-21}$$

对式（6-18）～式（6-21）进行求导，可以得到最大蚀坑深度的增长速率，即

$$\frac{dPD_{\text{Bimodal LS max}}}{dt} = (3.46 \times 10^{-2}) t^{-0.51} \tag{6-22}$$

$$\frac{dPD_{\text{Bimodal TS max}}}{dt} = (2.26 \times 10^{-2}) t^{-0.26} \tag{6-23}$$

$$\frac{dPD_{\text{Uniform LS max}}}{dt} = (1.68 \times 10^{-2}) t^{-0.26} \tag{6-24}$$

$$\frac{dPD_{\text{Uniform TS max}}}{dt} = (1.12 \times 10^{-2}) t^{-0.37} \tag{6-25}$$

将式（6-22）～式（6-25）绘制于图 6-60（b），ZA21 镁合金四种试样的最大蚀坑深度变化速率随腐蚀时间递减，且在腐蚀初期衰减速度较快，腐蚀后期逐渐平缓，说明腐蚀初期的最大蚀坑深度增长速率大于腐蚀后期，腐蚀初期蚀坑深度快速增加，后期增加速率变缓，为典型的幂函数关系。这与图 6-55 所示的腐蚀剩余强度衰减规律相对应，说明腐蚀剩余强度与最大蚀坑深度确实存在对应关系。

将不同腐蚀时间的腐蚀剩余强度及最大蚀坑深度以散点图的形式绘制于图 6-61。腐蚀剩余强度与最大蚀坑深度基本满足线性关系，当合金微观组织及加载方向确定后，腐蚀剩余强度计算如下：

$$\sigma_{CRS} = \sigma_1 - \lambda(PD_{max}) \tag{6-26}$$

式中，σ_1 为与初始强度有关的量。

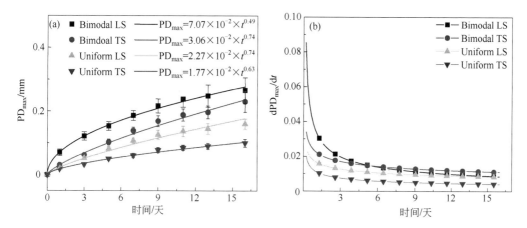

图 6-60　ZA21 镁合金最大蚀坑深度及变化速率

（a）最大蚀坑深度随浸没时间变化曲线；（b）变化速率曲线

对挤压 ZA21 镁合金棒材来说，腐蚀剩余强度与最大蚀坑深度的关系为

$$\sigma_{Bimodal\ ED\ CRS} = 373.73 - 215.92 PD_{max} \tag{6-27}$$

$$\sigma_{Bimodal\ TD\ CRS} = 302.07 - 212.03 PD_{max} \tag{6-28}$$

$$\sigma_{Uniform\ ED\ CRS} = 367.93 - 302.47 PD_{max} \tag{6-29}$$

$$\sigma_{Uniform\ TD\ CRS} = 302.47 - 423.29 PD_{max} \tag{6-30}$$

四种试样腐蚀剩余强度与最大蚀坑深度的线性拟合相关系数较高，双峰组织轴向压缩、双峰组织径向压缩、均匀组织轴向压缩及均匀组织径向压缩的拟合相关系数分别为 0.66、0.86、0.92 及 0.93，说明二者对应关系较紧密。点蚀导致腐蚀剩余强度降低最直观的因素为受力面积减小，但仅考虑受力面积减小并不会导致强度衰减幅度如此之大，必然有别的因素也起重要作用。腐蚀过程形貌观察表明镁合金蚀坑形状为倒锥状，这种形状使得构件受力时，蚀坑尖端变形最大，最易发生应力集中，是构件最薄弱位置，利于裂纹形核与扩展；随着蚀坑深度增大，蚀坑底部应力集中越来越严重，达到失稳条件时，率先产生裂纹并迅速扩展，导致构件断裂，强度快速衰减。

晶间腐蚀是导致腐蚀剩余强度衰减规律不符合负指数模型的主要原因，晶间腐蚀导致晶粒间结合力降低，虽然前述研究表明晶间腐蚀程度不深，但晶间腐蚀仍对腐蚀剩余强度的衰减起到一定作用。晶间腐蚀导致腐蚀沿晶界扩展形成腐蚀沟槽，沿晶界腐蚀的沟槽宽度，即晶间腐蚀沟槽宽度（Width of Intergranular Corrosion Grroves, WICG）是衡量晶间腐蚀程度的重要参数[48]。图 6-62 为 WICG 测量示意图，图中浅灰色代表晶粒，绿色虚线代表晶界，深灰色代表晶间腐蚀沟槽，红色表示晶间腐蚀沟槽宽度，晶间腐蚀沟槽宽度一般大于晶界宽度。根据线性截距法，采用 Image pro plus 软件对四种测试表面腐蚀 1~16 天的晶间腐蚀沟槽宽度进行测量，每组至少统计 200 个，不同腐蚀时间的晶间腐蚀沟槽平均宽度（$\overline{\text{WICG}}$）结果统计于表 6-16，图 6-63 图为 $\overline{\text{WICG}}$ 与腐蚀时间的关系。

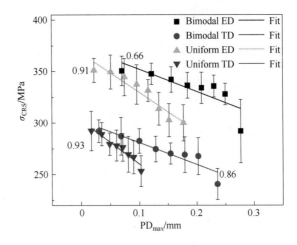

图 6-61　ZA21 镁合金腐蚀剩余强度与最大蚀坑深度的关系

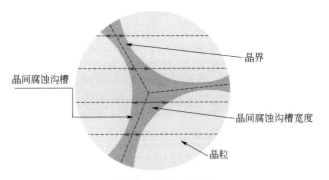

图 6-62　晶间腐蚀沟槽宽度测量示意图（见书后彩页）

表 6-16　ZA21 镁合金晶间腐蚀沟槽平均宽度　　　　　　　　　　　　　单位：μm

时间/天	Bimodal LS	Bimodal TS	Uniform LS	Uniform TS
1	1.20±0.45	1.14±0.70	1.13±0.43	1.08±0.44
3	1.2±0.40	1.14±0.40	1.13±0.40	1.08±0.46
5	1.38±0.35	1.35±0.50	1.15±0.50	1.12±0.38
7	1.49±0.45	1.52±0.45	1.18±0.51	1.17±0.40
9	1.62±0.49	1.58±0.58	1.19±0.42	1.19±0.50
11	1.66±0.50	1.65±0.60	1.22±0.45	1.21±0.45
13	1.69±0.58	1.75±0.63	1.25±0.46	1.23±0.19
16	1.71±0.60	1.73±0.58	1.25±0.45	1.24±0.23

　　ZA21 镁合金晶间腐蚀沟槽平均宽度与最大蚀坑深度随腐蚀时间的变化曲线相似，腐蚀开始前到腐蚀 1 天时 $\overline{\text{WICG}}$ 大幅增加，1 天后 $\overline{\text{WICG}}$ 增幅放缓且逐渐趋于平缓；但腐蚀 16 天内 $\overline{\text{WICG}}$ 的增幅较小，说明 $\overline{\text{WICG}}$ 在腐蚀初期便已基本稳定，不会随腐蚀时间的增加而显著变化。腐蚀取向行为研究表明，晶体取向对晶间腐蚀几乎没有影响，晶粒尺寸

对晶间腐蚀影响较大。对比双峰组织试样纵截面、横截面和均匀组织试样纵截面、横截面的 $\overline{\text{WICG}}$，16 天腐蚀时间内，双峰组织的 $\overline{\text{WICG}}$ 均高于均匀组织，且纵截面和横截面的 $\overline{\text{WICG}}$ 基本相同。

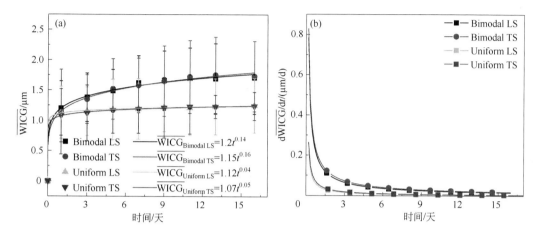

图 6-63　晶间腐蚀沟槽宽度随腐蚀时间的变化

（a）晶间腐蚀沟槽宽度；（b）宽度变化速率

根据式（6-31）描述的幂函数模型可对 $\overline{\text{WICG}}$ 进行拟合：

$$\overline{\text{WICG}}=a_2 t^{b_2} \tag{6-31}$$

式中，$\overline{\text{WICG}}$ 为晶间腐蚀沟槽平均宽度，t 为腐蚀时间，a_2、b_2 为拟合系数。

则四种试样的晶间腐蚀沟槽平均宽度随浸没时间的变化规律分别为

$$\overline{\text{WICG}}_{\text{Bimodal LS}}=1.20 t^{0.14} \tag{6-32}$$

$$\overline{\text{WICG}}_{\text{Bimodal TS}}=1.15 t^{0.16} \tag{6-33}$$

$$\overline{\text{WICG}}_{\text{Uniform LS}}=1.12 t^{0.04} \tag{6-34}$$

$$\overline{\text{WICG}}_{\text{Uniform TS}}=1.07 t^{0.05} \tag{6-35}$$

对式（6-32）～式（6-35）进行求导，可以得到晶间腐蚀沟槽平均宽度的增长速率，即

$$\frac{\text{d}\overline{\text{WICG}}_{\text{Bimodal LS}}}{\text{d}t}=(1.68\times10^{-1})t^{-0.86} \tag{6-36}$$

$$\frac{\text{d}\overline{\text{WICG}}_{\text{Bimodal TS}}}{\text{d}t}=(1.84\times10^{-1})t^{-0.84} \tag{6-37}$$

$$\frac{\text{d}\overline{\text{WICG}}_{\text{Uniform LS}}}{\text{d}t}=(4.48\times10^{-2})t^{-0.96} \tag{6-38}$$

$$\frac{\text{d}\overline{\text{WICG}}_{\text{Uniform TS}}}{\text{d}t}=(5.35\times10^{-2})t^{-0.95} \tag{6-39}$$

将式（6-36）～式（6-39）绘制于图 6-63（b），晶间腐蚀沟槽宽度变化速率随腐蚀时

间递减，且腐蚀初期衰减速度较快，腐蚀后期逐渐平缓，说明在腐蚀初期晶间腐蚀沟槽宽度已趋于稳定，腐蚀后期以较小速率稳定增大，不再大幅变化。晶间腐蚀导致晶界区域与基体区域应力承受能力不同，受力时腐蚀沟槽位置极易应力集中，造成材料强度降低。结合腐蚀剩余强度随腐蚀时间的变化趋势，可以认为晶间腐蚀宽度导致腐蚀剩余强度在腐蚀初期快速降低，随后对腐蚀剩余强度的危害随腐蚀时间缓慢增大。

既然晶间腐蚀沟槽宽度随时间变化的曲线与最大蚀坑深度随时间变化的曲线形状相似，那么晶间腐蚀沟槽宽度与腐蚀剩余强度的衰减之间可能也存在某种对应关系。图 6-64 为晶间腐蚀沟槽宽度与腐蚀剩余强度的关系，以 $\overline{\mathrm{WICG}}$ 为横坐标，σ_{CRS} 为纵坐标。显然，腐蚀剩余强度与晶间腐蚀沟槽宽度确实也存在对应关系。整体上，随着晶间腐蚀沟槽宽度的增大，腐蚀剩余强度降低。对双峰组织和均匀组织试样的腐蚀剩余强度与晶间腐蚀沟槽宽度进行线性拟合，发现拟合效果较 σ_{CRS} 与最大蚀坑深度的拟合相关系数低得多，拟合相关系数最高的双峰组织轴向压缩试样的相关系数仅有 0.82，最低的双峰组织轴向压缩甚至仅 0.60，这意味着腐蚀剩余强度与晶间腐蚀沟槽宽度的线性对应关系较弱。尤其腐蚀后期，$\overline{\mathrm{WICG}}$ 增幅不大的情况下，腐蚀剩余强度仍出现了明显的降低，如图 6-64 中黑色矩形框所示。

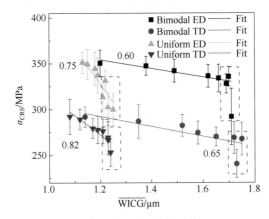

图 6-64　ZA21 镁合金腐蚀剩余强度与晶间腐蚀沟槽宽度的关系

此外，腐蚀后期晶间腐蚀沟槽宽度增幅较小，不会导致腐蚀剩余强度大幅衰减。但实际上，腐蚀剩余强度在后期仍然出现了大幅衰减，这意味着，腐蚀后期腐蚀剩余强度的大幅衰减与晶间腐蚀关系较小。通常认为，晶间腐蚀导致晶粒间结合力显著降低，造成材料完全失效[49]。但 ZA21 棒材腐蚀后未出现该现象，腐蚀 16 天后仍保留大部分强度，说明 ZA21 中晶间腐蚀对材料强度的破坏作用有限；再结合点蚀对腐蚀剩余强度的影响，可以认为腐蚀后期点蚀对腐蚀剩余强度的影响远高于晶间腐蚀。

晶间腐蚀一方面沿晶界横向扩展，另一方面也存在沿晶界纵深扩展的可能性。横向扩展晶间腐蚀沟槽平均宽度小于 2μm，对 ZA21 腐蚀剩余强度的影响有限。纵深扩展时，存在两种现象导致其对腐蚀剩余强度衰减的影响有限：一是 ZA21 镁合金晶间腐蚀纵深扩展程度较低。图 6-65（a）中 ZA21 镁合金均匀组织轴向压缩试样腐蚀 16 天后测试表面整体较平整，没有发现明显晶粒剥落现象，如果晶间腐蚀纵向扩展较深，晶粒周围晶界全部发生腐蚀，该晶粒将失去与周围晶粒间的结合力，必然会观察到晶粒脱落现象。因此，可以认为 16 天内 ZA21 镁合金的晶间腐蚀渗入到基体深处的程度较低。二是晶间腐蚀向纵深扩展时易进一步发展成点蚀 [图 6-65（b）]。

晶间腐蚀和点蚀在腐蚀过程中的扩展路径为：腐蚀初期，晶界和基体内局部电化学活性较高的位置优先腐蚀；随着腐蚀的进行，晶间腐蚀不断向横向及纵向扩展，横向扩展程度随腐蚀时间变化较小，纵深扩展时以侵蚀下一层晶粒的晶界的过程中导致 Cl⁻ 累积造成周围晶粒发生腐蚀，在晶粒内部发生局部点蚀，导致晶间腐蚀还未能纵深扩展至较深程度时就被点蚀代替，点蚀坑内部裸露基体再按照上述腐蚀路径继续腐蚀；因此，晶间腐蚀纵深扩展时对材料强度的影响在统计过程中很容易归为点蚀对强度的影响，造成晶间腐蚀对腐蚀剩余强度衰减影响较低的现象。这也表明，点蚀和晶间腐蚀对腐蚀剩余强度的影响并不是单独作用，而是协同作用，互相促进，共同降低材料强度。这也进一步解释了为什么在晶间腐蚀对强度衰减程度影响有限的情况下，负指数模型仍然无法很好地描述强度衰减规律的原因。换言之，一方面，ZA21 镁合金棒材腐蚀过程中，发生了点蚀和晶间腐蚀，由于受力面积的减小以及局部应力集中的发生，二者对强度衰减均起到恶化作用；另一方面，晶间腐蚀的某些位置作为腐蚀形核位点 [图 6-65（a）中方框所示]，诱导点蚀发生，点蚀坑内部又以晶间腐蚀的形式开始向纵深处扩展 [图 6-65（b）中方框所示]，晶间腐蚀诱导点蚀形核与点蚀坑内晶间腐蚀的扩展协同作用，共同导致强度降低，造成二者对强度衰减的恶化作用大于晶间腐蚀和点蚀单独作用时。

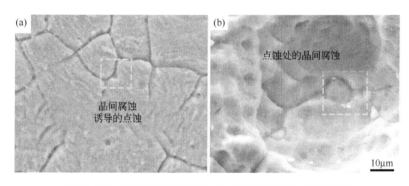

图 6-65　ZA21 镁合金腐蚀 16 天时典型腐蚀扩展形貌
（a）晶间腐蚀扩展形貌；（b）晶间腐蚀与点蚀协同扩展形貌

图 6-66 为腐蚀前后 ZA21 镁合金四种试样的断口形貌。四种试样之间以及腐蚀前后的断口形貌均没有显著区别，断口光滑，均表现出典型的脆性断裂特征，可见晶粒尺寸、晶体取向的分布以及基体的腐蚀均未改变合金的断裂机制。腐蚀前后相似的断口形貌也进一步证明了腐蚀仅发生在试样表面，没有深入试样内部；腐蚀 16 天后即使最大点蚀坑深度达到了毫米级，相对于宏观尺度的试样宽度仍属于细观尺度；纵深扩展的晶间腐蚀更无法超过最大点蚀坑深度，因此，腐蚀后不会对断裂机制产生显著影响。但表面断裂变形区的组织变化不同于断口表面，受腐蚀影响较大。

图 6-67 为 ZA21 镁合金压缩试样腐蚀 1 天及 16 天后的断裂变形区组织。腐蚀 1 天后表面无较大点蚀坑，晶界形状清晰可见，即晶间腐蚀为主要的腐蚀类型。四种断裂试样中均仅有一条主裂纹，且主裂纹与加载方向成典型的 45°夹角，符合最大切应力理论[50]。主裂

纹附近存在多条二次裂纹（图 6-67 中红色箭头），二次裂纹为明显的沿晶和穿晶扩展类型。图 6-67（e）～（h）为腐蚀 16 天后断裂变形区组织，与腐蚀 1 天相比，腐蚀 16 天的试样表面出现大量点蚀坑 [图 6-67（e）～（h）中绿色箭头]，且主裂纹穿过点蚀坑内部，表明腐蚀较严重的点蚀处是裂纹形核及扩展的主要位置；此外，主裂纹附近以及点蚀坑内部均存在大量二次裂纹 [图 6-67（e）～（h）中红色箭头]，穿晶和沿晶裂纹均存在。四种试样的断裂变形区组织、主裂纹方向及二次裂纹类型并未表现出明显差异，这也归因于四种试样相同的腐蚀类型，虽然点蚀和晶间腐蚀程度有所差异，但由此导致的裂纹扩展路径没有显著差异。

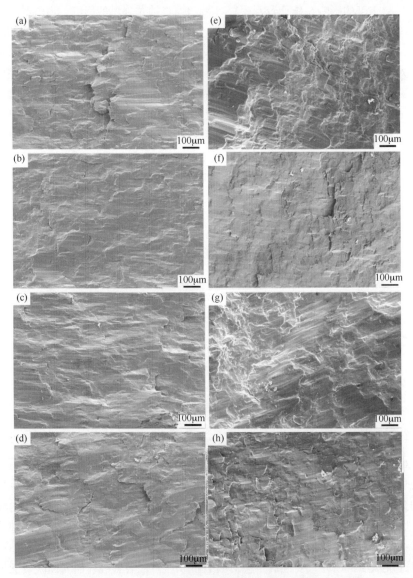

图 6-66　ZA21 镁合金腐蚀前和腐蚀 16 天后压缩断口形貌

腐蚀前：（a）双峰组织轴向压缩；（b）双峰组织径向压缩；
（c）均匀组织轴向压缩；（d）均匀组织径向压缩
腐蚀后：（e）双峰组织轴向压缩；（f）双峰组织径向压缩；
（g）均匀组织轴向压缩；（h）均匀组织径向压缩

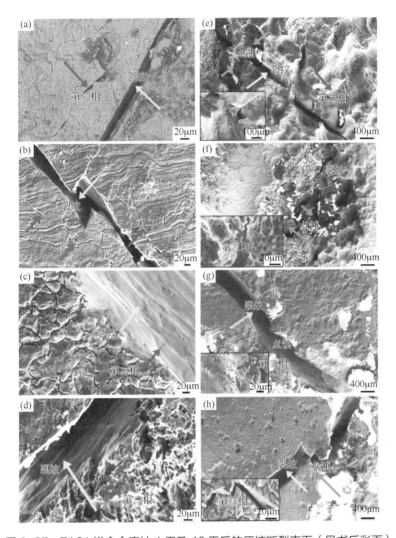

图 6-67 ZA21 镁合金腐蚀 1 天及 16 天后的压缩断裂表面（见书后彩页）

腐蚀 1 天后：（a）双峰组织轴向压缩；（b）双峰组织径向压缩；（c）均匀组织轴向压缩；（d）均匀组织径向压缩

腐蚀 16 天后：（e）双峰组织轴向压缩；（f）双峰组织径向压缩；（g）均匀组织轴向压缩；（h）均匀组织径向压缩

图 6-68 给出了典型二次裂纹及扩展路径，图中黄色路径为穿晶裂纹，绿色路径为沿晶裂纹，红色箭头为裂纹起裂位置。图 6-68（a）中二次裂纹在点蚀坑处形核并向各个方向扩展，裂纹扩展方式为穿晶断裂，裂纹扩展到一定程度后转向为沿晶界扩展。图 6-68（b）中二次裂纹起裂位置位于大裂纹处，扩展方向垂直于大裂纹，裂纹扩展初期仍为典型穿晶断裂特征，随后部分裂纹发展为沿晶断裂，如图中绿色虚线所示扩展路径。图 6-68（c）和（d）呈现出沿晶断裂特征，二次裂纹形核在晶界结合力较弱的位置，这些位置结合力降低由晶间腐蚀导致，初始裂纹扩展仍为穿晶断裂，随后发展为沿晶断裂。二次裂纹扩展过程中由穿晶断裂扩展到沿晶断裂，表明晶界的强度较晶内低，而晶界强度的降低不可避免与晶间腐蚀有关。二次裂纹通常在应力集中区域形成，变形过程中位错不断生成、汇集并消失，极易在几何尖端（如蚀坑尖部、腐蚀的晶界处）塞积，最终导致应力集中；即压缩试样表面点蚀坑和晶间腐蚀的存在导致试样受力时应力集中出现在蚀坑尖部及晶界位置，促进裂

433

纹形核，导致材料断裂。因此，点蚀导致和晶间腐蚀导致的有效受力面积降低、原子间结合力降低以及应力集中是腐蚀剩余强度降低的根本原因。

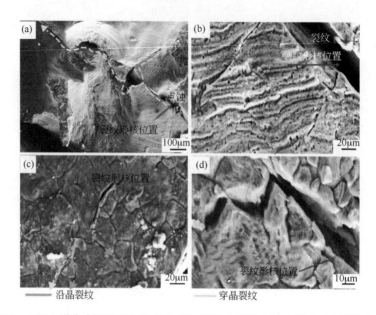

图 6-68　ZA21 镁合金双峰组织和均匀组织腐蚀 1 天及 16 天后断裂试样的典型二次裂纹扩展路径（见书后彩页）

（a）双峰组织腐蚀 16 天后轴向压缩断裂试样；（b）双峰组织腐蚀 1 天后径向压缩断裂试样；
（c）均匀组织腐蚀 1 天后轴向压缩断裂试样；（d）均匀组织腐蚀 16 天后径向压缩断裂试样

6.3.3　初始强度与腐蚀速率对腐蚀剩余强度的影响

镁合金腐蚀剩余强度受合金腐蚀水平（腐蚀方式、腐蚀程度）以及初始强度影响。图 6-69 呈现出 ZA21 镁合金腐蚀水平与强度水平间的关系，图中红色虚线矩形表示试样初始腐蚀强度（忽略图中横坐标所示的腐蚀速率，初始腐蚀强度与腐蚀速率无关），黑色实线矩形表示试样所在腐蚀速率水平及腐蚀剩余强度水平。将四种试样的腐蚀速率按 1～4 排序，1 表示腐蚀速率最低，4 表示腐蚀速率最高，则双峰组织纵截面=4，双峰组织横截面=3，均匀组织纵截面=2，均匀组织横截面=1；同理，将强度水平按 1～4 排序，1 表示强度最低，4 表示强度最高，则双峰组织轴向压缩=4，双峰组织径向压缩=2，均匀组织轴向压缩=3，均匀组织径向压缩=1。根据强度实际衰减程度，认为腐蚀速率水平每衰减 1，强度水平衰减 0.5。因此，四种试样腐蚀后强度水平分别为：双峰组织轴向压缩=均匀组织轴向压缩=2，双峰组织径向压缩=均匀组织径向压缩=0.5，即同一加载方向下，均匀组织和双峰组织腐蚀后强度等级相同。

图 6-69 较直观地反映了 ZA21 镁合金腐蚀剩余强度由腐蚀水平与初始强度共同作用的现象，而腐蚀水平（腐蚀方式、腐蚀程度）及初始强度均受合金晶粒尺寸及晶体取向特征影响。双峰组织和均匀组织仅存在晶粒尺寸上的差异，双峰组织由于细晶强化、对拉伸孪生的抑制作用促进了强度的提高；但粗晶和细晶的混合导致双峰组织的电化学均匀性较差，增大了腐蚀初期微电偶腐蚀强度，并在腐蚀后期生成了不均匀的腐蚀产物膜，加速了腐蚀

进行；均匀组织由于电化学均匀性更好，降低了微电偶腐蚀强度并生成了更具保护作用的腐蚀产物膜，提高了合金的耐蚀性。因此，双峰组织和均匀组织的腐蚀剩余强度也受晶粒尺寸的影响，并且，晶粒尺寸分布导致强度和耐蚀性存在竞争关系，同一加载方向下这种竞争关系表现在双峰组织强度高但耐蚀性差，均匀组织耐蚀性高但强度低；造成双峰组织腐蚀剩余强度衰减幅度大，均匀组织衰减幅度小，最终，腐蚀 16 天后，双峰组织和均匀组织的腐蚀剩余强度在同一水平。不同加载方向下，晶体取向导致的强度差异较大，腐蚀速率差异较强度差异略小，因此，轴向压缩后的腐蚀剩余强度仍高于径向压缩。

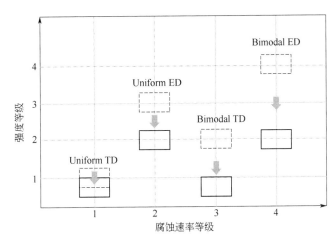

图 6-69　ZA21 镁合金腐蚀速率与初始强度共同作用下的腐蚀剩余强度

参考文献

[1]　Zeng R C, Sun L, Zheng Y F, et al. Corrosion and characterisation of dual phase Mg-Li-Ca alloy in Hank's solution: The influence of microstructural features[J]. Corrosion Science, 2014, 79: 69-82.

[2]　Mingo B, Arrabal R, Mohedano M, et al. Corrosion of Mg-9Al alloy with minor alloying elements (Mn, Nd, Ca, Y and Sn)[J]. Materials & Design, 2017, 130: 48-58.

[3]　武鹏鹏. Mg-Al-Ca 合金耐腐蚀性能研究[D]. 武汉: 武汉理工大学，2018.

[4]　Liu H G, Cao F Y, Song G L, et al. Review of the atmospheric corrosion of magnesium alloys[J]. Journal of Materials Science & Technology, 2019, 35: 2003-2016.

[5]　Peng J H, Zhang Z, Long C, et al. Effect of crystal orientation and {10-12} twins on the corrosion behaviour of AZ31 magnesium alloy[J]. Journal of Alloys and Compounds, 2020, 827: 154096.

[6]　Gong C W, He X Z, Fang D Q, et al. Effect of second phases on discharge properties and corrosion behaviors of the Mg-Ca-Zn anodes for primary Mg-air batteries[J]. Journal of Alloys and Compounds, 2021, 861: 158493.

[7]　He Y Q, Peng C Q, Feng Y, et al. Effects of alloying elements on the microstructure and corrosion behavior of Mg-Li-Al-Y alloys[J]. Journal of Alloys and Compounds, 2020, 834: 154344.

[8]　Zhang J Y, Jiang B, Yang Q S, et al. Role of second phases on the corrosion resistance of Mg-Nd-Zr alloys[J]. Journal of Alloys and Compounds, 2020, 849: 156619.

[9]　Song G L, Mishra R, Xu Z Q. Crystallographic orientation and electrochemical activity of AZ31 Mg alloy[J]. Electrochemistry Communications, 2010, 12(8): 1009-1012.

[10] Xin R L, Li B, Li L, et al. Influence of texture on corrosion rate of AZ31 Mg alloy in 3.5 wt.% NaCl[J]. Materials & Design, 2011, 32(8-9): 4548-4552.

[11] Jiang Q T, Ma X M, Zhang K, et al. Anisotropy of the crystallographic orientation and corrosion performance of high-strength AZ80 Mg alloy[J]. Journal of Magnesium and Alloys, 2015, 3(4): 309-314.

[12] Jiang B, Xiang Q, Atrens A, et al. Influence of crystallographic texture and grain size on the corrosion behaviour of as-extruded Mg alloy AZ31 sheets[J]. Corrosion Science, 2017, 126: 374-380.

[13] Xin R L, Wang M Y, Gao J C, et al. Effect of microstructure and texture on corrosion resistance of magnesium alloy[J]. Materials Research, 2009, 610-613: 1160-1163.

[14] Wang B J, Xu D K, Dong J H, et al. Effect of the crystallographic orientation and twinning on the corrosion resistance of an as-extruded Mg-3Al-1Zn (wt.%) bar[J]. Scripta Materialia, 2014, 88: 5-8.

[15] Wang B J, Xu K, Xu D K, et al. Anisotropic corrosion behavior of hot-rolled Mg-8 wt.%Li alloy[J]. Journal of Materials Science & Technology, 2020, 53: 102-111.

[16] Song G L, Xu Z Q. The surface, microstructure and corrosion of magnesium alloy AZ31 sheet[J]. Electrochimica Acta, 2010, 55(13): 4148-4161.

[17] Zhang T, Shao Y W, Meng G Z, et al. Corrosion of hot extrusion AZ91 magnesium alloy: I-relation between the microstructure and corrosion behavior[J]. Corrosion Science, 2011, 53: 1960-1968.

[18] Zhao J H, Deng Y L, Tang J G, et al. Effect of gradient grain structures on corrosion resistance of extruded Al-Zn-Mg-Cu alloy[J]. Journal of Alloys and Compounds, 2020, 832: 154911.

[19] Alvarez-Lopez M, Pereda M D, del Valle J A, et al. Corrosion behaviour of AZ31 magnesium alloy with different grain sizes in simulated biological fluids[J]. Acta Biomater, 2010, 6(5): 1763-1771.

[20] Argade G R, Panigrahi S K, Mishra R S. Effects of grain size on the corrosion resistance of wrought magnesium alloys containing neodymium[J]. Corrosion Science, 2012, 58: 145-151.

[21] Cubides Y, Karayan A, Vaughan M, et al. Enhanced mechanical properties and corrosion resistance of a fine-grained Mg-9Al-1Zn alloy: The role of bimodal grain structure and β-Mg 17Al12 precipitates[J]. Materialia, 2020, 13: 100840.

[22] Song G L, Xu Z Q. Effect of microstructure evolution on corrosion of different crystal surfaces of AZ31 Mg alloy in a chloride containing solution[J]. Corrosion Science, 2012, 54: 97-105.

[23] Saikrishna N, Reddy G, Munirathinam B, et al. Influence of bimodal grain size distribution on the corrosion behavior of friction stir processed biodegradable AZ31 magnesium alloy[J]. Journal of Magnesium and Alloys, 2016, 4: 68-76.

[24] Luo Y F, Deng Y L, Guan L Q, et al. Effect of grain size and crystal orientation on the corrosion behavior of as-extruded Mg-6Gd-2Y-0.2Zr alloy[J]. Corrosion Science, 2020, 164: 108338.

[25] Fu B Q, Liu W, Li Z L. Calculation of the surface energy of hcp-metals with the empirical electron theory[J]. Applied Surface Science, 2009, 255(23): 9348-9357.

[26] Liu Y, Kang Z X, Zhou L L, et al. Mechanical properties and biocorrosion behaviour of deformed Mg-Gd-Nd-Zn-Zr alloy by equal channel angular pressing[J]. Corrosion Engineering, Science and Technology, 2016, 51(4): 256-262.

[27] Argade G R, Kandasamy K, Panigrahi S K, et al. Corrosion behavior of a friction stir processed rare-earth added magnesium alloy[J]. Corrosion Science, 2012, 58: 321-326.

[28] Tian W M, Li S M, Liu J H, et al. Preparation of bimodal grain size 7075 aviation aluminum alloys and their corrosion properties[J]. Chinese Journal of Aeronautics, 2017, 30(5): 1777-1788.

[29] Ralston K D, Birbilis N, Davies C H J. Revealing the relationship between grain size and corrosion rate of metals[J]. Scripta Materialia, 2010, 63(12): 1201-1204.

[30] Gottstein G, Shvindlerman L S. Grain Boundary Migration in Metals: Thermodynamics, Kinetics, Applications[M]. Boca Raton: CRC Press, 2011.

[31] Song G L, Atrens A. Corrosion mechanisms of magnesium alloys[J]. Advanced Engineering Materials, 1999, 1(1): 11-33.

436

[32] Zeng R C, Zhou W Q, Han E H, et al. Effect of pH value on corrosion of as-extruded AM60 magnesium alloy[J]. Acta Metallurgica Sinica, 2005, 44(3): 307-311.

[33] Makar G L, Kruger J. Corrosion of magnesium[J]. International Materials Reviews, 2013, 38(3): 138-153.

[34] Valente T. Grain boundary effects on the behavior of WE43 magnesium castings in simulated marine environment[J]. Journal of Materials Science Letters, 2001, 20: 67-69.

[35] Ghali E, Dietzel W, Kainer K. General and localized corrosion of magnesium alloys: A critical review[J]. Journal of Materials Engineering and Performance, 2004, 13(1): 7-23.

[36] Yang J, Peng J, Nyberg E A, et al. Effect of Ca addition on the corrosion behavior of Mg-Al-Mn alloy[J]. Applied Surface Science, 2016, 369: 92-100.

[37] Wang H X, Song Y W, Yu J, et al. Characterization of Filiform Corrosion of Mg-3ZnMg Alloy[J]. Journal of The Electrochemical Society, 2017, 164: C574-C580.

[38] Li C Q, Xu D K, Zeng Z R, et al. Effect of volume fraction of LPSO phases on corrosion and mechanical properties of Mg-Zn-Y alloys[J]. Materials & Design, 2017, 121(5): 430-441.

[39] King A D, Birbilis N, Scully J R. Accurate electrochemical measurement of magnesium corrosion rates; a combined impedance, mass-loss and hydrogen collection study[J]. Electrochimica Acta, 2014, 121: 394-406.

[40] Song Y, Han E H, Dong K, et al. Microstructure and protection characteristics of the naturally formed oxide films on Mg-xZn alloys[J]. Corrosion Science, 2013, 72: 133-143.

[41] Yang J, Yim C D, You B S. Effects of Sn in α-Mg matrix on properties of surface films of Mg-xSn (x = 0, 2, 5 wt%) alloys[J]. Materials and Corrosion, 2016, 67(5): 531-541.

[42] Yu X W, Jiang B, He J J, et al. Oxidation resistance of Mg-Y alloys at elevated temperatures and the protection performance of the oxide films[J]. Journal of Alloys and Compounds, 2018, 749: 1054-1062.

[43] Wang B J, Xu D K, Dong J H, et al. Effect of corrosion product films on the in vitro degradation behavior of Mg-3%Al-1%Zn (in wt%) alloy in Hank's solution[J]. Journal of Materials Science & Technology, 2018, 34(10): 1756-1764.

[44] 王强. 铸造 AZ91D 镁合金腐蚀动态力学性能评价及防护研究[D]. 长春: 吉林大学, 2010.

[45] 杨淼. AM50 镁合金腐蚀力学性能研究[D]. 长春: 吉林大学, 2014.

[46] 张小波, 卫乐, 李凤梅. 奥氏体不锈钢压力容器晶间腐蚀及预防对策[J]. 黑龙江科学, 2019, 10: 62-63.

[47] Liang J, Srinivasan P B, Blawert C, et al. Influence of pH on the deterioration of plasma electrolytic oxidation coated AM50 magnesium alloy in NaCl solutions[J]. Corrosion Science, 2010, 52(2): 540-547.

[48] 张胜寒, 李娜, 李奕, 等. 汽轮机转子钢晶间腐蚀沟槽宽度的统计特征研究[J]. 汽轮机技术, 2008, 50: 477-480.

[49] 王天耀, 李敞, 刘文强. 几种常见的压力容器腐蚀类型及防护措施探究[J]. 清洗世界, 2020, 35(5): 12-13.

[50] 戴宏亮. 材料力学[M]. 长沙: 湖南大学出版社, 2014.

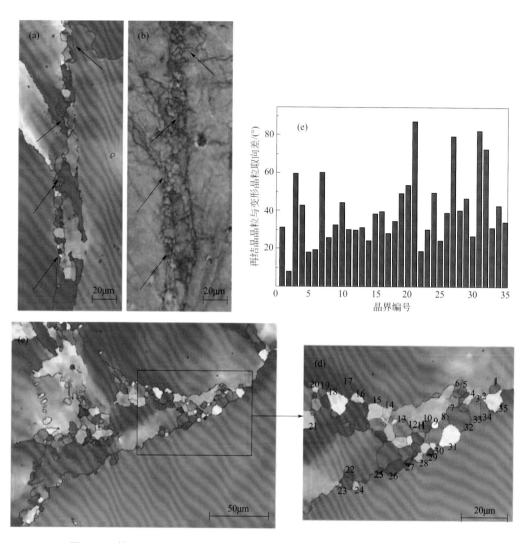

图 2-6 热压缩态 Mg-1.5Zn-0.2Gd 合金新生再结晶晶粒与基体取向关系

（a）（c）（d）IPF 图；（b）菊池带衬度图；（e）图（d）中新生晶粒与变形基体的取向差分布图

图 2-14

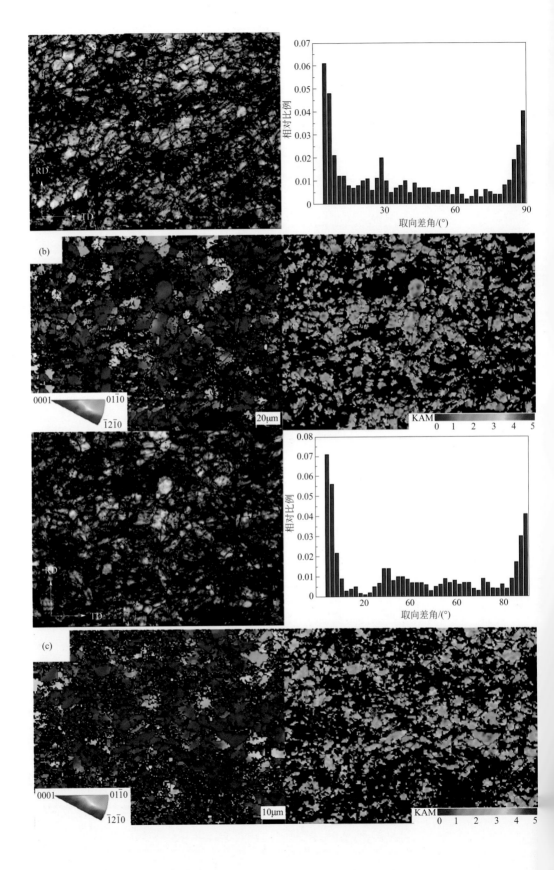

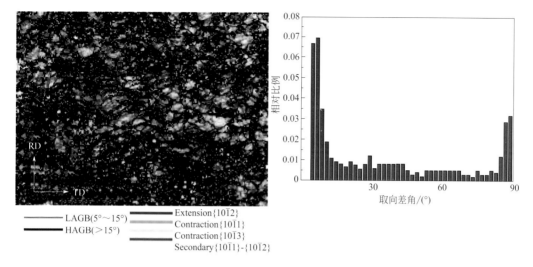

LAGB(5°~15°)   Extension{10$\bar{1}$2}
HAGB(>15°)   Contraction{10$\bar{1}$1}
Contraction{10$\bar{1}$3}
Secondary{10$\bar{1}$1}-{10$\bar{1}$2}

图 2-14 三种镁合金退火 5s 时 EBSD 微观组织（IPF、KAM、晶界结构、取向差角分布）

（a）IC-Z2 镁合金；（b）IC-ZA21 镁合金；（c）TRC-ZA21 镁合金

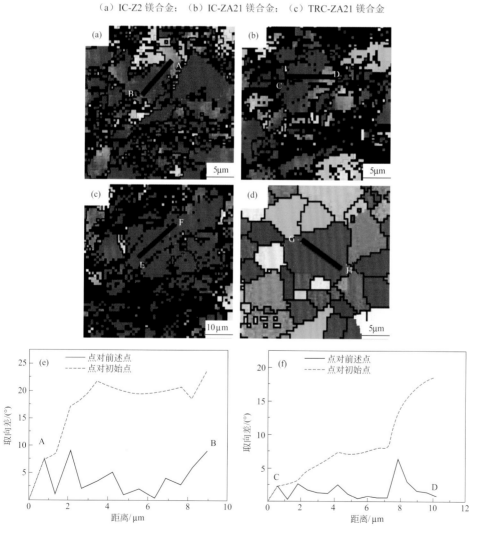

图 2-15

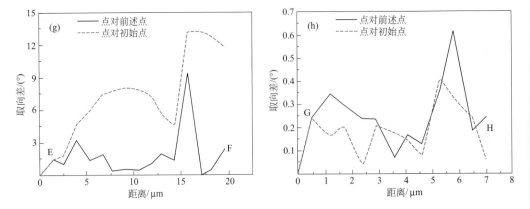

图 2-15 IPF 局部放大图及取向差变化

TRC-ZA21 镁合金退火 10s：（a）IPF 局部放大图；（e）取向差变化
IC-ZA21 镁合金退火 5s：（b）IPF 局部放大图；（f）取向差变化
IC-Z2 镁合金退火 5s：（c）IPF 局部放大图；（g）取向差变化
TRC-ZA21 镁合金退火 3600s：（d）IPF 局部放大图；（h）取向差变化

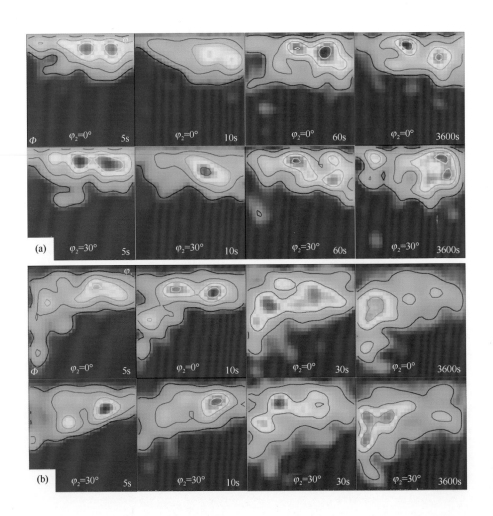

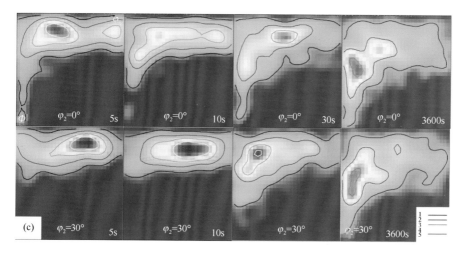

图 2-22　退火过程中三种镁合金的取向分布函数

（a）IC-Z2 镁合金；（b）IC-ZA21 镁合金；（c）TRC-ZA21 镁合金

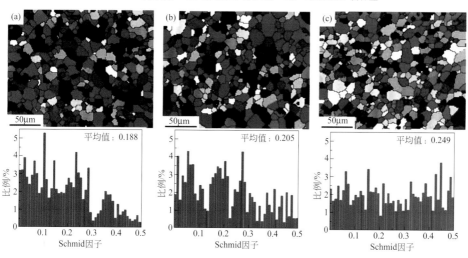

图 3-10　退火态 AX30 镁合金基面滑移 Schmid 因子分布

（a）AX30-400；（b）AX30-450；（c）AX30-500

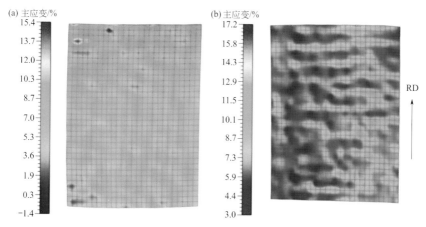

图 3-31　AZ31 镁合金板材异步轧制后的表面变形情况

（a）上表面（大直径轧辊侧）；（b）下表面（小直径轧辊侧）

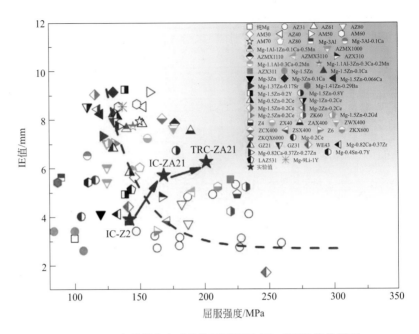

图 3-49　多种镁合金成分体系屈服强度与成形性能的关系

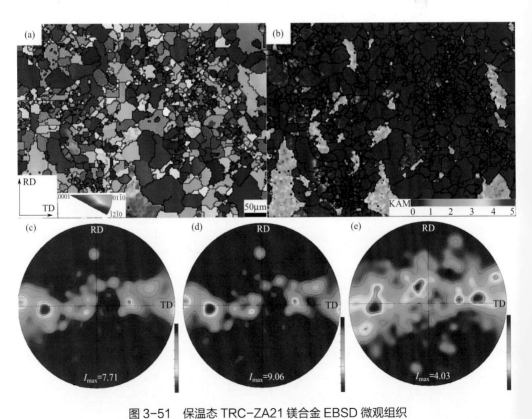

图 3-51　保温态 TRC-ZA21 镁合金 EBSD 微观组织

（a）IPF 图；（b）KAM 图；（c）(0001) 极图；（d）粗大晶粒 (0001) 极图；（e）细小晶粒 (0001) 极图

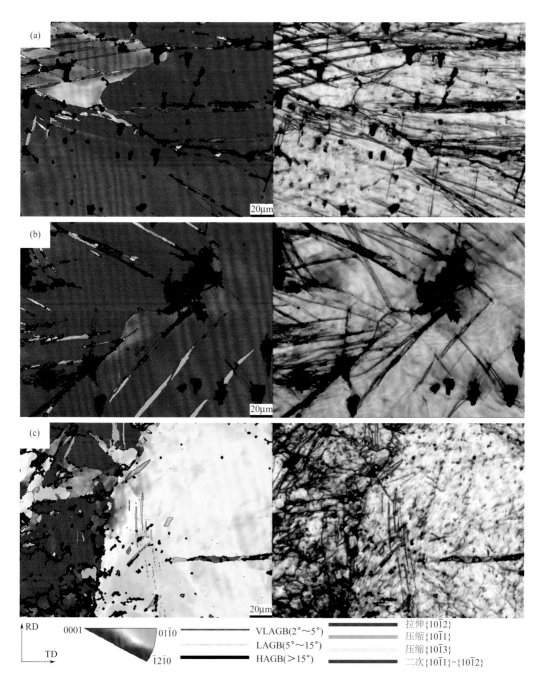

图 3-54 25% 累积压下量轧制态镁合金反极图及晶界结构图
（a）IC-Z2；（b）IC-ZA21；（c）TRC-ZA21

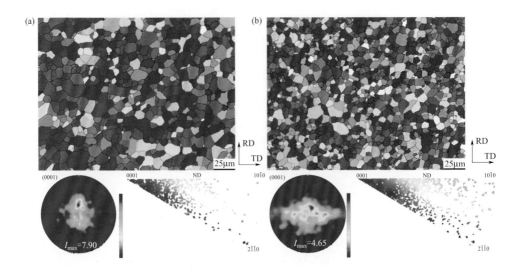

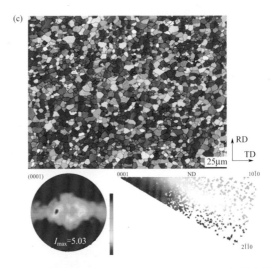

图 3-60　退火态镁合金反极图、(0001) 极图及反极图散点图

（a）IC-Z2；　（b）IC-ZA21；　（c）TRC-ZA21

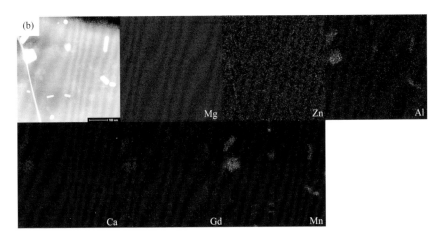

图 3-67　退火态 ZA21 镁合金的合金元素面扫描分布图像

（a）TRC-ZA21 镁合金；　（b）IR-ZA21 镁合金

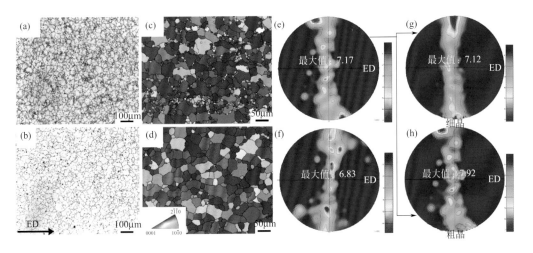

图 3-75　退火态镁合金 RD 方向基面滑移系 Schmid 因子图像

（a）IC-Z2；　（b）IC-ZA21；　（c）TRC-ZA21

图 4-2　双峰组织和均匀组织棒材纵截面的微观组织

（a）双峰组织的光学显微形貌；　（b）均匀组织的光学显微形貌；
（c）双峰组织的 IPF 图；　（d）均匀组织的 IPF 图；
（e）双峰组织的 (0001) 极图；　（f）均匀组织的 (0001) 极图；
（g）双峰组织中细晶的 (0001) 极图；　（h）均匀组织中粗晶的 (0001) 极图

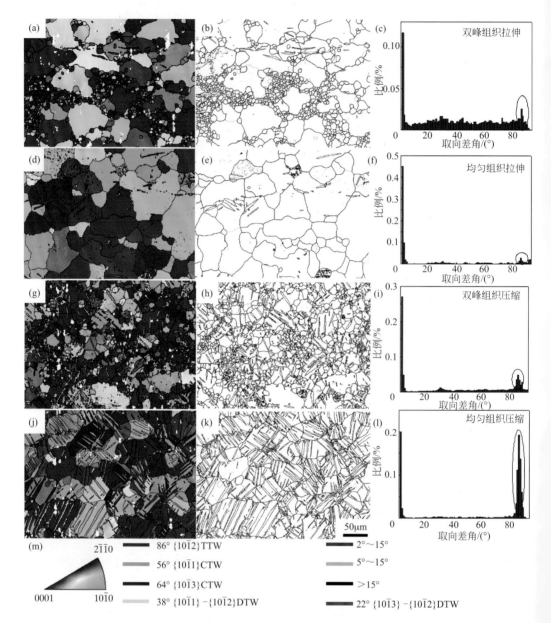

(m) 2Ī10
0001 10Ī0

86° {10Ī2}TTW
56° {10Ī1}CTW
64° {10Ī3}CTW
38° {10Ī1}–{10Ī2}DTW

2°~15°
5°~15°
>15°
22° {10Ī3}–{10Ī2}DTW

图4-4 2%应变量时的微观组织特征

（TTW：拉伸孪晶；CTW：压缩孪晶；DTW：双孪晶）

（a）～（c）拉伸状态下的双峰组织；（d）～（f）拉伸状态下的均匀组织；

（g）～（i）压缩状态下的双峰组织；（j）～（l）压缩状态下的均匀组织；（m）取向示意图

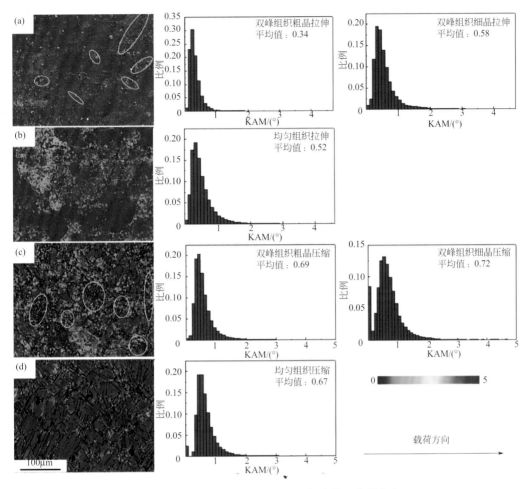

图 4-8　应变 2% 时的 KAM 图和相应的取向差分布

（a）拉伸状态下的双峰组织；（b）拉伸状态下的均匀组织；
（c）压缩状态下的双峰组织；（d）压缩状态下的均匀组织

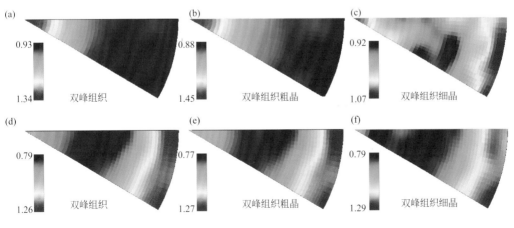

图 4-9

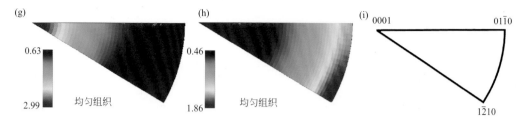

图4-9　应变2%时的晶内取向差轴分布

（a）拉伸状态下的双峰组织；（b）拉伸状态下双峰组织中的粗晶；
（c）拉伸状态下双峰组织中的细晶；（d）压缩状态下的双峰组织；
（e）压缩状态下双峰组织中的粗晶；（f）压缩状态下双峰组织中的细晶；
（g）拉伸状态下的均匀组织；（h）压缩状态下的均匀组织；（i）晶轴取向示意图

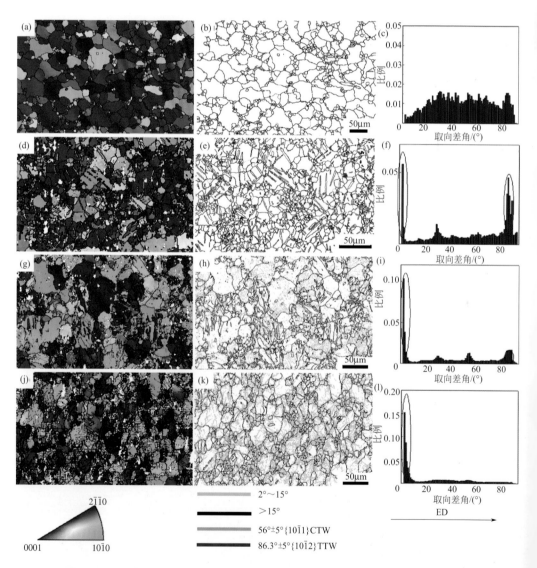

图4-13　双峰组织沿轴向压缩不同应变的IPF图、晶界结构图及取向差分布图

（a）～（c）0；（d）～（f）2%；（g）～（i）10%；（j）～（l）CFS

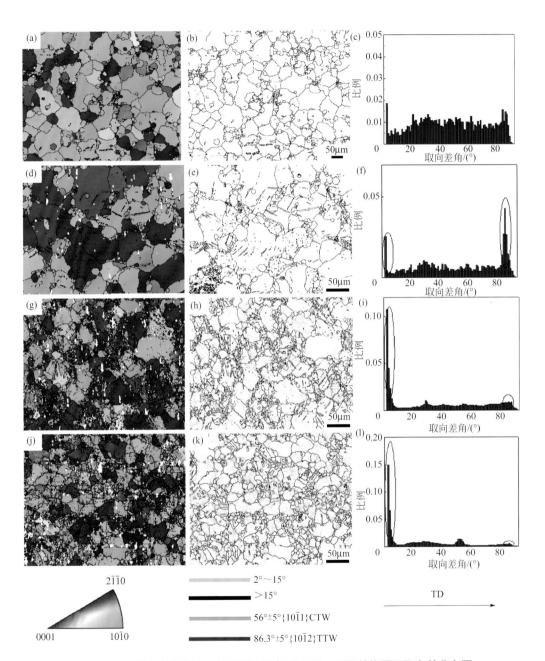

图 4-15 双峰组织沿径向压缩不同应变的 IPF 图、晶界结构图及取向差分布图

（a）～（c）0； （d）～（f）2%； （g）～（i）10%； （j）～（l）CFS

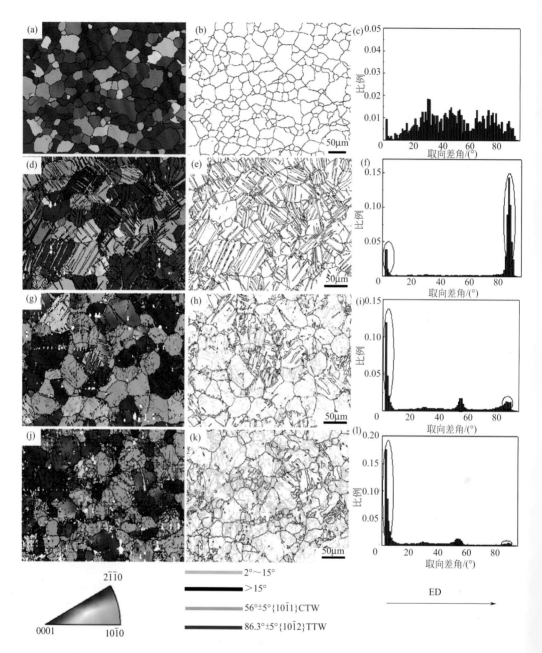

图 4-17　均匀组织沿轴向压缩不同应变的 IPF 图、晶界结构图及取向差分布图

（a）～（c）0；（d）～（f）2%；（g）～（i）10%；（j）～（l）CFS

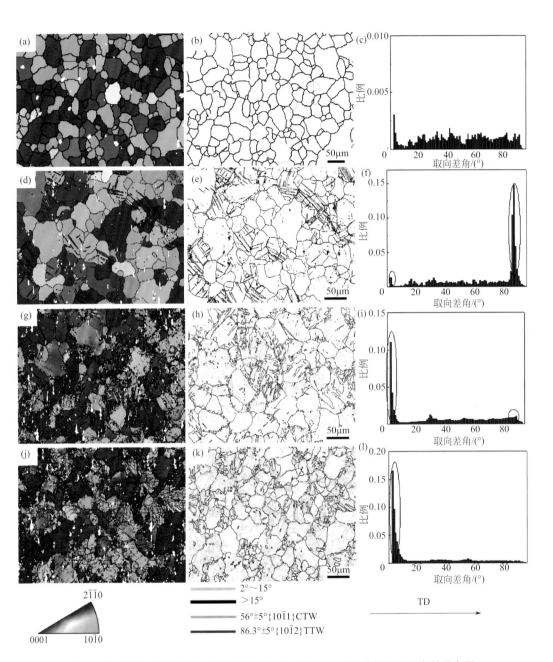

图 4-19 均匀组织沿径向压缩不同应变的 IPF 图、晶界结构图及取向差分布图

（a）～（c）0；（d）～（f）2%；（g）～（i）10%；（j）～（l）CFS

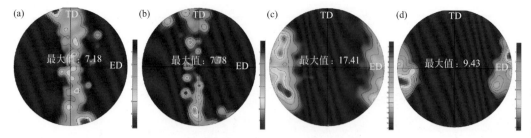

图 4-20　双峰组织沿轴向压缩过程中的 (0001) 极图

（a）应变 0；（b）应变 2%；（c）应变 10%；（d）断裂应变

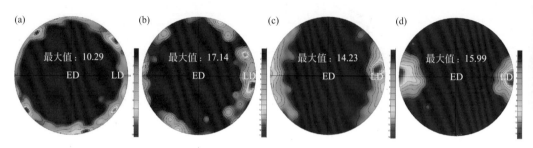

图 4-23　双峰组织沿径向压缩过程中的 (0001) 极图

（a）应变 0；（b）应变 2%；（c）应变 10%；（d）断裂应变

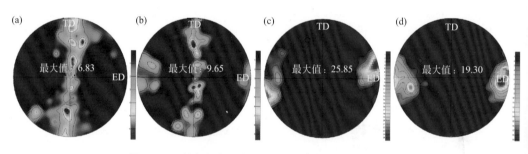

图 4-26　均匀组织沿轴向压缩过程中的 (0001) 极图

（a）应变 0；（b）应变 2%；（c）应变 10%；（d）断裂应变

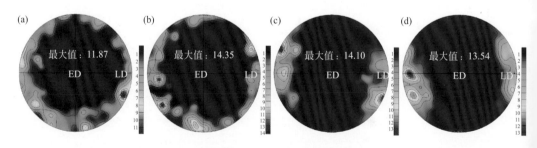

图 4-28　均匀组织沿径向压缩过程中的 (0001) 极图

（a）应变 0；（b）应变 2%；（c）应变 10%；（d）断裂应变

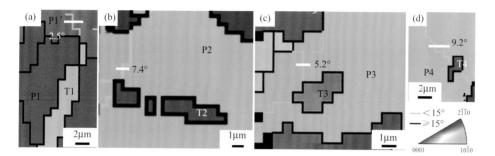

图 4-38　压缩 2% 时典型滑移诱导非 Schmid 孪晶形核的 EBSD 成像图

（a）双峰组织沿轴向压缩；（b）双峰组织沿径向压缩；

（c）均匀组织沿轴向压缩；（d）均匀组织沿径向压缩

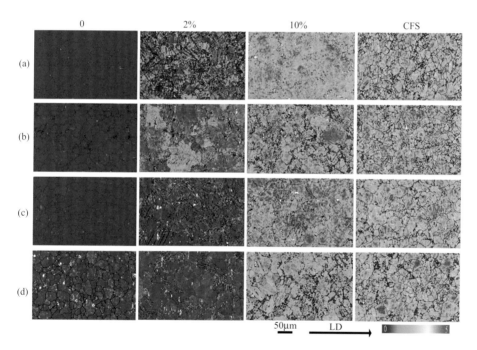

图 4-43　压缩不同应变时的 KAM 图

双峰组织：（a）轴向压缩；（b）径向压缩

均匀组织：（c）轴向压缩；（d）径向压缩

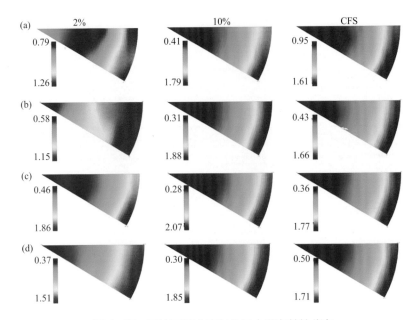

图 4-45 压缩不同应变时的晶内取向差轴分布

（a）双峰组织轴向压缩；（b）双峰组织径向压缩；
（c）均匀组织轴向压缩；（d）均匀组织径向压缩

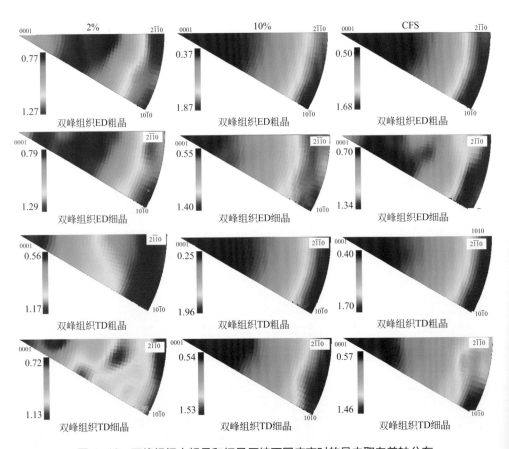

图 4-46 双峰组织中粗晶和细晶压缩不同应变时的晶内取向差轴分布

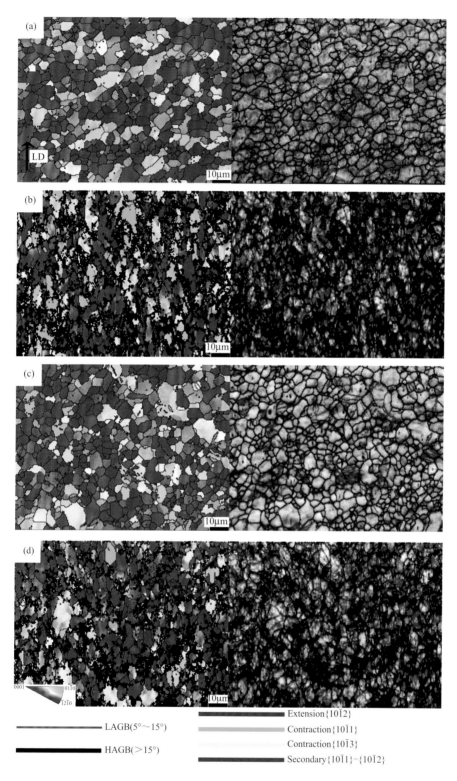

图 4-55　3% 应变及拉伸断裂时 TRC-ZA21 镁合金反极图及晶界结构图

（a）3% 应变，应变速率 $10^{-4} s^{-1}$，RD 方向加载；（b）断裂，应变速率 $10^{-4} s^{-1}$，RD 方向加载；
（c）3% 应变，应变速率 $10^{-2} s^{-1}$，TD 方向加载；（d）断裂，应变速率 $10^{-2} s^{-1}$，TD 方向加载

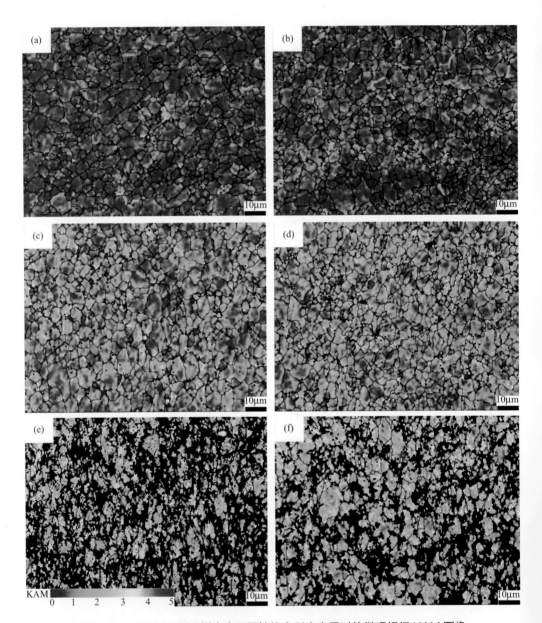

图 4-56　TRC-ZA21 镁合金不同拉伸变形应变量时的微观组织 KAM 图像

3% 应变：（a）RD 方向加载，应变速率 $10^{-4}s^{-1}$；（b）TD 方向加载，应变速率 $10^{-2}s^{-1}$

10% 应变：（c）RD 方向加载，应变速率 $10^{-4}s^{-1}$；（d）TD 方向加载，应变速率 $10^{-2}s^{-1}$

拉伸断裂：（e）RD 方向加载，应变速率 $10^{-4}s^{-1}$；（f）TD 方向加载，应变速率 $10^{-2}s^{-1}$

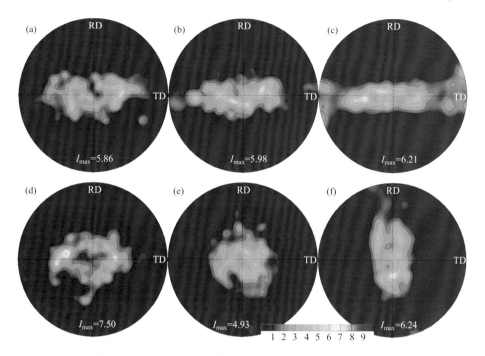

图 4-58　TRC-ZA21 镁合金拉伸变形过程中的基面极图

RD 方向加载，应变速率 $10^{-4}s^{-1}$：（a）3% 应变；（b）10% 应变；（c）拉伸断裂
TD 方向加载，应变速率 $10^{-2}s^{-1}$：（d）3% 应变；（e）10% 应变；（f）拉伸断裂

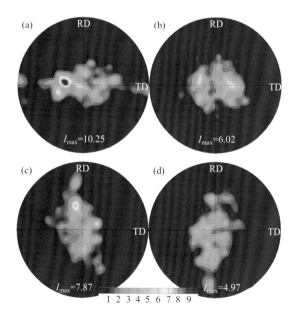

图 4-59　10% 应变时 TRC-ZA21 镁合金的基面极图

（a）RD 方向加载，应变速率 $10^{-2}s^{-1}$；（b）TD 方向加载，应变速率 $10^{-4}s^{-1}$；
（c）45° 方向加载，应变速率 $10^{-4}s^{-1}$；（d）45° 方向加载，应变速率 $10^{-2}s^{-1}$

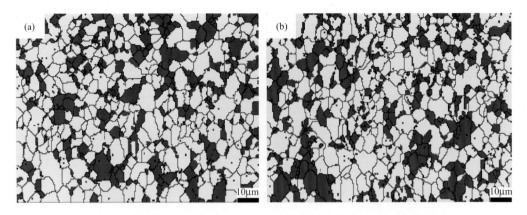

图 4-60　TRC-ZA21 镁合金应变速率 $10^{-4}s^{-1}$、应变 10% 的再结晶图

（a）RD 方向加载；　（b）TD 方向加载

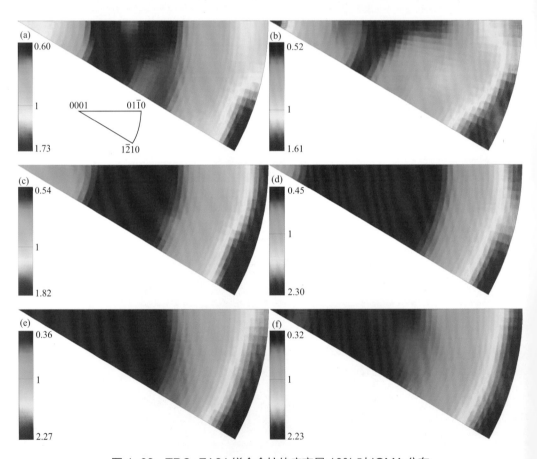

图 4-62　TRC-ZA21 镁合金拉伸应变量 10% 时 IGMA 分布

RD 方向加载：（a）应变速率 $10^{-4}s^{-1}$；（b）应变速率 $10^{-2}s^{-1}$

45° 方向加载：（c）应变速率 $10^{-4}s^{-1}$；（d）应变速率 $10^{-2}s^{-1}$

TD 方向加载：（e）应变速率 $10^{-4}s^{-1}$；（f）应变速率 $10^{-2}s^{-1}$

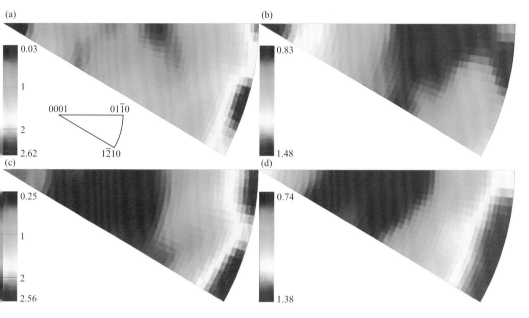

图 4-63　TRC-ZA21 镁合金拉伸变形过程中的 IGMA 分布

RD 方向加载，应变速率 $10^{-4}s^{-1}$：（a）3% 应变；（b）断裂失效

TD 方向加载，应变速率 $10^{-2}s^{-1}$：（c）3% 应变；（d）断裂失效

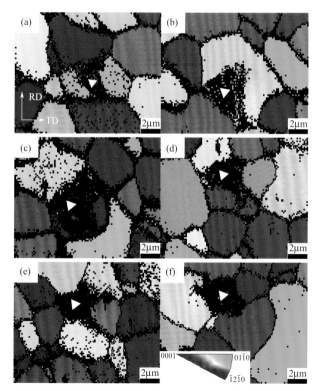

图 4-74　纳米压痕所处区域的晶粒取向反极图

（a）单独晶粒内 19 号压痕；（b）单独晶粒内 25 号压痕；

（c）双晶粒内 3 号压痕；（d）双晶粒内 20 号压痕；

（d）多晶粒内 18 号压痕；（f）多晶粒内 28 号压痕

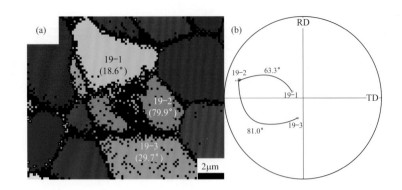

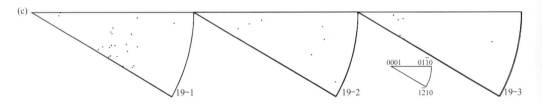

图 4-75　19 号压痕附近微观组织特征

（a）欧拉角图像；（b）相关晶粒基面极图；（c）相关晶粒 IGMA 分布

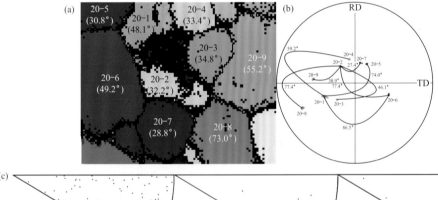

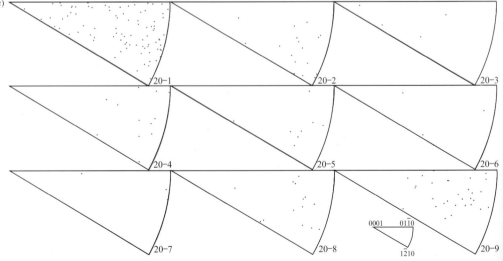

图 4-77　20 号压痕附近的微观组织特征

（a）欧拉角图像；（b）相关晶粒基面极图；（c）相关晶粒 IGMA 分布

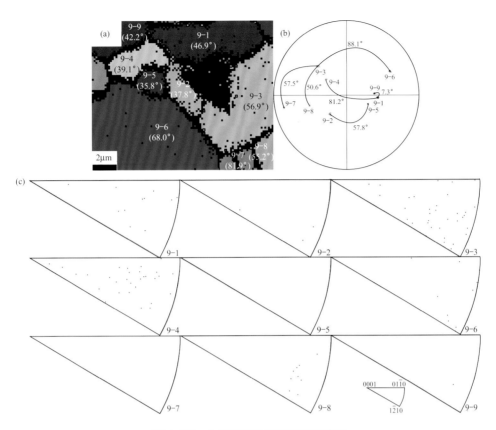

图 4-78　9 号压痕附近微观组织特征

（a）欧拉角图像；（b）相关晶粒基面极图；（c）相关晶粒 IGMA 分布

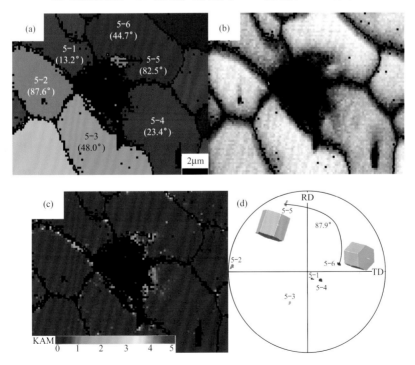

图 4-79

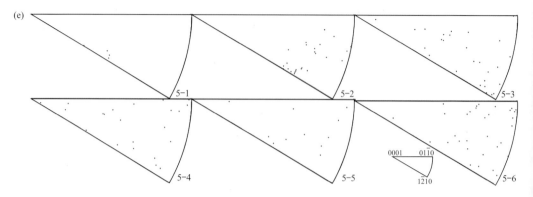

图 4-79　5 号压痕附近微观组织特征

（a）欧拉角图像；（b）晶界结构图；（c）KAM 图；

（d）相关晶粒基面极图；（e）相关晶粒 IGMA 分布

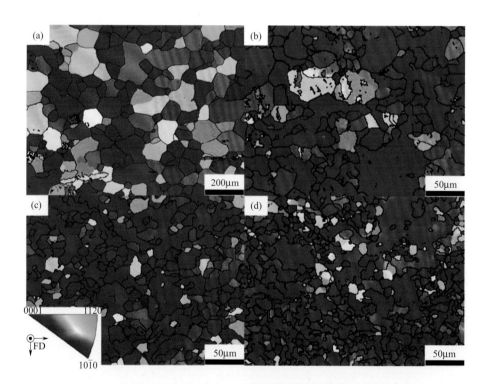

图 5-44　等温锻造 Mg-4Zn-xCa 合金疲劳裂纹前端 IPF 微观组织图

（a）Mg-4Zn（100×）；（b）Mg-4Zn-0.2Ca（500×）；

（c）Mg-4Zn-0.5Ca（500×）；（d）Mg-4Zn-0.8Ca（500×）

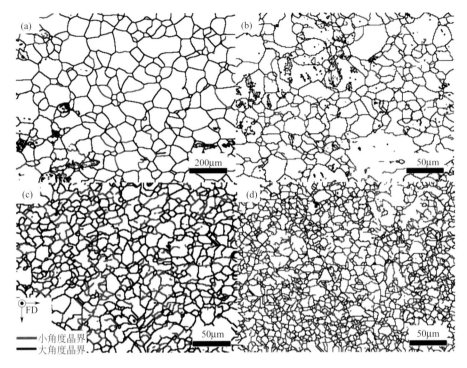

图 5-45 等温锻造 Mg-4Zn-xCa 合金疲劳裂纹前端微观组织晶界结构图

（a）Mg-4Zn (100×)； （b）Mg-4Zn-0.2Ca (500×)；

（c）Mg-4Zn-0.5Ca (500×)； （d）Mg-4Zn-0.8Ca (500×)

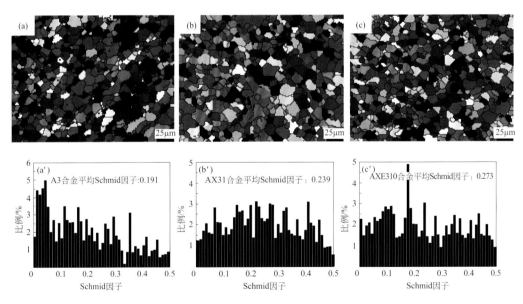

图 5-57　退火态 Mg-3Al 系合金基面滑移 Schmid 因子分布

（a）（a′）Mg-3Al； （b）（b′）Mg-3Al-0.6Ca； （c）（c′）Mg-3Al-0.6Ca-0.2Gd

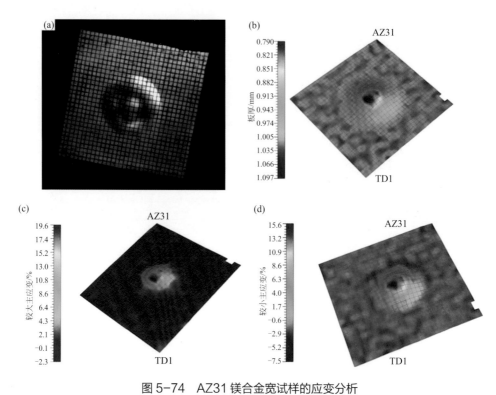

图 5-74　AZ31 镁合金宽试样的应变分析

（a）变形后的试样；（b）变形试样厚度分布；（c）较大主应变；（d）较小主应变

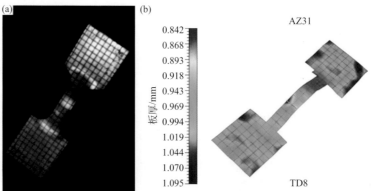

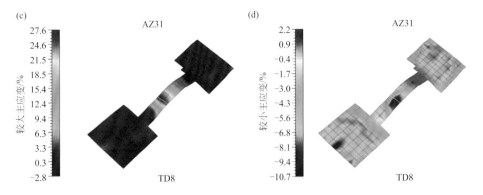

图 5-76　AZ31 镁合金窄试样的应变分析

（a）变形后的试样；　（b）变形试样厚度分布；　（c）较大主应变；　（d）较小主应变

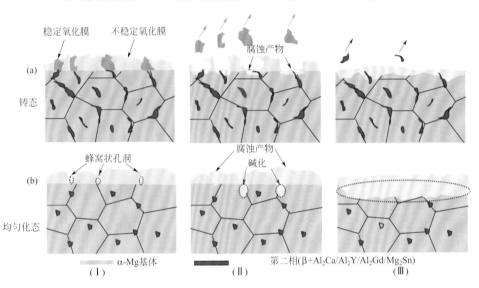

图 6-15　不同状态下微合金化 AZ31 镁合金的腐蚀机理

（a）铸态；　（b）均匀化态

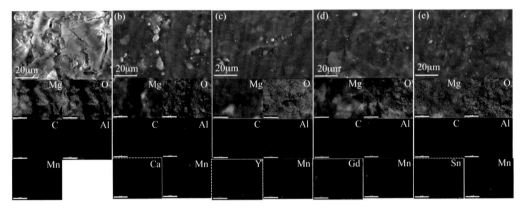

图 6-27　轧制退火态的微合金化 AZ31 镁合金在 3.5%NaCl 溶液中浸没 24h 的腐蚀产物形貌及

元素分布

（a）AZ31；　（b）AZ31-0.2Ca；　（c）AZ31-0.2Y；　（d）AZ31-0.2Gd；　（e）AZ31-0.2Sn

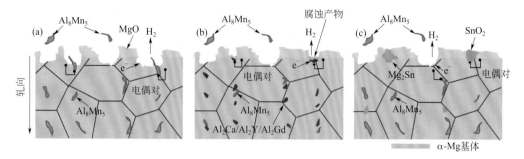

图 6-29　轧制退火态的微合金化 AZ31 镁合金腐蚀机理示意图

（a）AZ31；（b）AZ31-0.2Ca/Y/Gd；（c）AZ31-0.2Sn

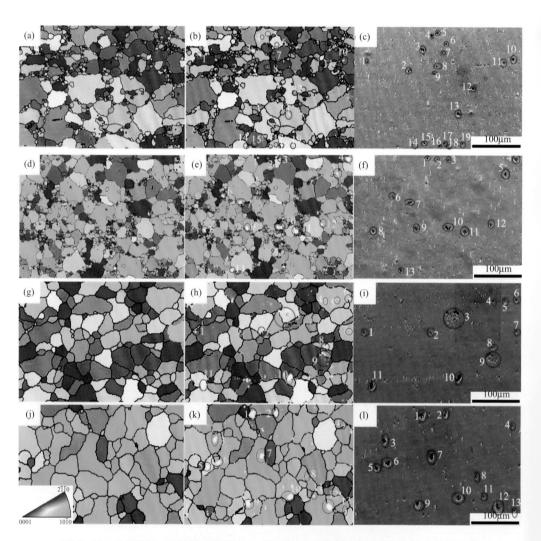

图 6-31　3.5% NaCl 溶液中浸没 10s 前后的 ZA21 镁合金 EBSD 及 SEM 形貌

（a）～（c）双峰组织纵截面；（d）～（f）双峰组织横截面；
（g）～（i）均匀组织纵截面；（j）～（l）均匀组织横截面

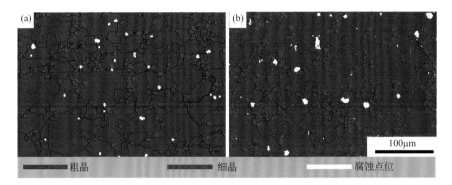

图 6-32 ZA21 镁合金双峰组织优先腐蚀形核位置处的晶粒特征

（a）双峰组织纵截面； （b）双峰组织横截面

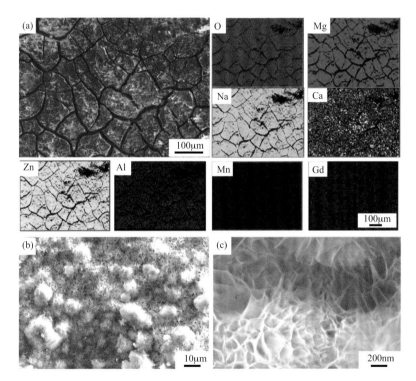

图 6-39 ZA21 镁合金均匀组织试样横截面在 3.5% NaCl 溶液中浸没 5 天后的腐蚀产物形貌及元
素分布

（a）腐蚀产物形貌及面扫元素分布； （b）（c）腐蚀产物的局部放大形貌

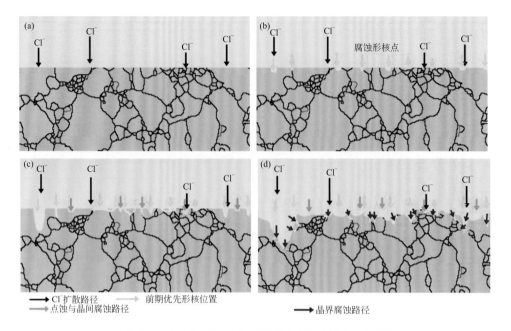

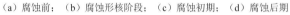

图 6-52 腐蚀各阶段的腐蚀机理（去除腐蚀产物膜后）

（a）腐蚀前； （b）腐蚀形核阶段； （c）腐蚀初期； （d）腐蚀后期

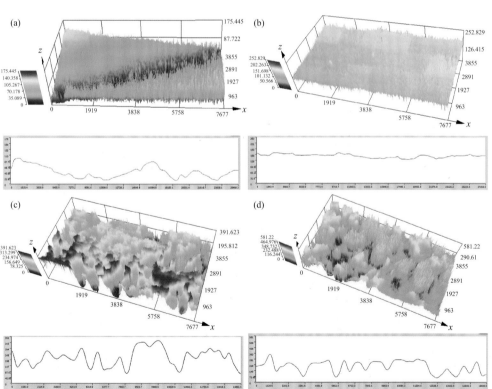

图 6-56 ZA21 镁合金双峰组织纵截面在 3.5% NaCl 溶液中浸没不同时间并去除腐蚀产物后的表
面三维形貌及局部高度变化曲线

（a）1 天； （b）5 天； （c）11 天； （d）16 天

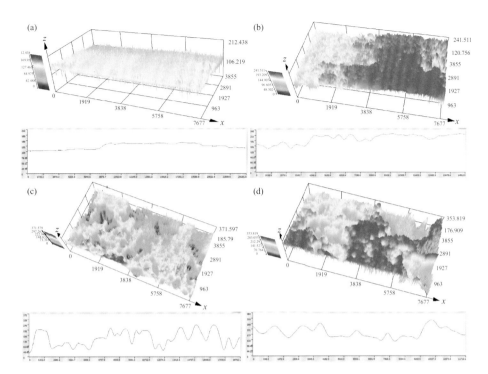

图 6-57　ZA21 镁合金双峰组织横截面在 3.5% NaCl 溶液中浸没不同时间并去除腐蚀产物后的表面三维形貌及局部高度变化曲线

（a）1 天；（b）5 天；（c）11 天；（d）16 天

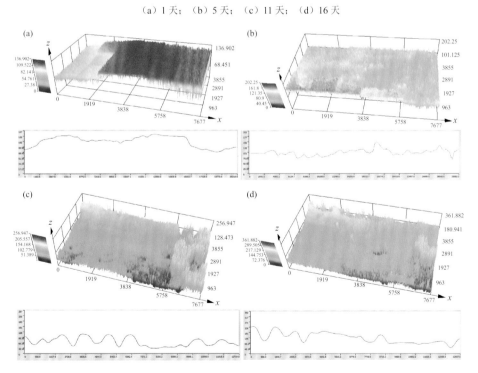

图 6-58　ZA21 镁合金均匀组织纵截面在 3.5% NaCl 溶液中浸没不同时间并去除腐蚀产物后的表面三维形貌及局部高度变化曲线

（a）1 天；（b）5 天；（c）11 天；（d）16 天

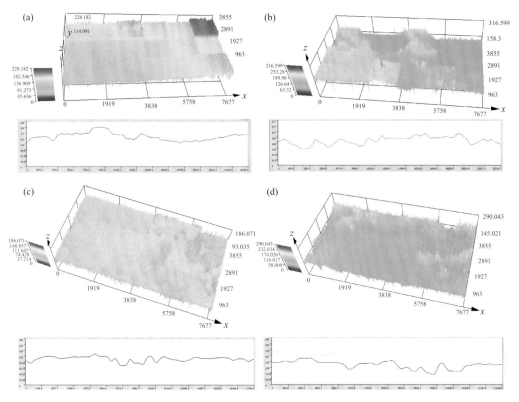

图 6-59　ZA21 镁合金均匀组织横截面在 3.5% NaCl 溶液中浸没不同时间并去除腐蚀产物后的
表面三维形貌及局部高度变化曲线

（a）1 天；（b）5 天；（c）11 天；（d）16 天

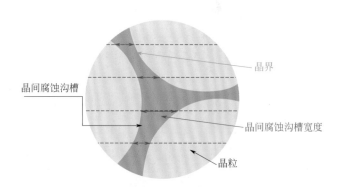

图 6-62　晶间腐蚀沟槽宽度测量示意图

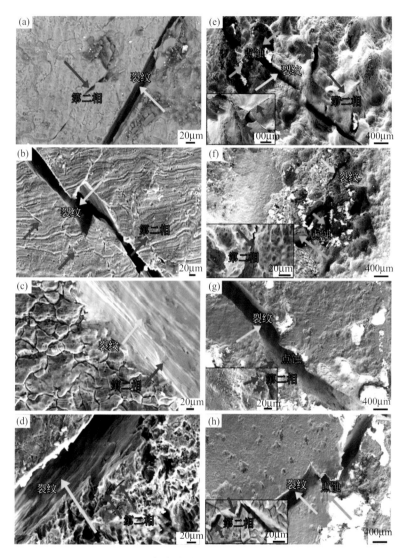

图 6-67　ZA21 镁合金腐蚀 1 天及 16 天后的压缩断裂表面

腐蚀 1 天后：（a）双峰组织轴向压缩；（b）双峰组织径向压缩；（c）均匀组织轴向压缩；（d）均匀组织径向压缩

腐蚀 16 天后：（e）双峰组织轴向压缩；（f）双峰组织径向压缩；（g）均匀组织轴向压缩；（h）均匀组织径向压缩

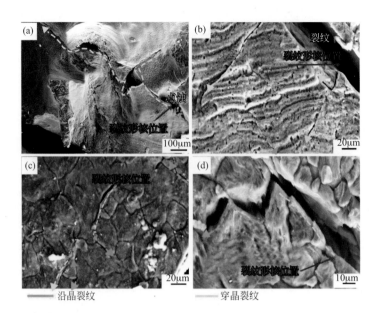

图 6-68　ZA21 镁合金双峰组织和均匀组织腐蚀 1 天及 16 天后断裂试样的典型二次裂纹
扩展路径

（a）双峰组织腐蚀 16 天后轴向压缩断裂试样；　（b）双峰组织腐蚀 1 天后径向压缩断裂试样；　（c）均匀组织腐蚀 1 天
后轴向压缩断裂试样；　（d）均匀组织腐蚀 16 天后径向压缩断裂试样